DIE KUNST DER INKA

Henri Stierlin

DIE KUNST DER INKA

UND IHRER VORLÄUFER

Von Valdívia bis Machu Picchu

Belser Verlag

CIP-Kurztitelaufnahme der Deutschen Bibliothek
Stierlin, Henri:
Die Kunst der Inka und ihrer Vorläufer / Henri Stierlin.
[Aus d. Franz. von Hans Dietschy]. – Stuttgart; Zürich: Belser, 1983.
Einheitssacht.: L'art Inca
ISBN 3-7630-1781-X

Die Übersetzung aus dem Französischen besorgte Hans Dietschy

Titel der Originalausgabe:
L'Art Inca et ses origines – De Valdivia à Machu Picchu

Pläne und Zeichnungen: José Conesa

Photolithos: Cooperativa lavoratori grafici, Verona
Satz und Druck: Arts Graphiques Héliographia SA, Lausanne
Buchbinderische Verarbeitung: H. & J. Schumacher AG, Schmitten-Bern
Gestaltung: Henri Stierlin
Herstellung: Emma Staffelbach
Lektorat: Hubertus von Gemmingen

ISBN 3-7630-1781-X
Printed in Switzerland

Inhaltsverzeichnis

Einleitung

Mit dem Titel »Die Kunst der Inka und ihrer Vorläufer« ist dieses Buch, das sich mit den präkolumbischen Werken »von Valdívia bis Machu Picchu« beschäftigt, der dritte Band einer Reihe, in der wir die Kunst der indianischen Völker Amerikas vor der Eroberung durch die Spanier untersuchen. Mit diesem Versuch einer Synthese soll der Stand der Forschung auf einem Gebiet geboten werden, auf dem die Kenntnisse sich mit beträchtlicher Geschwindigkeit weiterentwickeln.

Wenige alte Kulturen sind während der letzten Jahrzehnte wissenschaftlich dermaßen in Frage gestellt worden wie die präkolumbischen Gesellschaften der Anden. Das rührt vom beachtlichen Rückstand der sie betreffenden archäologischen Wissenschaft her, vergleicht man diese mit jener der mesoamerikanischen Hochkulturen und besonders mit der unserer Alten Welt.

Der Untersuchungsbereich

Die Ausdrucksformen der Gesellschaften, die in Südamerika lebten, sind zugleich verschiedenartig und einheitlich. Sie bilden ausgedehnte Provinzen, die wir in dieser Untersuchung nicht alle in Betracht ziehen können. Daher schließen wir hier die Zone Zentralamerikas und des karibischen Raums bis hin zu Kolumbien aus, zudem das Amazonasbecken, das den ganzen Osten des Kontinents umfaßt, und die Kulturen des großen argentinisch-chilenischen Südens.

Das Gebiet, das unser Titel umfaßt, vereint in einem zusammenhängenden Ganzen eine Reihe von Gesellschaften, die im Westen des südamerikanischen Kontinents das Massiv der Anden an der Pazifikküste bevölkern. Dieser Raum versammelt die präkolumbischen Hochkulturen einerseits von der Nordgrenze von Ecuadór bis zur Südgrenze Boliviens, andererseits vom östlichen Fuß der Kordilleren am Rand des Amazonasurwalds bis zur Pazifikküste, über die Sierra und die Puna bis zu den Küstenoasen. Dieser Raum ist in nordsüdlicher Richtung etwa 2500 km lang.

Die Untersuchung will die Scheidewände überwinden, die die Staatsgrenzen zwischen den drei betreffenden Andenländern – Perú in der Mitte, Ecuadór im Norden und Bolivien im Süden – bilden, um die Verbindungen in geographischer wie kultureller Hinsicht hervorzuheben. In diesem Sinn entspricht unser Thema, das sich mit den Hochkulturen Südamerikas befaßt, dem weitesten Begriff des Wortes Perú, wie es zur Zeit der spanischen Eroberung gebraucht wurde. Es umfaßt aber auch die größte Ausdehnung des Inka-Reiches und läßt nur den Beitrag von Chile und Westargentinien außer acht, dessen künstlerische Bedeutung nicht entscheidend ist.

Wenn wir die Arbeiten aus Kolumbien weggelassen haben, dann deswegen, weil dieses Land einem besonderen Kulturbereich angehört, der oft als »Zwischenzone« (Willey) bezeichnet wird und Zentralamerika mitumfaßt: Panama, Costa Rica und Nicaragua. Diese Region, die den Süden der Maya-Welt mit dem Norden des Inka-Reiches verbindet, bildet also eine besondere Zone, der – neuere Entdeckungen verleihen ihr ein ganz besonderes Interesse – wir eines Tages einen weiteren Buchtitel zu widmen in Aussicht nehmen.

In historischer Hinsicht haben wir den Umfang dieses Werkes in der Weise beschränkt, daß wir uns streng an den künstlerischen Bereich hielten. Daher entschieden wir uns für ein einfaches Kriterium als *terminus a quo:* das Erscheinen der Keramik kurz vor 3000 vor unserer Zeitrechnung, vor allem in der Gegend von Valdívia im heutigen Ecuadór. Unsere Untersuchung endet mit der spanischen Eroberung im Jahr 1533, die den Zusammenbruch der präkolumbischen Kulturen Südamerikas markiert. Dieses Forschungsfeld umspannt also viereinhalb Jahrtausende einer ungewöhnlich vielfältigen Vergangenheit, in der Völker und Gesellschaften aufeinanderfolgten, die verschiedene Entwicklungsstufen erreichten und künstlerische Ausdrucksformen höchst unterschiedlicher Qualität kannten.

Bei dieser Entscheidung für eine durch das Auftauchen der Keramik bestimmte Grenze lassen wir keineswegs außer acht, daß die Kunst sich schon früher bemerkbar macht: in der Verzierung der Kalebassen oder in den Motiven der ersten Webarbeiten des präkeramischen Zeitalters. Aber diese Zeugnisse sind, was auch immer ihre Bedeutung sein mag, im allgemeinen nur von archäologischem Interesse. Ihr oft ungenügender Erhaltungszustand macht es unmöglich, sie zur Illustration unserer Aussagen beizuziehen. Dagegen verlieren seit dem Erscheinen der gebrannten Töpferei die Werke nichts von ihrer Qualität, auch dann, wenn mehr als drei oder vier Jahrtausende verflossen sind. Diese Entscheidung ergibt sich also aus dem Thema unserer Untersuchung.

Die Untersuchung der Kunst

Das Thema, dessen geographisch-historischen Bereich wir umschrieben haben, ist also, wie der Titel des Werkes anzeigt, die Kunst. So wollten wir weder eine archäologische Abhandlung schreiben – auch wenn die Archäologie uns unablässig das Grundmaterial unserer Überlegungen lieferte – noch eine ausführliche geschichtliche Darstellung der sozialen Entwicklung oder der Ereignisse der spanischen Eroberung abfassen.

Unser Gegenstand bleibt das künstlerische Schaffen in seinen verschiedensten Formen: Es wird sich im wesentlichen um die Keramik handeln, um die Metallkunst (besonders die Goldschmiedekunst), um die Weberei und die Federschmuckarbeiten, aber ebenfalls um Architektur und Städteplanung. Diese beiden Aspekte werden als Rahmen in Betracht gezogen, innerhalb dessen sich eine Gesellschaft entfaltet und der auf diese Weise eine aufschlußreiche bildnerische Auswahl widerspiegelt.

Aber die Weite des in Betracht gezogenen chronologischen Rahmens zeigt von vornherein, daß unser Thema die Inka-Kunst bei weitem überschreitet. Es begreift alle Ausdrucksformen ein, die denen des großen Volkes der Inka vorausgingen; den Inka ist die Einheitlichkeit der präkolumbischen Andenwelt im 15. Jahrhundert zu verdanken. In diesem Sinn deuten die Worte »und ihre Vorläufer« im Titel sehr gut darauf hin, daß die Inka-Kunst, direkt oder indirekt, von der Kunstproduktion im Gebiet der heutigen Länder Perú, Bolivien und Ecuadór abhängig ist. Wenn auch in manchen Bereichen wie dem der Keramik die Inka-Schöpfungen die Höhe ihrer Vorläufer, besonders die der Mochica-Arbeiten, nicht erreichen, so stellt die Kunst der Inka doch den Abschluß einer Reihe von Versuchen dar, die 4500 Jahre zuvor in Valdívia begonnen hatten.

Die Entscheidung für das Sujet der Kunst impliziert überdies eine gewisse Subjektivität in der Wahl der behandelten Themen oder im Gegenteil der Themen, die nur angeschnitten werden, unabhängig von der Zahl der auf uns gekommenen Werke. So legen wir den Akzent auf einige von uns bevorzugte Aspekte. Unter den noch verhältnismäßig wenig bekannten oder kaum veröffentlichten Werken nennen wir die Keramik von Chorrera und von Vicus, von den klassischen Themen die Keramik der Mochica und die Nazca-Keramik. Diese Arbeiten wurden aufgrund ihrer Qualität bevorzugt, und weil sie ein Licht auf die Menschen werfen, die sie hervorgebracht haben.

Neben der Keramik muß vor allem die Goldschmiedekunst erwähnt werden, besonders die der Chimú-Lambayeque-Epoche, die mit der der Mochica, von Vicus, von Guayas und von La Tolita in Beziehung gebracht wird. Diese Werke zeugen alle von einem recht einheitlichen technologischen Stand.

Schließlich erfährt die Inka-Zeit eine ausführliche Darstellung, wesentlich vorgegeben durch das Interesse an den baulichen Überresten. Von den Inka, der präkolumbischen Hauptkultur Südamerikas, besitzen wir in den Chroniken der Eroberung auch Augenzeugnisse und präzise Berichte. Bei den meisten vorausgehenden Kulturen zwingt uns das Fehlen einer Schrift, allein den archäologischen Daten zu vertrauen, um das Denksystem und die Anschauungen wie die sozialen, wirtschaftlichen oder politischen Strukturen zu erfassen. Die künstlerischen Äußerungen ruhen gewissermaßen auf diesen Phänomenen.

Der Entscheid für die Kunst führt nicht nur zur Bevorzugung einiger hauptsächlicher Gebiete der Kunstproduktion, sondern auch dazu, andere Schöpfungen außer acht zu lassen, die uns weniger interessant scheinen. Diese Lücken, die eine Periode oder eine ganze Kultur betreffen, sind also die Folge einer bewußt vorgenommenen Wahl.

Aufbau des Werkes

Wie das bei der »Kunst der Azteken und ihrer Vorläufer« der Fall war, handelt diese »Kunst der Inka und ihrer Vorläufer«, die den dritten Band unserer Synthese der präkolumbischen Kunst bildet, nicht nur von der inkaischen Hochkultur, sondern auch von einer Reihe von Gesellschaften, die der Ausdehnung des Inka-Imperialismus vorausgingen. Diese Bevölkerungsgruppen haben oft ebenso bedeutende Werke geschaffen wie die Inka selber. Denn wenn auch die inkaische Architektur ins Auge fällt und die Bautechniken im andinen Amerika auf ihren Höhepunkt führt, so haben doch auf dem Gebiet der Städteplanung, der Keramik, der Goldschmiedekunst oder der Webkunst andere Epochen eine gleichwertige oder höhere Entwicklung gekannt als die, welche die späten Herren von Cuzco erreichten.

Der Buchtitel, der den Beitrag der Inka hervorhebt, darf uns also nicht täuschen: Die anderen prähistorischen Hochkulturen der Andenwelt nehmen in unserer Untersuchung einen weiten Raum ein. Indem wir so gut wie möglich einer Aufteilung folgen, die chronologischen wie geographischen Kriterien Rechnung trägt, enthält unsere Darstellung die folgenden Teile:

Das I. Kapitel stellt vor allem den geographischen Rahmen und die Besiedlung des Kontinents dar und beschäftigt sich des weiteren mit dem Aufkommen des Ackerbaus, mit den Ressourcen, die dem Menschen zur Verfügung stehen, und den Dingen, an denen es der Andenwelt mangelt.

Das II. Kapitel behandelt das Auftauchen der Kunstformen in der Kultur von Valdívia (gegen 3500 v. Chr.), in der die Keramik erscheint. Ihr schließen sich die Machalilla-Periode (gegen 1600 v. Chr.) und das Aufblühen der Chorrera-Kunst (1200–500 v. Chr.) an. Dieser gesamte Bereich der Archäologie von Ecuadór ist erst seit etwa 30 Jahren bekannt. Es handelt sich also um ein neues Gebiet, dessen Beitrag nicht immer nach seinem wahren Wert geschätzt worden ist. Man kann hier die Ausbildung einer künstlerischen Sprache verfolgen, die die Ästhetik der Präkolumbier in der ganzen Andenregion beeinflußte.

Das III. Kapitel beschäftigt sich mit dem Aufkommen der Kunst in Perú. Im ersten Teil ist von den Baudenkmälern im Küstengebiet die Rede, die gegen 2000 v.Chr. beginnen und ihre Blüte um 1400–1200 v.Chr. erleben. In dieser Zeit entwickelt sich in Sechín Alto und Las Haldas eine große Steinarchitektur von kultischem Typus, die in Cerro Sechín mit kräftigen Flachreliefs verziert wird. Der zweite Teil analysiert die Hochkultur von Chavín. Sie wurde einst in Perú als »Mutter der Kulturen« Südamerikas aufgefaßt, entsprechend den Olmeken in Mesoamerika. Indessen entfaltet sich nach den letzten Karbon-14-Daten die Chavín-Kunst erst zwischen 850 und 200 vor unserer Zeitrechnung. Sie strahlt von einem östlichen Andental aus und bestimmt durch ihre Formen und Themen wie durch ihren symbolischen und geordneten Ausdruck den größten Teil der Küstengegenden Perús. Am Ende des Kapitels gehen wir noch kurz auf die Vicus-Kultur ein, die im äußersten Norden des Landes erscheint, wie erst gegen 1960 gemachte Funde zeigen. Die Vicus-Kunst, die bisher noch nicht richtig ausgewertet worden ist, scheint recht gut über die Grenze Ecuadórs hinweg das »fehlende Bindeglied« zwischen der Chorrera-Produktion einerseits und der der Mochica andererseits zu bilden. Sie beweist so zweifellos die Einflüsse der Ecuadór-Kunst auf die Meisterwerke der peruanischen Klassik.

Im IV. Kapitel stellen wir das Aufblühen der Keramik dar, die in Chavín beginnt, sich in der Vicus-Produktion fortsetzt und ihren klassischen Höhepunkt in der Mochica-Kultur findet. Diese Kultur ist auch von riesigen Pyramiden aus *adobe* (luftgetrocknete Lehmziegel) gekennzeichnet, deren Ausmaße denen der babylonischen Zikkurat oder der ägyptischen Pyramiden gleichkommen. Die Goldschmiedekunst, die in der Chavín-Zeit und ganz besonders mit der Vicus-Kultur in Erscheinung tritt, erreicht bei den Mochica einen hohen Grad der Vollendung, den die Chimú nicht übertreffen werden. Den Gesellschaften, die sich zur selben Zeit in Ecuadór entwickeln, so Jama Coaque und La Tolita, ist der zweite Teil des Kapitels gewidmet. Neben Siegeln und Keramik gab es dort eine kräftige Goldtechnologie, die ihrerseits von der kolumbianischen Goldschmiedekunst bereichert ist.

Mit dem V. Kapitel verlassen wir den Norden des Andengebiets und wenden uns der südlichen Küste zu, vor allem den Landschaften von Paracas, Nazca und Ica. In den Wüstengebieten der Küste, an einigen wenigen dauernd Wasser führenden Flüssen oder in Oasen, findet man Gesellschaften, in denen Webkunst und Keramik seit dem 1. Jahrtausend vor unserer Zeitrechnung einen hohen Stand erreichten. Diese Kunst, die zwar nicht von einer besonders entwickelten Architektur begleitet ist, liefert dagegen riesige »Zeichnungen« auf der Oberfläche der Wüstenebenen: Figuren von Vögeln, Insekten oder Säugetieren und lange geradlinige »Pisten«, die die Landschaft über Hunderte von Metern und manchmal über Kilometer bedecken. Die Bedeutung dieser Anlagen bleibt geheimnisvoll trotz einer Reihe von Hypothesen, die seit einem Vierteljahrhundert vorgebracht worden sind.

Das VI. Kapitel behandelt eine Periode, während der sich auf dem Hochland, am Rand des Titicaca-Sees, eine eigenständige Kultur bildete. Sie ist gekennzeichnet durch eine großartige Steinarchitektur und eine hochstilisierte Skulptur. Diese Kunst setzte sich in einem weiten Teil der Andenwelt durch und strahlte von Tiahuanaco in Bolivien und Huari in Perú aus. Sie beruht auf einer ersten Vereinigung der Andenwelt zwischen 550 und 900 unserer Zeitrechnung. In vielen Gegenden der Küste löste sie die Nazca-Formen ab, wobei sie die Techniken der Nazca in der Web- und Wirkkunst wie in der mehrfarbigen Keramik übernahm. In anderer Hinsicht erinnert die Ästhetik von Tiahuanaco an die geometrische Ordnung von Chavín, die immerhin ein Jahrtausend früher liegt.

Mit dem VII. Kapitel kommen wir zum Königreich von Chimór oder der Chimú an der Nordküste von Péru, deren Kunst an die Stelle derjenigen der Mochica getreten ist: Als Schöpfer von großen Städten wie Chanchán oder Pacatnamú kontrollieren die Chimú im 13. und 14. Jahrhundert unserer Zeitrechnung ein Gebiet, das zwischen Piura und Paramonga über 700 km der Pazifikküste hin mehrere Täler zusammenfaßt. Dieses Königreich ist der Mittelpunkt einer reichen Goldschmiedeproduktion, während die Keramik aufgrund des Bevölkerungswachstums und der Bedürfnisse der Städte von nun an hauptsächlich in großen Mengen in Gießformen hergestellt wird und infolgedessen im Vergleich zu den Meisterwerken der Mochica einen bedeutenden Teil ihrer Qualität verliert.

Schließlich sind das VIII. und IX. Kapitel beide den Schöpfungen der Inka gewidmet, eines Volkes, dessen Aufschwung gegen 1430 beginnt. Das VIII. Kapital vermittelt allgemeine Kenntnisse von der letzten großen präkolumbischen Hochkultur. Dabei beschränkt sich die Illustration auf die Werke der zentralen Inka-Region, die man als »hauptstädtisch« bezeichnen kann. Sie umfaßt die Gegend um die Hauptstadt Cuzco im Andenhochland und die Städte der Bergtäler, die am Ursprung der Ausbreitung der Inka stehen.

Das IX. Kapitel beschäftigt sich mit der eigentlichen Kunst – Architektur, Skulptur, Keramik usw. –, wobei die Illustration dem Fortschritt der Eroberungen in der imperialen Epoche folgt. Zu dieser Zeit setzt sich der Inka-Stil in den Gegenden am Titicaca-See und an der Küste durch, von Pachacamac bis Paramonga und bis in die weitentfernten Landstriche von Ecuadór. Dort erhebt sich in den Bergen um Cuenca die »Tempelfestung« von Ingapirca. Das Kapitel schließt mit dem denkwürdigen Fundort Machu Picchu, der 1911 der Vergessenheit entrissen wurde, als der amerikanische Forscher Hiram Bingham sich daran machte, diesen Vorposten der Inka am Urubamba-Flußlauf von seiner Dschungelüberwucherung zu befreien. Machu Picchu nahm eine Schlüsselstellung ein, die den gefürchteten Amazonasstämmen den Zugang zum Hochland verwehrte.

Das Schlußwort zieht eine Bilanz der künstlerischen Schöpfungen der präkolumbischen Andenvölker. Dabei werden auch die großen Lücken betont, die bis heute in unseren Kenntnissen bestehen.

So verfolgt dieses Werk, das mit 220 farbigen Abbildungen und über 40 Plänen, Zeichnungen und Karten illustriert ist – sie sind eigens für diese Veröffentlichung hergestellt worden –, das Ziel, das künstlerische Erbe Südamerikas ins Blickfeld zu rücken, besonders das der Andenländer, die zu vereinigen den Inka im Jahrhundert vor der Ankunft der Konquistadoren gelang.

Einheit des Themas

Obwohl die Darlegung des Inhalts der einzelnen Kapitel sehr wohl den Eindruck eines Mosaiks von heterogenen Kulturen machen kann, ohne sichtbare Verbindung zwischen ihnen, haben sie doch eine gemeinsame Grundlage, entsprechend derjenigen, die wir für die mesoamerikanische Welt erwähnt haben. Alle beruhen auf einheitlichen Errungenschaften, die die großen Linien des andinen Erbes geformt haben.

Die kürzlichen Ausgrabungen zeigen deutlich, daß in Südamerika eine Kontinuität der Formen in den Kulturen besteht, von Ecuadór, besonders von der Küste im Norden des Guayas-Flusses, über die großen Zentren der Moche-Region bis zum Süden Perús: In der Tat zeigt die Entdeckung von Kulturen wie die von Chorrera (Ecuadór) und von Vicus (Nord-Perú), daß die Entwicklung – mit wechselseitigen Einflüssen – sich in dieser ganzen Zone gemäß einer nordsüdlichen Bewegung fortsetzt. Sie vereinigt die tropischen ecuadorianischen Regionen mit den verstreuten Oasen in den Wüsteneien der peruanischen Küste, in der Gegend des heutigen Trujillo und des Chicama-Tals.

So ist die Lücke, die bis in die letzten Jahre zwischen den archaischen Ursprüngen der Valdívia-Kultur und den klassischen andinen Hochkulturen vorhanden sein mochte, jetzt durch eine ununterbrochene Folge kultureller Erscheinungen überbrückt. Vom Beginn in Valdívia gelangt man zu den Stilen von Machalilla und Chorrera und weiter zu Vicus und zu den Mochica. Ohne Unterbruch erreicht man das Zeitalter der ersten peruanischen Einheit im Reich von Tiahuanaco-Huari, das gewissermaßen das Inkanat – das Inka-Reich – der Herrscher von Cuzco vorwegnimmt.

Dank einem besseren Zugang zur Epoche, in der sich die Valdívia-Kultur herausbildet, ist man nun in der Lage, die Beziehungen zwischen den verschiedenen Regionalstilen zu beachten, die von diesen Voraussetzungen ausgehen. Die Entwicklung der Keramik läßt sich von einem ecuadorianischen Ursprung aus – fast zwei Jahrtausende vor der Töpferei von Perú – viel besser erfassen. So bildet die Entfaltung von Valdívia statt einer isolierten Erscheinung – einer kulturellen Insel – einen frühzeitigen Aufbruch für eine Vielzahl von präkolumbischen Kulturen, die sich nacheinander entwickeln und die Fackel bestimmter Hauptentdekkungen weitergeben. Überdies weiß man heute, daß die Valdívia-Kultur in dieser frühen Epoche nicht allein dasteht. Denn die Ausgrabungen haben bereits andere Fundorte zutage gebracht, wo die Keramik schon seit dem 3. Jahrtausend v. Chr. vorhanden ist, vor allem in der Küstenwüste von Talara und Piura, im peruanischen Teil des großen Golfes von Guayas.

Dabei muß von vornherein gesagt werden, daß die heutigen politischen Probleme und die modernen Staatsgrenzen allzuoft eine vernünftige Schau der historischen Tatsachen unmöglich machten. Ein grober Nationalismus verfälscht die archäologischen Stellungnahmen, wo allein die wissenschaftlichen Gegebenheiten den Vorrang haben sollten. So ist Nord-Perú lange vernachlässigt worden, während die Ausgrabungen in Ecuadór ihren Lauf nahmen. Zudem hat der allzu seltene Kontakt zwischen den Spezialisten der beiden Länder dazu geführt, eine völlige Beziehungslosigkeit zwischen doch benachbarten Kulturen in der prähistorischen Zeit als gegeben anzunehmen.

Sobald einmal die Rückstände, die in der Archäologie gewisser Regionen entstanden sind, aufgeholt sein werden, wird man feststellen können, daß es nicht ein einziges Zentrum der Kunst gibt, sondern daß sich die Fortschritte der Menschheit oft gleichzeitig verwirklichen. Kurz gesagt: Es gibt keine Erfinder der »Hochkultur«, im präkolumbischen Amerika so wenig wie in der Alten Welt. Gewiß sind Zonen vorhanden, die von der Natur begünstigt sind, und in denen die Festsetzung von Ackerbaugesellschaften durch klimatische Bedingungen erleichtert worden ist. Der Golf von Guayas gehört dazu. Aber zwischen seiner (ecuadorianischen) Nordküste und seiner (peruanischen) Südküste sind die Unterschiede wirklich nicht entscheidend.

Ein Bemühen um Synthese

Wie bereits gesagt, beschäftigt sich diese Untersuchung in erster Linie nicht mit der Archäologie, sondern mit der Kunst. So wird man denn auch in den Illustrationen die ersten Versuche in der Keramik nicht finden. Es sind Produkte einer Anfangsphase, die sich meist durch Scherben mit summarischer Verzierung und von beschränktem künstlerischem Interesse kundgibt, einmal abgesehen von der Bedeutung für den kleinen Kreis der Spezialisten, die sich damit beschäftigen. Wir haben es vorgezogen, den Abbildungsteil den Werken mit ersichtlichem künstlerischem Wert vorzubehalten. Der Band hat ebenfalls nicht die Absicht, ein erschöpfendes Bild der präkolumbischen andinen Produktion zu liefern. Oft wurden vermehrt Beispiele hoher Qualität aus bestimmten Perioden mit Neigung zur Kunst aufgenommen, zum Beispiel Arbeiten von Vicus, der Mochica und von Nazca, auf die Gefahr hin, weniger repräsentative Stile wegzulassen.

In diesem Geist versuchen wir eine bestmögliche Zusammenfassung der Kenntnisse. Dabei vermeiden wir es, auf die Debatte über Nuancen oder Stilunterschiede einzutreten. Sie kompliziert beträchtlich den Zugang zu einem Thema, das ohnehin verwickelt und durch die Vielfalt der Kulturen, die es umfaßt, unübersichtlich ist. Wir lehnen es also ab, die meisten der von den verschiedenen Archäologenschulen aufgestellten Kategorien zu übernehmen oder auf Streitigkeiten der Spezialisten einzugehen. Statt dessen bemühen wir uns, die großen Linien herauszuarbeiten – auf die Gefahr hin, daß dadurch Weglassungen entstehen –, und möchten ein einfaches Schema liefern, einen zusammenhängenden Leitfaden durch das Labyrinth der Gesellschaften, Kulturen und Epochen, die die Vorgeschichte der Anden-Hochkulturen ausmachen.

Einfachheit bedeutet keineswegs Verzerrung. Und wenn wir uns an die Leitlinien halten und das Gewimmel der archäologischen Kategorien vermeiden möchten, so heißt das nicht, daß wir die neuesten Funde außer acht lassen. Diese kunstgeschichtliche Untersuchung hat nicht den Zweck, den Vollständigkeitserfordernissen eines Handbuchs der Archäologie zu genügen, und der Leser darf nicht die Gesamtheit der Phasen jeder Periode suchen. Der Entschluß, Beispiele von allen Stadien jeder Region zu bieten, hätte uns dazu geführt, hervorragende Werke wegzulassen und sie durch geringere Schöpfungen zu ersetzen. Überdies herrscht – besonders was die Keramik betrifft – nicht immer Einmütigkeit über die Merkmale, die die Spezialisten unterscheiden.

Ein übertriebenes Bemühen um typologische oder stilistische Klassifizierungen hat die Archäologen oft zu unnütz komplizierten Unterscheidungskriterien getrieben. So wird die Ocucaje (nach dem Namen eines besonders gut ausgegrabenen Fundortes) genannte Paracas-Ica-Periode für den einzigen Abschnitt »Paracas-Cavernas« von Rowe, Menzel und Dawson in zehn Phasen unterteilt. Für die Nazca-Zeit im gleichen archäologischen Gebiet unterscheiden dieselben Autoren neun Phasen. Diese Einteilungen beruhen im allgemeinen nur auf feinsten stilistischen Einzelheiten und enthalten kein sicheres chronologisches Kriterium. Jeder Spezialist fühlt sich verpflichtet, »seine« Klassifikation aufzustellen: So hat für die Mochica-Keramik der Sammler R. Larco Hoyle die Produktion dieser großen Töpferkultur in fünf verschiedene Phasen aufgeteilt, deren Evidenz jedoch nicht über jeden Zweifel erhaben ist.

In unserer Untersuchung wäre es ebenso zwecklos, mit diesen zahllosen Phasen zu rechnen, wie zu versuchen, dem Leser neue Kriterien aufzudrängen, die die oft noch bestehenden großen chronologischen Lücken ausfüllen könnten. Schließlich würde der Gebrauch dieser Klassifikationen unsere Absicht erschweren. Denn die Namen dieser Zwischenphasen gehören einem eigentlichen Jargon an: »Cerrillos, Cerro de la Cruz, Ánimas, Teojate, Callango, Tajahuana, Cerro Uhle« (für die Paracas-Stile) oder »Proto-Nazca, Nazca Monumentál, Nazca Prolífero (fruchtbares Nazca)«, oder dann »Vicus/Vicus, Vicus Yecala, Vicus Negativo, Vicus Amaranjado«. All diese Begriffe können in einem allgemeinen Überblick fehlen.

Die große Not der Anden-Archäologie

Eine unbekannte Welt: Mehr noch als die Kulturen, die in den beiden ersten Bänden dieser Reihe untersucht wurden, sind uns die Kulturen dieser »Kunst der Inka und ihrer Vorläufer« sehr schlecht bekannt. Abgesehen von der eigentlichen Inka-Kultur, die bereits frühhistorisch ist, da die Eroberer und die Chronisten der Renaissance uns direkte Zeugnisse von ihr überlieferten, bleiben alle anderen prähistorischen Gesellschaften Südamerikas geheimnisvoll: Meist kennen wir weder ihren Namen oder ihre Sprache noch ihr Sozialsystem, ihre philosophisch-religiösen Auffassungen, ihr Pantheon und ihre Glaubensüberzeugungen. Wir wissen nicht, woher sie kamen, und können nicht feststellen, auf welche Weise sie sich ihren Vorläufern aufdrängten, oder weshalb diese verschwunden sind. Wir bleiben also ohne alle Kenntnis von dem, was die archäologischen Entdeckungen nicht erklären können. Da diese Völker über keine Schrift verfügten, bieten uns einzig die materiellen Zeugnisse als Indizien das Wenige an genauen Aufschlüssen, das wir haben.

Schließlich – und das ist das Schlimmste – ist in einem Land wie Perú auch die Archäologie selbst erst am Beginn. Sie nimmt ihren Anfang erst, nachdem bis heute Generationen von Grabräubern gewütet haben, gierig nach Goldfunden oder danach, Kunstgegenstände in die Hand zu bekommen, die auf dem ertragreichen Antiquitätenmarkt verkäuflich waren. Seit der Eroberungszeit sind die besten Fundorte völlig durcheinandergebracht worden, zerstört durch Tausende von Huaqueros, heimlichen Ausgräbern. Noch im 20. Jahrhundert zögern steinreiche peruanische Sammler, die sich Archäologen nennen, nicht, einen ganzen Friedhof mit dem Bulldozer freizulegen. So machen sie alle stratigraphischen Angaben zunichte, um ihre eigenen Sammlungen oder private Museen mit Tausenden von Gefäßen zu füllen, die von jedem wissenschaftlichen Zusammenhang getrennt, nicht zu datieren und für die Gelehrten sinnlos sind. Diese Bräuche, die weiterdauern vor den Augen und mit dem Wissen einer Regierung, die ganz andere Sorgen hat als die Erhaltung des kulturellen Erbes, haben zur Zerstörung von weit mehr als zehn Nekropolen geführt. Nennen wir unter ihnen die von Moche, Paracas, sogar Vicus, das doch erst zu Beginn der 60er Jahre ans Tageslicht gebracht worden war, heute aber vernichtet ist. Rund 2000 Gräber fielen dort der Plünderung anheim. Sie lieferten außergewöhnliche Stücke, wurden jedoch kaum wissenschaftlich ausgegraben. Einzig sechs oder sieben *in situ* durchgeführte Erhebungen führten zu Datierungen nach der Radiokarbon-Methode (C14), denen aber nicht zu trauen ist, und die für alle uns bekannten Phasen dieser Kultur an der Grenze von Perú und Ecuadór wenig repräsentativ sind.

Wie man sieht, ist der Goldrausch keineswegs abgeklungen, nachdem er vor 450 Jahren zu den Exzessen, Gewalttätigkeiten und Erpressungen der Eroberung, zum Genozid und der Zerstörung der ganzen Kultur des indianischen Volkes führte. Er treibt die Plünderer zur Austilgung der letzten Spuren dieser jahrtausendealten Hochkulturen.

Die Arbeit des Kunsthistorikers wird durch diese dramatischen Umstände kaum erleichtert. Überdies löschen die heutige Bevölkerungsexplosion, das rasche Wachstum der Küstenstädte und die wild wuchernden Slums an den Orten, die einst von den vorgeschichtlichen Bevölkerungen bewohnt wurden, jede archäologische Spur aus. Endlich wirkt sich die Räuberei bis hinein in das Museo Nacional de Antropología y Arqueología von Lima aus. Dort sind in den letzten Jahren nicht weniger als 5000 Goldgegenstände, darunter die schönsten und berühmtesten Stücke eines weltbekannten Schatzes, gestohlen worden.

Infolge der Handlungsweise der begüterten Hacienderos, die den Untergrund ihrer weitläufigen Domänen zu ihrer privaten Bereicherung ausbeuten, und der kleinen Diebe, die überall graben in Erwartung eines Fundes, den sie für ein Stück Brot verkaufen oder dank dem sie im Auftrag großer Händler den internationalen Kunstmarkt mit archäologischen Gegenständen versorgen, bleibt das Schicksal der präkolumbischen Vergangenheit erschreckend prekär.

Einige wenige ernsthafte wissenschaftliche Expeditionen genügen nicht, uns fünf Jahrtausende einer Kunst zu enthüllen, die auf Tausende von Fundorten und weit mehr als zehn verschiedene Kulturen verteilt ist, Kulturen, die ihrerseits über mehr als 2500 km längs der Pazifikküste oder in den Hochtälern verstreut sind.

Abgesehen von dieser katastrophalen Lage, die im wesentlichen Perú betrifft, bestehen in den übrigen Andenregionen andere Verhängnisse. Bolivien wird von einem einzigen Archäologen dominiert, der seit Jahren das Museum von La Paz geschlossen hält, der alle Forschungen monopolisiert und kaum ausländische Expeditionen zuläßt; zudem versucht er sich in grandiosen Restaurierungen, die denen eines hollywoodischen Arthur Evans (Knossos auf Kreta) näher sind als einer wirklichen Wiederaufrichtung (Anastylose). Demgegenüber scheint Ecuadór den Plagen der südamerikanischen Archäologie zu entkommen: Gut geleitete Museen, ernsthaft durchgeführte Ausgrabungen und aktive nationale und ausländische Expeditionen liefern dem Land die Enthüllung einer Vergangenheit von wesentlicher Bedeutung, einer Vergangenheit, die mit am Ursprung des künstlerischen Aufblühens der Neuen Welt liegt.

Was das unermeßliche und undankbare Gebiet des Amazonasbeckens betrifft, so taucht es erst jetzt aus dem Schatten auf. Seit über 15 Jahren werden Stimmen laut, um ihm den berechtigten Platz zuzuweisen: Ist das nicht das Reservoir, aus dem die Völker kamen, die das Andenhochland und später die Wüstensäume an der Küste Perús kolonisierten? Ist nicht dort im Dschungel der Ackerbau mit der Domestizierung der Nahrungspflanzen entstanden, die das Dasein des Menschen zu Beginn des Neolithikums verändert hat? Nur bieten sich diese »grünen« Gebiete mit ständiger Feuchtigkeit kaum für archäologische Arbeiten an. Die organischen Spuren erhalten sich dort nicht wie in den Wüstengebieten am Pazifischen Ozean. Die Anzeichen menschlicher Besitznahme werden dort rasch durch die ungeheure Üppigkeit der Natur ausgelöscht.

Indessen fragen sich heute die Gelehrten, ob diese »grüne Hölle« des Amazonasurwalds nicht eine Art «grünes Paradies« ist, aus dem infolge des Bevölkerungsdrucks die Stämme einer nach dem andern ausgezogen sind, um zuerst das Hochland und darauf die Küstengebiete zu »kolonisieren« und auf diese Weise die Voraussetzungen dessen zu schaffen, was die präkolumbische Kultur werden sollte. Diese hochinteressanten Gebiete sind jedoch bisher kaum Gegenstand von Ausgrabungen gewesen und bleiben zum großen Teil eine Terra incognita der Archäologie. Einzig einige Spezialisten wie G. Reichel-Dolmatoff oder Donald W. Lathrap haben gewagt, das Problem in seiner ganzen Schärfe zu stellen.

Wie wir sehen, klaffen die Lücken weiterhin, und mehr als eine Frage riskiert, noch lange Zeit ohne Antwort zu bleiben. Daher müssen wir uns ohne Unterlaß die Vorläufigkeit der heute angenommenen Thesen vor Augen halten, wenn es um die Darstellung der Völker und Gesellschaften geht, die die hier zu untersuchenden Werke hervorbrachten. Überdies läßt die Geschwindigkeit, mit der sich diese bruchstückhafte Kenntnis der präkolumbischen Welt entwickelt, die wissenschaftlichen Arbeiten – abgesehen von seltenen Ausnahmen – in erschreckendem Tempo veralten. Die Veröffentlichungen von vor 1960 sind heute fast alle überholt. Gewiß muß man die Entdeckungen einiger großer »Ahnen« wie Uhle, Tello oder Bennett in Betracht ziehen. Aber ihre Deutungen – die oft in allzu routinehafter Art übernommen werden – sind veraltet und müssen aufgrund neuerer Arbeiten in Frage gestellt werden, die zum völligen Umsturz der Problemstellung führen können.

Mehr als irgendein anderes Gebiet der Archäologie und der Kunstgeschichte ist die präkolumbische Welt Südamerikas in voller Entfaltung und daher umwälzenden Überprüfungen ausgesetzt. Diese machen die Untersuchung um so erregender. Aber sie müssen uns auch in Erinnerung rufen, daß unsere Kenntnisse erst ihren Platz zu finden beginnen, und daß die kommenden Jahrzehnte noch beträchtliche Fortschritte bringen werden, bevor wir über einigermaßen sichere Tatsachen verfügen.

Nur in dieser Perspektive wird unsere völlig provisorische Bilanz der Schöpfungen der präkolumbischen Andenkunst Bedeutung gewinnen können.

I Rahmen, Bevölkerung und technische Errungenschaften

Um das Erscheinen der ersten Kulturen verstehen zu können, die auf dem südamerikanischen Kontinent zu künstlerischem Ausdruck fanden, müssen wir zunächst kurz den Rahmen und die Umwelt dieser vorgeschichtlichen Kulturen darstellen und vor allem eine gedrängte Skizze der Umwelt und ihrer Reichtümer entwerfen; zugleich sind die Etappen der Besiedlung dieser Gegend durch den Menschen aufzuzeigen.

Geographie der Andenländer

Wenige Regionen der Erde zeigen eine natürliche Umwelt, die so kontrastreich, brutal und extrem ist wie die der Andenländer. Das Relief deutet – geologisch gesprochen – auf ein junges Land hin, und die besonderen klimatischen Bedingungen, die hier herrschen, haben einen tiefen Einfluß auf das Leben der Menschen. Das Auftauchen der Hochkultur hängt vor allem von diesem Milieu ab, dessen besondere Bedingungen eine Landschaft mit gewaltigen Gegensätzen entstehen ließen. Ohne dabei die ganze menschliche Entwicklung zu bestimmen, erklärt der geographische Rahmen weitgehend die Geschichte. Er beeinflußt die Ressourcen und die Daseinsformen.

Die Andenkette im Westen des südamerikanischen Kontinents erstreckt sich über mehr als 8000 km von Zentralamerika bis nach Feuerland. Die höchsten Gipfel der Kordilleren erreichen fast 7000 m. Auf der Pazifikseite ist die Küste zwischen Chile und Ecuadór wüstenhaft. Im peruanischen Küstengebiet regnet es nie. Die langgestreckten Wüsten dieser Küstenregion werden nur von kurzen Tälern durchschnitten. Die Flüsse bringen aus den Bergen mit den schneebedeckten Gipfeln Wasser und damit Leben herbei. Heute noch sind die meisten dieser Täler indessen Trockentäler, in denen das Wasser nur ausnahmsweise fließt. Dauernde Flüsse sind selten.

Die Kordilleren teilen sich in einem großen Teil ihres Massivs in zwei oder drei Ketten, zwischen denen – oft tief eingeschnittene – Täler oder Hochebenen liegen. Am Osthang wird das Andengebiet in der tropischen Zone durch den Amazonaswald begrenzt. Weiter im Süden, an der bolivianisch-argentinischen Grenze, finden sich die weiträumigen Grasebenen der Pampa. Zwischen den Ketten der Kordilleren (Cordillera Orientál und Occidentál, Cordillera Negra und Cordillera Blanca usw.) sieht man in Süd-Perú und Bolivien, wie sich die Täler in 4000 m Höhe in eine unermeßliche Hochfläche verwandeln, die Puna, in der nur noch ein *ichu* genanntes hartes Gras wächst. Gegen Chile hinunter gehen diese Hochflächen in Wüsten über, wie die von Atacama.

Zwischen der Pazifikküste und dem Amazonaswald überschreitet die Breite dieses beeindruckenden Gebirgssystems der Anden kaum 750 km. Eine schmale und lange Schranke von mehreren tausend Kilometern erhebt sich also am westlichen Rand des Kontinents und überragt den Tausende von Metern tiefen Ozean.

In diesem zerrissenen geographischen Raum finden sich die südamerikanischen Hochkulturen im wesentlichen, wie wir in der Einleitung ausführten, zwischen Süd-Kolumbien und Nord-Chile, auf der südlichen Halbkugel, in einem sich etwa 2500 km in nordsüdlicher Richtung erstreckenden Raum rund um den 22. südlichen Breitengrad.

Diese Zone umfaßt ein Territorium, das dem bedeutendsten Teil des Inka-Reiches zu dessen Blütezeit entspricht, wobei wir den weiträumigen Landstreifen außer acht lassen, den die Inka im heutigen Chile (zwischen Arica und Santiago) kontrollierten, eine Zone, die trotz ihrer Länge von 1500 km aufgrund ihrer künstlerischen Beiträge vernachlässigt werden darf.

Was das Klima betrifft, so ist, wie gesagt, die Pazifikküste wüstenhaft, und es regnet dort sozusagen nie. Dafür gibt es zwei Ursachen, die die besondere Ordnung dieser Erdregion bestimmen. Die erste steht in direkter Verbindung mit der Schranke der Anden und bezieht sich auf die vorherrschenden ozeanischen Winde, die von Osten nach Westen über den Kontinent wehen. Diese Winde bringen vom Atlantik Wolken mit, die auf die Kordilleren treffen und im Aufsteigen vor allem den Osthängen Niederschläge bescheren. Der westliche Andenfuß an der Pazifikküste entbehrt dagegen der jahreszeitlichen Regen und weist weite Wüstenregionen auf.

Die zweite Ursache, auf die wir anspielten, hängt mit der Gegenwart des Humboldtstroms zusammen. Dies ist eine kalte Strömung, die sich von der Antarktis her im Ozean von Südwesten nach Osten bewegt und die ganze Pazifikküste von Chile bis Ecuadór bestreicht. Sie befördert ein Meereswasser, dessen Temperatur 13° bis 16° nicht übersteigt; für die tropischen Gegenden, deren Küsten sie bespült, sind dies äußerst niedrige Temperaturen.

In klimatischer Hinsicht führt der Humboldtstrom zu einer Reihe von merkwürdigen Erscheinungen, die das gesamte peruanische Küstengebiet betreffen. Einerseits drückt er die Lufttemperatur herunter, die auf dieser Breite sehr hoch sein müßte. Andererseits begünstigt diese kalte Luft die Bildung eines Nebels, der das Absinken der Lufttemperatur noch verstärkt und den Boden während vieler Stunden des Tages, wenn nicht, je nach Jahreszeit, während vieler Tage und Wochen der Besonnung beraubt. Die Lufttemperatur an der Küste übersteigt nie 14° bis 18°, abgesehen von seltenen wärmeren Tagen. Überdies kann sich die hohe Feuchtigkeit dieser Meeresluft (fast 90%) nicht als Regen niederschlagen, da die Luft, statt im Aufsteigen kälter zu werden, gegen 1000 m erwärmt wird, eben da, wo die Sonne scheint, weit weg vom Einfluß des Ozeans. Die Fachleute sprechen in diesem Zusammenhang von einer Wirkung der Temperaturumkehr. Nur ein geringer Sprühregen, die *garua,* fällt auf den Boden der Wüstenküste, die völlig ausgetrocknet ist, wenn sie nicht von allzu seltenen Flüssen aus den Anden bewässert wird.

In Wirklichkeit fließt der größere Teil des Regenwassers, das auf die Anden fällt, mit den Strömen des Orinoko, Marañón und Amazonas zum Atlantischen Ozean. Nur spärliche Wassermengen gelangen über die Kordilleren, bahnen sich einen Weg zum Pazifik und fördern so das Leben in den Küstenoasen. Ein Vergleich könnte diesen beträchtlichen Unterschied zwischen den beiden Andenseiten veranschaulichen: Während der Amazonas über 7000 km lang und aufgrund der Wassermenge, die er führt, der größte Strom der Welt ist, hat der peruanische Hauptfluß, der Rio Santa, einen Lauf, der 200 km nicht überschreitet, und seine Wassermenge erreicht kaum die eines mittleren europäischen Flusses.

Die einzige Ausnahme von dieser Regel ist der Golf von Guayas in Ecuadór. In den Guayas gelangen bedeutende tropische Wassermengen, die in der weiten Ebene zwischen dem Pazifik und der Andenkette als Regen niedergehen. Aufgrund dieser Lage ist das klimatische System in diesem Gebiet völlig verschieden. Die feuchte und heiße Region verdankt ihren besonderen Charakter der Tatsa-

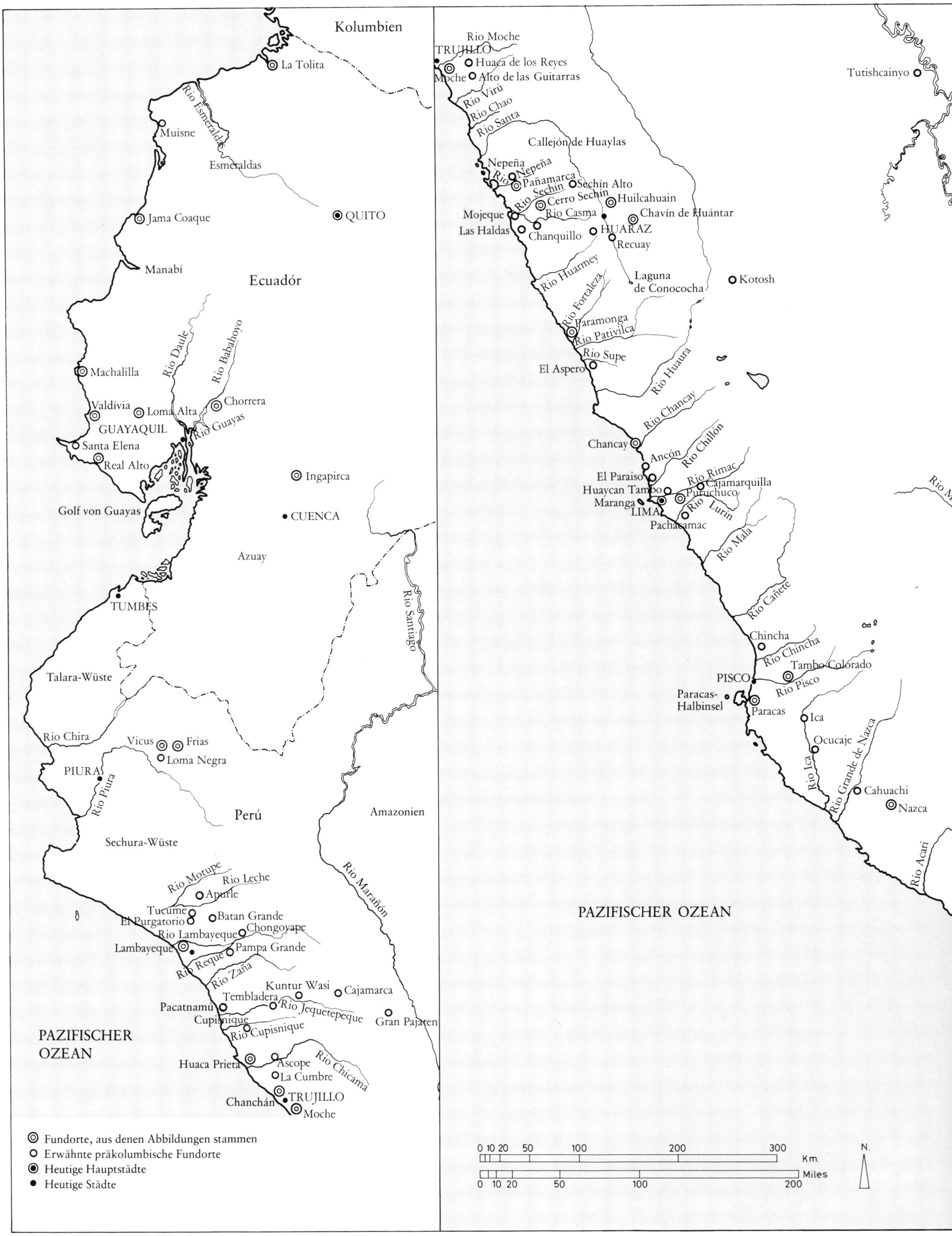
Kolumbien
La Tolita
Rio Esmeraldas
Muisne
Esmeraldas
QUITO
Jama Coaque
Manabí
Ecuadór
Rio Daule
Rio Babahoyo
Machalilla
Valdívia
Loma Alta
Chorrera
GUAYAQUIL
Rio Guayas
Santa Elena
Real Alto
Ingapirca
Golf von Guayas
CUENCA
Azuay
Rio Santiago
TUMBES
Talara-Wüste
Rio Chira
Vicus
Frias
Loma Negra
PIURA
Rio Piura
Perú
Amazonien
Sechura-Wüste
Rio Marañón
Rio Motupe
Rio Leche
Apurle
Tucume
El Purgatorio
Batan Grande
Chongoyape
Rio Lambayeque
Lambayeque
Pampa Grande
Rio Reque
Rio Zaña
Kuntur Wasi
Cajamarca
Tembladera
Rio Jequetepeque
Pacatnamú
Gran Pajatén
Cupisnique
Rio Cupisnique
PAZIFISCHER OZEAN
Huaca Prieta
Ascope
Rio Chicama
La Cumbre
TRUJILLO
Chanchán
Moche
Fundorte, aus denen Abbildungen stammen
Erwähnte präkolumbische Fundorte
Heutige Hauptstädte
Heutige Städte
Rio Moche
TRUJILLO
Huaca de los Reyes
Moche
Alto de las Guitarras
Rio Virú
Rio Chao
Rio Santa
Callejón de Huaylas
Nepeña
Rio Nepeña
Pañamarca
Sechín Alto
Rio Sechín
Cerro Sechín
Huilcahuain
Mojeque
Rio Casma
Chavín de Huántar
Las Haldas
Chanquillo
HUARAZ
Recuay
Rio Huarmey
Laguna de Conococha
Kotosh
Tutishcainyo
Rio Fortaleza
Paramonga
Rio Pativilca
Rio Supe
El Aspero
Rio Huaura
Rio Chancay
Chancay
Ancón
Rio Chillón
El Paraiso
Rio Rimac
Cajamarquilla
Huaycan Tambo
Puruchuco
Maranga
LIMA
Rio Lurín
Pachacamac
Rio Mala
Rio Cañete
Chincha
Rio Chincha
Tambo Colorado
PISCO
Rio Pisco
Paracas-Halbinsel
Paracas
Ica
Ocucaje
Rio Ica
Rio Grande de Nazca
Cahuachi
Nazca
Rio Acari
PAZIFISCHER OZEAN
0 10 20 50 100 200 300 Km.
0 10 20 50 100 200 Miles
N.

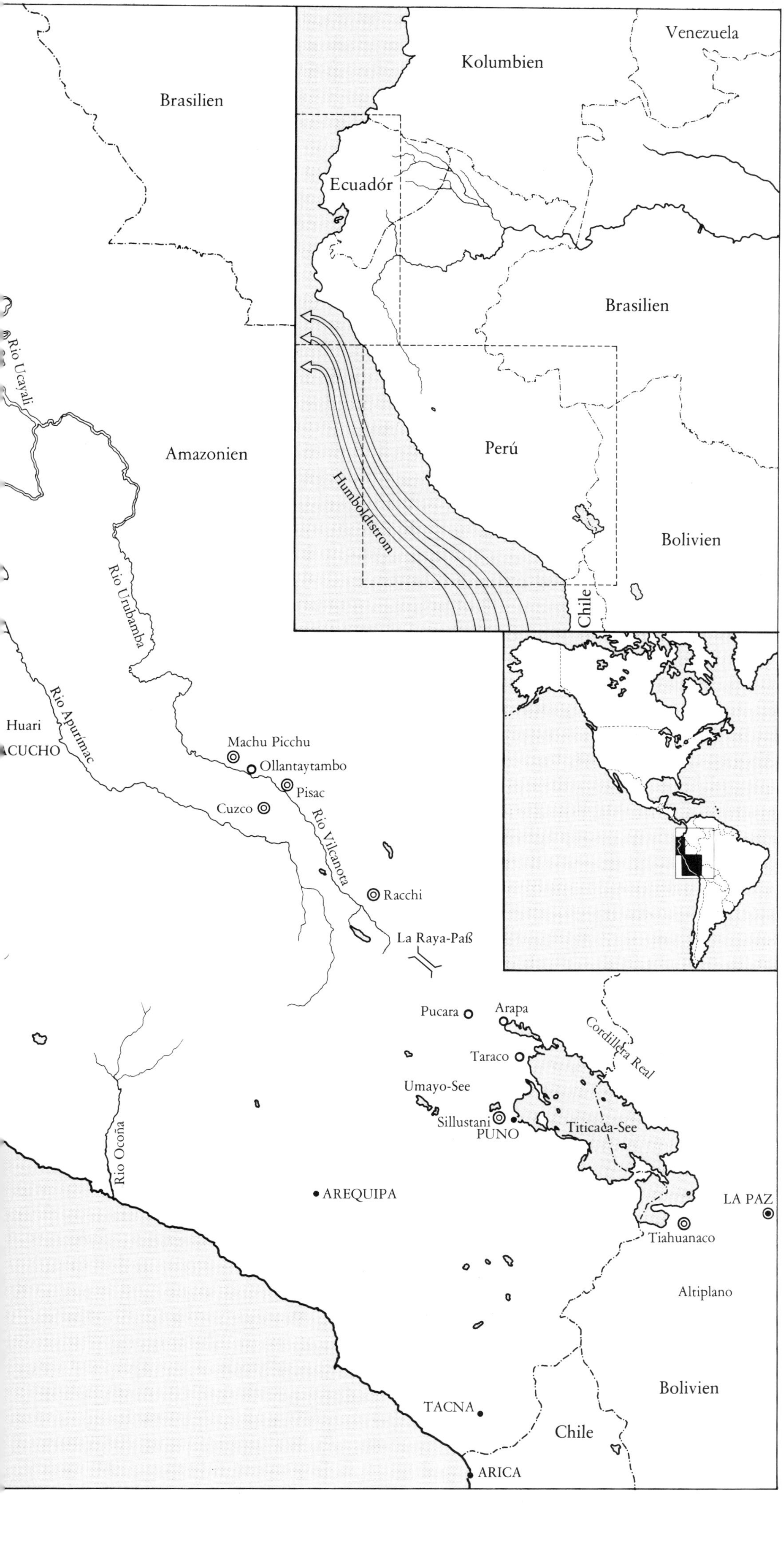

Karte des früheren Perú, das Ecuadór, das heutige Perú und Ostbolivien umfaßte, mit den wichtigsten im Text erwähnten Fundorten

che, daß der Humboldtstrom hier durch eine äquatoriale Südströmung ins Meer hinaus abgelenkt wird. So gibt es an der Küste Regenfälle, deren Ausmaß zunimmt, je mehr man sich Kolumbien nähert. Die ökologischen Bedingungen sind in dieser Zone also sehr günstig für das frühzeitige Aufblühen fortgeschrittenerer Gesellschaften als die an der übrigen Pazifikküste, wo Hochkulturen nur dank einer entwickelten hydrologischen Technik und künstlicher Bewässerung entstehen konnten; das aber setzte ein zentralisiertes politisches System voraus.

In Wirklichkeit sind die meisten peruanischen Flüsse dürftig: von den 56 Tälern haben nur neun dauernd fließende Flüsse. Innerhalb dieser begrenzten Regionen, in denen sich Ackerbau entwickeln kann, haben die weitläufigen Wüsten an der peruanischen Küste lange Zeit die Kontakte zwischen benachbarten Tälern behindert. Die Flüsse dagegen förderten das Aufblühen kultureller Einheiten in jedem Flußtal von der Mündung bis zu den andinen Hochregionen. Erst später bildeten sich Bündnisse, die mehrere dieser Gesellschaften zu größeren territorialen Gruppierungen zusammenfaßten; in diesen konnten die verschiedenen Regionalstile zu einer Einheit finden. Ursprünglich bildet also jeder Rio eine Oase, die von den benachbarten bewohnten Zonen für Fußgänger durch fast undurchquerbare Wüsten abgeschnitten war. Dieser Zustand hielt an, bis es Straßennetze mit Etappenorten und sicheren Wasserstellen gab. Eine solche Infrastruktur war jedoch erst in den vereinigten Reichen möglich, die nicht vor dem Beginn unserer Zeitrechnung in Erscheinung traten.

Jeder der kleinen peruanischen Küstenflüsse, die senkrecht zur Pazifikküste fließen (von Norden nach Süden die Rios Chira, Piura, Lambayeque, Jequetepeque, Chicama, Moche, Virú, Nepeña, Casma, Pativilca, Supe, Chancay, Rimac, Lurín, Cañete und Pisco), hat also, abgesehen von seinem bewässerten Unterlauf, eine kurze Strecke im Hochland. Dort bildeten sich menschliche Gemeinschaften, die mit den Bewohnern der Küstenstädte in Symbiose lebten. Aber die Andentäler, in denen sich präkolumbische Gesellschaften entfalten konnten, verlaufen vor allem parallel zu den Kordilleren. Das ist der Fall für das Santa-Tal, das den Callejón de Huaylas bildet, ebenfalls für den oberen Marañón, den Apurímac und den Urubamba. Selbst wenn diese Täler oft tief eingeschnitten sind, bringen sie, dank gewaltigen Stau- und Terrassenanlagen, reiche Kulturen hervor, von denen Chavín (zwischen Rio Santa und Rio Marañón) besonders berühmt ist.

Wenn wir nun weiter im Süden das Hochland betrachten, treffen wir auf das gewaltige Becken des Titicaca-Sees mit seinem Süßwasser in 4000 m Höhe. Diese Region bildet eine ganz besondere ökologische Einheit ohne Verbindung mit dem Ozean. Dort entwickelte sich eine eigenständige Kultur, die zur Tiahuanaco-Zeit, schon lange vor dem Ende des 1. Jahrtausends unserer Zeitrechnung, möglicherweise eine bemerkenswerte Einigung der präkolumbischen Welt zuwege brachte.

Dies ist der vielfältige geographische Raum, in dem sich die präkolumbischen Gesellschaften der Andenwelt entwickelten, ein Raum, der die Sand- und Felswüsten am Pazifik und die Wälder des Amazonasdschungels, die unendlichen Weiten der Puna und die von den Sechstausendern der Kordilleren überragten Täler, die großen Seen des Hochlandes, die von Ohrenrobben, Seelöwen und Kormoranen bevölkerten ozeanischen Inselchen, die wenigen Flüsse, deren kurzer Unterlauf einen »Miniatur-Nil« mit Palmen und Tropenfrüchten bildet, sowie die Meeresküste, die als das fischreichste Gebiet der Welt gilt, in einer Gesamtheit vereinigt.

Die Besiedlung Amerikas

Die Frage nach der Besiedlung des amerikanischen Kontinents hat verschiedene Antworten gefunden. Das Problem stellt sich ständig wieder und bringt immer neue Hypothesen hervor. So müssen wir es hier ein weiteres Mal darlegen. Im

1 Die 12 cm hohe Terrakottafigur im Valdívia-Stil kommt aus der Provinz Manabí und datiert aus Phase 6 (um 1800 v. Chr.). Sie stellt wahrscheinlich eine weibliche Fruchtbarkeitsgottheit dar. Die Stilisierung der Züge, die schematische Gestaltung von Haar und Armen, die Andeutung der Augen und die massige, doch strenge Silhouette lassen die Ablehnung jedes Realismus erkennen. Während der Körper massiv ist, beruht der hohle Kopf auf einer bereits fortgeschrittenen Technik der Valdívia-Keramik. (Museo del Banco Central, Guayaquil)

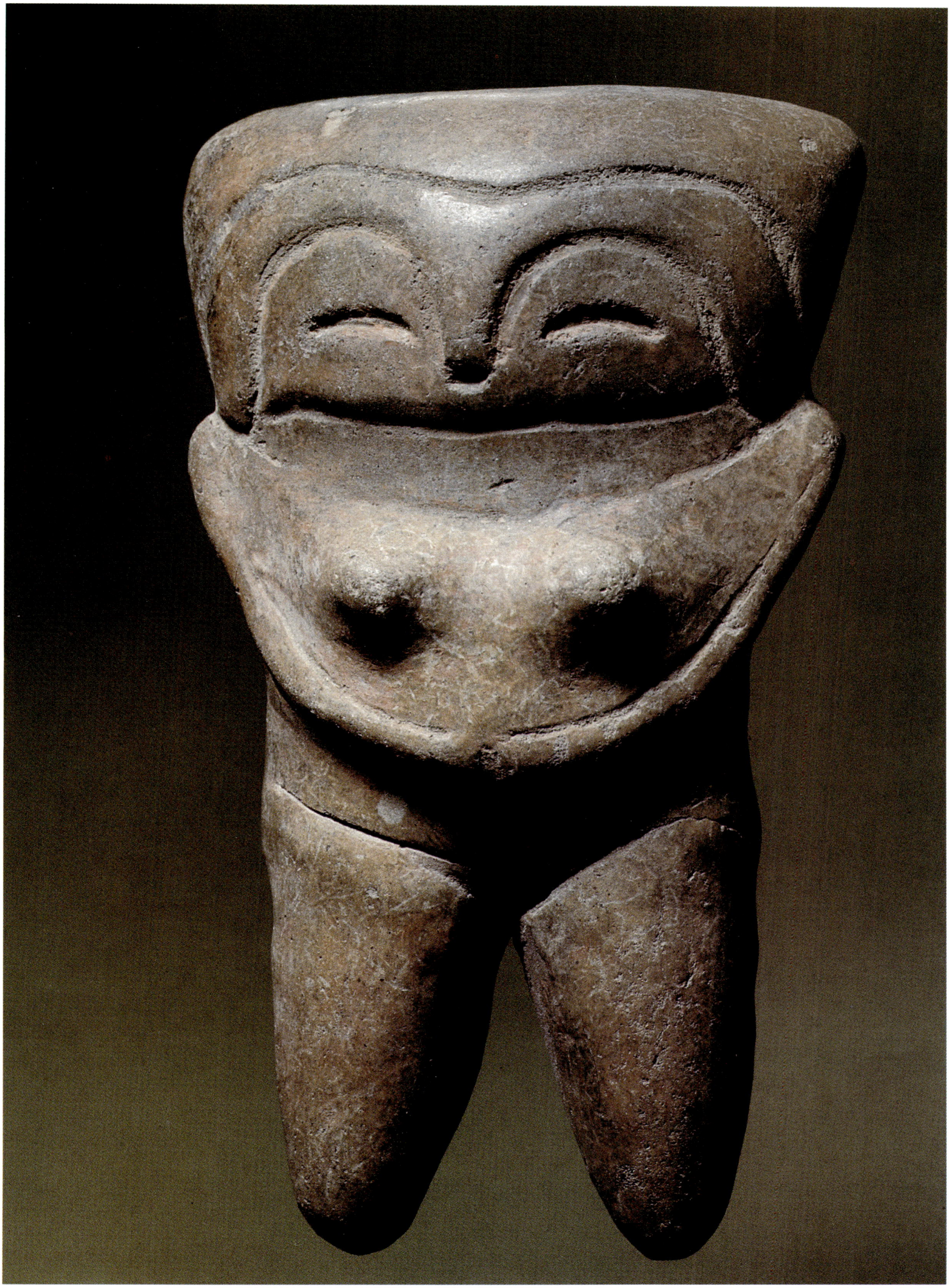

1

Band über die »Kunst der Azteken« haben wir den Übergang der von Asien kommenden Stämme, die am Ende der Wisconsin-Eiszeit über die Beringstraße nach Amerika eindrangen, in die Zeit um 25 000 v. Chr. gelegt. Diese Angaben können nun präzisiert werden.

Trotz zahlreicher Hypothesen, die transpazifische Reisen in früher Zeit ins Auge fassen, ist man immer noch der Meinung, daß die Besiedlung des amerikanischen Kontinents in mehreren aufeinanderfolgenden Wellen asiatischer Stämme erfolgte, die über die Region der Beringstraße einwanderten. Einige Autoren setzen aber heute die Ankunft der ersten Einwanderergruppen immer früher an; diese wären schon vor 30 000 oder 33 000 Jahren (anläßlich der Kältewelle von Konoschelskoje) von Asien nach Amerika gelangt. Überdies vermutet man, daß der Übergang, der fast unmerklich stattfand, als das Gebiet zwischen Ost-Sibirien und Alaska vom Eis bedeckt war und die nomadischen Jäger die Robben auf dem Packeis fingen, ebenso erst am Ende der Eiszeit hätte vor sich gehen können, als die beiden Kontinente – Asien und Amerika – noch nicht durch das offene Meer getrennt waren.

Wir möchten das verdeutlichen, indem wir die Zusammenfassung von J. Kozlowski und dem Schweizer H.G. Bandi wiedergeben, die sich auf die neuesten Forschungen gründet. Zur Zeit der großen Eiszeitperioden häuften sich beträchtliche Wassermassen in Eisform an den Polen an. Dieses Phänomen ließ die Ozeane der Erde um 80 bis 100 m sinken. Nun zeigt die Beringstraße zur Zeit Tiefen, die diese Zahlen nicht überschreiten. Es bestand also eine Landbrücke zwischen den beiden Kontinenten. Gewiß war diese hoch im Norden gelegene Landenge damals in den polaren Eismassen gefangen. Aber am Ende der Kälteperioden verschwand der Eisgürtel zuerst, und das Land verwandelte sich in Tundra, in der die nomadischen Jäger ihr Wild – wahrscheinlich Rentiere – von einem Kontinent zum andern verfolgten. Wie die genannten Autoren ausführen, fand dieser Übergang in mehreren Wellen statt, die sie in die Zeit der in Amerika Wisconsin und Woodford genannten (volleiszeitlichen) Kälteperioden des europäischen Würm verlegen, also in eine Zeit vor 22 000 bis 10 000 Jahren.

Die Ankunft des Menschen würde also – gemäß unbestreitbaren Spuren – in einer ersten Welle vor 22 000 Jahren in der frühen Woodford-Zeit erfolgt sein. Eine zweite Einwanderungswelle ereignete sich vor jetzt 13 000 Jahren, eine dritte und letzte vor nicht mehr als 10 000 Jahren. Da sich das Klima in der Folge erwärmte, wurde der Isthmus, der die beiden Kontinente verband, vom Wasser überflutet, und die Einwanderungen hörten vor der Periode auf, in der die ersten Ackerbauversuche einsetzten.

Eine andere Deutung stammt von R. Fester; Peter Baumann faßt sie in seinem Werk über Valdívia zusammen. Sie setzt voraus, daß schon vor den letzten asiatischen Einwanderungen ein »kaukasisches« Volk aus Europa kam, und zwar über das Packeis, das in der Eiszeit Nordeuropa mit dem amerikanischen Kontinent verband, einem Weg folgend, der über die Kola-Halbinsel, Spitzbergen, Grönland und Alaska führte. Einzig diese Wanderung von Ost nach West scheint eine Antwort auf bestimmte paläolinguistische und humanbiologische Fragen zu bieten (Bluteigenschaften einiger Amazonasstämme mit »positivem Diego-Faktor«).

Doch die Ankunft prähistorischer Stämme aus Ostasien oder Nordeuropa schließt nicht *ipso facto* die Besiedlung Südamerikas mit ein. Man weiß indessen, daß die Bevölkerung, die sich in der Südhälfte der Neuen Welt entfaltete, denselben Ursprung hat wie die von Nordamerika. Einige Stämme mußten also einen langen Weg zurücklegen und höchst unterschiedliche Gegenden und Klimatypen durchqueren, bevor sie ans Südende des Kontinents gelangten.

So haben die Menschenknochen, die 1930 von J. Bird in Höhlen nahe der Magellanstraße entdeckt wurden, zusammen mit Knochen amerikanischer Pferde (ein kleineres Säugetier als das Pferd Europas oder Asiens; es verschwindet gegen 5500 v. Chr.), ein Alter, das nach den Ergebnissen der Radiokarbon-Analysen (C 14) nicht weiter als 8800 oder sogar 6600 v. Chr. zurückreicht. In Chile finden sich Überreste von verbrannten Mastodontenknochen, in Verein mit bearbeiteten

Steinwerkzeugen, aus der Zeit um 9400 v. Chr. In Venezuela könnte man sogar ähnliche Entdeckungen auf 12 700 oder 14 900 v. Chr. datieren. So wäre die wissenschaftlich beglaubigte Anwesenheit des Menschen auf dem südamerikanischen Kontinent seit etwa 15 000 Jahren bezeugt.

Während Jahrtausenden führten die ersten Bewohner der Neuen Welt also das Leben von Menschen der oberen Altsteinzeit. Sie widmeten sich der Jagd, dem Fischfang und dem Sammeln wie ihre Brüder in Asien und Europa. Während der Eiszeitperioden und der wärmeren Zwischenphasen folgten diese Stämme den Wanderungen der Wildtierherden, die den Hauptbestandteil ihrer Ernährung lieferten. Als aber die Ausrottung bestimmter Arten (amerikanisches Pferd, elefantenartiger Mastodon, Ur-Bison und zahnloses Riesenfaultier) die Änderung der Lebensweise erzwang, paßten sich diese Menschen gezwungenermaßen an die neuen Lebensbedingungen an. Einige Stämme, die in der Nähe von Strömen oder des Ozeans lebten, wandten ihre ganze Aufmerksamkeit den Fischen oder Schalentieren zu, indem sie die Techniken der Fischerei und des Sammelns der Meeresfrüchte entwickelten. Die Bewohner der großen tropischen Anschwemmungsebenen wandelten die Sammelpraxis langsam in einen rudimentären Gartenbau um, da es ihnen gelang, die Ernährungspflanzen zu domestizieren. Dank geduldiger Beobachtung machten sie durch Kreuzung und Auswahl aus wilden Pflanzen Kulturpflanzen.

Diese Umwandlung dauerte vermutlich Jahrtausende und begann vor rund 7000 Jahren. Sie bildet in der Alten Welt die neolithische Umwälzung, eine Phase, die die Amerikanisten als »formative« zu bezeichnen vorziehen, aufgrund der fast völligen Abwesenheit von Werkzeugen aus geschliffenem Stein in der Neuen Welt.

Wo hat diese grundlegende Änderung eingesetzt? Wie hat sich diese radikale Umwandlung vollzogen, die den Menschen aus dem Nomadenleben zu einem Dasein als seßhafter Ackerbauer führte? Eines ist gewiß, diese Umwälzung geschah in Amerika unabhängig von allen äußeren Einflüssen, denn die zwischenkontinentalen Bevölkerungsbewegungen hatten vermutlich vor 10 000 Jahren aufgehört.

Der Aufschwung des Ackerbaus

An welcher Art von Orten ist der Ackerbau in Südamerika zum ersten Mal in Erscheinung getreten? Oft nahm man an, daß die trockenen oder halbtrockenen Gebiete der Schauplatz dieses Vorganges gewesen wären. Diese Mutmaßung gründet auf überaus zahlreichen archäologischen Funden, die man in diesen Regionen, vor allem an der peruanischen Küste, machte. Die Beweise dürften jedoch weit mehr den Erhaltungsbedingungen zu verdanken sein als ihrer zeitlichen Priorität.

Donald W. Lathrap hat gezeigt, daß im Gegenteil die feuchte Tropenumgebung das Aufblühen des Ackerbaus begünstigt haben muß. Die von den vorgeschichtlichen Menschen auf diesen sehr fruchtbaren Böden durchgeführten Versuche wären dann in den halbtrockenen Gegenden und später, dank der künstlichen Bewässerung, in den Trockenzonen übernommen worden.

Die Forscher, die in den feuchten tropischen Zonen arbeiten, um dort die Ursprünge des Ackerbaus zu entdecken, folgen einem streng wissenschaftlichen Verfahren. Die Arbeiten von O. Sauer, P. Mangelsdorf und D.H. Harris stimmen im wesentlichen überein und werden durch Ausgrabungen in Südostasien und in Amerika bestätigt. G. Reichel-Dolmatoff gelang es im amazonischen Kolumbien ebenso wie Michael Coe im Olmeken-Land, archäologisch die Richtigkeit dieser These zu beweisen.

Nach dem »Drehbuch«, das diese Forscher – und vor allem Betty Meggers – vorschlagen, hätten während des Holozäns (zwischen 7000 und dem Beginn

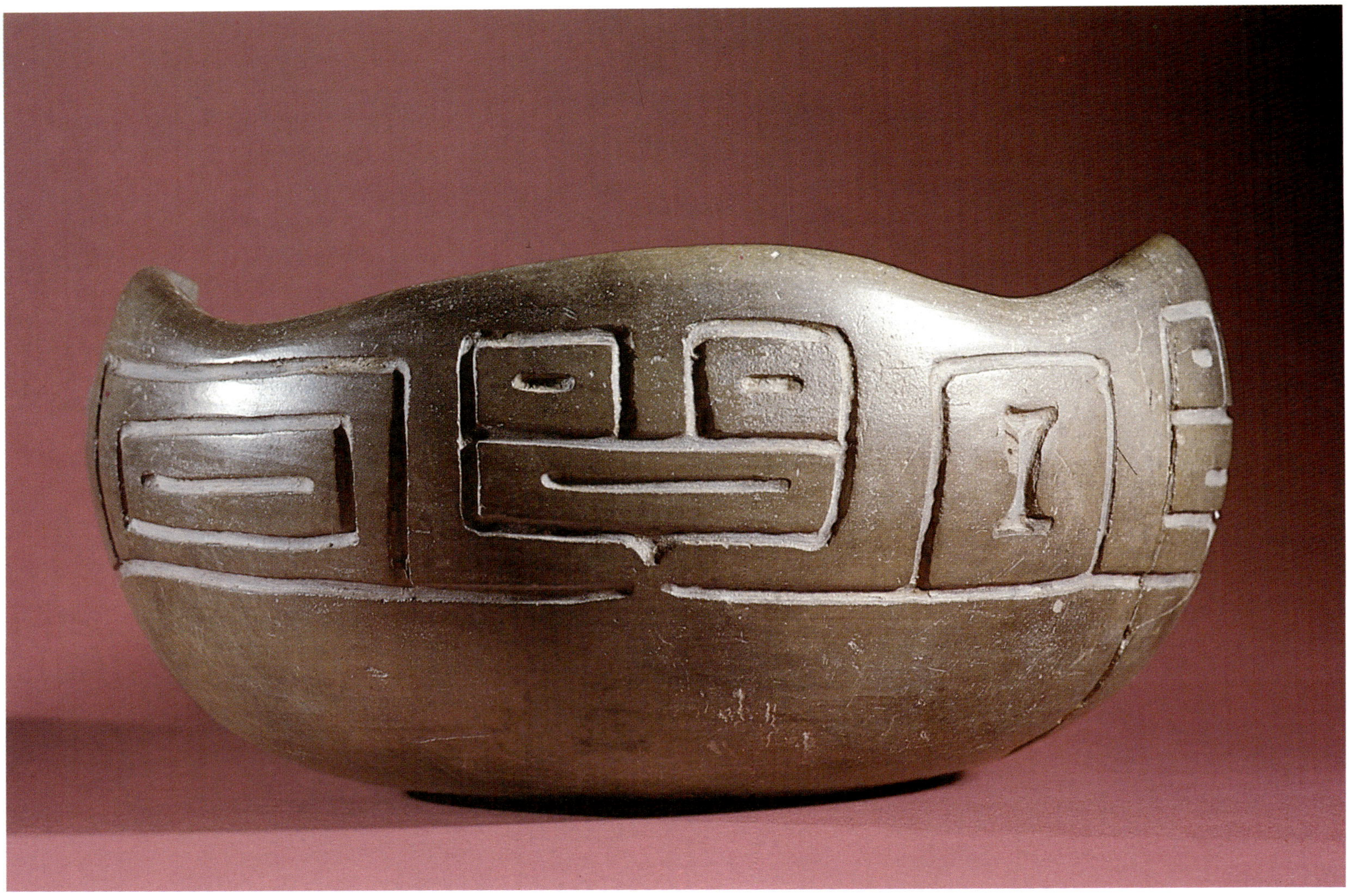

2

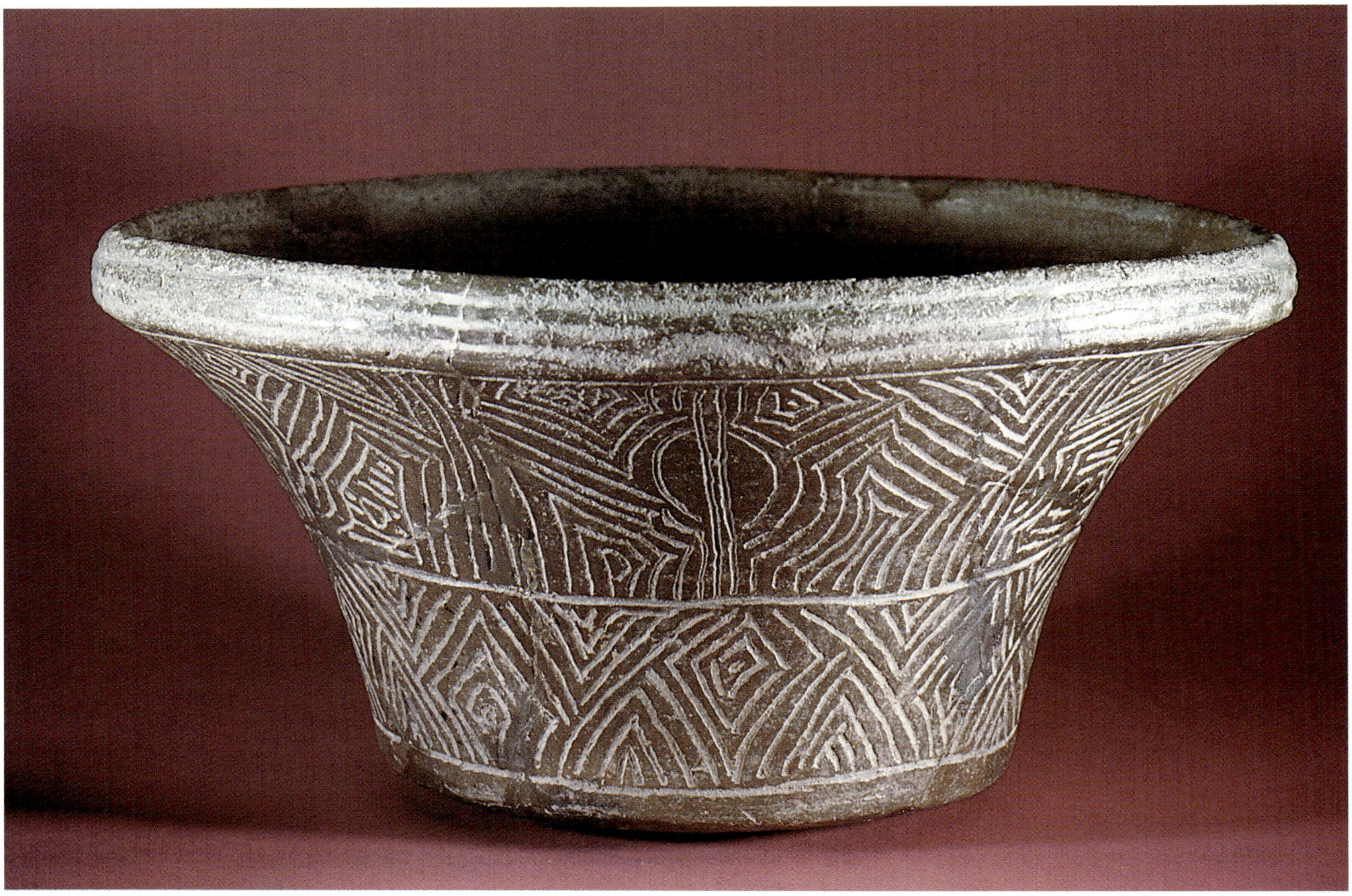

3

unserer Zeitrechnung) Trockenperioden mit kühlem Klima bestanden, die nicht nur die Nordregionen des Kontinents, sondern auch die gemäßigten und tropischen Gebiete erfaßten. Unter der Wirkung der Trockenheit, die sowohl am Ende des 5. Jahrtausends wie um 3000 v.Chr. herrschte, wurde die Vegetation der tropischen Gegenden und besonders der Amazonasebene grundlegend verändert: Diese heute von Urwald bedeckten Böden wiesen damals weite Savannen auf, in denen sich die Menschen niederlassen konnten, ohne gegen eine wuchernde Vegetation ankämpfen zu müssen. In den Grassavannen im Herzen Amazoniens fanden die Gesellschaften auf dem Weg zur Seßhaftigkeit eine Zuflucht. Hier entwickelte sich die Domestizierung der Pflanzen durch den Menschen, und hier entstand im 4. und 3. Jahrtausend v.Chr. ein intensiver Ackerbau in den jahreszeitlich überschwemmten Ebenen.

In der Folge schränkte die Zunahme der Regenfälle in einer wärmeren Phase zunehmend die bebaubaren Flächen ein. Angesichts des unaufhaltbaren Vordringens des hochwüchsigen Urwalds, der die vordem von Menschen bebauten Gegenden überzog, mußten die Völker andere Landstriche suchen, um dort ihre Ackerbauversuche fortzusetzen.

Nach Lathrap war Amazonien damals der Schauplatz unaufhörlicher Kämpfe zwischen Stämmen auf der Suche nach fruchtbarem Boden. Infolge der Einengung ihres vom ständig wachsenden Wald in Besitz genommenen Lebensraumes waren diese Völker gezwungen, dem Lauf der Zuflüsse der großen Ströme entlang in die Höhe zu steigen. So gelangten sie auf das Kordillerenmassiv und stiegen auf der anderen Seite zum Pazifischen Ozean hinab. Diese Stämme verbreiteten an ihrem neuen Wohnort die Errungenschaften des Ackerbaus. Sie ließen die vorgeschichtlichen Kulturen sich entfalten, von denen wir Zeugnisse im ecuadorianischen Valdívia finden, in einer ihrer ursprünglichen Heimat recht ähnlichen Umwelt: der Anschwemmungsebene des Rio Guayas. Sie sind es auch, die später die religiösen Zentren der peruanischen Hochtäler in Kotosh wie in Chavín aufblühen lassen.

Es ist auffallend, daß die von dieser These über den Ursprung des Ackerbaus in der feuchten tropischen Umwelt vorausgesetzte Verwandlung der amazonischen Pflanzendecke zusammentrifft mit den Feststellungen im Band über die »Kunst der Maya«, was die Kanäle betrifft, die im Becken des Petén angelegt wurden, um den Überfluß des Regenwassers zu drainieren. Auch da bedeckte der Urwald nicht das ganze Territorium, das er heute überzieht, sondern es gab einen weiten Bereich mit einer Art Grassavanne. In diesen waldfreien Gebieten könnte der Ackerbau der Maya im 2. oder 1. Jahrtausend vor unserer Zeitrechnung begonnen haben.

So stellt man fest, daß überall, wo heute der Urwald die Tiefländer bedeckt, vor dem Beginn einer neuen Feuchtigkeitsphase Gebiete bestanden, deren Pflanzendecke sich der Tätigkeit des Menschen nicht entgegenstellte. Um diese fruchtbaren Böden zu erhalten, beschlossen die Maya vermutlich, angesichts der zunehmenden Regengüsse ihr erstaunliches Drainagenetz anzulegen.

In Amazonien dagegen, wo die Klimaveränderungen früher angefangen haben müssen, waren die Ackerbaugesellschaften nicht genügend organisiert, um in gleicher Weise gegen das Vordringen des Waldes anzukämpfen. So blieb ihnen nichts anderes übrig, als neue kultivierbare Böden zu finden, ob sie sich nun in den Andenhochtälern niederließen oder ob sie die halbtrockenen Böden der Küstenebenen bewässerten, die ständig Wasser führende Flüsse aufwiesen.

Wie dem auch sei, diese amazonische Herkunft der ersten Ackerbauern des südamerikanischen Kontinents hatte einen Einfluß auf die ganze Zukunft der präkolumbischen Hochkulturen Amerikas im Süden wie im Norden, denn offenbar wirkte sich die Wanderung der Völker auf der Suche nach neuen Böden genauso in Richtung der Kordilleren, der ecuadorianischen Ebene und der Pazifikküste aus wie auf die Panama-Landenge und Mesoamerika hin.

Übrigens ist die Mehrzahl der Pflanzen, die durch den präkolumbischen Menschen des andinen Amerika domestiziert wurden, tropischen Ursprungs, wie auch

2 Valdívia-Schale mit geschwungenem Rand aus Phase 4 (um 2100 v.Chr.). Das Stück ahmt die Form einer aufgeschnittenen Kalebasse nach und ist mit Motiven geschmückt, die hochstilisierte Menschenköpfe darstellen. In Huaca Prieta (Perú) hat man Kalebassen mit Brandgravierungen gefunden, die ähnliche Motive tragen. Das beschädigte Werk hat einen Durchmesser von 18,5 cm und zeigt ungewöhnliche Sicherheit in der Zeichnung und vollendete Beherrschung der polierten Terrakotta. (Museo del Banco del Pacífico, Guayaquil)

3 Das Gefäß im späten Valdívia-Stil kommt von der Küste von Guayas und datiert aus Phase 7 bis 8 (um 1650 v.Chr.). Das Stück hat einen Durchmesser von 26,5 cm, eine ausladende Form und einen Dekor, dessen geometrische Einritzungen mit Hilfe von Kaolinpulver hervorgehoben sind. (Museo del Banco Central, Guayaquil)

die Mythen und Hauptgottheiten, die in der Religion und Ikonographie der Kulturen der Hochtäler in Erscheinung traten: Kaiman (Alligator), Jaguar, Affe und Schlange.

Fügen wir in Hinsicht auf den Ackerbau hinzu, daß der Mensch durch die Domestizierung der Pflanzen auch selbst domestiziert wurde. Indem er den Ertrag der Nutzpflanzen verbesserte, konnte er auf dem Gebiet der Ernährung im Vergleich mit den immer vom Zufall abhängigen Techniken der Jagd und des Sammelns eine größere Unabhängigkeit erlangen. Von nun an konnte die Bevölkerung wachsen, doch geriet der Ackerbauer auch in eine viel stärkere Abhängigkeit von seinem Land: Die bebauten Böden mußten unterhalten und bewässert werden, ihre Ausdehnung und ihre Erträgnisse hatten mit der wachsenden Bevölkerung zuzunehmen. Kurz, die domestizierten Pflanzen benötigten ständige Pflege: Zyklen des Brachliegens, Bewässerung oder Entwässerung, Düngung, Bildung von Samenreserven usw.

Der Mensch, der die Pflanze domestiziert, wird seinerseits durch die Arbeit geknechtet, die er für sein Ackerland, will er überleben, aufbringen muß. Allein diese Symbiose ermöglicht das Dasein des einen durch den anderen. Der Mensch ist in vollem Sinn Ackerbauer geworden. Er hängt von den Nutzpflanzen ab, die er durch Selektion gezüchtet hat. Von nun an liefert die Feldarbeit seine Hauptnahrung. Tätigkeiten wie Jagd und Fischfang sind weniger wichtig. Gewiß bilden deren Produkte einen wertvollen Beitrag an Proteinen. Sie stellen aber nicht mehr das einzige Mittel zum Überleben der Gruppe dar.

Die vornehmliche Beschäftigung des Ackerbauers besteht darin, seine Felder zu überwachen und seine Ernten zu schützen, die unentbehrlichen Reserven, mit denen er den Risiken einer schlechten Saison begegnen kann. Der Mensch ist an den Boden gefesselt: Er kann kein Nomadenleben mehr führen, will er nicht ausgeplündert und um die Frucht seiner Arbeit gebracht werden. Er ist seßhaft, mit all dem, was dieser Begriff in sich enthält als Möglichkeit, Ausstattungsmaterial anzuhäufen, den Wohnsitz zu verbessern, den materiellen Besitz zu mehren, der das Aufkommen des Dekors, die Entfaltung der Möblierungskunst, die Entstehung der Architektur erlaubt.

Ressourcen und Mängel der Andenvölker

Um die Begegnung mit dem manchmal befremdlichen Bereich der Kunstgeschichte, den die Gesellschaften Südamerikas bilden, zu erleichtern, scheint es uns nützlich, noch vor der Schilderung der Etappen ihrer Entwicklung die Ressourcen und Mängel der präkolumbischen Kulturen aufzuzählen.

Unter den vom Menschen angebauten Nutzpflanzen, deren eßbarer Teil unter der Erde wächst, erwähnen wir mehrere Sorten von Kartoffeln, ferner die Süßkartoffel (Batate), die Achira (sprich: Atschira; Canna edulis-Wurzeln), den Maniok und die Erdnuß. Zu den Körnern- oder Samenpflanzen gehören Mais, Bohne, Amarant (Tausendschön) und Quinoa (Gänsefußsamen). Hinzu kommen die Früchte, wie Tomate, Ananas, Guajave, Granatapfel, Papaya, Avocado und Flaschenkürbis (Kalebasse). Ein Gewürz ist überall gegenwärtig: der Pfeffer oder *ají* (sprich: Achí). Überdies waren die Baumwollfasern noch vor der Keramik bekannt, ebenso bestimmte Binsen- und Kaktusfasern, die heute nicht mehr in Gebrauch sind. Endlich nennen wir wildwachsende oder angebaute Arzneipflanzen wie Koka und Tabak, zudem Tausende von einfachen Heilpflanzen, deren Anwendung auf Erfahrung und Magie beruht.

An Haustieren waren die Andenvölker, verglichen mit den Kulturen der Alten Welt, ungewöhnlich arm. Sie kannten jedoch mehr als die Völker Mesoamerikas, da sie seit dem 3. Jahrtausend v. Chr. zwei Kamelarten besaßen: das Lama und das Alpaka. Beide Tiere lieferten Wolle, Häute und ein geschätztes Fleisch. Ferner konnte das Lama als Saumtier für Lasten gebraucht werden, sofern diese

4 Die seltsame Terrakottastatuette im Valdívia-Stil zeigt ein weibliches Bildnis mit zwei Köpfen, das wahrscheinlich das dualistische Prinzip der Natur verkörpert. Das Stück ist nicht höher als 9,5 cm und trägt die typische Frisur der frühen Valdívia-Zeit (Phase 3) von 2300 v. Chr. (Museo del Banco Central, Quito)

5 Weibliche Valdívia-Statuette mit der charakteristischen Frisur, die an eine Perücke erinnert. Über den in Gebetshaltung gefalteten Händen ist das Gesicht nur flüchtig angedeutet. Die 9,2 cm hohe Terrakottafigur datiert von 2300 v. Chr. (Museo del Banco Central, Quito)

6 Diese Valdívia-Statuette aus Phase 5 (um 2000 v. Chr.) ist, was Frisur und Gesicht betrifft, höher stilisiert; die Augenbrauen sind nun ebenso wichtig wie die Augen selbst. Das 9,8 cm hohe Stück ist mit roter Engobe überzogen. (Museo del Banco del Pacífico, Guayaquil)

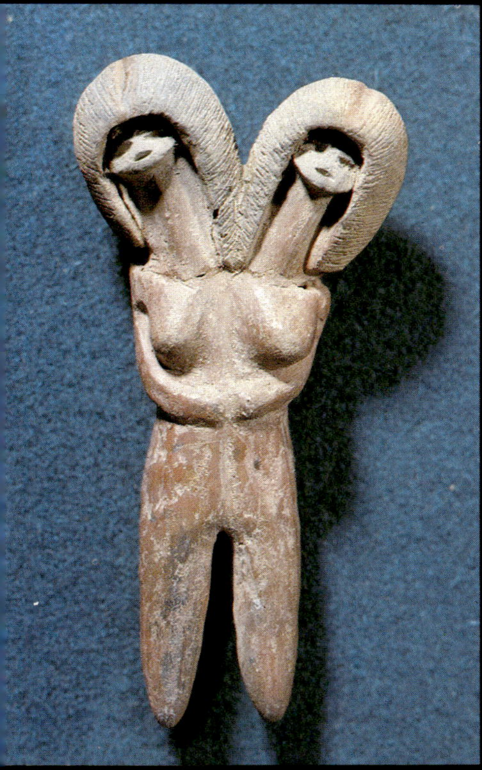
4

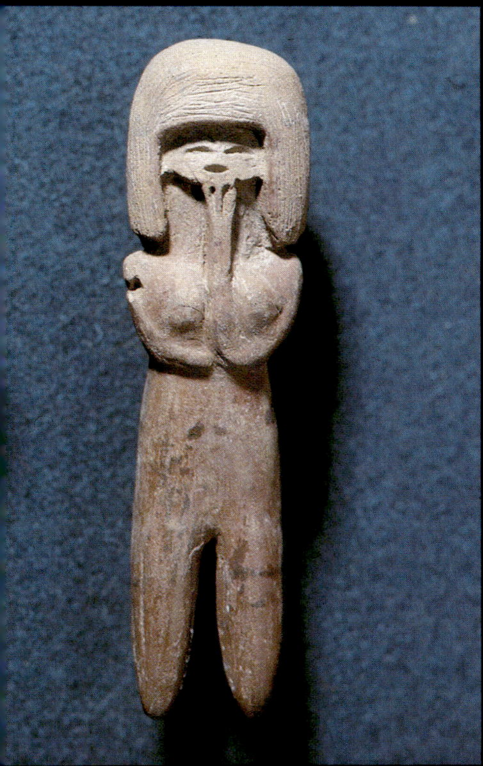
5

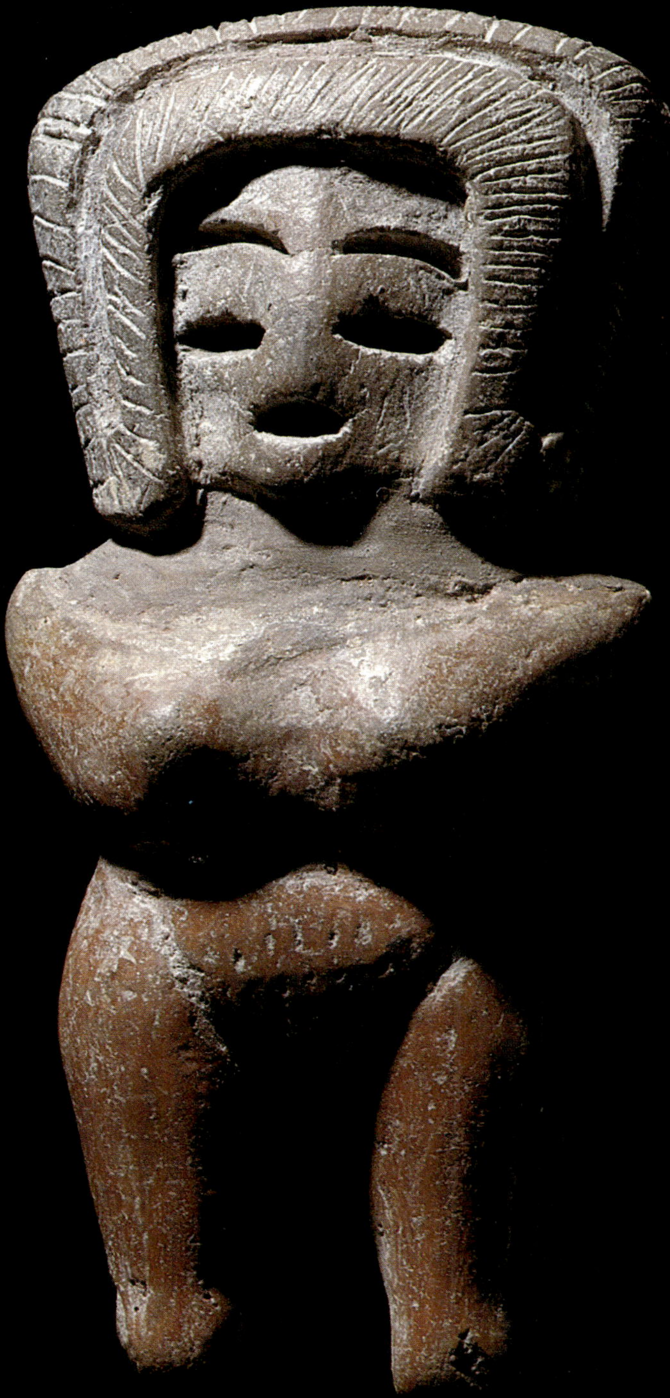
6

30 kg nicht überschritten. Die beiden domestizierten Tiere stammten aus dem Hochland und wurden allmählich an die Tiefländer akklimatisiert.

Zudem hielten die Präkolumbier Südamerikas als mindere Haustiere den Hund und das Meerschweinchen, beide als Schlachtvieh, dazu die Ente, nicht aber den Truthahn, im Unterschied zu den mexikanischen Völkern.

Unter den Wildtieren, die gejagt wurden, erwähnen wir den Puma und den Jaguar, das Pekarí (Nabelschwein), mehrere Affenarten, das Faultier, den Bär, das Reh, den Hirsch und zwei nichtdomestizierte Kamelarten: das Vicuña und das Guanako, dazu Vögel wie Wachteln, Rebhühner, Tauben, Wildenten und Papageien.

Seit der Besiedlung der Pazifikküste haben Fische, Schalentiere und Muscheln einen grundlegenden Beitrag zur Ernährung geliefert. Hinzu kommen Meerschildkröten, Ohrenrobben und Seelöwen, Pottfisch und Orca (Mörderdelphin). Die zahllosen Arten von Seevögeln, deren Eier geschätzt wurden, bevölkerten die Klippen und Inselchen der Küste. Sie sorgten für den natürlichen Dünger durch die Anhäufung von Guano, ihren Exkrementen. Schon in vorgeschichtlicher Zeit verstanden es die Ackerbauern, den Guano zur Düngung ihrer Kulturen einzusetzen.

Unter den Mineralien wird das Gold, in Form von Körnern oder als Staub, durch das Ausschwemmen des Flußsandes gewonnen. Die Metallbearbeitung, die in Nord-Perú und Ecuadór zwischen 500 und 300 v.Chr. einsetzte, brachte goldene und silberne Schmuck- und Ritualgegenstände hervor. Das Kupfer diente zum gleichen Zweck, gestattete aber zudem die Anfertigung von Waffen und Werkzeugen. Natürliches Platin wurde in Ecuadór gehämmert. Vielleicht wußte man es zu schmelzen, aber der Beweis dafür ist noch nicht erbracht. Halten wir fest, daß das Schmelzen von Platin eine sehr hohe Temperatur erfordert (1755°), höher als Silber (960°), Gold (1064°) oder Kupfer (1084°). Betonen wir auch, daß in Südamerika die Metalle schon viel früher als in Mesoamerika bearbeitet worden sind.

Was die geologischen Reichtümer betrifft, verfügt das Andenland über derart viele, daß es schwierig wäre, all die Gesteinsarten aufzuzählen, die für die Skulptur, für Werkzeuge und für die Bauten verwendet wurden. Neben der *adobe,* der gestampften Erde, aus der die Präkolumbier an der Sonne getrocknete Ziegel oder geformte Elemente herstellten, setzte sich die Steinarchitektur an der peruanischen Küste sehr früh durch. Schließlich schufen ganz besonders die Inka – nach den Leuten von Chavín und Tiahuanaco – hervorragende Mauerverbände aus harten Steinen, wie dem Granit oder Quarziten.

Zum Abschluß dieses kurzen Überblicks über die Errungenschaften des andinen Amerika müssen noch die Lücken genannt werden, die diese Gesellschaften nie auszufüllen vermochten, selbst als sie auf dem Gipfel ihrer Macht standen. Die Mängel sind auf die Zusammensetzung der südamerikanischen Pflanzen- und Tierwelt zurückzuführen, aber auch auf überraschendes technologisches Unwissen, das diese Gesellschaften kennzeichnete. Solches Manko ist zum Teil verantwortlich für den Zusammenbruch der präkolumbischen Völker nach der Ankunft des weißen Mannes. Aus diesem Grund ist es wichtig, die Mängel aufzuzählen, die auch zeigen, wie verschieden die Wege sind, die die Menschheit in ihrer Entwicklung einschlagen kann. Sie beziehen sich auf den Bereich der Natur wie auf den der Techniken.

Was die Pflanzen betrifft, so baute man zwar Nutzarten an, die den Mittelmeer- oder asiatischen Kulturen fremd waren, doch bleiben Weizen und andere Kornarten wie Roggen, Gerste oder Hafer unbekannt. Ebenso fehlt der Reis Südostasiens – was den Abbruch der Kontakte mit der Alten Welt und das Ende der Einwanderungen noch vor der Ackerbauphase beweist.

Das Fehlen des Pferdes, der Rinderarten, sogar der Ziegen- und Schafarten wird im Andenland nur teilweise durch die domestizierten kamelartigen Tiere ausgeglichen. Diese sind weder zum Reiten noch zum Ziehen eines Gefährtes geeignet; ebenso wenig lassen sie sich melken, was jeden Verbrauch von Milchprodukten ausschließt, die dem Hirtenleben der Alten Welt eigen sind.

Auf technologischer Ebene entsprechen die Mängel denen der mittelamerikanischen Präkolumbier: Fehlen des Rades (daher ist es für die Indianer unmöglich, sich schneller fortzubewegen, als die Kraft ihrer Beine es ihnen erlaubt), Fehlen der Töpferscheibe und des Pfluges mit Pflugschar, Fehlen auch jeden Materials zum Heben (Krane, Hebeböcke, Winden, Zugwinden) oder auch von Pumpen für die Bewässerung (Schwengel des *shadouf,* Archimedesschraube). Zudem wurde das Eisen nie für Werkzeuge oder Waffen gebraucht, mit Ausnahme seltener gehämmerter Meteoritenstücke.

So gibt es infolge des Fehlens von Karren und von Zug- oder Reittieren kaum Landtransporte, und sie beruhen einzig auf der Kraft der Menschen, die mit der Überbringung von Nachrichten (*chasqui,* sprich: Tschaski), dem Tragen von Sänften und Materialtransporten beauftragt sind. Dagegen ist die Schiffahrt etwas besser ausgebaut, doch immer noch sehr einfach. Die Pazifikfischer benützen zerbrechliche Kähne aus Schilfrohr, die an beiden Enden in spitze Bündel auslaufen. Sie »reiten« damit über die Wellen, und die Eroberer nannten ein solches Boot *caballito de mar* (Seepferdchen). Die Transporte von Waren und handgefertigten Produkten wurden mit Hilfe von Flößen entlang den Küsten bewerkstelligt. Die Flöße erreichten in der Inka-Zeit beträchtliche Ausmaße und konnten nahezu 20 m lang sein. Sie wurden aus bemerkenswert schwimmkräftigen Balsastämmen hergestellt. Mit einem wahrscheinlich quadratischen Segel versehen, scheinen sie nur bei Rückenwind und bei schlaffer Segelspannung brauchbar gewesen zu sein; man konnte mit ihnen nicht gegen den Wind kreuzen. Diese Flöße ermöglichten den Tauschhandel mit Zentralamerika und dem nördlichen Mittelamerika. Dank ihnen gelangten die metallurgischen Techniken um das 9. oder 10. Jahrhundert unserer Zeitrechnung an die Küsten des heutigen Mexiko.

Was schließlich die intellektuelle Ausrüstung betrifft, so erfanden die Präkolumbier des andinen Amerika kein anderes mnemotechnisches System als die *quipu,* ein einfaches Zählmittel. Mit Hilfe von Knoten, die in bestimmten Abständen auf verschiedenfarbigen Schnüren verteilt sind, ließen sich Lagerbestände und Reserven festhalten oder Volkszählungen durchführen. Das Fehlen jeder Schrift wirkte sich negativ auf die technologisch-wissenschaftliche Entwicklung und auf die Ausdrucksformen dieser Völker aus. Im Gegensatz zu den Maya konnten die Inka nie ihre Kenntnisse, ihre Mythen und ihre Herrscherchroniken schriftlich niederlegen.

Schließlich gelangte die Gesamtheit der Andengesellschaften trotz einiger Metallarbeiten, in der Hauptsache Schmuck- und Ritualgegenstände, kaum über das Kulturstadium hinaus, das wir in der Alten Welt neolithisch nennen würden. Abgesehen von den außergewöhnlichen Werken im Bereich von Bewässerung und Straßenbau, trotz eindrucksvoller Stadtgründungen und einer ausgebildeten Sozialorganisation bleiben diese Präkolumbier Menschen der Vorgeschichte. Wir bewundern zwar ihre oft hervorragenden Kunstwerke, aber sie verfügten nicht über ein genügendes natürliches Vermächtnis, das ihnen erlaubt hätte, die Etappen einer technologischen Entwicklung zu durchlaufen, wie sie die Hochkulturen des Altertums in Griechenland und Rom, Ägypten und Babylonien, China und Japan erfuhren.

Diese Unfähigkeit hängt ebenso sehr von den vielen Mängeln ab, die wir feststellten, wie von einer anderen Auffassung des »Fortschritts«. In Wirklichkeit ist es vielleicht weniger eine Unfähigkeit als ganz einfach eine diachronische Entwicklung. In der Tat waren die Reiche, die seit dem Jahr 1000 unserer Zeitrechnung blühten, oder das Inka-Reich am Vorabend der Eroberung auf dem Weg einer Veränderung, die der brutale Einbruch der Konquistadoren zunichte machte. Er tötete im Keim die Möglichkeiten einer zukünftigen Entwicklung.

Bevor wir die wichtigsten Andenkulturen vorstellen, war es wichtig, diese allgemeinen Grundlagen in Erinnerung zu rufen. Auf diese Weise können wir erfassen, was die präkolumbischen Völker Südamerikas an Eigenständigem mit sich bringen, und den Beitrag ihrer Kunst besser verstehen.

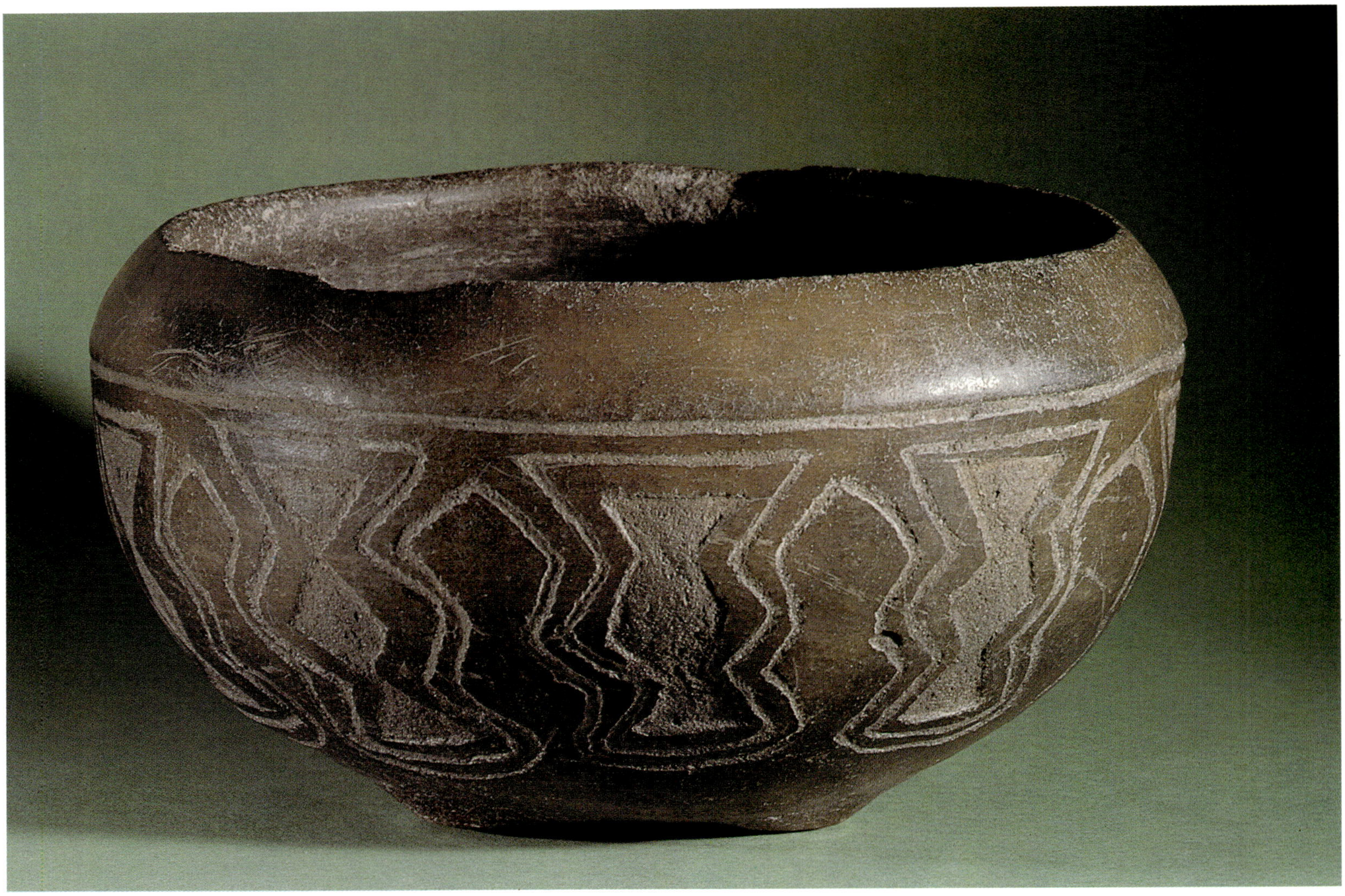
7

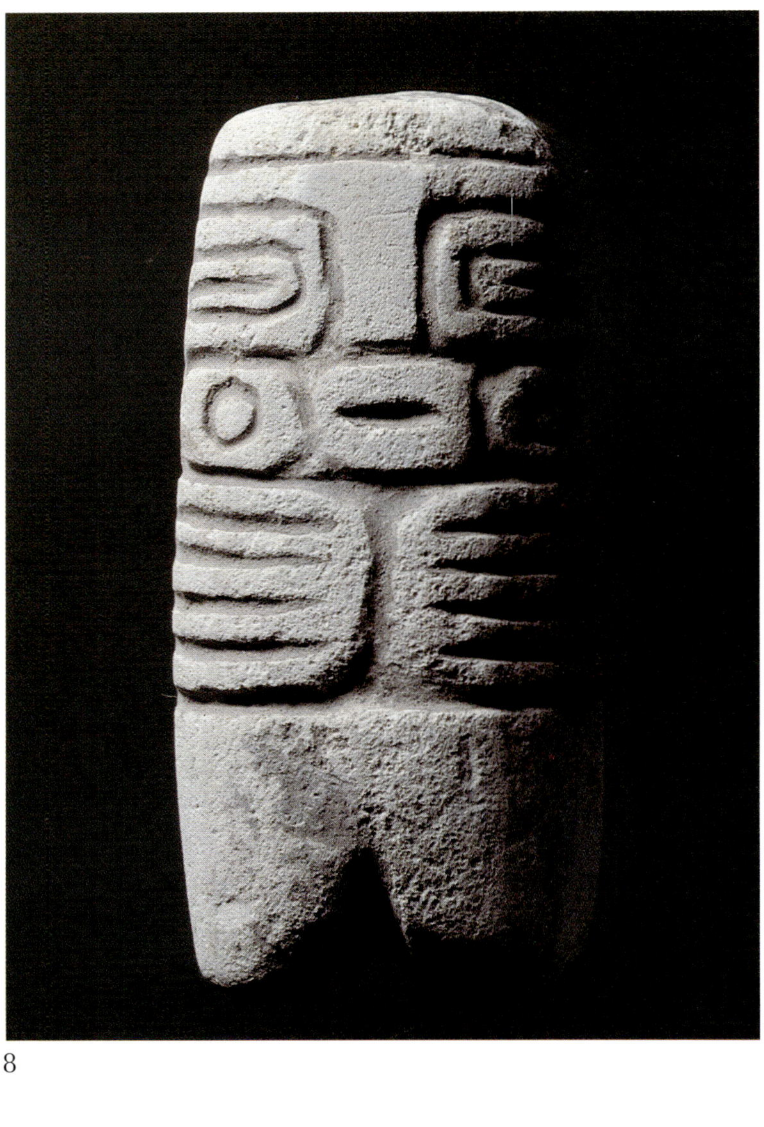
8

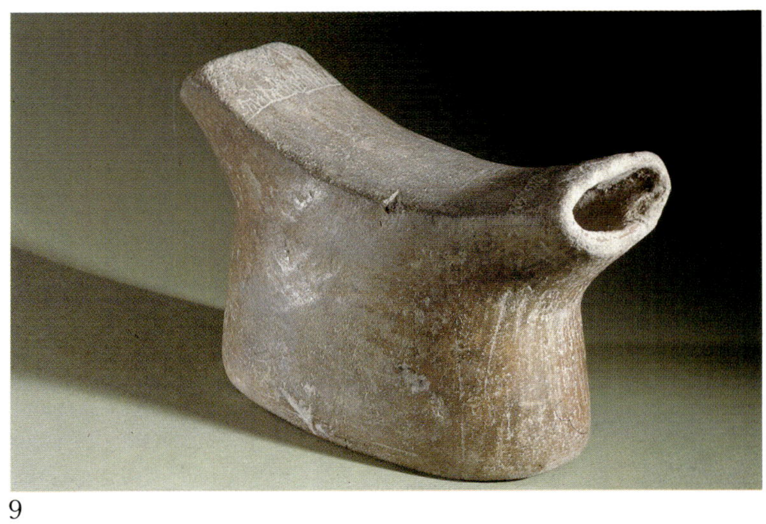
9

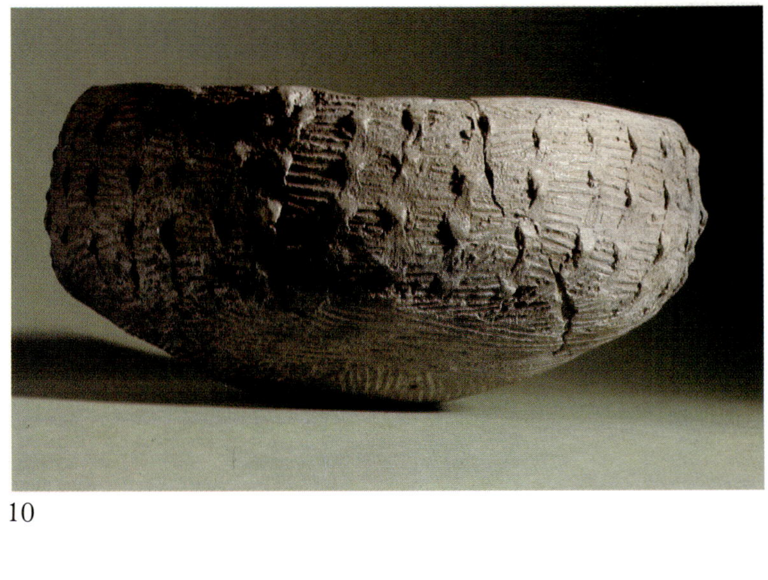
10

II Die Entstehung der Kultur: von Valdívia bis Chorrera

Im Anschluß an die ersten Arbeiten, die der ecuadorianische Ausgräber Emilio Estrada 1956 und die Amerikaner Clifford Evans und Betty Meggers 1957 veröffentlichten, schlug die Nachricht in den 60er Jahren wie eine Bombe ein: Ecuadór besaß die älteste damals bekannte präkolumbische Kultur. Die Keramiken, die man in Valdívia aus der Erde holte, waren 2000 Jahre älter als die frühesten, jemals in Perú entdeckten Terrakotten.

Man stand vor einer geheimnisvollen und überraschenden Kultur, angesichts der die Archäologen ihre Kenntnisse im Bereich der Präkolumbier vollständig zu revidieren hatten. Mit Kunstwerken, die aus dem 3. und selbst 4. Jahrtausend v.Chr. datierten, zeigte die Kultur von Valdívia, daß Amerika bereits in sehr früher Zeit hoch entwickelt war, in einer Epoche, die dem Beginn von Sumer und des pharaonischen Ägypten entsprach. Mehr als 5000 Jahre alte Stücke kamen in den unteren Schichten der Küstensiedlungen und der Niederlassungen an den Flüssen des Guayas-Beckens zutage, wo die älteste amerikanische Hochkultur geblüht hatte.

Im wesentlichen sind die Informationen, die die Fachleute vor zwanzig Jahren zu ihrer Überraschung erhielten, auch heute noch gültig. Eine Reihe weiterer Entdeckungen zeigte jedoch, daß die ecuadorianischen Fundorte nicht allein von 3500 bis 3000 v.Chr. aufblühten. Der Archäologe G. Reichel-Dolmatoff legte insbesondere in Puerto Hormiga in Nord-Kolumbien, an der Karibikküste, ebenso alte prähistorische Siedlungen mit Keramiken frei. Auf diese Weise wies er nach, daß sich im ganzen nordwestlichen Amazonasgebiet vom 4. Jahrtausend v.Chr. an die ersten über Keramik verfügenden Ackerbaugesellschaften entwikkelten, die die Neue Welt kannte.

Die ecuadorianische Vergangenheit ist ein neues Blatt in der Archäologie. Hatte der Geologe Geoffrey Bushnell schon vor dem Zweiten Weltkrieg archäologische Schichten in Ecuadór freigelegt, so kommt dem ecuadorianischen Ausgräber Emilio Estrada, wie wir betont haben, das Verdienst zu, die Aufmerksamkeit auf das hohe Alter von Valdívia gelenkt zu haben. Bald von seinen Landsleuten Charles Z. Menendez und Presley Norton abgelöst, lud Estrada die amerikanischen Archäologen Betty Meggers und Clifford Evans ein, seine Entdeckungen näher zu untersuchen. Der Artikel der beiden Fachleute in »American Antiquity« von 1957 bedeutete die wissenschaftliche Bestätigung von Valdívia. Anschließend vertieften Henning Bishof, Olaf Holm und Donald W. Lathrap die Nachforschungen über Valdívia und bewiesen, daß diese vorgeschichtliche Gesellschaft nicht nur die frühesten präkolumbischen Keramiken der Andenwelt, sondern auch eine fortgeschrittene städtische Organisation mit Kulten, Riten und Opfern hervorgebracht hat. Hier entstanden – vor allem im 1970 von Presley Norton entdeckten Loma Alta und im 1974 von Lathrap ausgegrabenen Real Alto – die ältesten bis heute bekannten Zeremonialzentren der gesamten Neuen Welt.

7 Die Keramikschale im Valdívia-Stil kommt aus Clementina und datiert aus Phase 5 (um 2000 v.Chr.). Sie trägt Ritzdekor und hat einen Durchmesser von 16 cm. (Museo del Banco del Pacífico, Guayaquil)

8 Winzige archaische Statuette im frühen Valdívia-Stil aus Phase 2 (um 2400 v.Chr.). Diese Skulptur in grauem Vulkangestein kommt von der Guayas-Küste und zeigt einen ungewöhnlichen Sinn für geometrisierte Schematisierung. Unter den großen Augen erkennt man Ohrpflöcke beidseits des Mundes mit vollen Lippen. Auf Höhe der Taille vervollständigen die zehn Finger der beiden Hände die auf Waag- und Senkrechten aufbauende Darstellung, deren Vorbild vermutlich in der Webkunst zu suchen ist. (Museo del Banco Central, Guayaquil)

9 Seltsame Valdívia-Keramik in Form einer Kopfstütze aus Phase 4 (um 2100 v.Chr.). Das 17,5 cm breite Stück beweist das hohe Alter eines Gebrauchsgegenstandes, den mehrere präkolumbische Völker kannten und den man ebenfalls in Ägypten und Südostasien antrifft. (Museo del Banco del Pacífico, Guayaquil)

10 Keramikschale im Valdívia-Stil aus Phase 6 (um 1800 v.Chr.). Das Stück hat einen Durchmesser von 15,5 cm und trägt einen Dekor, der die Schale der Chirimoya-Frucht nachahmt. (Museo del Banco del Pacífico, Guayaquil)

Weshalb in Ecuadór?

In Anbetracht der Tatsache, daß die Landwirtschaft im mittleren und oberen Amazonasgebiet entstand, von wo die ursprünglichen Ackerbauvölker allmählich von dem sich ausdehnenden Tropenwald vertrieben wurden, ist es augenscheinlich, daß die nächstgelegene Küstenregion, die fähig war, die fruchtbares Land suchenden Stämme aufzunehmen, nur der Golf von Guayas sein konnte. Hier gab es Flüsse mit jahreszeitlichen Überflutungen, die die Anschwemmungsebene bewässerten. Die in mancherlei Hinsicht, doch im kleinerem Maßstab dem Amazonasbecken vergleichbare Tropenregion zog vermutlich die Auswanderer des 4. Jahrtausends an. Tatsächlich liegt Ecuadór genau auf demselben Breitengrad wie ein großer Savannen-»Fleck«, der östlich der Kordilleren einen der von Betty Meggers vermuteten »Zufluchtsorte« bildete. Das übermäßige Vordringen des Urwaldes, vor dem die Stämme flohen, war durch die neue feuchte Phase bedingt, die auf die kalte und trockene, vermutlich um 4300 v. Chr. anzusetzende Periode folgte. Den Ackerbauern blieb nichts anderes übrig, als das Gebirge zu überqueren. Sie entdeckten im Westen die Ebene von Guayas und fanden dort beinahe gleiche Verhältnisse wie in ihrem Ursprungsland vor; die Gebirgsbarriere hielt das massive Vordringen der Regenwolken auf. Am neuen Ort mußten sich die Ankömmlinge nicht mit den Höhenproblemen abgeben, die sich ihnen in den Hochtälern der Amazonas-Zuflüsse gestellt hätten, denn dort hätten sie sich an ungewohnte klimatische Verhältnisse und Kulturtypen anpassen müssen. Ebensowenig hatten sie die schrecklichen Trockenperioden zu fürchten, die die Flüsse der peruanischen Küstenregion zum Versiegen brachten. Sie brauchten also kein künstliches Bewässerungssystem zu entwickeln, mit der ganzen Infrastruktur an Kanälen und Aquädukten sowie der sozialen Organisation, die dafür notwendig war. Man hatte weder gegen die Wanderdünen zu kämpfen noch die Errungenschaften des jungen Ackerbaus an die aufwendige Technik der *loma* anzupassen, die den Grundwasserspiegel an der Ozeanküste ausnutzt. Kurz: die ecuadorianische Ebene bot den idealen Rahmen zu kultureller Entfaltung.

In dieser Zone zwischen den regenreichen Gebieten Kolumbiens und den Wüsten der peruanischen Küste lag vermutlich der Ursprungsort der Andenhochkulturen. Hier entwickelte sich, begünstigt durch ein ideales Klima und die jahreszeitlichen Überschwemmungen des Flusses, die für die Düngung des Bodens sorgten, die Kultur von Valdívia. Sie strahlte, wie wir sehen werden, auf die südlichen Regionen aus und beeinflußte in mehr als einer Hinsicht die Entwicklung der Kunst.

Zudem ließ sich die Landwirtschaft des tropischen Guayas-Beckens mit Fischfangmethoden verbinden, die möglicherweise bereits von präkeramischen Völkern ohne Ackerbau entwickelt worden waren. Bei der Entdeckung von Valdívia an der Westküste des Pazifik glaubte man zunächst, es mit einer im wesentlichen aus Fischern und Muschelsammlern bestehenden Gesellschaft zu tun zu haben, die nur nebenbei etwas Gemüsebau betrieb. Man stieß am Rand des Dorfes auf riesige Abfallhaufen, die zum größten Teil aus Muscheln und Skeletten von Meerestieren bestanden.

Die Freilegung weiterer, meist älterer Orte des Valdívia-Typus hat jedoch ergeben, daß die Völker des Guayas-Beckens in erster Linie Ackerbau betrieben und seit mehr als 6000 Jahren Mais anbauten. Der Rio Valdívia ermöglichte permanente Kulturen, ohne daß man Bewässerungsarbeiten unternehmen mußte. Das geht aus der Entdeckung zahlreicher liegender Mahlsteine *(metates)* in den archaischen Fundorten hervor. Solche Funde sind jedoch nicht immer stichhaltig; auch sammelnde Stämme konnten Mahlsteine benützen, um Körner und Knollen zu zerkleinern. Die Mahlsteine werden in der frühen Valdívia-Zeit jedoch so häufig, daß jeder Zweifel ausgeschlossen ist.

Nach dem Erscheinen der Keramik tauchte zudem auf den Gefäßen eine Reihe von Ziereindrücken auf, die mit Hilfe von Kolben einer Maisart mit besonders

11 Die Kunst der Machalilla-Zeit ist durch eine Art Rückgang gekennzeichnet. Dieses flüchtig stilisierte Bildnis ist 12,9 cm hoch und kommt aus Barcelona (Ecuadór). Es zeigt, daß im Gegensatz zur Valdívia-Kunst Nase und Augen der Statuetten nun in Relief gearbeitet sind. Die Keramik datiert von 1500 bis 1100 v. Chr. (Museo del Banco del Pacífico, Guayaquil)

12 Dieses Machalilla-Gefäß aus San Isidro, Manabí, ist für die Kunstgeschichte der präkolumbischen Andenwelt von hoher Bedeutung, da es zu den frühesten Beispielen der Gefäße mit Bügelausguß zählt. Das am Hals angedeutete Menschengesicht kündigt die peruanischen Porträtgefäße an. Das 18 cm hohe Werk datiert von 1300 vor unserer Zeitrechnung. (Museo del Banco Central, Guayaquil)

13 Hohlkeramik im Machalilla-Stil, die einen hockenden Mann darstellt. Die 12 cm hohe groteske Figur trägt einen Hut und rote Körpermalereien. Ohrränder und Unterlippe sind mit einer Reihe von Durchbohrungen versehen. Das Figürchen kommt aus Muisne in der Provinz Esmeraldas. (Museo del Banco del Pacífico, Guayaquil)

14 Von gleicher Herkunft wie das vorhergehende Figürchen, zeigt diese 20 cm hohe Hohlstatuette im Machalilla-Stil die Durchbohrungen, die für diese Art Menschendarstellung kennzeichnend sind. (Museo del Banco del Pacífico, Guayaquil)

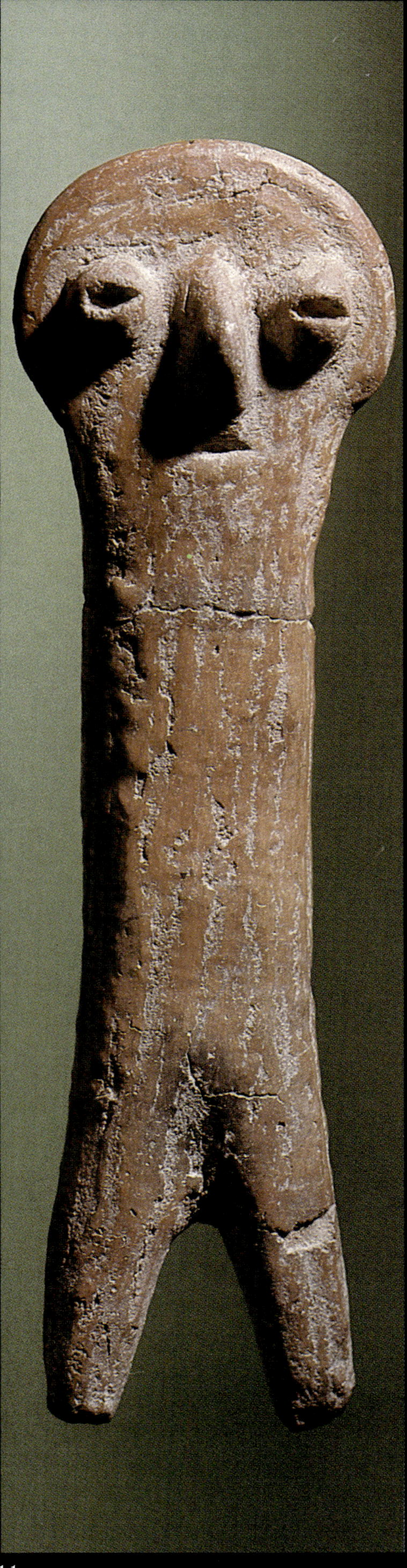

11

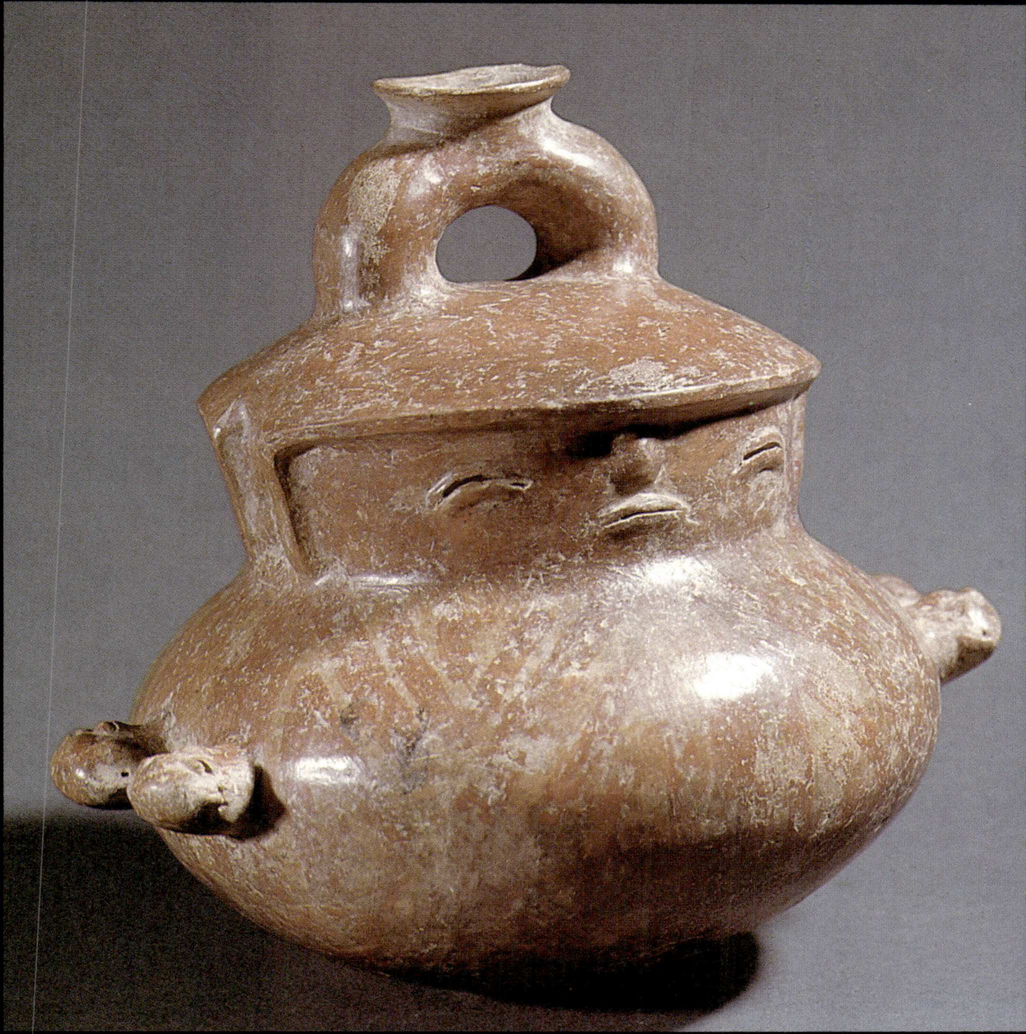

12

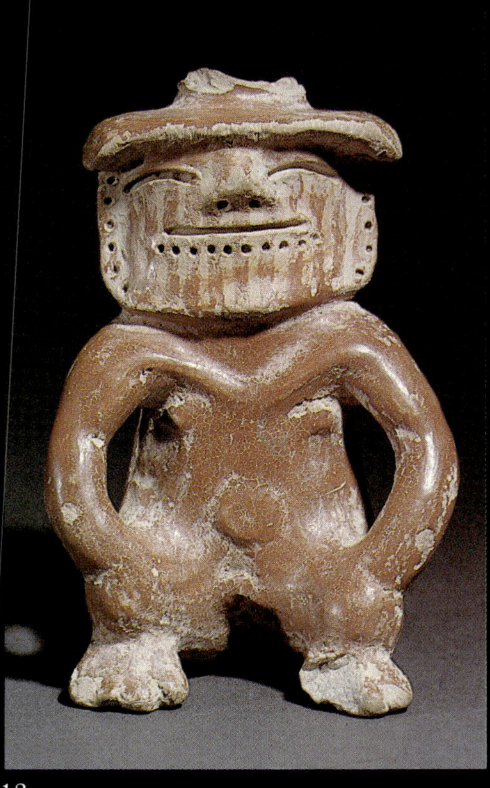

13

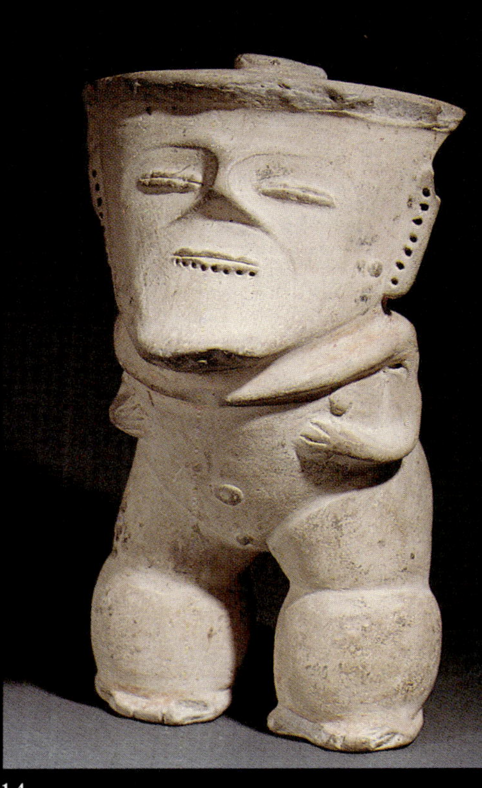

14

dicken Körnern hergestellt wurden. Sie sind der schlagende Beweis für die Existenz von hochentwickelten Ackerbaukulturen. Die Spuren, die die Kolben in dem noch weichen Ton hinterließen, erlaubten es sogar den Botanikern, zu bestimmen, welche Maisart von den Valdivianern mit Erfolg gezüchtet wurde. Der Typ hat sehr viel dickere Körner als der von den Mexikanern einige 100 Jahre später gezogene Mais. In Real Alto erscheinen diese Riesenkörner, deren Züchtung vermutlich Jahrhunderte dauerte, auf rund 4300 Jahre alten Keramiken. Die Körner stammen von primitiven Arten ab, die im Amazonasgebiet angepflanzt worden waren.

Hatte man also zunächst geglaubt, die Valdivianer würden in der Nahrungsbeschaffung vom Muschelsammeln abhängen, so weiß man nun, daß es sich um ein Volk von Ackerbauern handelte, die im Becken und Delta des Rio Guayas siedelten und ihr Alltagsbrot durch Fischfang und Sammeln von Meeresfrüchten aufbesserten; so kamen sie zu den nötigen Proteinen.

Das Aufkommen der Keramik

Die Keramik, die wir soeben in Zusammenhang mit den ersten Zeugnissen der Maiskultur erwähnten, liefert uns ebenfalls die ersten Erscheinungsformen der präkolumbischen Kunst. Die Töpferware läßt uns in der Tat zuerst das künstlerische Bemühen der Andenvölker erkennen. Die altsteinzeitlichen Zeugnisse wie Wandmalerei, gravierte Knochen oder geschnitztes Elfenbein, die das Erscheinen der abendländischen Kunst auf eine Zeit vor rund 25 000 Jahren festlegen, gab es in Amerika nicht, oder sie sind nicht erhalten. So müssen wir die Geschichte der präkolumbischen Kunst mit den ältesten Beispielen verzierter Keramik beginnen, die die archäologischen Grabungen ans Tageslicht brachten. Die Valdívia-Kultur bildet das älteste und aktivste künstlerische Zentrum der Andenregion. Der mit der Keramik von Valdívia einsetzende schöpferische Prozeß führt zu einer ununterbrochenen Reihe von Werken, die die künstlerische Entwicklung Südamerikas kennzeichnen.

Die Valdívia-Keramik wurde von der Amerikanerin Betsy Hill in acht Phasen unterteilt, die von 2600 bis 1500 v.Chr. reichen. Ihnen gehen die in Loma Alta entdeckten Stücke voraus, die von 3100 v.Chr. datieren. Vor kurzem zeigte sich überdies bei den Grabungen von Real Alto, daß die Valdívia-Kultur um 3550 v.Chr. beginnt.

Die Technik der ältesten ausgegrabenen Stücke beweist, daß es sich dabei keineswegs um die ersten Versuche in der Töpferkunst handelt, und daß die Ursprünge sehr viel früher und anderswo liegen müssen. Wie dem auch sei, diese Daten zeigen, daß das »formative« Zeitalter (Ackerbau und Keramik) in Ecuadór etwa 2000 Jahre vor den vergleichbaren Stadien in Perú und Mesoamerika liegt.

Die Valdívia-Keramik ist hinsichtlich ihres Materials, ihrer Formen und ihres Dekors zu untersuchen. Der Scherben ist einfarbig und geht von Beigegrau bis zu Schwarzbraun. Er ist verhältnismäßig dick, nicht immer gleichmäßig gebrannt und bleibt recht zerbrechlich. Es handelt sich um eine primitive Terrakotta, deren Oberfläche bei den besten Stücken geglättet und beinahe poliert sein kann. Das Korn ist weder zu grob noch zu fein, was beweist, daß die Technik bereits ein fortgeschrittenes Stadium erreicht hat, denn das Material hat nicht die Grobheit der ersten Versuche.

Die Oberflächenbehandlung ist interessant. Schon im Anfangsstadium wird ein regelmäßiges, glänzendes Rauchschwarz aufgebracht, das den Gefäßen einen schönen Glanz verleiht. Doch schon von Loma Alta an sind manche Stücke mit roter Engobe (vor dem Brand angebrachtes Eisenoxyd) versehen. Auch diese Technik setzt Erfahrung und die Meisterung des Brandes voraus.

Wie bei der gesamten Keramik der präkolumbischen Welt sind die Formen nie gedreht. Vor der Conquista war den Indianern, wie bereits gesagt, die Töpferscheibe unbekannt. Die Stücke sind in Spiralwülsten aufgebaut oder modelliert. Es gibt von Anfang an ein breites Formenangebot: Schüsseln, Näpfe, Schalen, Krüge, Vasen und Töpfe, aber auch Kopfstützen (amazonische Tradition) und menschliche Figürchen. Was das Geschirr betrifft, scheinen die Formen vor allem praktische Zwecke zu erfüllen; sie entsprechen genau bestimmten Funktionen. Gelegentlich beruhen sie auf Kalebassenformen, die in präkeramischer Zeit benutzt worden waren. Manche Teller und Schalen haben beispielsweise auf der Unterseite eine Verdickung, wie sie die Kalebassen an diesem Ort des Stielansatzes besitzen.

Die Kalebasse (Flaschenkürbis), eine seit Beginn der Landwirtschaft kultivierte Pflanze, lieferte den Menschen der Frühzeit eine Reihe verschiedenförmiger Behälter, je nachdem, auf welcher Höhe diese kugelartige Frucht zerschnitten wurde. Teilte man sie einige Zentimeter über dem Boden, entstand ein Napf; in der Mitte des sphärischen Teils durchschnitten, wurde sie zu einer Schale. Ließ man die oft vorhandene mittlere Einschnürung bestehen, bildete sie eine Vase mit Hals, und in ganzer Form schließlich diente sie als Flasche. Die verschiedenen Gebrauchsfunktionen konnten also schon vor dem Auftauchen der Keramik festgelegt werden. In diesem Fall würde die Terrakotta nur in hartem Material die Pflanzenformen nachahmen, hätte aber den Vorzug, hitzefest oder zumindest wärmebeständig zu sein.

Manche Schalen von Valdívia sind mit drei kleinen, leicht vorstehenden Füßen versehen. Die kugelförmigen Gefäße besitzen einen konkaven, leicht ausgestellten Hals oder einen vorstehenden Rand. Die Schalen können am oberen Rand gewellt sein. Manche Tellerränder sind von quadratischer Form und auf allen vier Seiten nach innen gebogen. Man findet auch Gefäße mit engem Hals und bauchigem Körper in der Art von Aryballoi (Gefäße der griechischen Antike). Einige Stücke des späten Valdívia-Stils (Phase 6 oder 7) schließlich, aus der Zeit um 1800 bis 1700 v.Chr., besitzen Henkel von gewöhnlich recht ungeschickter, gedrungener und wenig eleganter Ausführung. Diese dienten vermutlich weniger zum Tragen des Gegenstandes als dazu, ihn mit Hilfe von Schnüren, vielleicht über einem Feuer, aufzuhängen.

All diese Objekte sind verhältnismäßig klein; die größten Stücke sind selten höher als 25 cm. Manche Töpfe sind sogar winzig. Vermutlich wurden sie zum Verzehr von Koka benutzt und enthielten den zum Kauen der Blätter notwendigen Kalk, der zum Lösen des Alkaloids beiträgt.

Den Dekor führte man im allgemeinen durch Einritzungen in den weichen Ton oder durch Gravierungen nach dem Brand aus. Daneben gibt es Abdrücke von sich wiederholenden Motiven, Reliefapplikationen und mit Hilfe von Muschelschalen ausgeführte Stempeleffekte. Die Muster sind meist von geometrischem Typ, mit parallelen Schraffierungen, Kreuzen, Dreiecken usw. Zu erinnern ist an die bereits erwähnten Maiskolbeneindrücke, und vor allem sind auch die sehr schematisierten Darstellungen von stilisierten Menschengesichtern zu erwähnen. Die Abstraktion dieser Figuren geht oft so weit, daß es schwierig ist, sie von all den geometrischen Formen zu unterscheiden (Abb. 2).

Der Valdívia-Dekor überrascht durch die Vielfalt der eingesetzten Mittel. Neben flüchtig oder allzu derb ausgeführten Stücken entdeckt man erfindungsreiche Muster und Verzierungen. Allerdings erstreckt sich die Kunst von Valdívia über zwei Jahrtausende; man hatte also genügend Zeit, Erfahrungen zu sammeln. So taucht in der Endphase ein vielfarbiger Dekor auf, bei dem sehr feine Einritzungen mit Kaolinpulver gefüllt wurden, so daß auf der dunklen Terrakotta weiße Linien hervortraten (Abb. 3).

Damit kommen wir zu den berühmten Figürchen von Valdívia. Meist sind sie Vollplastiken und selten größer als 12 bis 15 cm. Alle sind in streng frontaler Symmetrie schematisiert mit Armen, die auf ihren einfachsten Ausdruck reduziert sind, und Beinen in Form von zwei parallelen Wülsten. Die Köpfe jedoch sind sorgfältig gearbeitet und mit üppiger Frisur versehen, die an die Perücken der Ägypter erinnert. Die Haare sind auf Höhe der Schultern gerade geschnitten,

15 Mit den Hohlfiguren der Chorrera-Zeit (1200–500 v.Chr.) erreicht die Keramik des prähistorischen Ecuadór einen ihrer Höhepunkte. Die 34,5 cm hohe Statuette aus La Balsita stellt frontal eine stehende Frau dar, die Bolero und Hose trägt. Die Figur zeigt alle Merkmale des Chorrera-Stils: kurze, gedrungene Arme und Beine, breite Hüften, voluminöser Kopf mit Frisur, die sich von jener der Valdívia-Statuetten abzuleiten scheint. (Museo del Banco del Pacífico, Guayaquil)

16 Die 27,5 cm hohe Chorrera-Hohlkeramik kommt aus San Isidro, Manabí. Die Figur mit Ritzdekor trägt eine auffallend umfangreiche Frisur. Wie alle weiblichen Chorrera-Statuetten hat sie Durchbohrungen an den Ohren. (Museo del Banco Central, Guayaquil)

17 Diese herrliche Chorrera-Statuette aus Charcas, Manabí, gehört zu den vollendetsten Skulpturen der ecuadorianischen Plastik. Das 32 cm hohe Stück trägt auf der farbigen Engobe einen geometrischen Ritzdekor, der die Motive der Kleidung wiedergibt. Man beachte die Gesichtsmalereien und die Stilisierung der Augen. (Museo del Banco del Pacífico, Guayaquil)

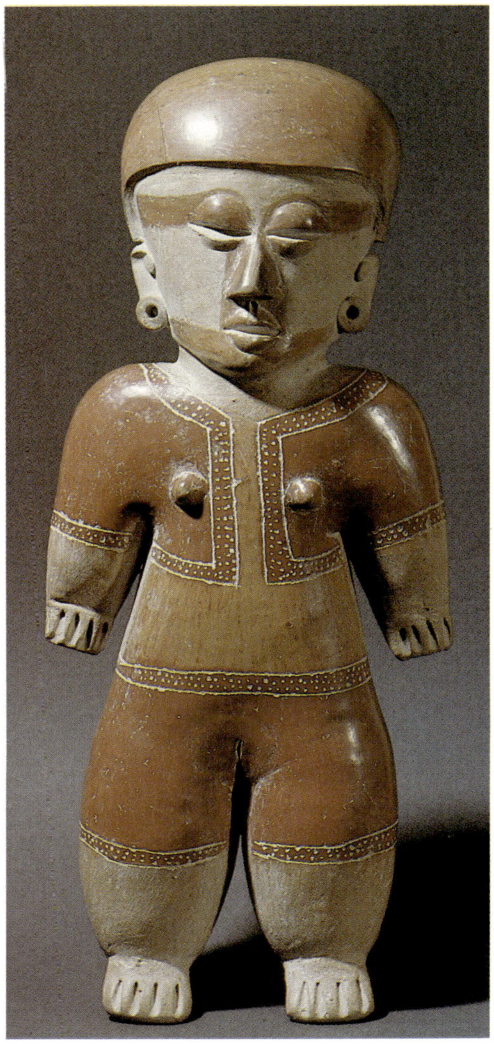
15

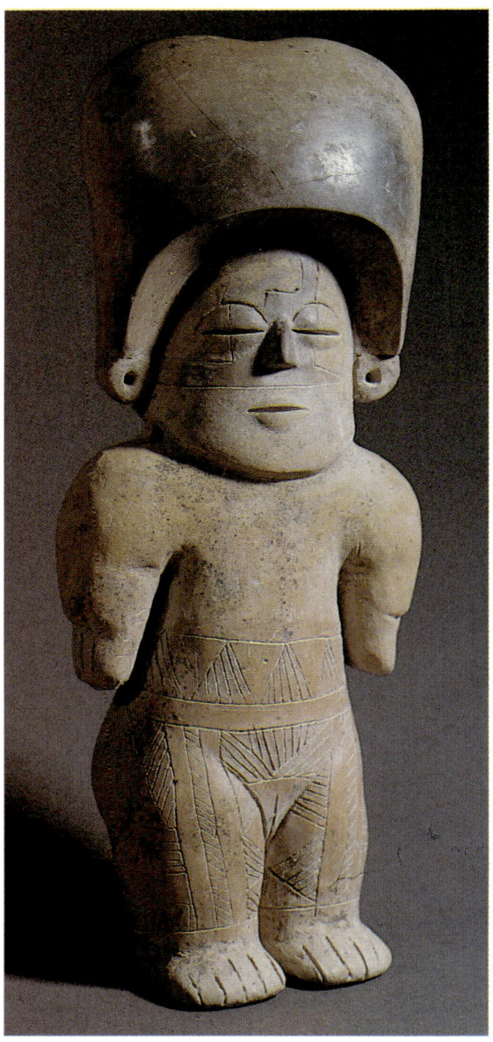
16

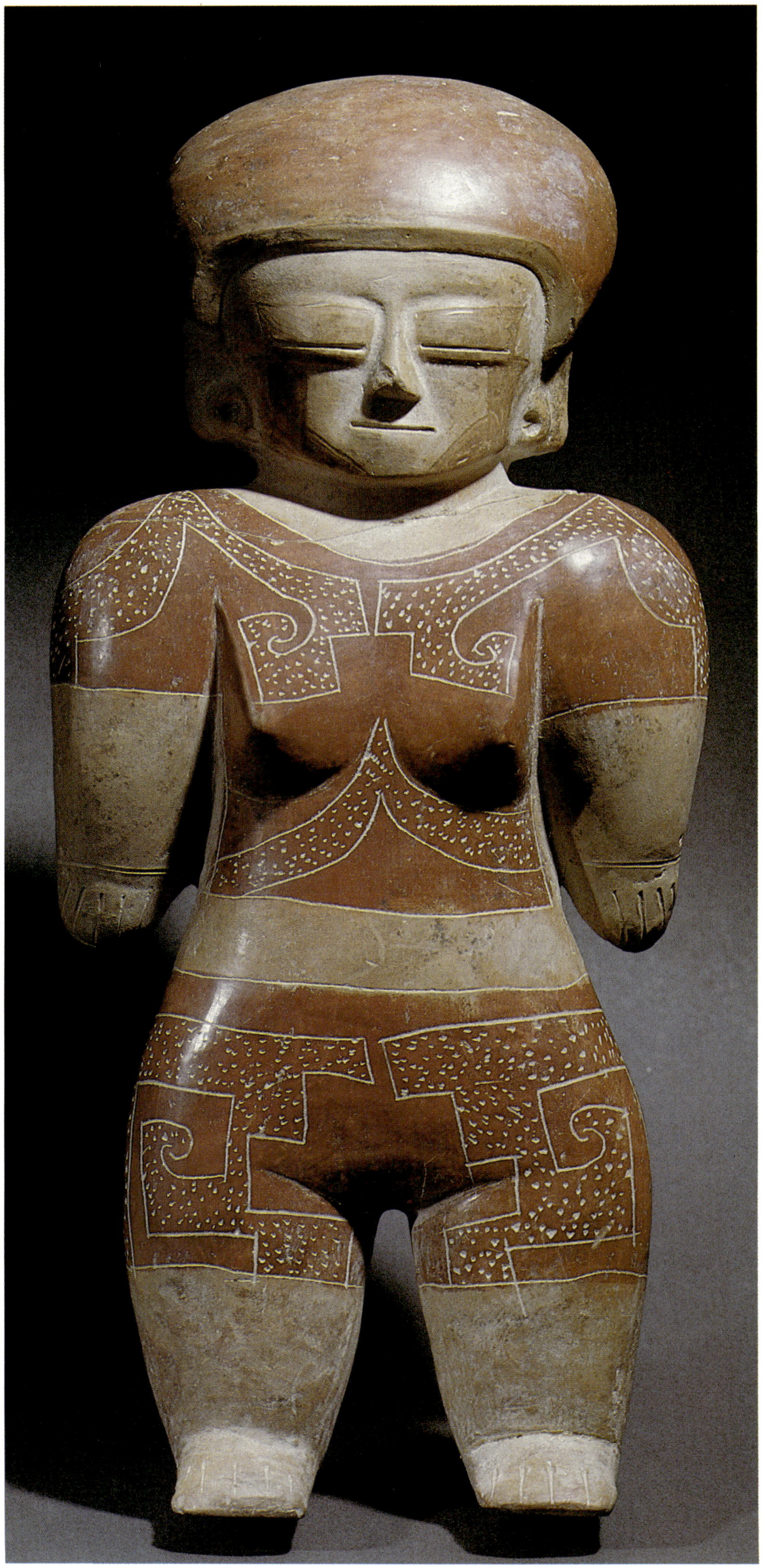
17

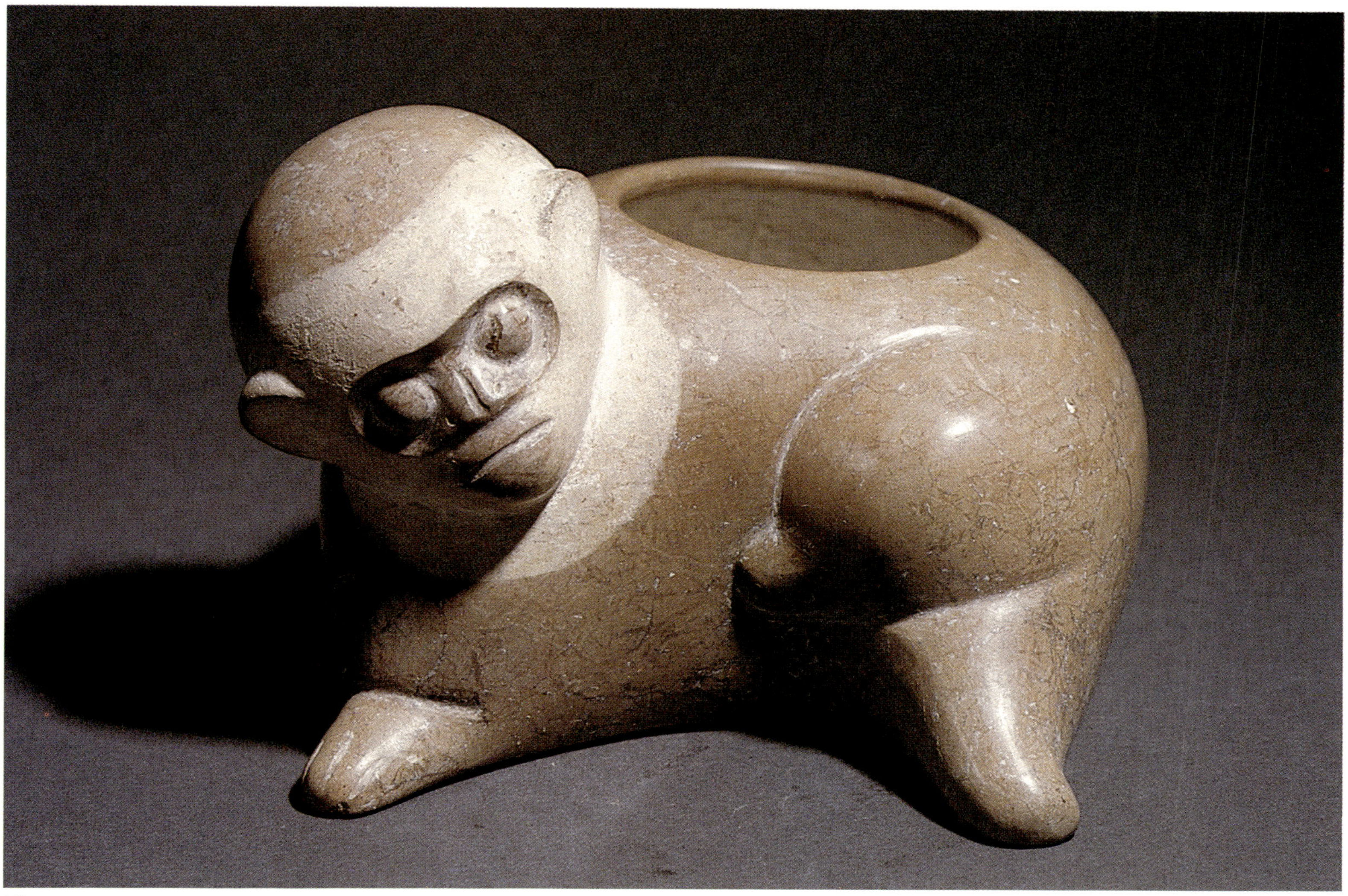

18

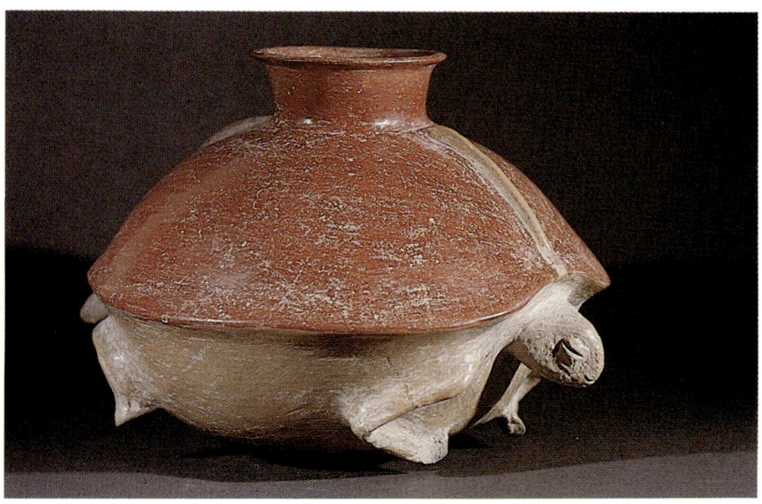

19

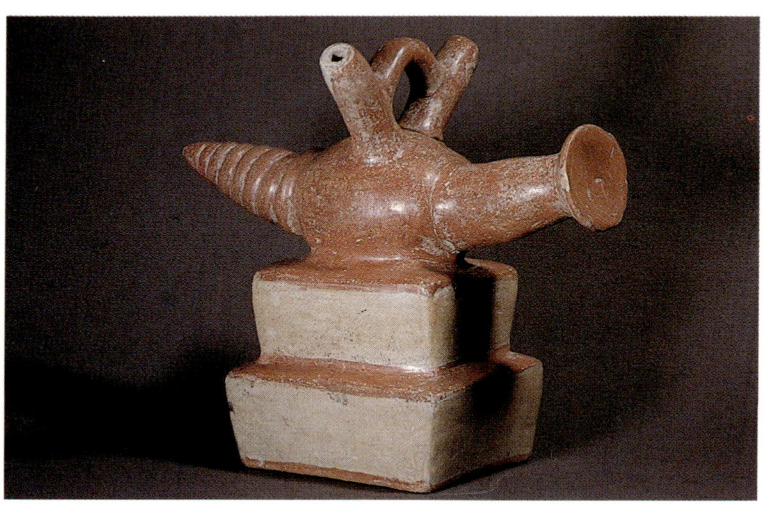

20

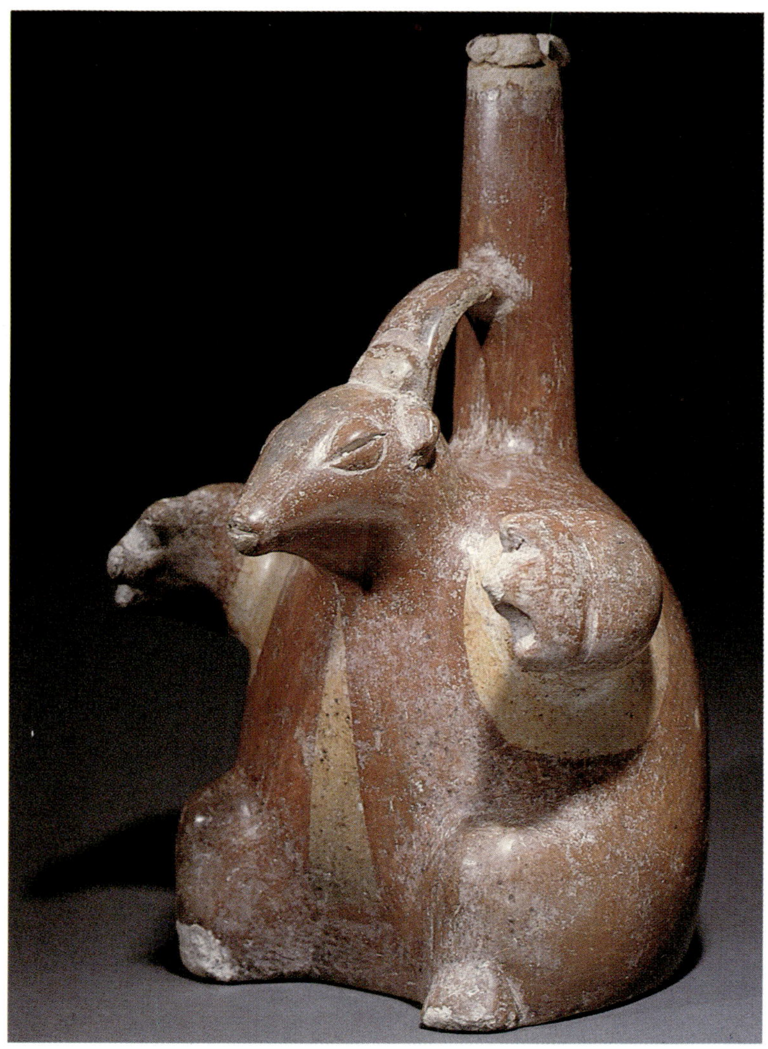

21

während eine breite Franse über die Stirn fällt. Die Gesichter haben zwei vertiefte Punkte oder Striche für die Augen, darüber gelegentlich zwei weitere Linien für die Augenbrauen und darunter einen Punkt für den Mund. Die Nase ist nur leicht betont. Der Leib ist summarisch gestaltet und zeigt nur selten die Geschlechtsorgane. Dagegen bestätigen die Rundungen der manchmal üppigen Brüste, daß es sich meist um weibliche Darstellungen handelt. Ist damit eine Fruchtbarkeitsgöttin gemeint? Auf jeden Fall sind diese Statuetten zahlreichen archaischen Stücken in Mexiko, aber auch in Babylonien, Iran oder Mohenjo Daro verwandt, in denen der Mensch seine Verehrung für die »Magna Mater«, die Muttergottheit, ausdrückte (Abb. 1, 4–6).

Daneben gibt es Figuren, die auf symbolische Weise die universale Dualität ausdrücken: Es sind monströse Bildnisse eines zweiköpfigen Wesens, wie es auch in der Kunst von Tlatilco in der Nähe der Stadt Mexico vorkommt. Diese kleinen Terrakottafiguren, denen manchmal ebenfalls winzige, noch stärker stilisierte Steinskulpturen vorausgingen, sollten offenbar die Naturkräfte oder Geister symbolisieren, die über die Geisteswelt der frühen präkolumbischen Stämme herrschten. In der Kunst gelang es diesen Völkern, ihre tiefsten Glaubensvorstellungen auszudrücken (Abb. 8).

Trotz ihrer bescheidenen Maße besitzen die Figürchen von Valdívia echte Monumentalität. In ihnen gibt der Mensch seinem eigenen Bildnis eine Form, die fern von jedem Realismus auf einem symbolischen Code von großer Kohärenz beruht. Die Genauigkeit des Ausdrucks und die faszinierende Ausstrahlung der Tonfiguren zeigen von Anfang an das den präkolumbischen Handwerkern eigene Genie. In dieser dunklen und geheimnisvollen Formensprache voller Anspielungen erscheint das Bild eines über sich selbst hinausschreitenden Menschen, das schon die Gottheit darstellt, eine Gottheit, in deren menschenähnlicher Gestalt Ungeheuer und Geistigkeit vereint sind.

Eine solche Kunst konnte nicht ohne Nachwirkungen bleiben. Sie zog schon früh die Nachbarvölker an, die solche Werke durch Tausch erwarben. Ihre Verbreitung steht in direkter Abhängigkeit von ihrer Eigenständigkeit und ihrem wegbereitenden Charakter, vielleicht aber auch von der Ausstrahlung der Mythen, deren Träger diese Kunst war. Jedenfalls fand man Keramiken im Valdívia-Stil, die von etwa 2200 v. Chr. datieren, an der ganzen Pazifikküste im nördlichen Ecuadór bis nach Zentralamerika und auf der anderen Seite der Kordilleren an den Flüssen des Amazonasbeckens. Überdies förderte man Valdívia-Fragmente rund um den in 2260 m Höhe gelegenen San Pablo-See 50 km nördlich von Quito zutage. Die engen Beziehungen, die bereits in präkeramischer Zeit zwischen der ecuadorianischen Ebene und den Gebirgsregionen oder sogar dem Amazonasbecken bestanden, dürften diese Verbreitung über einen riesigen Bereich gefördert haben.

Das Zeremonialzentrum von Real Alto

In den Jahren 1974 und 1975 unternahmen Donal W. Lathrap, Jorge G. Marcos und James A. Zeidler Ausgrabungen in Real Alto, das zwischen der Pazifikküste und dem Tal des Rio Verde liegt. Ihr 1977 in »Archaeology« veröffentlichter Bericht bringt wertvolle Auskünfte nicht nur über die Wohnweise in Valdívia, sondern auch über das älteste Zeremonialzentrum der Neuen Welt. Die Archäologen legten eine 300 auf 400 m große Siedlung frei, die rund 12 ha bedeckt. Der Gesamtplan scheint eine rechtwinklige Organisation zu besitzen, deren Seiten weitläufige, erhöhte Erdflächen bildeten. Auf diesen erhoben sich die Hütten, die in regelmäßigen Reihen einen weiten, etwas tiefer gelegenen Platz einrahmten.

Die rund 12 auf 8 m großen Hütten sind von ovaler Form und bedecken eine Fläche von ca. 80 m². Die Wände waren vermutlich von starken, in die Erde gesetzten Pfosten gestützt. Die Pfähle verband ein mit gestampfter Erde umgebe-

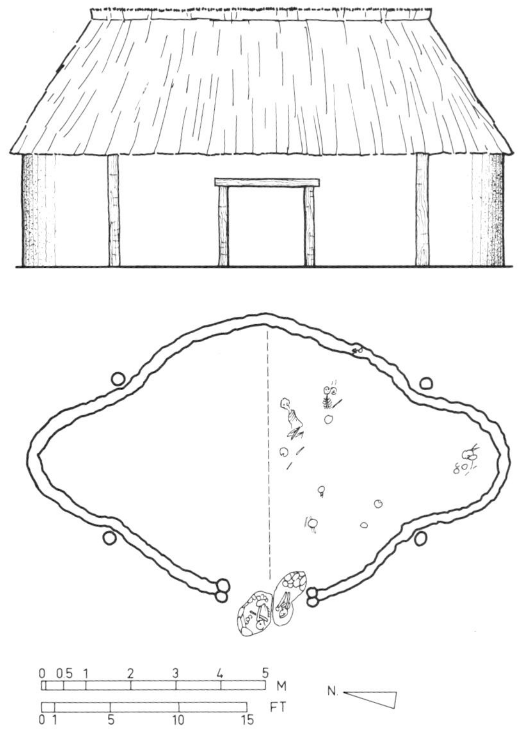

Rekonstruierter Aufriß und Grundriß der Hütte für Begräbnisse von Real Alto (nach der Zeichnung von Donald Lathrap)

18 Chorrera-Gefäß in Form eines Kapuzineräffchens aus Calderón, Manabí. Die 13 cm lange Terrakotta ist stellenweise mit beigefarbener Engobe überzogen und datiert von 1000 bis 500 v. Chr. Sie läßt die Geschicklichkeit der Töpfer und ihre feine Beobachtung der Tierwelt erkennen, die in einer wirklichkeitsnahen Kunst ihren Ausdruck findet. (Museo del Banco del Pacífico, Guayaquil)

19 Chorrera-Gefäß in Form einer Meerschildkröte aus Charcas, Manabí. Das 14,5 cm hohe Stück ist mit roter Engobe überzogen, um den Panzer darzustellen. (Museo del Banco del Pacífico, Guayaquil)

20 Chorrera-Pfeifgefäß in Form einer Schnecke, die auf einem zweistufigen, rechteckigen Sockel mit flachem Boden sitzt. Das 20 cm hohe Stück aus Manabí zeigt die Komplexität der Formen, die zu schaffen den Töpfern des 1. Jahrtausends v. Chr. gelang. (Museo del Banco Central, Guayaquil)

21 Chorrera-Flasche mit Ausguß und Bügelhenkel. Das 25 cm hohe Stück aus La Irene, Manabí, stellt einen Tamanduá, einen kleinen Insektenfresser, dar. Deutlich hervorgehoben sind die mächtigen Vorderpfoten dieses zahnlosen Tiers. (Museo del Banco del Pacífico, Guayaquil)

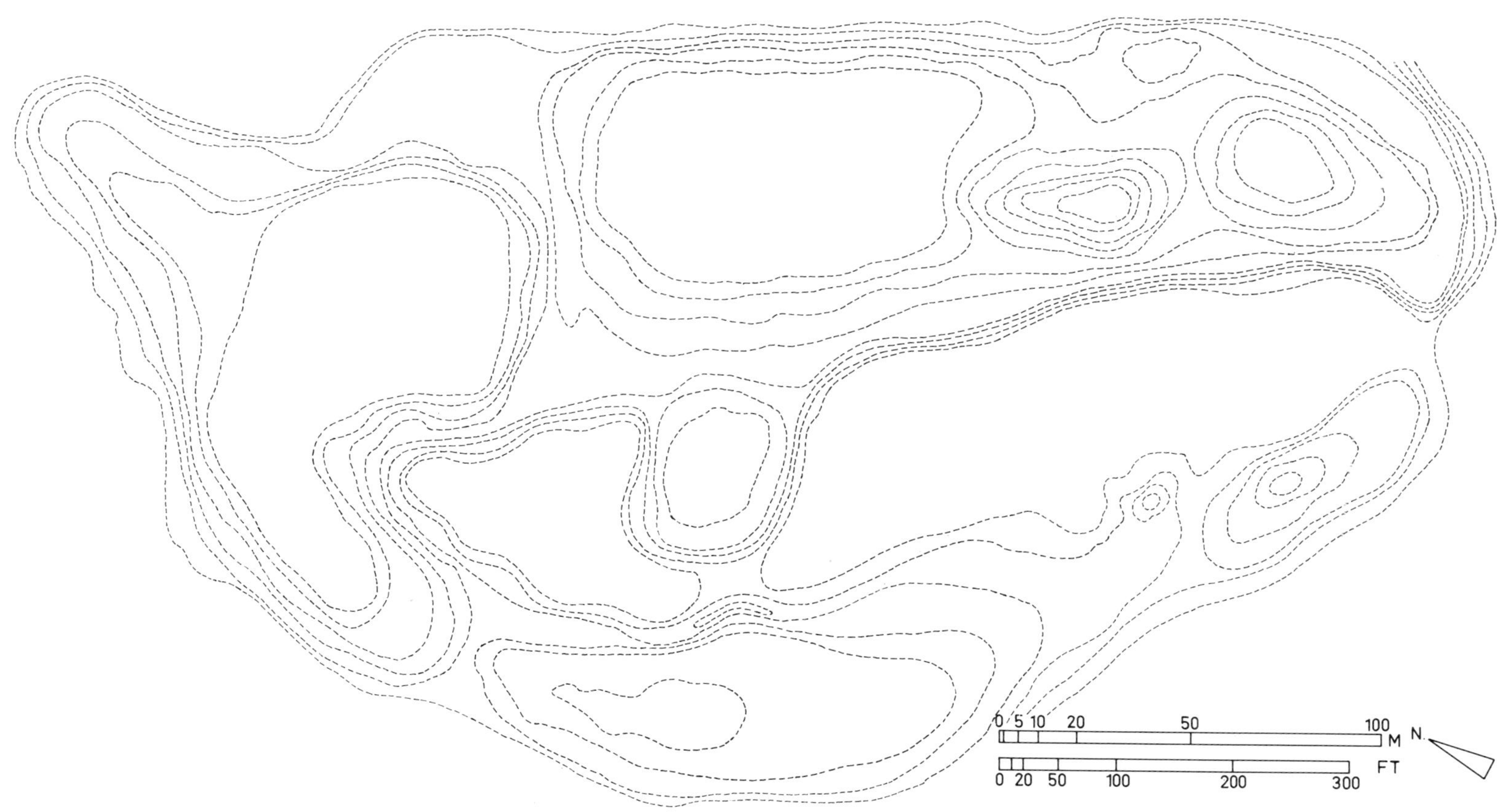

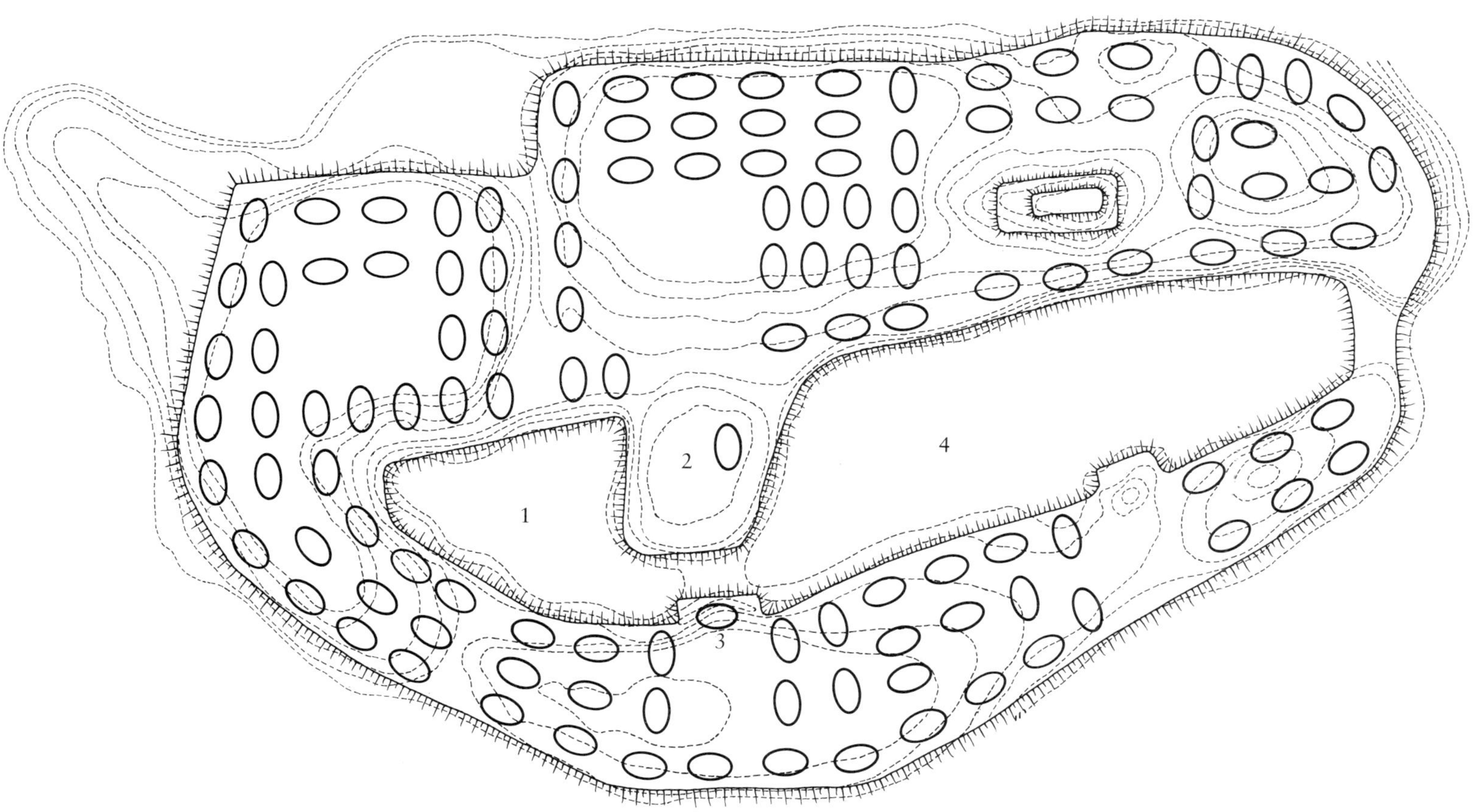

Relief des Terrains in Real Alto vor den von D. Lathrap durchgeführten Grabungen und rekonstruierter Plan der Siedlung, die etwa 120 Hütten auf einer Anhöhe umfaßte

1 Nördlicher vertiefter Platz
2 Haus für Feste
3 Haus für Begräbnisse
4 Südlicher vertiefter Platz

nes Zweiggeflecht, das die Behausung fest und wasserdicht machte. Eine 1,5 m breite Türe führte in den Innenraum und bildete wahrscheinlich die einzige Lichtquelle. Ein hohes Stroh- oder Palmblattdach deckte diesen ziemlich großzügigen Raum, in dem 25 bis 30 Personen Platz finden konnten. Die Hütten waren also nicht für eine Kleinfamilie – Vater, Mutter und Kinder – bestimmt, sondern sicher für eine größere Familiengruppe, in der drei Generationen zusammenlebten.

Die Siedlung Real Alto, wie man sie rekonstruieren konnte, umfaßte 120 bis 150 Hütten dieses Typus und zählte rund 2500 bis 3000 Einwohner. Für die Stammesgesellschaften des 3. Jahrtausends v. Chr. ist diese Zahl erstaunlich.

Auf dem Gemeinschaftsplatz, den die Wohnhütten umzogen, lagen auf einzelnen Plattformen zwei Hütten zu besonderem Gebrauch. Wahrscheinlich dienten sie einerseits als Häuser für Festlichkeiten, in denen gemeinschaftliche Zeremonien stattfanden, andererseits als Begräbnisorte, wo die für die Verstorbenen bestimmten Kulte und Opfer abgehalten wurden.

Die Ausgrabungen, die in diesen beiden den Platz auf Erdhügeln überragenden Hütten kultischen Charakters durchgeführt wurden, enthüllten teilweise die religiöse Organisation der Valdívia-Stämme. So umfaßt der Grabbau eine Grabstätte mit den Überresten einer weiblichen Person. Dieses sorgfältig gestaltete und mit Steinplatten geschmückte Grab befindet sich am Eingang des Hauses. Daneben liegen die Gebeine einer rituell geopferten Person, und nahebei entdeckte man zudem die zerstückelten Reste von sieben weiteren Menschenopfern, zusammen mit den sieben für das Ritual bestimmten Steinmessern.

Offenbar brachte man also wiederholt Menschenopfer dar; handelt es sich um jahreszeitliche Rituale? Überdies wäre es möglich, daß Kannibalismus praktiziert wurde. Darauf deuten zerbrochene Knochen hin (um ihnen das Mark zu entnehmen). Wir werden übrigens sehen, daß solche Menschenopfer durch Zerstückelung sich an bestimmten Fundorten Perús fortsetzen. Das bezeugen vor allem die Flachreliefs von Cerro Sechín im Casma-Tal.

Seit der 3. Valdívia-Phase gegen 2300 v. Chr. sehen wir demzufolge, daß die Gesellschaft von Real Alto eine komplexe Organisation ausgebildet hat, aus der man eine strenge »Stadtplanung« herauslesen kann. Daraus läßt sich der Schluß ziehen, daß eine breite Volksschicht existierte, die wahrscheinlich von einem Schamanenpriester beherrscht wurde. Er vollzog wohl die Menschenopfer und sagte mit Hilfe von Rauschmitteln wahr.

Die Urheber dieser Ausgrabungen machen aufmerksam auf die Ähnlichkeiten, die zwischen der Anlage von Real Alto und dem Plan der heutigen Dörfer der Gê-Stämme im zentralbrasilianischen Urwald bestehen. Anscheinend existieren die prähistorischen Traditionen bei diesen »primitiven« Völkern weiter, so daß wir in der Lage wären, das Funktionieren der präkolumbischen Gesellschaften, die vor 4000 Jahren lebten, besser zu verstehen.

Die Machalilla-Phase: Niedergang und Erneuerung

Am Ende der Valdívia-Zeit (Phase 8, um 1600 v. Chr.) erfährt die Kunst einige Veränderungen, die vielleicht durch die Ankunft einer neuen Bevölkerungsgruppe bedingt sind. Der neue Stil, der nun beginnt, trägt den Namen Machalilla, nach dem Hauptfundort an der ecuadorianischen Küste, rund 50 km nördlich von Valdívia. Der stilistische Wandel ist vor allem bei den Figürchen zu erkennen. Nach dem Aufblühen der menschlichen Darstellung bei den Statuetten von Valdívia scheint nun ein Niedergang der Formen in den menschengestaltigen Terrakotten stattzufinden. Die Umrisse im Machalilla-Stil werden immer summarischer und ungenauer und nehmen sogar ein gespenstisches Aussehen an. Man «vergißt» die üppigen Frisuren und die schematischen Körperformen, um die feststehenden Formeln von Valdívia durch flache, massige Statuetten zu ersetzen. Einzig die von den Valdivianern weggelassenen Merkmale werden nun hervorgehoben: Die Nase springt schnabelartig vor, und die kugelförmigen Augen sind kaffeebohnenartig waagrecht eingeschnitten (Abb. 11).

Mit Hohlstatuetten, die einer eigenen Entwicklung anzugehören scheinen, erneuert sich in der Machalilla-Zeit die bildnerische Sprache von Grund auf. Es erscheinen jetzt Figürchen mit dickem Kopf und untersetztem Körper, die schmollenden oder spottenden Gnomen gleichen. Die kleinen Personen, die eine

22 Eines der schönsten Stücke der Chorrera-Kunst: Der dreifarbige Hund – in Beige, Rot und Kaffeebraun – ist vielfältig und harmonisch gestaltet und besitzt einen Kopf mit feinem Ausdruck. Das Tier gehört zur Gattung der mexikanischen »Nackthunde«. Offenbar mästete man in Ecuadór wie in Mesoamerika diese Tiere als Fleischlieferanten. Ausguß und Bügelhenkel sind bemerkenswert gut mit der Tierfigur verbunden. Die vielfarbigen Flächen des Dekors sind von mit der Nadel ausgeführten Einritzungen umzogen. Das 27 cm hohe Flötengefäße aus Charcas, Manabí, zeugt von vollkommener Beherrschung der technischen Mittel. (Museo del Banco del Pacífico, Guayaquil)

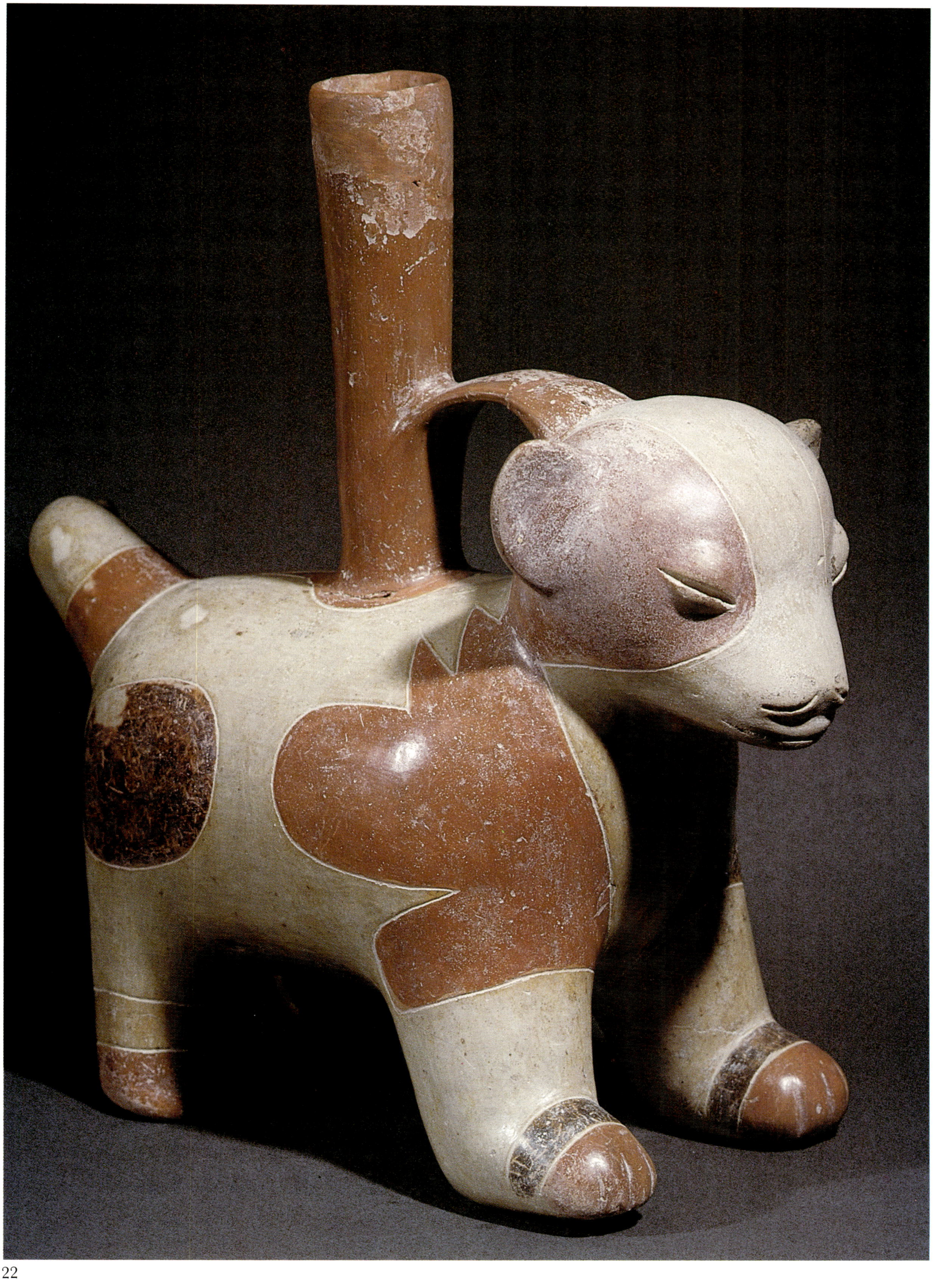

flache Kopfbedeckung tragen, haben am Rand von Ohren und Unterlippe Durchbohrungen; setzte man dort Haare oder Federn ein, um einen bestimmten Schmucktyp anzudeuten? Auf diese Frage erbrachten die Grabungen bisher noch keine Antwort (Abb. 13 und 14). Die ziemlich täppischen Machalilla-Figuren wirken zwar merkwürdig, befremdlich und sogar karikaturhaft, doch sind sie dabei zugleich die Vorläufer der herrlichen Ausdrucksform, die von den Hohlkeramikstatuetten von Chorrera gebildet wird.

Für das Geschirr bringt die Machalilla-Phase interessante Neuerungen, die sich mit den letzten Errungenschaften der Valdívia-Formen zu verbinden scheinen. So erhalten die Schüsseln und Schalen eine Basis oder einen ausgestellten Fuß. Die Profile der Stücke sind kräftiger gestaltet. Die von ihnen festgelegten Flächen sind durch deutlich vor- oder rückspringende Kanten begrenzt. Basis und Körper des Objekts unterscheiden sich voneinander. Der Rand kann nun eine gut gezeichnete, klar hervorgehobene Lippe besitzen.

Diese neue Gestaltungsweise führt ohne echten Unterbruch von der Machalilla-Phase zur Keramik der Chorrera-Zeit (1200–500 v. Chr.). Die Dekorzeichnungen, die sich schon am Ende der Valdívia-Zeit auf den Vasen mit Ritzdekor und Kaolinfüllung durchgesetzt hatten, werden leichter und feiner. Man graviert sie nun nach dem Brand in die rote Engobe. Das Motivrepertoire wird reicher und findet zu sachlicher Geometrisierung.

Eine Neuerung des Machalilla-Stils ist von grundsätzlicher Bedeutung: die Einführung der Bügelgefäße. Bei dieser eigenständigen Form wird auf das Gefäß ein plastisches Element gesetzt, das eine Art ringförmigen hohlen Henkel mit einem doppelröhrigen Ausguß verbindet, wobei die beiden Röhren an der Mündung in eine einzige zusammenlaufen. Diese Schöpfung leitet sich offenbar von der Form mit zwei getrennten Ausgüssen her, die die Keramiken des ecuadorianischen Urwaldes und des oberen Amazonasgebiets (Tutishcainyo) kennzeichnet. Vielleicht gab es derartige Bügelausgüsse schon am Ende des Valdívia-Stils, wie Emilio Estrada behauptete, der Formen dieser Art in valdivianischen Scherben erkannt zu haben glaubte. Jedenfalls ist der Bügelausguß eines der Merkmale der peruanischen Keramik in den Kulturen von Chavín und Vicus, der Mochica und der Chimú. Er wird somit zu einer der am weitesten verbreiteten Formen der südamerikanischen Töpferkunst (Abb. 12).

Zudem erscheinen im Machalilla-Stil die ersten Gefäße in Menschengestalt, nach einer Formel, die sich als eines der Hauptkennzeichen der präkolumbischen Keramik in der Andenregion durchsetzen wird. Der Körper der Tongefäße nimmt immer mehr menschenähnliche Züge an. Zunächst erhält der kugelförmige Bauch ein menschliches Gesicht mit der summarischen Andeutung von Augen, Nase und Mund (Abb. 12). Anschließend wird ein Kopf auf einen hockenden, sitzenden oder knienden Körper gesetzt. Diese Ausdrucksweisen, die in der peruanischen Kunst eine außerordentliche Kraft und ungewöhnliche realistische Präsenz besitzen, führen insbesondere zu den berühmten Porträtgefäßen der Mochica, die vielleicht den Gipfel der präkolumbischen Ästhetik darstellen (Abb. 72).

So sind in der Machalilla-Keramik mit dem Bügelausguß und der menschlichen Darstellung zwei Hauptthemen der präkolumbischen Töpferkunst in unentwickelter Form bereits vorhanden. In dieser Hinsicht ist diese Periode für die ganze Entwicklung der Andenformen von grundsätzlicher Bedeutung. Sie zeigt die engen Verbindungen zwischen der ecuadorianischen Ebene und den peruanischen Küstengebieten.

Vielfalt der Chorrera-Keramik

Der bereits erwähnte englische Geologe Geoffrey Bushnell entdeckte in den 30er Jahren die ersten Spuren der Chorrera-Kultur. Er nannte sie damals Engoroy, nach einem Ort in der Nähe von La Libertad auf der Halbinsel Santa Elena, wo er seine Entdeckungen machte. Seither hat sich der Name Chorrera durchgesetzt, um diese von 1200 bis 500 v. Chr. blühende ecuadorianische Kultur zu bezeichnen, nach einem Fundort, der sich im Landesinnern, am Mittellauf des Rio Babahoyo im Guayas-Becken, befindet.

Mit der Chorrera-Phase hat Ecuadór den Höhepunkt seiner prähistorischen Kunst erreicht. Dieser Erfolg steht am Ende von 2000 Jahren innerer Entwicklung. Die Ritzdekortechniken vom Ende der Valdívia-Zeit und aus der Machalilla-Phase werden weitergeführt. Die Chorrera-Keramik ist jedoch durch eine außerordentliche Beherrschung der bildnerischen Mittel gekennzeichnet. Die Terrakotta, selbst die Gebrauchsware, wird auf diese Weise zur Skulptur im eigentlichen Sinn.

Die Chorrera-Phase bringt die Blüte der Tierkunst, die Entfaltung der Menschenfiguren und das Auftauchen von getreuen Darstellungen der Umwelt. Die unendliche Vielfalt der behandelten Themen läßt die Chorrera-Keramik zu einem bedeutenden kulturellen Zeugnis werden, wenn man die Lebensweise der damals lebenden Völkerschaften kennenlernen und verstehen will.

Wie in den vorausgegangenen Perioden erscheint die Keramik in zwei Formen, einerseits als Kunst der Figuren mit vermutlich symbolischer und religiöser Bedeutung, andererseits als Geschirr, dessen Dekor und Formen unablässig reicher werden. Diese beiden Aspekte kann man als die heilige und die profane Seite desselben technischen Bereiches – der Keramik – verstehen.

Der Kopf der Chorrera-Figuren scheint in einer strengen, sphärischen Kopfbedeckung zu stecken, die einem Helm gleicht. Vielleicht handelt es sich lediglich um eine besondere Frisur, wobei das Haar in Fransen über der Stirn liegt. Die Personen sind – wie in Valdívia und Machalilla – streng frontal ausgerichtet. Arme und Beine sind kurz und gedrungen, mit summarisch angedeuteten Händen und Füßen. Die Hüften sind breit, die Taille beginnt sich abzuzeichnen. Männliche und weibliche Figuren tragen Kleider mit geometrischem Muster: kurze Hosen und Westen oder Jacken, die gelegentlich über der Brust geöffnet sind. Die Kleidungen sind mit Hilfe von dunkelroter Engobe ausgeführt, auf die der Stoffdekor nach dem Brand in Linien eingeritzt oder in Punkten graviert ist. Es gibt auch schraffierte Streifen und Dreiecke, die mit der Nadel in die ungebrannte Tonmasse der Stücke ohne Engobe gezeichnet sind.

Die Gesichter der Chorrera-Figuren zeigen eine kraftvolle, einheitliche Stilisierung. Während die Augen nur als waagrechter Einschnitt in die vorstehende Masse des Augapfels dargestellt sind – darin folgen sie den kaffeebohnenförmigen Applikationen von Machalilla –, wird die gerade und verhältnismäßig kleine dreieckige Nase durch die deutliche Horizontale des Mundes hervorgehoben. In die Ohrläppchen sind Löcher zur Befestigung von Ohrpflöcken gebohrt. Mit der farbigen Engobe sind manchmal Gesichtsmalereien dargestellt, Bandstreifen in Höhe von Augen und Mund oder Farbflächen, die Kinn und Wangen bedecken.

Die Fülle der Massen und die eigenständigen, einheitlichen Proportionen zeigen, daß man es bei diesen Figuren mit ihren übertrieben dicken Köpfen, ihren starken Schultern und ihren untersetzten Gliedern mit einer besonderen Schematisierung zu tun hat (Abb. 15–17).

Neben den menschengestaltigen Figuren, die vermutlich religiösen Zwecken dienten, schufen die Chorrera-Töpfer in dichter, harmonischer Skulptur zahlreiches Gebrauchsgeschirr, in dem sich ihre Alltagswelt spiegelt. Die Gefäße stellen vor allem Tiere dar: Affen, Haushunde, Kinkajú, Coatí (Nasenbären), Gürteltiere, Agutí (Goldhasen), Tamanduá (eine Art Insektenfresser), Fledermäuse, Papageien, Falken, Eulen, Harpyien, Eidechsen, Schildkröten, Fische, Krabben, Kröten, Meeresmuscheln, Schnecken und Schlangen (Abb. 18–23, 25 und 26).

Einige Gefäße geben uns auch Auskunft über besondere Nahrungsquellen. Beispielsweise liefern dicke Larven, die im Innern von Palmbäumen leben, ein im Tropenwald hochgeschätztes »Fleisch«. Die Leute von Chorrera, die die Form dieser Larven in ihrer Keramik darstellen, lehren uns, daß diese Tradition des Amazonasgebiets sich in der ecuadorianischen Ebene erhalten hat. Andererseits

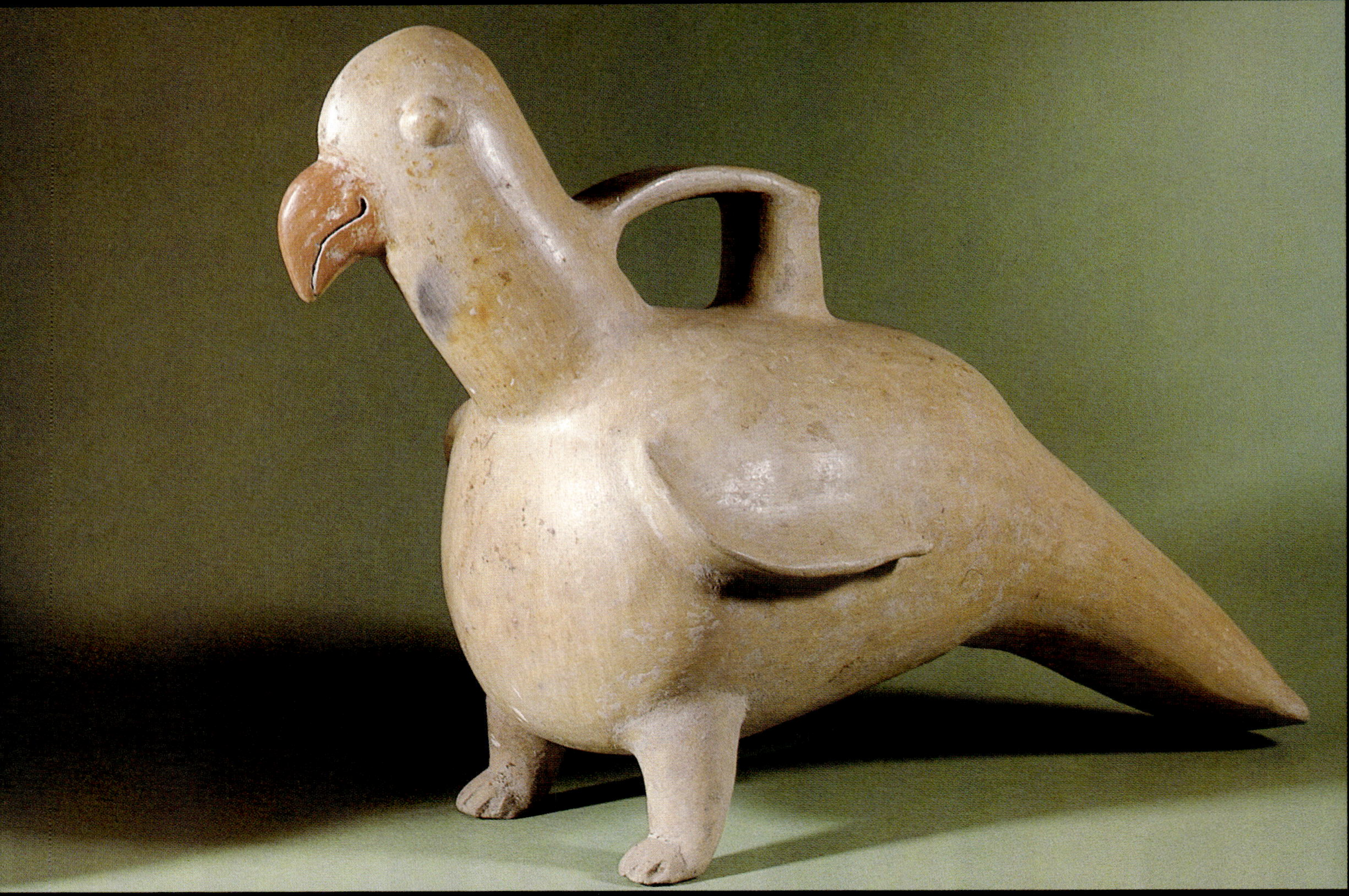

23

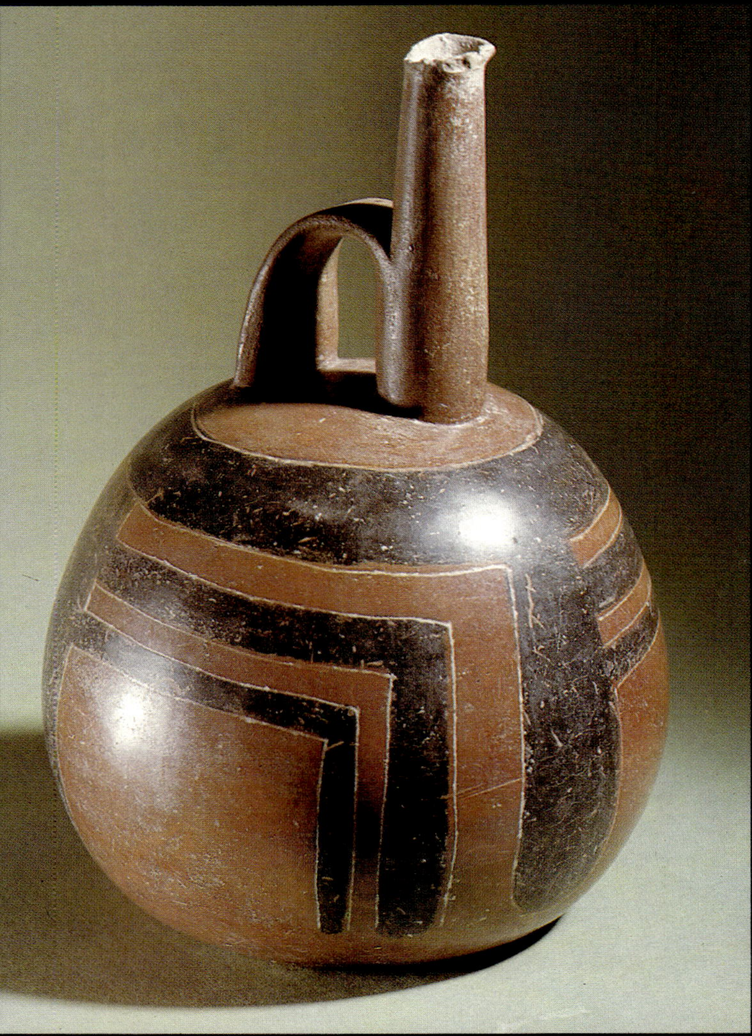

24

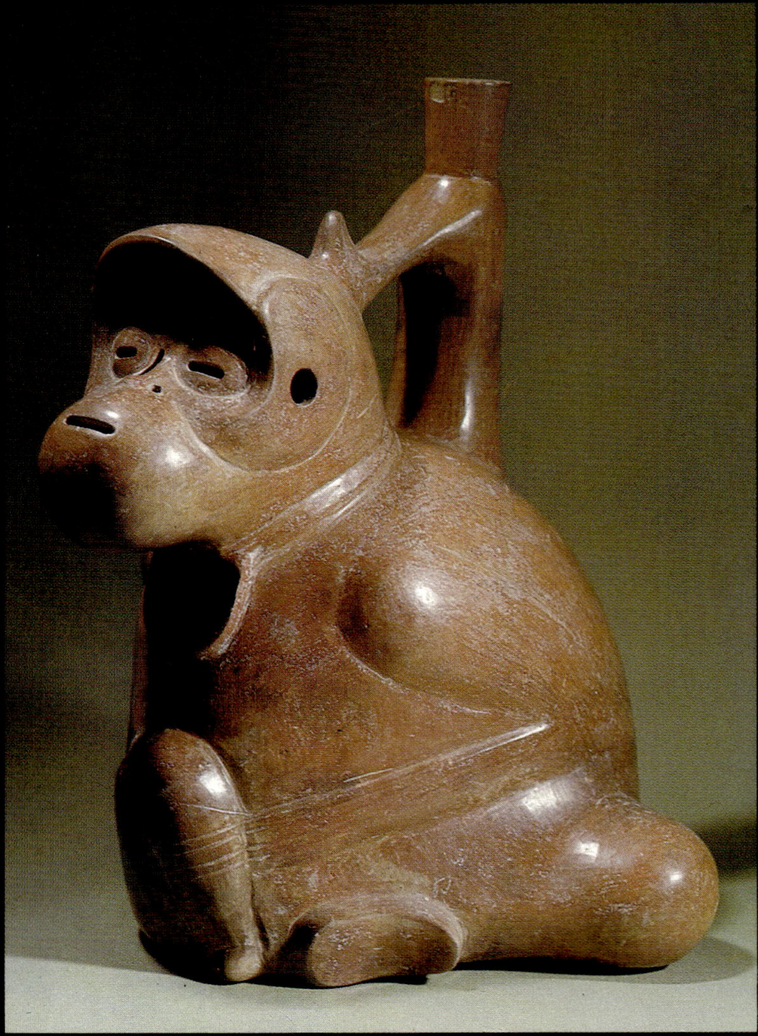

25

bildet die Darstellung von beinahe nackten Hunden – in der Art der Hunde von Colima im mexikanischen Occidente – den Beweis, daß dieses Tier gezüchtet wurde; wie in Mexiko diente es als Fleischlieferant. Ein schönes farbiges Chorrera-Gefäß (Abb. 22) ist die älteste bekannte Darstellung eines Haushundes in der Neuen Welt. Aus dem Bereich der Nahrungspflanzen zeigen uns die Gefäße schließlich Produkte wie Kürbisse, Chirimoya-Früchte (Annona cherimola) oder Ananas.

Um die Naturformen in Keramik wiedergeben zu können, entwickelten die Chorrera-Töpfer eine Herstellungsweise, in der sich Skulptur und Gußtechniken verbinden. Man sieht schlecht, wie es ihnen anders hätte gelingen können, so volle Volumen und schlichte, ausgewogene Massen zu schaffen. Ihre bildnerische Sprache ist äußerst wirkungsvoll, trotz einer Reihe von Vereinfachungen, um nichts als die wesentlichen Linien und charakteristischen Züge festzuhalten. Dieser synthetische Geist verleiht den Chorrera-Arbeiten einen bemerkenswert modernen Charakter.

Die Tierkunst, die in diesen Gefäßen aufblüht, nimmt Rücksicht auf praktische Gegebenheiten. Manche Stücke haben eine einfache obere Öffnung, mit oder ohne ausgestellten Hals; andere sind mit einem Ausguß versehen, der als Pfeife funktioniert, wenn man die Flüssigkeit ausgießt. In dieser Hinsicht haben die Bemühungen der Leute von Chorrera, verschiedene Geräusche zu erzeugen, einen hohen Grad von Raffinement erreicht. Manche Gefäße in Tiergestalt geben den Schrei des dargestellten Wesens wieder: das Gurren der Tauben, Zischen der Schlangen, Quaken der Kröten, Schreien der Pagageien und Affen usw. Stellen die Pfeif- oder Flötengefäße Menschen dar, so paßt es besonders gut, wenn ein Flötenspieler wiedergegeben wird.

Die Pfeifgefäße mit ihrem langen Flaschenhals besitzen gewöhnlich einen Henkel, der die senkrechte Röhre in einem runden Bogen mit dem Körper verbindet. Dieser bemerkenswert leichte Henkel von flachem Querschnitt dient zum Greifen und zum Verstärken des Stückes. So besitzt der Gegenstand eine vollendete Homogenität. Krug und röhrenartiger Ausguß sind durch den eleganten Henkel auf subtile Weise verbunden. Vom zuvor erwähnten Bügelhals ist diese Henkelform deutlich zu unterscheiden.

Im Bereich der Polychromie bereichert die Chorrera-Keramik die Farbauswahl. Zu der schon in Valdívia bekannten roten Engobe und zum Rauchschwarz kommt ein beigefarbener Ton hinzu, so daß die Keramik nun mit einer einfachen, doch wirkungsvollen Palette spielen kann. Die mit Kaolinpulver gefüllten Einritzungen dienen dazu, auf dunklem Grund Motive zu zeichnen oder die verschiedenen Farben durch Linien deutlich voneinander abzugrenzen.

Die Personendarstellungen bieten den Töpfern Gelegenheit, lebendige, natürliche Figuren zu schaffen: Wasserträger, Gefangene, Flötenspieler, Kranke und Krüppel. Zu unterscheiden ist zwischen den Flaschen, die Menschen mit fein beobachtetem Gebärdenspiel wiedergeben, und hohlen, steifen, symmetrischen Figuren in hieratischer und frontaler Pose. Die ersten spielen zweifellos auf reale Personen und Szenen des Alltagslebens an, die zweiten könnten, wie wir sahen, in der Art der Statuetten von Valdívia eine Gottheit darstellen. Zu betonen ist jedenfalls der Stilunterschied zwischen den beiden Gruppen.

Waren die Gefäße mit Bügelhals in der Machalilla-Phase aufgetaucht, so fehlen sie fast ganz in der Chorrera-Keramik. So stellt sich die Frage, wie diese Form, die Chavín und Vicus sowie die anderen peruanischen Kulturen kennzeichnen wird, weitervermittelt wurde. Tatsächlich weichen die Bügelgefäße in den Orten der Küstenebene zwischen 1200 und 500 v. Chr. den Stücken mit geradem Ausguß und gebogenem Henkel. Andererseits bleibt die Bügelform in den Gebirgsregionen wie Azuay (Provinz Ecuadórs im Südosten des Golfes von Guayas) auf halbem Weg zum Amazonasbecken erhalten. Dies ist ein zusätzlicher Beweis für die tropische Herkunft dieses Halstypus. In Perú taucht er nach der Ankunft von Stämmen auf, die aus dem Urwald im Osten der Kordilleren in die Hochtäler (Chavín, Kotosh) ziehen. Sobald dieser in Ecuadór während der Machalilla-

23 Chorrera-Gefäß in Form eines weißen Papageis mit rotem Schnabel. Das 31 cm lange Stück aus Manabí hat trotz einer gewissen Eleganz eine ziemlich plumpe Form. (Museo del Banco Central, Guayaquil)

24 Diese Chorrera-Flasche mit Ausguß und Bügelhenkel besitzt eine doppelte Pfeife und gibt zwei Flötentöne von sich, wenn die Flüssigkeit ausgegossen wird. Das 18 cm hohe Sück aus Manabí hat einen interessanten geometrischen Dekor in Rot und Schwarz, den eingeritzte Linien begrenzen. (Museo del Banco del Pacífico, Guayaquil)

25 Chorrera-Pfeifgefäß in Form eines Affen. Die 24 cm hohe Keramik hat einen hervorragend gestalteten Kopf mit scharfen Linien und hervorgehobenen Öffnungen. Die Tierkunst erreicht in diesem Stück aus Manabí einen hohen Grad der Verfeinerung. (Museo del Banco Central, Guayaquil)

26 Die 14 cm hohe Keramik in Form einer Eule aus La Balsita, Manabí, zeigt den gekonnten Einsatz der zur Verfügung stehenden Mittel und die formale Vollendung, zu denen die Töpfer der Chorrera-Zeit in Ecuadór gefunden haben. (Museo del Banco del Pacífico, Guayaquil)

27 Chorrera-Flasche mit doppelter Pfeifvorrichtung, Ausguß und Bügelhenkel. Die 27 cm hohe Keramik in Form eines sitzenden Gefangenen mit auf dem Rücken gebundenen Händen kommt aus Resbalón, Manabí. (Museo del Banco del Pacífico, Guayaquil)

28 Chorrera-Gefäß in Form eines hockenden Flötenspielers. Die Frisur über dem mit schwarzer Naturfarbe bedeckten Gesicht gleicht denen der Figuren (Abb. 15–17). Die Flötentöne, die diese Flasche beim Leeren von sich gibt, illustrieren gut das vom Töpfer in diesem 26 cm hohen Stück dargestellte Thema. (Museo del Banco del Pacífico, Guayaquil)

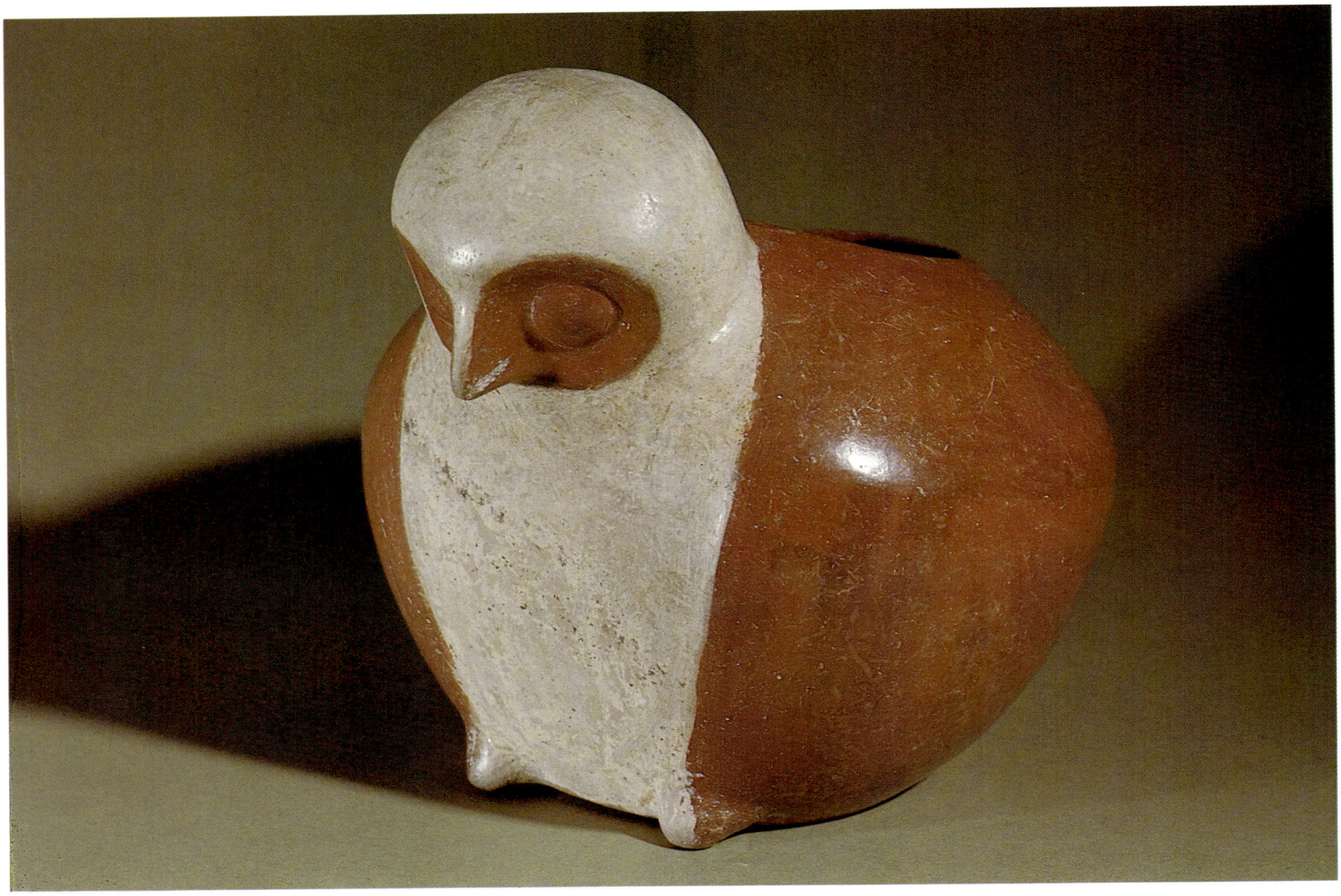
26

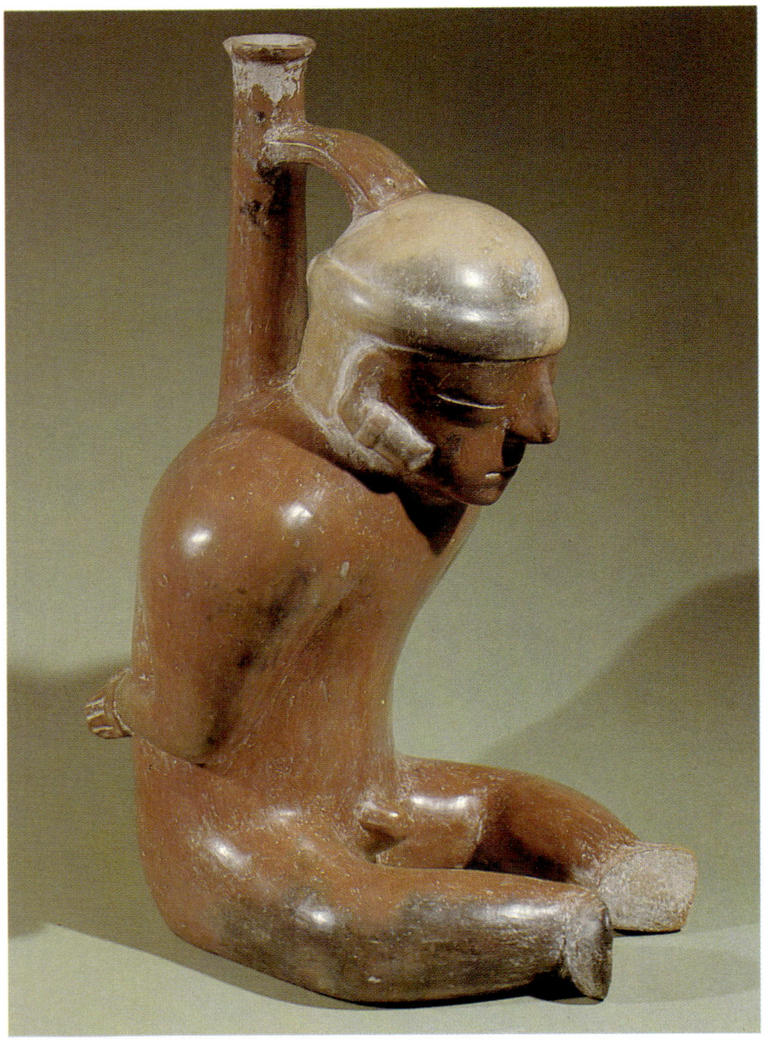
27

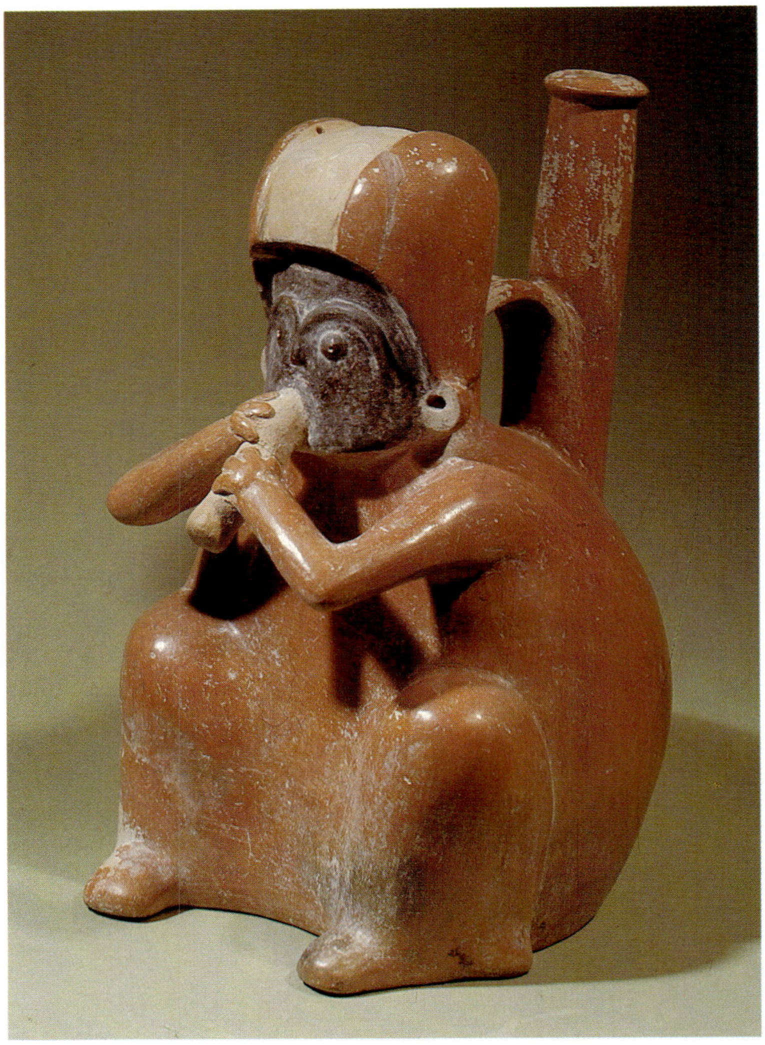
28

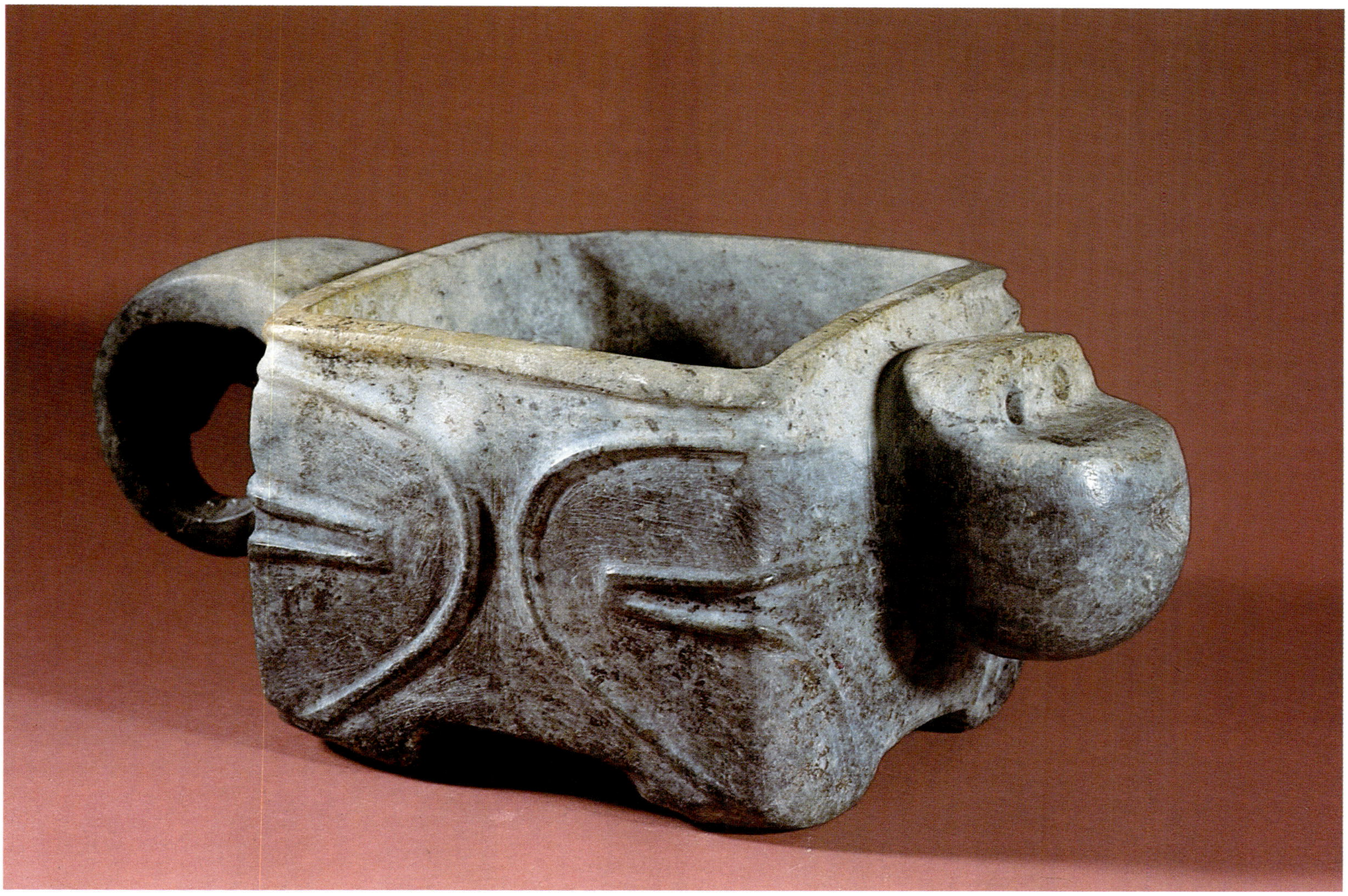
29

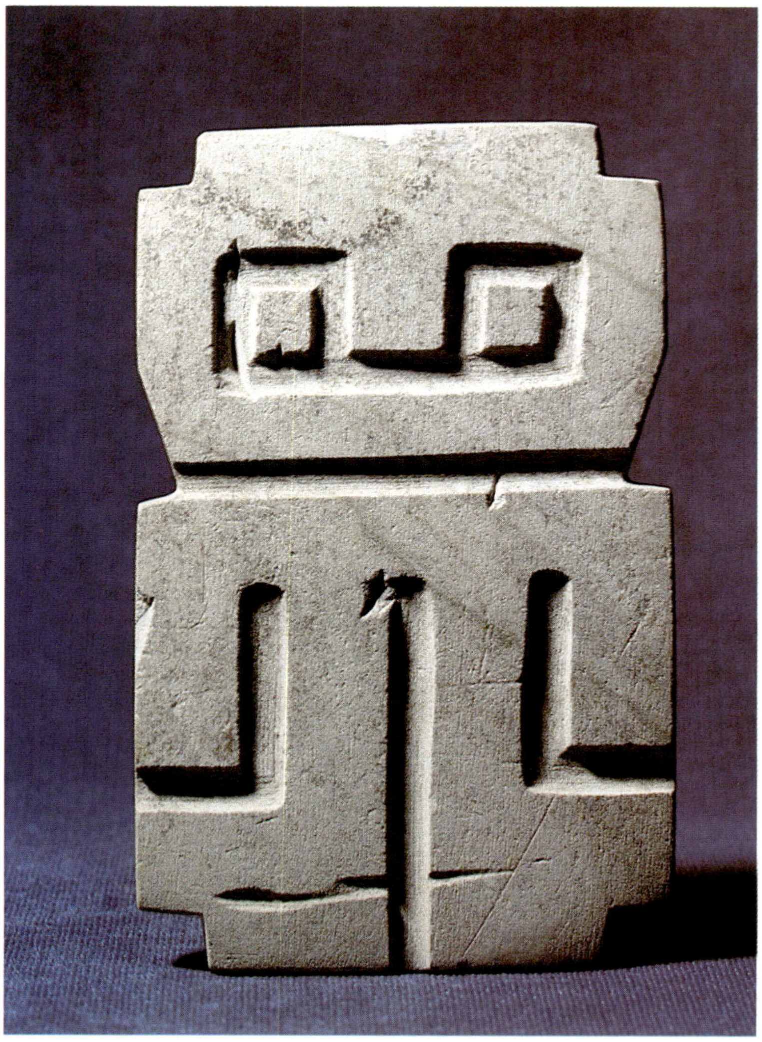
30

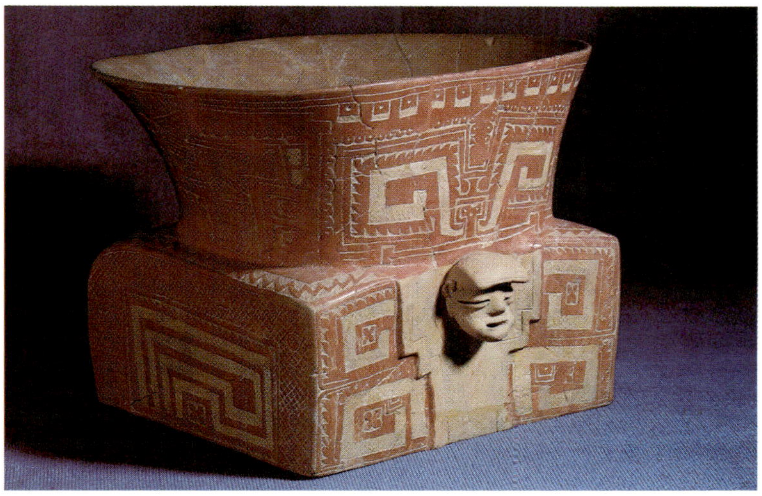
31

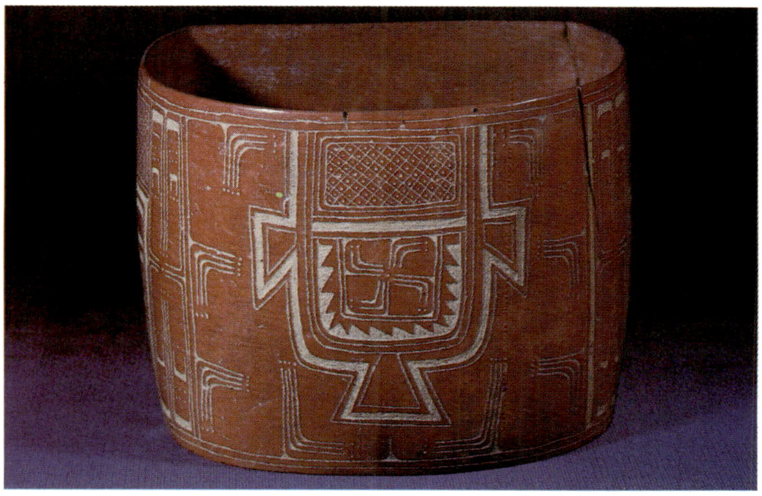
32

Phase bekannte Gefäßtyp an der peruanischen Küste auftaucht, ist dies das Zeichen, daß die Andenstämme bis zum Pazifik in die Gegenden von Cupisnique, Tembladera und Vicus vorgestoßen sind.

Abschließend sei erwähnt, daß in der Chorrera-Kunst neben der realistischen Strömung auch eine Tendenz zur Geometrisierung der Formen besteht. Sie zeigt sich in tierförmigen Steinmörsern mit eckigen Linien und in kleinen Stelen, in denen die menschenähnlichen Züge einen außerordentlichen Abstraktionsgrad erreichen und darin den stilisierten Gesichtern der Valdívia-Keramik verwandt sind. Dieselbe Tendenz bestimmt auch steife, massige Töpferarbeiten mit Ritzdekor auf roter Engobe, in dem sich ein ganzes Repertoire von Mäandern, Swastikas und Bordüren in eckigen Rhythmen entwickelt (Abb. 29–32).

Diese Kunst ergänzt gut die realistischen Bemühungen in der tierförmigen Chorrera-Keramik. Sie beweist uns den Reichtum der Ausdrucksmöglichkeiten, über den die Chorrera-Gesellschaft bis zu ihrem Untergang um 500 v. Chr. verfügte. So bildeten sich in dieser ecuadorianischen Kunst alle Techniken aus, von denen die peruanischen Töpfer Gebrauch machen werden.

29 Die Chorrera-Steinkunst besitzt einen betont geometrischen Stil, wie dieser Jaspismörser in Form einer stilisierten Raubkatze bezeugt. Das 24,5 cm lange Stück kommt aus San Isidro, Manabí. (Museo del Banco Central, Guayaquil)

30 Kleine skulpierte Steinstele in Menschengestalt. Das rund 15 cm hohe, sehr schematische Stück leitet sich von Vorbildern des Valdívia-Stils ab. (Museo del Banco Central, Quito)

31 In der Chorrera-Kunst gibt es eine geometrisierende Strömung, die sich in Keramiken mit strengen Formen und Motiven in Ritzdekor ausdrückt. Das 18 cm hohe Gefäß aus Manabí hat eine rechteckige Basis, die ein Reliefkopf schmückt, und darüber einen ausladenden, kreisförmigen Hals. (Museo del Banco Central, Quito)

32 Dieses Chorrera-Gefäß mit eingeritzten geometrischen Motiven, die in Weiß auf roter Engobe hervorgehoben sind, zeigt im Zentrum eine Swastika. Das Stück ist 19 cm hoch und hat einen Durchmesser von 25,5 cm. (Museo del Banco Central, Quito)

III Chavín: Beginn einer peruanischen Klassik

Der künstlerische Ausdruck beginnt in Perú nicht mit der Keramik. In den Tälern und an der peruanischen Küste ließen sich schon vor dem Erscheinen der Töpfertechniken eine Reihe von Gesellschaften nieder. Sie kannten bereits einen entwikkelten Ackerbau und drückten sich in wenig haltbaren Materialien wie Kalebassen und Stoffen aus. So müssen wir die geringsten Überreste untersuchen, die dank dem trockenen Klima der ausgedörrten Küstengebiete erhalten sind, um die Entstehung der Formen zu verstehen, die in dieser Region der Andenwelt mehrere Jahrhunderte nach der ecuadorianischen Valdívia-Kultur aufblühten.

Die Phasen der präkeramischen Ackerbauern

Der Ackerbau erscheint in Südamerika an mehreren Orten zugleich. Die Pflanzen, die man domestizierte, haben eine unterschiedliche Herkunft, je nachdem, ob sie im Tropenwald oder im Hochland heimisch waren. Sie stammen aus genau bestimmten Biotopen und paßten sich nur allmählich einem anderen als ihrem ursprünglichen Klima an. Die Vielfalt der Pflanzentypen, die sich der Mensch durch Auswahl aneignete, ist derart groß, daß man zahlreiche, nicht unbedingt zeitgleiche Zentren ansetzen muß, in denen die Kultur der Nutz- und Nahrungspflanzen einsetzte. Durch gegenseitigen Austausch versorgten sich die Bauerngemeinschaften mit den ihnen jeweils fehlenden Pflanzen. So war das Angebot, das den ersten Ackerbauern zur Verfügung stand, bald weit gefächert.

Eine der ersten Pflanzen, auf deren Spuren man in den beinahe 10 000 Jahre alten Wohnstätten stößt, ist die Kalebasse (Flaschenkürbis). Es gibt zwei Hauptsorten; die eine ist bauchig, die andere in der Mitte eingeschnürt. Getrocknet dient die Kalebasse als Gefäß, Flasche oder Teller. Baumwolle und Bohnen erscheinen vor rund 6000 Jahren. Erdnüsse und Mais schließlich sind an der peruanischen Küste nicht älter als 3500 Jahre. Auf sie folgt noch die Quinoa (Chenopodium) aus dem Hochland und die Kartoffel, die aus Chile stammen dürfte.

Auf Kalebassen entdeckte man die ersten deutlichen Zeichen künstlerischen Ausdrucks in Perú. Der Fund geschah in Huaca Prieta bei Chicama, anläßlich von Grabungen, die Junius Bird 1946 bis 1947 in Zusammenarbeit mit dem American Museum of Natural History von New York unternahm.

Der Ort Huaca Prieta in der Wüstenzone am Ozean besitzt riesige Abfallhaufen. Die Meeresmuscheln lieferten den Bewohnern die lebensnotwendigen Proteine und ergänzten die Produkte des sich entwickelnden Ackerbaus. Die Besiedlung des Ortes begann den Radiokarbon-Analysen (C 14) zufolge um 2125 v. Chr. Zwischen den Abfallhaufen haben sich in der archäologischen Zone dank dem trockenen Klima leicht verderbliche Materialien in nicht unversehrtem, doch erkennbarem Zustand über 4000 Jahre erhalten. So förderte man 10 770 Fragmente von Kalebassen zutage, von denen 13 Spuren von Gravierungen tragen. Zudem sind zwei kleine intakte Kalebassen mit hochstilisierten Motiven in Brandgravierung verziert, die menschliche Gesichter darstellen. Die beiden kaum 4,5 und 6,5 cm hohen Stücke sind von höchstem Interesse.

Die Kunst der Kalebassen und die Webkunst

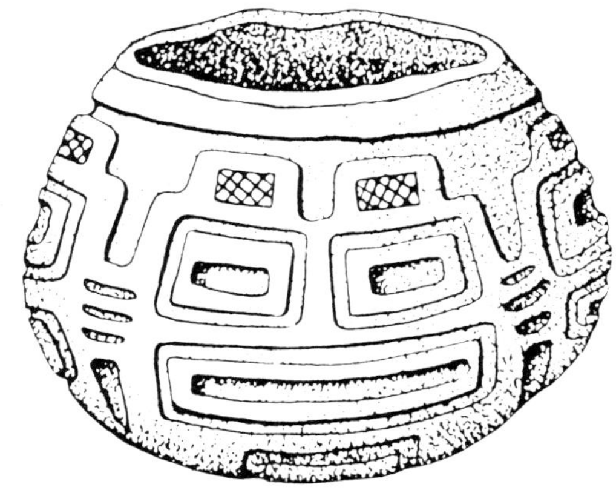

Kalebasse aus Huaca Prieta (um 1950 v.Chr.). Die Schale mit Brandgravierungen hat einen Durchmesser von 6 cm. Der Dekor zeigt stilisierte Menschengesichter, die mit denen der Valdívia-Keramik verwandt sind (Abb. 2).

Obwohl diese Kalebassen »weniger solide als Zigarrenasche« (J. Bird) waren, hielten sie für die Archäologen eine große Überasschung bereit; sie trugen die typischen Motive der Valdívia-Keramik aus der 3. Phase (Abb. 2), die ihrerseits auf den winzigen Steinstatuetten der 2. Phase (Abb. 8) aufbaut. So entdeckte man in den Überresten von Huaca Prieta eine Kunst, deren Vorbild bis 2400 v.Chr. zurückreicht. Sie schmückte Kalebassen, die aus einer 1950 v.Chr. datierten Schicht stammen, d.h. aus einer Zeit lange vor dem Erscheinen der Keramik an der peruanischen Küste. Dies ist der Beweis für die frühe Ausstrahlung der Valdívia-Kunst.

Offenbar wurden die Kalebassen von Huaca Prieta (die kleinen Deckelgefäße dienten vermutlich zur Aufnahme von Kalk, das die aus rituellen Gründen und wegen ihrer berauschenden Eigenschaften verzehrte Koka begleitete) nicht von lokalen Handwerkern hergestellt, sondern aus Ecuadór eingeführt. Was war jedoch die Ursache einer solchen schematischen Stilisierung mit einem Menschengesicht, das auf horizontale und vertikale Linien beschränkt ist? Huaca Prieta bringt uns die Lösung: die Webkunst.

Erläutern wir das etwas. Das trockene Küstenklima von Huaca Prieta begünstigte nicht nur die Erhaltung der Kalebassen, sondern auch von Pflanzenfasern wie der Baumwolle. Die Webkunst nahm jedoch einen bedeutenden Bereich in der Tätigkeit der lokalen Bevölkerung ein. Die gefundenen Stofffragmente sind aus einer Baumwolle, die nach der Aussage von Fachleuten eine genetische Verbindung der Merkmale von afrikanischer und amerikanischer Baumwolle zeigt (vermutlich brachten Zugvögel Baumwollsamen über den Atlantik mit). Mit dieser langfaserigen Baumwolle stellten die Bewohner von Huaca Prieta hochinteressante Stoffe her. Von den ersten bekannten Geweben an ist die Technik schon sehr fortgeschritten. Wie in den meisten Fällen fehlen uns auch hier alle Beispiele aus der Anfangsphase.

Auf zwei Farben aufbauend, schufen die Weber ein strenges Motivrepertoire, das meistens auf gegenständigen Wiederholungen, Umkehrungen oder sogar Mischformen mit Oppositionen beruht. Wegen des stark beschädigten Zustands der Stoffe waren die Farben nicht mehr zu erkennen, und man mußte das Mikroskop einsetzen, um Faden für Faden die Webstruktur zu bestimmen und das Muster zu rekonstruieren. Von Anfang an wurde die komplexe Dekorwebtechnik meisterhaft beherrscht. Da uns die frühesten Versuche fehlen, auf denen die Entwicklung dieser Technik gründet, wissen wir auch nicht, wo diese Experimente stattfanden.

Schema eines zweifarbigen Stoffes aus Huaca Prieta mit der Darstellung eines Kondors, der einen Fisch im Magen trägt. Das Motiv ist rechtwinklig schematisiert und dürfte um 2050 v.Chr. geschaffen worden sein.

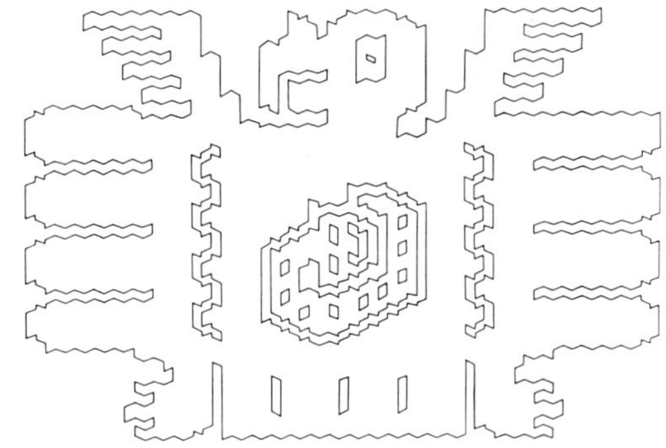

Die Motive der 4000 Jahre alten Stoffe sind mit Rücksicht auf ihren Träger hochstilisiert. Die sich rechtwinklig kreuzenden Kett- und Schußfäden schreiben eine auf Waag- und Senkrechten gegründete Schematisierung vor. So sind Motive wie Kondor oder Harpyien (habichtartiger Raubvogel), Schlange und Krabbe auf einfache Formeln reduziert. Diese für die Bedürfnisse einer besonderen Technik geometrisierten Linien werden in andere Medien übernommen. Daraus läßt sich schließen, daß die Webkunst die Dekorformen der Kalebassen beeinflußte; diese wiederum werden in der Valdívia-Keramik wiederaufgenommen, deren Schalen und Vasen gewissermaßen »künstliche Kalebassen« sind.

Offenbar erklärt dieser anfängliche Gebrauch von wenig beständigen Materialien – abgesehen von trockenen Regionen, wo sich diese Versuche hätten erhalten können – das Verschwinden der Versuchsstadien, das man in zahlreichen Formen archaischer Kunst feststellt. Im Dekor wie in der Plastik ist die Verwendung von dauerhaften Trägern eine Entwicklungsphase, die auf die Ausbildung der bildnerischen Sprache folgt. Die Motive werden also in einem Medium wie beispielsweise dem Gewebe, dem Holz oder den Kalebassen geschaffen und anschließend auf Materialien wie Keramik oder Stein übertragen, um ihnen eine längere Dauer und bessere Widerstandskraft gegen die Unbill der Zeit zu verleihen. Dabei wiederholt man blind die Formen, die durch den zufälligen ersten Träger bedingt waren, obwohl dazu keine Notwendigkeit mehr besteht. Nur ein solcher Ablauf kann erklären, warum in der Töpferkunst oder Plastik unvermittelt hochentwickelte Formen auftauchen, die von vornherein ihre volle Reife erreicht zu haben scheinen.

Die ersten Bauten

Unter den Küstenorten von präkeramischen Gesellschaften mit Baumwollgeweben, die man in Perú entdeckte, muß El Paraiso genannt werden, das Frédéric Engel 1966 im Chillón-Tal unweit von Lima ausgrub. Um 2000 v.Chr. tauchte ein Stamm von Bohnenanpflanzern an der peruanischen Küste auf und errichtete Dörfer mit Häusern in Massivbauweise, die halb in den Boden vertieft und mit von Walfischknochen getragenen Schilfmatten gedeckt waren.

Ein derartiges Dorf mit einem Tempel, den die Behausungen hoher Würdenträger umgaben, wurde in El Paraiso freigelegt. Zu sehen ist eine Reihe von Steingebäuden, die mit Hilfe von Schlamm zementiert wurden und deren Wände mit glattgestrichenem Lehm verputzt waren. Der Hauptkomplex ist 40 auf 50 m groß und umfaßt verschiedene Räume, Gänge, Treppen und Rampen. In seinem letzten Zustand, nach zahlreichen Vergrößerungen, zählte dieses Zentrum bis zu 25 Räume. Einer von ihnen diente vermutlich zu Zeremonien: Er besitzt vier Säulen, die vermutlich die Bedeckung trugen, und ein zentrales Becken. In diesen Raum führten zwei Treppenfluchten und ein Vestibül. Die Architektur verfügt also

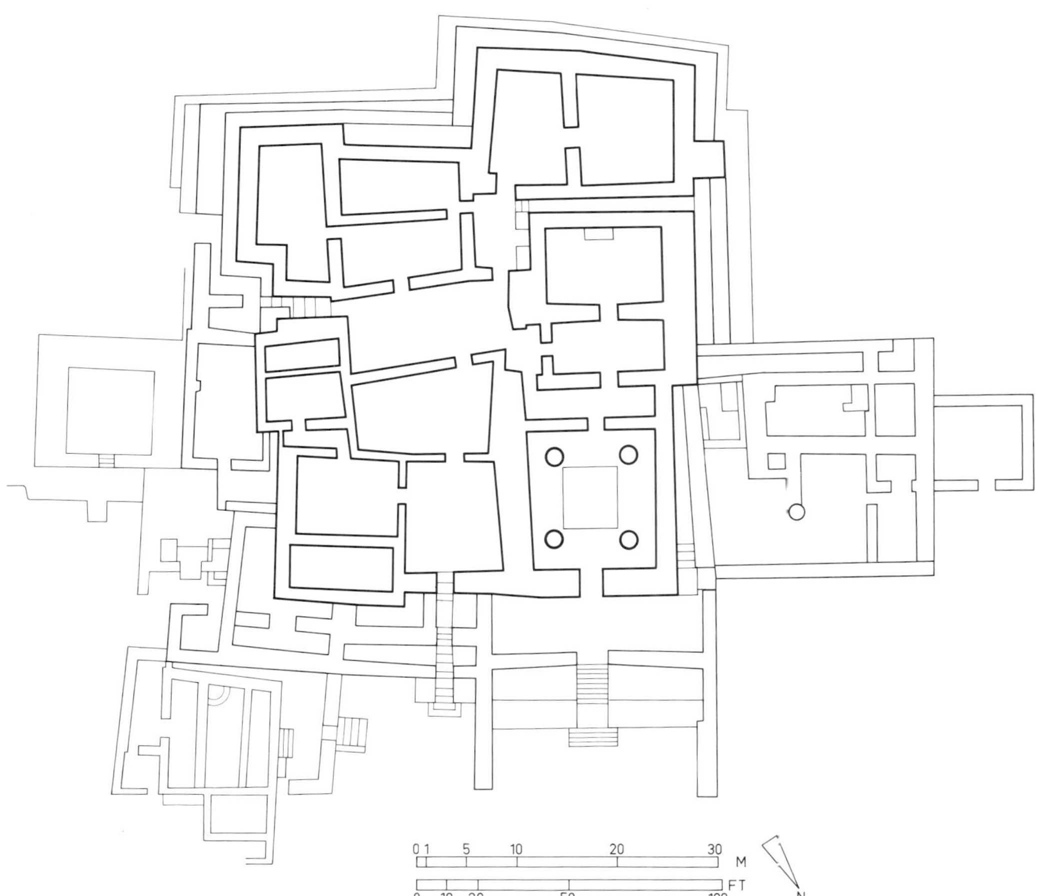

Plan der präkeramischen Siedlung von El Paraiso (oder Chuquitanta) unweit von Lima, die um 2000 v.Chr. bewohnt wurde. Im Zentrum der Zeremonialraum mit vier gemauerten Säulen.

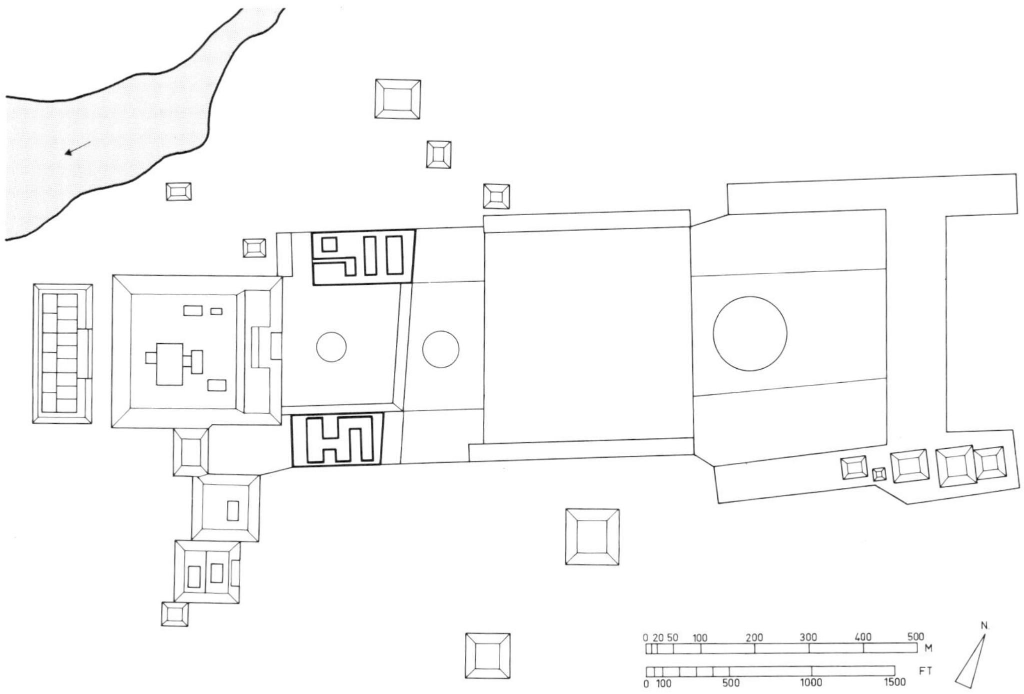

Grundriß des riesigen Zeremonialzentrums von Sechín Alto im Casma-Tal. Die Terrassen und Höfe erstrecken sich auf beinahe 1700 m Länge.

schon über ein ganzes Formenrepertoire und kann Raumfolgen entwerfen, die kunstvolle Labyrinthe bilden.

Etwa 100 km weiter nördlich liegt am Eingang zum Supe-Tal der präkeramische Ort El Aspero. Auch er besitzt einen Tempel aus unbehauenen Steinen, die mit Lehm verbunden sind. Der pyramidenförmige Bau mit Räumen auf der oberen Plattform, der Huaca de los Ídolos genannt wird, wurde 1970 von R.A. Feldmann ausgegraben und bedeckt eine Fläche von 20 auf 30 m.

Mit dem ganz zu Beginn der 60er Jahre durch Seichi Izumi und Toshihiko Sono durchgeführten japanischen Grabungen, deren Ergebnisse 1963 in Tokyo unter dem Titel »Andes II« erschienen, lernen wir den Gebirgsort Kotosh kennen. Unweit von Huanuco, am rechten Ufer des Rio Higueras und auf 1800 m Höhe in den Kordilleren, legten die Forscher eine 20 auf 12 m große Konstruktion frei, die eine künstliche Erhebung bildete. Der schon von Julio Tello gesichtete Ort lieferte eine Menge an Informationen. Die Japaner gruben einen Bau aus, den sie »Tempel der gekreuzten Hände« nannten, nach einem Relief in ungebranntem Lehm, von dem nur zwei Arme erhalten waren und das vermutlich eine Gottheit darstellte. Diese Skulptur – die erste an einem Bau der Andenregion – datiert von 1850 v.Chr. und liegt damit am Wendepunkt von der präkeramischen zur keramischen Periode. Die nun erscheinende Töpferware ist grob und trägt Ritzdekor.

Die Kotosh-Keramik bildet in der Folge einen wichtigen Meilenstein in der Entwicklung der Formen. Nach der primitiven, Wairajirca genannten Phase entstanden in der Kotosh/Kotosh-Phase die ersten Bügelhenkel. Diese um 1200 v.Chr. datierte Periode ist mit der Maiskultur verbunden.

Um zur Architektur zurückzukehren, findet man, wenn man bis zum Unterlauf des Rio Casma hinabsteigt, eine Reihe großartiger Bauten. Erwähnen wir vor allem den riesigen Tempelkomplex von Sechín Alto. Seine auf 1770 m Länge hintereinandergestaffelten Terrassen und Esplanaden führen zu einer Pyramide. Ihr sind ein Hof und eine Plattform vorgelagert, in deren Mitte auf der Durchdringungsachse ein kleiner runder, vertiefter Platz liegt. Vor dieser Anlage erstreckt sich eine breite, von seitlichen Böschungen gesäumte Terrasse, vor der sich ein zweiter kleiner, vertiefter Platz öffnet. Er bildet das Zentrum eines quadratischen Raumes, den auf drei Seiten Erdwälle umziehen.

Die Gebäude von Sechín Alto wurden in einem Mauerverband aus unbehauenen Steinen ausgeführt, die mörtellos, in abwechselnden Schichten von großen und kleinen Blöcken, aufeinandergesetzt sind. Das gigantische Kultzentrum, das eine beeindruckende Perspektive bietet, wurde von 1800 v.Chr. an errichtet und bis 1000 n.Chr. mehrfach erweitert.

33 Nordwestecke der rekonstruierten Umfassungsmauer, die den Tempel von Cerro Sechín in Perú umzieht. Die aus dem 15. Jahrhundert v.Chr. datierenden skulpierten Platten zeigen Menschenopfer. In der Mitte erkennt man eine hohe, von Trophäenköpfen umrahmte Stele. Auf ihr erscheint eine in der Taille zweigeteilte Person mit gesträubtem Haar und schrecklichem Grinsen; sie veranschaulicht das von den prähistorischen Andenvölkern ausgeübte blutige Opferritual.

34 Große Stele in Cerro Sechín mit der Darstellung eines Geopferten. Auch hier ist das Opfer an der Gürtellinie zweigeteilt.

35 Hohe Granitstele mit der gravierten Darstellung eines der Hohenpriester von Cerro Sechín. Der Opfernde trägt eine Art Tiara auf dem Kopf und ein Beil mit Obsidianklinge in den Händen.

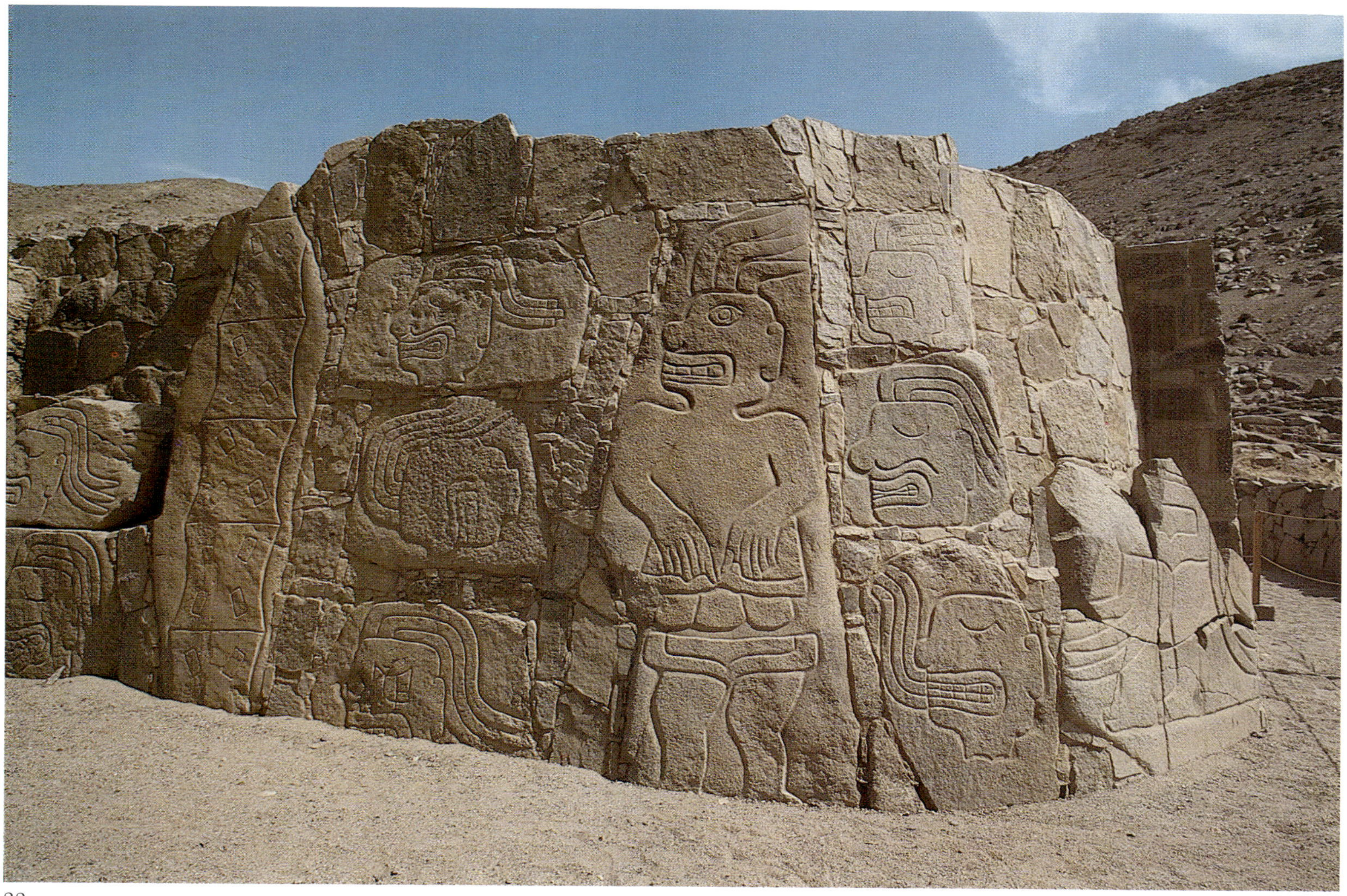
33

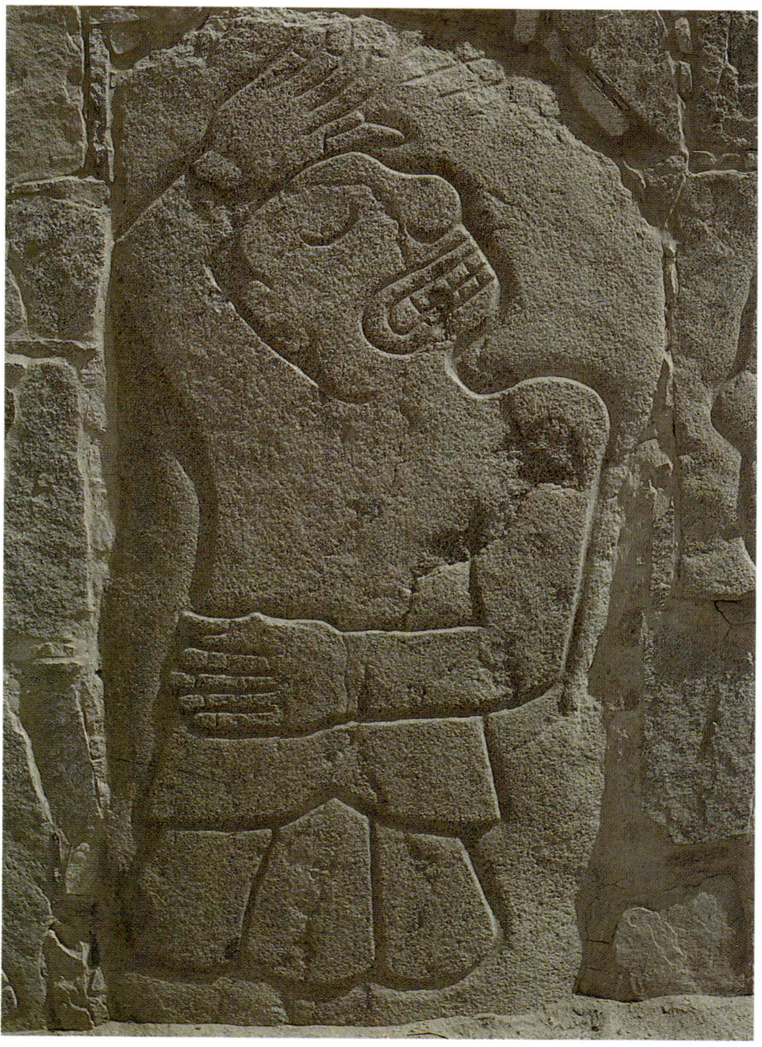
34

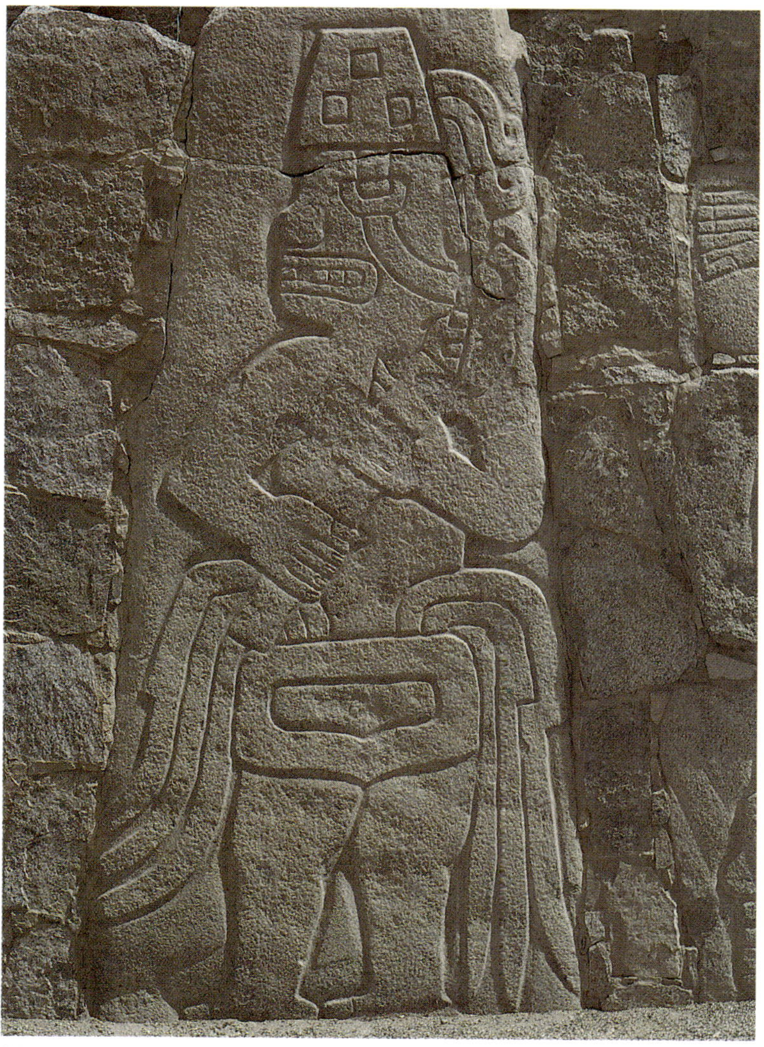
35

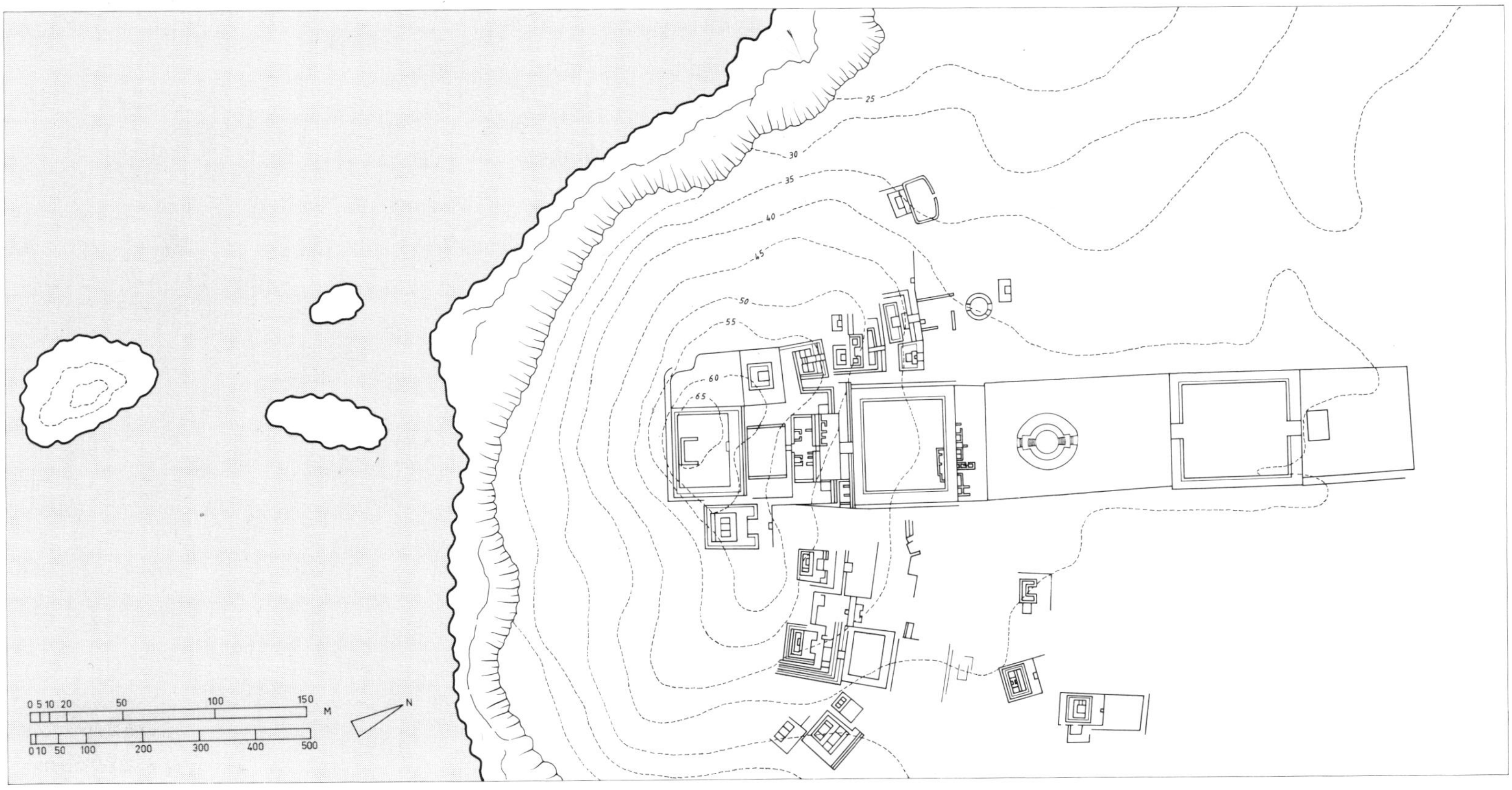

Grundriß des Zeremonialzentrums von Las Haldas, das 30 km südlich des Casma-Tals an der Pazifikküste liegt. Die Pyramide bekrönt eine natürliche Erhebung.

Eine axiale Anordnung findet man in einem ähnlichen Schema, doch in kleinerem Maßstab in Las Haldas wieder, einem Fundort, der 30 km südlich vom Casma-Tal am Pazifik liegt. In den Bauten sind eine natürliche Erhebung, die als den Ozean überragende Pyramide dient, und eine Folge von sechs Höfen, Terrassen und Plätzen vereint, die von Erdwällen gerahmt werden. Der Komplex ist insgesamt 400 m lang. Im Zentrum liegt auf der Symmetrieachse ein kleiner kreisrunder, vertiefter Platz von 20 m Durchmesser, den zwei axiale Treppen erschließen.

Die Gebäude, die ein nach demselben Schema wie Sechín Alto angelegtes Zeremonialzentrum bilden, entstanden zwischen 1630 und 500 v. Chr. Sie wurden also mehr als 1000 Jahre lang benutzt. Sicher ist jedoch, daß die wichtigsten Bauten früher sind als 1200 v. Chr.; das gilt vor allem für den kleinen kreisförmigen Platz, in den sich den Radiokarbon-Analysen zufolge um 1190 v. Chr. ein Brand ereignete. Dieser ersten Phase folgte eine zweite Besetzung, die bis rund 900 v. Chr. dauerte, während die dritte Phase von 880 bis 500 v. Chr. lief.

Die gesamte Architektur von geradlinigem Grundriß, in der sich Höfe und Terrassen, Plätze und Umfassungsmauern axial auf eine Pyramide hin entwickeln, ist in Stein errichtet. Was uns bei diesen oft recht verfallenen Gebäuden interessiert, ist ihre Organisation. Man findet die Abfolge von Pyramide, quadratischer Terrasse und kleinem kreisförmigem, vertieftem Platz – mit den ortsbedingten Abwandlungen – in der Anlage des großen Heiligtums von Chavín de Huantar wieder.

Ein besonderer Platz ist dem Komplex von Caballo Muerto einzuräumen, vor allem der um 1300 v. Chr. errichteten Gruppe Huaca de los Reyes. Diese Gruppe liegt im Tal des Rio Moche und ist eine der acht Zonen mit Überresten, die der Ort besitzt. Sie zeigt jedoch die interessanteste Anlage.

In seiner 1980 erschienenen Untersuchung weist Thomas Pozorski nach, daß Huaca de los Reyes von einer ostwestlich ausgerichteten Axialorganisation bestimmt wird. Sie besteht aus Plätzen, Höfen und Gebäuden, die sich in strenger Symmetrie bis zum Rand eines Abgrunds *(quebrada)* entwickeln. Dort erhebt sich eine quadratische Pyramide, die rund 40 000 m³ Material umfaßt. Dieser Bau, auf dem vermutlich die Heiligtümer standen, ist ganz in einer Mischung aus Stein und gestampfter Erde errichtet. Die Gruppe ist insgesamt 240 m lang und 170 m

Die Gruppe Huaca de los Reyes im Komplex von Caballo Muerto folgt einer symmetrischen und rechtwinkligen Anlage.

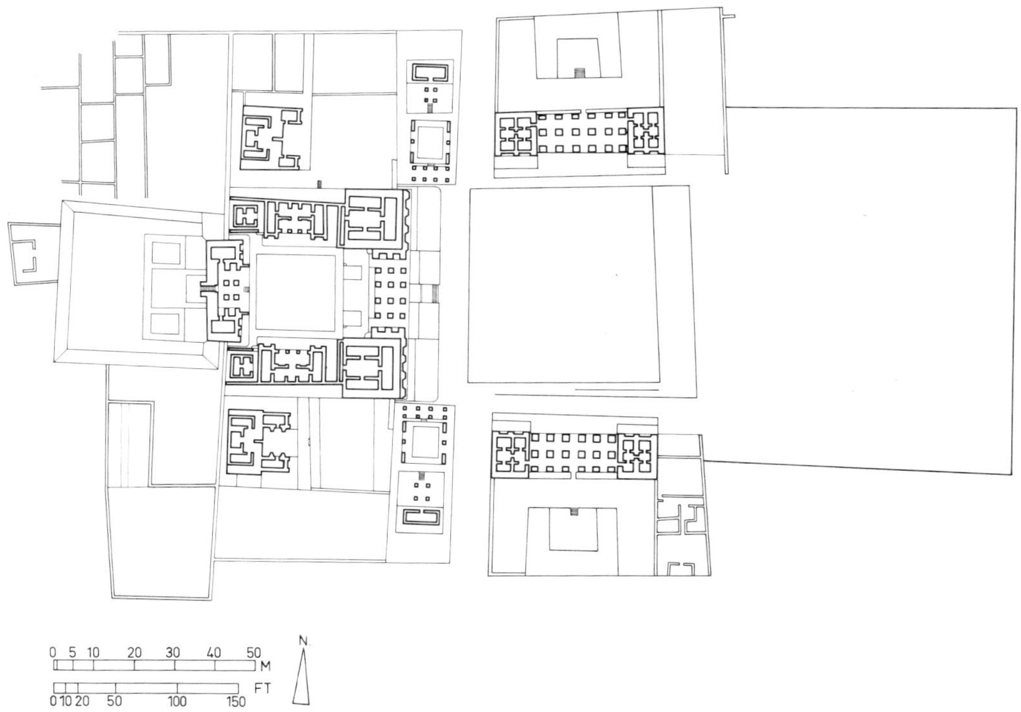

breit und hat eine komplexe, rechtwinklige Anlage. Rampen, Erdwälle und Plätze, die zur Pyramide führen, sind von Gebäuden umrahmt, deren Organisation sich auf beiden Seiten der Durchdringungsachse genau wiederholt, nach einer Formel, die wir in den Zwillingsheiligtümern von Mojeque wiederfinden.

Von großem Interesse ist in Caballo Muerto zudem eine Reihe von *adobe*-Flachreliefs, die einen Fries um den Hauptplatz des Zeremonialkomplexes

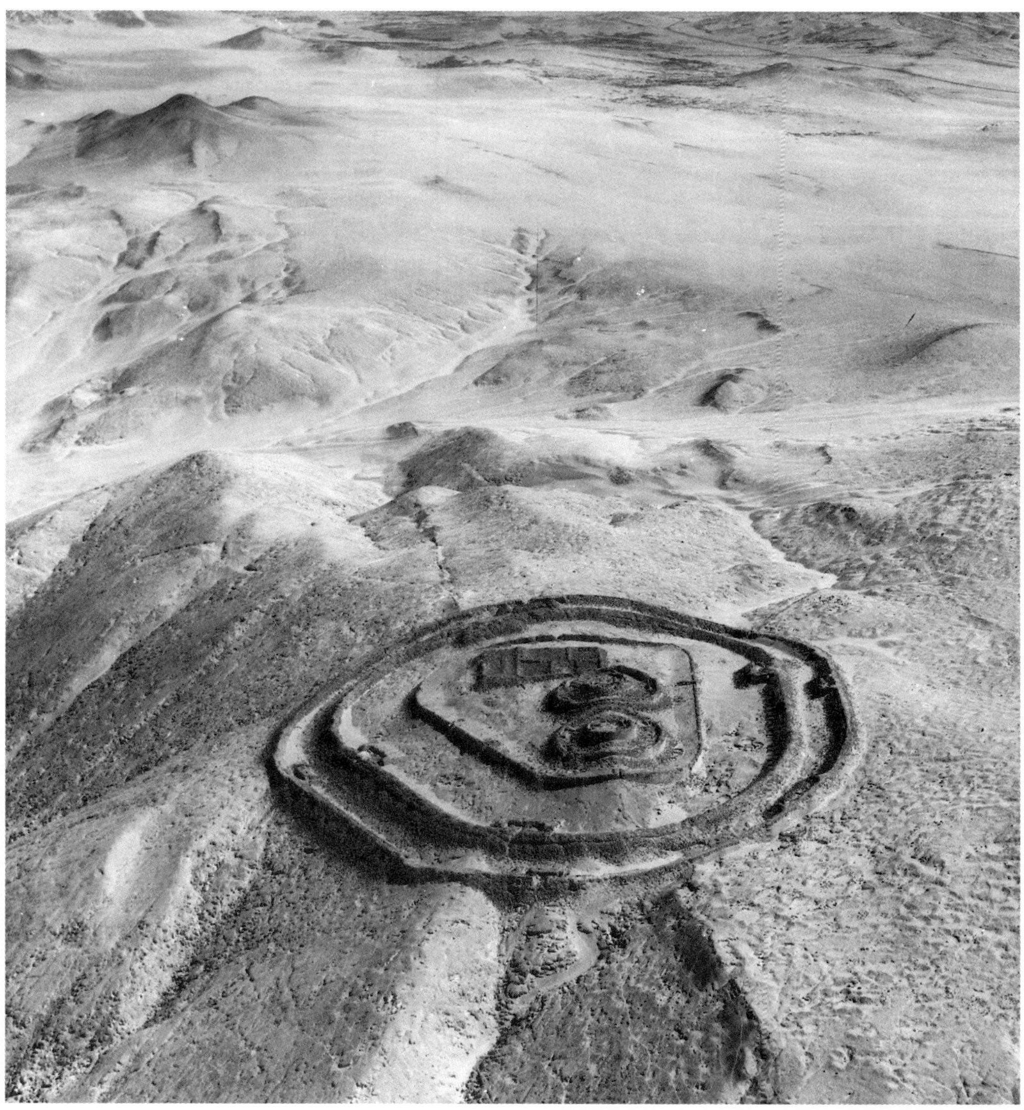

Flugbild der von drei konzentrischen Mauern umzogenen Festung Chanquillo südlich des Rio Casma

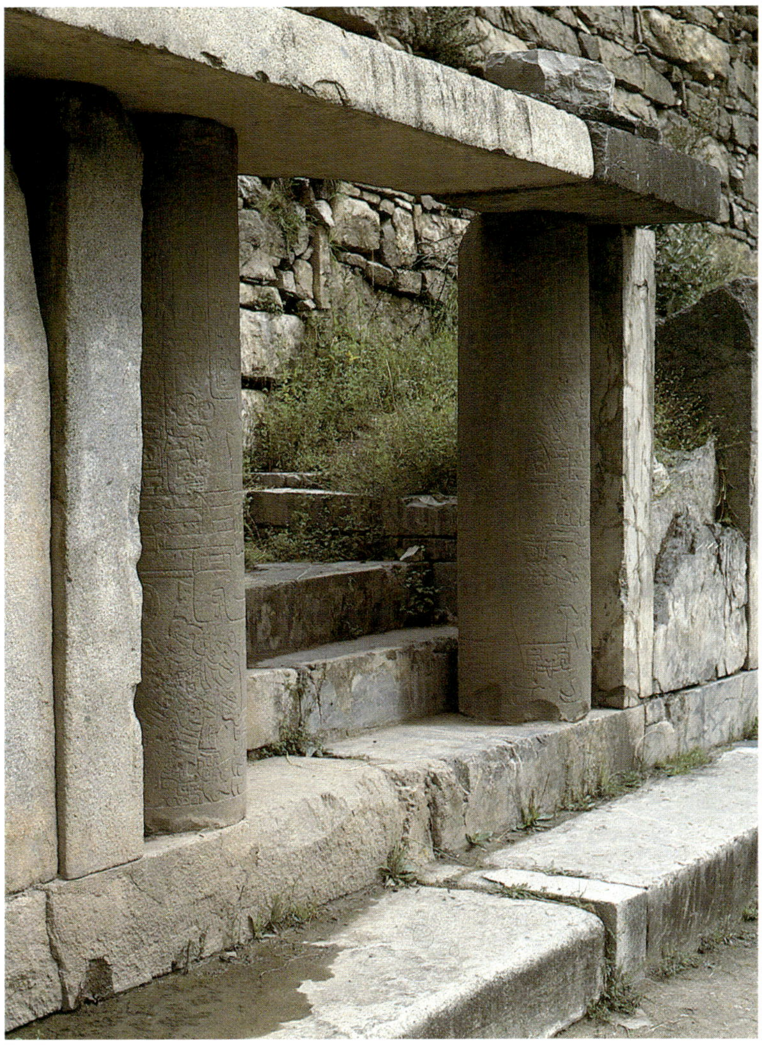

36

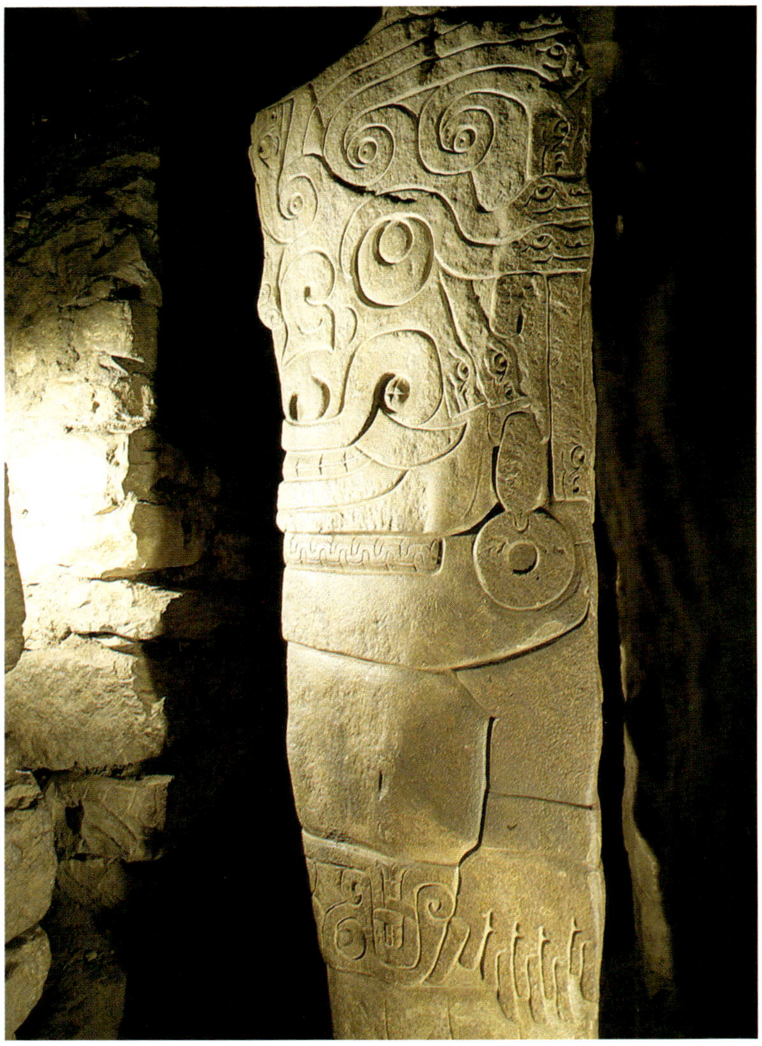

37

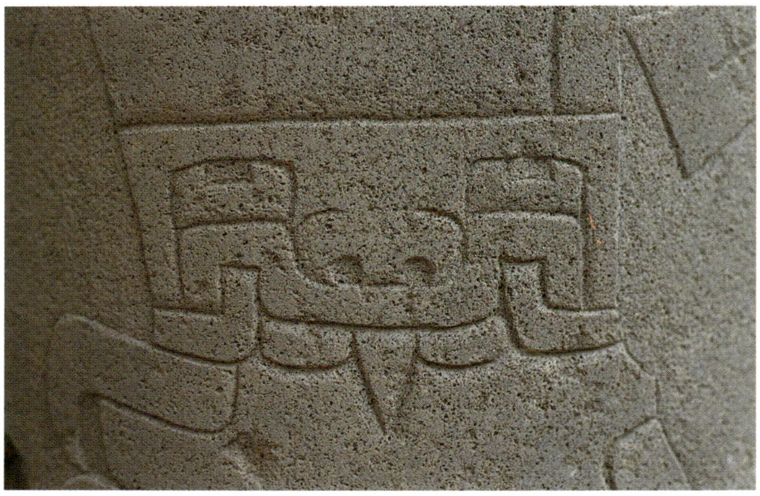

38

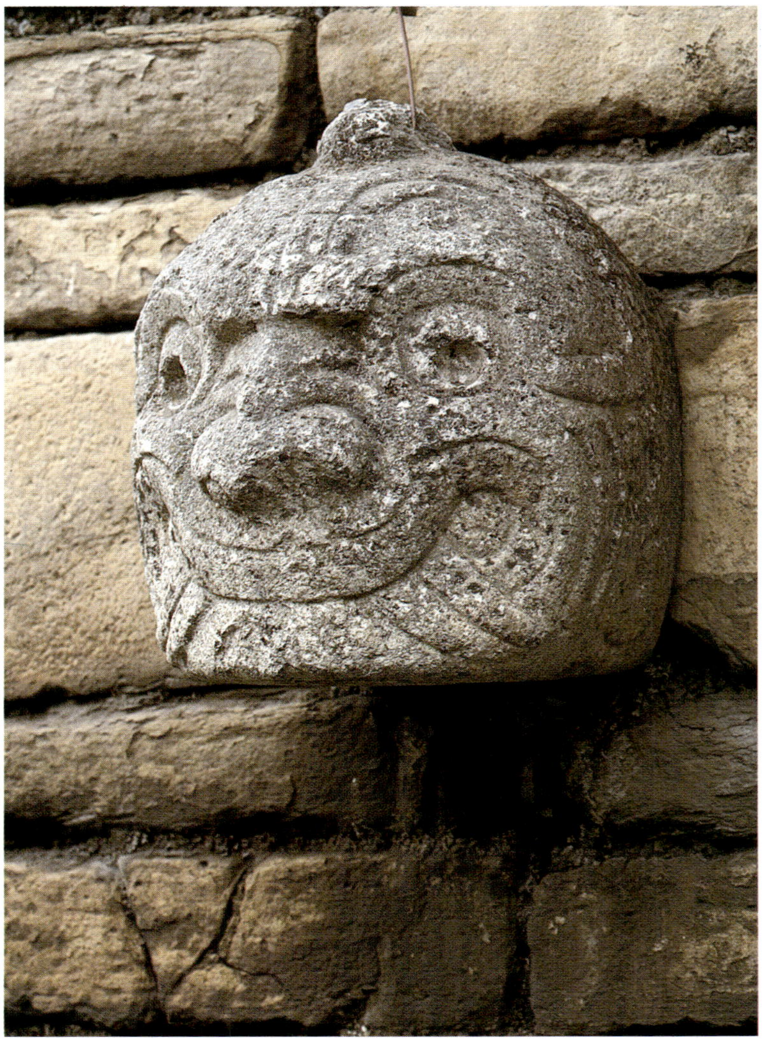

40

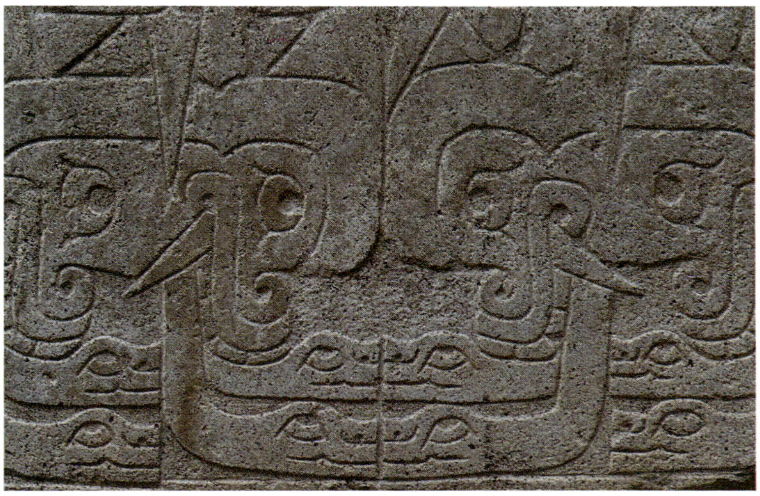

39

Längsschnitt und Grundriß der 20 km von Sechín Alto entfernten Pyramide von Mojeque. Sie umfaßt Zwillingsheiligtümer, zu denen eine große axiale Treppe führt.

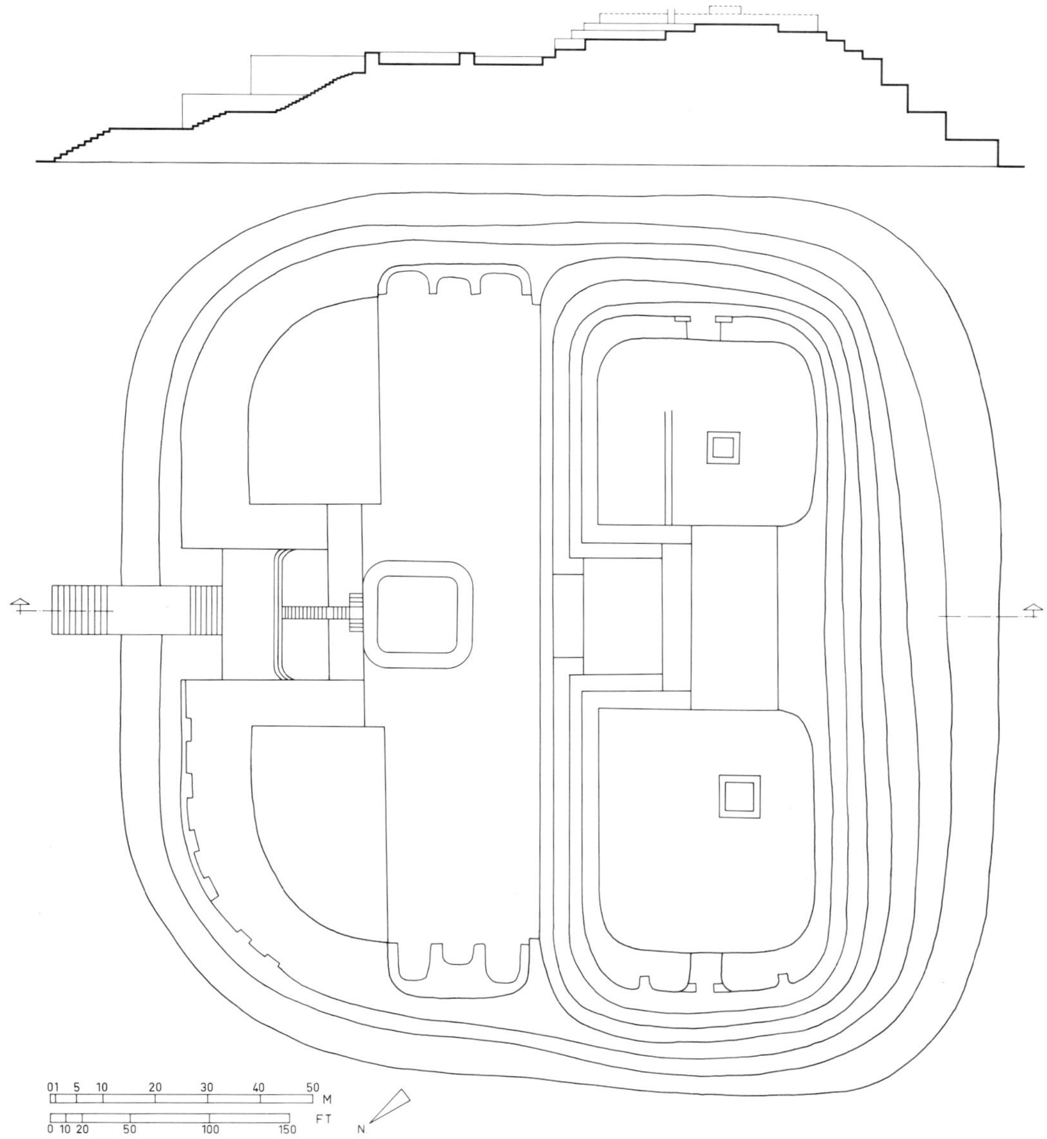

bilden. Diese Skulpturen deuten das Dekorsystem mit horizontalen und vertikalen Registern und die Masken mit Jaguarrachen an, die die Ikonographie von Chavín bilden werden.

Obwohl sie zeitlich schwierig zu situieren sind, gibt es weitere Gebäude mit aufschlußreichen Grundrissen im 2. und 1. Jahrtausend v. Chr. In rund 20 km Entfernung von Sechín Alto liegt beispielsweise eine große Gruppe namens Mojeque (Moxeque), die Plätze, Höfe und Pyramiden umfaßt. Den Komplex beherrscht eine stufenförmige Pyramide, die etwa 160 auf 160 m groß und 30 m hoch ist. Dieser Tempel von Mojeque ist aus gewaltigen Granitblöcken errichtet, die mit Lehmerde und *adobes* zusammen den Mauerverband bilden. Der Bau ist über einem Grundriß mit abgerundeten Ecken symmetrisch angelegt. Er besteht aus einer Reihe übereinandergesetzter, zurückspringender Terrassen, die eine axiale Treppe erschließt. Zuoberst trugen zwei Erdwälle vermutlich Zwillingsheiligtümer aus vergänglichen Materialien. Die oberste stuckverkleidete Terrasse besitzt bemalte Reliefs mit Darstellungen von »Idolen«, die zu weinen scheinen. Sind die Tränenflüsse eine symbolische Darstellung des belebenden Wassers, das aus den Bergen herabstürzt? Der nahe Rio Mojeque jedenfalls bildet mit dem Rio Sechín, in den er mündet, einige Kilometer weiter unten den Rio Casma.

Auf die Formen mit gerundeten Linien stößt man auch etwa 5 km weiter südlich am Wüstenrand in der Festung Chanquillo. Mit seiner dreifachen Umfassung aus mächtigen elliptischen und konzentrischen Mauern und seinen gegeneinander versetzten und mit Zickzackgängen ausgestatteten Toren war dieser eindrucksvolle, 250 auf 200 m große Bau, der eine Erhebung bekrönt, zweifellos eine Verteidigungsanlage. Die mit Steinblöcken verkleideten Mauern enthielten Füllsteine und waren 6 bis 8 m dick. Auf der obersten Esplanade im Zentrum der

36 Ein von zwei monolithischen Säulen flankiertes Tor erlaubte in Chavín de Huántar (Perú) vermutlich den Zugang zu einer Doppeltreppe, die zu den Zwillingsheiligtümern auf der oberen Pyramidenplattform führte. Bei der Restaurierung dieses Bauwerkes, das aus der Zeit zwischen 550 und 460 v. Chr. datiert, wurde ein Frieselement irrtümlicherweise als Türsturz eingesetzt.

37 In einem kreuzförmigen, im Innern der Hauptpyramide von Chavín angelegten Raum erhebt sich das seltsame, »El Lanzón« genannte »Idol«, ein 4,60 m hoher skulpierter Monolith. Dieses Bildnis der halb raubkatzen- halb menschengestaltigen Gottheit datiert von 850 bis 800 v. Chr. und ist Teil des ersten, an diesem Ort errichteten Heiligtums.

38 Motiv einer stilisierten Jaguarmaske, das in Flachrelief die Nordsäule des Portals von Chavín schmückt. Dieses Element ziert das linke Bein der Figur der »geflügelten Raubkatze«, die in feinstem Flachrelief rund um den monolithischen Schaft skulpiert ist.

39 Detail einer Stele von Chavín mit Raubkatzenmotiven, des sogenannten Jaguar-Türsturzes. Man erkennt das Prinzip der Verdoppelung und Vervielfachung von Elementen wie Schlangen, Raubtiereckzähnen, Augen usw. Dieses typische Beispiel des klassischen Dekors der Chavín-Kunst läßt sich zeitlich zwischen 700 und 460 v. Chr. situieren.

40 Die einzige von rund 40 »Nagelkopfverzierungen«, die noch die Mauer der Pyramide von Chavín schmückt. Zu erkennen ist die halb raubkatzenartige halb menschliche Person, die auch der »Lanzón« darstellt. Diese Steinskulpturen erinnern an den Kult der Trophäenköpfe, von dem auf den Paracas-Stoffen zahlreiche Beispiele erscheinen.

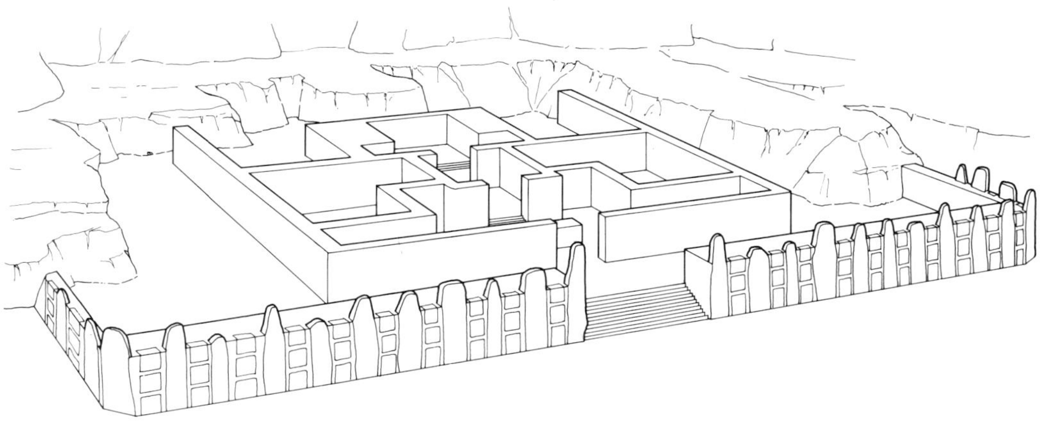

Axonometrie des Tempels von Cerro Sechín mit seiner aus hohen gravierten Stelen gebildeten Umfassungsmauer. Das eigentliche Heiligtum ist symmetrisch angelegt.

Umfassungsmauern standen drei Gebäude von merkwürdigem und verwirrendem Grundriß; zwei waren kreisförmig und aus je zwei konzentrischen Mauern gebildet, die wiederum Tore mit Zickzackgängen haben, während der dritte Bau quadratisch war, rund 55 m Seitenlänge hatte und mehrere, über Rampen zugängliche Rampen umfaßte.

Die Radiokarbon-Analyse (C 14), der man einen als Türsturz dienenden Balken aus Johannisbrotbaumholz unterzog, ergab für diese Konstruktion ein Datum von 342 v.Chr., das der Spät-Chavín-Phase entspräche. Muß dieses Entstehungsdatum, das im Kontext der Steingebäude im Casma-Tal zu tief angesetzt scheint, ohne weiteres akzeptiert werden? Handelt es sich um die späte Wiederbesetzung eines befestigten Platzes, den man aufgrund seiner günstigen Verteidigungsposition wieder in Beschlag nahm und instandsetzte? Auf jeden Fall sind die wichtigsten Bauten dieses Typus sehr viel älter. Zudem herrscht in der folgenden Phase – mit den Pyramiden und Gebäuden – die *adobe*-Technik vor und nicht mehr der Mauerverband mit Felsblöcken. Offenbar zeugt das Auftauchen einer Architektur mit gewöhnlich abgerundeten Formen, wie sie Mojeque und Chanquillo zeigen, von einer anderen Strömung als der, die Sechín Alto und Las Haldas bestimmte.

Die abgerundeten Ecken findet man des weiteren im seltsamen archaischen Tempel von Cerro Sechín (Abb. 33) in der gleichen Gegend, am Zusammenfluß von Rio Mojeque und Rio Sechín, wieder. Mit seiner Umfassungsmauer aus großen, aufrechtstehenden und skulpierten Granitblöcken liegt dieser vor kurzem restaurierte Bau am Fuß einer Erhebung, die ebenfalls mit am Hang gestaffelten Mauern und konzentrischen Einfassungen auf ihrer Spitze befestigt war.

Beim unteren Komplex ließen sich zwei Entwicklungsphasen bestimmen. Er setzt sich aus sechs Gebäuden zusammen, von denen das interessanteste der erwähnte Tempel der Flachreliefs ist. Dieser Bau enthält etwa 300 skulpierte Platten, die wie Orthostaten aufgestellt sind. Die dekorierte Mauer besteht aus 22 hohen, aufrechtstehenden Blöcken, zwischen denen sich kleinere Elemente befinden, um im vorderen Bereich des Heiligtums eine Einfriedung zu bilden. Der Tempel besitzt mehrere symmetrisch angeordnete Räume und eine axiale Zugangstreppe. Er lehnt sich an den Cerro an, und die im rechten Winkel zum Ankommenden angebrachten Flachreliefs zeigen abwechselnd Ganzfiguren in Profil und abgeschnittene Köpfe oder Körperteile und Eingeweide, die Opfergaben darstellen. Offenbar gibt dieser makabre Dekor Menschenopfer wieder, die von Hohenpriestern mit einer Art Tiara als Kopfschmuck und Beilen in den Händen dargebracht wurden (Abb. 35). Vor den Opfernden stehen die barhäuptigen Opfer, die man schrecklichen Folterungen unterzogen hat. Die einen sind zweigeteilt und haben ihre Eingeweide verloren (Abb. 34), die anderen sind völlig zerstückelt; man erkennt freigelegte Wirbelsäulen, amputierte Arme, ausgerissene Beine sowie verstreute Mägen und Därme.

Dutzende von Trophäenköpfen mit geschlossenen Augen und schrecklichem Grinsen bilden eine blutige Gruppe; sie erinnert an die Opferpraktiken der Kultur, die dieses Heiligtum errichtete. In diesem Zusammenhang seien die sieben

41 Der Tello-Obelisk von Chavín ist ein 2,42 m hoher Monolith, der ein »Idol« in der Art des »Lanzón« bildete. In den Flachreliefs, die diese Skulptur überziehen, glauben Rowe und Lathrap den im Amazonasgebiet verehrten großen Kaiman zu erkennen. Das Werk dürfte von 800 bis 650 v.Chr. datieren. (Museo Nacional de Antropología y Arqueología, Lima)

42 Die Raimondi-Stele von Chavín ist 1,95 m hoch und 74 cm breit und dürfte aus der Zeit zwischen 460 und 300 v.Chr. datieren. Der streng stilisierte geometrische Dekor ist in Flachrelief ausgeführt, das feine Einritzungen betonen, und stellt die Gottheit mit der Jaguarmaske dar. Hier hat die Ästhetik von Chavín ihren Höhepunkt erreicht. Die Gestalt besitzt mit ihrem hohen Kopfschmuck aus Federn und Schlangen eine schreckenerregende Majestät. (Museo Nacional de Antropología y Arqueología, Lima)

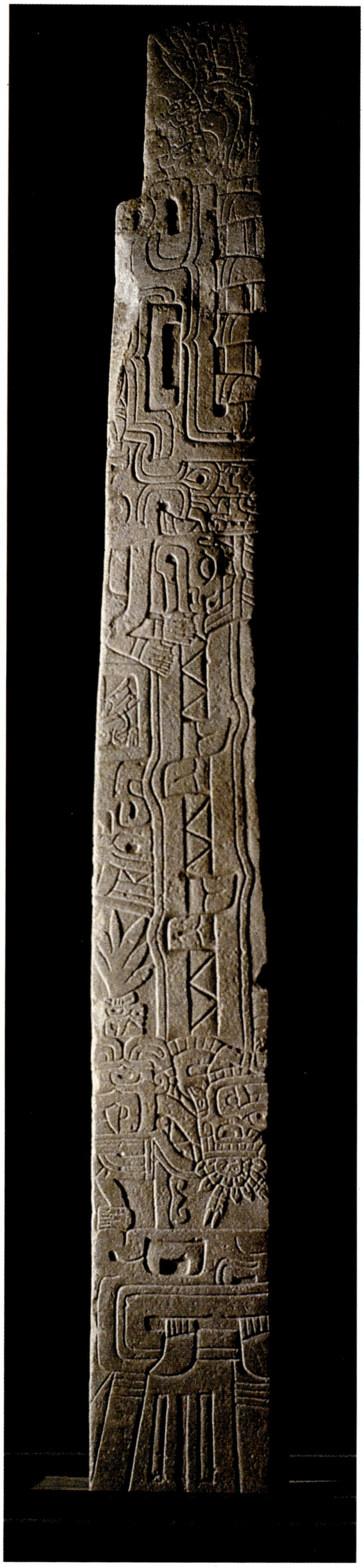

41

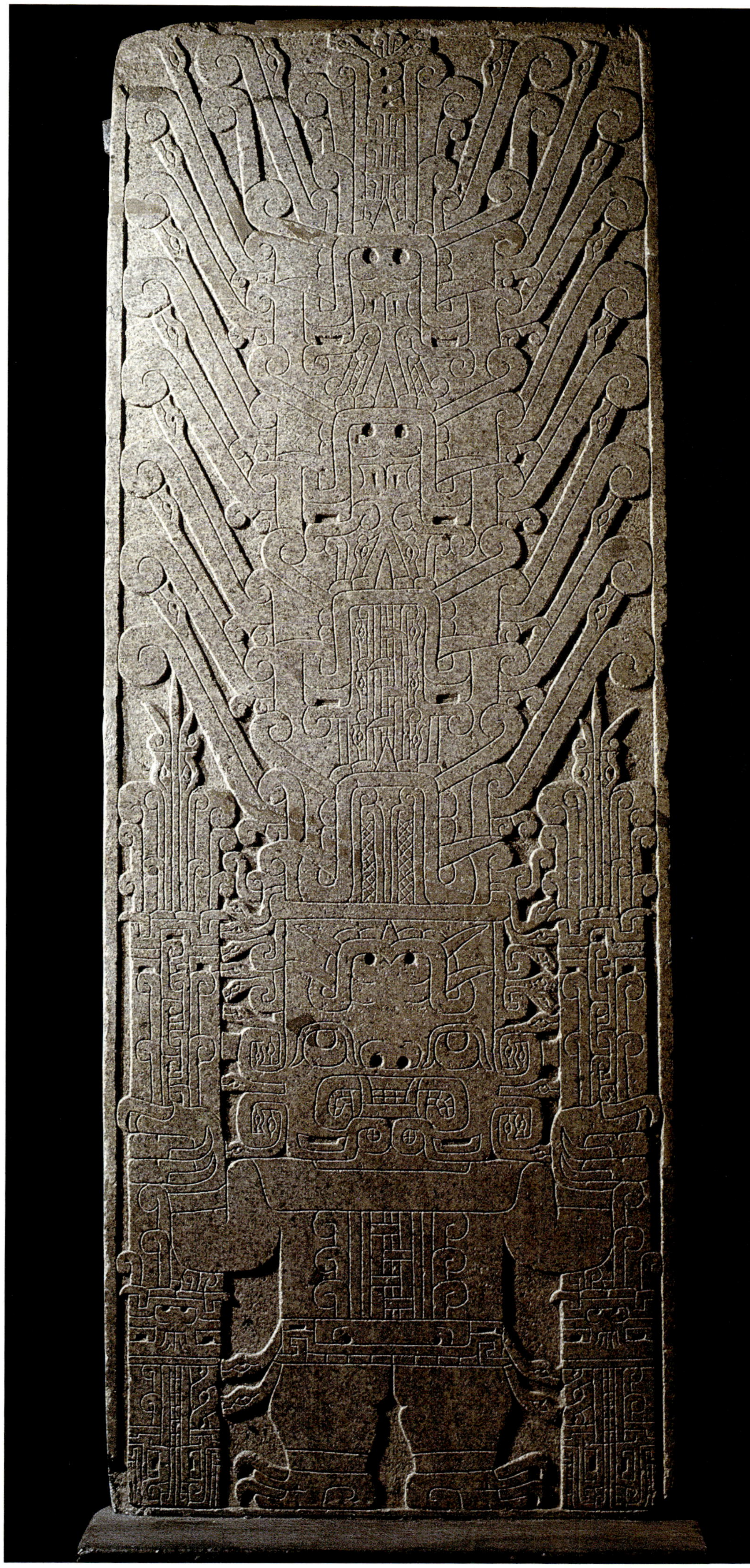

42

Geopferten von Real Alto nochmals erwähnt. Offenbar wurden in der gesamten prähistorischen Andenwelt vom 4. bis 2. Jahrtausend v. Chr. die gleichen Riten ausgeführt. In der Tat datieren die Archäologen diese Kunst wilder Ausdruckskraft von Cerro Sechín in das 15. Jahrhundert vor unserer Zeitrechnung. Sie ist also früher als die Blüte der »Klassik« von Chavín und deren in hohem Grad symbolische Darstellungen.

Was den brutalen und von echtem künstlerischem Terror geprägten Ausdruck von Cerro Sechín kennzeichnet, ist die Unmittelbarkeit seiner Botschaft. Ohne realistisch zu sein, beschränkt sich die Ausdrucksform auf die Hauptbedeutung. Diese ist allerdings Gegenstand einer Betrachtungsweise, die zahlreichen Künsten in ihrem Anfangsstadium gemeinsam ist: Die Personen sind nicht dargestellt, wie sie sind, sondern wie man weiß, daß sie sind, oder besser, wie sie festzuhalten am leichtesten gelingt. So sind die Köpfe der Hohenpriester im Profil wiedergegeben, die Schultern frontal und die Beine wiederum im Profil, um jede Perspektive und jede Verkürzung zu vermeiden.

Bei den Geopferten dagegen zeugen die desartikulierten Gebärden – sie erinnern in mancher Hinsicht an die »Danzantes« im mexikanischen Monte Albán –, ihr Schreckensausdruck im Todeskampf und das Grinsen der Toten vom Willen, Angst zu verbreiten und durch das Grauen zu herrschen. Die vollständige Verachtung der Opfer ist das Kennzeichen einer ungewöhnlichen Brutalität. Die abgeschnittenen Trophäenköpfe mit ihren Grimassen auf den Eingangswänden des Heiligtums von Cerro Sechín bringen eine alte Tradition der frühen Indianerstämme in Erinnerung, die es in der Kunst von Chichén Itzá bei den Maya-Tolteken gab und die wir beim Volk von Paracas im südperuanischen Küstengebiet und im Heiligtum von Chavín wiederfinden werden.

Das Heiligtum von Chavín

Der Fundort Chavín de Huántar liegt auf der Amazonasseite der Anden, am linken Ufer eines westlichen Nebenflusses des Marañón, der ein Hauptzufluß des Amazonas ist. Das Tal, in dem sich die Ruinen erheben, der Callejón de Conchucos, wird vom Rio Mosna durchflossen, der von der Cordillera Blanca herabkommt. Die Gebäude liegen in 3180 m Höhe. Der Paß, über den man von Huaráz (Callejón de Huaylas) aus nach Chavín gelangt, ist 4450 m hoch. Dank einem modernen Tunnel muß man jedoch nur auf 4290 m Höhe steigen. Der Kamm bildet die Wasserscheide; im Osten fließen die Wasserläufe zum Atlantik, im Westen zum Pazifik, vor allem über den Rio Santa, der die Laguna de Conococha entwässert.

Donald Lathrap betont, daß Chavín der letzte Ort sei, der eine direkte Verbindung zum Amazonaswald besitze; dieser Umstand erklärt seiner Meinung nach die Thematik einer Kunst, in der sich aus dem Tropenwald stammende ikonographische Quellen spiegeln: Jaguare, Kaimane, Harpyien, nicht zu vergessen das Maniok.

Der eigentliche archäologische Ort nimmt eine schmale Terrasse in einem tief eingeschnittenen Tal ein. Einerseits wird er von den wilden Wassern des Flusses bedroht, die gelegentlich die Ufer in ihren entfesselten Fluten mitreißen, andererseits in seinen oberen Partien durch Geröllrutsche, die bei heftigem Regen über die steilen Berghänge niedergehen. Der Tempel von Chavín de Huántar befindet sich also aufgrund der Gewalt der Naturelemente in den Andenhochtälern in einer unsicheren Lage.

Auf den ersten Blick scheint der Ort für eine Kultstätte völlig ungeeignet zu sein; der Platz ist eng, abschüssig und in Bewegung, Nebel und Regen der Andenostseite sind häufig. Angesichts dieses seltsamen Heiligtums stellen sich den Archäologen Fragen über Fragen. Sie glauben nicht, daß es das Zentrum einer bedeutenden Siedlung war – wo wäre diese gelegen? – und vermuten, einzig Wall-

Schematischer Grundriß des Heiligtums von Chavín de Huántar, das zwischen 850 und 200 v. Chr. errichtet wurde
1 Hauptpyramide
2 Fundamente des südlichen Tempels
3 Fundamente des nördlichen Tempels
4 Doppeltreppe und Portal
5 Kleiner quadratischer, vertiefter Platz
6 Großer quadratischer, vertiefter Platz
7 Standort des »Lanzón« im »Untergeschoß«
8 Kreisförmiger, vertiefter Platz

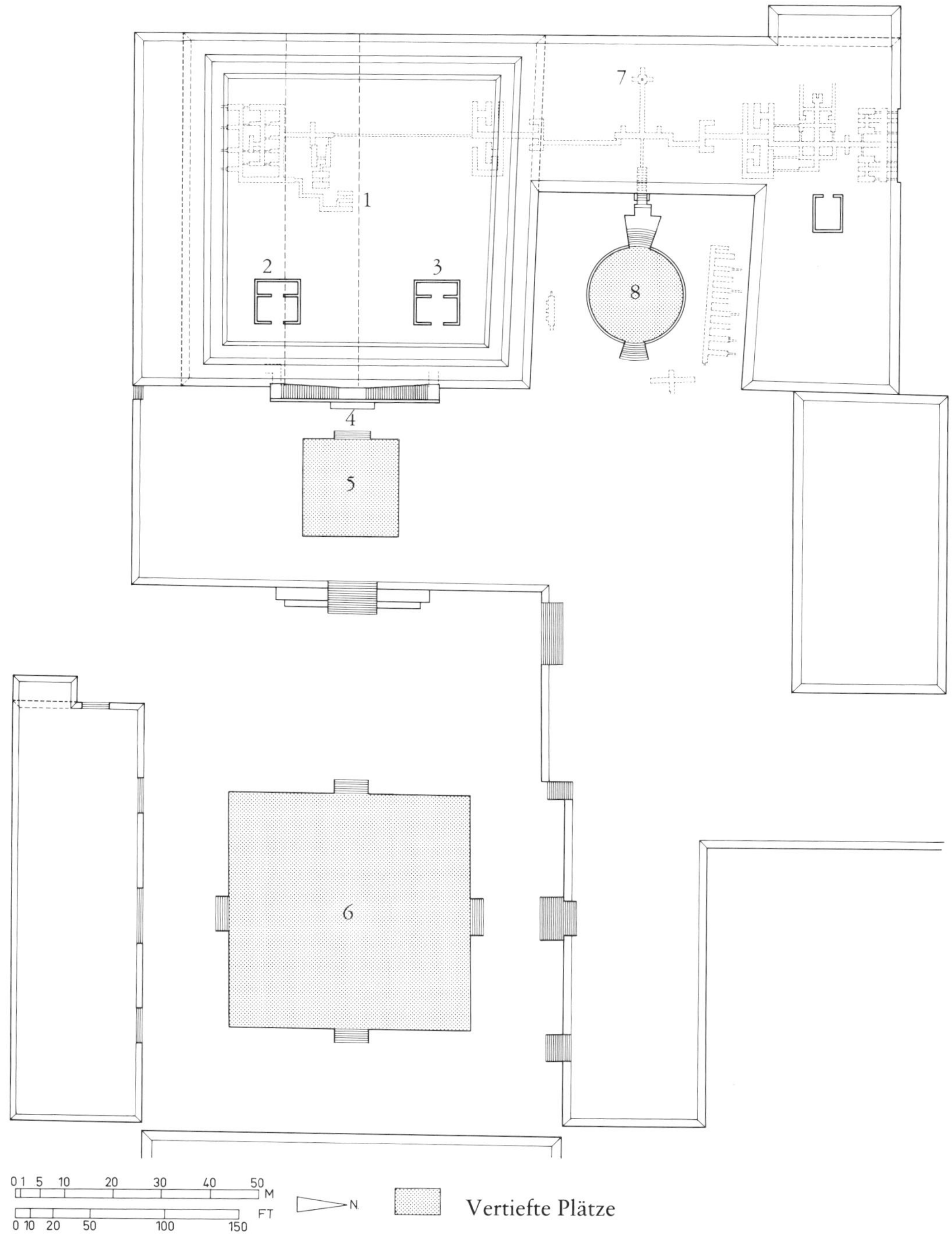

43 Diese 20,5 cm hohe Keramikflasche von Chavín ist mit mannigfaltigen geometrischen Motiven geschmückt, die sich von einem gepunkteten Grund abheben. Das Stück ist ein Beispiel für den Stil, den Lumbreras »Ofrendas« nannte und der zeitlich zwischen 850 und 600 v. Chr. anzusetzen ist. (Museo Nacional de Antropología y Arqueología, Lima)

44 Gefäß mit Bügelausguß im Chavín-Cupisnique-Stil. Die Darstellung des Jaguars ist in die schwarze Oberfläche eingeritzt. Die letztere wurde im sogenannten Reduktionsbrand erzielt, in dem sich der Rauch des Ofens auf der polierten Keramik niederschlägt. Das klassische Stück, das wie das vorhergehende aus der Zeit zwischen 850 und 600 v. Chr. datiert, ist 22,5 cm hoch. (Museo Nacional de Antropología y Arqueología, Lima)

45 Gefäß mit Bügelausguß im Chavín-Stil aus der Gegend von Vicus in Nord-Perú. Das ungewöhnliche, 24 cm hohe Stück stellt ein stilisiertes Halbgesicht dar (um die Dualität des Lebens auszudrücken?) und dürfte aus der Zeit um 460 v. Chr. datieren. (Museo del Banco Central de Reserva, Lima)

46 Gefäß mit Bügelausguß im Chavín-Stil aus der Gegend von Vicus. Die schöne Keramik von etwa 200 v. Chr. zeigt in sogenannter Reservetechnik das Ungeheuer mit Jaguarrachen und Schlangenkörper. Bei dieser Technik bleiben bestimmte, mit Wachs abgedeckte Zonen von der roten Engobe ausgespart. (Museo del Banco Central de Reserva, Lima)

fahrten könnten die Gegenwart des Zeremonialzentrums an diesem ungastlichen Ort erklären. In Chavín wären Bewohner der Andenhochtäler und der Küstenebenen von der Gegend von Piura im Norden, unweit der heutigen ecuadorianischen Grenze, bis zum fernen Küstengebiet von Paracas zusammengeströmt.

Chavín war jedenfalls zwischen 850 und 200 v. Chr. ein Zentrum religiöser und kultureller, also künstlerischer Ausstrahlung ersten Ranges. Sein Einfluß erstreckte sich über beinahe das ganze heutige Perú, vielleicht mit Ausnahme des Hochlandes um den Titicaca-See, wo dennoch rund 1000 Jahre später vereinzelte Erinnerungen an Chavín wiederaufleben.

Untersuchen wir zunächst die Architektur von Chavín. Die Gebäude sind in sehr zerfallenem Zustand, zum einen durch das Einwirken der Naturelemente, zum anderen durch das Vandalentum, das vermutlich schon vor der spanischen Conquista in einem damals mindestens 2000 Jahre alten Ort begann. Der größte Bau des schwierig zu entziffernden Komplexes ist eine quadratische Pyramide von rund 70 m Seitenlänge. Sie besteht aus drei Stufen, und ihre Stützmauern sind geböscht. Einige Fassaden besitzen noch die Verkleidung aus gut behauenen Steinen in abwechselnden Schichten von je zwei Lagen kleinerer und einer Lage größerer Blöcke. Die Blöcke sind auf vollendete Weise aufeinandergeschichtet und

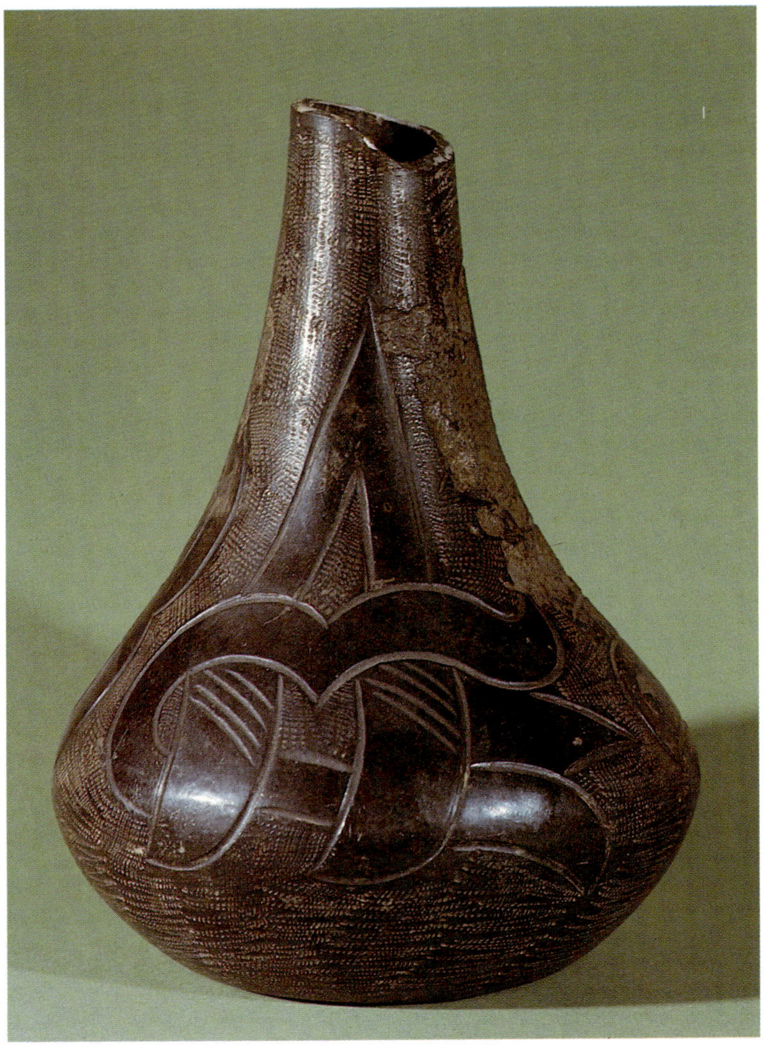
43

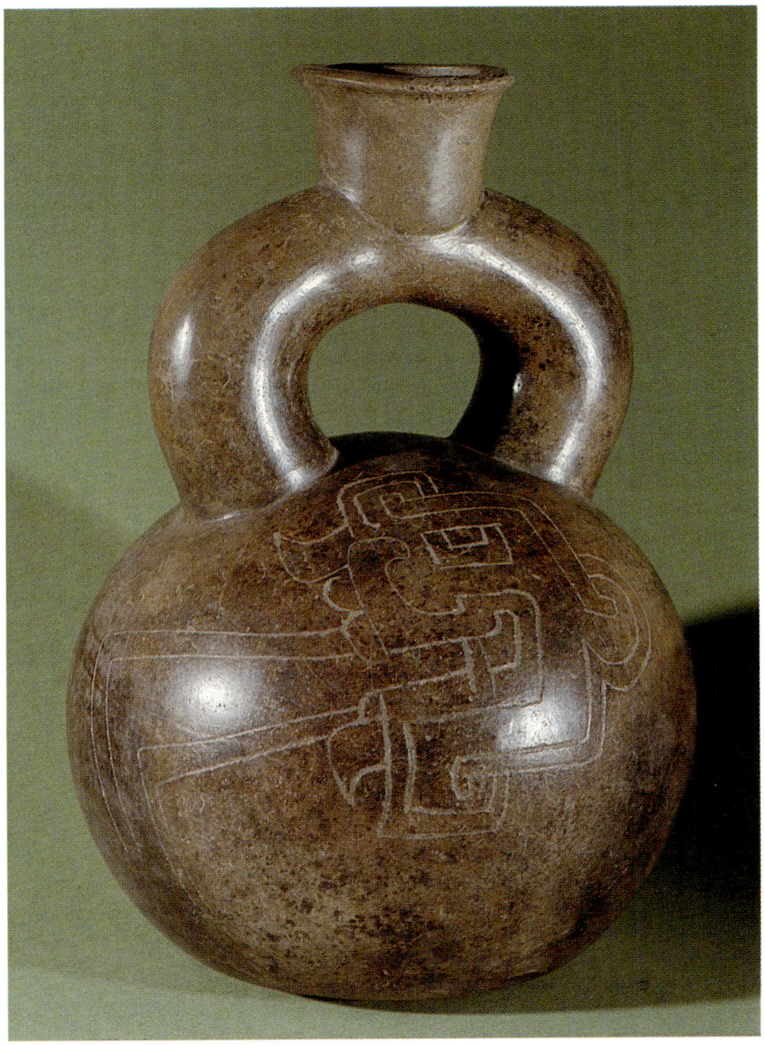
44

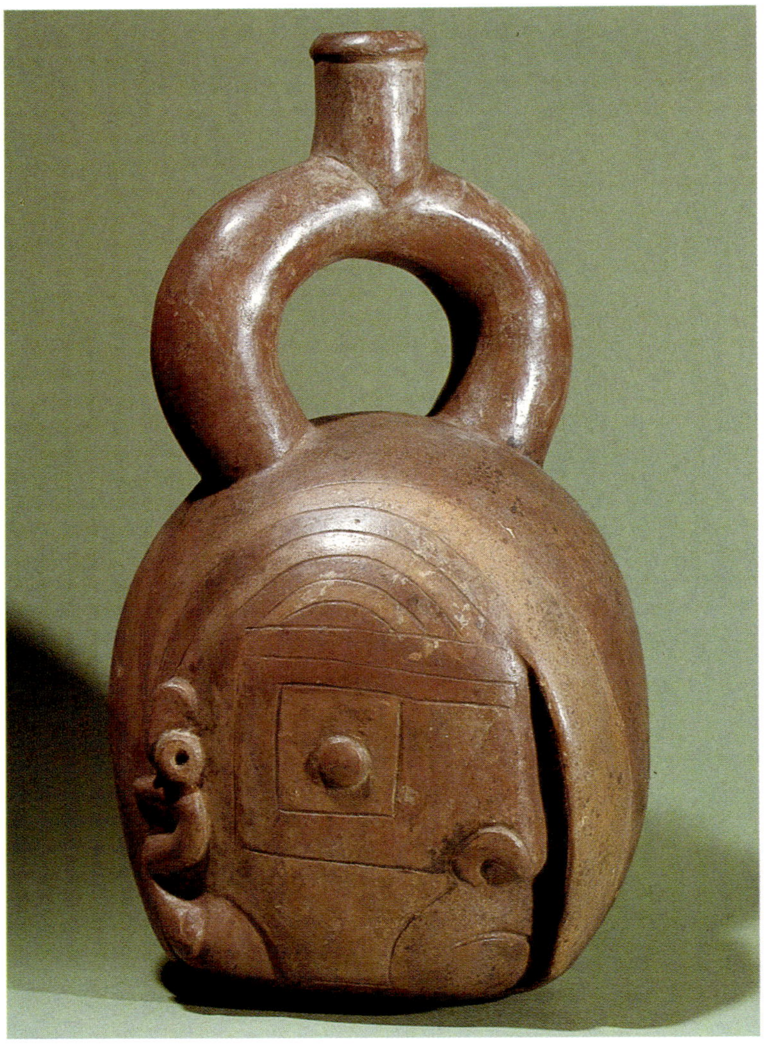
45

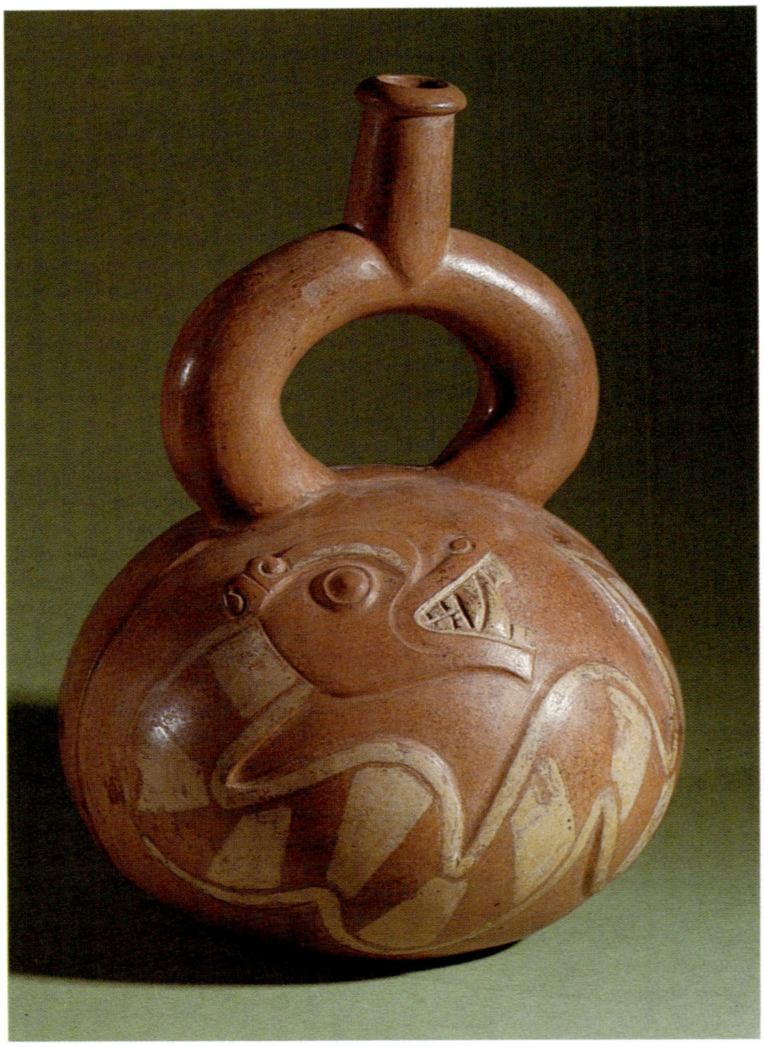
46

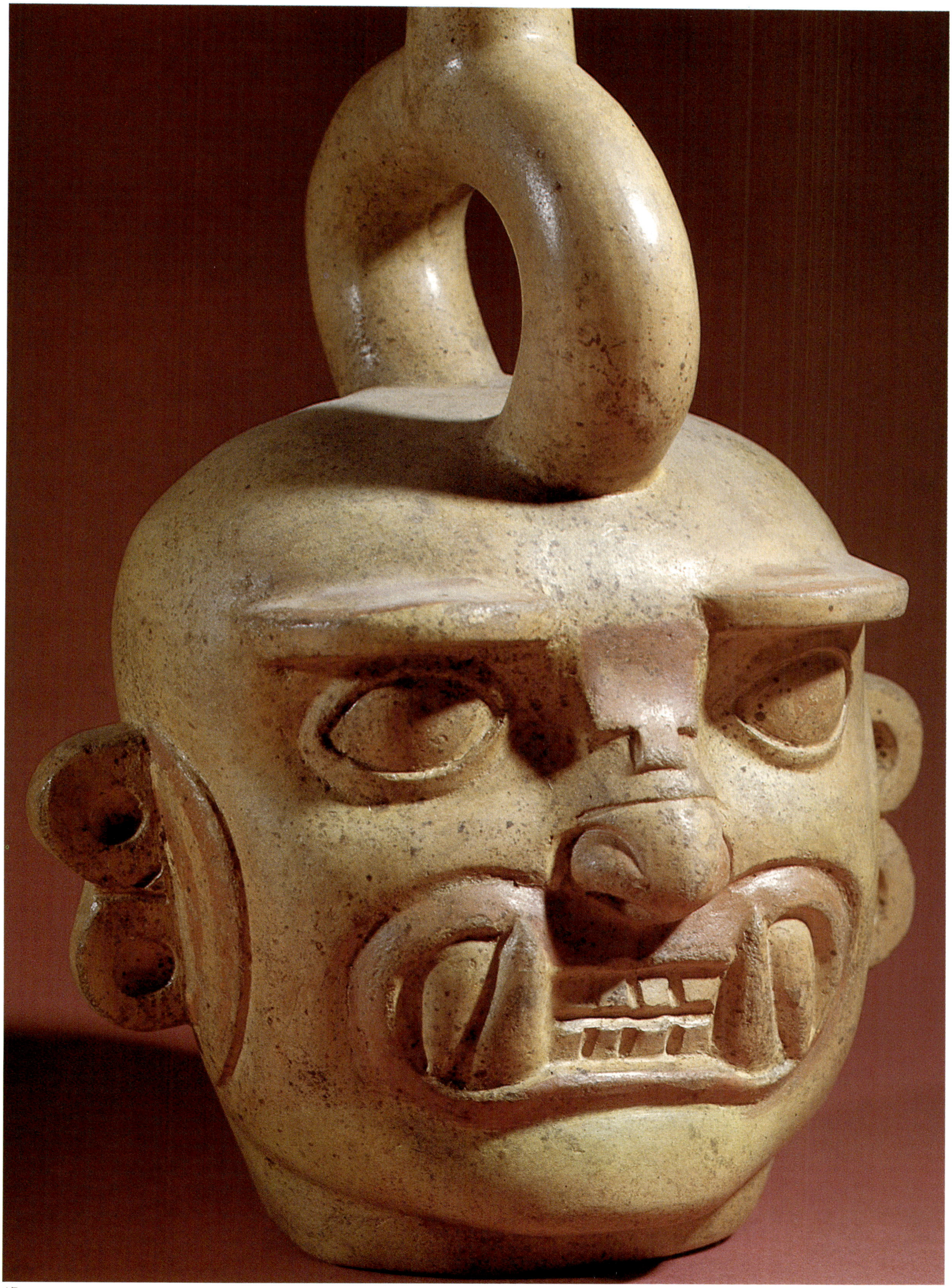

47

geschliffen, nach einer Technik, die im Vergleich zu den zuvor beschriebenen Bauten einen beträchtlichen Fortschritt bedeutet.

Die Seiten dieser quadratischen, nach Osten ausgerichteten Pyramide folgen genau der Ostwest- und der Nordsüdachse. Ein Portal flankiert die Ostseite. Es besteht aus einem Säulenpaar, das man in den Bautrümmern entdeckte und anläßlich einer Restaurierung wiederaufstellte (Abb. 36). Als Sturz legte man einen skulpierten Fries darüber, der sich vermutlich ursprünglich nicht an diesem Platz befand. Das Portal dürfte farbig zweigeteilt, rechts schwarz und links weiß gewesen sein. Dahinter gelangte man über zwei seitliche Treppen auf die erste Ebene. Von dort führten nach einem rechten Winkel zwei weitere Treppenfluchten in das Innere des zweiten Niveaus zu zwei oben gelegenen Heiligtümern (Zwillingstempel wie in Mojeque), von denen heute nur einige Mauerreste auf der dritten Ebene erhalten sind. Die Anlage erinnert an der Tages- und der Nachtgottheit geweihte Heiligtümer.

Vor der rund 15 m hohen Hauptpyramide öffnet sich ein kleiner quadratischer Platz, der in den Boden vertieft und mit dem Portal über eine axiale Treppe verbunden ist. Vor dem kleinen, von einer massiven Einfriedung umgrenzten Platz liegt etwas tiefer ein großes Viereck, das seinerseits einen zweiten vertieften Raum mit je einer Treppe auf den vier Seiten enthält. Dieser beinahe auf der Höhe des Flusses gelegene untere Platz ist rechts und links von geböschten Plattformen flankiert, auf die man über Treppen gelangt.

Die drei Bauelemente – Pyramide, kleiner quadratischer Platz, großer offener Platz – sind zwischen Berghang und Ufer des Rio Mosna streng axial ausgerichtet. Der Fluß hat einen Teil der seitlichen Erdwälle des Platzes fortgeschwemmt. Die Anlage kann sich weder nach Westen noch nach Osten ausdehnen. Vor der nördlichen Seite der Pyramide lagen weitere Elemente des Komplexes auf einer parallelen, ebenfalls ostwestlich ausgerichteten Achse: Ein rechtwinkliger Erdwall erstreckt sich seitlich in südnördlicher Richtung und bildet eine lange Böschung, die sich nach einem rechten Winkel gegen Osten fortsetzt. So entsteht ein tiefer gelegenes Viereck, in dessen Zentrum Luis G. Lumbreras bei seinen letzten Ausgrabungen von 1972 einen kleinen kreisförmigen, vertieften Platz freilegte. Dieser runde Platz hat einen Durchmesser von 21 m und ist mit einer Verkleidung von skulpierten Steinplatten eingefaßt. Zwei auf der Ostwestachse angelegte Treppen führen zu dem kreisförmigen Platz. Die westliche Treppe setzt sich in weiter Flucht fort und erreicht das erste Niveau der Plattform. Hier öffnen sich tiefe, schmale und dunkle Innengalerien, die oft unterirdisch genannt werden, obwohl sie in der Baumasse über dem Bodenniveau liegen. Die Galerie, die auf der Mittelachse des kleinen kreisförmigen Platzes in den Baukörper führt, endet in einer engen, kreuzförmigen Kammer, in der sich ein gewaltiges, beinahe 5 m hohes Monolith-»Idol« erhebt. Die »El Lanzón« genannte Skulptur bildet das Herz eines mystisch-magischen Raumes, der das Allerheiligste des Heiligtums darstellt.

Schließlich ist die gesamte Baumasse, eingeschlossen die Hauptpyramide, von einem Netz innerer Gänge durchzogen, deren Wände mit einem Verband aus Steinen verkleidet und die mit schweren Steinplatten überdeckt sind. Dieses System von dunklen Laufgängen und engen, ganz in Finsternis getauchten Kammern folgt einem streng rechtwinkligen Plan, wie übrigens das ganze Zeremonialzentrum von Chavín. Es bildet ein wahres Labyrinth, dem vielleicht eine initiatorische Funktion zukam. Das Netz ist derart verwickelt, daß es noch nicht vollständig aufgenommen werden konnte.

Vor der Aufstellung der Chronologie dieser Bauten läßt sich aus der kurzen Beschreibung ein erster Schluß ziehen. Pyramide, kleiner quadratischer Platz und tiefer gelegener quadratischer Platz liegen alle drei auf derselben Achse und neben den Gebäuden, deren U-förmige Anlage den kleinen kreisförmigen, vertieften Platz einschließt; dieser Platz liegt auf der Achse des »Lanzón«. Anstatt die verschiedenen Bauwerke wie in Sechín Alto oder Las Haldas in einer einzigen Perspektive anzulegen, mußten die Erbauer die Folge der Heiligtümer in zwei nebeneinanderliegende Abschnitte unterteilen, da die Topographie des Tals keine in die

47 Dieses schöne, 20,5 cm hohe Bügelgefäß zeigt Einflüsse von Chavín und stammt aus der Gegend von Vicus. Es stellt die Raubkatzengottheit mit vorspringenden Augenbrauen dar und dürfte aus der Anfangsphase der Vicus-Produktion, um 400 bis 200 v. Chr., datieren. Das weißgrundige Stück, das Lumbreras zu den Vicus-Mochica-Werken zählt, scheint eher zum Vicus Blanco zu gehören. (Museo del Banco Central de Reserva, Lima)

48–49 Die beiden schwarzen Bügelgefäße im Chavín-Stil datieren wahrscheinlich von 400 bis 200 v. Chr. Der abstrakte Dekor variiert die Themen der Schlangen und vielleicht des Adlers. Beide Stücke sind rund 20 cm hoch. (Museo del Banco Central de Reserva, Lima)

50 Gefäß mit Ausguß und Bügelhenkel, das eine Raubkatze darstellt. Die 16,5 cm hohe, beigefarbene Keramik kommt aus der Gegend von Vicus und ist ein Beispiel für den Vicus-Virú-Stil um 250 v. Chr. (Museo del Banco Central de Reserva, Lima)

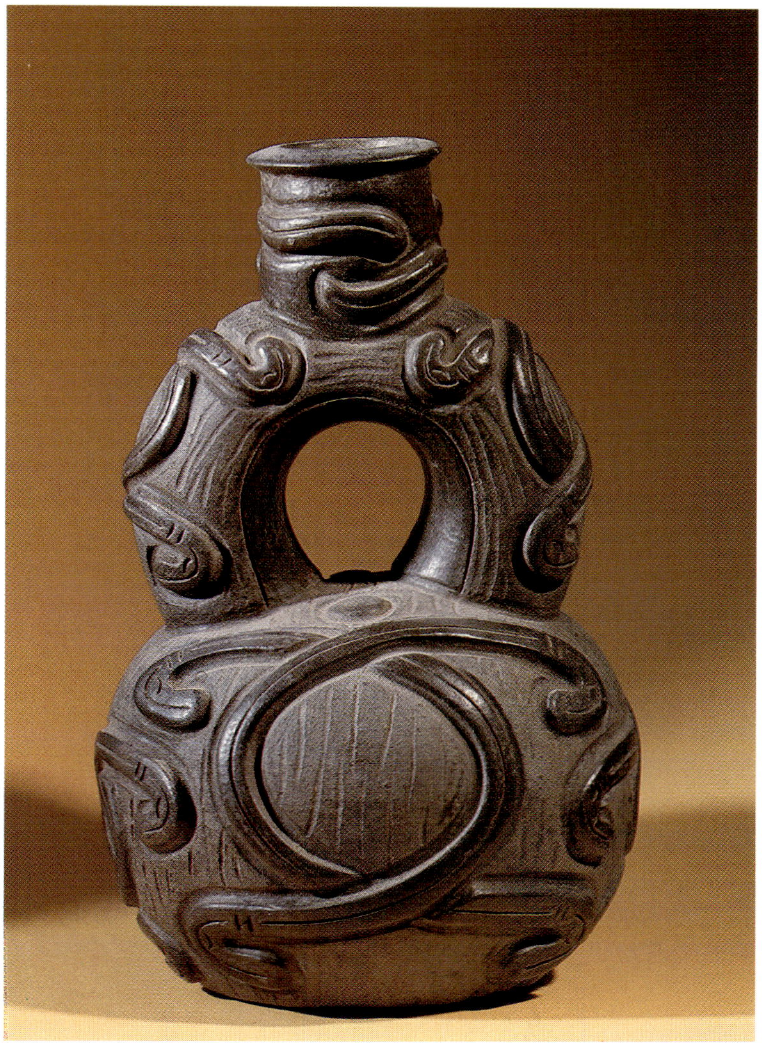

48

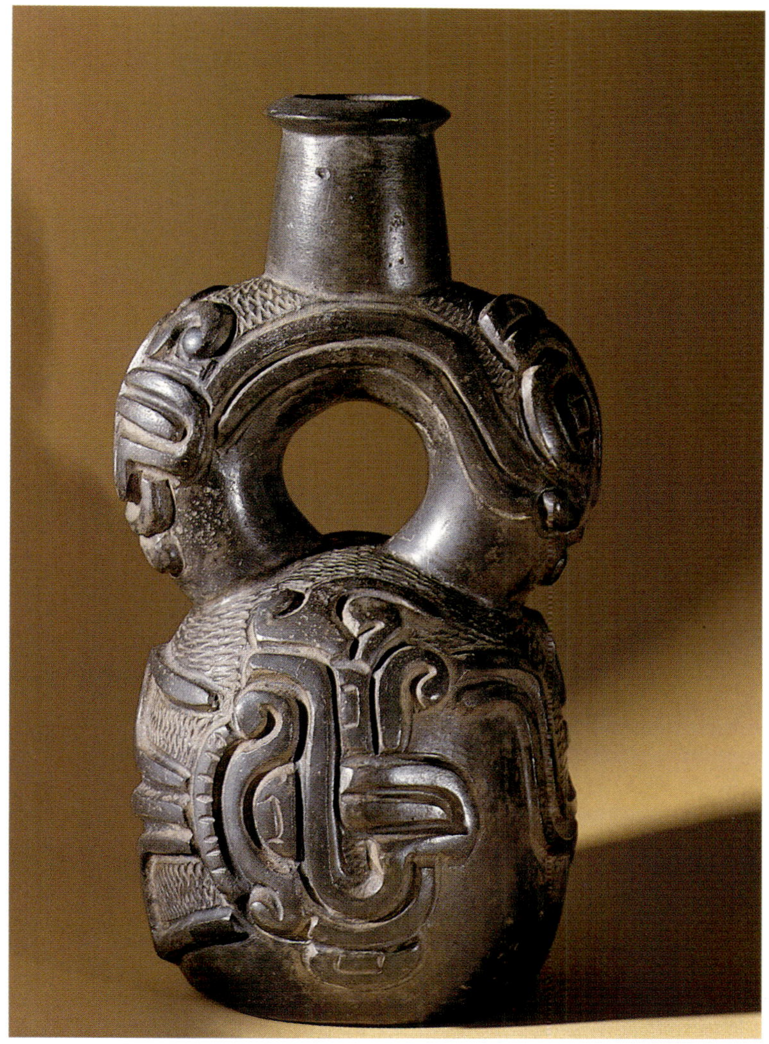

49

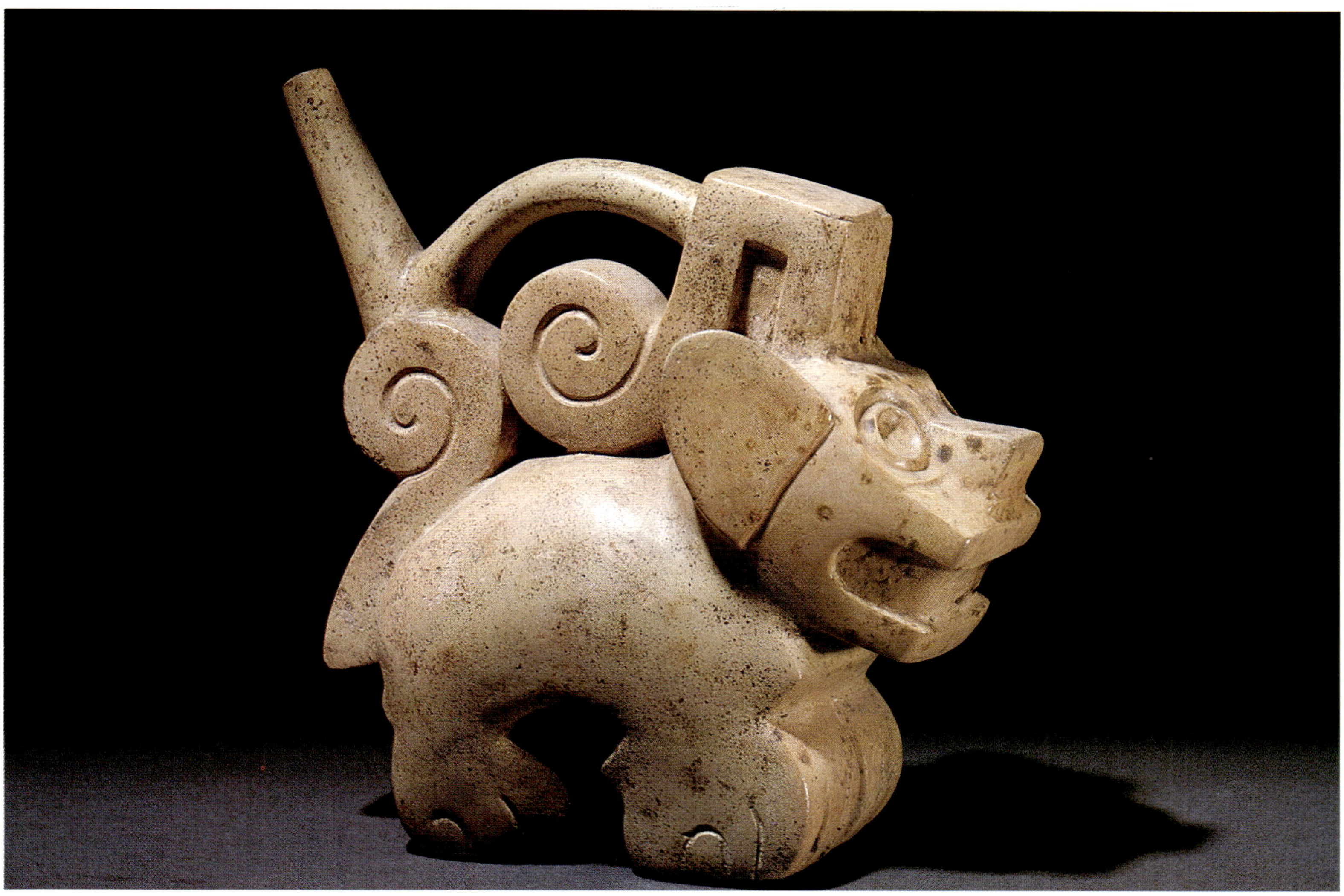

50

Länge gezogene Entfaltung erlaubte. Obwohl der verfügbare Raum zwischen Berg und Wasserlauf nicht länger als 200 m ist, reihen sich die Gebäude auf zwei Parallelachsen mit einer Gesamtlänge von 350 m aneinander. So wiederholt der Plan von Chavín in seinem letzten Zustand lediglich die Abfolge von Gebäuden, Höfen, Terrassen und Plätzen der archaischen Anlagen, indem er sie den Gegebenheiten des Ortes anpaßt.

Die Chronologie der Bauten entspricht keineswegs der Reihenfolge, in der sie hier aufgezählt wurden. Dank der Radiokarbon-Analysen erfuhr sie zudem vor kurzem weitgehende Korrekturen. Anstatt bis 1200 v.Chr. zurückzureichen, wie man bisher angenommen hatte, datiert Chavín frühestens von 850 v.Chr.; so weist es Richard L. Burger in einem in »American Antiquity« von Juli 1981 erschienenen Artikel nach. Die Daten folgen nun drei Keramikphasen, die Burger folgendermaßen einteilt: die erste Phase von 850 bis 460 v.Chr., die zweite von 460 bis 390 v.Chr. und die dritte von 390 bis 200 v.Chr. Wir wollen nun versuchen, diese neuen Daten mit der Chronologie von Architektur und Plastik in Übereinstimmung zu bringen.

Zunächst errichtete man in Chavín zwischen 850 und 700 v.Chr. den Bau, der den »Lanzón« enthält. Er bildet die erste Pyramide. Aus der gleichen Baukampagne stammen vermutlich der kleine kreisförmige, vertiefte Platz und die beiden Erdwälle, die ihn seitlich flankieren. Dies wäre das ursprüngliche Heiligtum von Chavín.

Anbauten vergrößerten in der Folge die Anlage nach Norden und Süden. Zwischen 700 und 460 v.Chr. entstand in weiteren Baukampagnen im Süden ein neuer Bau, der im Verhältnis zum ursprünglichen Kern verschoben ist. Diese Hinzufügung läßt die Hauptpyramide entstehen, der das vielleicht zwischen 550 und 460 v.Chr. errichtete Säulenportal vorgelagert ist. Es folgen der kleine quadratische, vertiefte Platz und der große quadratische Platz mit seinen seitlichen Terrassen, die möglicherweise erst um 330 v.Chr. fertiggestellt wurden. Den Baudekor erweiterte man noch bis gegen 200 v.Chr.

Plastik und Ikonographie

Im Bereich von Plastik und Flachreliefdekor brachte die Chavín-Kunst in ikonographischer wie technischer Hinsicht Neuerungen. Die vollkommene Ausführung, der kraftvolle Ausdruck und die zugleich synthetische und symbolische Komposition machen aus allen »Idolen«, Stelen, Orthostaten und Säulen klassische Kunstwerke.

Mit einem Schlag findet die präkolumbische Kunst in Chavín zu einem Stil von vollendeter Klassik und Reife. Überall beruht der Ausdruck auf demselben Formenrepertoire, gehorcht denselben Organisationsregeln und gebraucht denselben Diskurs, der die universellen Kräfte in ihrem vergöttlichten Aspekt aufzeigen soll. Die kohärente Ausdrucksweise ist weit von den groben Flachreliefs in Cerro Sechín entfernt. Alles ist hier Strenge, Planung, Unterordnung unter einen Code. Die Botschaft verkörpert sich in großen Symbolen, die ungeheuerliche und schreckenerregende Mischpersonen darstellen, in deren Eigenschaften und Emblemen sich mehrere Wesen zu einer mythischen Einheit verbunden haben. So erkennt man Jaguar, Kaiman, Raubvögel wie Kondor oder Harpyie, Schlangen, Muscheln und Pflanzen. Die auf diese Weise entstehenden Mischwesen lassen sich vielfach verstehen und auf verschiedenen Ebenen interpretieren.

Die bildnerische Formensprache arbeitet mit Eckzähnen, Rachen, Klauen, Tatzen, Augen, Nüstern usw. Das System der Kombinationen und Vermischungen gewinnt zunehmend an Gewicht von den ältesten »Idolen« wie dem »Lanzón« oder dem Tello-Obelisk bis zu Raimondi-Stele. Dort führen die Regeln von Verdoppelung, Symmetrie und Wiederholung zu einer Schöpfung mit nahezu abstrakten Rhythmen, in der leere und gefüllte Flächen mit bewundernswerter

51 Mit seinem Ausguß und dem Bügelhenkel dürfte dieses schöne Vicus-Gefäß in Form eines stilisierten Entenkopfs aus der Salinar-Phase um 400 v.Chr. datieren. Man beachte die formale Verwandtschaft zwischen dem Ausguß dieses Stückes und den Chorrera-Arbeiten in Ecuadór (Abb. 24–25 und 27–28). Deutlich erkennbar ist hier die Übergangsfunktion, die der Vicus-Stil zwischen Chorrera- und Mochica-Stil ausübt. (Museo del Banco Central de Reserva, Lima)

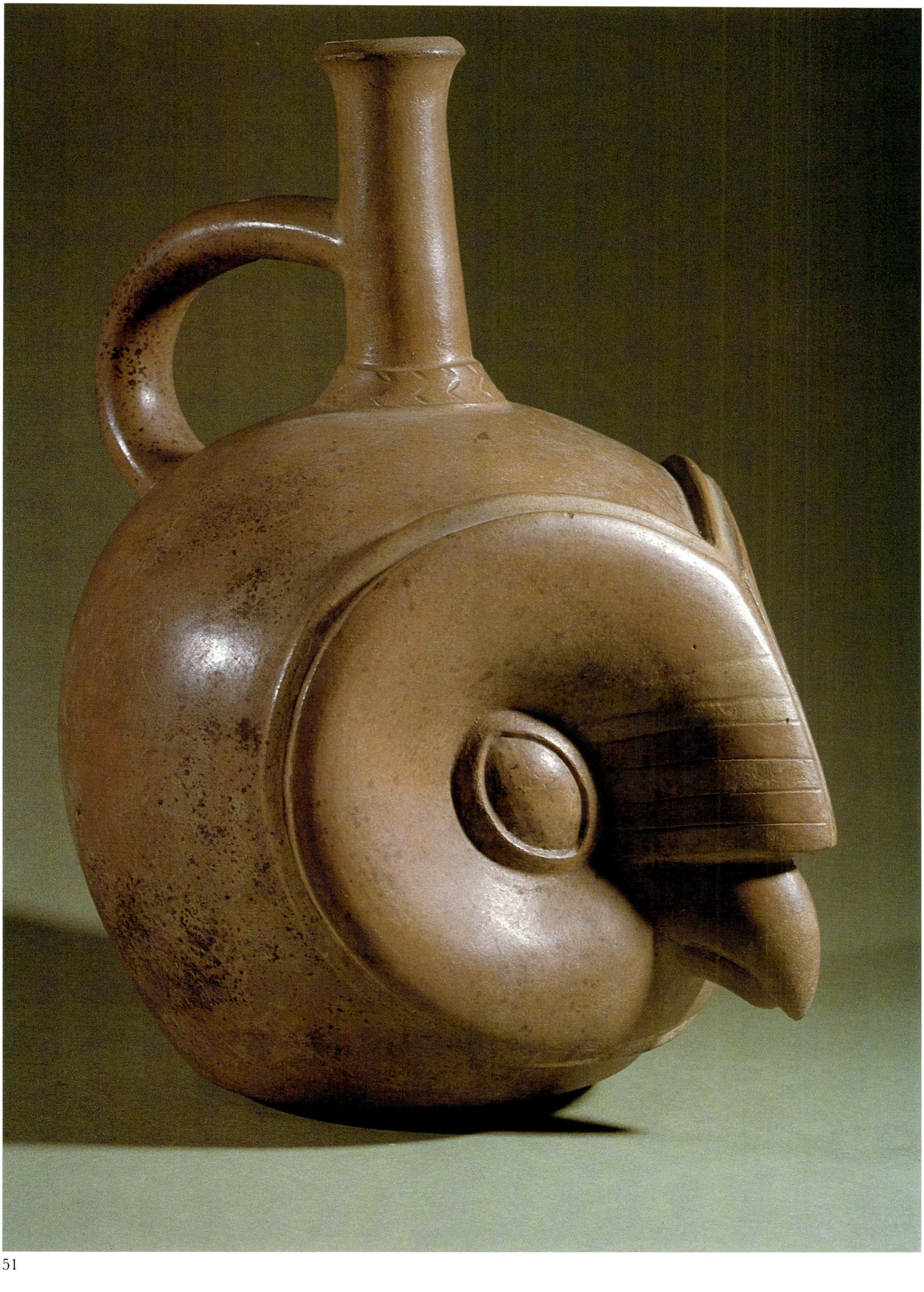

Kompositionsgabe verbunden sind. Es ist ganz hilfreich, diese Skulpturen zu untersuchen, die Gottheiten darstellen, diese »Idole«, die die verschiedenen aufeinanderfolgenden Phasen der Chavín-Plastik verkörpern.

Der 4,6 m hohe Monolith »El Lanzón« befindet sich *in situ,* an dem Platz, den er seit dem Bau des Heiligtums mit den inneren Kammern und Gängen einnahm (Abb. 37). Er datiert also aus der Zeit zwischen 850 und 800 v. Chr. Die Skulptur gleicht einer Waffe: Sie ist ein in der Erde steckender Dolch; der schmale Griff ist an der Decke des Raumes befestigt, und die breite Klinge verjüngt sich nach unten und ist senkrecht im Boden versenkt. Ist dieser Monolith eine ins Monumentale vergrößerte Darstellung eines Opfermessers? Bekanntlich entdeckte man in Real Alto sieben Klingen aus behauenem Stein neben den sieben Geopferten im Grabtempel. Daher die natürliche Verbindung von Opfermesser und Opfer, nach einer offensichtlichen symbolischen Formel, gleich wie die Geopferten von Cerro Sechín neben den Opfernden dargestellt sind.

Vielleicht muß man annehmen, daß der »Lanzón« neben einem Umschreitungsritual auch Menschenopfer forderte, dargebracht in dem in Finsternis getauchten und vermutlich nur von Fackeln erleuchteten kreuzförmigen Raum. Die Skulptur muß in ihrer Ganzheit gelesen werden; sie zeigt jedenfalls eine Person, die der »Erdgeist« sein könnte. Sein riesiger Rachen besitzt schreckenerregende Eckzähne nach dem Vorbild des Jaguars, seine Augen treten hervor, und die Pupillen sind exzentrisch; Haare und Augenbrauen sind als Schlangen dargestellt. Auf dem Haupt ist eine Reihe von umgekehrten Ungeheuerrachen – Jaguare mit vorstehenden Fangzähnen – übereinandergesetzt; ähnliche Rachen stehen auf Höhe des Gürtels nebeneinander. Die Arme – der eine erhoben, der andere gesenkt – laufen in Hände aus, die wie die Füße mit furchterregenden Klauen ausgestattet sind.

All diese Kennzeichen sind einer Tierwelt entnommen, die noch von Totem-Vorstellungen geprägt ist, sollen in dieser Anhäufung von Symbolen die Macht der Gottheit darstellen und ihre magisch-religiösen Kräfte hervorheben. In der Finsternis einer Unterwelt versteckt sich der »Lanzón« vor dem Ankommenden, der ihn nur zum Teil sieht; in bildnerischer Hinsicht bleibt er sozusagen unverständlich. Nur der Eingeweihte, der ihn umschritten hat, kennt seinen riesigen Rachen, sein faszinierendes Auge und seine würdevollen Gebärden. Nur er vermag dieser unbeweglichen, »versteinerten« Masse eine Botschaft abzugewinnen und die Stimme zu hören, die aus den Tiefen der Innengalerien erschallt.

Der in die Erde gesteckte und in der Steinbedachung fest verankerte »Lanzón« stellt eine Art Weltachse dar. Als sicherlich chthonische Gottheit, wie die Schlangen und Jaguare zeigen, hat das »Idol« vermutlich gesprochen. Manche Autoren aus der Zeit nach der Conquista (wie 1616 Velázquez de Espinoza, den Federico Kauffmann-Doig zitiert) berichten von Überlieferungen, nach denen der Tempel von Chavín ein Wahrsageheiligtum und Sitz eines Orakels war. Das Labyrinth der Galerien dürfte sich gut geeignet haben, um geheimnisvolle Stimmen aus dem Erdinnern emporsteigen zu lassen. So könnte der erste Tempel – im Kontext einer agrarischen Hochkultur – einer Erdgottheit geweiht gewesen sein, in ihrem tellurischen und kosmischen Aspekt, verbunden mit den Ritualen von Aussaat und Ernte. Der kleine kreisförmige, vertiefte Platz würde mit seinem Dekor von Jaguaren und Priestern mit Raubtiermasken, die berauschende Kakteen, die sogenannten San Pedro-Kakteen, tragen, das »Idol« in Beziehung zu dem Orakel (die Wahrsagerei wurde durch Meskalin hervorgerufen) wie zu dem chthonischen Universum gesetzt haben.

In der Finsternis des kreuzförmigen Raumes entwickeln die Rauschmittel ihr ganzes Vermögen, um die kommende Zeit zu erleuchten und die Vergangenheit mit der Zukunft zu vereinen, wie der »Lanzón« durch die in absoluter Unbeweglichkeit fixierte Achse, die der Monolith symbolisiert, Oben und Unten verbindet. Noch heute, nach 3000 Jahren, hat diese Skulptur ihre Ausstrahlungskraft bewahrt, die die Menschen der Andenwelt mit mystischem Schrecken erfüllt haben dürfte.

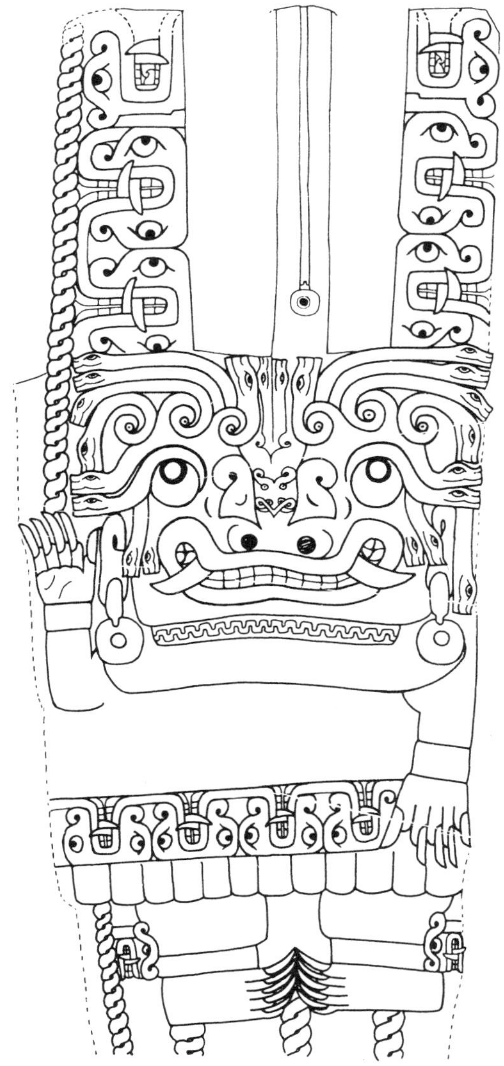

Zeichnung des »Lanzón«, die gleichzeitig beide Seiten zeigt

Flachrelief vom kreisförmigen Platz in Chavín de Huántar. Eine geflügelte Gottheit mit Raubkatzengesicht hält einen San Pedro-Kaktus, den die Präkolumbier für ein wirkungsvolles Rauschmittel hielten.

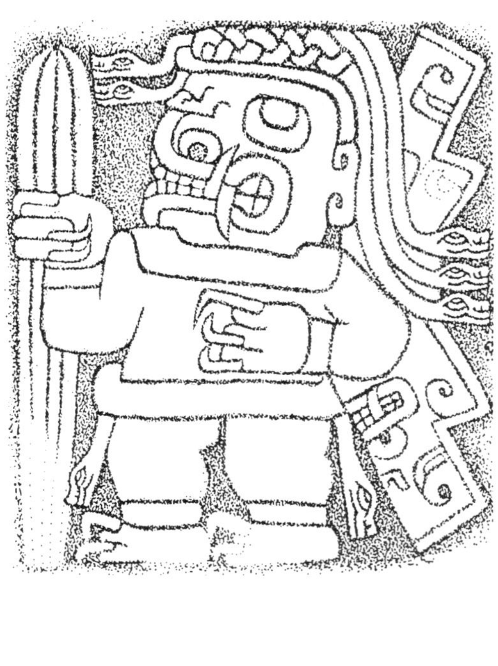

Der auf dem unteren Platz von Chavín ausgegrabene Tello-Obelisk datiert aus etwas späterer Zeit, wie sein Stil bezeugt. Die Komposition liegt, was die Anordnung der Themen in Registern und die Feinheit der Ausführung betrifft, in der Mitte zwischen dem »Lanzón« und der Raimondi-Stele. Die 2,52 m hohe und maximal 32 cm dicke monolithische Skulptur wurde von Donald Lathrap eingehend untersucht. Der Obelisk mit seinen vier, von Flachreliefs überzogenen Seiten entstand zwischen 800 und 650 v. Chr. (Abb. 41). Als »Idol« illustriert er einen Mythos der Chavín-Religion und stellt zugleich die Macht der Gottheit dar. Im Gegensatz zu Tello, der im wiedergegebenen Ungeheuer einen Jaguar oder Puma sah, spricht Lathrap, in Übereinstimmung mit J.H. Rowe, von einem Kaiman oder genauer: vom großen schwarzen Kaiman, der im Amazonasbecken lebt und sich nicht scheut, den Menschen anzugreifen – daher die Verehrung, die man ihm entgegenbringt.

Der Zweifel über die Identität des vom Tello-Obelisken dargestellten Tiers – dieser Zweifel besteht trotz der vollkommenen Sicherheit in den Linien der Skulptur – beweist, daß dieses Bildnis absichtlich »verschleiert« ist. Es besitzt ungeachtet einiger beinahe naturalistischer Details eine Bedeutung, die in einer mehr andeutenden als realistischen bildnerischen Sprache ausgedrückt ist. In erster Linie geht es um den Ausdruck einer Idee, nicht um eine zoologische Realität.

Federico Kauffmann-Doig beruft sich seinerseits auf das federartige Aussehen des Schwanzes und sieht in dem Ungeheuer einen Vogel. Seiner Meinung nach stellt der Obelisk keinen Kaiman oder Jaguar dar, sondern eher ein Mischwesen, halb Raubtier halb Raubvogel, dessen Merkmale man zum Beispiel in einem Teil der Ikonographie von Paracas und Nazca wiederfindet. Der Autor spricht von einer »geflügelten Raubkatze«, einer Art Drache, der über die Andenwelt herrscht.

Die Ausbildung einer religiösen Kunst, das sei nicht vergessen, impliziert eine Reihe von bildnerischen Konsequenzen. Die Darstellung beschränkt sich darauf, Schlüssel zu liefern, um das Bedeutete zu verstehen; es ist eine symbolische und schematische Kunst. So ist die große Gottheit, an die der Obelisk erinnert und die auf den beiden Hauptseiten des Langwürfels erscheint (Seite A und Seite B) senkrecht angeordnet. Zudem ist das Bild synthetisch; die Verdoppelung erfordert komplementäre Symbole auf jeder Seite. Um dem Postulat der Kohärenz zu genügen, muß die Botschaft auf mehreren Ebenen in umfassender, einfacher Totalität vorgebracht werden. Das führt zu einer Nebeneinandersetzung von Kennzeichen, die einem gegliederten Ausdruck folgen. Die Anordnung berücksichtigt die Bedeutung wie die Verbindungen der verschiedenen Elemente. Darin spiegelt sich jedoch ebenfalls die geistige und soziale Organisation der Kultur, die sich hier ausdrückt. Die Struktur kann also – wie bestimmte Totempfähle in British Columbia – der Spiegel einer Kosmologie sein: das Bild der Struktur des Universums.

Die beiden Seiten des Obelisken zeigen das Ungeheuer zum einen als »Herrn der Gewässer und der unterirdischen Welt«, zum anderen als »Herrn des Himmels und des Regens«. Das eine Wesen ist mit dem Spondylus verbunden, einem das Wasser symbolisierenden Weichtier, das andere wird von der großen Harpyie bekrönt, die in den Lüften herrscht. Außerdem sind Details mit oft schwierig zu bestimmenden Köpfen von Schlangen, Raubkatzen oder anderen Lebewesen über das Werk verteilt. Sie drehen sich um das zentrale Ungeheuer. Die beiden komplementären Aspekte der zwei Seiten sind überdies von Nutzpflanzen begleitet. So zeigt die Seite B die Kalebasse (in drei Phasen ihres Wachstums; männliche und weibliche Blüte und reife Frucht) und Nelkenpfeffer *(ají)*, während auf Seite A eine Knollenfrucht, die Achira (Canna edulis), der Maniok *(yuca)* und vielleicht der Mais erscheinen. Diese für die Andenkulturen äußerst wichtigen Pflanzen stammen aus dem Urwald. Die Gottheit verteilt also höchstwahrscheinlich das Saatgut und stiftet die Nährpflanzen mit ihren Samenkörnern.

Mit seinem Bestiarium, das sich auf eng mit der einheitlichen Komposition des skulpierten Blocks verbundenen Registern entwickelt, ist der Tello-Obelisk jedoch mehr als ein einfaches Zeugnis der Anerkennung, das die Menschen zu

Dekormotiv von der skulpierten Nordsäule des Portals von Chavín. Man erkennt die fliegende Raubkatze, die oft als »geflügelter Tiger« bezeichnet wird.

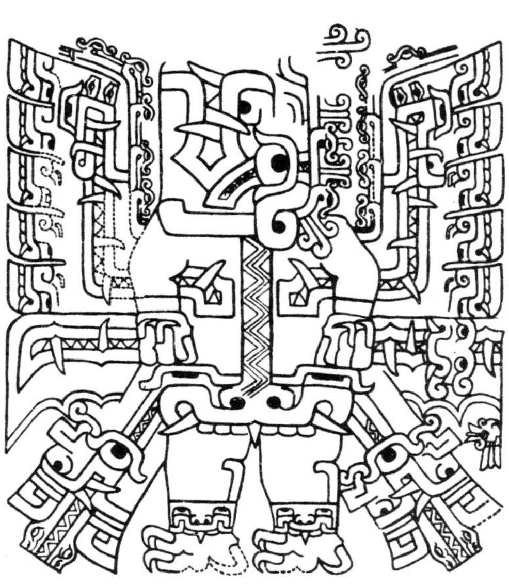

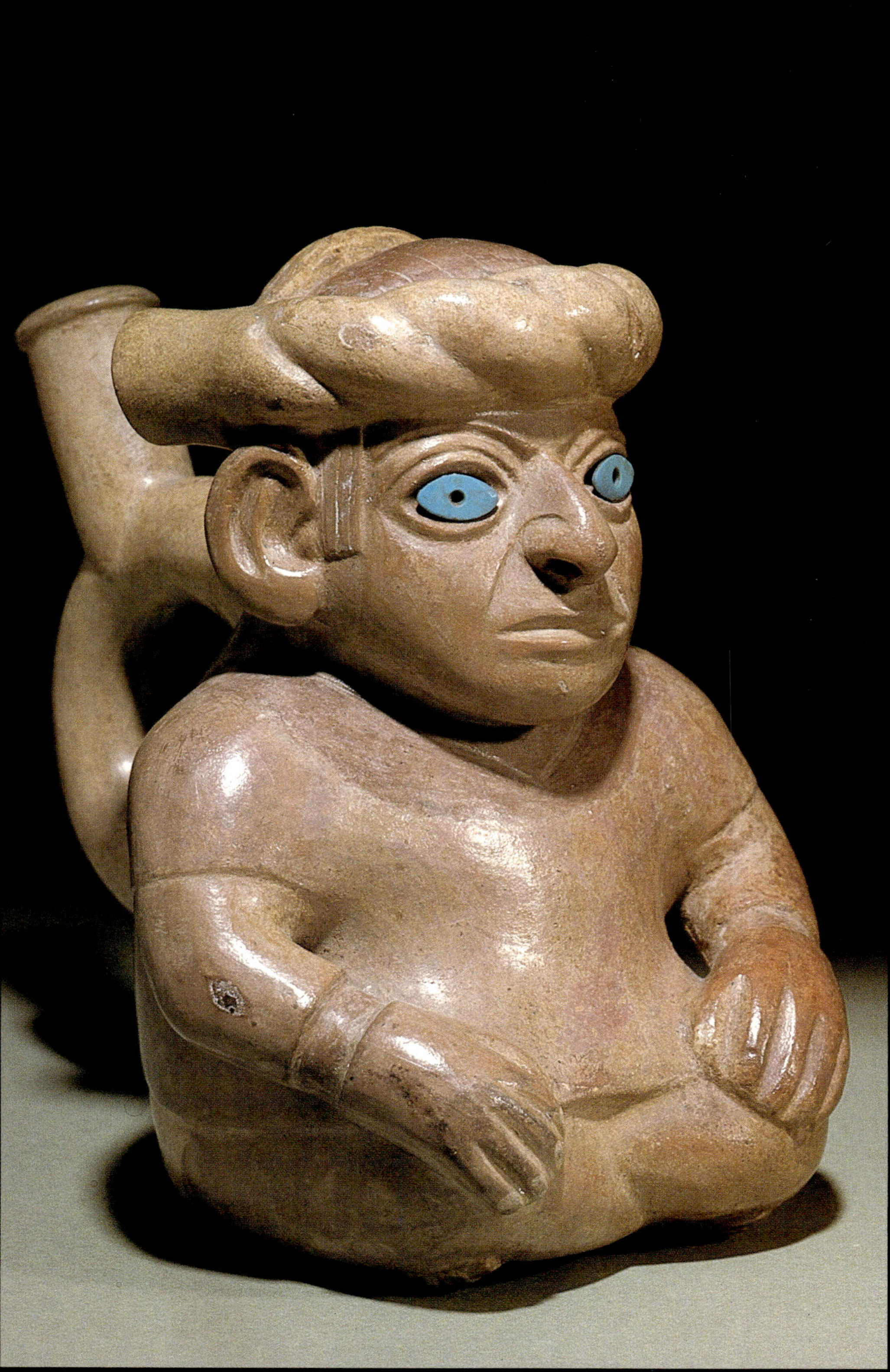
52

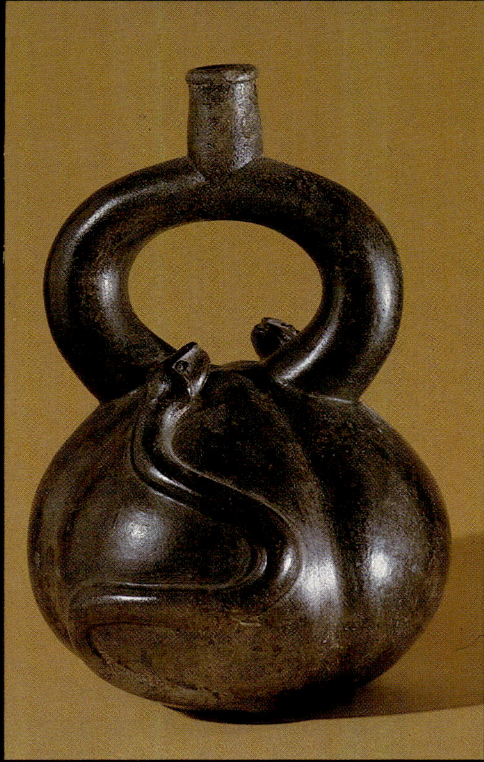
53

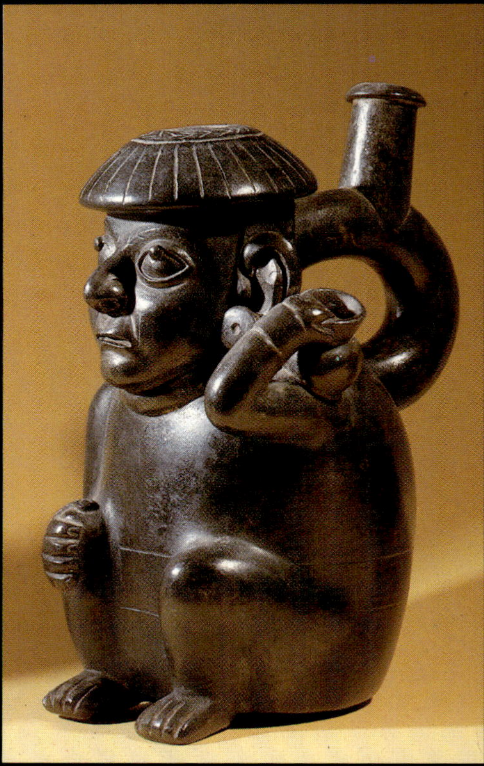
54

52 Menschengestaltiges Gefäß mit Bügelausguß im Vicus-Stil. Die Figur hat in die Augenhöhlen geklebte Türkisaugen, die dem Blick eine ungewöhnliche Intensität verleihen. Die 14 cm hohe Keramik dürfte aus der Anfangsphase des Vicus-Mochica-Stils, zwischen 100 v. und 100 n.Chr., datieren. (Museo del Banco Central de Reserva, Lima)

53 Dieses schöne Bügelgefäß mit einem schlichten Dekor von zwei sich windenden Schlangen ist ein Vicus-Stück mit Spät-Chavín-Einflüssen aus der Zeit um 300 oder 200 v.Chr. Die glänzende, tiefschwarze Tönung der 19 cm hohen Keramik wurde im Reduktionsbrand erzielt. (Museo del Banco Central de Reserva, Lima)

54 Dieses 19,5 cm hohe, tiefschwarze Bügelgefäß in Form eines Wasserträgers ist ein Vicus-Stück aus der Zeit zwischen 100 v. und 100 n.Chr. Es ist ein Beispiel für die Mochica-Phase des Vicus-Stils. Man vergleiche es mit dem Gefäß auf Abbildung 69; dort erscheint derselbe Personentyp, dessen Körper jedoch besser herausgearbeitet ist. (Museo del Banco Central de Reserva, Lima)

55 Der hockende Greis, den dieses Bügelgefäß im Vicus-Mochica-Stil darstellt, zeigt – im Vergleich mit dem Stück von Abbildung 54 – die Weiterentwicklung der Plastik: kraftvoller Gesichtsausdruck, freiere und weniger steife Gebärden und natürlichere Beinhaltung. Das 17,5 cm hohe Stück dürfte aus dem Beginn unserer Zeitrechnung datieren. (Museo del Banco Central de Reserva, Lima)

56 Das schöne Bügelgefäß in Gestalt einer Krabbe zeigt die Geschicklichkeit der Vicus-Töpfer zu Beginn unserer Zeitrechnung, die diesem Zeugnis nach gute Naturbeobachter und Handwerker mit verfeinertem bildnerischem Sinn waren. Das 18,5 cm hohe Stück besitzt eine zarte, naturgetreue Vielfarbigkeit. (Museo del Banco Central de Reserva, Lima)

57 Dieses 17,5 cm hohe ungewöhnliche Stück, bei dem sich ein Bügelgefäß in eine Hand verwandelt hat, drückt die Phantasie der Vicus-Töpfer und ihre vollendete technische Meisterschaft aus. Obwohl der Ausgußhenkel ausgezeichnet integriert ist, scheint er schlecht zur Handfläche zu passen. Einmal mehr stehen wir vor einem Stück aus der Vicus-Mochica-Blütezeit zwischen 100 v. und 100 n.Chr. (Museo del Banco Central de Reserva, Lima)

Ehren der Macht errichteten, die ihnen den Ackerbau gab: er ist ein kosmisches Emblem. Er vereint alle Ordnungen der Schöpfung um ein großes aufgerichtetes Symbol, das Himmel und Erde verbindet.

Das Motiv der geflügelten Raubkatze finden wir in den schönen Gravierungen auf den beiden Säulenschäften wieder, die vor der Hauptpyramide von Chavín das Mittelportal bilden. Die 2,30 m hohen Monolithen haben einen Durchmesser von 60 cm und tragen eine Zeichnung, die abgerollt ein herrliches, beinahe quadratisches Motiv des »Adler-Jaguars« oder »geflügelten Drachen« der Andenwelt zeigt.

Die Gestaltung dieser Skulpturen – die Kauffmann-Doig als »getigerte Engel« *(angel atigrado)* bezeichnet – und der Stil der Darstellung machen deutlich, daß sie später als der Tello-Obelisk sind. Sie datieren vermutlich von 550 bis um 460 v.Chr. In den beiden bemerkenswert feinen Flachreliefs verstärkt sich die Neigung, die Formen in horizontalen und vertikalen Registern zu ordnen, während sich zugleich der überladene Dekor mit vielfachen, verschieden großen Verdoppelungen von Symbolen bereichert. So füllen die Fang- oder Eckzähne der Raubkatzen nicht nur den Rachen des Ungeheuers, sondern bedecken auch Flügel, Körper, Beine und Füße. Raubtierrachen häufen sich, und verkleinerte Schlangenköpfe überziehen alle Teile, bis die Komposition von einer Art organisierter Üppigkeit verdeckt ist. Auf diese Weise kommt man zu äußerst merkwürdigen Nebenbedeutungen. Die im Profil dargestellten Knie des »geflügelten Drachen« auf der Südsäule bilden zusammen einen Raubtierkopf mit zwei Augen und einem Rachen mit schrecklichen Eckzähnen. Überdies ist jede Tatze dieser Ungeheuer selbst ein stilisierter Jaguarkopf (Abb. 38). Hier erfassen wir eines der Grundgesetze dieser mystischen Darstellung: Jeder Teil ist für sich ein Ganzes, als wollte man so den unendlichen Dialog zwischen Mikro- und Makrokosmos ausdrücken, der das Universum kennzeichnet.

Unter den Chavín-Skulpturen nimmt die Raimondi-Stele einen besonderen Platz ein. Das sehr flache, in Champlevé ausgeführte Relief bedeckt eine 1,95 m hohe, 74 cm breite und 17 cm dicke Platte und entstand vermutlich zwischen 460 und 300 v.Chr. Die vollkommen symmetrische Komposition unterscheidet sich von den früheren Skulpturen durch ihre absolute Axialität wie durch die Ausführung in hartem Stein. Die glatt polierte Oberfläche trägt eine Zeichnung, deren außergewöhnliche Feinheit, Komplexität und Strenge die Meisterschaft des Künstlers zeigen (Abb. 42).

Das untere Drittel der Stele nimmt eine untersetzte Person in Profil ein, die eine Jaguarmaske mit vorspringenden Eckzähnen trägt. Die Beine sind kurz und stämmig und die Füße mit mächtigen Krallen versehen. Den mehr breiten als hohen Körper gürtet ein doppeltes Schlangenpaar. In jeder krallenbewehrten Hand hält die Figur eine Lanze hoch, eine Art Kommandostab, der in eine lilienblütenförmige Spitze ausläuft. Der Kopf zeigt eine Reihe typischer Motive: Mund (oder Rachen) mit fallenden Mundwinkeln, aus dem zwei untere Raubtiereckzähne hervorragen, Augen mit exzentrischen Pupillen und schlangenartige Haare. Das Ganze ist extrem geometrisiert und bar jeden Ausdrucks, mit Ausnahme eines unpersönlichen, unbeugsamen und allmächtigen Charakters. Die graphische Ausführung der Person läßt eine starke Schematisierung erkennen, die auf einer strengen horizontalen und vertikalen Organisation beruht.

In der mittleren und oberen Partie der Raimondi-Stele ergeben sich Deutungsschwierigkeiten. Schon das Motiv über dem Gesicht ist ein Problem: Handelt es sich um einen umgekehrten Jaguarrachen? In diesem Fall dienten die Augen der Person zugleich als Augen des Raubtiers, nach einer in der symbolischen und symmetrischen Kunst häufigen Kombinationstechnik. Man findet diese, wie Claude Lévi-Strauss nachgewiesen hat, im gesamten Gebiet rund um den Pazifik wieder; von den Bronzen der frühen chinesischen Dynastien über die Skulpturen von British Columbia bis zu den Chac-Masken der Maya erfreut sich diese Kunst der Verdoppelung, Umkehrung und Geometrisierung einer merkwürdigen Beliebtheit. Verdoppelungen, Entsprechungen und verschiedene Spiegelsymme-

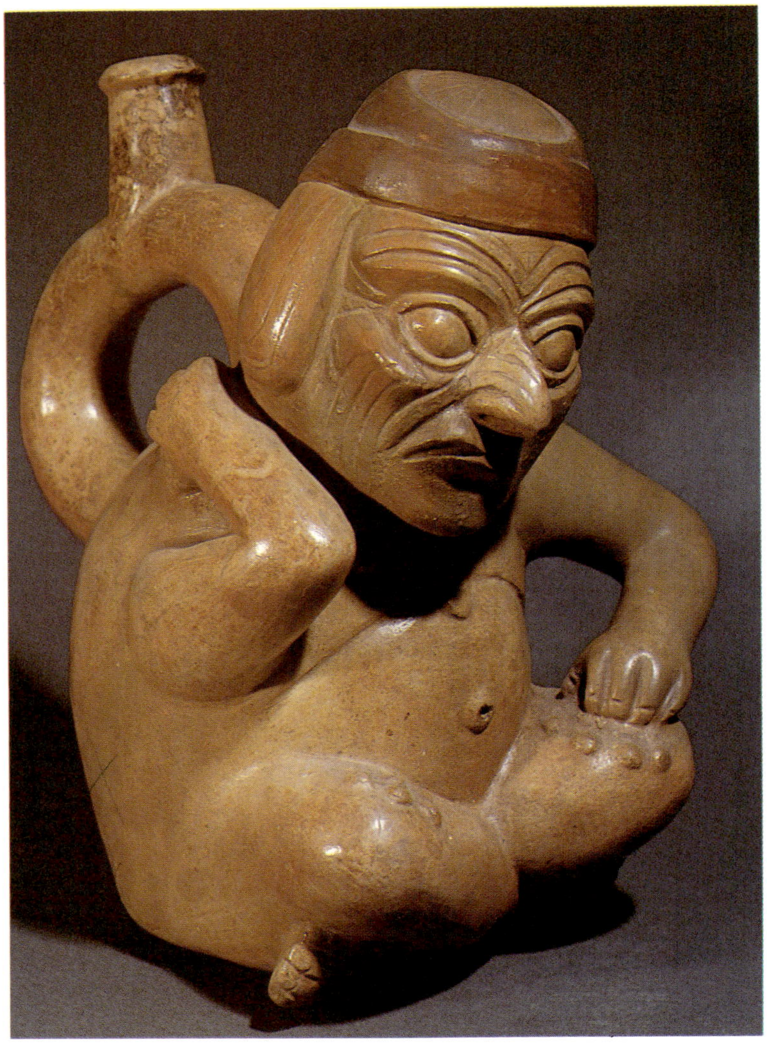

55

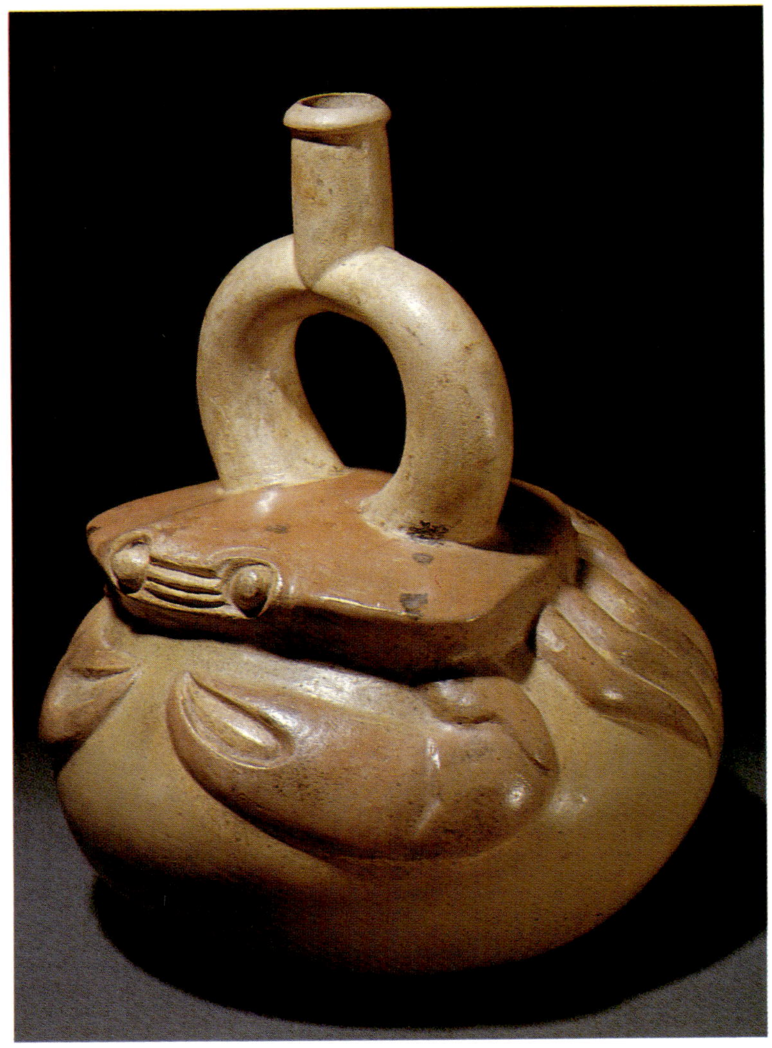

56

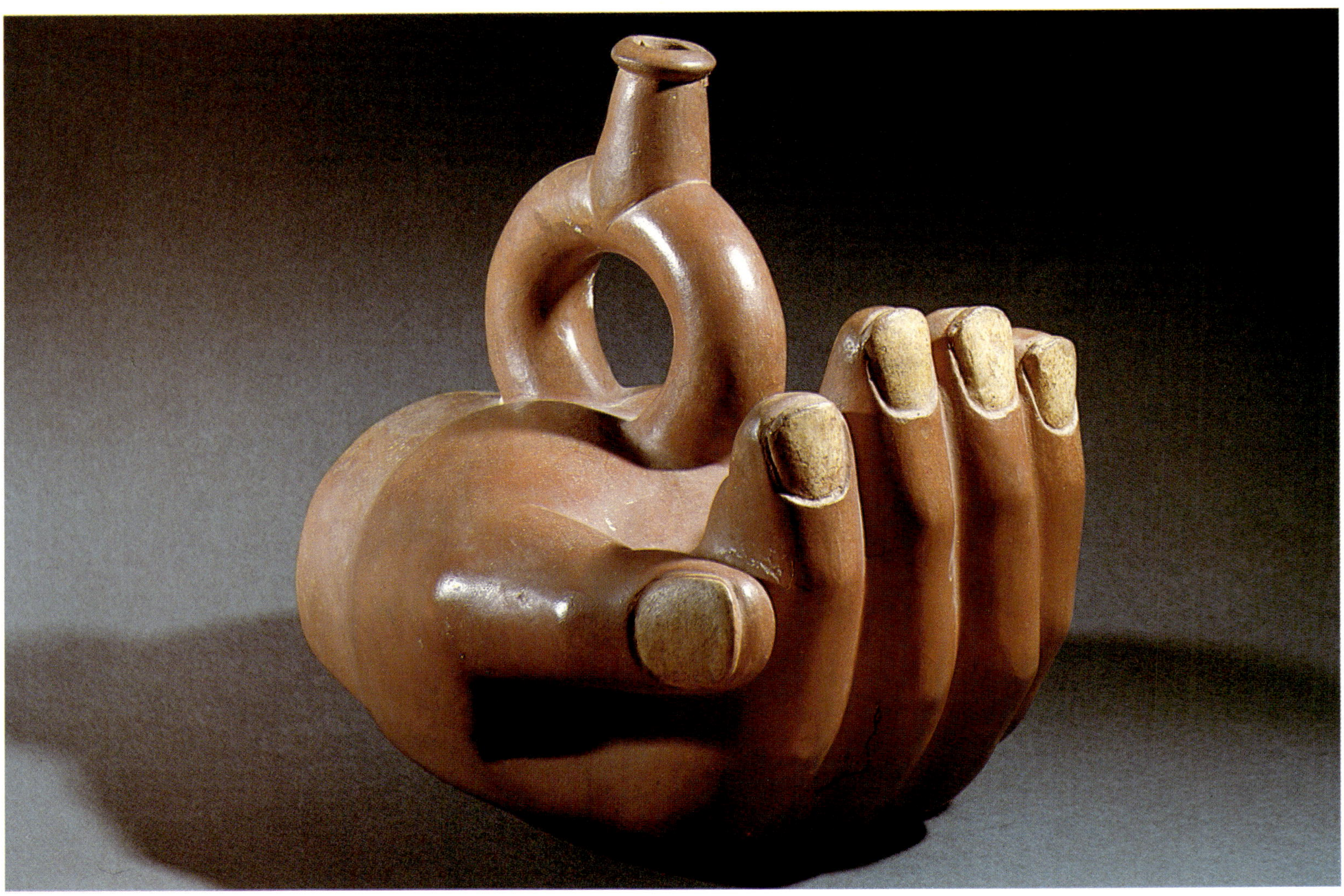

57

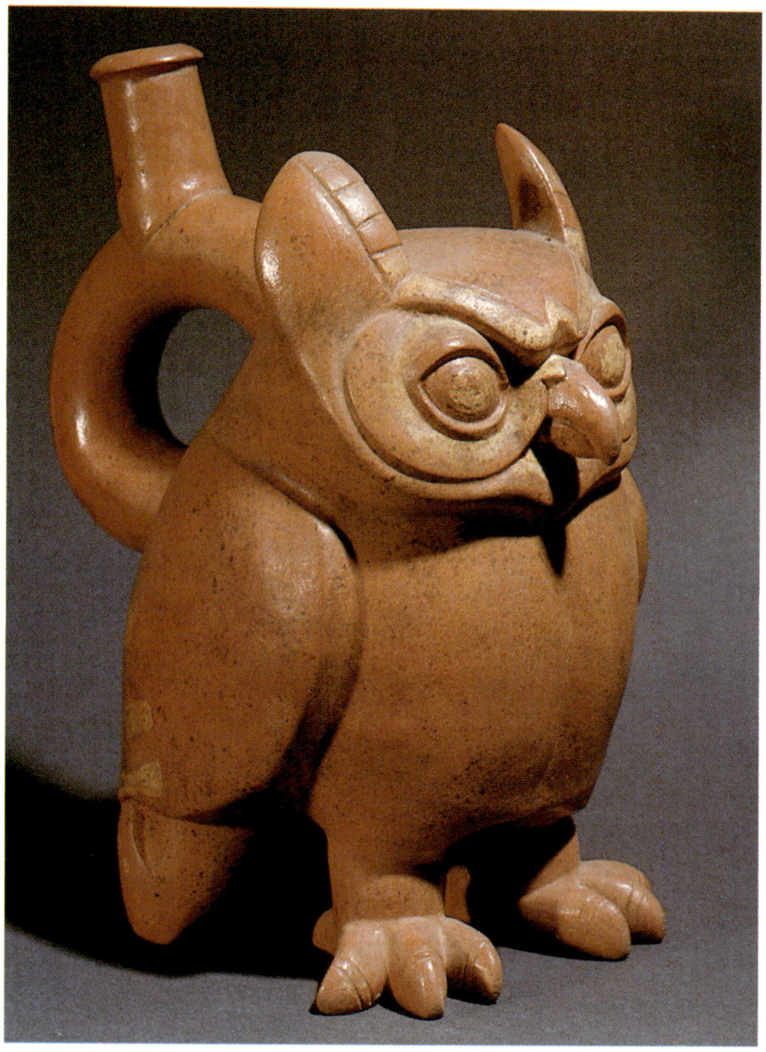
58

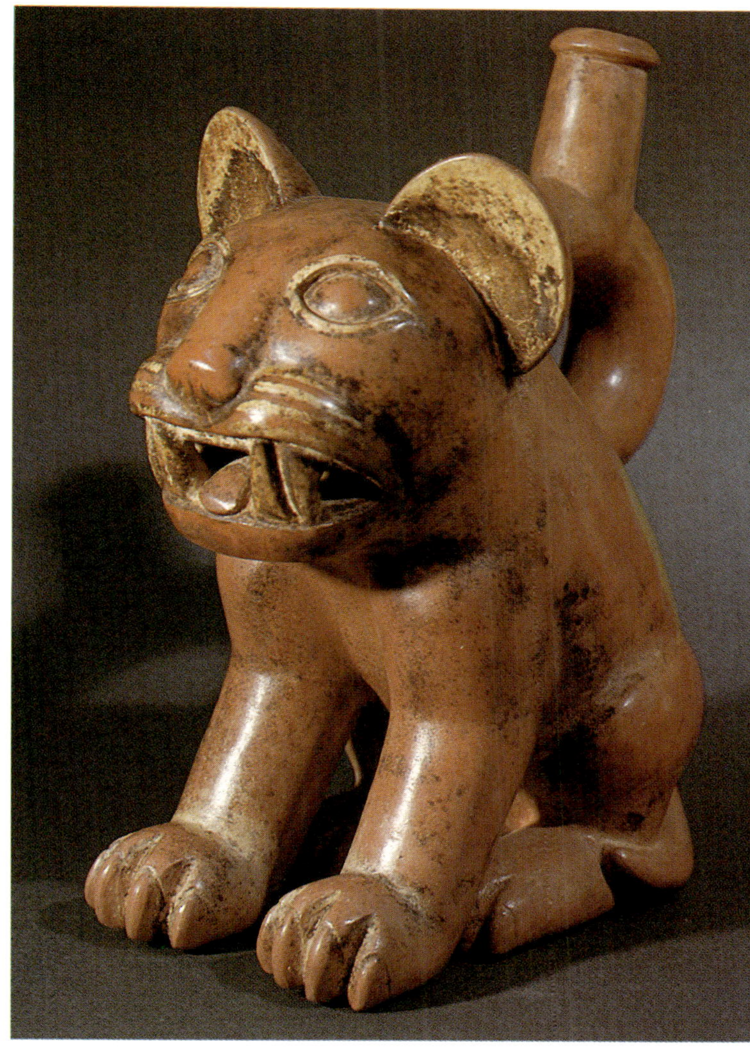
59

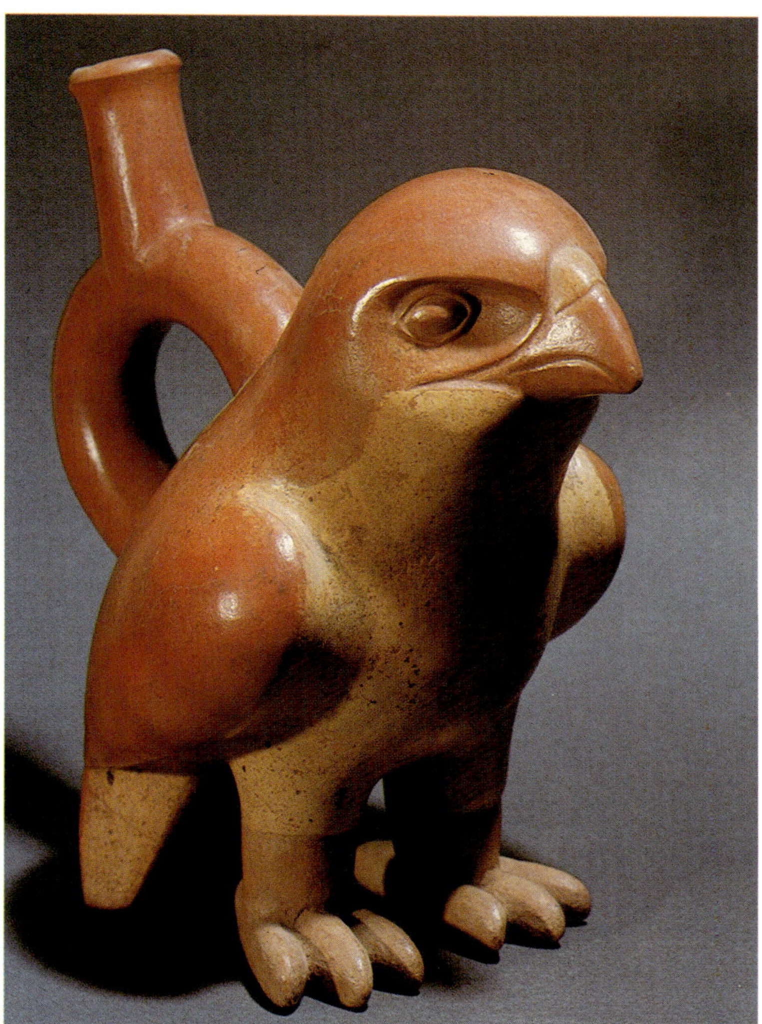
60

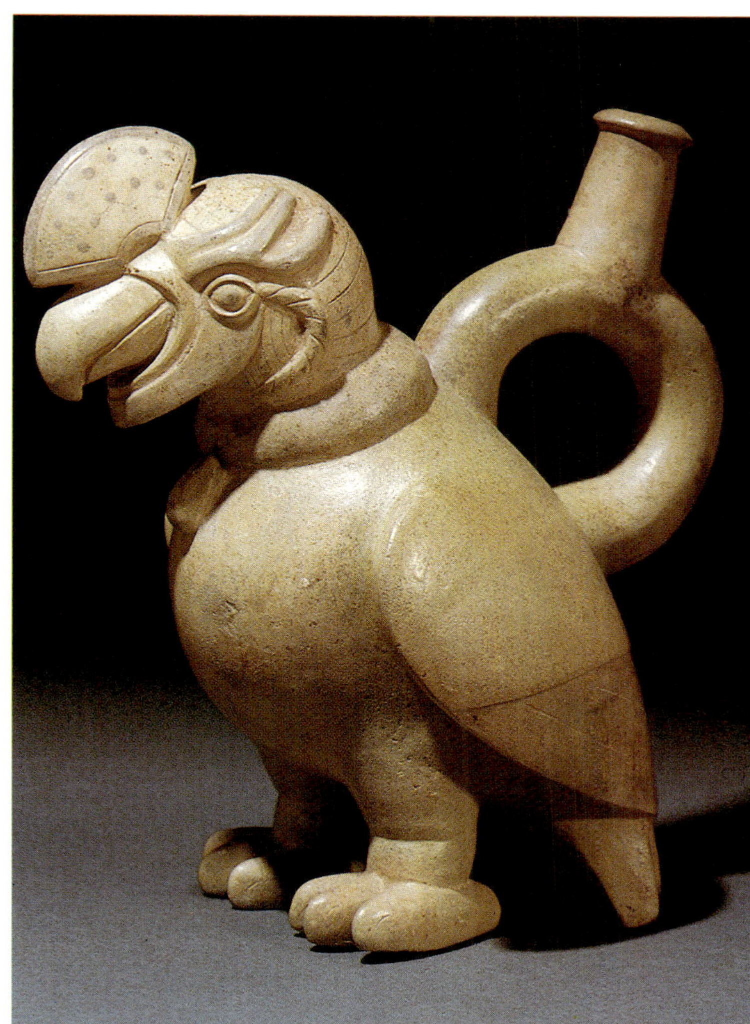
61

trien bestimmen diese Werke wie Leitmotive. Dieser Zug beherrscht auch den hohen Kopfschmuck aus Federn und Schlangen, den die Gestalt der Raimondi-Stele trägt. Augen können darin abwechselnd auch Nüstern oder Ohren sein und bilden eine Überlagerung von halb menschlichen halb monströsen, federbesetzten Masken.

Federico Kauffmann-Doig, der dieses Werk zu deuten sich bemühte, wies auf scharfsinnige Weise nach, daß die gefiederte Kopfbedeckung in Wirklichkeit eine Art am Kopf befestigter Schleppe ist, die gewöhnlich im Rücken ihres Trägers hing und hier aus darstellerischen Gründen nach oben entfaltet wurde. Er erkennt darin einen Federschmuck, wie ihn die nordamerikanischen Indianerhäuptlinge noch im 19. Jahrhundert trugen. Diese Erklärung stützt sich auf ähnliche Motive im Dekor der Nazca-Gefäße und könnte im Sinn einer Deutung ergänzt werden, die mit der Umkehrung der Motive arbeitet; in diesem Fall würde die Gottheit eine Reihe von auf dem Kopf stehenden Masken tragen, eine Komposition, die der bestimmter Totempfähle gliche.

Diese kurze Analyse zeigt, daß die Raimondi-Stele das vielleicht vollendetste Werk der Chavín-Kunst ist. Eine besondere Logik der Formen ist hier zu ihren äußersten Konsequenzen vorangetrieben. Aus diesem Grund ist die Stele auch am schwierigsten zu interpretieren. Die Technik, durch Kombination und Aneinanderfügung von Symbolen ein mythisches Wesen zu schaffen, hat in diesem Stück ihre höchste Vollendung und zugleich ihren höchsten Abstraktionsgrad erreicht. Welche Gottheit wurde durch die übereinandergetürmten Masken dargestellt? Vielleicht ist es nur ein Gott, der die verschiedenen Ordnungen und Stufen der Wirklichkeit und die vielfältigen Lebensformen des Universums verkörpert. Jedenfalls handelt es sich offenbar um einen Gott, dessen Gesichter in dem einen wie in dem anderen Sinn gelesen werden können und dadurch die Allgegenwärtigkeit ausdrücken, wie auch die Vervielfachung der Symbole in verschiedenen Größen (auf den Portalsäulen) letzten Endes die ständige und allumfassende Gegenwart eines pantheistischen Geistes zum Ausdruck bringt.

Im Gegensatz zu den mit Flachreliefs verzierten Stelen und Monolithen sind die Köpfe, die auf den Mauern der Hauptpyramide von Chavín einen Fries bildeten, rundplastische Skulpturen. Mittels eines Zapfens im Mauerverband befestigt – ein Auswuchs im Nacken gab dem Stift das Aussehen eines dicken Nagels –, sprangen die Köpfe in einer Höhe, die die Größe eines Menschen überschritt, aus der Verkleidung der Pyramide hervor (Abb. 40). Über den Steinköpfen lief ein skulpiertes Gesims, das schreitende Jaguare und Kondore in Flachrelief darstellte.

Heute ist von den rund 40 Köpfen, die die Seiten der großen Pyramide von Chavín schmückten, nur ein einziger noch an seinem Platz, und er wurde zudem bei dem schrecklichen Erdrutsch, der auf die Überschwemmung von 1945 folgte, und jenem nach dem Erdbeben von 1970 beschädigt. Tello hatte in den Ruinen eine Reihe dieser Köpfe entdeckt und mit zahllosen anderen Skulpturen in dem kleinen Ortsmuseum deponiert. Bei der Katastrophe von 1945 gingen jedoch all diese Stücke verloren. Als Zeugnisse der Gruppe bleiben heute nicht viel mehr als die Abgüsse übrig, die der Archäologe seinerzeit machen ließ, und die wenigen seither entdeckten Stücke.

Die Skulpturen mit ihren halb menschlichen halb raubkatzenartigen Zügen und den hier und da auftretenden großen Eckzähnen erinnern an Trophäenköpfe. In dieser Hinsicht sind sie mit den Flachreliefs von Cerro Sechín verwandt, die die in einem blutigen Ritual abgeschlagenen Häupter von geopferten Menschen darstellen. Das Motiv der in das Mauerwerk eingefügten skulpierten Köpfe finden wir um einiges später als Chavín im Tempel von Tiahuanaco wieder. Vielleicht deutet ihre Gegenwart auf die Weiterführung der Menschenopfer durch Enthauptung hin, doch möglicherweise hat hier die Skulptur das lebende Opfer durch ein Symbol ersetzt. Jedenfalls ist es schwierig, in Chavín die Praxis der Menschenopfer auszuschließen, selbst wenn die Skulpturen über die Darstellung eines einfachen Opfers hinausgehen und ihr eine symbolische Funktion verleihen, die sie zu höheren, mit der Gottheit verbundenen Mächten in Beziehung setzt. In diesem Zusam-

58–61 In der Tierkunst konnten die Vicus-Töpfer ihren Sinn für volle Formen frei entfalten. Diese vier Gefäße mit Bügelausguß sind zwischen 18 und 19 cm hoch und stellen einen Uhu, einen Jaguar, einen Falken und einen Kondor dar, deren Stil die Mochica-Kunst ankündigt. (Museo del Banco Central de Reserva, Lima)

62 Mit dem Vicus-Stil setzt sich eine Art Todesbesessenheit durch, die – immer realistischer werdend – bis in die Mochica-Kunst reicht. Dieses Gefäß mit Ausguß und Bügelhenkel datiert aus der Vicus-Salinar-Periode um 400 v.Chr. und zeigt den bereits zusammengefallenen und wie von innen her ausgehöhlten Kopf eines Verstorbenen. Das 21 cm hohe Stück kündigt die große Mochica-Porträtkunst an. (Museo del Banco Central de Reserva, Lima)

63 In diesem 23 cm hohen klassischen Vicus-Stück, das einen Totenkopf mit darübergesetztem Bügelausguß darstellt, hob der Künstler den morbiden Charakter hervor: zerfressene Nase, entfleischte Kiefer, aus den Höhlen hervortretende Augen. (Museo del Banco Central de Reserva, Lima)

64 Mit der Mochica-Kunst verstärkt sich der Realismus weiter. Dieses Bügelgefäß stellt einen *fardo* (Mumienbündel) dar. Der Verstorbene ist in Tücher eingewickelt, aus denen lediglich der quasi mumifizierte Kopf hervorschaut. Nur die eigentlichen Mochica-Stücke gehen über diesen Ausdruck des Todes hinaus, wie die Abbildungen 74 und 75 belegen. Die 25 cm hohe Keramik entstand in den beiden ersten Jahrhunderten unserer Zeitrechnung. (Museo del Banco Central de Reserva, Lima)

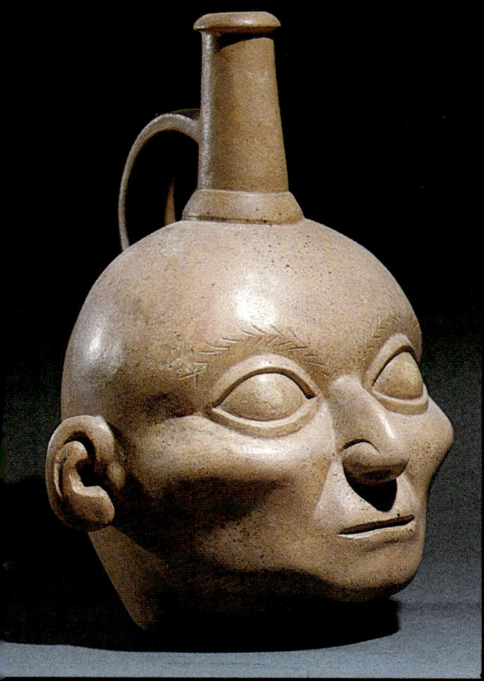

62

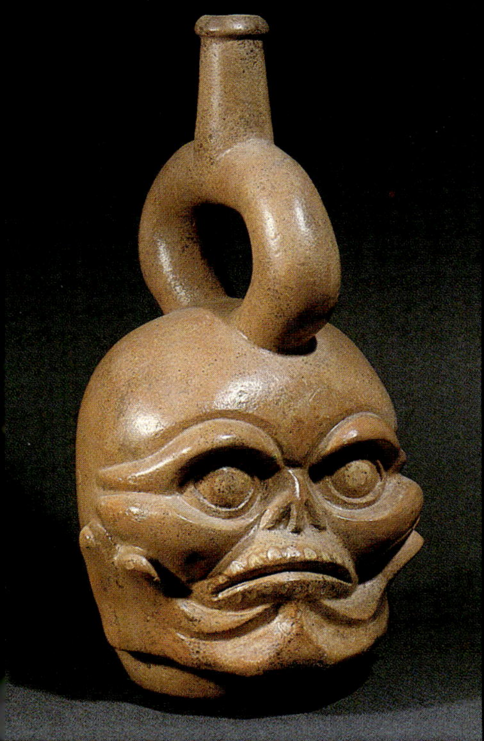

63

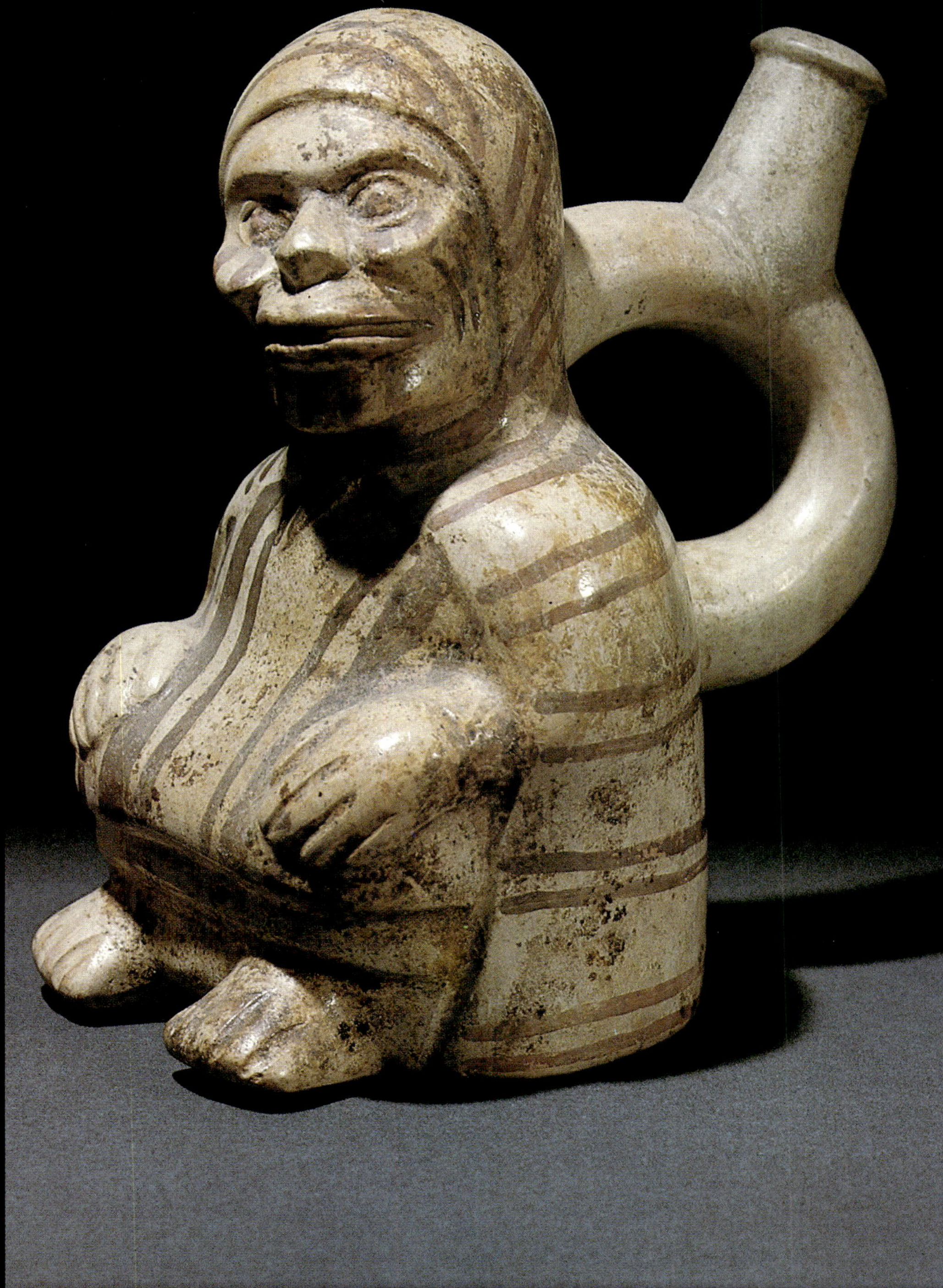

64

menhang sei erwähnt, daß einige Züge des *in situ* erhaltenen Kopfes denen des »Lanzón« gleichen.

So zeigen uns die Architektur und Plastik von Chavín, daß die präkolumbische Andenkunst im Lauf des 1. Jahrtausends v. Chr. ihren klassischen Höhepunkt erreicht. Auf keinen Fall handelt es sich um ein »formatives« Stadium, wie so viele Archäologen behaupten; sie ließen sich von der traditionell zu frühen Datierung täuschen. Mit einer Ausbreitung, die fast ganz Perú einschließt, haben sich in dieser Klassik alle Ausdrucksmittel vereint und zu einer bemerkenswerten Reife gefunden.

Blüte der peruanischen Keramik

In den in der Masse des Tempels von Chavín angelegten Galerien förderte man zahlreiche Keramikgefäße von hoher Qualität zutage. Oft datieren sie aus der Anfangsperiode des Ortes, d.h. aus der Zeit um 850 v. Chr. Die Töpferkunst zeigt sich in herrlichen schwarzglänzenden Flaschen oder Bügelgefäßen. Diese Arbeiten bilden im wesentlichen die klassische peruanische Keramik.

Nach den drei Phasen (Urabarriu, Chakinani und Janabarriu), die sich von 850 bis 200 v. Chr. erstrecken, bildet die Keramik einen sich mit lokalen Einflüssen vermischenden Chavín-Stil an der peruanischen Küste, vor allem in Tembladera und Cupisnique. So verschmelzen in der Gegend von Vicus im äußersten Norden Perús die Kennzeichen von Chavín mit denen des ecuadorianischen Chorrera. Die Entdeckung des Friedhofes von Vicus um 1960 bringt den Beweis, daß es eine direkte Verbindung zwischen den Stücken gibt, die nördlich und südlich des Golfes von Guayas entstehen. Formen, Techniken und Themen zeugen von einer Kontinuität in der Entwicklung, die von den Chorrera-Arbeiten durch die Vermittlung des Vicus-Stils zur Blütezeit der Mochica-Klassik mit ihren berühmten Porträtvasen führt.

Um die Entwicklung der Keramik, die sich ohne Unterbruch über 1500 Jahre vollzieht, nicht willkürlich zu unterbrechen, haben wir in unserer Untersuchung den Töpferwaren von Chavín, Vicus und der Mochica ein eigenes Kapitel vorbehalten. Auf diese Weise betonen wir die Kontinuität einer Produktion, in der die Phantasie und der bildnerische Gestaltungssinn der Präkolumbier Vorzügliches geleistet haben.

IV Keramik und Goldschmiedekunst: der Höhepunkt der Mochica

In der Chavín-Zeit war eine riesige religiöse Gemeinschaft entstanden, gegründet auf einer Religion, die sich in fast ganz Perú ausgebreitet hatte. Diese Periode nannten die peruanischen Archäologen in Anlehnung an den Teotihuacán-Horizont in Mexiko den Chavín-Horizont. Der Einfluß dieses kosmologischen und rituellen Denkens, das vermutlich von Schamanen mit Hilfe von Rauschmitteln gepflegt wurde, ist in der Kunst der ganzen Zeit zu erkennen. Es ist jedoch die Keramik, auf der eine einheitliche künstlerische Sprache aufbaut. Man findet das Zeugnis von Werken im Chavín-Stil im Norden bis zu den Küstengebieten in Höhe der Täler von Chicama, Jequetepeque und Lambayeque wie im Süden; dort setzten sich die ikonographischen Themen der Raubkatzen – allerdings mit einer bedeutenden Verspätung – bis Paracas und bis zum Ica-Tal südlich der Paracas-Halbinsel durch.

Die Chavín-Keramik

Die Gebäude von Chavín de Huántar sind, wie die von Richard L. Burger 1981 veröffentlichten Radiokarbon-Analysen (C 14) beweisen, nicht älter als 850 v. Chr., doch dürften die Wurzeln der Kultur, die das große Wallfahrtsheiligtum errichtete, zeitlich noch weiter zurückreichen. Archaische Fundorte wie Caballo Muerto, Pocopampa und Condorhuasi (Kuntur-Wasi) oder wie Alto de las Guitarras und Chongoyape zeigen Werke im Chavín-Geist. In den näher an der Küste gelegenen Fundstätten Cupisnique (Chicama-Tal) und Tembladera (Jequetepeque-Tal) förderte man Keramiken in typischem Chavín-Stil zutage, die älter sein können als die Stücke aus Chavín selbst. In dem letzteren Ort hatte Luis G. Lumbreras 1966 Grabungen in den Innengalerien des Tempels unternommen. Die Suche galt vor allem anderen Werken als Flachreliefs und Skulpturen und führte zur Entdeckung von schönen Keramiken in ausgeprägtem klassischem Chavín-Stil.

Der Wert der unter dem Heiligtum ausgegrabenen Gefäße liegt nicht nur in ihrer inneren Schönheit, sondern auch in zwei Umständen: Einerseits erlauben die Keramiken, die in einem stratigraphischen Kontext stehen und mit bekannten Bauphasen verbunden sind, eine genauere Datierung, und andererseits lassen sie erkennen, daß die Keramik eine Funktion als religiöse Opfergabe hatte. Die unversehrten Stücke, die diese wissenschaftliche Grabung ans Tageslicht förderte, waren offensichtlich den Gottheiten des Ortes geweiht. So versteht man das Vorgehen dieser Kunsttöpfer besser, die Gegenstände höchster Komplexität und Feinheit schufen: Es waren Werke mit einer Botschaft; sie hatten wahrscheinlich eine rituelle Funktion, die ihre ästhetische Qualität und den Aufwand erklärt, mit dem man sie umgab.

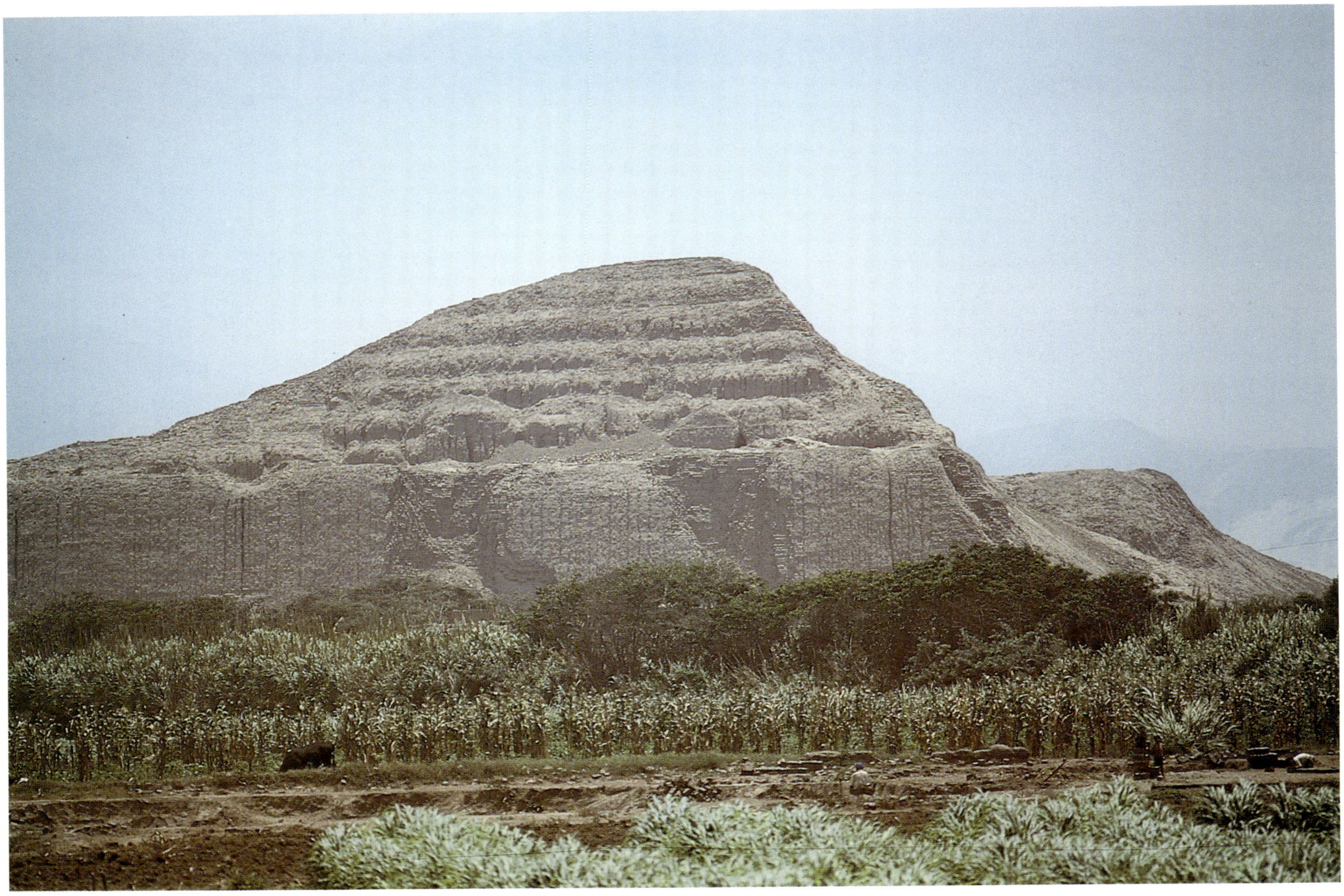
65

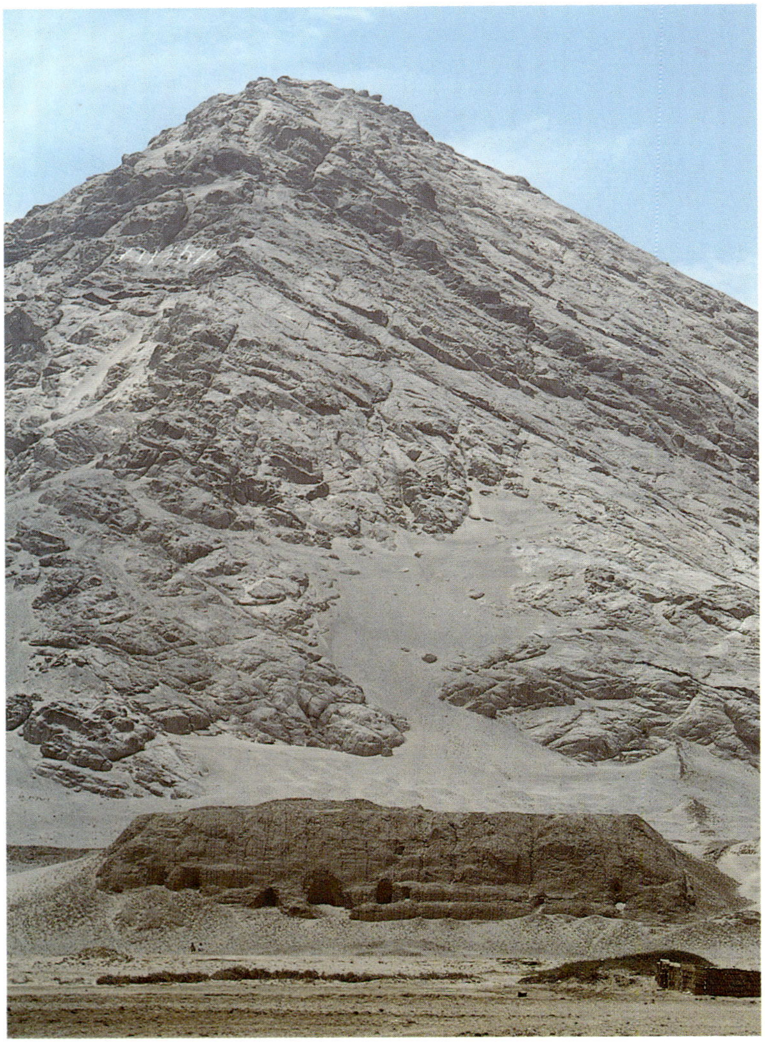
66

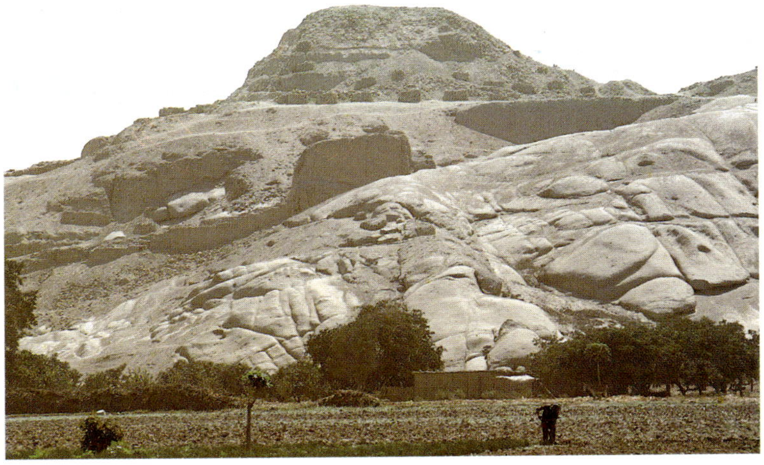
67

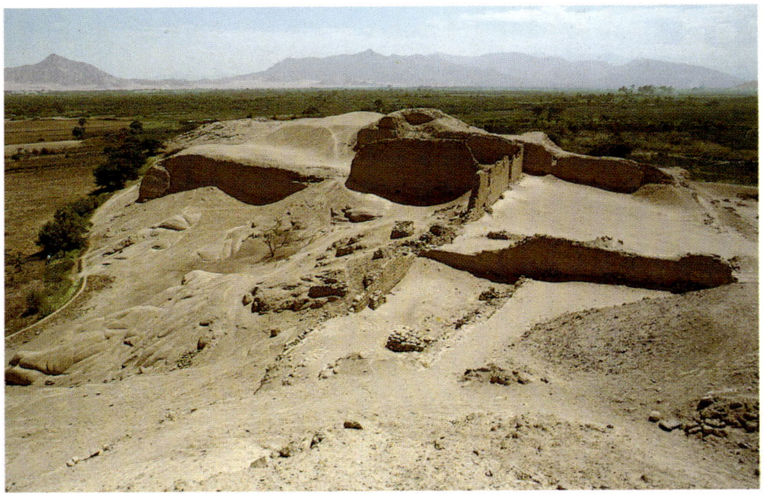
68

Die Chavín-Gefäße müssen in die Entwicklung der Keramik eingeordnet werden, deren peruanische Ursprünge im nördlichen Landesteil um 1800 v.Chr. und im Süden nicht vor 1000 oder sogar 800 v.Chr. zu liegen scheinen. In diesem Fall handelt es sich jedoch um die ersten Erscheinungen einer noch schlichten und vermutlich zu praktischen Zwecken bestimmten Technik. Von der langen Entwicklung zeugt beispielsweise in Kotosh die Wairajirca-Phase, die Ähnlichkeiten mit der Übergangsphase von Valdívia-Machalilla in Ecuadór zeigt. Am Ende dieser Entwicklung entsteht eine feinere, Kotosh/Kotosh genannte Keramik, deren Verzierung mit menschenähnlichen Motiven und seltenen Raubkatzenmotiven angereichert ist. Die Fortschritte führen zur Kotosh/Chavín-Phase mit einer schwarzglänzenden Keramik mit Ritzdekor, die wahrscheinlich später als 1000 n.Chr. ist. Aus ihr wächst die große Kunst der Chavín-Töpfer in Chongoyape, Tembladera und Cupisnique und vor allem im eigentlichen Chavín de Huántar; ihre verschiedenen Phasen entsprechen denen des Heiligtums.

Die von Lumbreras und Amat getroffenen Unterteilungen der Chavín-Keramik (Rocas – Transición – Ofrendas – Mosna, deren Abfolge Lumbreras 1974 abänderte, indem er Ofrendas vor Rocas setzte) wurden bei Richard L. Burger durch die folgenden Bezeichnungen ersetzt: Urabarriu (850–460 v.Chr.), Chakinani (460–390 v.Chr.) und Janabarriu (390–200 v.Chr.). Nach dieser neuen Chronologie sind die Chavín-Keramiken weit weniger alt, als man bisher annahm. Noch vor kurzem datierte man einige als »Alt-Chavín« eingestufte Stücke bis 1400 v.Chr., während sie heute nicht älter als aus dem 10. Jahrhundert v.Chr. gelten. Auf diese Weise verliert die ganze Grundkonzeption von Julio Tello ihre Bedeutung. Seine These, nach der Chavín die »Mutter der Andenhochkulturen« wäre (»Chavín: Cultura matriz de la Civilisación Andina«, 1960), und die Annahme von Lathrap, der Chavín in genaue zeitliche Parallele zu den Olmeken in Mexiko setzte, müssen offenbar aufgegeben oder vollständig revidiert werden.

Die neue Chronologie liefert uns zum einen eine absolute Datierung und zum anderen den Beweis, daß die verfeinerte Kunst der Chavín-Keramik nicht aus einer »formativen« Phase stammt, sondern im Gegenteil den Endpunkt einer langen technischen und bildnerischen Entwicklung darstellt. In ihr vermischten sich wahrscheinlich Strömungen aus dem Amazonasbecken (Tutishcainyo) und den ecuadorianischen Bergen mit der Chorrera-Kultur im Becken von Guayas. Wir werden später untersuchen, wie die Verschmelzung dieser beiden großen Bewegungen aus dem 2. Jahrtausend v.Chr. zur Blütezeit der klassischen Werke in der Entwicklung Chavín-Vicus-Mochica führen konnte.

Die zu Beginn der Chavín-Zeit auftauchende Keramik besteht im wesentlichen aus schwarzen Gefäßen mit Ritzdekor. Die Motive sind denen der zeitgenössischen Skulpturen verwandt, stehen jedoch auf einem noch höheren Abstraktionsgrad. Der Schmuck, der sich auf dem Gefäßkörper entfaltet, spielt auf die Raubkatzen an, von denen gewöhnlich nur der Rachen dargestellt ist, zunächst in feiner Gravur (Abb. 44), dann in Relief (Abb. 46) und schließlich in echter Rundplastik, die menschliche Züge mit denen der Raubtiermaske vermischt (Abb. 47). Man findet jedoch auch ein ganzes Repertoire, das in hochstilisierten Reliefapplikationen Schlangen (Abb. 48) oder den Kondor (Abb. 49) bringt. Auch das menschliche Gesicht fehlt nicht, das manchmal einem merkwürdigen, auf Halbdarstellung beruhenden Dualismus gemäß umgesetzt ist (Abb. 45).

Was die Formen betrifft, so sind die ältesten Beispiele einfache birnenförmige Flaschen (Abb. 43), die sich von Kotosh/Kotosh-Vorbildern herleiten. Die Kunst der Chavín-Töpfer und ihrer Nachfolger von Vicus und Moche setzt sich dagegen hauptsächlich in den Bügelgefäßen durch.

Wir müssen hier nochmals auf das merkwürdige Element des Bügelausgusses zurückkommen, das gleichzeitig als Henkel dient und dessen Entstehung wir im II. Kapitel in Zusammenhang mit der Machalilla-Keramik schilderten. Wie wir sahen, leiten sich diese Gefäße von den Stücken mit Doppelausguß von Tutishcainyo (am Rio Ucayali, einem Nebenfluß des Amazonas) ab und erscheinen gegen 1800 v.Chr., um ihre Reife später in Azuay und Kotosh zu finden. Die kom-

65 Die Sonnenpyramide von Moche erreichte im 5. bis 6. Jahrhundert v.Chr. die riesigen Ausmaße von 340 m Länge, 220 m Breite und 41 m Höhe. Sie enthielt rund 1,8 Millionen m³ Material. Es brauchte etwa 180 Millionen *adobe*-Ziegel (große luftgetrocknete Lehmziegel), um sie zu errichten.

66 Gegenüber der Sonnenpyramide von Moche liegt eine Mondpyramide genannte Plattform am Fuß des Cerro Blanco. Diese künstliche Esplanade war 80 m lang, 60 m breit und etwa 20 m hoch und dürfte Heiligtümer und Paläste getragen haben.

67 Auf einem Felskamm, der die fruchtbare Nepeña-Ebene beherrscht, liegt die sechsstufige Pyramide von Pañamarca. Die ummauerten Viertel zu ihren Füßen sind die Überreste von Palästen. In Pañamarca wurden interessante Mochica-Fresken zutage gefördert, die wahrscheinlich die Opferung von Kriegsgefangenen darstellen.

68 Auf einem Felssporn unterhalb der Pyramiden von Pañamarca lagen über der fruchtbaren Ebene die ummauerten Viertel, die den Herren, Priestern und Heerführern vorbehalten waren. Hohe Umfassungsmauern aus getrockneten Ziegeln lassen den Plan der Mochica-Siedlung erkennen.

plexe Ausführung beweist, daß diese Form eine besondere Bedeutung hatte. Es brauchte zudem eine fortgeschrittene Technik, um die Vollendung der Chavín-Stücke zu erreichen. Die ringförmige Röhre mit zwei Fixierungspunkten auf dem Gefäß und einem einzigen Ausguß dient vermutlich einer genau bestimmten Funktion. Der eine Teil der Röhre füllt sich mit Flüssigkeit, während der andere der Luftzufuhr dient. Das auf diese Weise entstehende glucksende Geräusch war vermutlich gewollt, wie es auch das Pfeifen der Flötengefäße von Chorrera war.

Wie dem auch sei, der bildnerische Aspekt allein erklärt nicht den besonderen Zweck, den die Töpfer mit dieser Form verfolgten. Es war in der Tat einfacher, beim System eines Henkels mit einem einzigen Ausguß zu bleiben, wie zahlreiche Beispiele aus Chorrera (Abb. 21–25 und 27–28) und Vicus (Abb. 50–51) zeigen, oder bei der Formel mit zwei durch einen stegartigen Henkel verbundenen Ausgüssen, die in der Nazca-Kunst sehr beliebt war (Abb. 119–120).

Um ein derart aufwendiges Stück wie den Bügelhals zu schaffen, benötigte man offenbar eine Gußform, mit deren Hilfe das System von ringförmigen und geraden Röhren in zwei symmetrischen Hälften hergestellt werden konnte. Die beiden Hälften wurden anschließend miteinander verbunden und auf den Gefäßkörper gesetzt. Für diese Technik brauchte es also eine negativ geformte, hohle Gußform, mit der man anfangs nur den Bügelhals, in der Folge jedoch das ganze Gefäß herstellte. So konnten manche späten Produktionen in Serie gefertigt werden. Die großzügigen Volumen, die harmonischen Proportionen zwischen Gefäßkörper und dem eleganten Bügelausguß sowie die bildnerischen Möglichkeiten eines Dekors, der sich zu echter Skulptur anbietet, lassen die Keramik rasch zu einer Kunst im eigentlichen Sinn werden.

Bald begnügte sich die Chavín-Keramik nicht mehr mit den anfänglichen schwarzen oder dunkelbraunen Tönungen; hinzu kamen zunächst rote Engoben, später beigefarbene Töne, wie die, denen wir bei den Chorrera-Stücken begegneten. Einige Arbeiten im Chavín-Stil schließlich, die vom Friedhof in Vicus kommen, sind in Negativ- oder Reservetechnik ausgeführt. Dabei bleibt die Zeichnung hell auf rotem Grund, da bestimmte Zonen, die das Dekormotiv bilden, mittels eines Wachses oder Harzes vor der Einwirkung der Engobe geschützt wurden (Abb. 46).

Wie wir sahen, hatte die Keramik eine religiöse Funktion; sie konnte in den Tempeln die den Göttern geweihten Opfergaben stellen. Vom rituellen Standpunkt aus war das vielleicht ihre vorrangige Bestimmung, doch nur eine unter anderen, abgesehen vom täglichen Gebrauch. Die meisten entdeckten Stücke stammen in der Tat von Friedhöfen. Im allgemeinen waren die Keramiken dazu vorgesehen, den Verstorbenen in die andere Welt zu begleiten. Zahlreiche aus Gräbern geholte Gefäße scheinen sogar nie gebraucht worden zu sein.

In Fundorten wie Cupisnique oder Tembladera wurden unzählige Gräber freigelegt, in denen Tausende von Gefäßen im Chavín-Stil ruhten. Diese Funde gehen größtenteils auf Huaqueros zurück, und die anschließenden wilden Grabungen sind nichts anderes als Schatzsuche. Selbst die Arbeiten eines »aufgeklärten Liebhabers« wie Rafael Larco Hoyle in Cupisnique dienten hauptsächlich zur Bereicherung einer riesigen Sammlung, die heute in einem Privatmuseum von Lima ausgestellt ist. Dabei handelte es sich keineswegs um echte archäologische Tätigkeit nach wissenschaftlichen Kriterien, was auch der Wert und die Bedeutung der Intuitionen sein mögen, von denen die Veröffentlichungen dieses Sammlers zeugen.

Die Entdeckung der Vicus-Keramik

Die systematische Plünderung des Fundortes Vicus ist das Musterbeispiel für die absurden, von den Huaqueros begangenen Zerstörungen; oft werden sie von einem Grundbesitzer vorangetrieben, der ohne Zögern einen Bulldozer einsetzt,

69 Das 18,5 cm hohe Bügelgefäß in Menschengestalt drückt die Selbständigkeit der Formen aus, die die Keramik seit Beginn der Mochica-Kunst besitzt. Die Arme sind vom Körper gelöst, und die Beinhaltung ist gut beobachtet, während die Gesichtszüge noch archaisch wirken. (Museo Nacional de Antropología y Arqueología, Lima)

70 Das menschengestaltige Mochica-Gefäß ist 21 cm hoch und datiert wahrscheinlich aus den ersten Jahrhunderten unserer Zeitrechnung. Man beachte die genaue Wiedergabe der Kleidung und den *nariguera* genannten Nasenschmuck, der den Gesellschaften Perús und Ecuadórs gemeinsam ist. (Museo Nacional de Antropología y Arqueología, Lima)

71 In den berühmten Porträtgefäßen der Mochica tritt das Genie der peruanischen Töpfer der klassischen Zeit (5.–6. Jahrhundert) deutlich zutage. Das bewundernswert eingefangene Lachen, das dieses Häuptlingsgesicht belebt, drückt Freude wie Güte aus. Das Stück, auf dem der nun traditionelle Bügelhenkel sitzt, ist insgesamt 30,5 cm hoch. (Museo Nacional de Antropología y Arqueología, Lima)

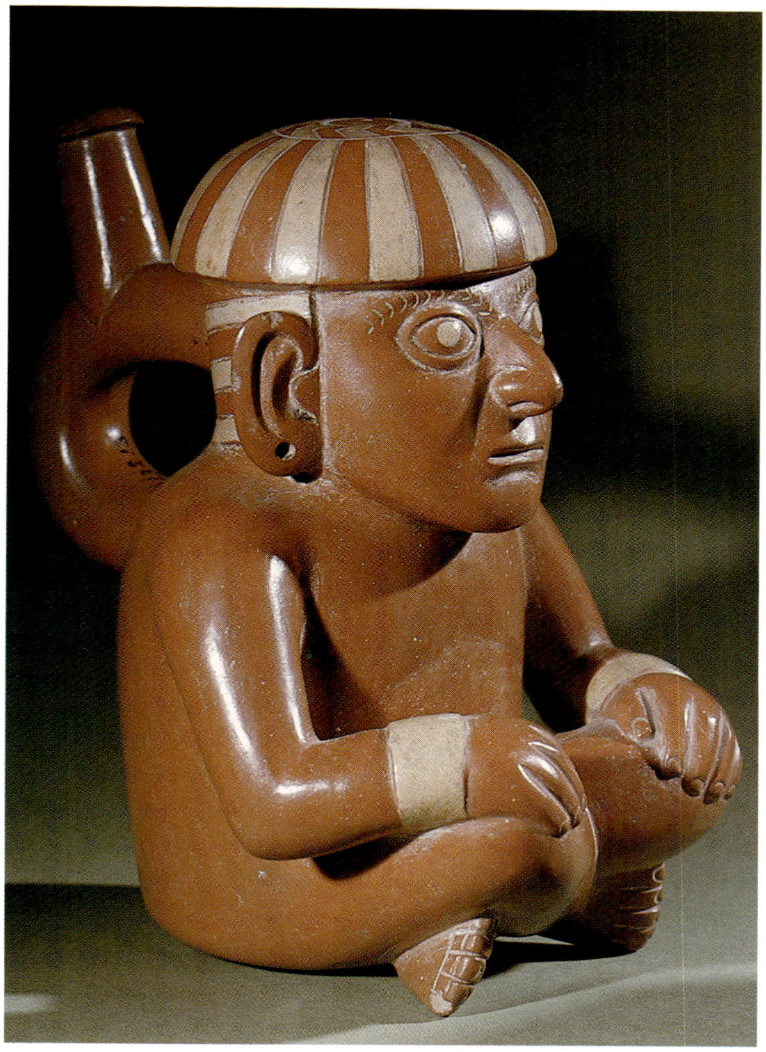
69

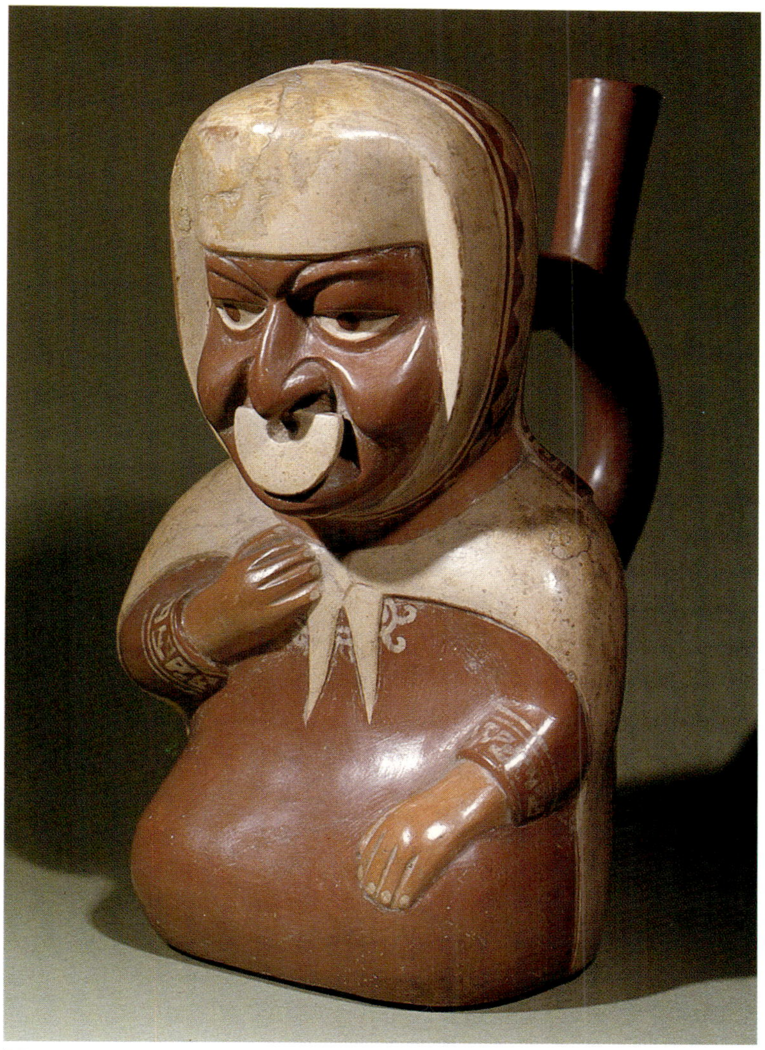
70

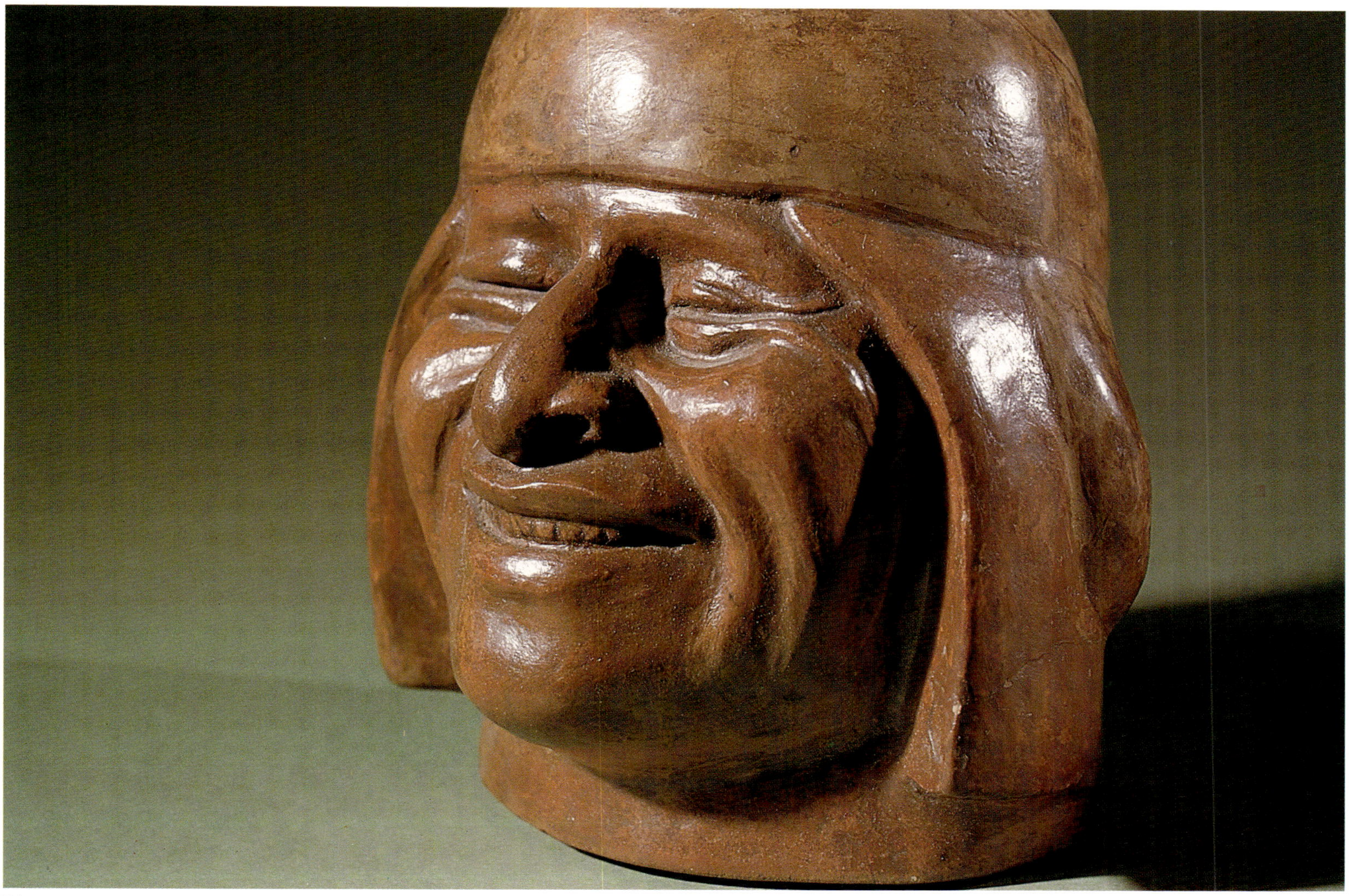
71

um einen Ort völlig freizulegen und schnell und leicht die Grabstätten ausfindig zu machen. Dabei vernichtet man alle stratigraphischen Angaben, um überdies aus den hastig geleerten Gräbern nur die unversehrten Stücke zu nehmen, die für Sammler oder den internationalen Antiquitätenmarkt bestimmt sind. Unberücksichtigt bleiben dabei die Informationen, die man aus der Anlage des Grabes, der Begräbnisweise oder der Zusammenstellung der Objekte gewinnen könnte, und man mißachtet die einfachsten Vorsichtsmaßnahmen, die eine – selbst relative – Datierung des Fundes erlauben würden.

Der 1961 entdeckte Fundort Vicus liegt im äußersten Norden Perús, in einer Gegend am Rio Piura. Heute ist es eine ausgedörrte Savanne, doch einst war das Gebiet dank bedeutender Bewässerungsanlagen fruchtbar. Es eignete sich für einen intensiven Ackerbau, der dieser Zone ihren durch die üppigen Grabstätten belegten Reichtum brachte. Die wilden Grabungen dauerten bis 1964, als der Ort ausgeplündert war. Auf diese Weise wurden 2000 Gräber geschändet, die unzählige Keramiken freigaben, ganz abgesehen von den Schmuckgegenständen aus Kupfer oder Gold. Die Vicus-Gräber haben im großen ganzen die Form eines Stiefels. Ein rund 10 m tiefer Schacht führt zu einer ovalen Kammer; in ihr ruhten der Verstorbene und die Grabbeigaben, die ihn in die andere Welt zu begleiten hatten.

Erst ganz am Ende der Plünderungen wurden die wissenschaftlichen Kreise aufmerksam und begannen die schon durchwühlten Gräber des Friedhofes von Vicus zu untersuchen. Man bemühte sich, wenigstens einige Datierungen mit Hilfe der Radiokarbon-Methode (C14) zu erhalten, indem man die organischen Überreste des Ortes analysierte, der zu den reichsten jemals in Perú entdeckten Fundstätten zählt. Zufälligerweise stammten alle Entnahmen aus Gräbern, die in verhältnismäßig später Zeit angelegt wurden. Es ergaben sich Daten von 250, 410, 460 und 655 n.Chr. So kam es zu einer Reihe von Irrtümern, was die Einordnung der Vicus-Arbeiten in die Chronologie betrifft.

Allerdings konnte Frédéric Engel 1966 ein erstes, vom Laboratorium in Cambridge (MA) errechnetes Datum bekannt geben; es entsprach dem Jahr 280 v.Chr. und wurde oft als falsch bezeichnet. Die Untersuchung der aus Vicus stammenden Stücke hätte jedoch zeigen müssen, daß die ältesten in spätem Chavín-Stil gehalten sind, während die jüngsten zeitgleich mit dem Ende des Mochica-Stils sind. So verteilen sich die 2000 in Vicus entdeckten Gräber auf fast ein Jahrtausend und vereinen an einem einzigen Ort Zeugnisse von grundsätzlicher Bedeutung, dank denen sich die Entwicklung der Keramik in Perú verfolgen läßt.

Die bedeutendste Sammlung von Vicus-Stücken stellte zur Zeit der Entdeckungen der Peruaner Domingo Seminario Urrutia zusammen. Sie umfaßt Hunderte von Arbeiten und wurde vor einigen Jahren von der Banco Central de Reserva in Lima erworben. Man stellte die Sammlung in den unterirdischen Räumen des ehemaligen Bankgebäudes auf, das man in ein anfangs 1982 eröffnetes Museum von ungewöhnlicher Qualität umgewandelt hatte.

Neben Werken im Chavín-Stil findet man zahlreiche Beispiele klassischer Vicus-Stücke, die von einem außerordentlichen Sinn für formale Prägnanz und Stilisierung zeugen. Unter den hier abgebildeten Werken ist vor allem ein herrliches Gefäß mit roter Engobe und Henkelausguß hervorzuheben, das einen Eulenkopf darstellt (Abb. 51). Es könnte in der Zeit von 400 bis 300 v.Chr. entstanden sein und zeigt starke Ähnlichkeiten mit den Chorrera-Schöpfungen, die in nicht allzu großer Entfernung entstanden sind. Vicus liegt in der Tat in einer Distanz von weniger als 200 km vom Golf von Guayas (oder Guayaquil) entfernt.

Wie im Chorrera-Stil ist im Vicus-Stil ein lebendiges Interesse an der Tierwelt festzustellen. Schlangen, Krabben, Vögel und Raubkatzen bilden ein Repertoire der Arten, die in der Nähe der Behausungen leben oder zum Alltag der Bevölkerung gehören. Die bildnerische Qualität und der Sinn für volle, schlichte Formen bei manchen Bügelgefäßen, die Eule, Falke, Kondor oder Geier darstellen (Abb. 58, 60–61), vereinen sich mit der wahrscheinlich von Chavín übernomme-

72 Dieses schöne Mochica-Porträtgefäß stellt das Gesicht eines alten, weisen Häuptlings dar, vielleicht eines Schamanen, der den Verstorbenen ins Grab begleitete. Es zeigt, welchen Grad an Vollkommenheit die Töpferkunst zwischen 400 und 600 v.Chr. erreicht hat. Das fast triviale Medium der Terrakotta hat hier eine ergreifende Wirkung erhalten. Es läßt uns die Gedankenwelt der Menschen erfassen, die vor nun 1500 Jahren lebten. Mit seinem Bügelausguß hat das herrliche Stück eine Höhe von 27 cm. (Museo Nacional de Antropología y Arqueología, Lima)

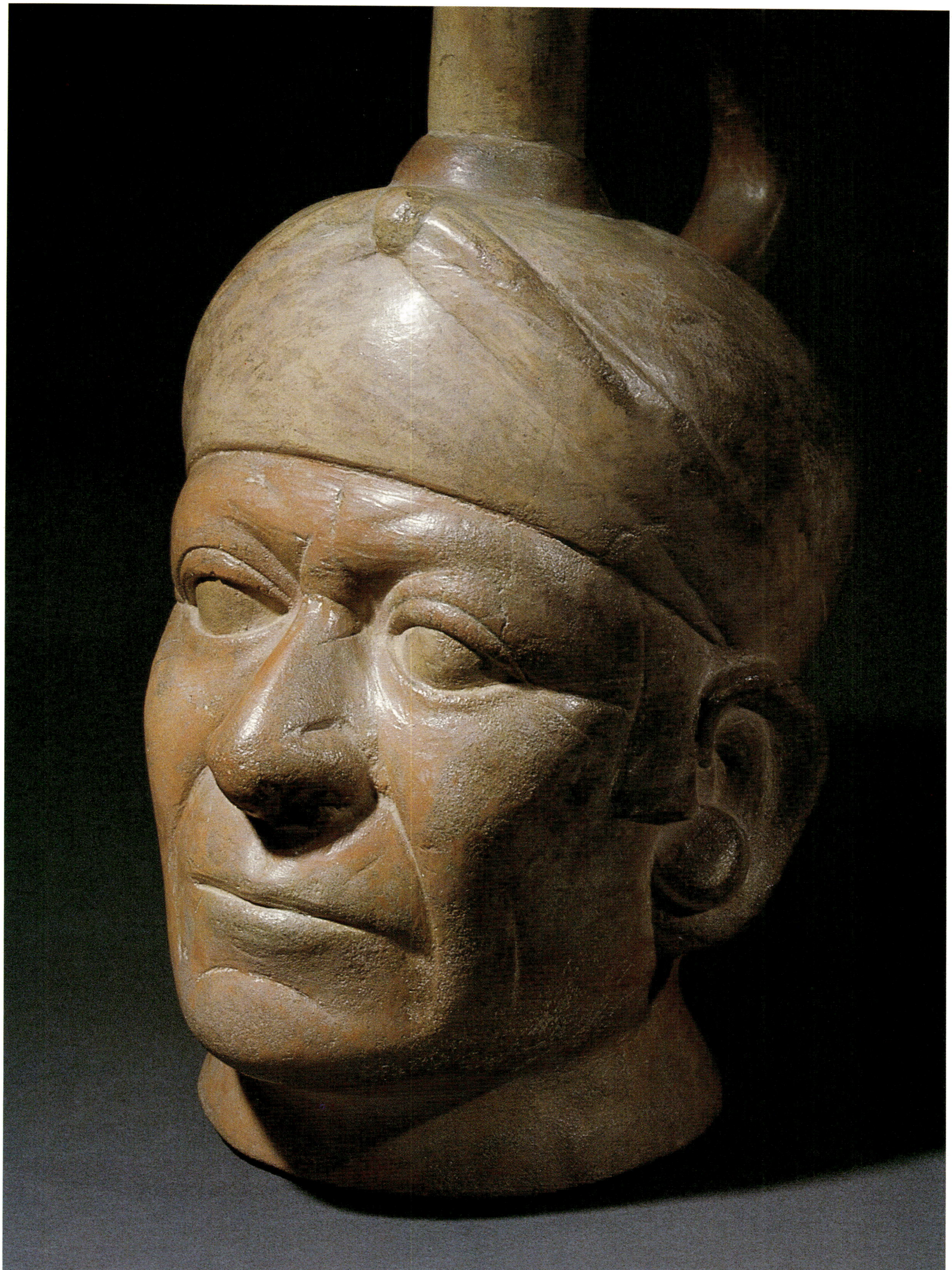

nen Ausdruckskraft der Raubkatzen (Abb. 59). Die darstellenden Volumen sind der Funktion des Gefäßes vollkommen angepaßt. Die Töpfer fanden hier zwischen Realismus und Schematisierung zu einem reinen, sachlichen Stil.

Die Neuheit der Vicus-Arbeiten im Vergleich zu früheren Stücken liegt jedoch in der massiven Einführung der menschlichen Darstellung. In dieser Hinsicht bezeichnete man die Vicus-Schöpfungen gelegentlich als Proto-Mochica. In den anthropomorphen Gefäßen, die Krieger und Wasserträger, Greise und Musikanten darstellen, versuchte man, die Unmittelbarkeit, den einfachen Ausdruck, die alltägliche Gebärde und selbst die Details der Kleidung wiederzugeben. Zwar sind die Gesichter mit mandelförmig geschnittenen Augen und wenig individualisierten Zügen noch sehr stereotyp, doch ist schon ein ganzes Volk in dieser Töpferkunst vertreten (Abb. 52, 54–55).

Schließlich taucht hier das Todesthema auf, sei es ein *fardo* (Mumienbündel, mit Tüchern umwickelter Leichnam in Hockstellung) mit seinem vielfarbigen Leichentuch (Abb. 64), seien es zunächst ausgemergelte Häupter mit hohlen Wangen und nacktem Schädel (Abb. 62) oder später sogar entfleischte Köpfe (Abb. 63). Dieses Bemühen der Vicus-Künstler um Realismus bestimmt auch die Darstellung einzelner Körperteile – einer Hand zum Beispiel –, die in Form eines Bügelgefäßes zu gestalten ihnen gelang (Abb. 57). So schufen die Vicus-Töpfer einen eigenständigen, kraftvollen Stil, der eine Verbindung zwischen den Werken der Chorrera-Zeit und den Mochica-Schöpfungen bildet; in den letzteren wird die Meisterschaft in Technik und Ausdruck ihren Höhepunkt erreichen.

Wir haben mehrfach erwähnt, daß unserer Meinung nach zwischen der Töpferkunst der Chorrera und jener der Mochica der Vicus-Stil eine Verbindung herstellt. Diese These ist nicht so offensichtlich, wie es scheint. Anläßlich der ersten Funde in Valdívia, denen die Entdeckungen von Machalilla und Chorrera folgten (als die Engoroy-Phase von Bushnell bekannt), dachte man keineswegs an eine Verbindung zwischen der ältesten ecuadorianischen Kultur und den peruanischen Schöpfungen, denn sie schienen durch eine beträchtliche Zeitspanne voneinander getrennt. Selbst nach der Entdeckung des Friedhofes von Vicus drängen sich offenbar die Folgerungen, die für uns klar sind, den Fachleuten keineswegs auf. Noch 1971 – zehn Jahre nach den ersten Funden in Valdívia und Vicus – betont Gordon R. Willey im zweiten Band seines bedeutenden Werkes »An Introduction to American Archaeology«, daß die Verbindungen zwischen Valdívia und der peruanischen Töpferkunst unbewiesen sind und dunkel bleiben. Frédéric Engel zeigt sich in dieser Beziehung hellsichtiger, da er 1972 schreibt, die erste Keramik Perús könne sehr wohl aus Ecuadór stammen. Doch zieht er die Vicus-Arbeiten als mögliches Bindeglied nicht in Betracht.

Ein Autor allerdings ahnt die Bedeutung von Vicus: Rafael Larco Hoyle. Vor allem in seinem Buch »Peru« von 1966 hält er fest: »Die letzten Entdeckungen von Vicus (...) eröffneten neue Perspektiven für die Untersuchung dieser formativen Periode, die für die Entwicklung der peruanischen Kulturen von entscheidender Bedeutung ist. Auf diese Weise ist Vicus ein ›kultureller Pfeil‹ (...). Es ist das bedeutendste Zentrum für handgefertigte Keramik, das wir in Peru kennen«.

Den Sammler beeindruckte, daß man in Vicus alle Formen vorfindet, die sich in der Folge in Perú entfalten: Gefäße mit Bügelausguß, Gefäße mit Ausguß und Henkel und solche mit Doppelausguß und Steg. Überdies stößt man auf Werke, die vom einfachsten, unverzierten Typ bis zu Formen reichen, in denen sich Einritzungen, Farben und Skulptur mischen. Diese Keramiken scheinen, wie Larco Hoyle meint, die Produktion der Täler von Santa Catalina, Chicama und Virú auszumachen. Allerdings verfolgte der Forscher nicht die Richtung des »kulturellen Pfeils«, von dem er spricht; sie hätte ihn über die peruanische Grenze nach Ecuadór geführt. Politisch-nationalistische Beweggründe, wie sie in diesem Bereich noch allzu oft bestehen, verhinderten die Erfassung der Beziehungen zwischen diesen alten Kulturen, ohne dabei auf moderne Grenzen Rücksicht zu nehmen. Der »Pfeil« hätte die enge Verbindung zwischen Vicus und Chorrera gezeigt, durch die man direkt nach Valdívia gelangt.

Trotz seiner bemerkenswerten Eingebung beschränkte sich Larco Hoyle darauf, den Vicus-Stil als Ursprung aller Formen, vor allem des berühmten Bügelausgusses, zu halten. Er schreibt sogar, es gäbe keinen Grund, eine fremde Herkunft anzunehmen, und bleibt so in seiner nationalistischen Betrachtungsweise befangen. Dennoch beruht seine Datierung für Vicus, das er für »Vor-Cupisnique«, d.h. früher als Chavín, hält, auf echter Weitsicht.

Um die Verbindung zwischen Chorrera- und Vicus-Arbeiten zu zeigen, ohne dabei eine ausführliche morphologische Untersuchung vorlegen zu wollen, genügt es unserer Meinung nach, einige Beispiele beider Kulturen anhand der Abbildungen dieses Buches miteinander zu vergleichen. So liegt die enge Verwandtschaft zwischen der Vicus-Eule (Abb. 51) und der Chorrera-Eule (Abb. 26) auf der Hand. Abgesehen von dem Motiv ist es die vereinfachte, geometrisierte, in der Art einer technischen Zeichnung schlichte Behandlung, die die Ähnlichkeit hervorhebt. Hinsichtlich seines Ausgusses und Henkels steht dasselbe Vicus-Stück einem Correra-Gefäß (Abb. 24) oder einem tierförmigen Werk (Abb. 21) nahe. Unabhängig vom Bügelhenkel, der in der Chorrera-Keramik sozusagen nie erscheint, legt der Vergleich zwischen der Figur des Flötenspielers (Abb. 28) und der des Wasserträgers (Abb. 54) die stilistische Ähnlichkeit in der Behandlung von Haltung, Beinen und Armen nahe. Ebenso aufschlußreich sind die vereinfachten Linien der Vogelfiguren (Abb. 23 und 60). Die im Abbildungsteil dieses Buches vereinten Stücke wurden keineswegs ausgewählt, um hier als Beweismaterial zu dienen, und eine weitergehende Untersuchung ähnlicher Stücke könnte die Verbindung sicher noch mehr verdeutlichen, die über einen Zeitraum von 3000 Jahren die Vicus-Kunst zum direkten Erben der Chorrera-Töpfer werden und diese wieder auf den Errungenschaften von Machalilla und Valdívia aufbauen läßt.

Der Gebrauch des Bügelhenkels breitete sich in der Vicus-Zeit nach einer ersten Phase rasch aus, in der noch die Keramiken mit Schnabel und Henkel häufig sind. Der Bügelhenkel stammt, wie wir sahen, aus einer amazonischen Strömung, die sich in den Bergregionen von Azuay (Ecuadór) und Chavín entwickelte. Der Vicus-Stil schafft also eine Verbindung zwischen den großen Strömungen der Anschwemmungsebene von Guayas einerseits und der Produktion der Hochtäler andererseits. Dank dieser Verschmelzung, die sich schon aus der Lage des Ortes ergibt, bildete die Vicus-Produktion für die peruanische Keramik den Ursprung aller zukünftigen Entwicklungen, insbesondere der großartigen Mochica-Kunst.

Die Mochica-Gesellschaft

Die ersten Mochica-Keramiken gleichen den klassischen Vicus-Stücken so sehr, daß manche Autoren, wie Alan Lapiner, die letzteren als Proto-Mochica bezeichnen. Der Übergang geht also unmerklich vor sich. Die Keramik der Mochica ist überdies eine Anhäufung der verschiedensten Techniken und Stile, wie es schon Vicus war. Sie spiegelt darin die Mochica-Gesellschaft wider. Die Mochica bildeten ein Bündnis von Reichen, die sich über eine Gruppe von Tälern im nördlichen Küstengebiet Perús erstreckten.

Gefäßmotiv der Mochica mit Fischfangszene. Man erkennt das *caballito de mar* (Seepferdchen) genannte zerbrechliche Schilfboot der Fischer.

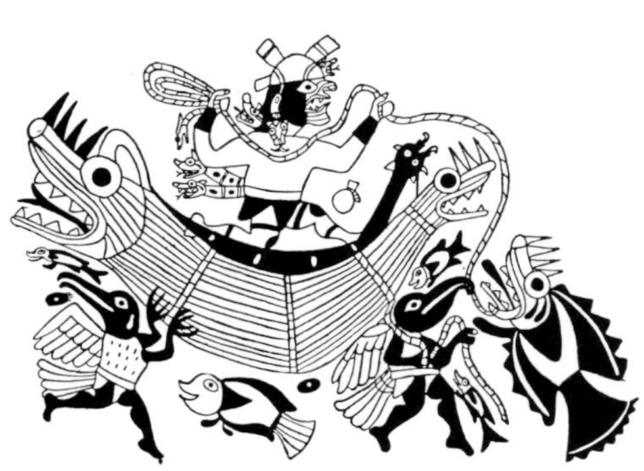

Die von den Mochica gesprochene Sprache steht der in Manabí an der ecuadorianischen Küste verbreiteten Sprache nahe. Der Überlieferung zufolge kam das Volk mit Flößen aus dem Norden. Das würde die Rolle bestätigen, die wir Vicus als Bindeglied zwischen Chorrera und Mochica zuordnen. Mit dem Ende der stilistischen Einheit, die der Chavín-Horizont bildete, erscheint um 300 bis 200 v.Chr. auf den Überresten dieser von einer dynamischen Religion bestimmten Hochkultur eine Reihe kleiner, unabhängiger Reiche. Anstatt den Einheitscharakter der Chavín-Kultur weiterzupflegen, entwickelten sie im Gegenteil lokale Besonderheiten. Verschiedene Strömungen blühten auf, in deren Kunst sich die Eigenarten dieser oft gegensätzlichen Reiche spiegeln; die Kriege, die sie gegen-

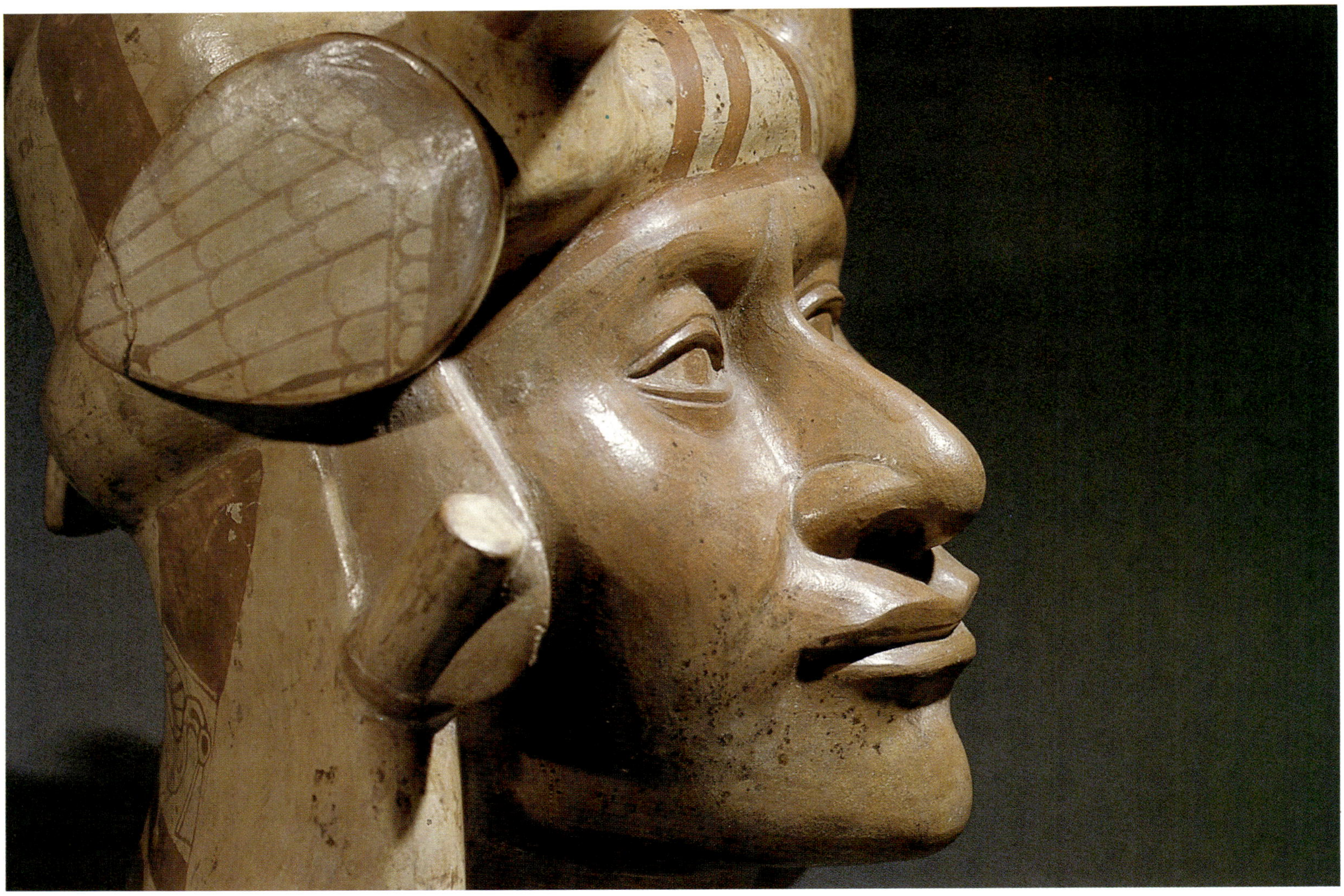
73

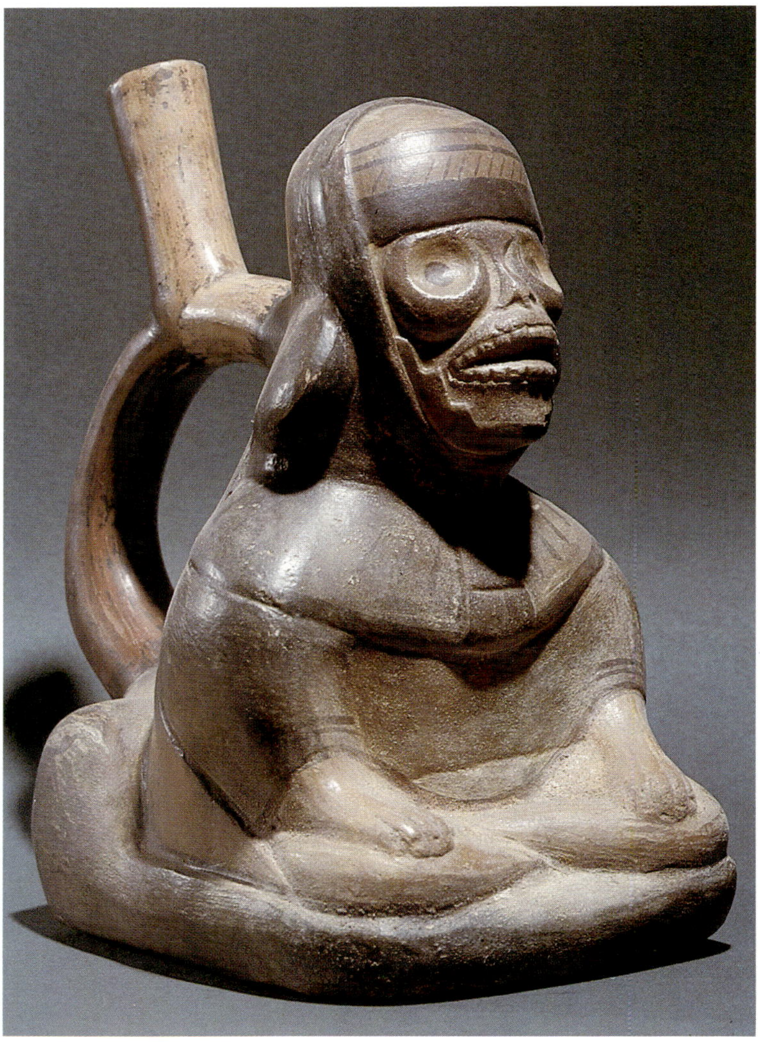
74

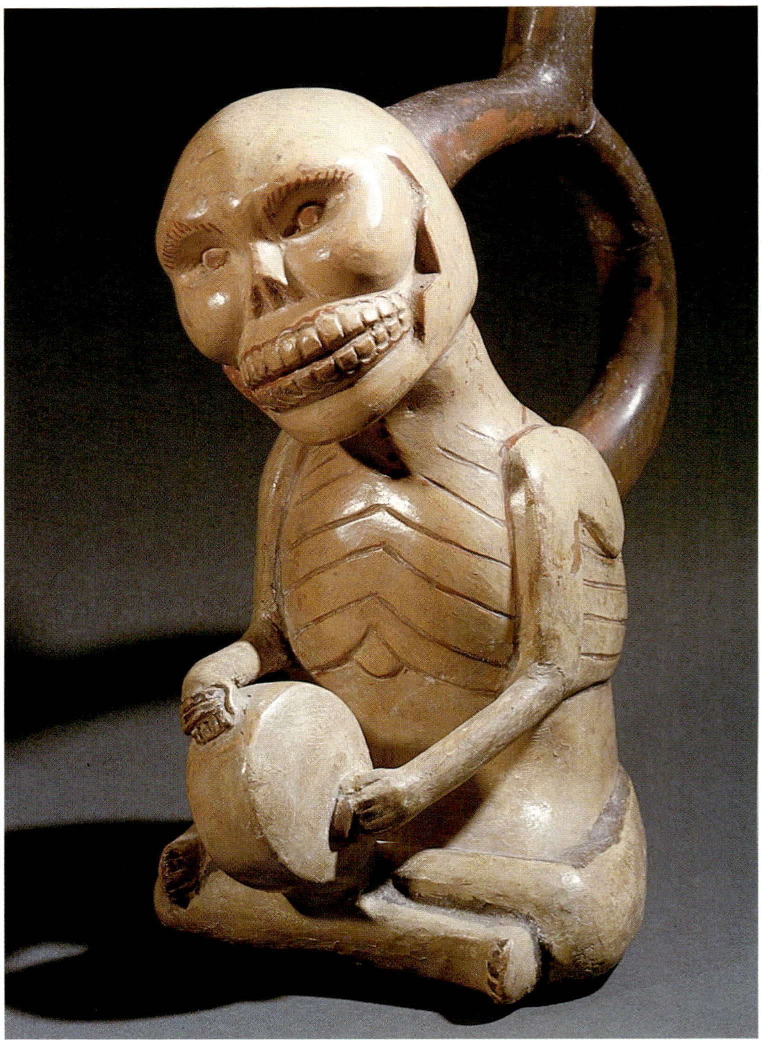
75

einander führten, spielen dabei eine beträchtliche Rolle. Jede Stadt wählte einen militärisch leicht zu verteidigenden Standort und umgab sich mit Befestigungsanlagen. Es war, mit Willey zu sprechen, das Zeitalter der »Streitenden Reiche«, aber auch eine Epoche, in der sich Kunst und Technik rasch entwickelten.

Dieser Kriegszustand ist vermutlich auf eine Bevölkerungsexplosion zurückzuführen, die ihrerseits die Folgen einer beträchtlichen Anhebung des Lebensniveaus aufgrund von verbesserten Bewässerungssystemen war. Der Aufstieg des Mochica-Bundes läßt sich in der Kunst verfolgen. In der anfänglichen Übergangsphase zwischen 200 v. und 100 n.Chr. überlebten noch die Kulturen von Salinar und Gallinazo, deren Keramik von der Chavín-Töpferkunst beeinflußt ist, und der Stil von Cupisnique hielt sich ebenfalls im Virú-Tal. Doch die Zusammenführung der Gesellschaften unter der Leitung der Mochica-Häuptlinge ließ rasch eine neue kulturelle Einheit entstehen, obwohl einige lokale Besonderheiten weitergepflegt wurden. Die von den Mochica angeführte Einheit umfaßte die Täler der Rios Leche, Lambayeque, Reque, Zana, Jequetepeque, Chicama, Moche, Virú, Santa und Nepeña. Die größte Ausdehnung wurde in der Blütezeit zwischen 100 und 500 n.Chr. erreicht. Darauf folgte von 500 bis 700 eine Periode der Stagnation und des anschließenden Niederganges, während der sich zunehmend die Formen der Huari-Kultur durchsetzten.

Der Mochica-Bund ging also aus den Kriegen zwischen Nachbartälern hervor. Die Konflikte führten zu einer großen Zahl von Arbeitssklaven. In archaischer Zeit und bis in die Chavín-Periode hinein hatte man die Kriegsgefangenen gewöhnlich den Göttern geopfert (etwa in Cerro Sechín), oder die Krieger waren den Siegermächten nach einer Schlacht als Zeichen der Unterwerfung ausgeliefert worden. Rasch jedoch wuchs die Zahl der Gefangenen so stark an, daß man sie nicht mehr alle dem Tod weihen konnte. So wurden die meisten für die großen Arbeiten eingesetzt, die die neue, auf der künstlichen Bewässerung der Küstenebenen beruhende Ausrichtung der Gesellschaft erforderte.

Die Mochica verbesserten die Techniken, die vor ihnen die Gallinazo-Kultur in rudimentärer Form entwickelt hatte. Um Ackerflächen zu schaffen und so die zahlreiche Stadtbevölkerung ernähren zu können, bauten die Mochica ein riesiges Netz offener Kanalisationen zur Verteilung des Wassers aus den nie versiegenden Flüssen. Auf kunstvolle Weise leitete man das Wasser der Rios ab und führte es über beträchtliche Distanzen bis zum Fuß der Berge. Mit Hilfe von Verzweigungskanälen und unter Ausnützung des kleinsten natürlichen Gefälles wurden riesige, zuvor unfruchtbare Gegenden in Kulturland umgewandelt, die heute zu einem großen Teil wieder zu Wüste geworden sind.

Dies gilt besonders für den unteren Teil des Santa-Tals, das die Mochica um 150 bis 200 n.Chr. besetzten und, gestützt auf militärische Präsenz, systematisch kolonisierten. In der Region des Rio Lambayeque waren die benachbarten Flüsse vom Rio Reque bis zum Rio Leche durch künstliche Kanäle zusammengeschlossen, während in dem Gebiet des Rio Moche und Rio Chicama, im Zentrum des Mochica-Reiches, der große Moro-Kanal die Verbindung zwischen diesen beiden Tälern herstellte. In dieser Zone befand sich auch der riesige Ascope-Aquädukt (Chicama-Tal) mit einer Länge von 113 km, der entweder als Werk der Mochica oder als das der Chimú gilt. Die letztere Auffassung vertrat beispielsweise Paul Kosok, der vor allem die hydraulischen Techniken des prähistorischen Perú untersuchte. So schufen die Mochica in einem ehrgeizigen Programm eine ganze Infrastruktur, die ein erhebliches Bevölkerungswachstum zuließ. Der Bau von Kanalisationen, von erhöhten Aquädukten, um Bodensenkungen zu überwinden, von Staubecken und Festungen, die die Ackerbauzonen gegen den Appetit weniger entwickelter Nachbarn schützten, ist das Ergebnis einer gewaltigen Kollektivarbeit. Ermöglicht wurde sie durch ein Heer von Arbeitssklaven, die unter der Führung von Hydrologietechnikern und Fachleuten für Bodenverbesserungen standen.

Im übrigen waren die Bodenbearbeitungsweisen im Mochica-Reich sehr vielfältig. Die Bauern der bewässerten Ebenen bewiesen eine strenge kollektive Diszi-

73 Das scharfe Profil dieses jungen Mochica-Kriegers, das ein 32,5 cm hohes Porträtgefäß festhält, belegt die Intensität des Ausdrucks, zu dem die Töpferkunst zwischen 400 und 600 v.Chr. gefunden hat. (Museo Nacional de Antropología y Arqueología, Lima)

74 Bei den Mochica scheint der Tod mehr denn je die Töpfer zu beschäftigen. Die Gefäße begleiteten ja den Verstorbenen ins Grab. Dieser 19,5 cm hohe Krug mit Bügelausguß datiert von 300 bis 400 n.Chr. und zeigt ein Mumienbündel, womit er die unausweichliche Bestimmung der fleischlichen Hülle hervorhebt. (Museo del Banco Central de Reserva, Lima)

75 Wahrscheinlich zeigt dieser Mochica-Gefäßtyp am besten die Todesfaszination, die mehreren präkolumbischen Hochkulturen eigen war. Das 25,5 cm hohe Stück stellt einen mumifizierten Verstorbenen dar, der dennoch das Tamburin schlägt, als wollte er zu einem »Totentanz« aufspielen. Es handelt sich um ein Werk aus der letzten Mochica-Phase um 600 n.Chr. (Museo Nacional de Antropología y Arqueología, Lima)

plin, die die Wasserverteilung, die Unterhaltsarbeiten und das Reinigen der Kanäle erforderten. Die Bauern der mittleren Täler dagegen, in denen es nur die jährlichen Überschwemmungen gab, kannten keine derart strikte Organisation und mußten sich mit einer einzigen, oft ungewissen Ernte begnügen. Am Rand des Ozeans entwickelte sich jedoch die ausgeklügeltste und eigenständigste Ackerbautechnik der ganzen präkolumbischen Welt. Dabei wurde in den beinahe auf Meereshöhe liegenden Feldern das sich im Boden sammelnde Grundwasser genützt, das sich an der Mündung der Flüsse ausbreitete. In der Tat treibt das salzige Meereswasser das Süßwasser zurück, das einen bedeutenden Grundwasserspiegel bildet. Aus diesem wußten die Bauern Nutzen zu ziehen. Da sie über keine Pumpen verfügten, senkten sie ihre Felder ab, bis die kultivierbare Erde in direktem Kontakt mit dem Grundwasserspiegel stand. Geschützt von einem Lagunengürtel, der mit dem ausgehobenen Material verstärkt wurde, und um den Preis einer einmaligen beträchtlichen Anstrengung erzielten diese Ackerbauern eine reiche Produktion während des ganzen Jahres.

Für diese Böden, die aufgrund der fehlenden angeschwemmten Düngemittel rasch erschöpft gewesen wären, griffen die Präkolumbier auf das Guano zurück. Das von den Seevögeln seit Jahrtausenden auf den Kesteninseln abgesetzte organische Material bildete einen natürlichen Dünger, dem der Ackerbau im Küstengebiet seine hohe Leistungsfähigkeit verdankte. Außerdem bestand für diese landwirtschaftlichen Zonen keine Versalzungsgefahr, wie sie bei den unabhängig von jedem Regen nur künstlich bewässerten intensiven Kulturen leicht auftrat. Heute sind die meisten dieser tiefgelegenen Ländereien verschwunden und die Küstenstriche erneut vom Sand eingenommen, unter dem man jedoch noch die geometrische Linienführung der in prähistorischer Zeit angelegten Kulturen erkennt.

Städtebau und Architektur: Moche

Dieselben Arbeitssklaven, die das außerordentliche Bewässerungssystem der Mochica schufen – die Chimú und die Inka werden es verbessern und bis an die Grenzen der den präkolumbischen Hochkulturen zur Verfügung stehenden technischen Mittel vergrößern –, erbauten auch die großen städtischen Zentren, vor allem die Heiligtümer in Form von riesigen Pyramiden.

Die Moche-Hochkultur bedeutet die Blütezeit des Städtebaus. Ihre Siedlungen gingen weit über das Stadium von Bauerndörfern oder Marktflecken hinaus. Die Gesellschaft fächerte sich auf, und über der zahlreichen Sklavenbevölkerung stand eine breite Bauernklasse, die im wesentlichen den Reichtum lieferte. Daneben gab es Händler und spezialisierte Handwerker (Keramik, Metallbearbeitung, Webkunst), die unter der Kriegerklasse standen. Eine Kaste von Adligen und Priestern nahm die Spitze ein.

In jedem Tal, das zum Mochica-Bund gehörte, lag eine große Stadt. Manche Städte verschwanden am Ende der Mochica-Zeit, andere blühten noch während des Chimú-Reiches, so daß es bei mehr als einem Ort schwierig ist festzustellen, ob unter der Chimú-Siedlung eine Mochica-Phase versteckt ist.

Für die Blütezeit der Mochica kennt man einige große Städte, allen voran Moche (im Tal des Rio Moche), das wahrscheinlich die Hauptstadt des Mochica-Bundes war und ihm seinen Namen gab. Zu nennen sind des weiteren Pañamarca (im Nepeña-Tal), Tomabál oder Tomavál (im Virú-Tal), Pacatnamú (an der Mündung des Rio Jequetepeque), Pampa Grande (im Zentrum des Lambayeque-Tals) und vermutlich der erste Zustand von El Purgatorio (am Rio Leche) mit seinen sechs oder sieben riesigen Pyramiden, an die sich Chimú-Bauten anschlossen.

Die Mochica-Orte, die nicht immer in genügender Weise die Aufmerksamkeit der Ausgräber fanden, sind vom architektonischen Standpunkt aus gesehen recht wenig bekannt. Die gewöhnlich in *adobes* (große Lehmziegel) ausgeführten

76 Unter den Bügelgefäßen der Mochica bilden die Vasen mit beigefarbenem Grund, auf dem sich gezeichnete Motive ausbreiten, eine eigene Kategorie. Dieses Stück verbindet ein plastisches Element – die vor dem Bügelausguß sitzende kleine Gestalt – mit einem Fries von *chasqui* oder Läufern. Das 28 cm hohe Stück datiert von 300 bis 500 n.Chr. (Museo Nacional de Antropología y Arqueología, Lima)

77 Dieses Mochica-Bügelgefäß von klassischer Form ist mit einem Fisch geschmückt, dessen Bauchflossen wie Hände dargestellt sind. Das 24,5 cm hohe Stück datiert von 500 bis 600 n.Chr. (Museo Nacional de Antropología y Arqueología, Lima)

78 Das 30,5 cm hohe Mochica-Gefäß mit gemalten Motiven stellt Tributpflichtige dar, die sich vor ihrem Herrn verneigen, es sei denn, man müßte darin das »Thema der Darbringung« eines religiösen Rituals sehen. Die Zeichnung hebt vor allem die Gewänder und die Abzeichen hierarchischen Charakters hervor. Wie der in die Breite gezogene Bügelhenkel zeigt, handelt es sich um ein Spätwerk (um 600 n.Chr.) der Mochica-Kultur. (Museo Nacional de Antropología y Arqueología, Lima)

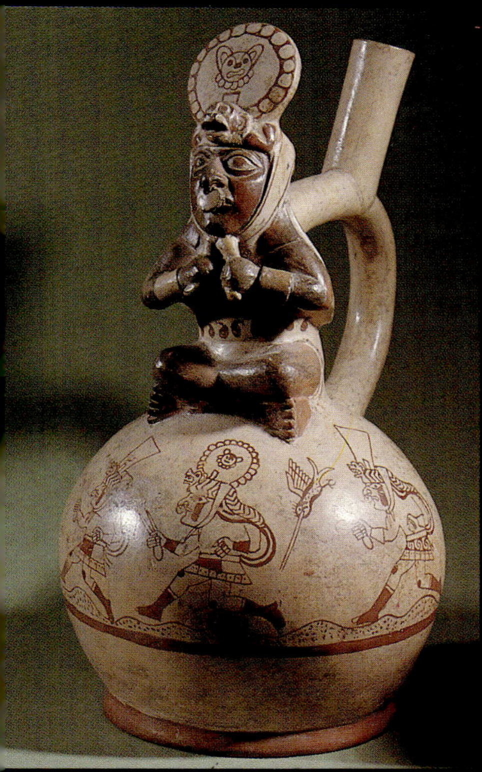

76

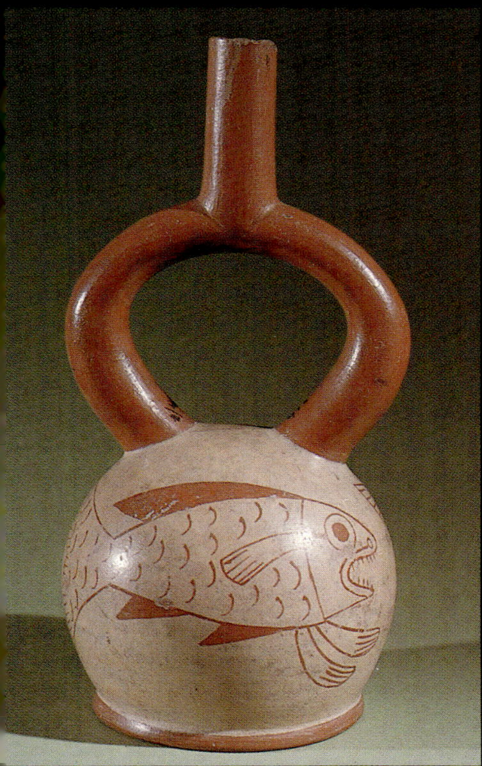

77

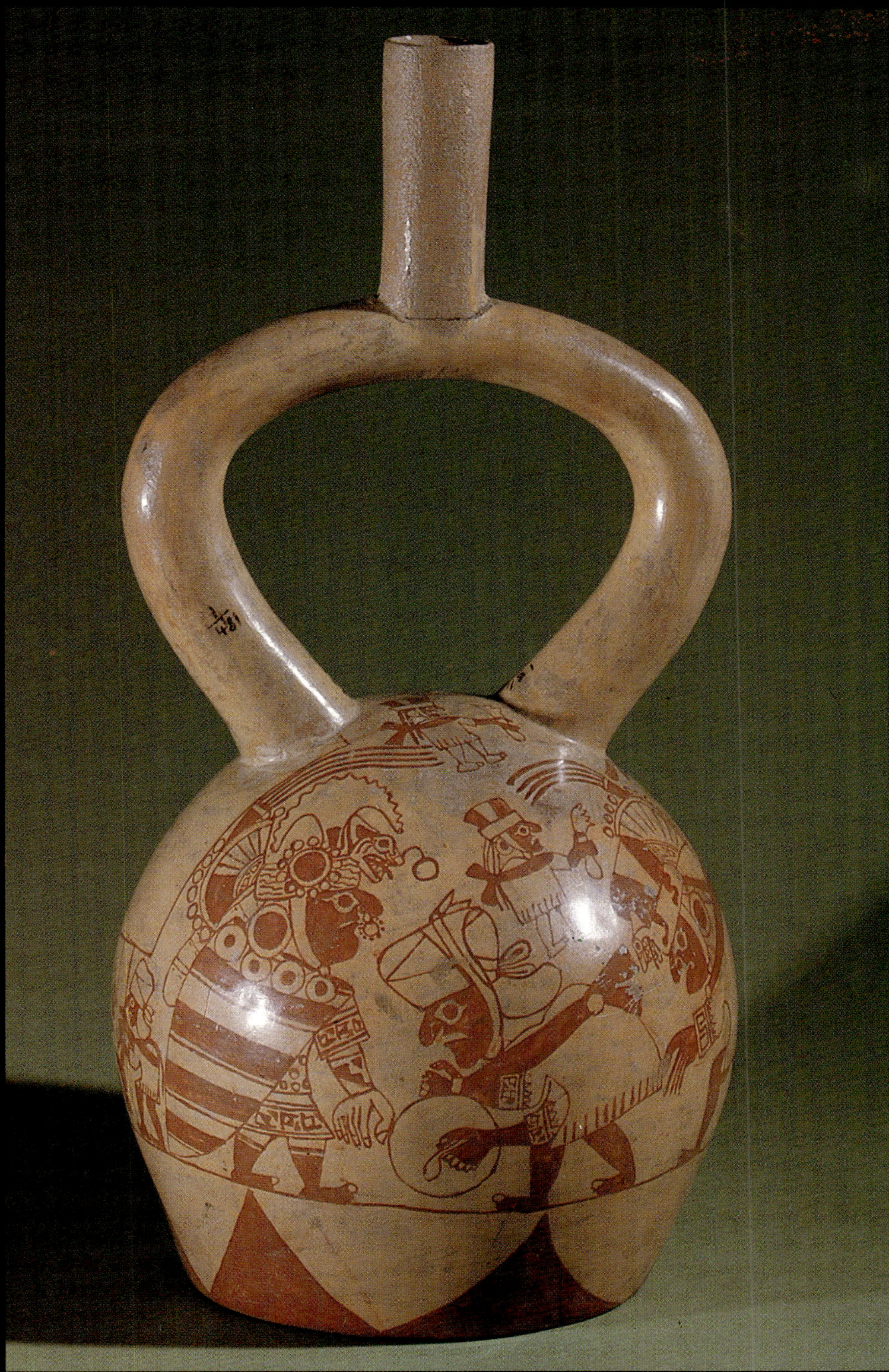

78

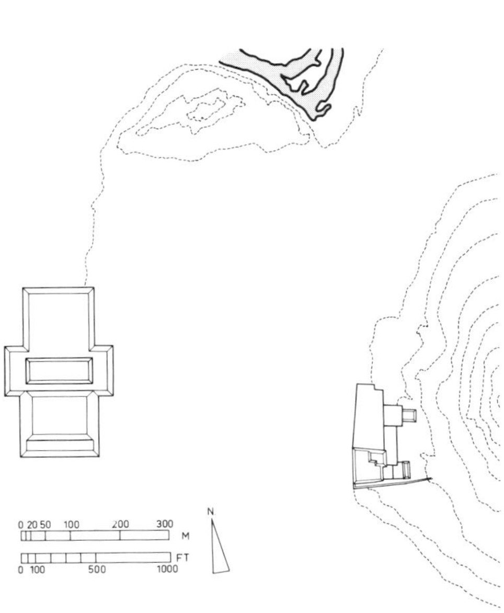

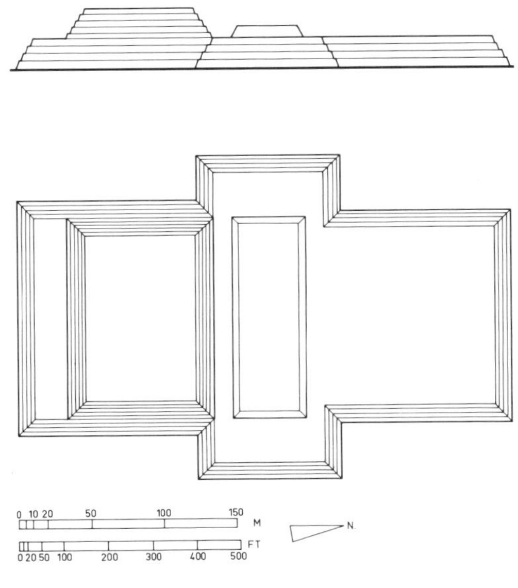

Links: Situationsplan der Sonnenpyramide von Moche, die sich der Mondpyramide und dem Cerro Blanco gegenüber erhebt. Im Norden eine Schleife des Rio Moche. Rechts: Seitenansicht und rekonstruierter Grundriß der Sonnenpyramide von Moche in ihrem letzten Zustand (Volumen von 1,8 Millionen m³ Material)

Gebäude bewahrten allerdings auch kein ansehnliches Äußeres. Die an der peruanischen Küste seltenen Regenfälle und die Erosion durch den Wind trugen zu ihrer Zerstörung ebenso bei wie die Suche von Schatzgräbern nach auszuplündernden Grabstätten. Die großen Pyramiden, die die Zeremonialzentren der Mochica beherrschten, enthielten gelegentlich die Gräber hoher Würdenträger, in denen Goldschmiedearbeiten neben Keramiken und Opfergaben deponiert waren. Dieses Gold zog die Huaqueros an, und einige Plünderungen zur Kolonialzeit geschahen sogar im Auftrag des Vizekönigs selbst oder eines Provinzgouverneurs. So wurde 1602 das größte präkolumbische Gebäude, die Sonnenpyramide von Moche, systematisch geschleift. Dazu leitete man den Lauf des Rio Moche um, damit das Wasser die *adobe*-Massen auflöse und die begehrten Schätze zutage fördere. Die Operation war so erfolgreich, daß heute nur rund ein Drittel des ehemaligen Riesenbaus erhalten ist, dessen komplizierter Grundriß das Ergebnis mehrerer, sich vermutlich über Jahrhunderte hinziehender Vergrößerungen ist.

Die Sonnenpyramide von Moche war einst – im 5. oder 6. Jahrhundert n. Chr. – in ihrem letzten Zustand etwa 340 m lang, maximal 220 m breit und erreichte eine mittlere Höhe von rund 30 m. Der Bau erhob sich über symmetrischem Grundriß und besaß mehrere Plattformen, die ihrerseits aus übereinander zurückversetzten Stufen bestanden. Die obere Plattform bekrönte ihn in 41 m Höhe. So enthielt die riesige Schöpfung rund 1,8 Millionen m³ Material, das allein von Menschenhand herbeigeschafft worden war (Abb. 65).

Es ist lohnenswert, die Sonnenpyramide von Moche mit den großen Bauwerken der Menschheit zu vergleichen, um eine Vorstellung von der Bedeutung der Mochica-Hochkultur und vom Umfang der Mittel zu erhalten, die zum Bau dieses im Zentrum des Reiches errichteten Heiligtums eingesetzt wurden. Das Monument steht, was das Bauvolumen betrifft, zwischen der Sonnenpyramide von Teotihuacán (Mexiko) mit 1 Million m³ (225 auf 222 m bei 65 m Höhe) und der Cheops-Pyramide in Gizeh mit 2,5 Millionen m³ (230 auf 230 m bei 147 m Höhe). Allerdings darf man die unterschiedlichen Baumaterialien dieser drei gigantischen Werke nicht vergessen. Die Pyramide der Mochica ist ganz aus *adobes,* geformten und sonnengetrockneten Lehmziegeln. Die Pyramide von Teotihuacán besteht aus mit Erde vermischten Vulkangesteinblöcken, wobei Mörtel nur für den Verputz verwendet wurde. Die Cheops-Pyramide schließlich ist aus riesigen Kalksteinblöcken errichtet, die zwischen 0,8 und 1,5 m³ groß sind und zwischen 2 und 4 t wiegen. Doch abgesehen von diesen Unterschieden, die sich auf Transporttechniken, Hebevorrichtungen, Förderung und Zubereitung der Materialien auswirkten, ist die Anstrengung, die die drei Hochkulturen aufbringen mußten, ziemlich gleich und bewegt sich in einer ähnlichen Größenordnung, was die Anzahl der Arbeitskräfte betrifft.

79 In der Vicus-Gegend machte die peruanische Goldschmiedekunst entscheidende Fortschritte. Die ersten Stücke sind, wie diese in Treibtechnik verzierte Schale mit einem oberen Durchmesser von 12,5 cm, von extremer Dünne, und das Gold ist mit Kupfer legiert. Die Kupferschmiedekunst wurde jedoch offenbar schon einige Jahrhunderte v. Chr. gut gemeistert. (Museo del Banco Central de Reserva, Lima)

80 Die beiden Mochica-Votivhände stammen aus einem Grab, dienten jedoch nicht dazu, die Hände des Toten zu umhüllen. Die 19 bzw. 22 cm hohen Stücke aus Gold bestehen aus mehreren ziemlich ungeschickt zusammengefügten Metallblechen, zeugen jedoch von einem unleugbaren bildhauerischen Sinn. (Museo Oro del Perú, Lima)

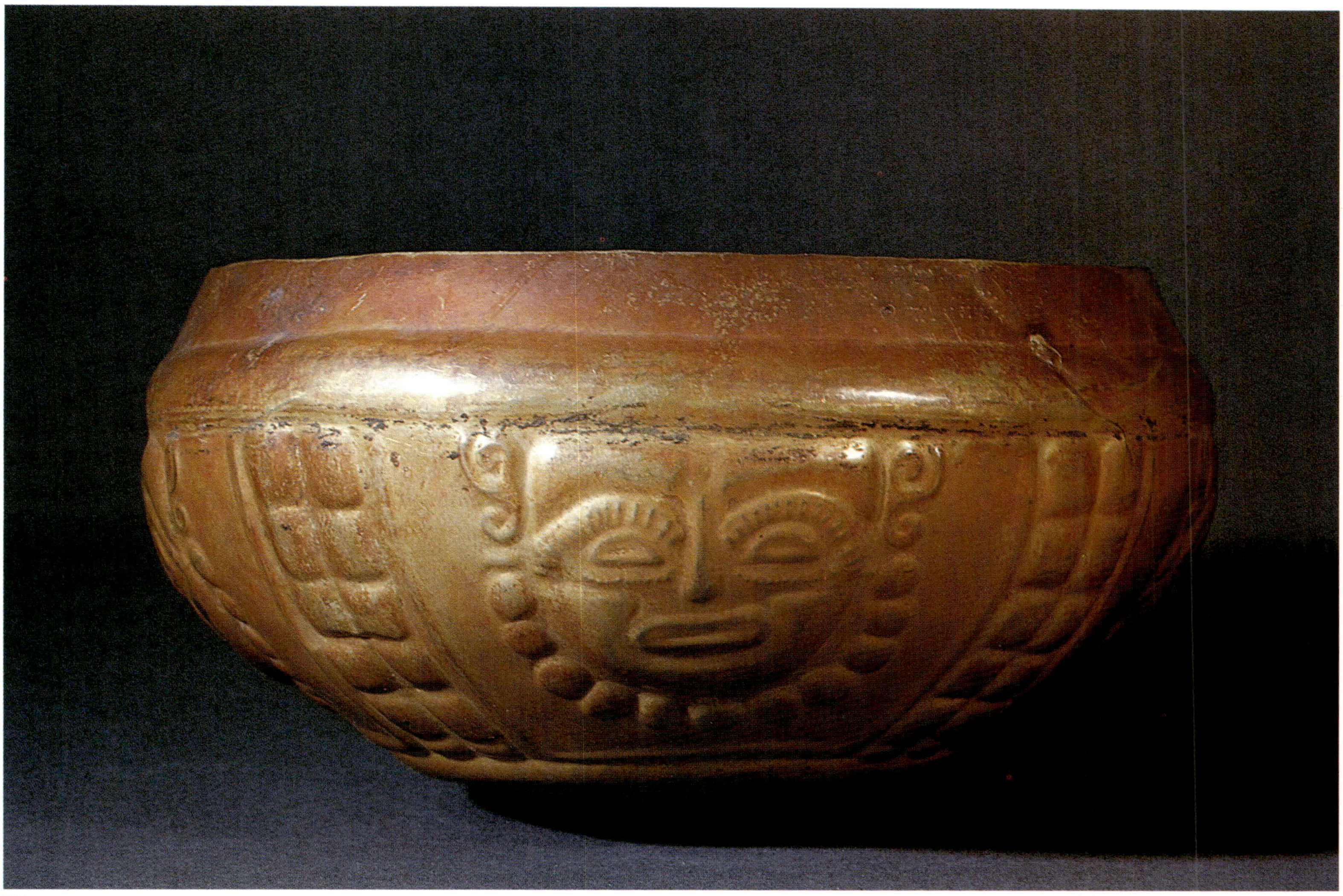
79

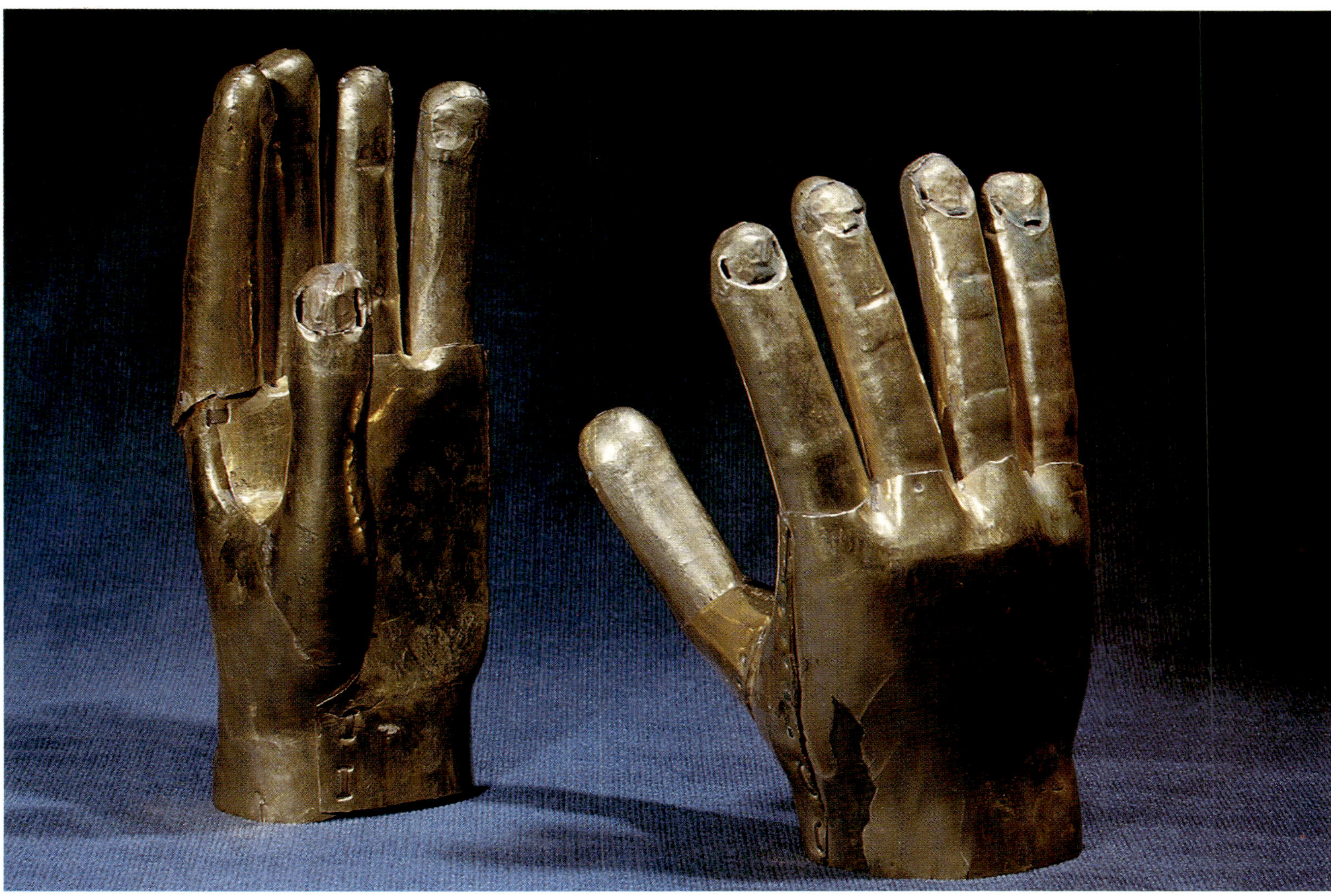
80

Will man den Arbeitsaufwand, der für ein Werk wie die Sonnenpyramide von Moche nötig ist, annähernd für die verschiedenen Arbeitsschritte berechnen, wie Herbeischaffen der Lehmerde und des Wassers, Herstellung der Ziegel, Transport der Ziegel auf den eigentlichen Bauplatz, so kann man sich zunächst auf diese letzte Phase beschränken, auf die Beförderung der getrockneten Ziegel von ihrem Lagerplatz bis zum Ort, an dem das Bauwerk errichtet wird, und an ihre endgültige Stelle am Bau. Für ein Material von 1,8 Millionen m^3 mit einem spezifischen Gewicht von 1,35 erhält man ein Total von rund 2,5 Millionen Tonnen. Nimmt man an, daß jeder *adobe*-Ziegel durchschnittlich 32 cm lang, 22 cm breit und 15 cm hoch ist, also rund 10 000 cm^3 umfaßt, und daß auf den Kubikmeter 100 Ziegel kommen, von denen jeder 13,5 kg wiegt, so beträgt die Gesamtzahl der Ziegel 180 Millionen. Bei ihrer Herstellung bestehen sie zu $^3/_{16}$ ihres Volumens aus Wasser, das in der Folge verdunstet. Das entspricht 450 Millionen oder 0,45 Millionen Tonnen. Insgesamt mußten also 3 Millionen Tonnen Material befördert werden.

Was den Transport der getrockneten Ziegel vom Herstellungsbereich bis zum Bauplatz und zu ihrem definitiven Ort am Bau betrifft, so kann man annehmen, daß jeder Arbeiter zwei Ziegel (27 kg) pro Weg trägt. Da Ausgangs- und Zielpunkt etwa 500 m voneinander entfernt sind, kann er den Weg täglich zwölfmal zurücklegen (12 km) und demnach 324 kg transportieren. Der Arbeitsaufwand für diese einzige Phase beträgt also 7,5 Millionen Tage; 500 Arbeiter, die 300 Tage im Jahr tätig sind, müßten also gut 50 Jahre lang Ziegel befördern.

Die Distanz zwischen Herstellungsbereich der Ziegel und Bauplatz beträgt mindestens 500 m, da die in großem Maßstab betriebenen Tätigkeiten des Mischens, Gießens und Trocknens viel Platz erforderten. Hunderttausende von Ziegel mußten täglich hergestellt werden, denn wenn 500 Arbeiter je 24 Ziegel pro Tag transportieren, so braucht es täglich 12 000 Stück. Das Trocknen dauert jedoch 10 bis 15 Tage, so daß man einen ständigen Vorrat von 120 000 bis 180 000 Ziegeln haben muß, die für sich allein während der Phase des Trocknens mehr als 1,5 ha Fläche beanspruchen.

Für die übrigen Arbeitsschritte – Herbeischaffen von Lehmerde und Wasser (dadurch erleichtert, daß der Rio Moche den Ort durchfließt), Mischen und Formen – muß man die Arbeiterzahl vermutlich verdoppeln, wenn nicht verdreifachen. Für die gesamte Arbeit braucht es demnach 1000 bis 1500 Arbeiter während 50 Jahren, was beträchtlich ist, wenn man sich die dazu nötige Verwaltung vorstellt, die um Nahrung, Unterkunft usw. besorgt sein muß.

In Wirklichkeit entstand der Bau, mit Unterbrüchen, in mehreren aufeinanderfolgenden Phasen. Wie wir sahen, erhielt er verschiedene Anbauten. Das Monument ist also nicht das Ergebnis einer einzigen Anstrengung – wie zum Beispiel die Cheops-Pyramide –, sondern hatte zunächst die Form einer einfachen Pyramide von quadratischem Grundriß. Einige Jahrzehnte später wurde dieser eine neue Plattform vorgelagert, während man zugleich eine oder zwei Stufen auf den ersten Wall setzte. So erlangte das Bauwerk durch verschiedene Hinzufügungen allmählich seine komplexe, doch symmetrische Form, ein Prozeß, der mehrere Jahrhunderte gedauert haben dürfte.

Die Arbeit zerfiel also in eine Reihe von Operationen, für die es eine wechselnde Zahl von Arbeitskräften brauchte, zum Beispiel zunächst 200 Arbeiter während fünf Jahren, dann 400 während acht Jahren und anschließend 500 während zehn Jahren. Am Ende stand die riesige Kampagne mit 1000 bis 1500 Arbeitern, die dem Bau sein endgültiges Aussehen gab. Zwischen den Bauperioden diente die Pyramide als Kultstätte. Die Zunahme des Volumens entsprach vermutlich der wachsenden Macht des Reiches und der zunehmenden Zahl der tätigen Bevölkerung, deren Wachstum auf der durch die Landgewinnungsarbeiten sich ständig vergrößernden Ackerbaufläche gründete. Man kann sich vorstellen, daß in der Folge von siegreichen Kriegen die Zahl der auf dem Bauplatz eingesetzten Sklaven sich zeitweise verdreifachte oder verfünffachte, vorausgesetzt, die Nahrungsreserven waren genügend groß.

Dieses Wachstum, von dem die auf uns gekommenen Überreste zeugen, ist nicht nur für Perú kennzeichnend. Es ist auch eines der Merkmale der präkolumbischen Architektur Mexikos, in Form der einander überlagernden Gebäude, bei denen der neue Bau den alten in sich einschließt. In Perú allerdings scheint es weniger systematisch zu sein und hauptsächlich auf den von Dynamik und Wohlstand bestimmten Phasen der Mochica-Gesellschaft in klassischer Zeit zu beruhen.

In etwa 600 oder 700 m Entfernung von der Sonnenpyramide lehnt sich in Moche die Mondpyramide (diese Ausdrücke stammen aus der Zeit nach der Conquista) an den Fuß eines Cerro aus Urgestein. Sie ist 80 m lang, 60 m breit und 20 m hoch. Offenbar diente diese breite Plattform aus *adobes* als Esplanade für ein Palastviertel neben Heiligtümern (Abb. 66). Der Erdwall ist von Mauern umzogen, während andere Mauern schwer identifizierbare große Gebäude einschlossen, die von der Natur und durch die wilden Grabungen der Huaqueros schwer beschädigt sind. Reste von mit Wandmalereien bedecktem Putz beweisen, daß diese Bauten aus gestampfter Erde weißen Stuck besaßen, der mit Fresken verziert war. Ähnliche Malereien sind auch in Pañamarca zu finden, wo man für die rituelle Ikonographie der Mochica bedeutende Szenen freilegte.

Pañamarca und Pampa Grande

Der Tempel von Pañamarca im Nepeña-Tal ist eine rund 20 m hohe Pyramide und bekrönt einen Cerro aus Urgestein, der aus der Ebene mit Kulturland aufragt (Abb. 67). Er steht im Zentrum einer Siedlung, die – wie immer im Küstengebiet – außerhalb der Ackerbauzone errichtet wurde, um die Kulturflächen nicht zu beeinträchtigen. Die *adobe*-Pyramide hat sechs Stufen, und ihre Verkleidung aus glattgestrichenem Lehm wurde mit Hilfe einer Kalkmilch für Malereien vorbereitet, die das Gebäude schmückten. Man erkennt Gefangene, die von Wärtern mit Hakenstöcken bedrängt werden, und geflügelte Wesen – halb Mensch halb Fuchs –, die Blut in Ritualbechern opfern. Solche Becher waren vermutlich aus Gold und Silber, wie die in den Gräbern gefundenen. Priester oder hohe Würdenträger sind an ihren prunkvollen Gewändern und ihrem aufwendigen Kopfschmuck erkennbar.

Rund um die Pyramide von Pañamarca bildeten mehrere, von hohen Mauern umzogene Höfe Viertel für Priester oder Adlige (Abb. 68). In ihrer Umgebung standen die Behausungen der Händler und Bauern, Handwerker und Krieger. Von diesen Häusern sind heute nur noch unförmige Haufen erhalten.

Doch diese Architektur beschränkt sich nicht auf die Pyramiden und ihre riesigen Esplanaden. Die 1978 vom Izumi Shimada über Pampa Grande im Lambayeque-Tal veröffentlichten Untersuchungen haben dazu beigetragen, die Anlage dieser großen Siedlung besser zu verstehen. Sie bedeckte eine Fläche von 4,5 bis 6 km^2 und wurde in der letzten Phase der Mochica-Architektur (500–700) erbaut. Nach der Aufgabe von Moche diente sie als neue Hauptstadt des Reiches.

Die Wohnhäuser ordnen sich zu kompakten Vierteln, die sich um die wenigen Gassen drängen – das Fehlen von Fuhrwerken machte diese überflüssig. Als Passagen dienen enge Gänge, die in Höfe und verschiedene ungedeckte Räume führen. Der Autor der Untersuchung über Pampa Grande gab einem bestimmten Konstruktionstypus den Namen »vielseitige Vertiefung«. Einige Teile dieses Typus konnten von leichten Vordächern geschützt sein, doch im großen ganzen war es eine vertiefte Fläche mit Böschungen in *adobes,* in der Art eines umfrieDeten Raumes. Diese »vielseitigen Vertiefungen« scheinen für Versammlungen benutzt worden zu sein. Die Bewohner gaben sich darin allen möglichen häuslichen Beschäftigungen hin: Man entkernte den Mais, mahlte das Korn in der Reibmühle *(metate y mano),* richtete die Webstühle ein, spann und führte alle täglichen Arbeiten aus, die das Klima im Freien zu verrichten erlaubte.

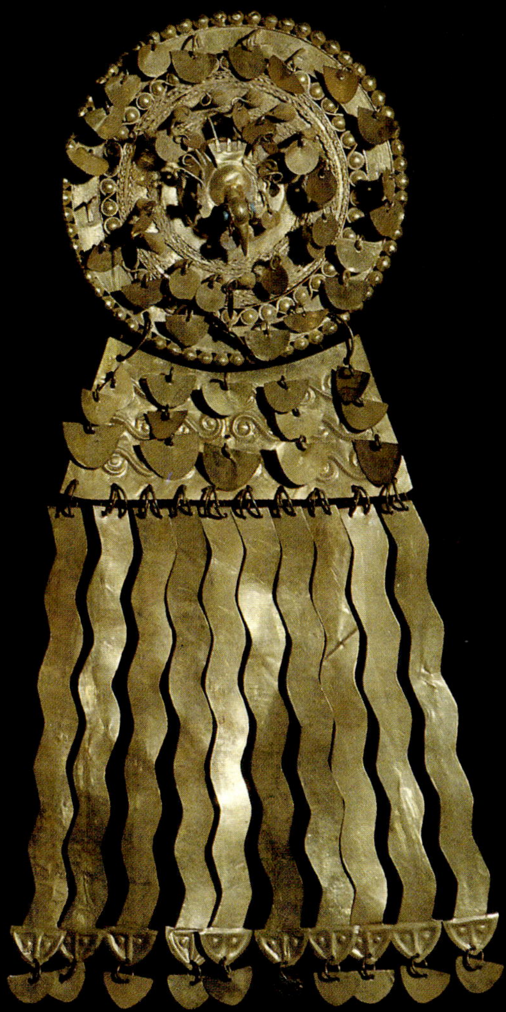

81

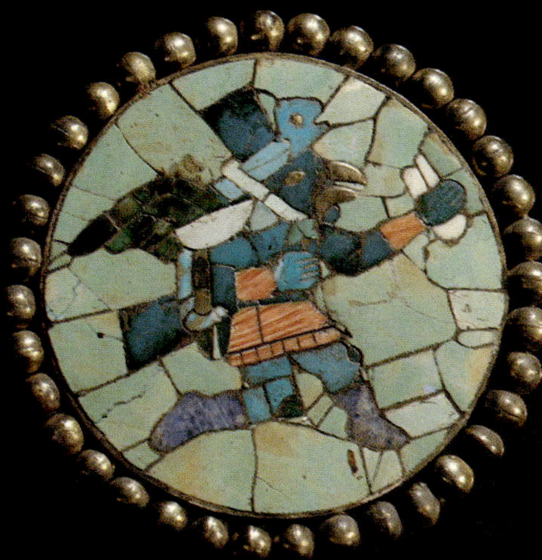

82

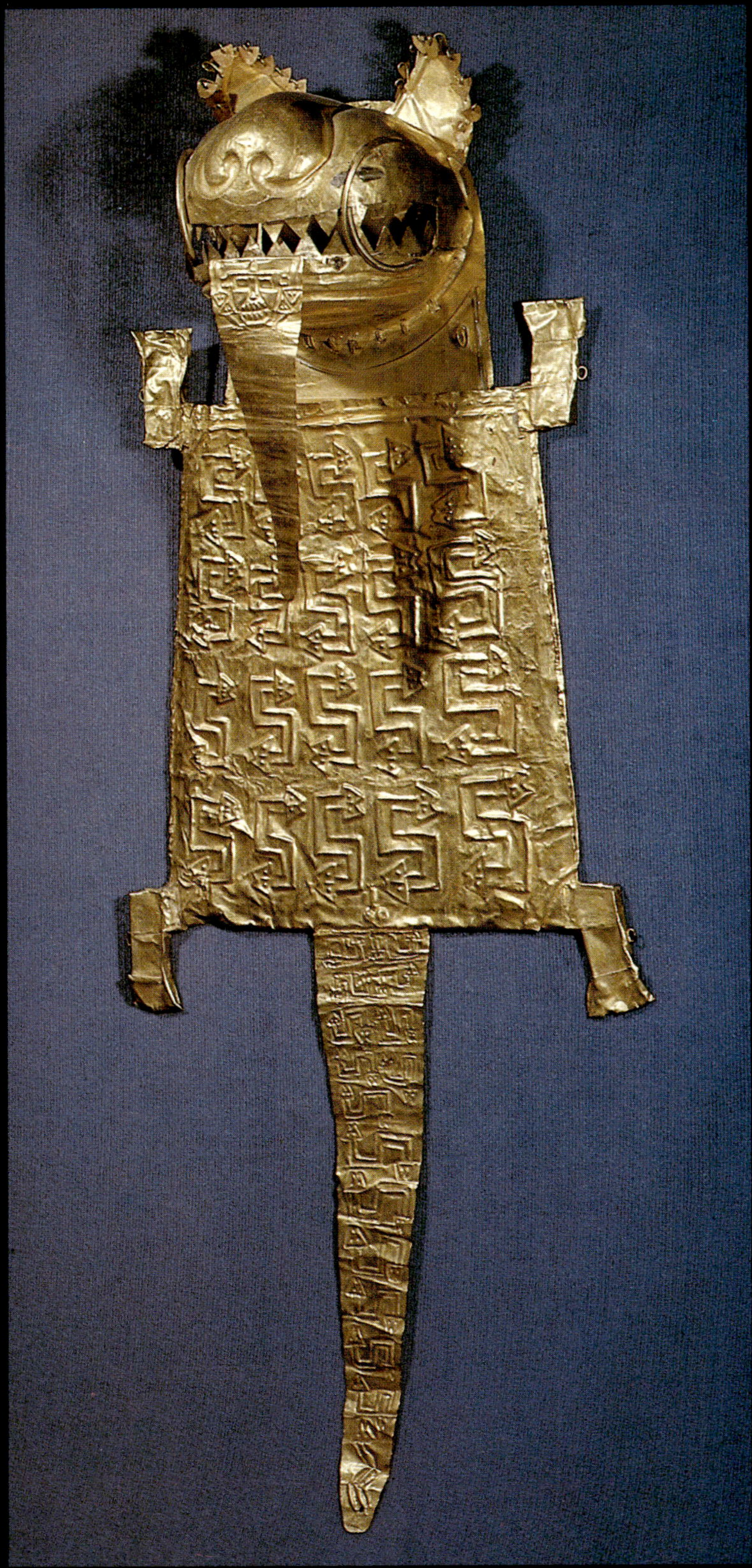

83

Die Behausungen selbst waren von bescheidenen Proportionen. Die einfachen Hütten standen ohne strenge Ordnung in einem Raster, der einzig auf dem Maßstab der nebeneinandergesetzten Elemente aufbaute. Die Wohndichte war ziemlich hoch, obwohl sich die Gebäude auf ein Geschoß beschränkten. In dieser Hinsicht unterschied sich die städtische Siedlung vermutlich nicht allzusehr von einfachen Bauerndörfern.

81 Diese Goldschmiedearbeit, die Teil eines aus zwei identischen Stücken bestehenden Brustschmuckes ist, belegt die außerordentliche Virtuosität der Mochica-Handwerker. Die Arbeit ist 29 cm lang, und die Scheibe hat einen Durchmesser von 10,5 cm. Das mit Hilfe von Ringen zusammengesetzte Stück vereint Techniken wie Schneiden, Treiben, Filigran und Löten, zu denen die Herstellung von Perlen und Vogelfiguren im Wachsausschmelzverfahren hinzukommt. (Museo Oro del Perú, Lima)

82 Goldene Mochica-Ohrscheibe mit einem Türkis- und Perlmuttmosaik, das einen geflügelten *chasqui* mit Vogelmaske darstellt. Das technisch vollendete Stück hat einen Durchmesser von 11 cm und stammt aus der klassischen Zeit (300–500 n.Chr.). (Museo Oro del Perú, Lima)

83 Die 64 cm lange Goldschmiedearbeit in Form eines Pumafells ist ein Mochica-Werk aus der Gegend von Frias im äußersten Norden Perús. Während der Kopf in hochstilisierter Rundplastik behandelt ist, bildet der mit zweiköpfigen, schlangenartigen Motiven bedeckte Körper eine Tasche, um die für Schamanenrituale bestimmten Kokablätter aufzubewahren. Das Stück wiegt etwa 650 g. (Museo Oro del Perú, Lima)

84 Kopfschmuck oder Diadem in ausgeschnittenem und getriebenem Goldblech mit der Darstellung einer Raubkatzenmaske, die von strahlenartig angeordneten Schlangen umgeben ist. Das 49 cm breite Stück wiegt 245 g und kommt von der Insel La Tolita in der nordecuadorianischen Provinz Esmeraldas. Die heute gültigen Datierungen schwanken zwischen 500 v. und 500 n.Chr. (Museo del Banco Central, Guayaquil)

85 Die goldene Grabmaske aus La Tolita in Ecuadór zeigt trotz der angesetzten Nase, die von dem Experimentieren der Goldschmiede zeugt, einen hochentwickelten Stil in der Behandlung der Augen. Ein Nasenschmuck *(nariguera)* vervollständigt die 16 cm hohe Arbeit. (Museo Casa de Cultura, Guayaquil)

86 Auch diese 18,5 cm hohe goldene Grabmaske mit ihren mandelförmigen Augen, deren Pupillen vertieft sind, kommt aus La Tolita und könnte wie das vorhergehende Stück von 200 n.Chr. datieren. (Museo Casa de Cultura, Guayaquil)

Von den Porträtgefäßen zu den bemalten Gefäßen

Nach dieser knappen Darstellung der Mochica-Gesellschaft und ihrer Architektur kommen wir zur Keramik zurück. Bei den Mochica erreichte die Kunst der in Grabstätten gefundenen Gefäße ihren Höhepunkt. Indem die Mochica-Kunst die in der Vicus-Keramik vorherrschenden Formen und Dekorthemen weiterführte, ist sie mit dieser untrennbar verbunden. Gelegentlich ist es sogar kaum möglich, Werke der einen oder anderen Herkunft voneinander zu unterscheiden. So entspricht beispielsweise einem anthropomorphen Vicus-Gefäß, das eine hockende Person mit halbkreisförmigem Kopfschmuck darstellt (Abb. 54) – in anderen Farben und leicht abweichender Haltung – ein Mochica-Gefäß, dessen Abhängigkeit deutlich ist, selbst wenn die geschmeidigere Gebärde auf die etwas spätere Herstellungszeit hinweist (Abb. 69). Beim Typus der menschengestaltigen Gefäße findet man auch Stücke, die uns über Kleidung und Schmuck Auskunft geben; zum Beispiel trägt die Figur eines Indianers den typischen Nasenschmuck *(nariguera)* der Andenvölker und den Kopfschmuck der Mochica (Abb. 70).

In diesen Porträtgefäßen entfaltete sich das der Mochica-Kunst eigene Genie: Sowohl das Gesicht eines gutmütigen, lachenden Mannes mit zusammengekniffenen, beinahe geschlossenen Augen, deutlich sichtbaren Zähnen und jovialem Gesichtsausdruck (Abb. 71) als auch das Antlitz eines alten, weisen Häuptlings mit forschendem, nachdenklichem Blick (Abb. 72) vermitteln ein lebendiges, kraftvolles Menschenbild, das von guter Beobachtungsgabe zeugt. Der idealisiertere Ausdruck eines stolzen und tatkräftigen jungen Kriegers zeigt das Individualisierungsvermögen der Mochica-Bildhauer (Abb. 73). Die Todesdarstellungen schließlich, denen wir schon in den Vicus-Schöpfungen begegneten, ergreifen nun durch ihre dramatische Kraft und ihren Realismus, die die enge Beziehung zwischen Töpferei und Grab erkennen lassen (Abb. 74–75).

Trotz ihrer hohen Qualität zeigen wir in diesem Band nur wenige Beispiele der Mochica-Porträtgefäße; sie bildeten bereits den Gegenstand zahlreicher Veröffentlichungen. Dennoch ist diese Kunst in mehr als einer Hinsicht nur wenig bekannt. Beispielsweise können sich die Fachleute nicht über die Herstellungstechnik einigen. Samuel K. Lothrop schreibt in »Das vorkolumbianische Amerika«, daß die meisten Mochica-Gefäße in Formen gepreßt wurden. Zuerst fertigte man ein Modell, das man mit einer Tonschicht umzog. Sobald diese beinahe getrocknet war, schnitt man das Ganze vertikal in zwei Hälften und brannte diese. Um Kopien zu erhalten, genügte es, in die Form eine dünne Tonschicht zu pressen und die beiden Hälften zusammenzufügen, wenn sie fast trocken waren.

Auch Lee A. Parsons vermutet, daß diese Formtechnik sich seit Beginn der Mochica-Zeit durchsetzte. Sie führte in der Chimú-Zeit zu Serienproduktion, da eine große Nachfrage bestand, und dadurch auch zu Qualitätseinbuße. Seiner Meinung nach beeinträchtigte sie jedoch in der Mochica-Zeit nicht die Schönheit der Keramiken.

Im Gegensatz zu diesen beiden Fachleuten schreibt der Archäologe Frédéric Engel, die besten Porträtgefäße seien aus dem noch weichen Ton skulpiert; nur die weniger qualitätvollen Porträts habe man durch Abguß hergestellt. Es mag überraschen, daß man hinsichtlich der Technik derart berühmter Werke so unterschiedlicher Meinung sein kann. Die von S.K. Lothrop vorgeschlagene Lösung scheint uns die Probleme zu vermeiden, die sich stellen, wenn man eine Skulptur

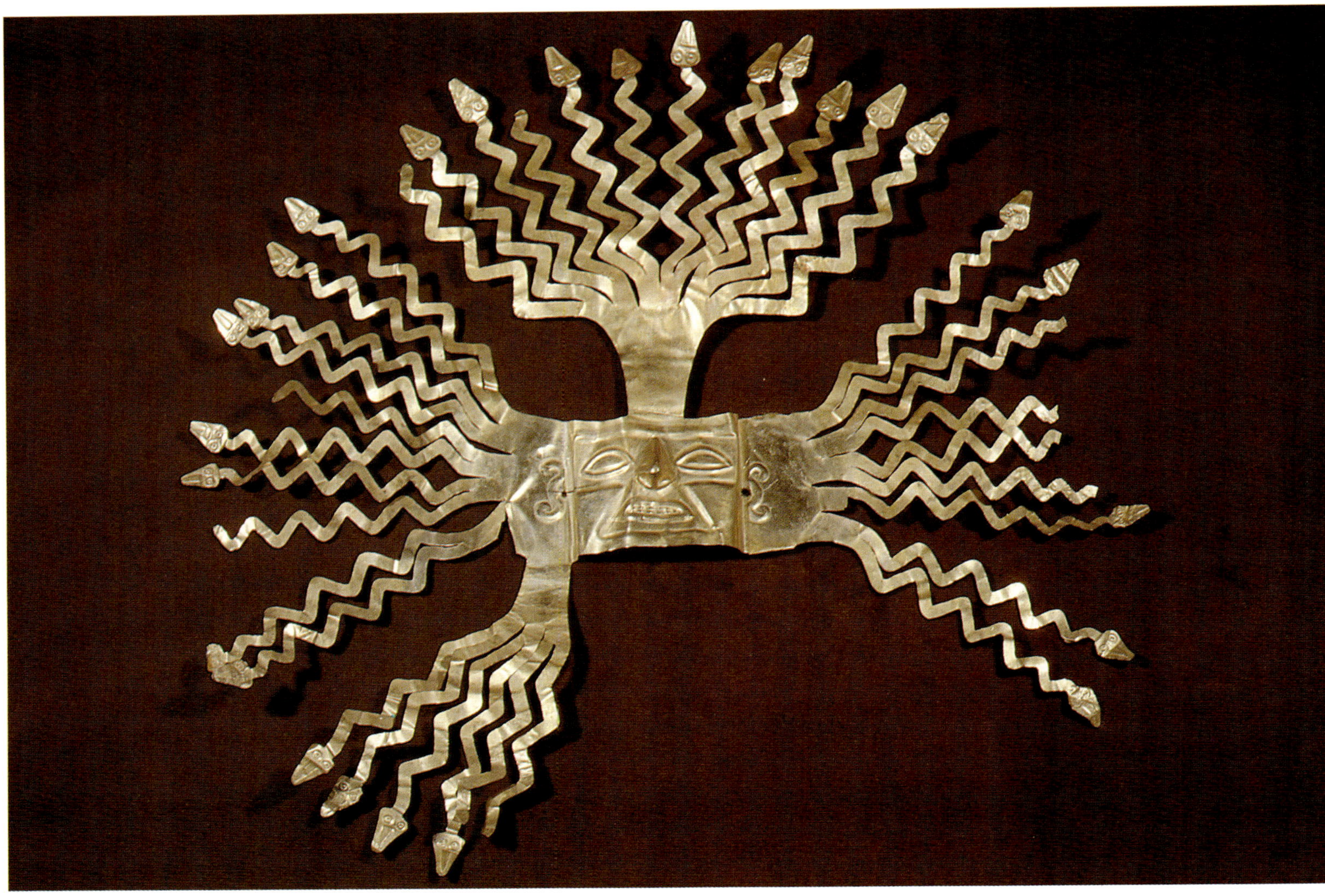
84

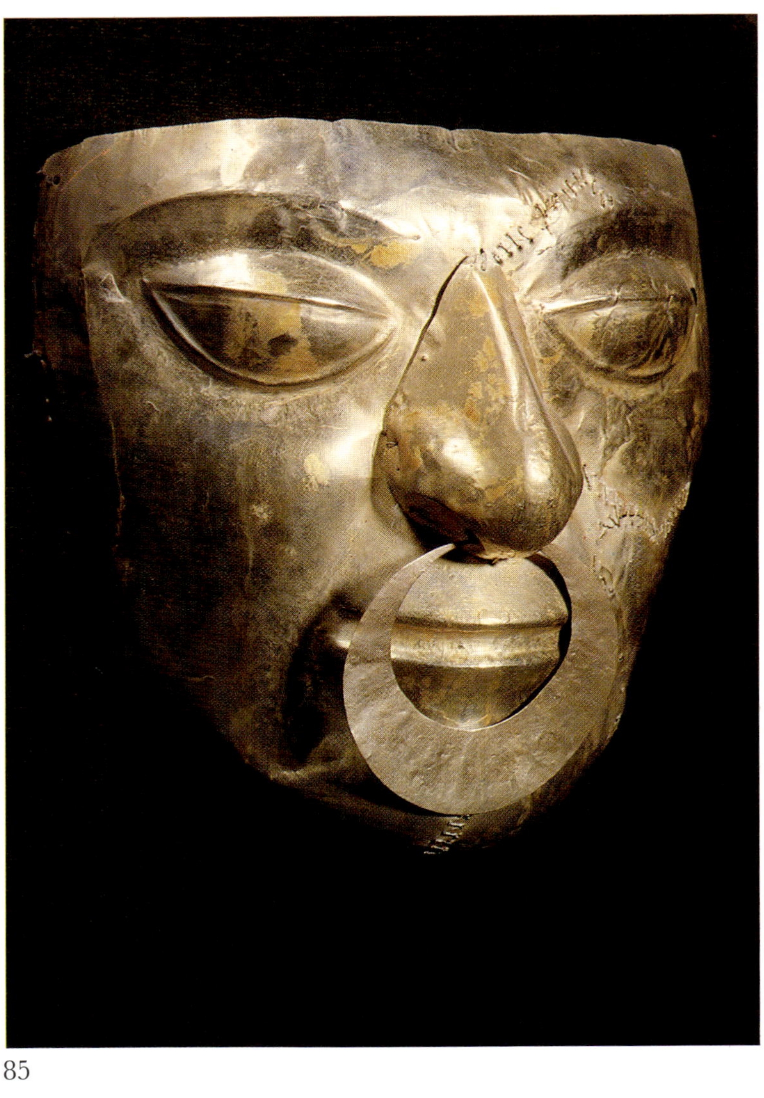
85

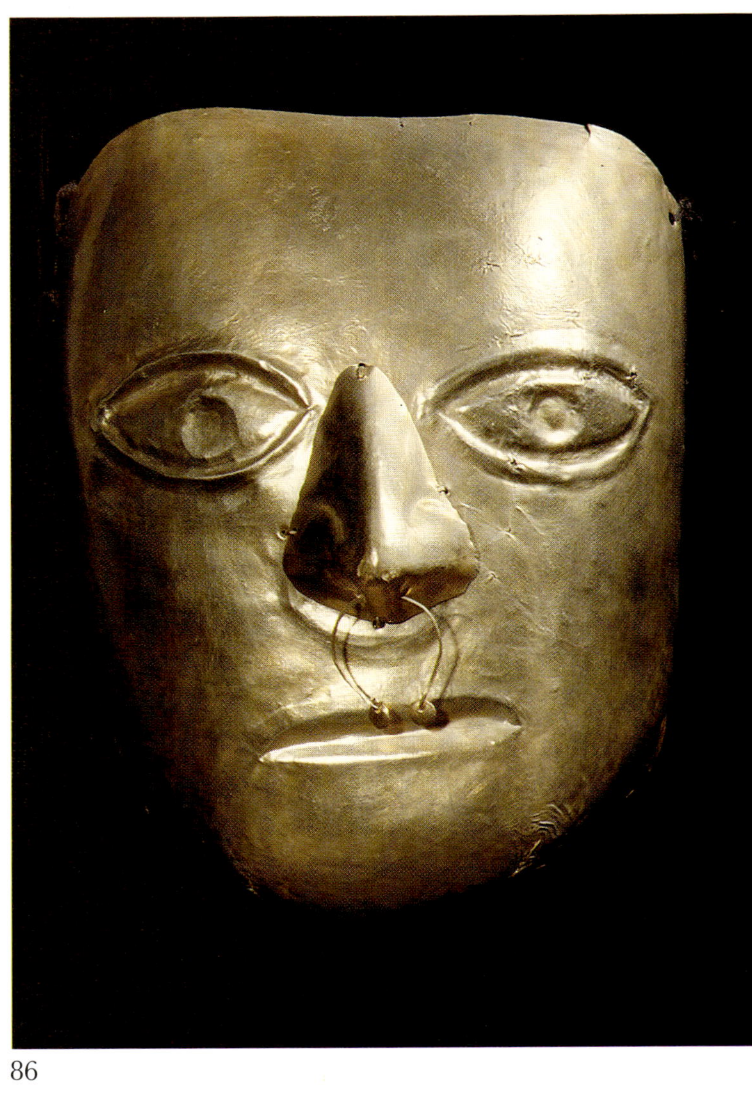
86

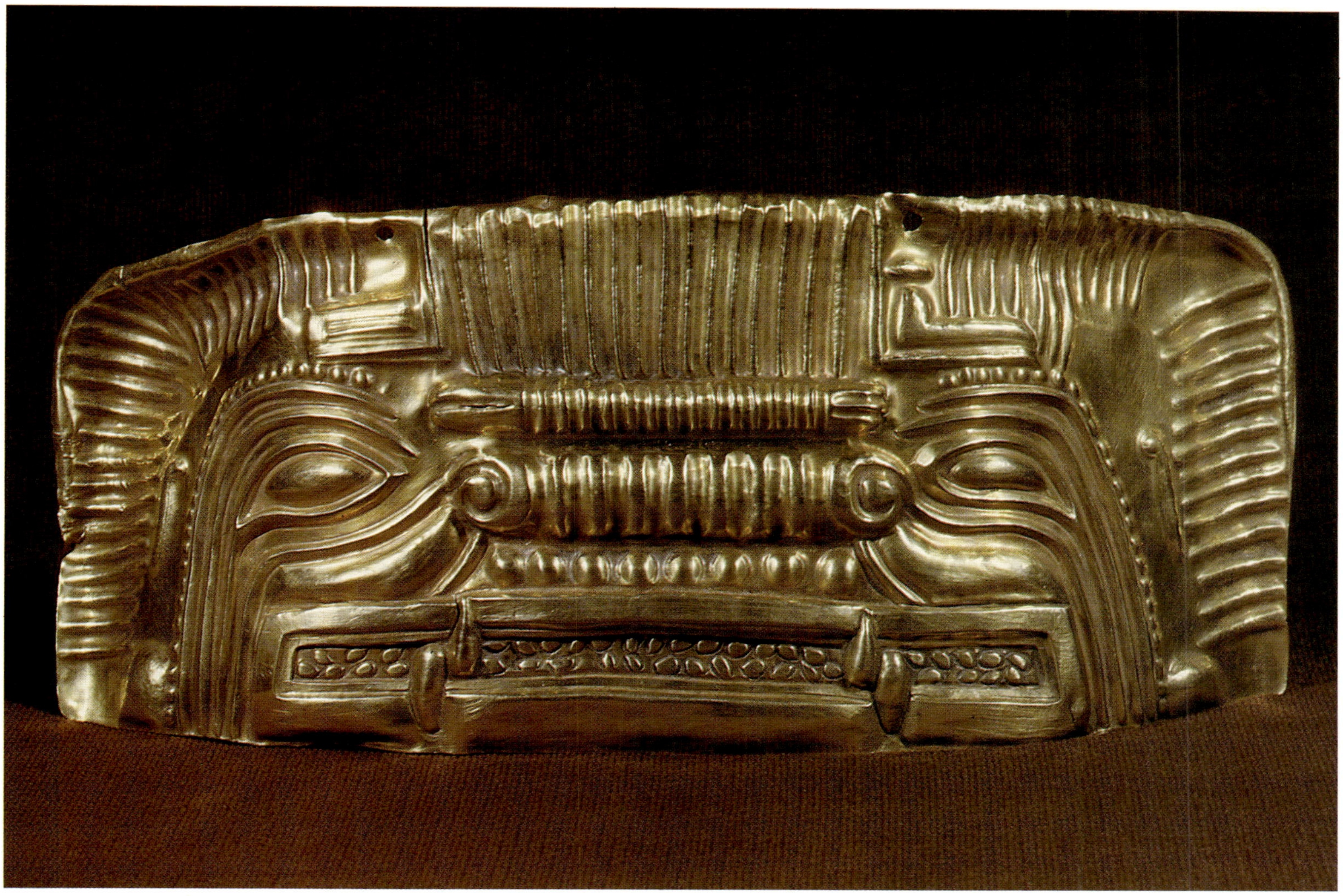
87

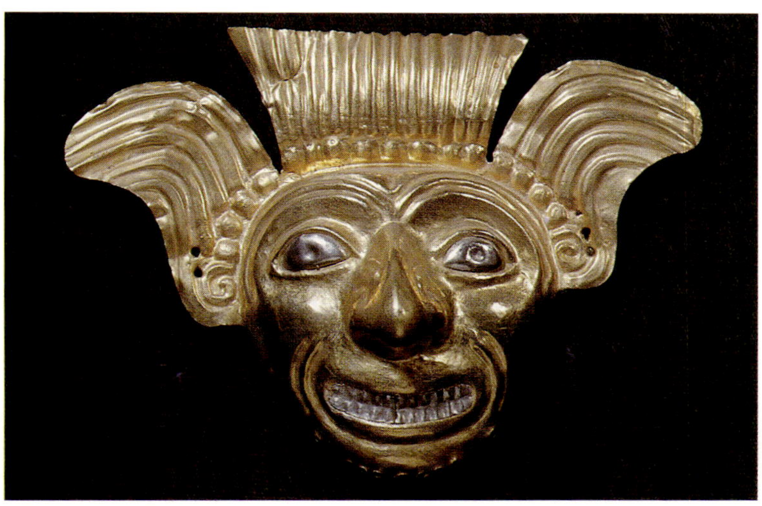
88

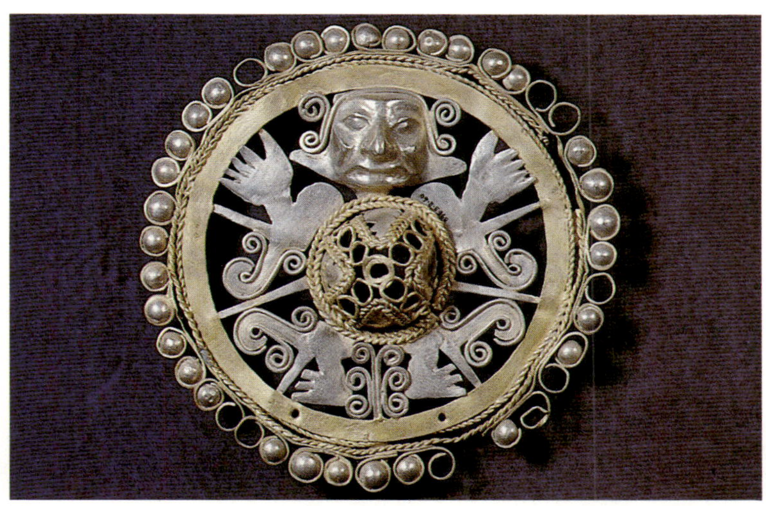
89

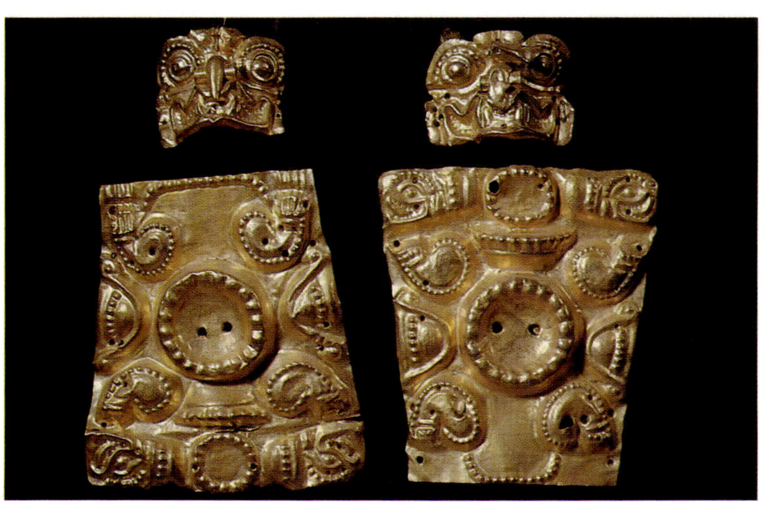
90

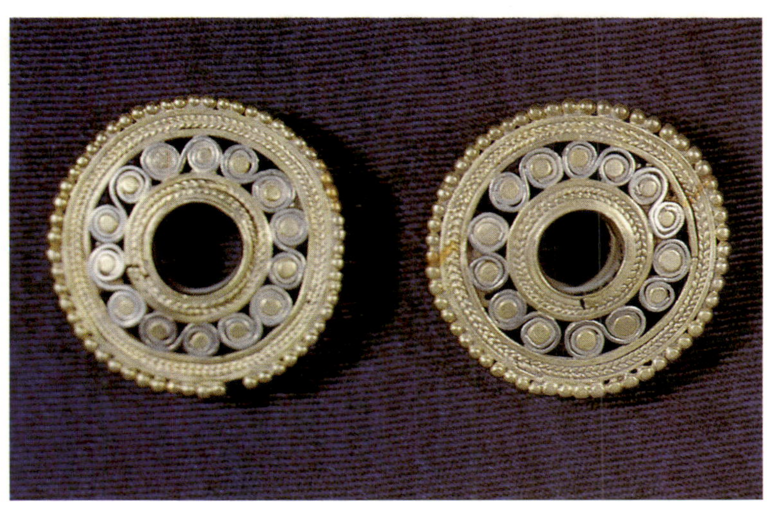
91

in einer dünnen Schicht weichen Materials ausführen wollte. Die Qualität betrifft also vor allem die Detailretuschen, die Individualisierung des Stückes und den Auftrag der Farben. Es ist im übrigen keineswegs gesagt, daß die Herstellung einer Form *ipso facto* die Produktion mehrerer Kopien nach sich zieht. Diese Technik konnte sehr wohl während langer Zeit die einzige bekannte Lösung zur Anfertigung von Einzelstücken gewesen sein, wie man sich auch die Realisierung der Bügelausgüsse kaum ohne Form vorstellen kann. Erst später ging man dazu über, die Stückzahl zu vergrößern. Vielleicht mußten die Keramiken, bis es soweit kam, etwas von ihrer Macht, Bedeutung und individuellen Eigenart, d.h. von ihrer Magie, eingebüßt haben.

Anne-Marie Hocquenghem, die zahlreiche Porträtgefäße untersuchte, vertritt die Meinung, daß die realistischsten Beispiele zwar in der Form angefertigt sein können, doch Einzelstücke sind. Ihr gelang es, die dargestellten Personen als Schamanen zu identifizieren. Sie setzte sie in Beziehung zu einem schamanistischen Begräbnisritual, das für den Eingang des Verstorbenen in die andere Welt notwendig sei; das Gefäß würde demnach ein Viatikum darstellen.

Ein anderer Typ von Mochica-Gefäßen mit Bügelausguß gibt uns wertvolle Auskünfte über Glauben und Riten: die Gefäße mit cremefarbenem Grund und gemaltem Dekor in Schwarz, Braun oder Rot, die mit lebendig entworfenen Szenen geschmückt sind. Waren sie zunächst Träger von einfachen, vielleicht schutzgewährenden Motiven – zum Beispiel ein mit Händen versehener Fisch, der das Wasser und dessen Kräfte symbolisiert (Abb. 77) –, so zeigten sie bald bestimmte mythologische Themen. Bei der häufigen Darstellung von Läufern *(chasqui)* geht es vermutlich weniger um einfache Nachrichtenmelder als um Götterboten, um eine Art indianischen Merkur (Abb. 76). Die großen, personenreichen Szenen mit anbetenden Figuren, die sich vor einem Herrscher oder Gott niederwerfen, könnten sich von einem mythischen Zyklus herleiten. Christopher B. Donnan, der diese Darstellungen untersuchte, erkannte in ihnen das »Thema der Darbringung«, wobei Priester das Blut von getöteten Opfern der Gottheit zu weihen pflegten (Abb. 78).

Derselbe Autor stellte auch eine Reihe von bemalten Gefäßen mit Bestattungsszenen fest. Sie zeigen offenbar ebenfalls die Mächte der unterirdischen Welt und das Jenseits. Dies ist ein Beweis für die Rolle, die die Gefäße im Begräbnisritual spielten, wie auch der Umstand, daß man die erhaltenen Stücke in Grabstätten fand.

Wie dem auch sei, die leicht und beschwingt gestalteten Werke geben uns Auskunft über die Zeichenkunst der Mochica, ähnlich wie auch die höchst seltenen Überreste von Fresken. Diese beruhen offenbar auf denselben mythischen Zyklen und sind zudem im gleichen Stil gehalten.

Keramik und Kunst

In der präkolumbischen Andenwelt ist die Keramik nicht nur eine Gattung von beträchtlichem Interesse, insofern sie aufgrund ihrer Haltbarkeit als Element der relativen Chronologie eine Rolle spielt – dies trifft ebenfalls für viele andere Hochkulturen der Alten und Neuen Welt zu –, sondern sie besitzt auch einen privilegierten Platz als Mittel künstlerischen Ausdrucks. Gleich wie die korinthische oder attische Keramik ist die präkolumbische Töpferkunst der Träger aller Beschäftigungen. Bald zeigen die Gefäße die Themen des Alltagslebens, Nahrungsmittel, Haustiere oder aber erotische Obsessionen, bald stellen sie die Gottheiten und das Pantheon der Naturkräfte dar, die in Ungeheuern aus Menschen- und Tiersymbolen personifiziert sind. Mit der Entwicklung der Denkweisen widmet sich die Keramik zunehmend der Darstellung des Menschen in seiner Tätigkeit, mit seinen typischen Kleidern und Haltungen, bevor die Gefäße eindeutig identifizierbare Porträts wiedergeben. Dank der außerordentlichen Beob-

87 Der prachtvolle Brustschmuck aus massivem Gold stellt einen stilisierten Jaguarrachen dar und erinnert in seiner Art an die Chavín-Kunst. Das getriebene Stück aus La Tolita, Esmeraldas, ist 29 cm breit und 320 g schwer und scheint im 1. oder 2. Jahrhundert v. Chr. entstanden zu sein. (Museo del Banco Central, Guayaquil)

88 Kleine Maske aus getriebenem Gold mit Augen und Zähnen aus Silber. Das Stück aus La Tolita ist 12,8 cm breit und dürfte als Anhänger gedient haben. (Museo del Banco Central, Quito)

89 Kunstvoll gearbeiteter Brustschmuck aus Gold und Silber. Das in La Tolita gefundene Stück hat einen Durchmesser von 9,3 cm und vereint eine ganze Reihe meisterhaft gehandhabter Goldschmiedetechniken. (Museo del Banco Central, Quito)

90 Getriebene Goldbleche mit der Darstellung von Vögel- oder Raubkatzenköpfen, die vermutlich als Kleiderschmuck dienten. Die nicht mehr als 7,6 cm hohen Stücke gehören zu einer Gruppe, die man in einem Grab von La Tolita entdeckte. (Museo del Banco Central, Quito)

91 Zwei Ohrpflöcke aus Gold- und Silberfiligran mit einem Durchmesser von 2,7 cm. Diese Schmuckstücke zeugen von der hohen Virtuosität der Metallkunst von La Tolita zu Beginn unserer Zeitrechnung. (Museo del Banco Central, Quito)

92 Kopf einer Statuette in Hohlterrakotta aus La Tolita. Das 16 cm hohe Stück mit seinen feinen Zügen ist in idealisiertem, reinem Stil gearbeitet. Die kunstvolle Modellierung, die Beziehung zwischen Gesicht und Schädel, die Zeichnung der Augen und der feine Mund – alles ist Ausdruck einer vollendeten Kunst. Beim heutigen Stand der Kenntnisse läßt sich das Werk nicht genauer als 500 v. bis 500 n. Chr. datieren. (Museo del Banco Central, Guayaquil)

93 Diese merkwürdige Terrakotta stellt eine asymmetrische Gottheit dar, die mit Schlangen spielt. Sie ist in einem in der La Tolita-Kultur unerwarteten »Kubismus« gestaltet und 22 cm hoch. Nur das lange Bestehen der Gesellschaften, die sich auf La Tolita entwickelten, kann die stilistische Vielfalt der Arbeiten von dieser Insel erklären. (Museo del Banco Central, Quito)

94 Das dritte Beispiel der La Tolita-Skulptur ist vielleicht noch befremdlicher: Dieses 48,5 cm hohe Raubtier in Terrakotta erinnert an einen »chinesischen Löwen«, der eine Pagode bewacht. Wie in der chinesischen Kunst scheint das Stück zum Bauschmuck zu gehören. Möglicherweise handelt es sich jedoch um ein Weihrauchgefäß. (Museo del Banco Central, Quito)

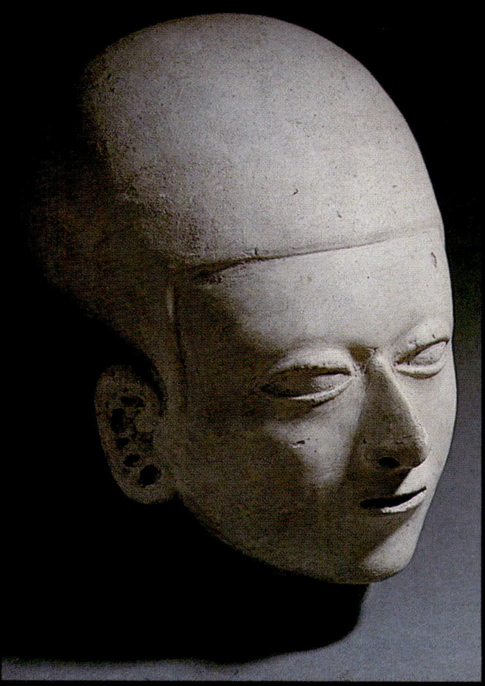

92

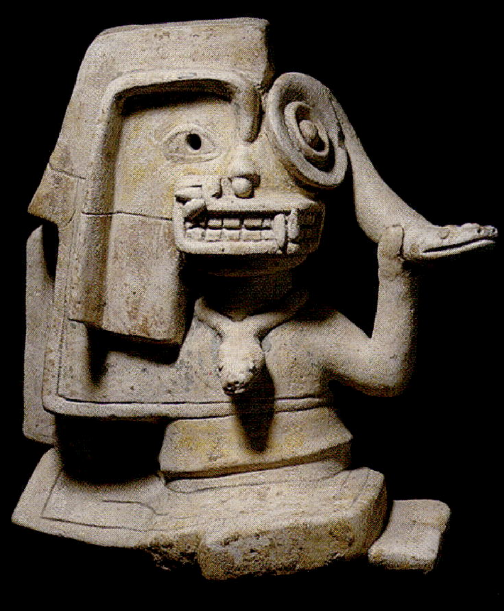

93

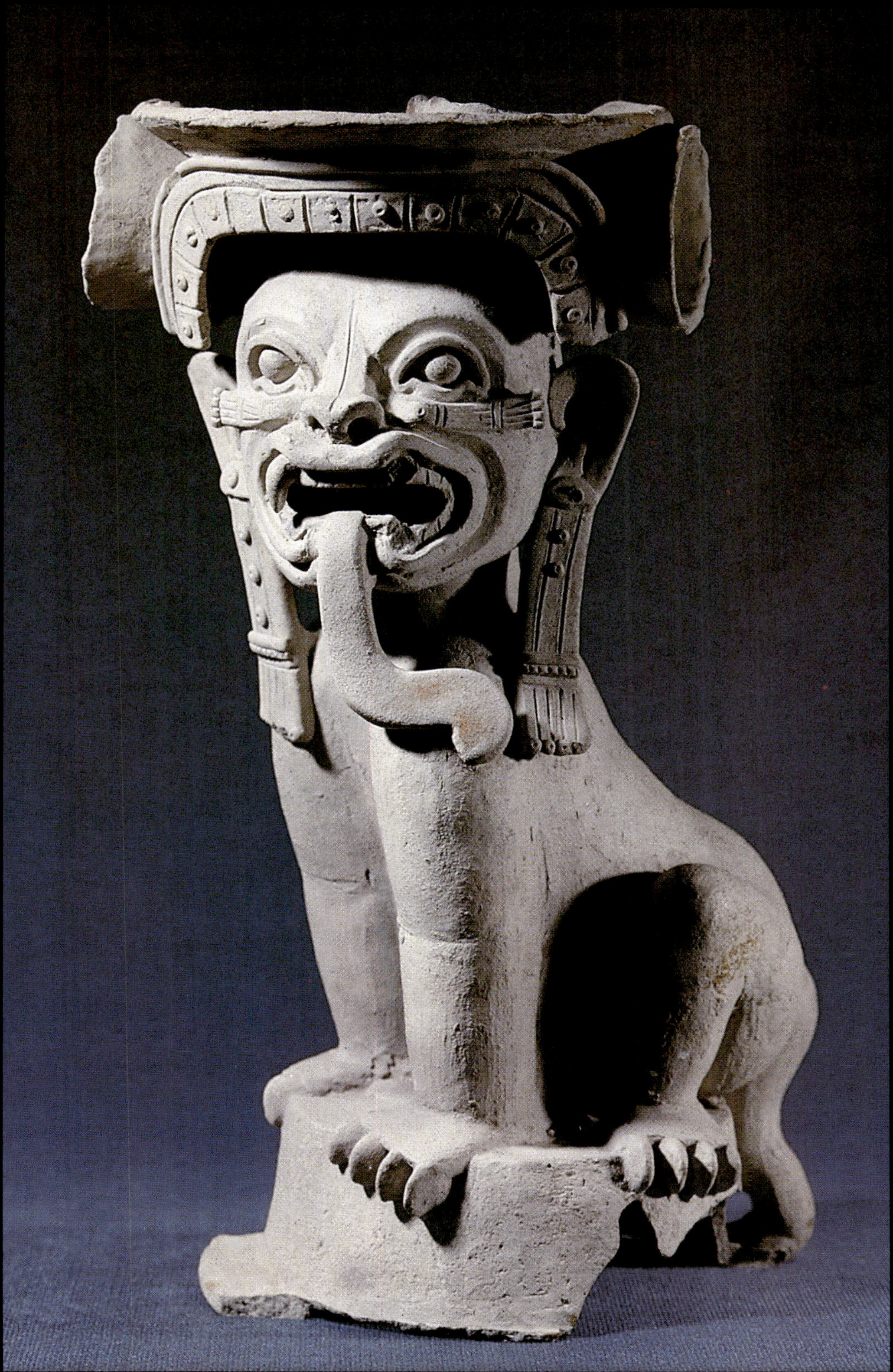

94

achtungsgabe der Töpfer, die den Ruhm der Mochica-Kultur ausmachen, scheint in diesen Gefäßen die Persönlichkeit des abgebildeten Individuums auf.

Diese Kunst, die mit den besten Schöpfungen der antiken Skulptur und den getreuesten Porträts des römischen Realismus gleichzusetzen ist, gibt den Menschen in einem Abbild wieder, das bis in die kleinsten Nuancen genau ist, und übergeht dabei weder die Besonderheiten noch die Mißbildungen oder Krankheiten der porträtierten Person. Was aber ist die Funktion dieser Werke? Sie beschreiben die Wirklichkeit so sorgfältig und wissen den Ausdruck derart wahrheitsgetreu wiederzugeben, daß sie über die einfache Idee der Nachahmung hinausführen. Handelt es sich um »Verdoppelungen«, die für irgendein magisches Ritual bestimmt waren?

Wie dem auch sei, diese Gabe für bildnerische Synthese bildet die Hauptanziehung der Töpferkunst der präkolumbischen Hochkulturen, vor allem von der Chavín- bis zur Mochica-Zeit. Überall widersetzt sich der Ausdruck einem reinen, einfachen Naturalismus, dem Fotorealismus, wie man heute sagen würde, der dem matten, leblosen Abguß entspräche. Ohne sich allzuweit vom Modell zu entfernen, gelang es dem Künstler, den Blick, die Bewegung, die Haltung wiederzugeben. Diese figürliche Kunst ist ganz darauf ausgerichtet, das Wesentliche auszudrücken. Mittels eines Trägers, der trivial erscheinen mag – eines Topfes –, gelingt es ihr, zur Transzendenz vorzustoßen. Wenn die griechische Vase ebenfalls einen bemerkenswerten Ausdruck erreicht, so bildet sie doch – dieser Aspekt ist zu betonen – nur eine Form einer höchst vielfältigen Kunst, neben Flachreliefs, Rundplastik, Marmor- und Bronzestatuen, ganz zu schweigen von der Literatur, Poesie und Musik. Bei den Mochica dagegen ist die Keramik der Hauptträger, abgesehen von den Metallgegenständen und den seltenen Fresken, die oft in sehr schlechtem Zustand auf uns gekommen sind. Diese auf seltsame Weise mit einer ursprünglich nützlichen Funktion ausgestatteten Werke haben die ganze bildnerische Botschaft der hohen Kunst zu übermitteln; sie sind die höchste Ausdrucksmöglichkeit des Menschen, der vor 1500 Jahren lebte.

Das ist vor allem der Funktion der Gefäße zu verdanken. Über den einfachen Gebrauchszweck hinaus, den das Keramikgefäß zu Beginn besaß, stellte man in der Folge qualitätvolle Stücke eigens dafür her, damit sie hochgestellte Verstorbene ins Grab begleiteten. Oft scheinen die Stücke sogar nie gebraucht worden zu sein. Vielleicht waren manche Gefäße in Menschengestalt auch Ersatzgegenstände für rituelle Opfer, da die Menschenopfer von Scheinopfern abgelöst worden waren. Diese Funktion als Grabbeigabe leitet sich jedoch vermutlich von einem zeitlich vorausgehenden Gebrauch her, der Verwendung als kultische Opfergabe, wie die schönen Gefäße der Chavín-Kultur beweisen, die man in den Galerien des Orakelheiligtums zutage förderte.

Kunst und Archetypen

Die Konvergenz von Hochkulturen, zwischen denen es weder historische Beziehungen noch geographische oder zeitliche Bezüge gibt, ist verwirrend. Der Brauch, Verstorbenen von hohem Rang Gefäße mit ins Grab zu geben, wie ihn die alten Griechen oder die Etrusker wie die präkolumbischen Andenbewohner, aber auch andere Kulturen – China und Iran beispielsweise – kannten, stellt ständig neue komplexe Probleme.

Warum hatten manche Völker das Bedürfnis, neben ihre Toten bildnerisch gestaltete oder bemalte Gegenstände zu stellen? Was ist die Bedeutung der Gefäße mit Tier- und Pflanzendarstellungen oder sogar in Menschengestalt? Sollen die Schöpfungen mit menschlichem Bildnis die Züge des Verstorbenen in einem unvergänglichen Material verewigen, ähnlich wie es die Goldmasken tun? Wachen die Gefäße mit Kriegerfiguren über den Toten, wie es die ewigen Wachen der chinesischen Kaiser tun? Sind die in Dekor oder Form der Vasen erscheinen-

95 In Nord-Ecuadór blühte in der Kultur von Jama Coaque an der Pazifikküste eine weitere eigenständige Kunst. Dieses Architekturmodell aus Cojimies stellt eine Stufenpyramide dar. Eine axiale Treppe führt zu einer weiblichen Gottheit hinauf, die im Heiligtum auf der Spitze thront. Die 19 cm hohe Keramik hat aufgeklebte Dekorelemente. (Museo del Banco Central, Quito)

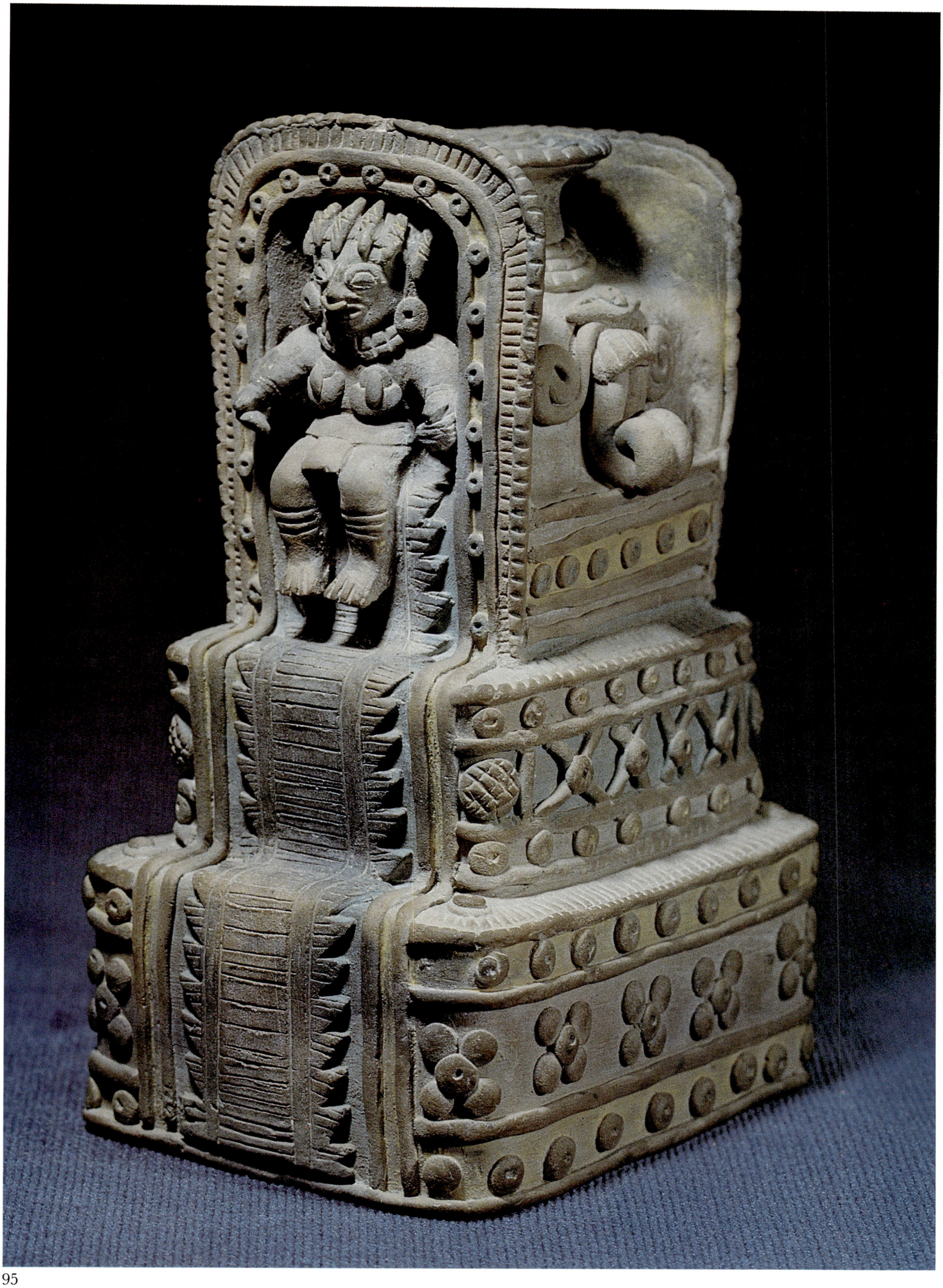

den Pflanzen eine ewige Nahrung für den Toten, wie auf den Flachreliefs der ägyptischen Mastabas? Will man mit den mythologischen Szenen, die bestimmte bemalte Gefäße der Mochica schmücken, dem Verstorbenen ein religiöses Symbol mitgeben, eine Art »Totenbuch«? Entsprechen in einer schriftlosen Welt die »Bildergeschichten« auf einigen Vasenkörpern nicht einem Vademecum oder Viatikum, das den Weg zur Gottheit zeigt?

Abgesehen von all diesen Fragen, die häufig ohne Antwort bleiben, gibt es eine, die uns ganz besonders beschäftigt: Woher kommen die Analogien im Verhalten von Völkern, die keinerlei Kontakt untereinander hatten? Über die unterschiedliche Entwicklung der Hochkulturen in der Alten und Neuen Welt hinaus gibt es eine gemeinsame Haltung, die die Funktion der Kunst, des Schönen betrifft. Überall ist die künstlerische Schöpfung eng mit den Göttern und eng mit dem Tod verbunden. Diese von jedem Einfluß und Verbreitungseifer unabhängige Funktionsanalogie ist Teil der Seele, des Traums, des Imaginären, der Ewigkeit, die der Mensch mit Hilfe dieser Medien zu materialisieren sucht. Er gibt ihnen eine Bestimmung, um sie zu Teilen seiner Mythen zu machen, um seiner Sterblichkeit zu entgehen, um sich über seine vergängliche und zufällige Lage zu erheben.

Wie kommt es also, daß es auf dem ganzen Planeten – bei einem bestimmten Grad sozialer und technologischer Entwicklung – so viele Analogien zwischen Völkern gibt, die vor nunmehr 10 000 Jahren getrennt waren, vor dem Bau der ersten Pyramide, vor der Verwendung von Keramik und Gold, um die Gräber zu schmücken oder den Verstorbenen unvergängliche Masken zu geben? Wie kommt es, daß man – durch unzählige Kilometer und viele Jahrtausende voneinander getrennt – denselben Materialien auf dieselbe Weise und in ähnlichen Formen bestimmte Funktionen verleiht? Muß man nicht, über die Gesetze von Rasse und Evolution hinaus, auf den Begriff des Archetyps zurückgreifen, wie ihn Carl Gustav Jung definiert hat, um diese Verwandtschaft in den der Kunst zugeordneten Funktionen zu erklären, die als Viatikum und Talisman für den Eingang ins ewige Leben angesehen wird? Streifen wir hier nicht die Wesenszüge des Menschen, das, was ihn über alle Unterschiede von Rasse, Sitte und Glauben hinaus kennzeichnet?

In diesem Sinn ist es die Rolle der Kunst, all das zu verdeutlichen, was im Menschen über die Befriedigung der materiellen Bedürfnisse – Nahrung, Wohnung, Fortpflanzung usw. – hinausführt, um dem Geist eine Antwort auf das Streben nach Ewigkeit, Vollkommenheit und Schönheit zu geben. Aufgrund dieser Erklärung allein könnte man verstehen, warum die Kunstwerke – unabhängig vom kulturellen Substrat sowie der Kenntnis von Mythen und Göttern – fähig sind, uns außerhalb von jedem historischen Kontext und jeder Botschaft zu ergreifen. Sie sind gewissermaßen ein Aufschrei des Herzens, das all das verkündet, was im Menschen den geistigen Bestrebungen gehorcht, was der vergänglichen Existenz Zeitlosigkeit verleihen, die besonderen Ausdrucksweisen mit etwas Universalität versehen und eine Tür zur Ewigkeit öffnen kann, durch die es dem Menschen gelänge, der Vergänglichkeit zu entrinnen.

Die Blüte der Metallbearbeitung

Die Beherrschung der Metallbearbeitung, die sich hauptsächlich auf ornamentale und rituelle Zwecke und auf den Begräbniskult beschränkte, begann in Südamerika um einiges früher als in Mesoamerika. In Perú und Ecuadór – gleichfalls in Kolumbien, das wir hier erwähnen müssen, obwohl seine Produktion nicht Thema dieses Buches ist – kannte man die Techniken des Gießens, Hämmerns, Treibens, Nietens, Drahtziehens, Lötens und Wachsausschmelzens anderthalb Jahrtausende früher als die Mixteken in Mexiko. Die ersten Beispiele für Goldschmuck datieren aus der Chavín-Zeit, etwa aus dem 6. oder 5. Jahrhundert v.Chr. Zunächst handelte es sich um Goldblättchen, die in Form der diesem Stil

Schema eines Schmuckstückes aus gehämmertem und ausgeschnittenem Goldblech mit der Darstellung der mythischen Raubkatze von Chavín

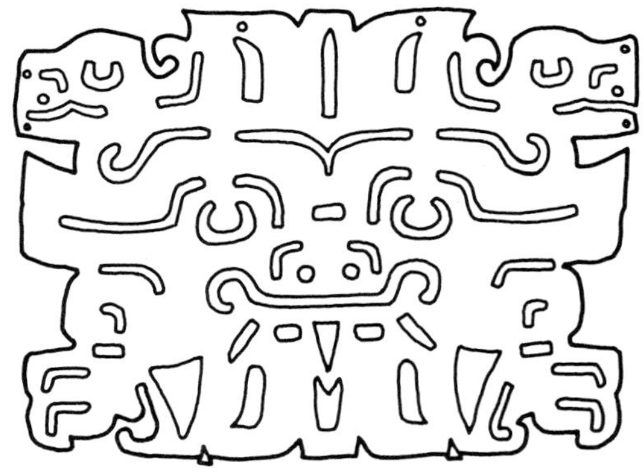

eigenen stilisierten Raubkatzenmotive ausgeschnitten waren. Es gab auch schlangenförmige Schmuckstücke in der Weise von Haaren oder Sonnenstrahlen. Einige unverzierte Ritualbecher ordnet man ebenfalls diesen Frühformen zu, deren Klarheit und Schlichtheit die Schönheit des Metalls hervortreten lassen. Das Edelmetall stammt aus dem goldhaltigen Sand der Flüsse, und dies wird die einzige Quelle für das präkolumbische Gold sein.

In der Vicus- und Mochica-Goldschmiedekunst nahm der Dekor den Hauptplatz ein, als ob man, an den neuen Aspekt des Materials bereits gewöhnt, es noch hätte durch den Arbeitsaufwand anreichern wollen, indem man aus einer – im Vergleich zur Massivität der Keramik – hohen Geschmeidigkeit den besten Nutzen zog.

In der Vicus-Goldschmiedekunst kommen Platten, Schalen und Gefäße vor, deren Dekor in einem derart dünnen Goldblech getrieben ist, daß die Seltenheit des Materials deutlich erkennbar wird (Abb. 79). Gleichzeitig entwickelte sich eine Kupfertechnik, von der die reichen Vicus-Grabfunde in Loma Negra zeugen. Man förderte dort zahlreiche Ritualgegenstände und Schmuckstücke zutage, die zwischen 300 v. und 300 n. Chr. entstanden. Die gelegentlich komplexen Stücke zeigen, daß man alle Techniken beherrschte, eingeschlossen die Fassung oder das Aufkleben von Muschelelementen, um die Augen oder Zähne der Figuren hervorzuheben, und die Kupfervergoldung.

Mit der Mochica-Produktion jedoch gelangt die Goldschmiedekunst – wie schon die Keramik – zu ihrem Höhepunkt. Die Metallgegenstände der Mochica-Goldschmiede zeigen eine Meisterschaft, die in den Andenkulturen nicht mehr übertroffen wird. Obwohl die Zahl der Funde nicht jene der Chimú-Stücke erreicht, erweist sich die Kunst des Mochica-Schmuckes als ein Höhepunkt an Verfeinerung und Geschicklichkeit.

Der Grad der Vervollkommnung, zu dem die Goldschmiede fanden, wird deutlich in den mit Gelenken versehenen Brustgehängen, die man auf dem Kleid befestigte, oder in den goldenen Ohrscheiben, die Türkismosaiken von geflügelten *chasqui* mit Vogelmasken schmücken (Abb. 81–82). Die kleinen, beweglichen Hängescheiben mit ihrer schillernden Wirkung oder die absolut sphärischen Goldkügelchen beweisen die Päzision dieser Kunst.

Zwei goldene Hände aus einem Grabfund (Abb. 80) inspirieren sich am gleichen Thema wie ein schönes Vicus-Gefäß in Form einer Votivhand (Abb. 57). Sie bilden einen besonderen Opfergabentypus. Handelt es sich um eine Art *pars pro toto?* Jedenfalls betont S.K. Lothrop, daß diese Hände nicht wie etwa in Ägypten dazu dienten, die sterblichen Überreste des Verstorbenen zu umhüllen. Sie waren als Viatikum neben den Toten gelegt. Man beachte an diesen Händen die Mannigfaltigkeit der eingesetzten Mittel, um solche technischen Kühnheiten auszuführen, ohne allzuviel Edelmetall zu gebrauchen.

Im äußersten Norden Perús, innerhalb des Einflußbereiches der Vicus-Kunst, erreichen die Werke der Frias-Kultur vielleicht die höchste Qualität, was handwerkliches Können und bildnerischen Sinn betrifft. Ein großes Jaguarfell, bei dem einzig der Kopf in Relief gearbeitet ist und das riesige, gestreckte Fangzähne besitzt, ist ein Beispiel für diese hochentwickelte Kunst, in der Treibarbeit zusammen mit Kupferschmiedekunst ein würdevolles Stück entstehen ließen (Abb. 83). Dieses ziemlich großformatige Objekt scheint als Büchse für Kokablätter gedient zu haben. Der ganze Tierkörper ist mit Doppelwänden als Behälter gearbeitet und unterstreicht die Beziehung, die seit alters her zwischen dem Jaguar und den von den Schamanen verwendeten Rauschmitteln bestand.

Motiv eines Terrakotta-Siegels im Stil von Jama Coaque (Ecuadór)

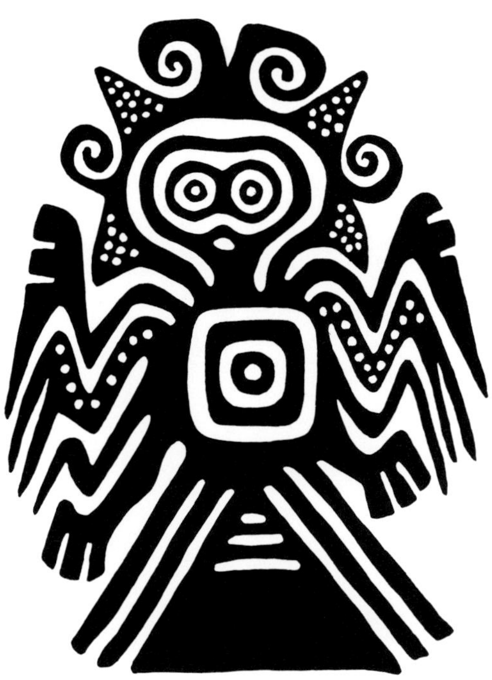

La Tolita und Jama Coaque

Wir haben zwar an erster Stelle die Mochica-Goldschmiedekunst vorgestellt, um sie mit der Keramik und Architektur dieser Kultur zu verbinden, doch begannen

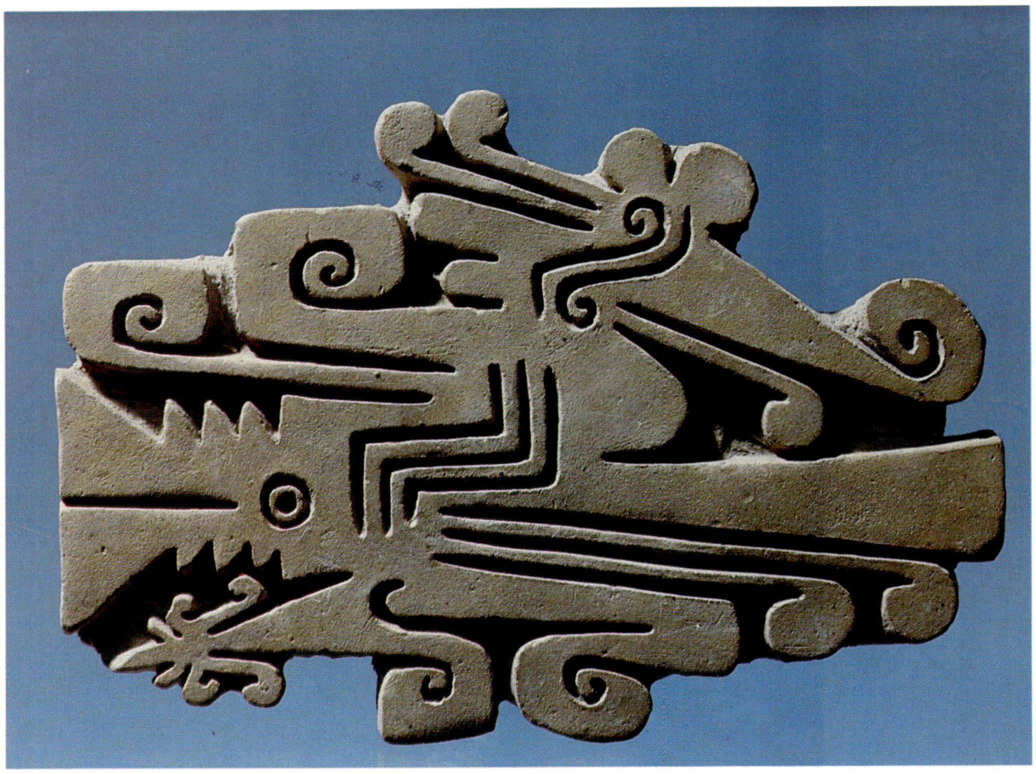
96

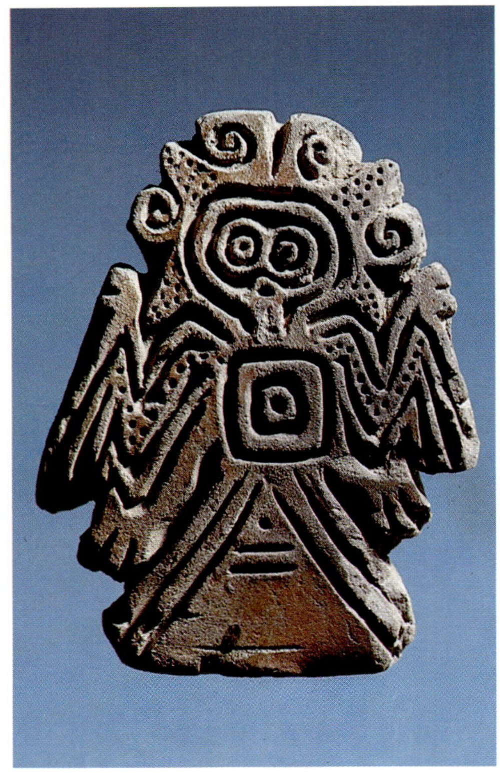
97

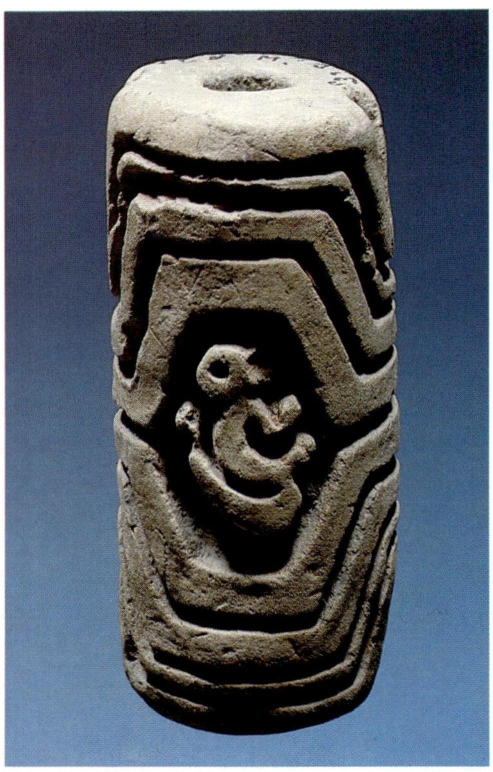
98

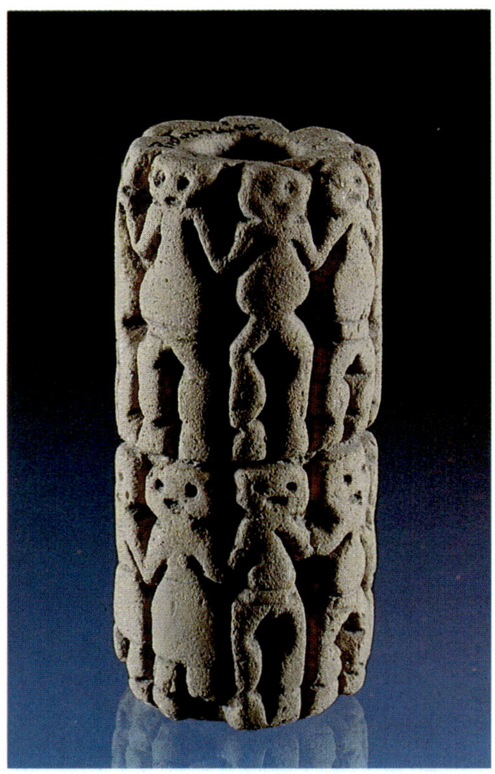
99

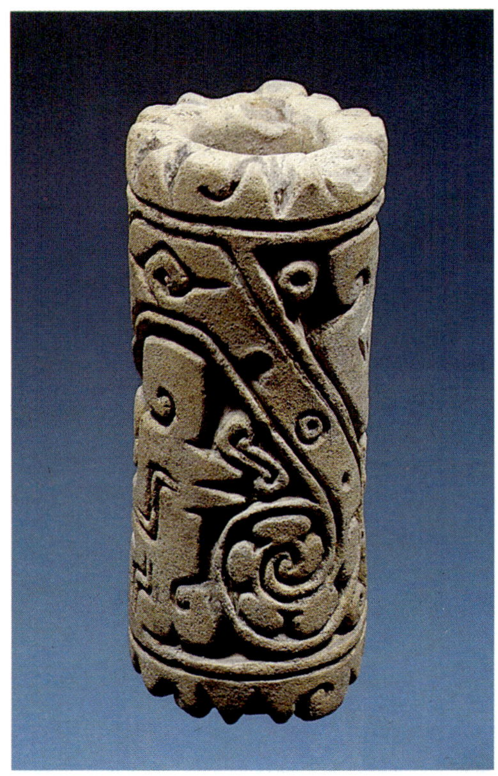
100

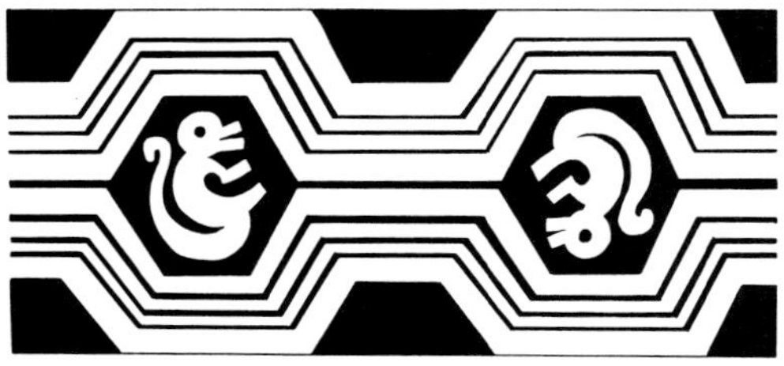

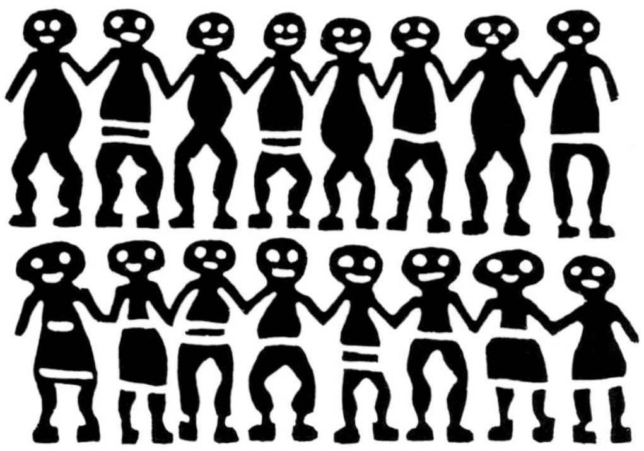

Zwei Abdrücke von zylindrischen Siegeln im Stil von Jama Coaque (Ecuadór). Vgl. Abb. 98 und 99

96–97 Die Kultur von Jama Coaque, deren Produktion zeitlich nicht genauer als zwischen 500 v. und 500 n.Chr. situiert werden kann, brachte auch eine Art Terrakottaspiegel mit eleganten und hochschematisierten Dekormotiven hervor. Das erste Stück ist 9,8 cm breit, das zweite 6,3 cm hoch. (Museo del Banco del Pacífico, Guayaquil)

98–100 In der Kultur von Jama Coaque entstanden ebenfalls zylindrische Siegel, die denen verwandt sind, die man in Perú im Gebiet von Tembladera und Chicama fand. Wie die mesopotamischen Werke des gleichen Typs dienten diese Objekte dazu, ein Motiv in den Ton zu drücken. Das Stück zur Linken ist 7 cm hoch und zeigt einen Affen in Mäandern, auf dem mittleren, 10,6 cm hohen Zylinder erscheinen zwei Reihen kleiner Figuren, während das 10,6 cm hohe Stück zur Rechten mit einem kunstvollen Volutenmotiv geschmückt ist. (Museo del Banco del Pacífico, Guayaquil)

die Versuche im Bereich der präkolumbischen Metallbearbeitung vermutlich in Ecuadór (und Kolumbien).

Im äußersten Norden Ecuadórs liegt in der Region von Esmeraldas eine Flußinsel im Delta des Rio Santiago, die La Tolita heißt. Im Jahre 1928 begann sich der amerikanische Ausgräber Marshall H. Saville, der schon zu Beginn des Jahrhunderts Forschungen im Land unternommen hatte, für diesen Ort zu interessieren, der sich für die präkolumbische Goldschmiedekunst als eine der reichsten Fundstätten erweisen sollte. Zwischen 1933 und 1940 entnahm Peter Baumann zufolge ein Italiener, der mit Ausgrabungsmaterial ausgerüstet war, dem Boden der Insel etwa 1700 Pfund Gold in Form von Gegenständen, die er einschmolz, um es der Regierung zu verkaufen.

Im Jahre 1968 entdeckte der Amerikaner James Judge in La Tolita eine Goldmaske mit Augen aus Platin, ein Faktum, das den Archäologen viele Probleme stellte. Die Kunst von La Tolita situiert sich zwischen 500 v. und 500 n.Chr.; im Abendland jedoch konnte man erst um 1730 Platin schmelzen, weil zuvor Öfen mit genügend hoher Temperatur fehlten. Es braucht in der Tat 1755 °C, bis der Schmelzpunkt von Platin erreicht ist. In Anbetracht des technologischen Standes der Präkolumbier ist es ausgeschlossen, daß sie zu solchen Ergebnissen kommen konnten. Das Platin existiert jedoch in natürlichem Zustand in Form von Klumpen und in Legierungen mit Gold. Sein Reinheitsgrad ist in dieser Form mehr oder weniger hoch, und der Schmelzpunkt liegt aufgrund des Goldanteils um einiges tiefer. Klumpen aus reinem Platin konnte man schmieden und durch Löten in eine Goldschmiedearbeit einsetzen.

Die Stücke von La Tolita sind in stilistischer Hinsicht sehr vielfältig, und die unterschiedlichen Formen erklären sich durch die lange Existenz dieser Kultur. Die Phasen, die während eines Jahrtausends die Geschichte von La Tolita kennzeichnen, sind wenig bekannt. Manche Werke scheinen an der großen Bewegung teilzuhaben, die durch den Jaguar- und Schlangenkult bestimmt ist, wie man ihn in Chavín vorfindet. Dies ist der Fall bei der seltsamen »Maske« eines Raubkatzenrachens von schöner horizontaler Stilisierung (Abb. 87) oder bei dem »Diadem« aus fein gehämmertem Goldblech, dessen Motiv mit Präzision ausgeschnitten ist (Abb. 84). Es zeigt im Zentrum ein getriebenes Gesicht mit Schlangenhaaren. Das Stück hat das Aussehen einer mit intensiver Ausstrahlung ausgestatteten Gottheit.

Die Grabmasken mit ihrer angesetzten Nase zeigen, daß es den Handwerkern mit ihrer Kupferschmiedetechnik nicht gelang, den Nasenansatz auszuführen, ohne dabei zu riskieren, das laminierte Blech mit dem Hammer zu zerschlagen. Ihre verschiedenen Stile sind vor allem an der Augenform erkennbar: Die einen Augen sind mandelförmig und haben eine vertiefte Pupille (Abb. 86), nach einer Formel, die man später bei den Chimú wiederfindet; die anderen besitzen einen realistischeren Blick mit zwei asymmetrischen Hälften (Abb. 85). Beide Masken sind durch einen *nariguera* genannten Nasenschmuck gekennzeichnet.

Die Feinheit der Stücke von La Tolita zeigt sich jedoch in den kleinen Goldschmiedearbeiten. Die Mischungen aus Gold und silber- oder platinreichen Legierungen ermöglichen metallische Farbenspiele (Abb. 89 und 91). Kleine Anhänger mit Menschengesicht sind ähnlich gestaltet, wobei jedoch in die Masse des Goldblechs gesetzte Versilberungen die Augen und Zähne hervorheben (Abb. 87). Zahlreich ist schließlich der Goldschmuck, dem man auf Kleidern befestigte, wie es die für die Fäden vorgesehenen Löcher beweisen (Abb. 90).

Diese formale und stilistische Vielfalt der Goldschmiedearbeiten aus La Tolita findet man in der Keramik wieder. Die ebenso befremdlichen wie bemerkenswerten keramischen Stücke führen von einem raffiniert stilisierten Gesicht (Abb. 92) bis zu einer Art Kubismus »à la Picasso« bei einer seltsamen Schlangengottheit (Abb. 93). Ähnlich merkwürdig ist das asiatische Aussehen einer Architekturkeramik, die an einen »chinesischen Löwen« oder an einen »Khmer-Tempelwächter« erinnert und die kein Kunsthistoriker spontan mit Ecuadór in Verbindung bringen würde (Abb. 94)

Gleich befremdlich wirken auch manche Werke der Kultur von Jama Coaque, das südwestlich von La Tolita ebenfalls an der Pazifikküste liegt. Auch die Entwicklung von Jama Coaque ist zwischen 500 v. und 500 n.Chr. anzusetzen, wobei jede genauere Datierung verfrüht wäre, da wissenschaftliche Arbeiten über den Ort fehlen.

Eine schöne Jama Coaque-Keramik stellt ein Heiligtum in Form einer Stufenpyramide dar, die mit Streifen mit aufgesetzten Dekorelementen verziert ist; zuoberst thront eine reich geschmückte weibliche Gottheit, zu der eine Treppe hinaufführt (Abb. 95). Durch seinen Stil und seine blaue Farbe erinnert das Werk eher an Südostasien als an die präkolumbischen Völker. Um das Geheimnis dieser ecuadorianischen Kulturen noch zu vergrößern, läßt eine Gruppe von Keramiksiegeln mit stark schematisiertem, abstraktem Dekor an eine sumerisch-babylonische Sammlung oder an Stücke aus dem Indus-Tal denken (Abb. 96–97). Zur gleichen Zeit brachte eine weitere Kultur – die von Guangala an der Küste von Guayas – spindelförmige Terrakotten hervor, die mit ähnlichen Motiven verziert sind und denen Johannes Wilbert eine ausführliche Untersuchung widmete. Das Thema der Siegel ist jedoch nicht rein ecuadorianisch. Man fand in Tembladera, im Einflußbereich von Chavín, Zylinder von gleichem Typ wie die aus Jama Coaque; ihre Stilisierung zeigt das gleiche Bemühen um Schematisierung und Prägnanz.

Auffallend an der ecuadorianischen Kunst der klassischen Phase ist demnach ihre Vielfalt, das Fehlen von Einheitlichkeit, aber auch der Reichtum und die Erneuerung der Formen, wenn man sie mit dem Chorrera-Erbe vergleicht. Es entsteht der Eindruck eines Prüfstandes, einer Experimentieranstalt, eines Ideenschmelztiegels, wobei die Suche wichtiger als die Ausführung war. Nichts ist jedenfalls der ungewöhnlichen Einheit der Mochica-Blüte und ihren riesigen Pyramiden vergleichbar, und nichts erreicht die tiefe Menschlichkeit der Mochica-Porträtgefäße.

V Kunst und Kunsthandwerk von Paracas-Nazca

Das südliche Küstengebiet Perús ist noch ausgetrockneter als die Nordküste des Landes. Man sagt sogar, daß es in dieser Region seit der spanischen Eroberung nicht mehr richtig geregnet hätte. Inmitten zahlloser Felsen, zwischen denen riesige Sanddünen verlaufen, ist nur in einigen wenigen Tälern fruchtbares Land zu finden, das sich für Besiedlung und Ackerbau eignet.

Im Süden von Pisco weist die Küste Buchten und die bedeutende Halbinsel von Paracas auf. Die ihr vorgelagerten felsigen Inseln, die einst reich an Guano waren, besitzen eine üppige Fauna. Seelöwen, Ohrenrobben und Seevögel wie Pelikane, Kormorane, Pinguine, Sturmvögel oder Möwen finden im Pazifik reiche Nahrung. Der Humboldtstrom mit seinem in Übermaß vorhandenen Plankton ernährt Walfische, Mörderdelphine und Fischschwärme wie Sardellen, Sardinen und andere Arten, zu denen unzählige Muscheln und Schalentiere hinzukommen.

Dieses intensive Meeresleben steht im Gegensatz zu den ausgedehnten Wüsten, die sich hinter den von den Ozeanwellen umtosten Steilufern hinziehen. Der Reichtum an Meeresfrüchten zog die Menschen von alters her in die öden Küstengebiete. Vor 4000 bis 5000 Jahren konnten die heute versiegten Flüsse noch etwas Wasser führen und an einigen wenigen Orten, die der Mensch für seine ersten Niederlassungen wählte, Leben und Vegetation bis zur Küste ermöglichen. An verschiedenen Stellen gibt es auch heute noch unterirdische Flüsse, die an grünem Gebüsch in geschützten Vertiefungen erkennbar sind; Ziehbrunnen liefern dort dem Menschen das lebensnotwendige Naß. Johannesbrotbaum- und Akazienwälder boten an manchen Küstenstellen Unterschlupf, wo in den Lagunen wahrscheinlich Schilf wuchs.

Viertausend Jahre Entwicklung

Um sich gegen den starken Küstenwind aus Süden zu schützen, lebten die Menschen in halbunterirdischen Unterständen, deren Dächer von Geäst oder Walfischknochen gestützte Matten bildeten. Um 3000 v.Chr. war die Paracas-Halbinsel von einer Bevölkerung besiedelt, die sich vor allem mit Fischfang und Muschelsammeln beschäftigte. Sie kannte weder Baumwolle noch Keramik. Diese Lebensweise hielt sich vermutlich während mehr als 1000 Jahren. Sie führte zu riesigen Muschelhaufen – den Überresten der Meeresnahrung –, die man in der Archäologie nach den ersten in Dänemark gemachten Entdeckungen dieses Typs oft »Kökkenmöddinger« nennt. Diese Anhäufungen können bis zu 100 m lang und 10 m hoch sein. Man findet sie vor allem in Otuma, wo sie als Schutzstände, im rechten Winkel zur Windrichtung, angelegt sind. Diese noch ziemlich primitive Gesellschaft kannte schon die Bestattung der Toten, die man in Schilfmatten und manchmal in Lamafelle hüllte.

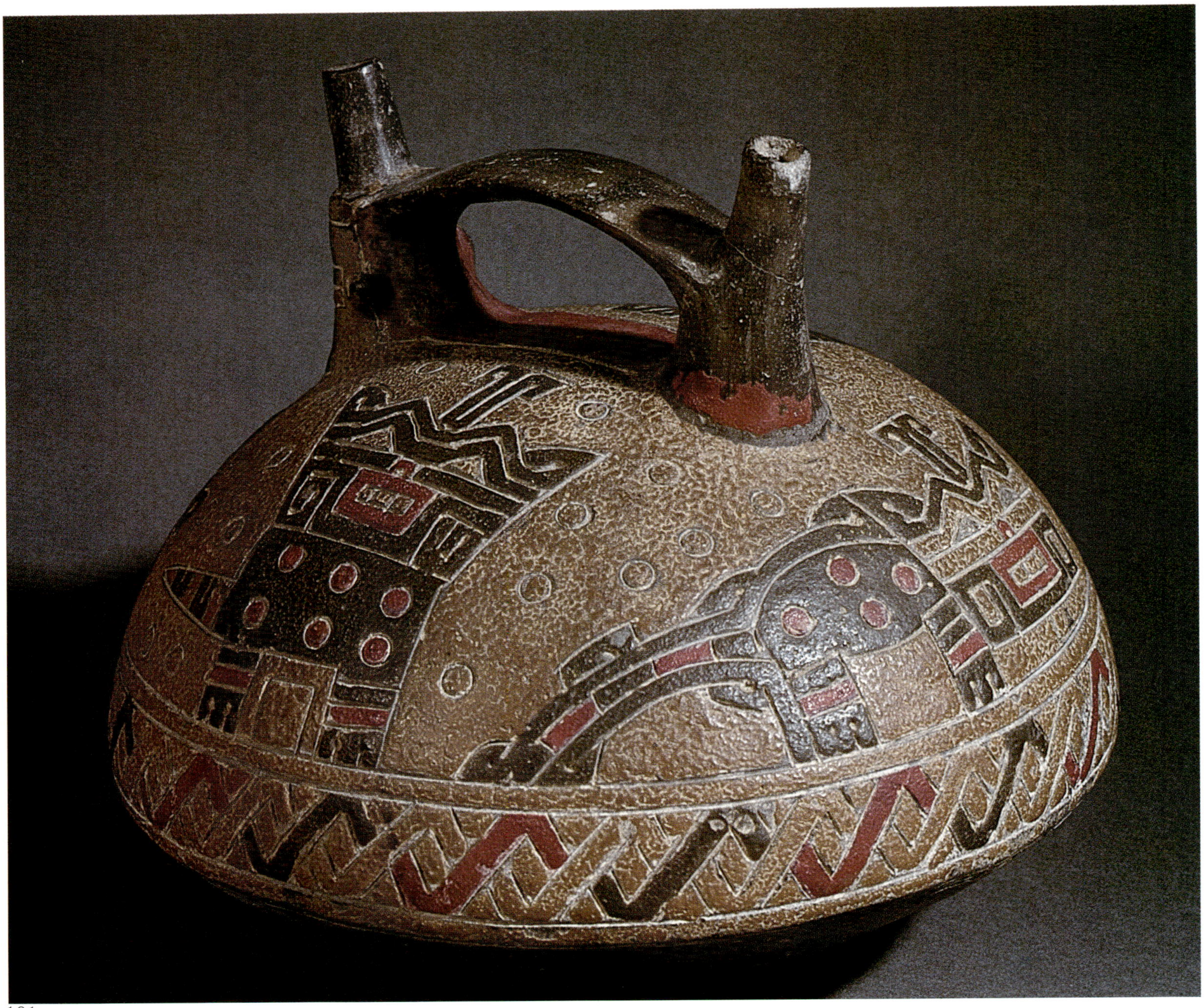

101

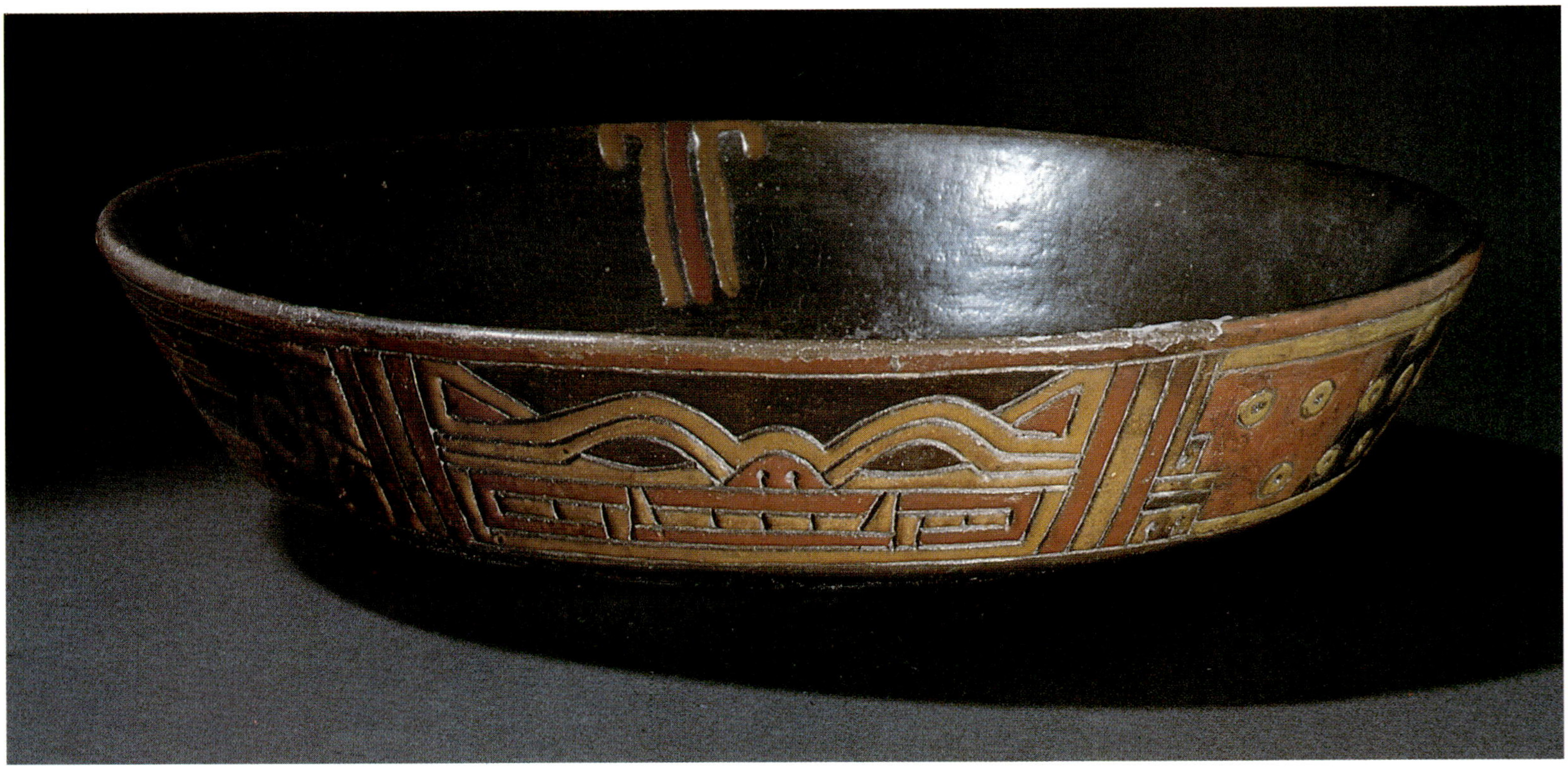

102

Um 1000 v.Chr. existierte eine Gesellschaft, die zwar noch keine Keramik besaß, doch über Mais, Maniok, Baumwolle und Bohnen verfügte und in der weiterentwickelte Bestattungsformen und Stoffe aus gezwirntem und Bouclé-Garn bekannt waren. Vermutlich um 700 v.Chr. begann sich der Chavín-Einfluß in den Küstengebieten auszuwirken. Mit diesem Einfluß der Ikonographie von Chavín war der Beginn der Keramik im südlichen Küstengebiet verbunden. Zugleich hatte der Mensch auch den Hund gezähmt.

Die südliche Küstenregion Perús wurde erst spät wiederentdeckt. Wie bei den meisten peruanischen Kulturen bereitet die Aufstellung der Chronologie beträchtliche Schwierigkeiten. Was vor allem die präkeramische Phase von Paracas betrifft, so verdanken wir die Kenntnis der damaligen Gesellschaften den Arbeiten von Frédéric Engel, der zwischen 1955 und 1959 tätig war und die Ergebnisse 1960 veröffentlichte. Zuvor hatte Julio Tello 1925 mit den ersten Ausgrabungen in Paracas begonnen. Er förderte insbesondere einen Friedhof zutage, der 429 *fardo* (Mumienbündel) mit prunkvollen Stoffen enthielt. Es war Max Uhle, der 1911 in der Gegend von Ica die Herkunft der Nazca-Gefäße entdeckte. Er hatte wie eine Polizeiuntersuchung geführte Nachforschungen unternommen, um den Ursprung der schönen Keramiken zu finden, von denen einige durch Huaqueros ausgegrabene Stücke bis in bestimmte Museen und Sammlungen gelangt waren.

Der Chavín-Einfluß, der sich auf die Paracas-Keramik seit 700 v.Chr. auswirkte, kündigte das Aufblühen dieser Kunst an, die Tello »Paracas-Cavernas« nannte und die heute als Mittel-Paracas bekannt ist; sie liegt zwischen 500 und 300 v.Chr. Die von Chavín übernommenen Bildthemen wurden weiterverwendet, doch die Eigenständigkeit der Keramiktechniken zeigte sich in den nach dem Brand aufgetragenen Farben. Die Palette dieser harzhaltigen Farben ist reich und kraftvoll. Die bemalten Flächen werden von Einritzungen begrenzt. Der von Tello verwendete Ausdruck »Cavernas« bezieht sich auf unterirdische Schachtgräber, deren Kammern gelegentlich Dutzende von Mumienbündeln enthalten können.

Die darauffolgende Phase des Spät-Paracas, die Tello »Paracas-Necropolis« genannt hatte, umfaßt die Zeit zwischen 300 und 200 v.Chr. Aus ihr stammen die berühmten Paracas-Stoffe, auf die noch zurückzukommen ist. Eine Übergangsphase zwischen 200 und 100 v.Chr. gilt als Proto-Nazca, und ihr schließt sich die eigentliche Nazca-Zeit an. Es gibt jedoch keine Zäsur zwischen Paracas- und Nazca-Kultur, selbst wenn man neue Glaubensvorstellungen und bestimmte künstlerische Entwicklungen in Betracht zieht; vermutlich gehen sie auf die Ankunft neuer Völker zurück, die sich mit den ursprünglichen Bewohnern der Region vermischten. Bedeutende Veränderungen sind vor allem bei der Keramik festzustellen, die nun vor dem Brand bemalt wurde sowie eine leuchtende Farbpalette und eine hochglänzende Oberfläche erhielt.

Wir stützen uns im folgenden auf die Chronologie Dieter Eislebs, die ihrerseits auf den Arbeiten von A.H. Gayton und A.L. Kroeber, John H. Rowe und Dorothy Menzel sowie Alan R. Sawyer und William D. Strong aufbaut. Danach unterteilt man den Nazca-Stil in Früh-Nazca (100 v.–200 n.Chr.), Mittel-Nazca (200–300) und Spät-Nazca (300–600), dem der Nazca-Huari-Stil (600–700) folgt, sobald sich der Einfluß der Tiahuanaco-Huari-Kunst bemerkbar macht.

101 Die sogenannte Paracas-Cavernas-Keramik aus dem südperuanischen Küstengebiet läßt Einflüsse aus Chavín erkennen, besonders was die Verehrung einer Raubkatzengottheit betrifft. Dieses Gefäß mit Doppelausguß und Bügel ist mit stilisierten Raubkatzen verziert, von denen die rechte von der Seite, die linke von vorne dargestellt ist. Das 17 cm hohe Stück aus der Zeit zwischen 500 und 300 v.Chr. wurde kalt bemalt. (Museo Amano, Lima)

102 Diese Schale im Paracas-Ocucaje-Stil hat einen Durchmesser von 22,5 cm und zeigt auf dem Außenrand ein stilisiertes Raubkatzenmotiv, dessen Farben nachträglich auf den durch Reduktionsbrand erzeugten schwarzen Grund aufgetragen wurden. Wie das vorhergehende Stück datiert die Schale von 500 bis 300 v.Chr. (Museo del Banco Central de Reserva, Lima)

Von der Paracas-Keramik...

In der Gegend von Paracas gab es am Ende der von der Chavín-Kunst beeinflußten Periode kleine Dorfsiedlungen mit doppelten oder dreifachen Umfassungsmauern, die von einer Zeit andauernder Unsicherheit zeugen. Die Kämpfe, die die einander benachbarten Stämme um die nicht mehr ausreichenden Ländereien führten, erklären die Zahl der aufgefundenen trepanierten Schädel. Manche Stammesmitglieder wurden mit Erfolg operiert, wie die Skelette beweisen, denn die Vernarbungen der Trepanationsöffnungen belegen die vollständige Heilung des Patienten.

Die »Cavernas« von Tello sind, wie bereits gesagt, unterirdische Gräber, die von Menschenhand in den Felsen der Paracas-Halbinsel gehauen wurden. Ihre innere Form gleicht einer langhalsigen Karaffe, mit einem Zugangsschacht, der zu einer halbkugelförmigen Kammer führt. Bis zu 55 Verstorbene in riesigen Mumienbündeln setzte man in einem einzigen Raum bei. Die mumifizierten Toten wurden in Hockstellung bestattet, wobei man bei einigen Eingeweide und Hauptmuskeln entfernte. Sie ruhten in Korbschalen und waren in lange Tücher gewickelt, teils einfache Gewebe als äußere Umhüllung, teils feine, mit einigen Farben verzierte Gazegewebe.

Daß sich der Grabinhalt 2500 Jahre lang in hervorragender Frische erhalten hat, ist dem – trotz der unmittelbaren Nähe des Pazifik – extrem trockenen Klima von Paracas zu verdanken. Neben den mumifizierten Körpern und den Stoffen, in die sie gehüllt waren, gibt es verzierte Kalebassen, Holzgegenstände wie Pfeile und Webstühle sowie Reste pflanzlicher Nahrungsmittel in Körben.

Neben die Mumienbündel stellte man auch Keramiken. Diese nach dem Brand bemalten Töpferwaren zeigen in ihrer Ikonographie – Raubkatzen mit vorstehenden Eckzähnen – einen bestimmten Einfluß von Chavín. Die Raubkatzendarstellungen sind stark schematisiert und entsprechen darin dem Bemühen der Leute von Chavín um strenge Formen. Der geometrische Zug bestimmt sowohl den Dekor mit Bändern, Flechtwerk und Kreisen als auch die Behandlung der mythischen Tierfiguren (Abb. 101).

Die Gefäße besitzen oft einen kugelförmigen oder abgeflachten Bauch und zwei Ausgüsse, die ein flacher, stegartiger Henkel miteinander verbindet. Manchmal ist ein Ausguß mit einem Kopf verschlossen, der auf der Öffnung sitzt. Schüsseln und Schalen, Flaschen und Becher sind weitere Formen, die mit den vielfältigen Dekorthemen dieser Keramik geschmückt sind. Gelegentlich heben sich die harzhaltigen Farben von einem rauchschwarzen Grund ab, auf dem sie nach dem Brand aufgetragen wurden (Abb. 102).

Es sind nur wenige Paracas-Gefäße mit dem bügelförmigen Ausguß bekannt, der in den Kulturen von Chavín, Vicus und der Mochica so weit verbreitet war. Daß dieses Element im Mittel-Paracas beinahe vollständig fehlt und auch die im Brand erzielten Farben unbekannt sind, beweist, daß die Töpferkunst der südlichen Küstengebiete sich auf selbständige Weise entwickelte. Selbst wenn die Terrakotta der von Tello »Paracas-Necropolis« genannten Spät-Paracas-Phase eine einheitliche cremefarbene Engobe aufweist, belegt dieser Überzug, der im Vergleich zum Rot in der Chavín- und Vicus-Keramik ziemlich selten ist, ein weiteres Mal die Eigenständigkeit der Töpfer von Paracas. Die Verwendung von Engobe ist zudem nicht mit dem Gebrauch des Bügelausgusses verbunden. Wir stehen hier also vor einer besonderen Bewegung, auf die die nördlichen Kulturen, abgesehen von einigen Bildthemen, nur wenig Einfluß ausüben konnten.

... zur Töpferkunst der Nazca

Das Volk der Nazca, das im Gebiet von Cañete im Norden bis Arequipa im Süden lebte, war der direkte Erbe der Paracas-Kultur. Es setzte sich aus einer Reihe kleiner Fürstentümer zusammen, die in den Becken vom Rio Pisco über den Rio Ica, den Rio Grande de Nazca und Rio Lomas bis zum Rio Ocoña lagen, und betrieb Ackerbau mit künstlicher Bewässerung. Die verschiedenen unabhängigen Gesellschaften machten sich oft den Besitz der zur Bewässerung der Ackerflächen notwendigen Leitungen streitig. Die Nazca lebten in großen Dörfern am Rand der Ackerbauzonen, um die zur Lebensmittelproduktion geeigneten Ländereien nicht zu beeinträchtigen. Sie wohnten in Hütten aus Weidengeflecht mit Strohdächern, die rund um *adobe*-Pyramiden standen.

103 Kugelförmiges Nazca-Gefäß mit Doppelausguß und Bügel aus der mittleren Periode (Phase 3) zwischen 200 und 300 n. Chr. Die Nazca-Keramik mit ihren schönen warmen Farbtönen – Schwarz, Braun, Ocker, Gelb und Weiß – und ihren hochschematisierten Malereien besitzt eine oft schwierig zu verstehende Symbolik. Handelt es sich um die Darstellung eines Trophäenkopfes oder einer Fruchtbarkeitsgottheit? Das Stück ist 20,5 cm hoch. (Museo del Banco Central de Reserva, Lima)

104 Das 21,5 cm hohe menschengestaltige Nazca-Gefäß stellt eine Fruchtbarkeitsgottheit dar, die an den Früchten in ihren Händen erkennbar ist. Es datiert aus Phase 3 (200–300 n. Chr.). Die reichgeschmückte Person trägt den *nariguera* oder Nasenschmuck und ein Diadem in Goldschmiedearbeit. Auf den Handgelenken ist ein Bildnis zu sehen, das dem auf dem Gefäß von Abbildung 103 gleicht. (Museo Nacional de Antropología y Arqueología, Lima)

105 Kleines Nazca-Gefäß in Form eines Seevogels, mit einem einzigen Ausguß und Bügelhenkel. Das 14,5 cm hohe Stück datiert aus Phase 3 (200–300 n. Chr.); es besitzt volle Formen und ist von großer Eleganz. (Museo del Banco Central de Reserva, Lima)

106 Schönes kugelförmiges Nazca-Gefäß mit Doppelausguß und Bügelhenkel aus Phase 3 (200–300 n. Chr.). Das 16 cm hohe Stück mit dem Motiv eines Kondors in vielfarbiger Malerei auf weißem Grund zeigt die graphische Meisterschaft der Nazca-Künstler. (Museo Regional de Ica)

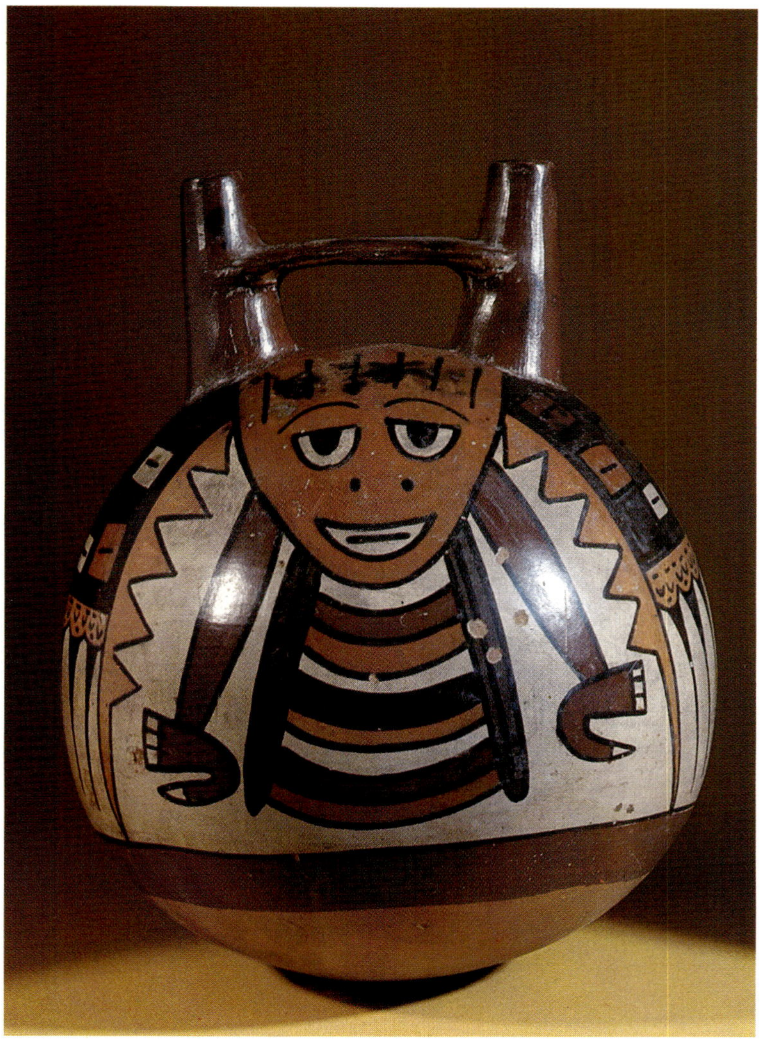
103

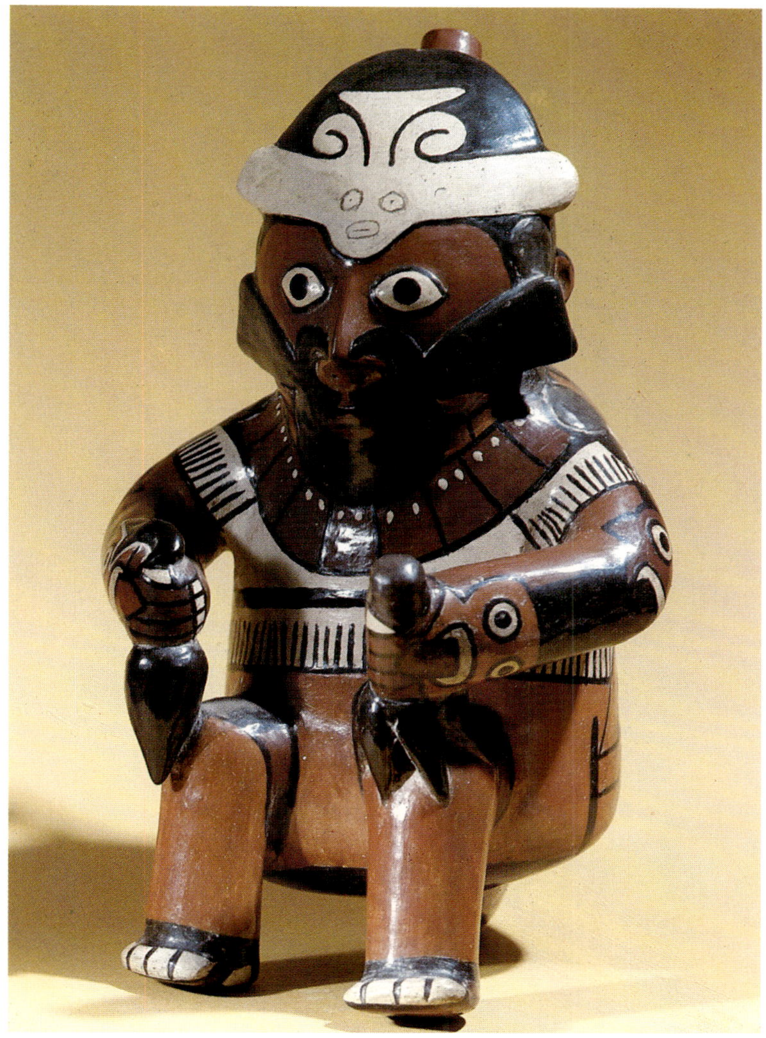
104

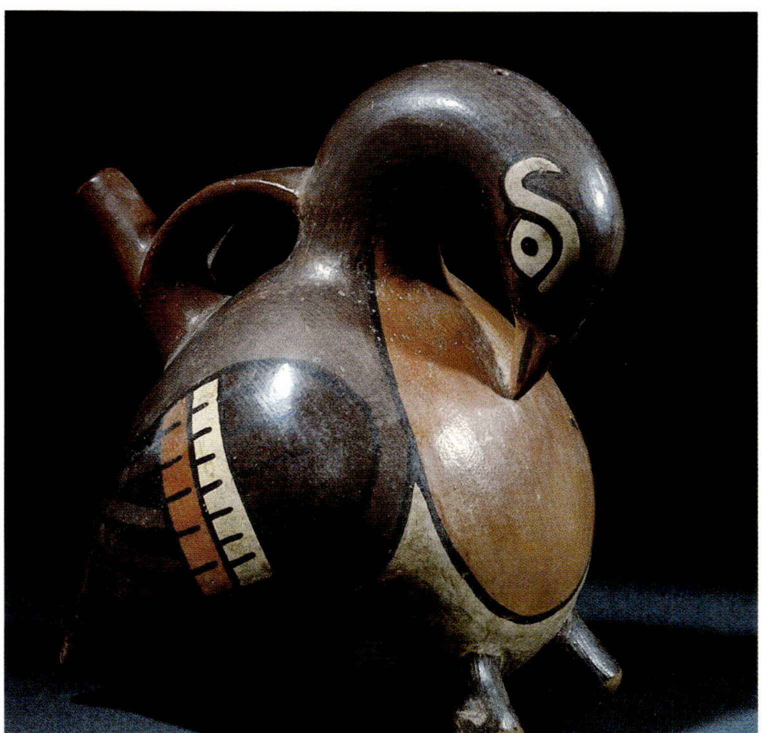
105

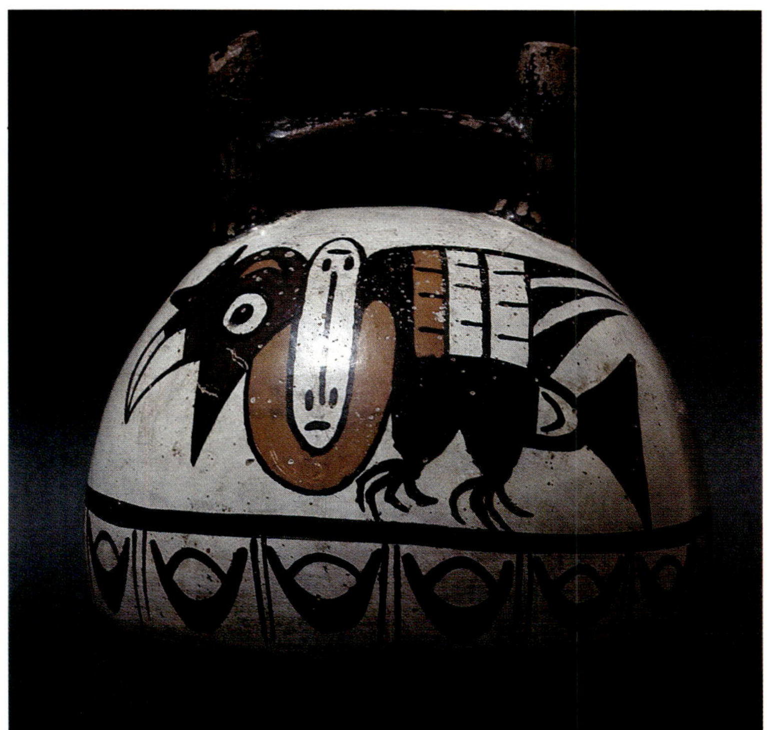
106

Ihre größte Stadt war Cahuachi, das 6 km südlich von Nazca liegt. Dort überragte eine Stufenpyramide mit 100 auf 90 m Seitenlänge und 20 m Höhe sechs Baukomplexe. Unweit von diesem Zeremonialzentrum liegt die Gruppe von La Estequería mit zwölf Reihen von je zwanzig 2 m hohen Pfosten. Diese bildeten die Stützen des größten aus Holz errichteten, überdeckten Profangebäudes der präkolumbischen Welt, das 40 m lang und 25 m breit war und eine Fläche von 1000 m^2 einnahm. Unbekannt ist jedoch die Art des Dachsystems für diesen riesigen Holzbau, der beweist, daß es in dieser Gegend bis zum Beginn unserer Zeitrechnung bedeutende Wälder gegeben haben muß. In den Dörfern der Paracas-Region sind auch Überreste oberirdischer Steinbauten erhalten, die im Gegensatz stehen zu den halbunterirdischen Behausungen der vorhergehenden Perioden.

Offenbar vollzog sich in dieser Gesellschaft eine tiefgreifende, doch langsam, ohne Bruch, fortschreitende Umwandlung. Sie führte zu einem neuen Keramiktyp, bei dem die Farben durch den Brand im Ofen erzielt wurden. Die traditionellen Formen des Mittel-Paracas-Stils erhielten sich zunächst in den bauchigen Gefäßen mit Doppelausguß und Steg, erfuhren jedoch schon beträchtliche Veränderungen. Der Bauch ist nun oft kugelförmig und hat einen gerundeten Boden, um das Gefäß in den Sand stellen zu können, während die durch stegartige Henkel vereinten Ausgüsse anfangs beinahe senkrecht aufgerichtet sind; erst die späten Stücke haben Ausgüsse von deutlich abweichender Form (Abb. 103, 106 und 111). All diese Gefäße sind trotz ihrer oft komplexen Formen – selbst bei ausgeprägt plastischen Beispielen – in Spiralwülsten aufgebaut und mit der Hand geformt, also nicht mit Formen hergestellt wie die meisten Mochica-Gefäße. Vermutlich hatten die reichbemalten Stücke, deren Emailfarben bis zu elf verschiedene, durch schwarze Linien voneinander getrennte Tönungen besitzen, keine andere Funktion als die, den Dekor zu tragen und den Verstorbenen ins Grab zu begleiten.

Die Bedeutung dieser bemerkenswert fein und vollendet ausgeführten Werke liegt vor allem in der Schönheit der Zeichnung, die keinesweg auf Realismus ausgerichtet ist, in der Sicherheit der Farbverteilung, in der farblichen Harmonie. Interessant ist auch ihre Ikonographie, die sich deutlich von der der Blütezeit der Mochica-Kunst unterscheidet. Neben Meerestieren wie Walfischen, Mörderdelphinen und verschiedenen Fischen oder Vögeln wie Pelikanen, Tukanen, Kondoren, Möwen oder Kolibris findet man Darstellungen mythischer Personen oder von Gottheiten, die eine überschwengliche Phantasie verraten. Der Raubkatzenrachen im Chavín-Stil ist einer Ungeheuermaske gewichen, die Pflanzensymbole trägt, oder einem mit Federn, Zungen und Schnäbeln besetzten Wesen, das an den üppigen Schmuck der Raimondi-Stele erinnert, ohne dessen geometrische Anordnung zu besitzen (Abb. 112). Die Keramik mit ihren einfachen Formen, die der sie schmückenden Bildkunst untergeordnet ist (Abb. 108), wird manchmal zur Skulptur. Sie kann mit erstaunlicher Prägnanz ein Tier (Abb. 105) darstellen oder die Gottheit mit den Zügen einer maskentragenden Person, die Diadem und Mundschmuck in Form eines langen Schnurrbarts trägt, vermutlich ein Symbol für die Barthaare der emblematischen Raubkatze (Abb. 104).

Daneben gibt es anthropomorphe Gefäße, die sehr viel prosaischer Menschen in Alltagshaltungen darstellen: einen Panflötenspieler oder einen Krieger, der eine Wunde am Knie vorzeigt (Abb. 110 und 113). Auch hier ist die Keramik in ihrer Schematisierung weit von der realistischen Auffassung der Mochica entfernt. Doch ist ein außergewöhnlicher Sinn für die Verschmelzung mehrerer Ausdrucksweisen festzustellen. Die Plastik ist so wenig ausgeprägt, daß sie, was die Gestaltung der Hände beim zuletzt erwähnten Stück betrifft, ganz vor der Malerei zurücktritt. Das Werk hat außerdem (wie auch das Gefäß von Abb. 105) den Einzelausguß mit Henkel der Chorrera-Schöpfungen und frühen Vicus-Arbeiten wieder aufgenommen, dabei jedoch in der Umwandlung des bildnerischen Stils zu einer Art Expressionismus gefunden.

Die Keramikstatuetten schließlich haben keinen Bezug zur Gefäßfunktion mehr; hier sind die plastischen Mittel um ihrer selbst willen eingesetzt. So gibt es

Personendarstellungen, die ebenfalls an Chorrera-Figuren erinnern und in dieser Spätphase der Nazca-Keramik zwei Typen zuzuordnen sind. Der erste zeigt aufrechtstehende Wesen – handelt es sich wirklich, wie manche Autoren meinen, um weibliche Symbole? – mit stattlichen Proportionen und ziemlich langen Beinen, der zweite das Bildnis einer sitzenden weiblichen Person mit ausgeprägtem Hinterteil. Malereien heben die Sexualorgane hervor, die – wie das Hinterteil – mit leuchtenden Tätowierungen geschmückt scheinen; ihr Stil erinnert an die Zeichnung der gefiederten Gottheit (Abb. 107–108).

Die Entwicklung der Textilien

Im III. Kapitel erwähnten wir die in Huaca Prieta entdeckten ersten Stoffe, die von 1950 v. Chr. datieren. Diese erhaltenen Baumwollfragmente belegen schon eine fortgeschrittene Webtechnik, da ihr Dekor mit Hilfe von zwei Farben ausgeführt wurde.

Die in Pampa Gramalote zutage geförderten Stoffe, die von 1350 v. Chr. datieren, sind ebenfalls ganz in Baumwolle ausgeführt und haben einen gewebten Dekor. Anschließend erscheinen Stoffe, deren Schmuck den Einfluß von Chavín, der heiligen Stadt des Hochlandes, auf die Küstengebiete bezeugt. Im Vergleich zu den Stücken aus präkeramischer Zeit zeigen sie eine weiterentwickelte Technik mit neuen Formeln: Verwendung von Alpakahaaren, Einsatz der Malerei in der Verzierung der Stoffe und Aufkommen von mit Hilfe von Nadeln in Rapportmustern und in Wirktechnik ausgeführtem Dekor.

Den Dekor auf den Stoff zu malen, war in der Chavín-Zeit allgemein üblich geworden. Durch Vermittlung solcher Stoffe hatte die Chavín-Ikonographie offenbar Einfluß auf die Gegend von Paracas gewonnen. In den letzten Jahren grub man an der Südküste mehrere Beispiele bemalter Stoffe aus.

Die Ausgrabungen, die Tello seit 1925 in Paracas durchführte und die prachtvolle Stoffe aus der von ihm »Paracas-Necropolis« genannten Phase zutage brachten, zeigen die außerordentliche Meisterschaft der Weber im präkolumbischen Perú. Bereits die Entdeckung der einfacheren Gewebe aus der »Paracas-Cavernas«-Phase hatte die Aufmerksamkeit auf die Bedeutung dieser »Industrie« im südlichen Landesteil gelenkt. Doch der Fund einer Gruppe von 429 Mumienbündeln auf einer ummauerten Fläche von 260 m² zeigte das erstaunliche Niveau, das die Handwerker der Paracas-Kultur seit dem 3. Jahrhundert v. Chr. erreicht hatten.

Die Bündel gleichen großen, konischen Ballen, die 1,50 m hoch und an ihrer Basis 1,50 m breit sind. Sie enthalten eine Mumie in Hockstellung – oft besitzt sie eine gewollte Schädeldeformation – und setzen sich aus zahlreichen, um den Verstorbenen gewickelten Tüchern zusammen. Ein einziges Bündel kann aus bis zu 150 Tüchern bestehen. Neben diesen Geweben, die offenbar nur für den Grabgebrauch bestimmt waren, fand man an der Seite des Toten sorgfältig zusammengelegte prachtvolle Gewänder. Die außergewöhnlichen Stücke, die vollständig mit gewebten, gestickten oder gewirkten Motiven verziert waren, erhielten von den Archäologen den Namen *manto*. In diesen Schöpfungen erreichte die prähistorische Webkunst ihren Höhepunkt. Abgesehen von diesen Arbeiten, deren Herstellung, wie wir noch sehen werden, mehrere Jahre dauerte, gab es in der Nähe der Mumien eine Reihe von Grabbeigaben wie Kalebassen mit Nahrungsmitteln, Federfächer, Goldpinzetten zum Enthaaren und Pfeile.

Samuel K. Lothrop, der mit Tello in Paracas ausgrub, führt die Beigaben auf, die eine einzige Mumie begleiteten: die von J. Bird untersuchte Mumie Nr. 49. Man zählte elf *manto,* zwanzig Ponchos, elf Röcke, sechs Turbane und fünf Gürtel. Ein großer Teil dieser Stücke war in kräftigen Farben bestickt. Zudem vervollständigten 26 ungemusterte Gewebe, von denen das größte Stück, ein einziges Webstuhlerzeugnis, 28 m lang und 4 m breit war, die reiche Grabausstattung.

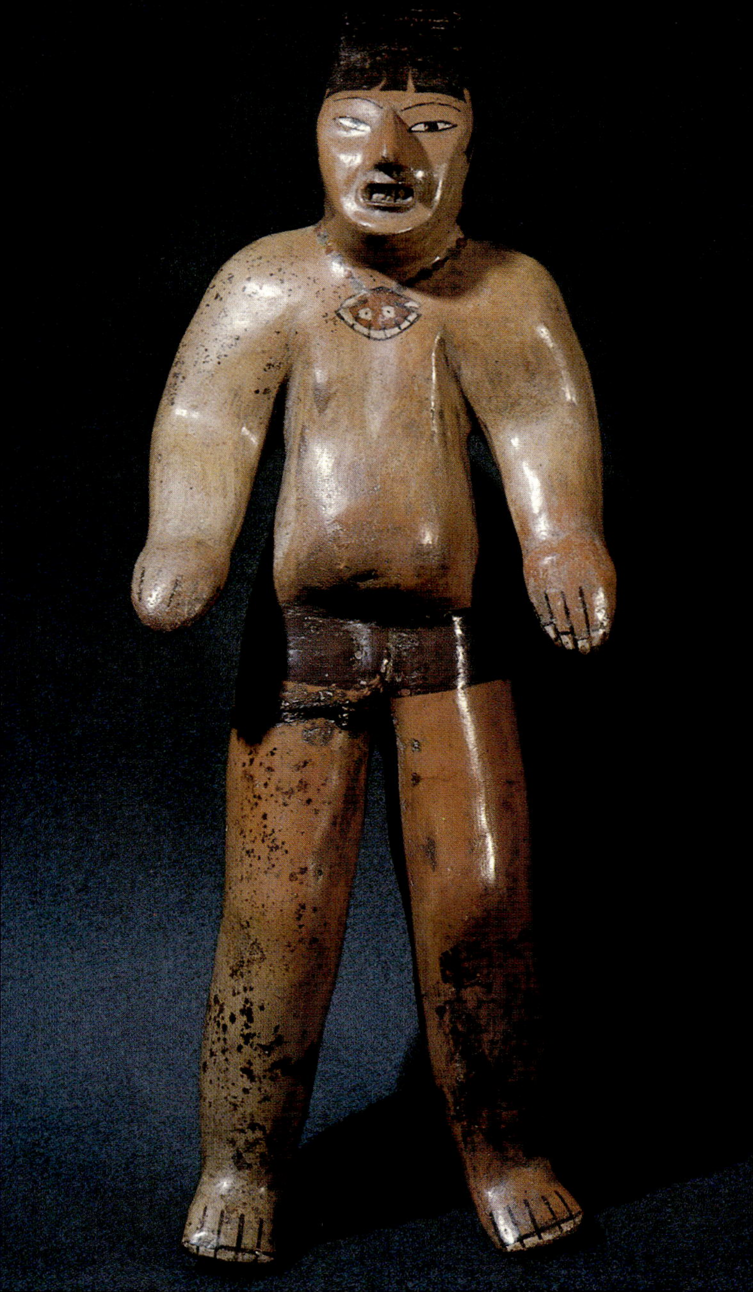

107

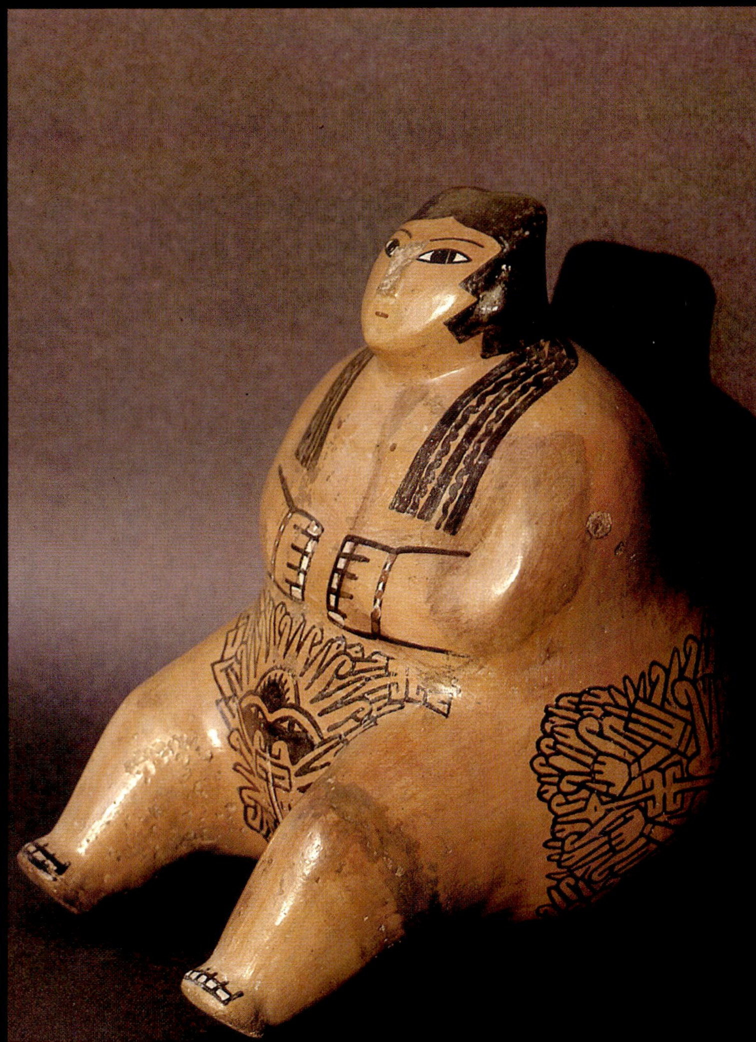

108

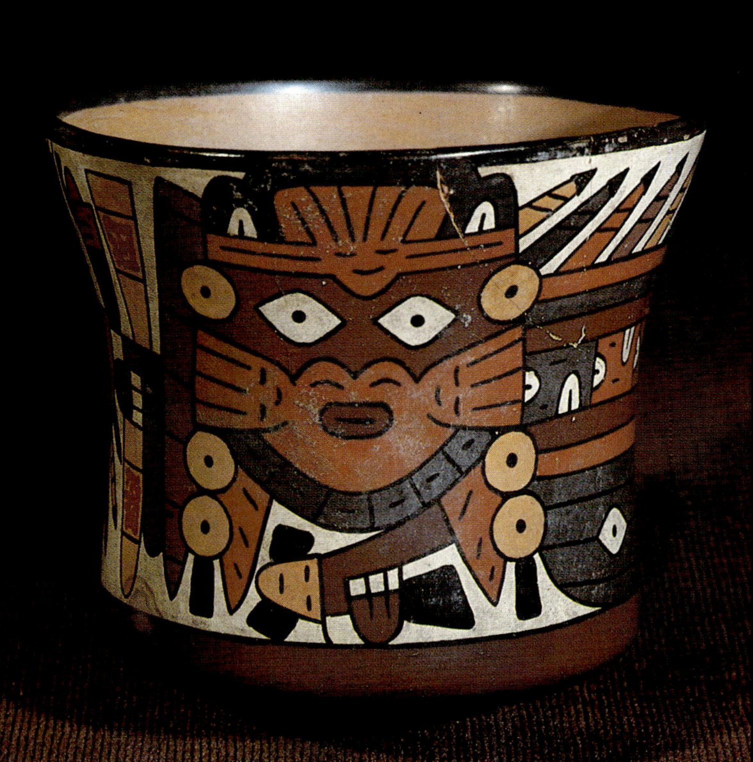

109

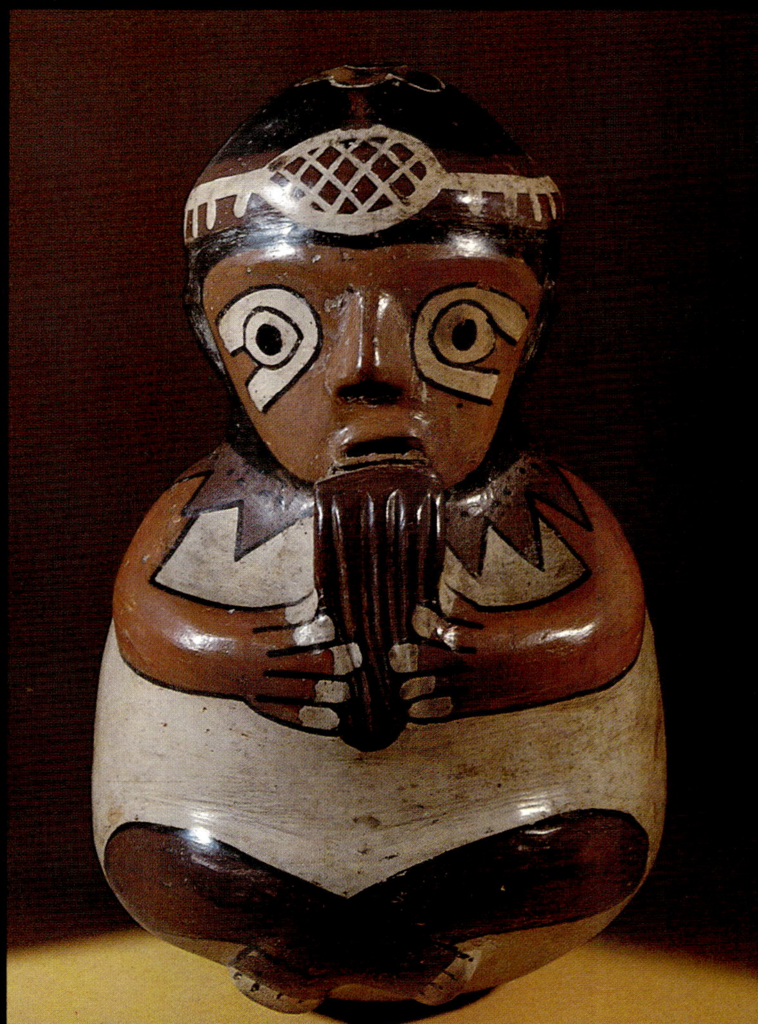

110

107 Seltsame Nazca-Keramikstatuette, die vermutlich einen Mann darstellt. Das 30 cm hohe Stück datiert aus Phase 6 (550–700 n.Chr.). Die Person trägt eine Art Mütze und einen Lendenschurz und ist mit einem muschelförmigen Anhänger geschmückt. (Museo Nacional de Antropología y Arqueología, Lima)

108 Diese weibliche Nazca-Statuette, die eine Art füllige Muttergottheit darstellt, ist im gleichen Stil gearbeitet wie die Figur von Abbildung 107. Die 25 cm hohe sitzende Person, deren Arme teils plastisch ausgebildet, teils gemalt sind, zeigt Motive – Tätowierungen ?–, die mit denen auf zahlreichen Gefäßen der Phase 6 verwandt sind. (Museo Regional de Ica)

109 Der 11 cm hohe Nazca-Becher, der aus Phase 4 (300–400 n.Chr.) datiert, ist mit einem Kopf verziert, der die gleichen Ornamente wie die Keramik auf Abbildung 104 trägt. Rechts ist der Anfang eines Federkopfschmuckes mit Schleppe zu erkennen, der demselben Motiv auf Stoffen oder auf der Raimondi-Stele gleicht. (Museo Nacional de Antropología y Arqueología, Lima)

110 Die 22,7 cm hohe menschengestaltige Nazca-Keramik stellt einen Panflötenspieler dar, der eine Art Diadem trägt, und datiert aus Phase 4 (300–400 n.Chr.). Bei den Händen und der Flöte zeigt die schematische Ausführung dieses Stückes ebenfalls den unmerklichen Übergang von der Plastik zur Malerei. (Museo del Banco Central de Reserva, Lima)

111 Das schöne, linsenförmige Nazca-Gefäß mit zwei mittels eines Bügelhenkels verbundenen Ausgüssen hat einen Durchmesser von 21,5 cm und datiert aus Phase 6 (550–700 n.Chr.). Im Dekor vervielfachen sich die Motive mit den gefiederten Köpfen von Gottheiten; zweigeteilte Zungen an den Enden der Federn symbolisieren wahrscheinlich Schlangen von Chavín.

112 Dieses kleine Nazca-Gefäß mit Doppelausguß und Bügelhenkel hat einen Durchmesser von 12,5 cm und ist ein gutes Beispiel für den üppigen Stil der Phase 6. Man erkennt eine Reihe von gefiederten Köpfen und zweiteiligen Zungen, die sich wie eine Pflanze verzweigen. Einmal mehr handelt es sich um Fruchtbarkeitssymbole. (Museo Nacional de Antropología y Arqueología, Lima)

Die *manto* von Paracas sind so kunstvoll gearbeitet, daß es sich lohnt, ihre vielfältige Technik etwas näher zu beschreiben. Oft bestehen sie aus drei nebeneinandergesetzten Stoffbändern mit einer Gesamtgröße von rund 2,50 auf 1,50 m, d.h. etwa 4 m². Beim breiteren Mittelteil sind Kett- und Schußfäden aus Alpakawolle, während die Kette der schmaleren Seitenteile aus Baumwolle ist und in Wolle gewirkte Motive trägt, die oft noch mit der Nadel bestickt sind.

Wenn man weiß, daß die peruanischen Stoffstücke keinen Saum haben und der Kettfaden demnach unzählige Male, ohne abgesetzt zu sein, hin- und herläuft, wenn man berücksichtigt, daß die drei Teile genau gleich lang sein müssen, dann kann man verstehen, wie schwierig die Herstellung der *manto* gewesen sein muß. Auf dem Grund des Mittelteils ist der Dekor durch gegenständig und in Fünfergruppen angeordnete Motivreihen gebildet, während die Seitenteile dieselben Motive in fortlaufender Reihung tragen. Die in der Zeichnung identischen Muster bestehen aus Personen oder Ungeheuern, die über das ganze Stück verteilt sind. Alle unterscheiden sich jedoch voneinander durch den Gebrauch verschieden gefärbter Wolle. Die einzelnen Teile der Personen sind abwechselnd gelb, rot oder grün, der Kopf oder Schmuck der mythischen Wesen können braun, beige oder schwarz sein. Durch ein kompliziertes System von Abwandlungen, das alle Details erfaßt, ist es möglich, die 50 oder 100 Figuren eines *manto* so auszuführen, daß keine der anderen gleicht.

Es gibt zwei Arten von Motiven. Die einen sind eckig und geometrisch und stellen oft Raubkatzen dar. Sie sind die älteren Motive, in denen noch die der Chavín-Kunst eigenen strengen Muster zu erkennen sind. Die anderen sind geschwungen und dienen zur Darstellung von Personen mit reicher Kleidung und Waffen wie Wurfspeer, Wurfholz oder Opfermesser *(tumi)*. Die letzteren Figuren – vielleicht stellen sie tapfere Krieger dar – besitzen oft Trophäenköpfe und verwandeln sich in der Nazca-Zeit in echte mythische Gottheiten mit Maske, Mund- und Nasenschmuck, Diadem und gelegentlich Flügeln und Klauen. Wahrscheinlich leiten sie sich in dieser Hinsicht von den »geflügelten Raubkatzen« von Chavín ab. Häufig sind sie von Pflanzensymbolen begleitet, und im allgemeinen tragen sie Trophäenköpfe, deren Kult sich in der Endphase des Nazca-Stils entwickelte.

Wenn man auch die frühesten Stoffe in Paracas zutage förderte, so bedeutet das nicht, daß die Webkunst nur in dieser Zeit ausgeübt wurde; diese Technik war im Gegenteil in allen Phasen der Andenkunst äußerst beliebt und wurde mit besonderem Erfolg in der Tiahuanaco-Huari- und Inka-Zeit gepflegt.

Angesichts der zahllosen bewundernswerten Stoffe, die die Weber der Paracas-Nazca-Region schufen, erstaunt immer wieder die Arbeitsanstrengung, die zur Herstellung der Gewebe nötig war. Dieses Kunsthandwerk erforderte mindestens die folgenden Arbeitsschritte:

1. Ernte der angepflanzten Baumwolle und Schur der Alpakas;
2. Spinnen mittels Spindeln, um einen Faden von konstanter Qualität und Dicke zu erhalten, wie zahlreiche Beispiele belegen; zudem brauchte es beträchtliche Mengen (manche Kettfäden messen 150 bis 160 km an einem Stück!);
3. die Färbung in verschiedenen Tönen, ausgehend von Rot, Braun, Orange, Gelb, Grau, Stahlblau, Wassergrün und Olivgrün; die Färbearbeiten mit Hilfe von Beizen (Silikate, Alaune) und Pflanzen- und Mineralfarben erforderten vertiefte Kenntnisse; die Grundlage für die Farben bildeten, wie Raoul d'Harcourt schreibt, Koschenille, Indigo und Gelb aus der Rinde des Falschen Pfefferbaumes;
4. das Zetteln der Kettfäden für die Gewebe, im Gegensatz zu den Arbeiten mit Maschen;
5. die eigentliche Webarbeit auf dem Webrahmen durch das Einführen der Schußfäden; hier tritt die außerordentliche Vielfalt der von den präkolumbischen Andenbewohnern eingesetzten Techniken zutage: Leinen, Rips, Serge, Gaze, Wirkarbeit, Kunstsamt usw.;
6. der Dekor; oft schon im Webvorgang durch die Verwendung von verschiedenfarbigen Schußfäden mitrealisiert, wird er auch durch Wirkerei, Nadelstickerei

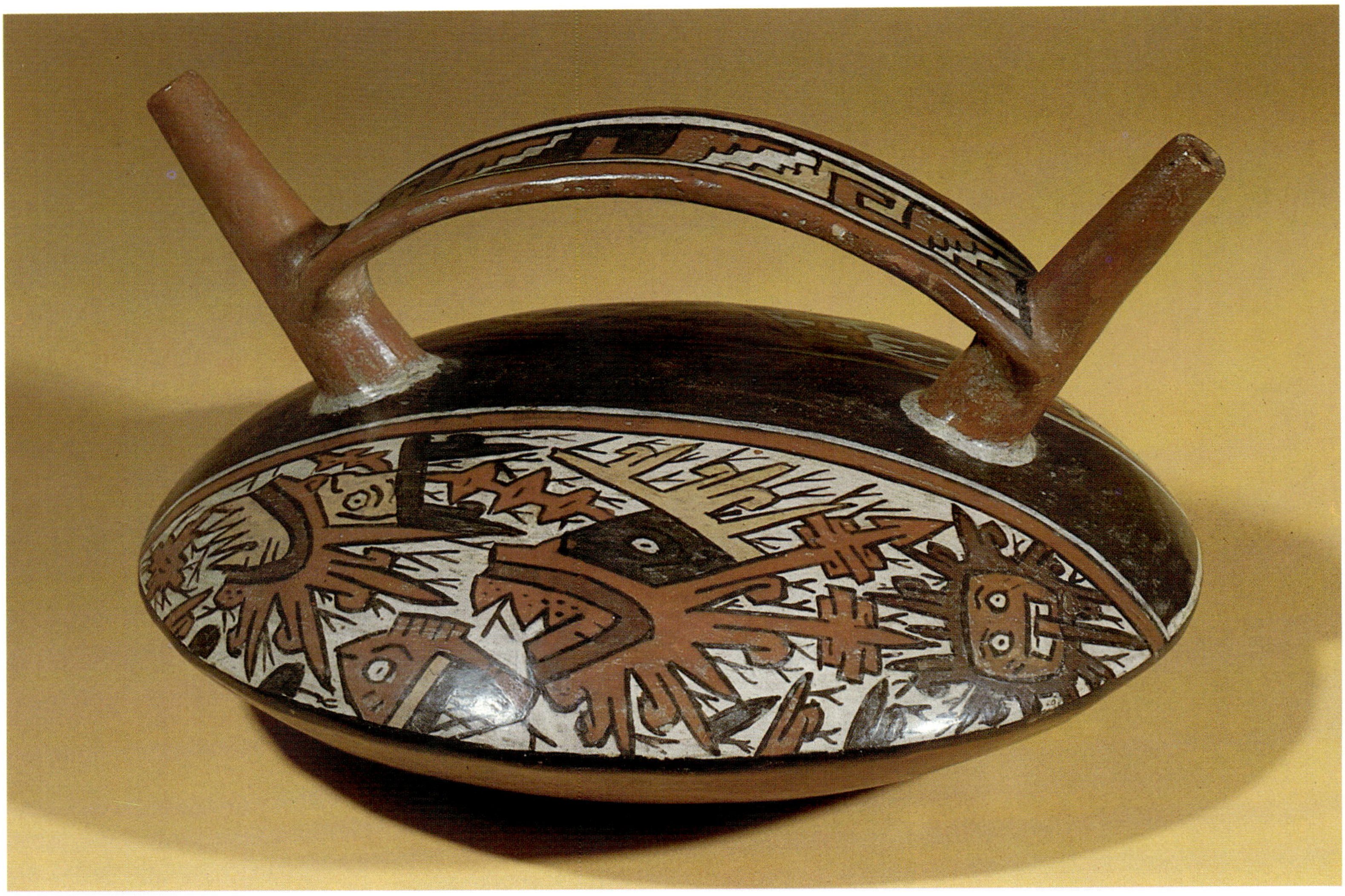

111

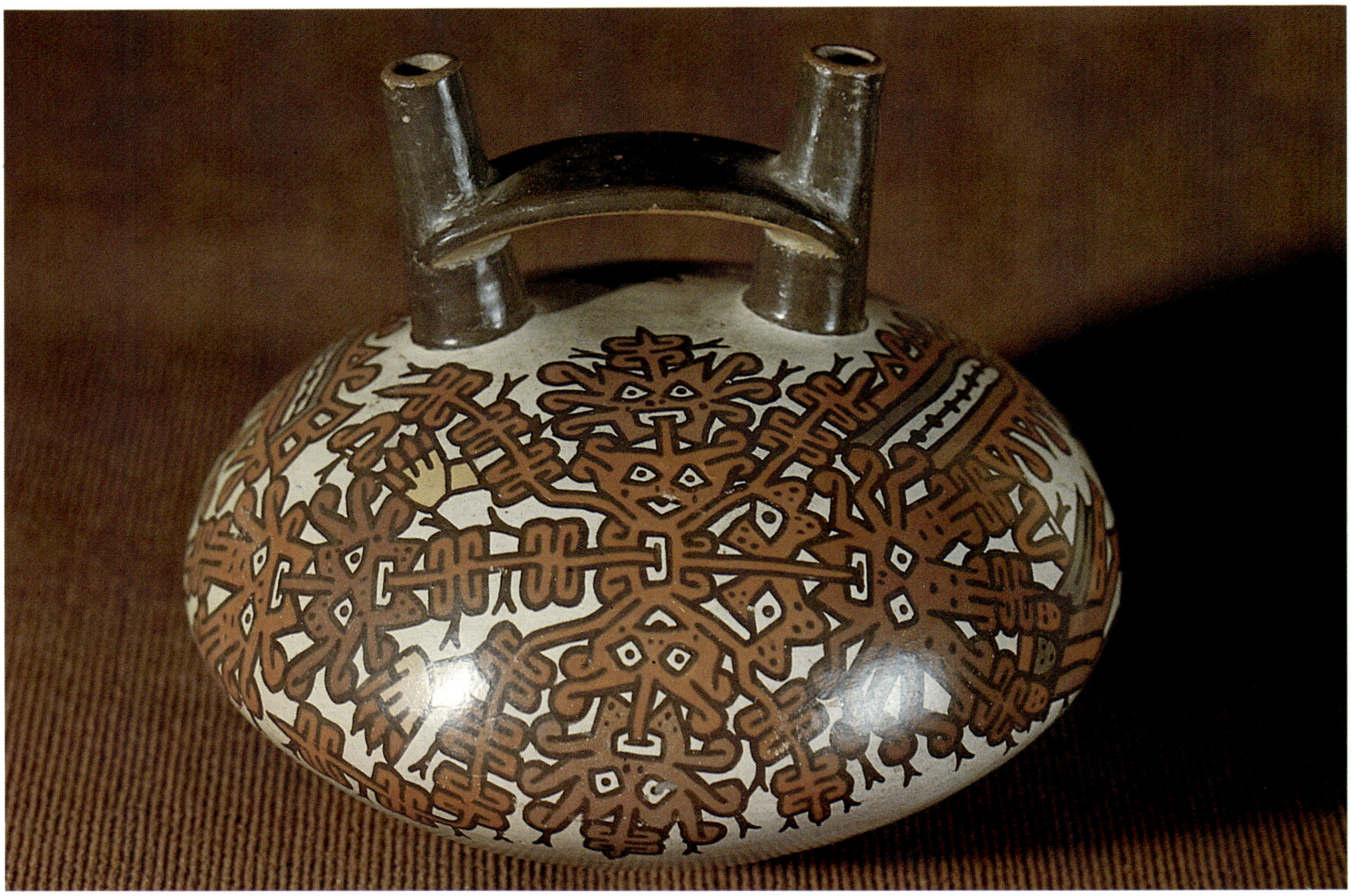

112

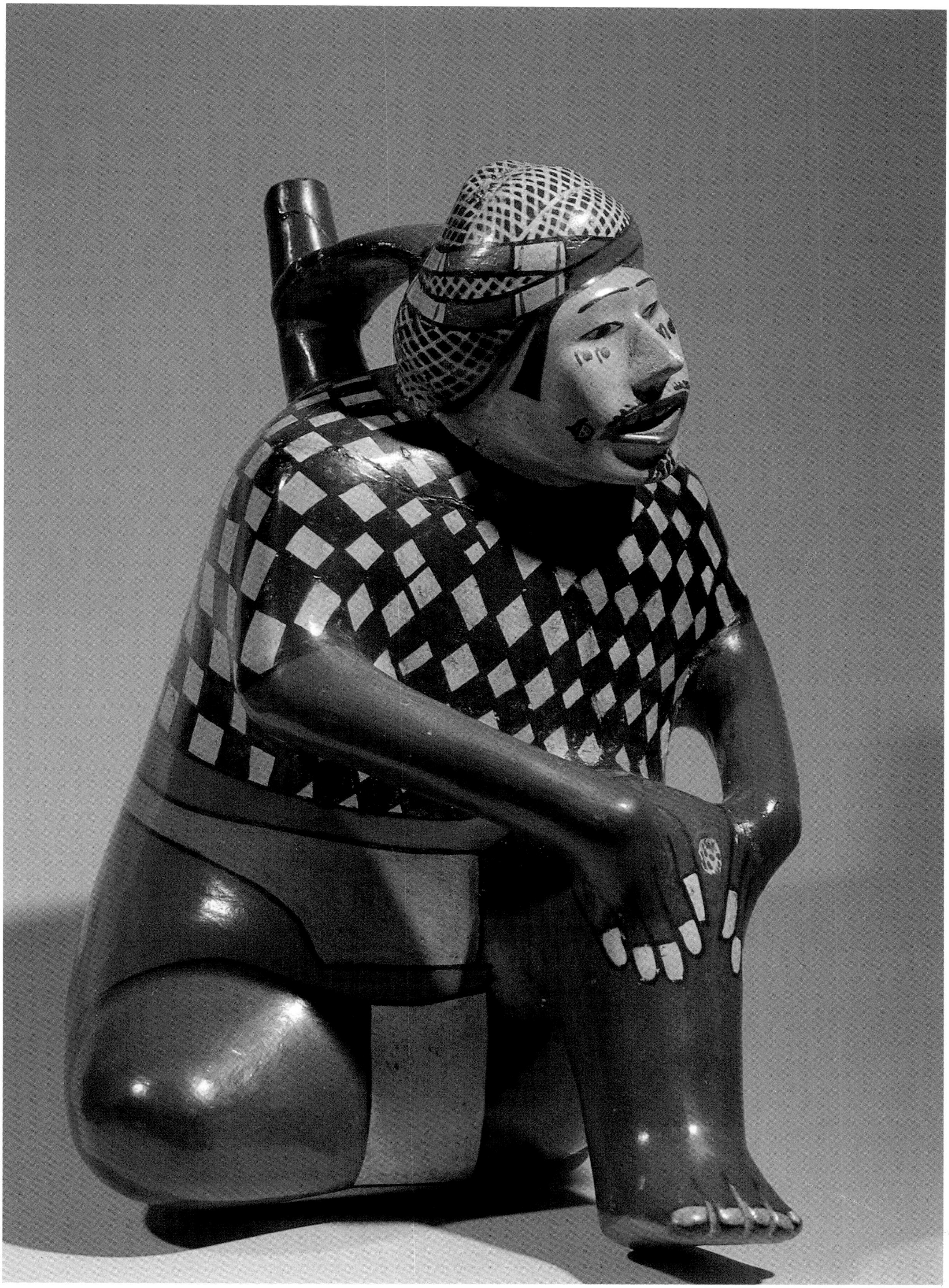

oder dreidimensionale Strickarbeit erzeugt. Die Vielfalt der ins Werk gesetzten Techniken ruft die Bewunderung des heutigen Betrachters hervor.

Die peruanischen Weber verbrachten zweifellos einen großen Teil ihres Lebens mit der Herstellung der für die Verstorbenen bestimmten Gewänder. Unzählige Stoffstücke sind erhalten. Noch höher muß die Zahl jener sein, die verloren gegangen sind. Gab es jedoch nur Grabstoffe? Dienten die Gewebe nicht auch als Kleidung hochgestellter Persönlichkeiten? Zwar fand man in den Gräbern nur ungetragene Stoffe, doch bedeutet das noch nichts, da man den Verstorbenen offensichtlich neue Gewänder mitgab und die eigenen trug, bis sie zerfielen. Auf jeden Fall lassen die erhaltenen Stoffstücke genau bestimmte Kleidungszwecke erkennen und spielten sicherlich eine praktische Rolle: *manto,* Ponchos, Hemden, Röcke, Gürtel und Schals. Es handelt sich also nicht um einfache Grabtücher ohne Bezug zum Alltagsgebrauch.

Allerdings gab es auch Stoffe, die einzig dem Begräbniskult dienten; sie sind so groß, daß sie kein lebender Mensch getragen haben würde. So kennt man Tücher in einem einzigen Stück, die 20 m lang und mehr als 6 m breit sind und in die die Mumienbündel gewickelt waren. Es sind die größten jemals auf alten Webstühlen hergestellten Gewebe.

Die geheimnisvollen »Zeichnungen« in der Pampa von Nazca

In unserer Untersuchung der Kulturen in den südperuanischen Küstengebieten kommen wir nun zu den rätselhaftesten und umstrittensten Überresten, die uns die Gesellschaft von Paracas und Nazca hinterlassen haben: die riesigen »Scharrbilder« in der Pampa de San José genannten Wüste zwischen Nazca und Palpa, auf beiden Seiten der Panamericana.

Zwei Scharrbildtypen sind auf dem Wüstenboden zu erkennen und überlagern sich unentwirrbar, einerseits 50 bis 100, auch 200 bis 300 m lange Figuren, die Tiere darstellen: Affe (Abb. 117), Hund, Spinne, Kondor, Pelikan, Reiher, Kolibri (Abb. 118), Fisch, Eidechse, Mörderdelphin und Walfisch; hinzu kommen geometrische Motive wie Spiralen oder Zickzacklinien und eine große Person, die eine Maske zu tragen scheint und auf den Hang eines Cerro am Rand der Wüstenebene gezeichnet ist (Abb. 121). Andererseits gibt es zahlreiche gerade Linien, die sich auf Hunderten, ja Tausenden von Metern überschneiden; man findet auch trapezförmige oder rechteckige Flächen, die 300 bis 800 m lang und 30 bis 100 m breit sein und bis 8 ha umfassen können (Abb. 119–120).

Beide in riesigem Maßstab gezeichneten Figurengruppen sind vom Boden aus kaum zu erkennen, doch für einen guten Beobachter durchaus sichtbar, besonders wenn er die benachbarten Cerros erstiegen hat. Als bester Beweis: Der Konquistador und spanische Chronist Cieza de León erwähnt sie 1550 und nennt sie »Zeichen«. Doch erst die Luftaufnahmen ließen dieses phantastische Netz von Linien und Zeichnungen in seinem ganzen Ausmaß erscheinen. Es war Paul Kosok von der Universität Long Island, der 1939 vom Flugzeug aus Fotos der erstaunlichen Figuren machte und die ersten Aufnahmen zur Überraschung der Prähistoriker und des großen Publikums veröffentlichte. Man begann sofort, sich für dieses Geheimnis zu begeistern.

Wie wurden die Zeichnungen und geometrischen Figuren gezogen, die in ihrem dichtesten und am deutlichsten sichtbaren Bereich eine Fläche von rund 750 ha bedecken? Die Wüste oder Pampa besteht aus einem gipshaltigen, also hellen Boden, auf dem stark eisenhaltiges Geröll liegt. Das im Kontakt mit der Luft oxydierte Gestein bildet eine dunkle Oberfläche. Um eine Linie zu ziehen, genügt es, das Geröll einer vorgegebenen Zeichnung folgend auf die Seite zu schaffen. So erhält man einen hellen Bereich, der von einer dunklen Zone gesäumt sein kann, wenn man sich die Mühe macht, die Steinchen auf der Seite aufzuhäufen, um ein

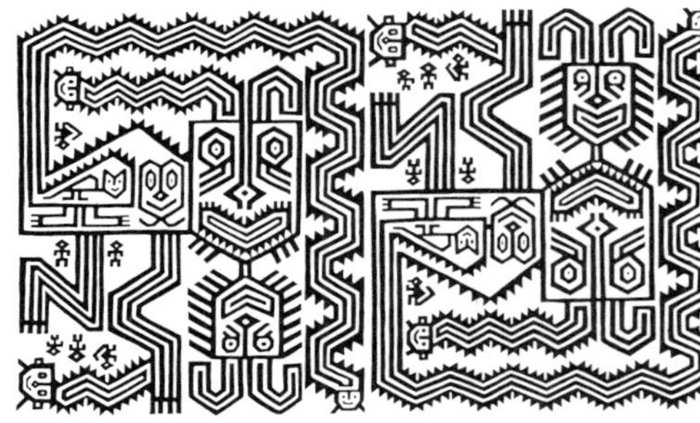

Schema eines Stoffes im Paracas-Necropolis-Stil mit der stilisierten Darstellung von Raubkatzen und Schlangen

113 Das menschengestaltige Gefäß mit Ausguß und Bügelhenkel ist für die Spätkunst der Nazca aus Phase 6 kennzeichnend. Es stellt eine Person mit Lippen- und Kinnbart dar, die auf dem Boden hockt, um eine Wunde am linken Knie vorzuzeigen. Die Figur trägt einen Turban und einen herrlichen Poncho mit Schachbrettmuster. Man beachte bei dieser hochschematisierten Plastik, wie sparsam die bildnerischen Mittel eingesetzt sind. (Museo Nacional de Antropología y Arqueología, Lima)

114 Detail der Borte eines herrlichen *manto* im Paracas-Necropolis-Stil. Als immer wiederkehrendes Motiv erscheinen stilisierte Raubkatzen. Die prunkvollen Grabstoffe, aus denen sich die Mumienbündel zusammensetzten, wurden gewebt sowie in Wirk- und Sticktechnik gearbeitet. Oft ist die Kette aus Baumwolle, der Schuß aus Wolle. Diese Arbeiten entstanden um 300 bis 100 v. Chr. Das hier abgebildete Detail aus einem 3 m² großen Stück ist rund 50 cm lang. (Museo Nacional de Antropología y Arqueología, Lima)

115 Detail eines Toten-*manto* im Paracas-Nazca-Stil. Ein Krieger mit Wurfspeer und zwei Trophäenköpfen am Gürtel trägt einen Kopfschmuck mit Schleppe, der an den nach oben gerichteten Kopfschmuck auf der Raimondi-Stele in Chavín erinnert. Die in Wirktechnik gearbeiteten Stoffe dieses Stils, die den Verstorbenen in die andere Welt begleiteten, entstanden zwischen 100 v. und 100 n. Chr. (Abegg-Stiftung Bern, Riggisberg)

116 Ein anderer Stoff im Paracas-Nazca-Stil, das Fragment einer *manto*-Borte, zeigt eine von Trophäenköpfen, schlangenförmigen Motiven und einer Maske umgebene Gottheit, die man mit der auf der Keramik von Abbildung 104 vergleichen kann. Die ganze Ikonographie der südperuanischen Ritualstoffe ist noch kaum erforscht und steckt voller Geheimnisse. (Abegg-Stiftung Bern, Riggisberg)

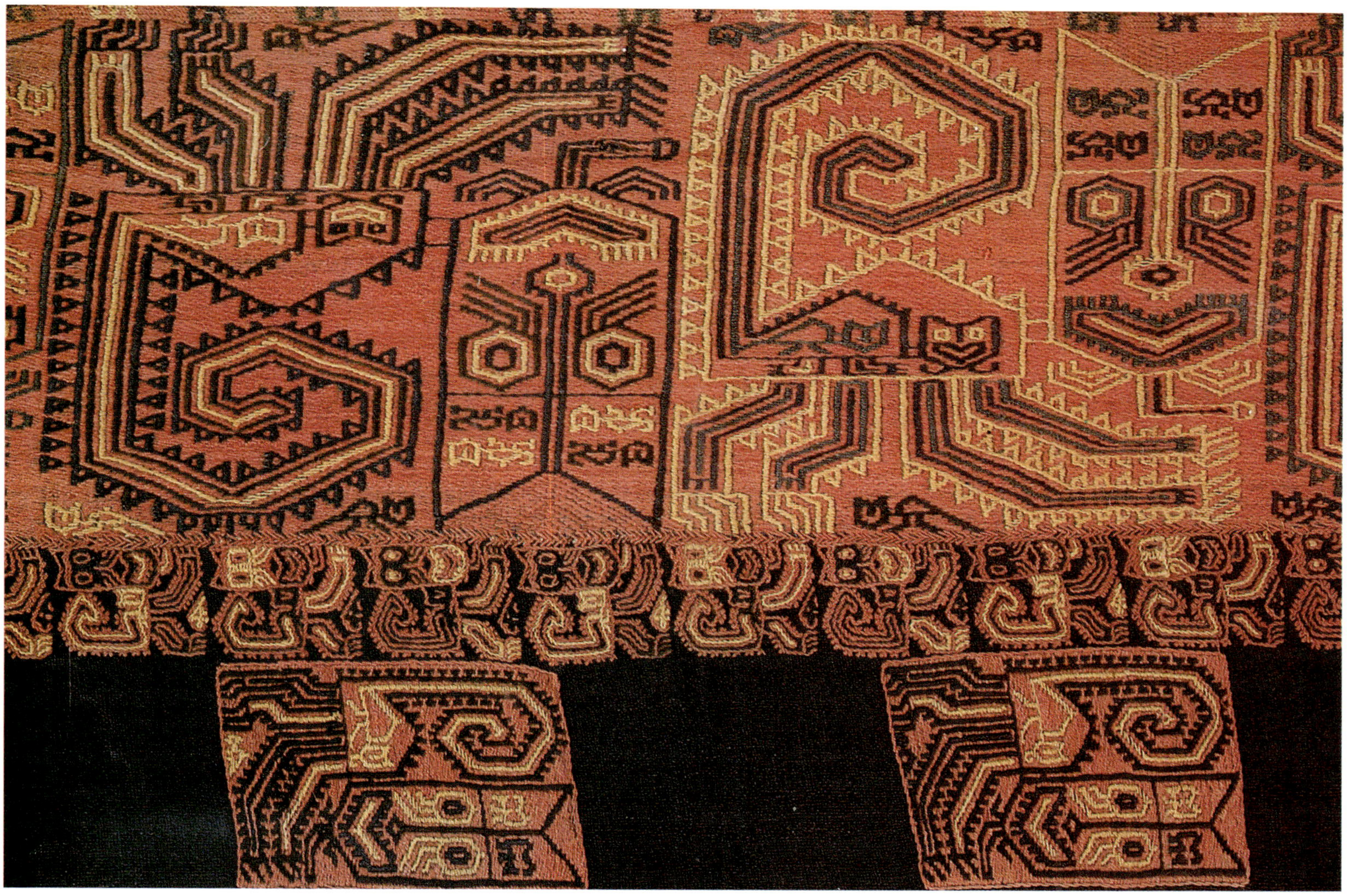

114

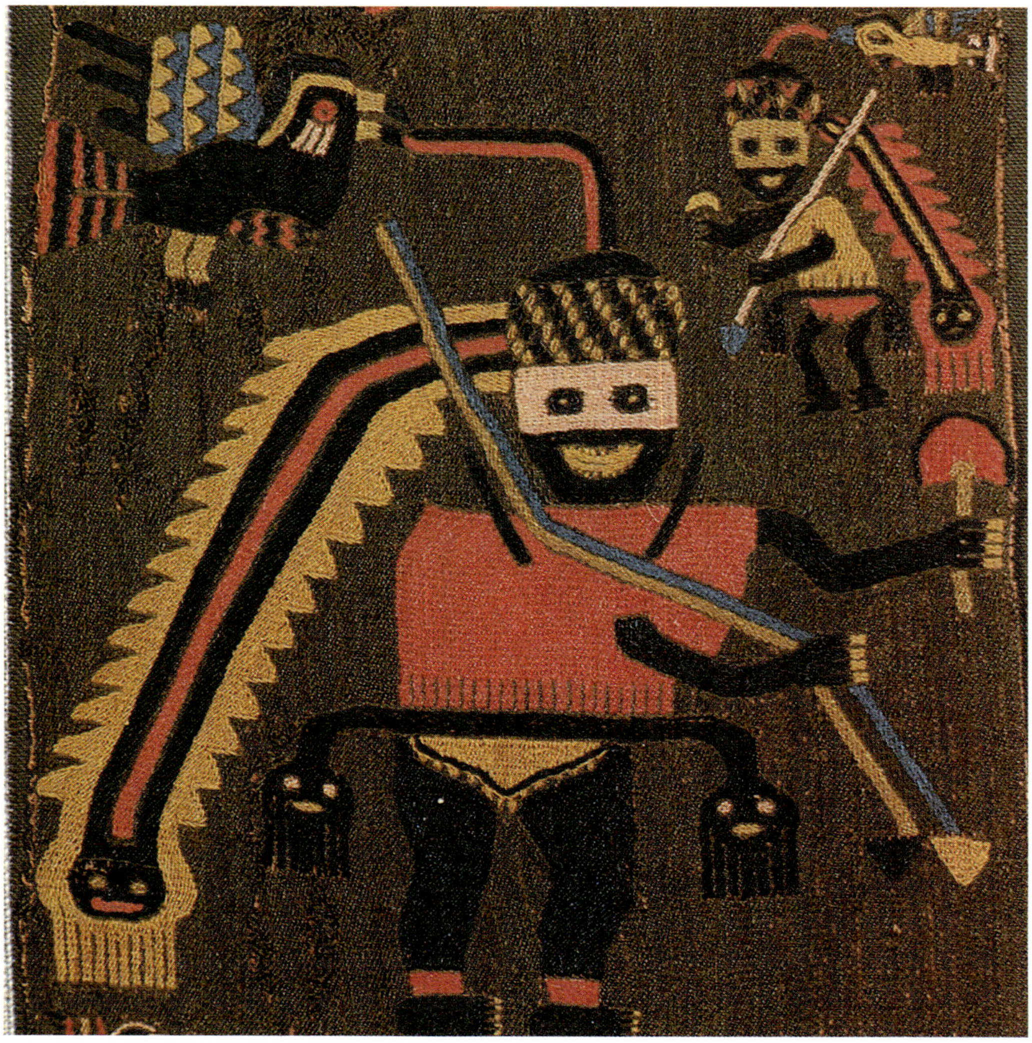

115

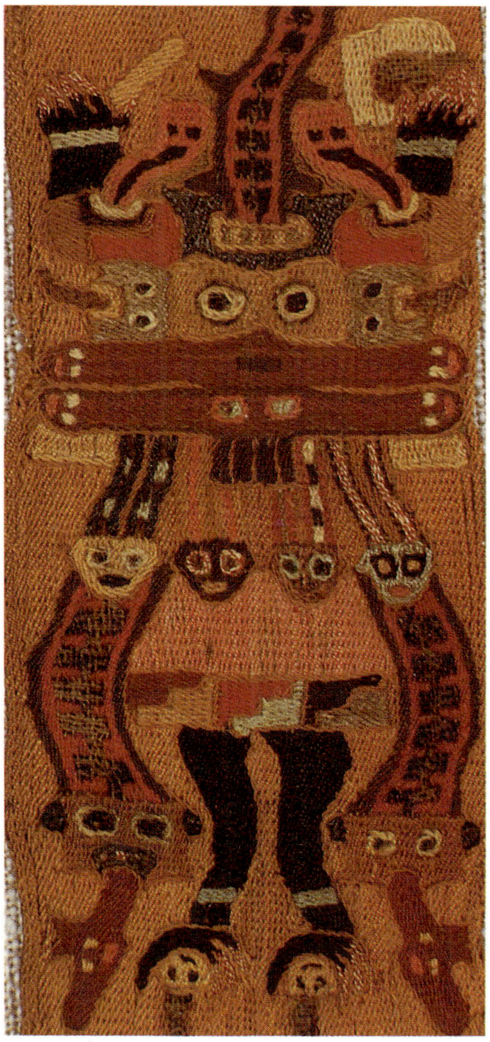

116

Mäuerchen zu bauen. Bei manchen Figuren kam zu dieser »Reinigung« der Linie noch eine 20 bis 30 cm tiefe Furche hinzu, die die Zeichnung besser festhielt.

Trotz ihrer ziemlich leichten Zerstörbarkeit haben die Bilder 1500 bis 2000 Jahre der Vergessenheit überstanden, da in dieser Region nie Regen fällt. Zudem sind die starken, aufsteigenden Luftströme, die durch die dunkle, von der Sonne erhitzte Felsoberfläche erzeugt werden, ein Schutz gegen die Sandstürme, die in nicht allzu weiter Entfernung riesige Wanderdünen bilden.

Um die schnurgeraden Linien über Berg und Tal zu ziehen, gebrauchten die Leute von Nazca offensichtlich zwischen kleine Pfosten gespannte Stricke. Man entdeckte etliche der im Boden steckenden Hölzer und unterzog sie der Radiokarbon-Analyse, die eine Datierung zwischen 14 und 550 n.Chr. ergab. Im Großen Viereck allein (800 auf 100 m) fand man 300 Pfosten. Die archäologischen Untersuchungen in der Pampa von Nazca führten zur Entdeckung von zahlreichen Keramikscherben in der Nähe der Linien. Die meisten gehören in die Anfangs- und die Mittel-Phase der Nazca-Kunst (100 v.–300 n.Chr.). So kann man diesen riesigen Schöpfungen Daten zwischen 100 v. und 550 n.Chr. geben.

Über Ursprung und Bedeutung der Scharrbilder in der Nazca-Palpa-Wüste wurden die verrücktesten Hypothesen vorgebracht, wie die Behauptung eines Erfolgsphantasten, es handle sich um Landeplätze für Raumschiffe, die, von außerirdischen Wesen gesteuert, aus dem All und von fernen Planeten gekommen seien. Andere, weniger Verschrobene erkannten den »phantastischsten Kalender der Antike« oder das »größte Astronomiebuch der Welt«. Sie bemühten sich vor allem um den Beweis, daß das Durcheinander der Linien einen genauen Sinn hätte. Anzuführen sind etwa Paul Kosok und Maria Reiche, eine deutsche Mathematikerin, die 35 Jahre in der Nazca-Wüste lebte. Nach diesen Theorien gäben die Linien teils den Aufgang, teils den Untergang bestimmter Gestirne an: die der Sonne am 22. Juni und 22. Dezember, d.h. an der Sommer- und Wintersonnenwende, oder am 21. März und 23. September, d.h. an der Frühlings- und Herbsttagundnachtgleiche; den Aufgang des Sternbildes der Plejaden an einem Datum um 610 n.Chr. oder auch den Aufgang des Großen Bären. Die Berechnungen berücksichtigen, daß infolge der Abweichung der Erdachse die Visierlinien nicht unveränderlich sind und daß sich das Aussehen des Himmels in einem Zyklus von 26000 Jahren verändert. Man muß also auch bei nur 2000 Jahre alten Linien diese Variable miteinbeziehen. Was dabei jedoch außer Betracht blieb, sind die Vielfalt der Linien, die ein ganzes Arsenal an Möglichkeiten bieten, und die vermutliche Bedeutung der »anderen« Linien, jener nämlich, die als Visierlinien nichts ergaben, die also im angenommenen astronomischen System keinerlei Funktion haben.

Um über diesen Punkt Klarheit zu gewinnen, führte ein amerikanischer Wissenschaftler, Gerald S. Hawkins, im Auftrag des Astrophysical Observatory der Smithsonian Institution in Cambridge (MA) eine Untersuchung durch, bei der er einen Computer einsetzte. Die Ergebnisse, die er mit seinem Team von Spezialisten für prähistorische Astronomie erzielte, wurden 1969 veröffentlicht. Man hatte die Orientierung von 93 Linien in der Pampa von Nazca-Palpa dem folgenden Test unterzogen: Zielen diese 93 Linien auf einen der 45 Himmelskörper, die mit bloßem Auge am südlichen Himmel am deutlichsten sichtbar sind? Die Schlußfolgerung war negativ. Einzig die Sonnenaufgänge und -untergänge an gewissen Daten stimmten manchmal überein, doch ist das eine rein statistische Tatsache, die auf der Zahl der am Boden verlaufenden Linien und ihrer verschiedenen Ausrichtungen beruht.

So muß die astronomische Hypothese, die im wesentlichen auf den Visierlinien und »Plätzen« (rechteckige oder trapezförmige Flächen) beruht, aufgegeben werden. Anderen Historikern zufolge, die sich auf die figürlichen Zeichnungen stützen, würde es sich um Botschaften an die Götter handeln. Nur sie allein können vom Himmel herab diese phantastischen Bilder erkennen, die ihnen als Zeichen der Verehrung geweiht wurden. Manche Forscher schließlich glauben, daß die Figuren einen Bezug auf Totem- oder Stammeszeichen hätten. Zudem sei noch an

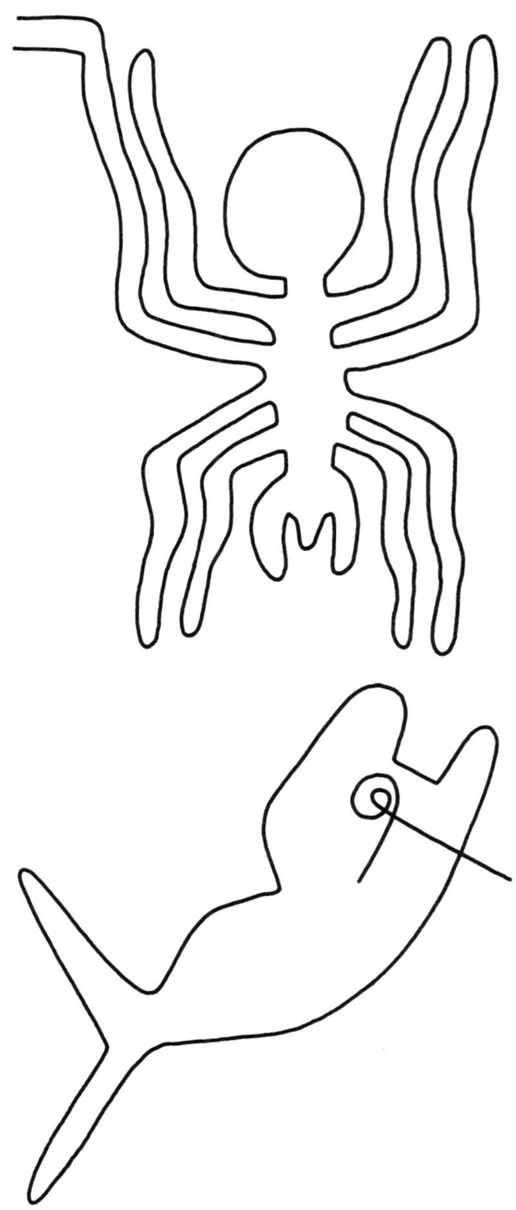

Zwei Scharrbilder aus der Wüste von Nazca: die 46 m lange Spinne und der 68 m lange Pottwal

117 Unter den Motiven, die seit rund 40 Jahren die Archäologen beschäftigen, zeigt die Wüste von Nazca-Palpa einen etwa 90 m langen Affen mit spiralförmigem Schwanz. Der Umriß dieses großen Scharrbildes ist in einer einzigen Linie in den gipshaltigen Boden gezeichnet. Vermutlich lassen sich diese Zeichnungen in die Zeit zwischen 100 v. und 300 oder sogar 500 n.Chr. datieren. Bedauerlicherweise hinterlassen Neugierige, die im Auto auf dem Gelände umherfahren, Radspuren, die sich mit den präkolumbischen Scharrbildern vermischen.

118 Eine der Zeichnungen der Nazca-Palpa-Gegend: Der 95 m lange Kolibri wurde ebenfalls in einem Zug in den Wüstenboden gezeichnet. Die Bedeutung der Scharrbilder könnte mit einem Sühneritual in Verbindung stehen und totemartigen Charakter besitzen. Dank dem trockenen Klima haben sich diese Spuren am Rand der fruchtbaren Ebene mehr als 1500 Jahre lang erhalten.

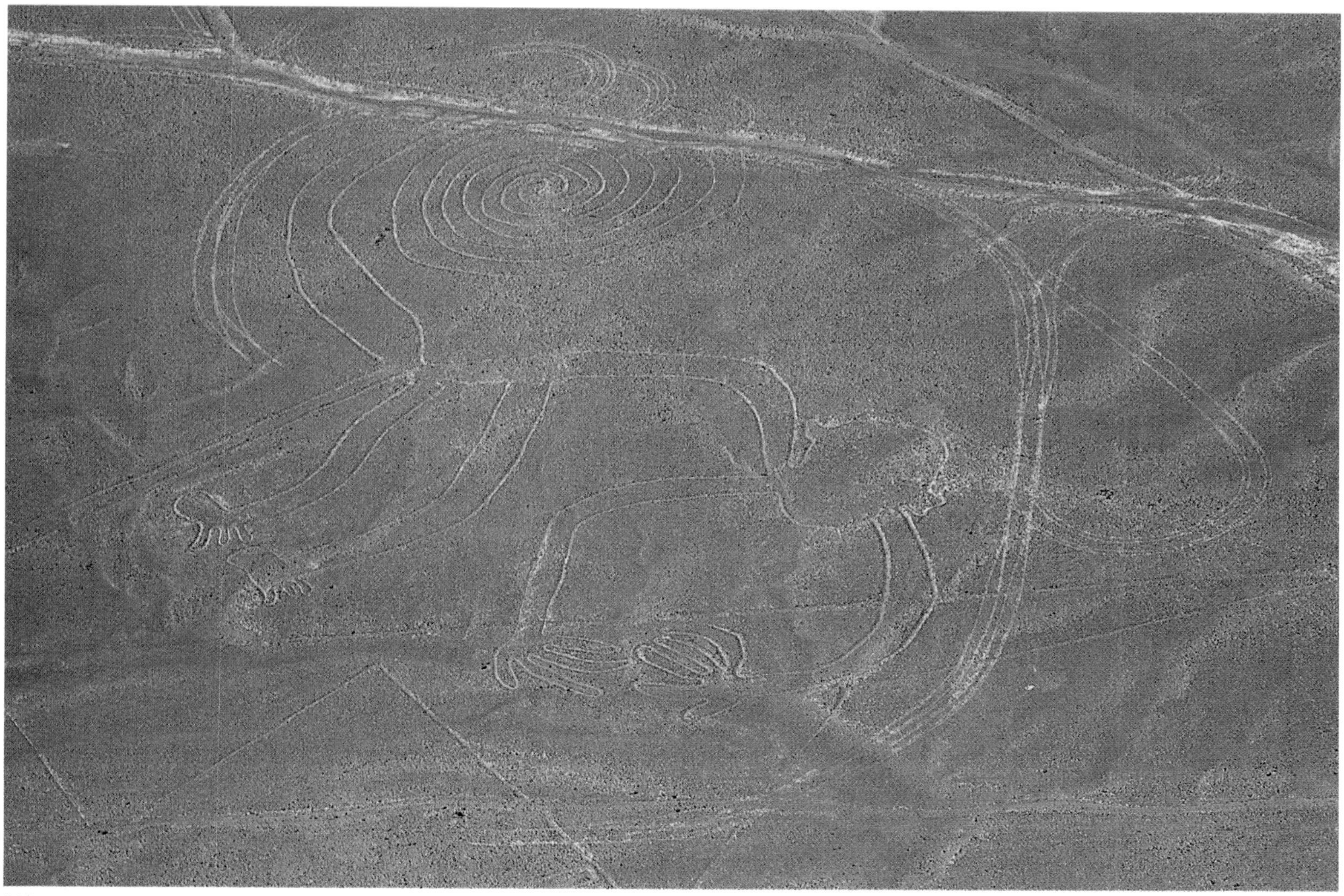
117

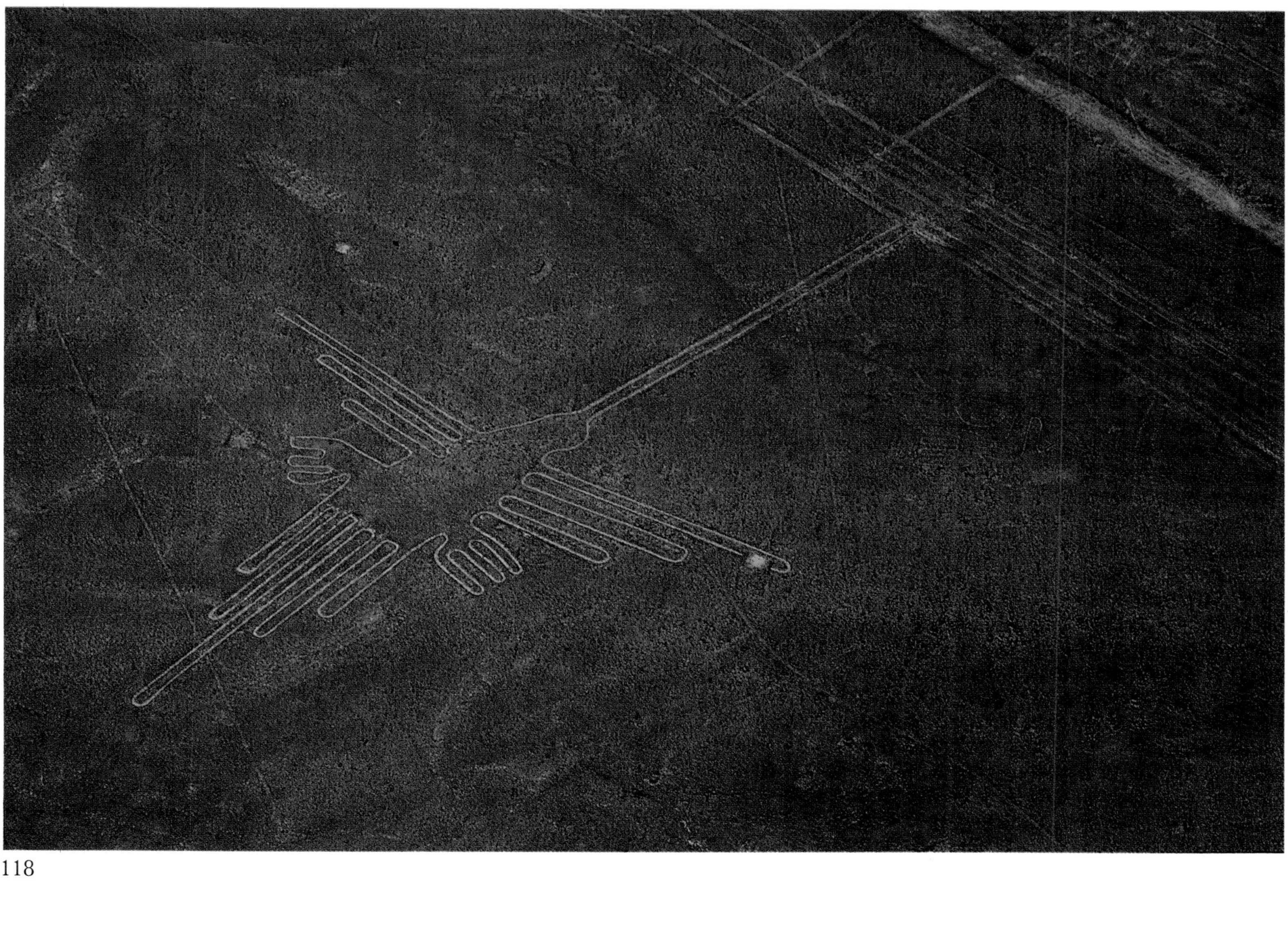
118

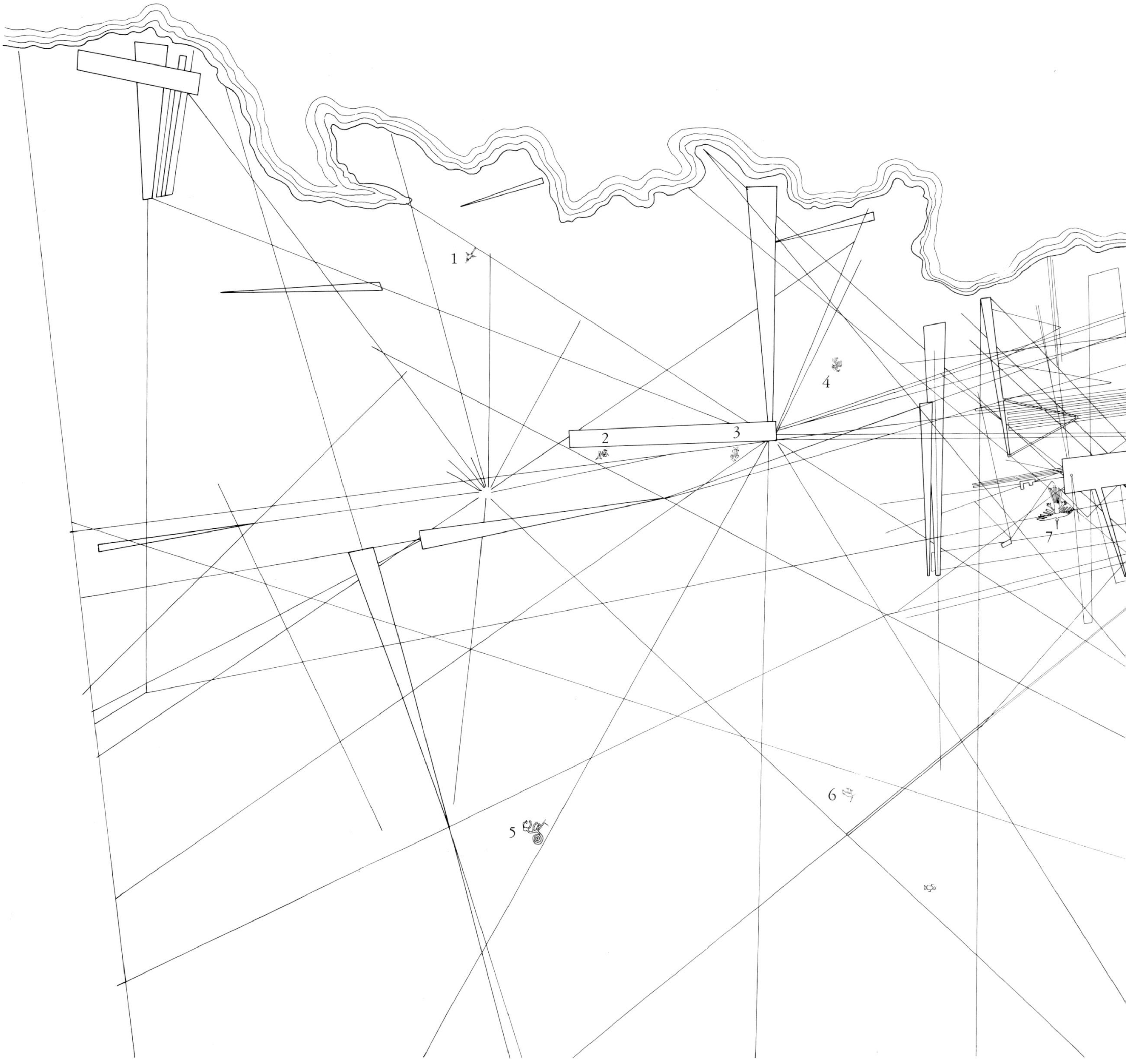
1
2
3
4
5
6
7

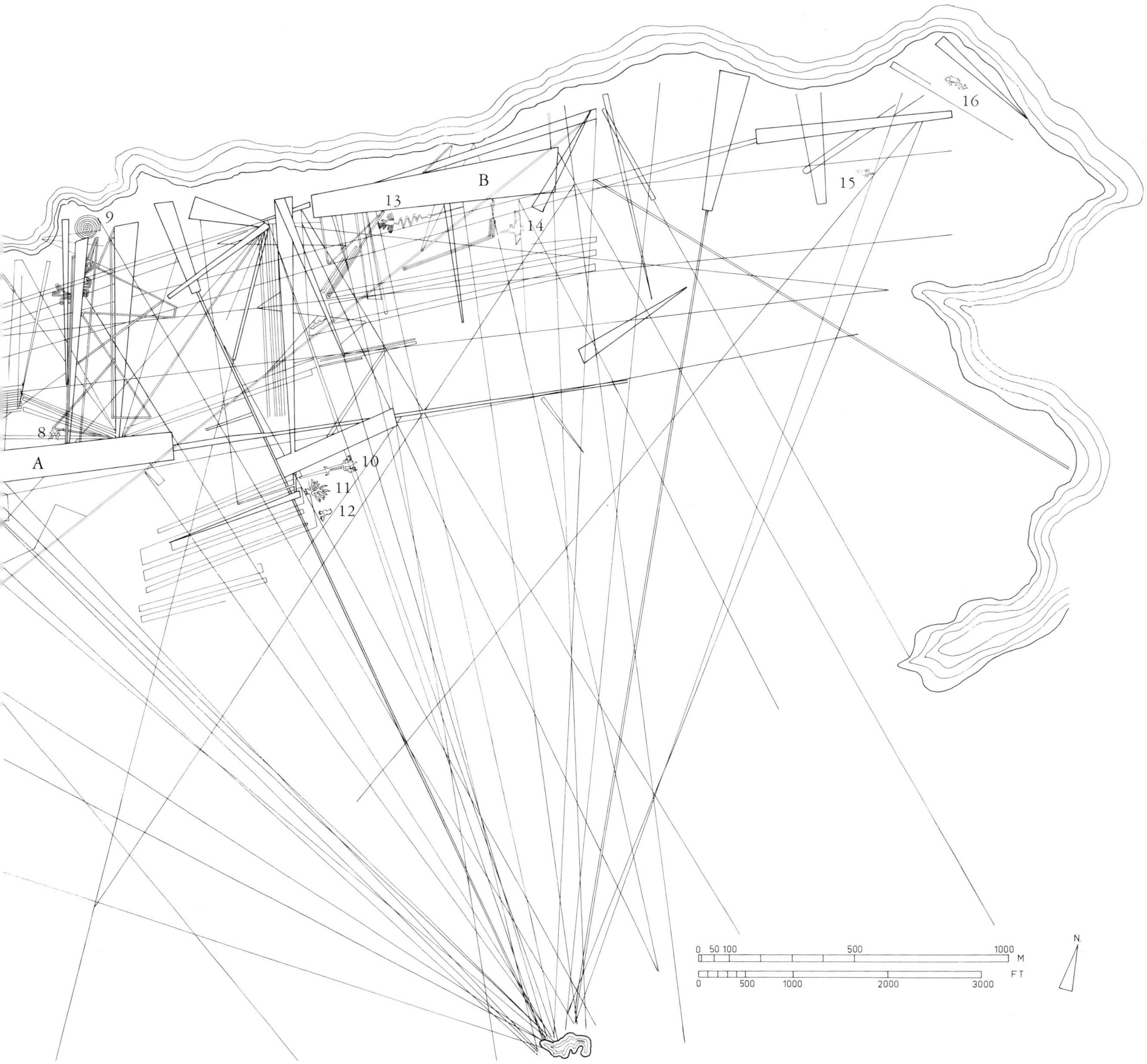

Plan mit den »Pisten«, Linien und Scharrbildern in der Wüste von Nazca
A Das Große Rechteck
B Der sogenannte Sonnenplatz

Die wichtigsten Scharrbilder von Lebewesen

1	Kolibri	9	Spirale
2	Orca	10	Eidechse
3	Fisch	11	Wurzeln
4	Pelikan	12	Hände
5	Affe	13	Kranich
6	Hund	14	Vogel
7	Kondor	15	Adler (?)
8	Spinne	16	Wal

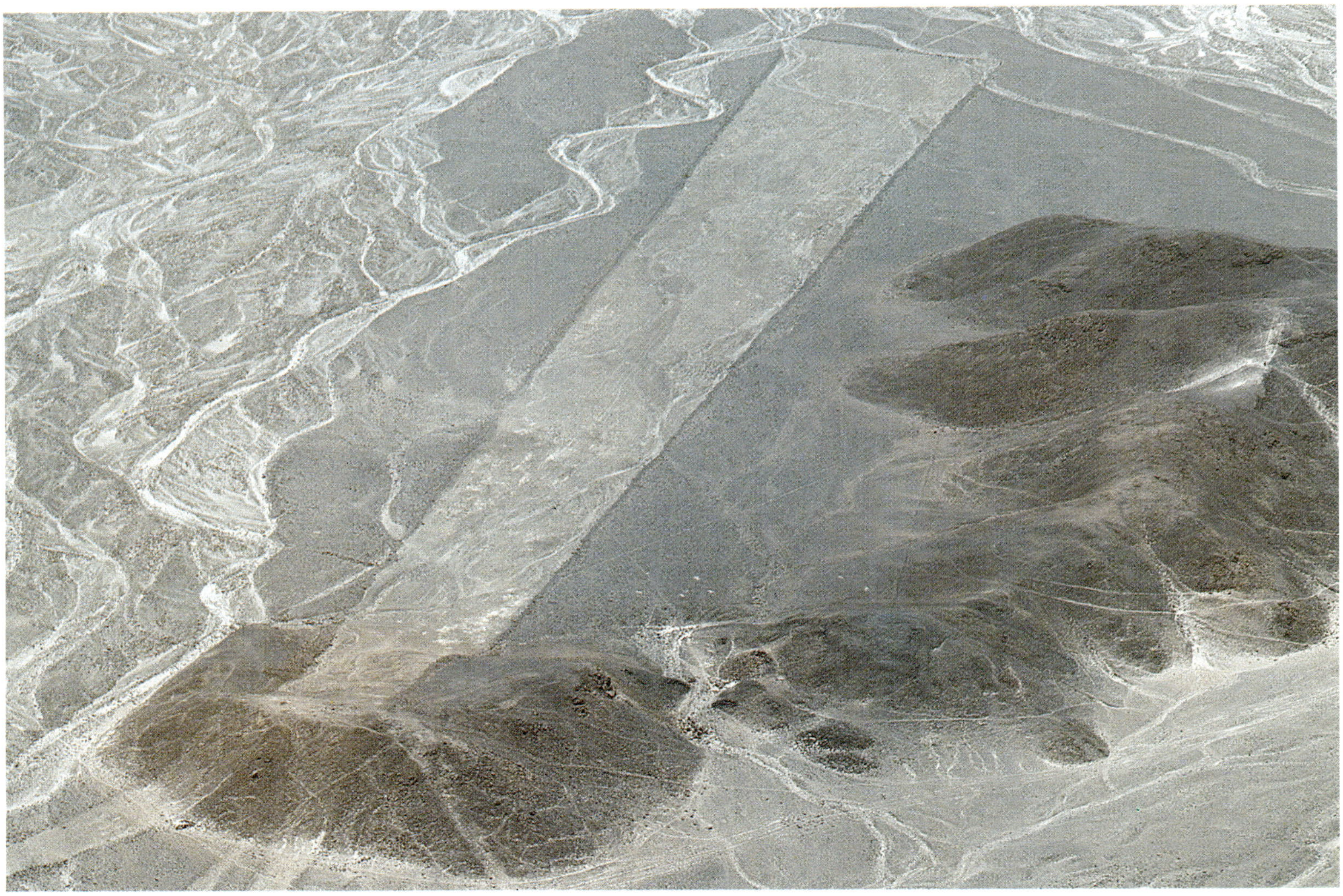
119

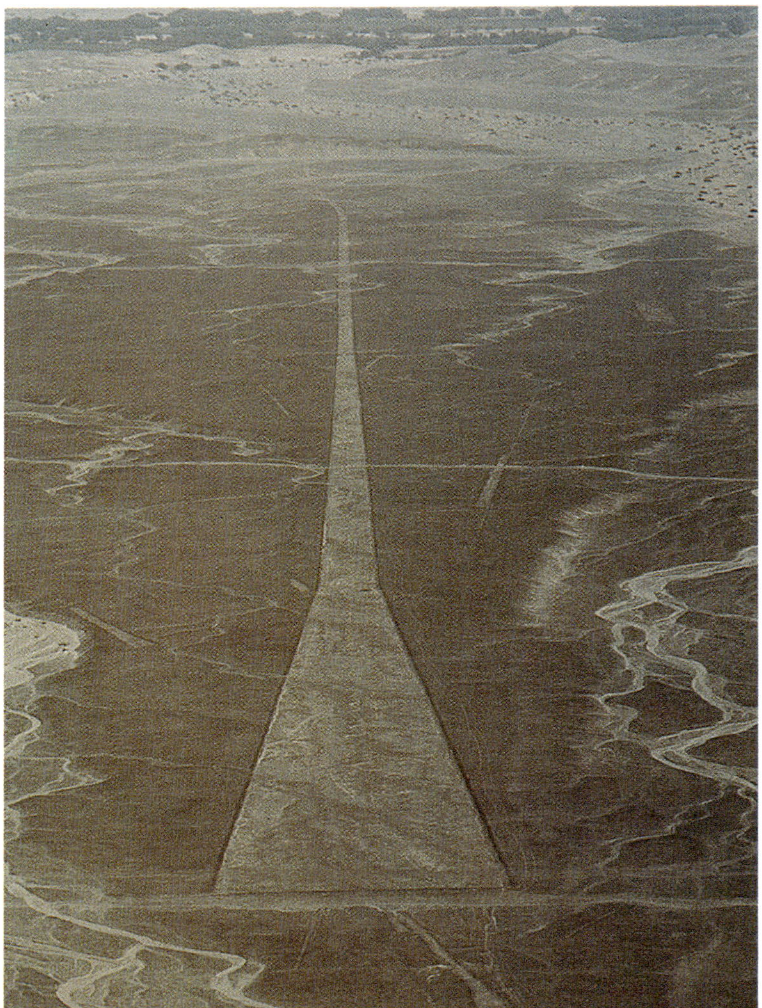
120

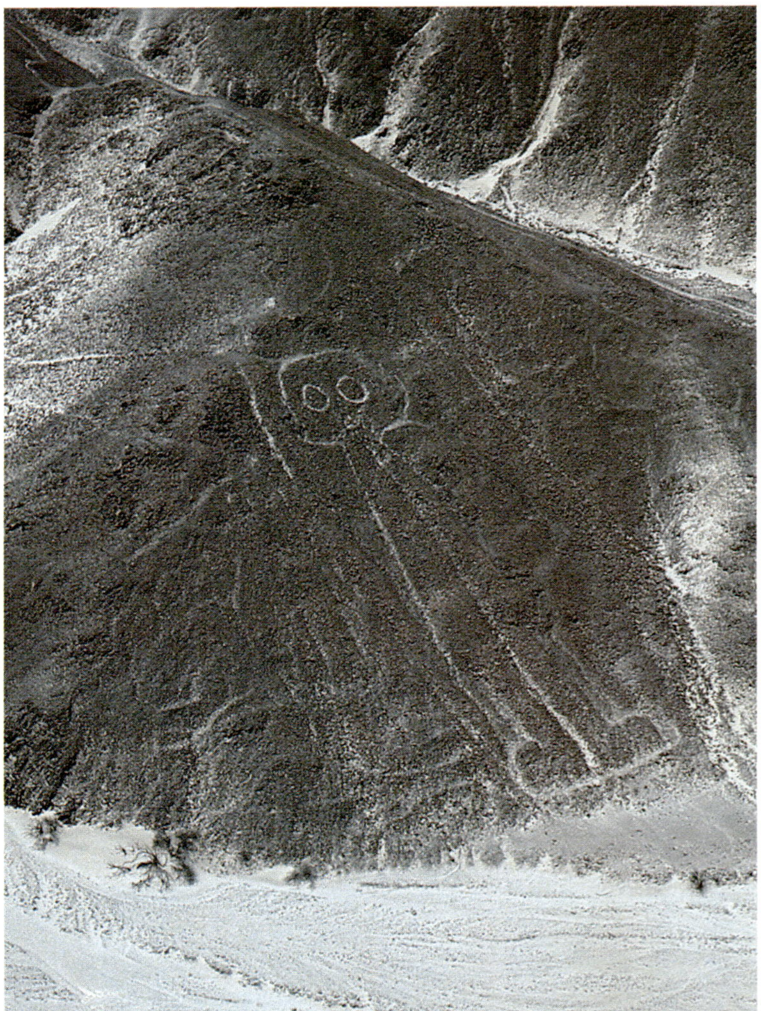
121

Zwei Scharrbilder aus der Wüste von Nazca: der 135 m lange Kondor und der Vogel

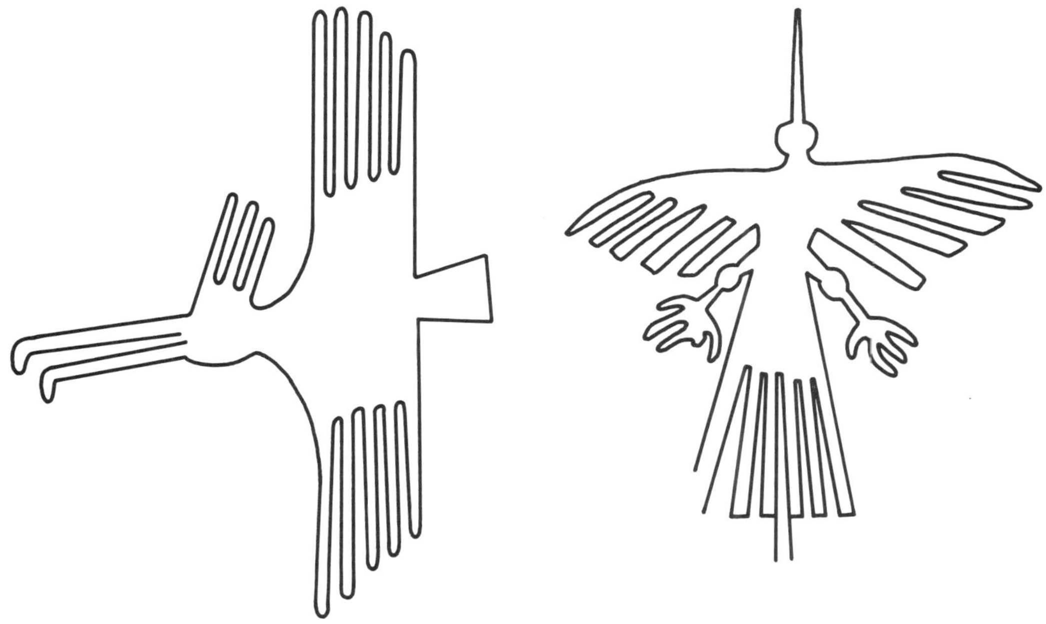

die neueste Hypothese erinnert, die aus den »Pisten« und Zeichnungen von Nazca Übungs- und Wettbewerbsplätze für die Läufer *(chasqui)* machen, die die Nachrichten im Land verbreiteten.

Eine unleugbare Tatsache ist, daß die meisten Zeichnungen in der Wüste von Nazca eine Entsprechung auf den Flächen die vielfarbigen Gefäße haben; die dargestellten Tiere sind auf ähnliche Weise stilisiert, wenn man den anderen Maßstab und den unterschiedlichen Grund der Bilder mitberücksichtigt. Diese Beziehung zwischen dem, was manche die »Geoglyphen« von Nazca nennen, und der typischen Nazca-Keramik bestätigt die zuvor genannten chronologischen Angaben. Bei Grabungen kamen an den Ecken oder Kreuzungspunkten einiger Linien echte »Grundstein«-Opfergaben zum Vorschein. Sie bestanden aus einem Keramiktopf mit Schale als Deckel, den man im Boden vergraben hatte.

Das ganze Problem der Zeichnungen oder »Geoglyphen« von Nazca-Palpa ist augenblicklich noch ungelöst. Obwohl sich die Wissenschaftler und die scharfsinnigsten Geister um die Lösung des Rätsels bemühten, obwohl es an Lösungsvorschlägen in den letzten zwanzig Jahren nicht fehlte, hat die Wüste ihr Geheimnis bewahrt.

Wir selbst unternehmen gegenwärtig Forschungen, um ein neues Konzept zu erarbeiten, das auf die noch offenen Fragen eine wissenschaftliche und technologische Antwort geben soll. Weit entfernt von jeder mythisch-religiösen Interpretation und in Anbetracht des Ergebnisses der Computeranalyse, daß jede astronomische Bedeutung fehlt, scheint uns nur ein praktischer Verwendungszweck die Einrichtung dieser verschiedenen Flächen erklären zu können, die sich in der Wüste rund um Cahuachi überlagern.

Da noch eine Reihe von Arbeiten und Forschungen *in situ* erforderlich sind, um unsere Hypothese zu stützen, glauben wir, daß es augenblicklich noch zu früh ist, den Schlüssel unserer Interpretation nennen zu wollen, die überdies nur wenig mit künstlerischen Kriterien zu tun hat.

119 Neben den figürlichen Motiven gibt es in der Wüste von Nazca-Palpa mehrere Dutzend trapezförmige »Pisten«, die bis zu 800 m lang sein können. Die hier abgebildete dürfte 400 m Länge überschreiten und geht von einem natürlichen (?) Hügelchen aus, das einer Pyramide gleicht. Die helle Fläche ist vom dunklen Geröll befreit, so daß der gipshaltige Boden offen zutage liegt, und wird von geradlinigen Mäuerchen umgrenzt.

120 Diese »Piste« in der Wüste von Nazca-Palpa besteht aus zwei trapezförmigen Teilen und ist mehr als 800 m lang. Die sorgfältig »gereinigten« Flächen liegen am Rand des bewässerten Tals, dessen Kulturen am oberen Bildrand zu erkennen sind. Die geradlinige Anlage zählt vermutlich zu den jüngsten Scharrbildern von Nazca-Palpa und entstand wahrscheinlich im 5. oder 6. Jahrhundert.

121 Am Rand der Wüste von Nazca-Palpa zeugt dieses Menschenbild mit seinen kreisförmigen Augen, das in den Abhang eines Cerro graviert zu sein scheint, von einer schlichteren Kunst als die großen, flachen Bilder. Die 25 bis 30 m hohe Figur könnte vom Beginn unserer Zeitrechnung datieren.

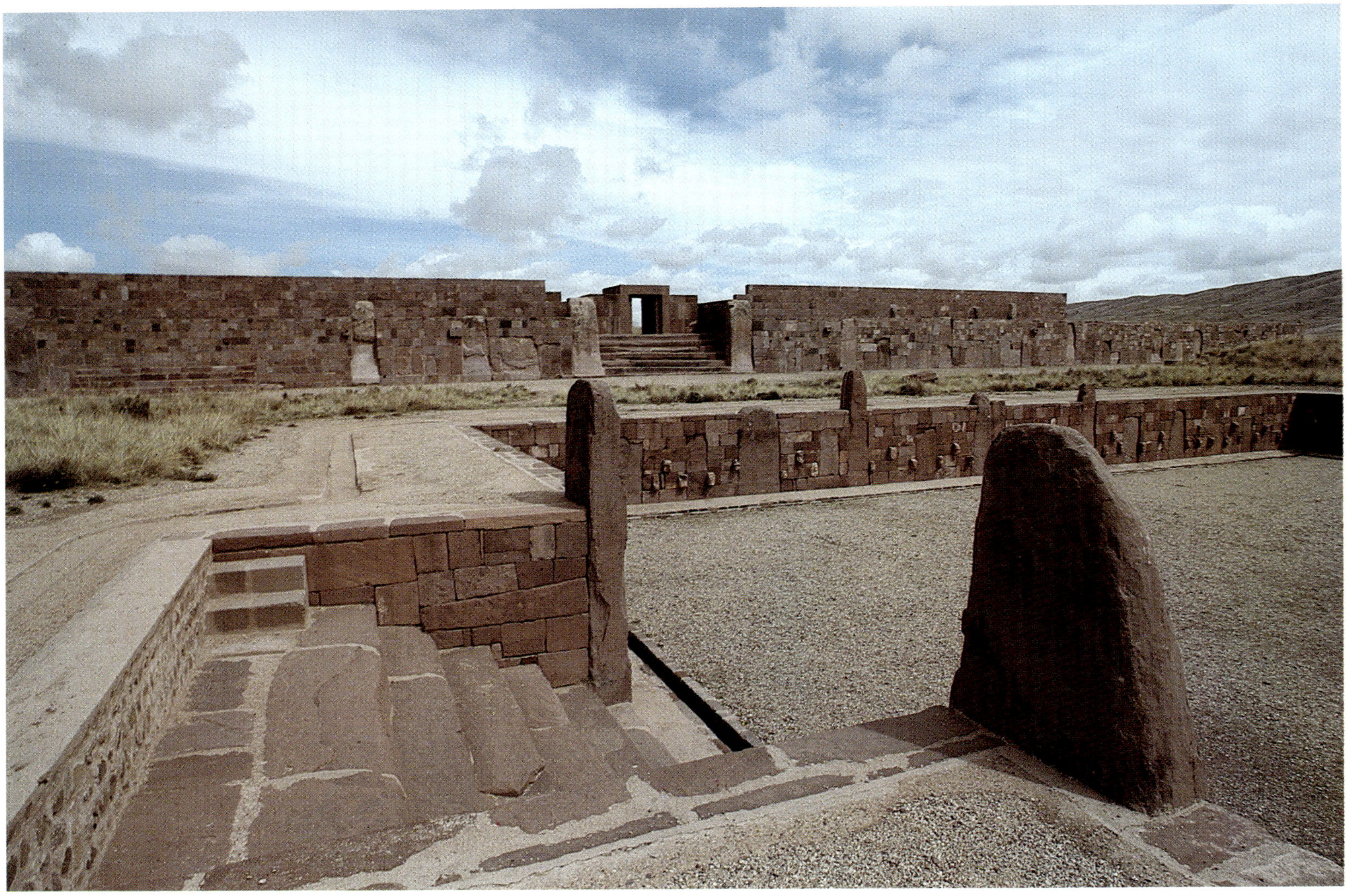

122

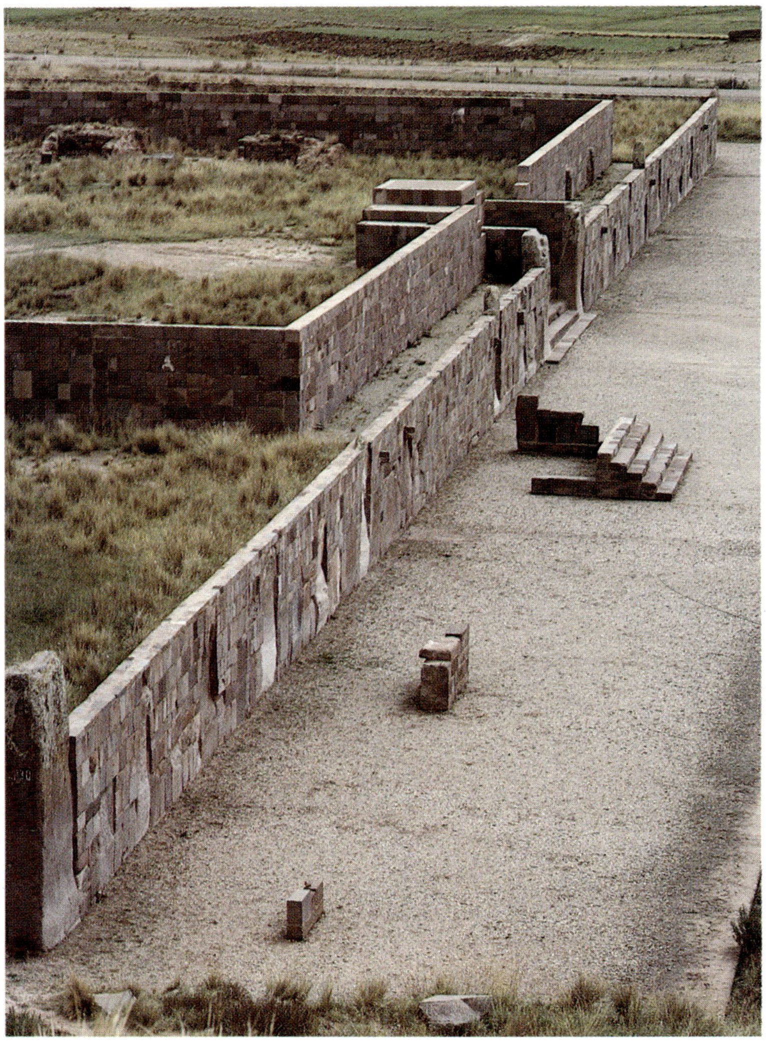

123

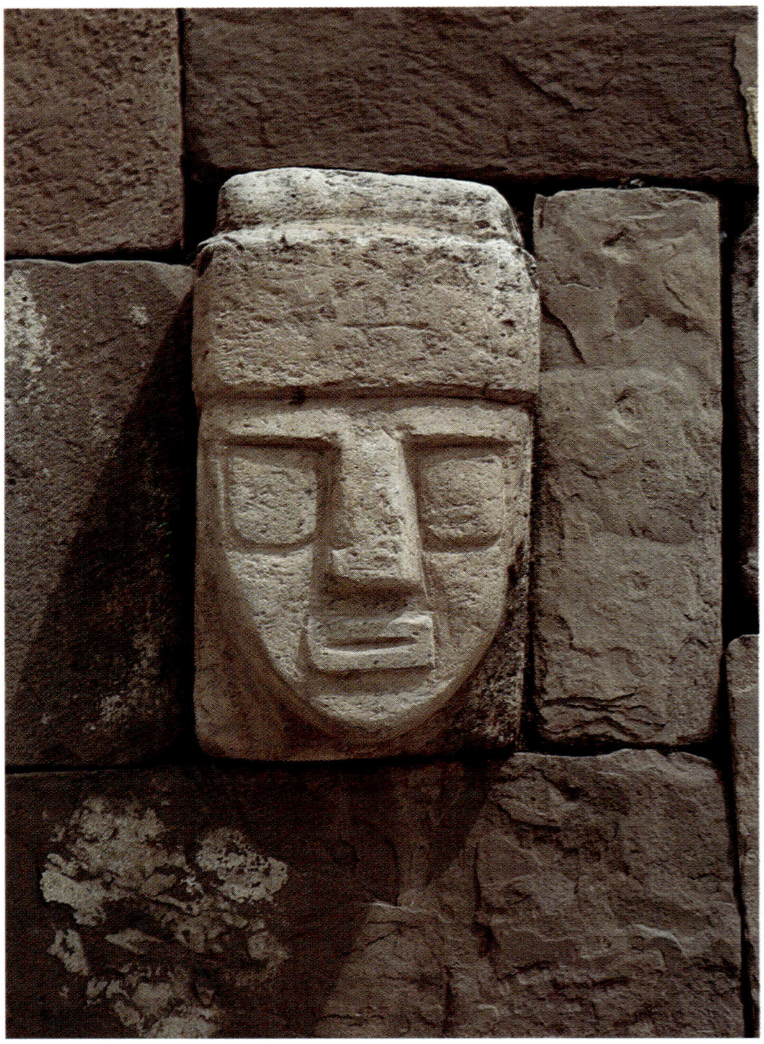

124

VI Kunst und Architektur von Tiahuanaco

Die Hochkultur von Paracas und Nazca, die im südlichen Küstengebiet Perús blühte, entwickelte sich dank der Beziehungen, die sie zu den Gesellschaften des Hochlandes unterhielt. Von nun an vermischte sich die Tradition der »geflügelten Raubkatzen«, von Ungeheuern, die halb Mensch halb Raubkatze sind, und von Trophäenköpfen mit den Traditionen des Altiplano, aus denen als überragende Gottheit Viracocha aufstieg. Der Kult der Trophäenköpfe, den die Stoffe von Paracas-Nazca belegen, ist durch die Entdeckung mumifizierter Schädel bezeugt, die man den Verstorbenen ins Grab mitgab. Dieses Ritual, das die Enthauptung getöteter Opfer voraussetzt, verschmolz mit den Fruchtbarkeitsriten; die Opfer wurden oft dargebracht, um gute Ernten zu sichern. Diese Religion mit Schädeln geopferter Personen hatte sich bereits in Chavín mit den in die Verkleidung der Hauptpyramide gesteckten Steinköpfen gezeigt. In der Gegend von Paracas-Nazca war sie allgegenwärtig. Ihre Verlängerung fand sie nun im Hochland im »halbunterirdischen Tempel«, dem »Templete Semisubterráneo«, von Tiahuanaco (Bolivien). Hier sind skulpierte Menschengesichter auf der Mauer angebracht, die das Innere des in den Boden vertieften Heiligtums begrenzt: Hunderte dieser Opferbildnisse umrahmen den Kultplatz.

Eine einheitliche Strömung scheint also das Küstengebiet mit dem Hochland zu verbinden. In der Gegend der heutigen Stadt Ayacucho (Perú) trafen die Küstenkunst und die Kunst von Tiahuanaco aufeinander. In diesem Gebiet des Überganges blühte auch die Stadt Huari auf, das zweite Zentrum der Tiahuanaco-Kultur.

Um diese Entwicklung zu verstehen, sei daran erinnert, daß die verschiedenen Regionen Perús – trotz der schlechten Verkehrswege zwischen den Provinzen – nicht isoliert blieben. Die Stoffe zeugen vom Tauschhandel. Die im Hochland mit seinen Alpakas hergestellte Wolle ist in den Küstengebieten weit verbreitet, und die Verwendung von Baumwolle setzt sich im Hochland rasch durch, obwohl diese Pflanze nur in tropischen Gegenden gedeiht. Seit dem 1. Jahrtausend v. Chr. bestehen intensive Handelskontakte zwischen tiefgelegenen Regionen und Bergland.

Andererseits haben im Hochland zwischen Cuzco und Puno unternommene Analysen nach der Radiokarbon-Methode Daten ergeben, die die ersten Beispiele von Töpferei in dieser südlichen Andenregion Perús zwischen 1000 und 650 v. Chr. situieren. Aus dieser Zeit datiert die Keramik von Marcavelle, das 4 km südöstlich von Cuzco liegt. Diese Tatsachen belegen, daß das Hochland schon früh in die Entwicklung der Andenkulturen einbezogen war. Fast gleichzeitig tauchte die Keramik auch in den Küstengesellschaften auf, in Cupisnique wie in Paracas.

Rund um den Titicaca-See, in Arapa, Yapura, Taraco und Copacabana, wurden große Stelen im sogenannten Pucara-Stil entdeckt. Besonders zahlreich sind sie am Nordufer des Sees. Manche tragen abstrakte, geometrische und symmetrische Motive, andere ziemlich ungeschickte Menschendarstellungen, wie die soge-

122 Ansicht von Tiahuanaco in Bolivien. Im Vordergrund liegt der »halbunterirdische Tempel« mit seiner von zwei hohen Monolithen flankierten Zugangstreppe und der vierseitigen Umfassungsmauer, die mit skulpierten Nagelkopfverzierungen, einer Erinnerung an Chavín, geschmückt ist. Im Hintergrund erkennt man die (allzu) restaurierte hohe Mauer des Kalasasaya mit ihrem Portal, zu dem eine große Treppe führt.

123 Von der Acapana genannten Pyramide von Tiahuanaco herab erkennt man die doppelte Umfassungsmauer des Kalasasaya, die von Carlos Ponce Sanginés in übertriebener Weise wiederaufgebaut wurde. Diese pseudowissenschaftliche Wiederaufrichtung hat den einzigen Vorteil, die weiten Perspektiven des religiösen Zentrums hervorzuheben, dessen äußere Mauer 128 auf 118 m lang ist. Die Anlage dürfte aus dem 6. bis 7. Jahrhundert n. Chr. datieren.

124 Eine der Nagelkopfverzierungen des »halbunterirdischen Tempels« von Tiahuanaco, der zwischen dem 2. und 4. Jahrhundert unserer Zeitrechnung entstanden sein könnte.

nannte Yaya-Mama-Stele. Nach heutigen Schätzungen könnte diese Stelengruppe aus der Zeit zwischen dem 1. Jahrhundert v. Chr. und dem 4. Jahrhundert n. Chr. datieren; die Ähnlichkeit bestimmter Motive mit denen der Stoffe von Paracas-Nazca legt einen solchen Schluß nahe. Die leichte Transportierbarkeit der Stoffe war einer der Gründe für die Verbreitung von Stilen und Dekormotiven. Die Ideen und Formen wanderten also in bescheidenem Umfang, doch deutlich erkennbar, von der Küste ins Hochland.

Die Wechselbeziehungen zwischen Altiplano und Küstengebieten, die man zunächst in den an der südperuanischen Küste entdeckten bemalten Stoffen im Chavín-Stil erkennen kann, verstärkten sich in beträchtlichem Ausmaß am Ende der Nazca-Zeit, von 650 n. Chr. an. In diesem Augenblick tauchte ein neuer Stil auf, der im südlichen Teil der Gegend um den Titicaca-See entstanden war. Eine neue Hauptstadt setzte sich nun an die Spitze der präkolumbischen Andenwelt: Tiahuanaco, in 3800 m Höhe in Bolivien gelegen.

Die Kunst von Moche und die von Nazca waren klassische, in einer Zeit ständiger Kämpfe um die Oberherrschaft entstandene Erscheinungen gewesen. An der Südküste führte jedoch dieser Zustand der »Streitenden Reiche« nicht zu einem mächtigen Bund wie dem der Mochica. Die Machtzersplitterung in den Tälern zwischen Rio Pisco und Rio Ocoña führte im Gegenteil zu einem schwächeren kulturellen Widerstand; um 650 tauchten Formen im Tiahuanaco-Stil in der Gegend von Paracas-Nazca auf. Die Kunst des Altiplano konnte jedoch aus der hervorragenden Technik der Töpfer und Weber aus den Küstengebieten zahlreiche Vorteile ziehen.

Seit unzähligen Jahren hatten die rund um das Becken des Titicaca-Sees gelegenen Gebiete eine Einheit gebildet, die auf Lama- und Alpakazucht gegründet war. Man sprach hier Aymará, das sich trotz der Inka-Besetzung weiter halten konnte. Im 2. Jahrhundert setzte sich offenbar die Stadt Tiahuanaco, die damals direkt am See lag (heute ist sie 20 km von ihm entfernt), an die Spitze eines Reiches und wurde zu einem bedeutenden administrativen und religiösen Zentrum. Vielleicht kurz vor Beginn unserer Zeitrechnung gegründet, sollte sie über das Hochland herrschen. Mit Hilfe von »Kolonien« dehnte sie ihren Einfluß bis an die Pazifikküste aus, wo sie sich im 6. Jahrhundert durchsetzte. Tiahuanaco spielte demnach die führende Rolle im Mittleren Horizont, um den von manchen Historikern verwendeten Ausdruck zu zitieren.

Im Einflußbereich von Tiahuanaco wurde Huari, das man als zweite Hauptstadt des Reiches ansehen kann, auf halbem Weg zwischen dem Hochland der Puna und der Pazifikküste errichtet. Ist die 3000 m hoch gelegene Stadt wirklich eine Zweigniederlassung von Tiahuanaco? Eine Antwort darauf zu finden, ist wegen der zahlreichen Implikationen nationaler Art äußerst heikel. Die Peruaner akzeptieren es kaum, daß eine heute in Bolivien heimische Kultur auf das peruanische Territorium ausstrahlte. So bemühte man sich selbst in wissenschaftlichen Kreisen, die Unterschiede zwischen den Kulturen von Huari und Tiahuanaco hervorzuheben. Aus Huari machte man das Zentrum eines »Reiches«, von dem Tiahuanaco nur die religiöse Hauptstadt gewesen wäre.

Die beiden Städte liegen rund 1250 km auseinander. So kann es ausgeprägte stilistische Variationen geben, dies um so mehr, als die eine Stadt inmitten der Puna des Hochlandes mit ihren rauhen Tages- und Nachtunterschieden liegt, während die andere von Wiesen und Feldern umgeben ist und ein gemäßigt mildes Klima besitzt. Entfernung und klimatische Unterschiede trugen zweifellos dazu bei, jeder Stadt ihr unverwechselbares Gesicht zu geben, selbst wenn beide Zentren dieselbe Ikonographie benutzten, wie es vor allem die Keramik belegt.

Die Entdeckung von Huari als bedeutendem Kulturzentrum hat sicherlich den peruanischen Nationalismus bestärkt, der sich glücklich schätzte, auf eigenem Boden eine Kultur vorzufinden, die der von Tiahuanaco in Bolivien vergleichbar war. Nichtsdestoweniger stand Huari, das im 3. oder 4. Jahrhundert n. Chr. gegründet worden war, unter dem kulturellen, künstlerischen und religiösen Einfluß von Tiahuanaco, selbst wenn es politisch unabhängig blieb und die beiden

125 Das berühmte »Sonnentor« von Tiahuanaco ist ein 3,80 m breiter und 2,80 m hoher skulpierter Monolith, dessen Öffnung nicht mehr als 1,40 m Höhe mißt. Der Reliefdekor zeigt im Zentrum den Schöpfergott Viracocha, den 48 »Beisitzer« – 32 geflügelte Figuren mit Menschengesicht und 16 geflügelte Wesen mit Kondorkopf – flankieren. Auch hier ist ein Anklang an die hochstilisierte Skulptur von Chavín zu erkennen.

126 Detail des »Sonnentores« von Tiahuanaco: der Gott Viracocha mit zwei Zeptern oder Wurfspeeren in den Händen. Die frontal dargestellte Gottheit trägt einen strahlenförmigen Kopfschmuck, in dem Puma- oder Jaguarköpfe zu erkennen sind.

127 Im Zentrum der Einfassung des Kalasasaya steht heute der »Ponce-Monolith«. Die hieratische und streng schematisierte Statue ist mit feinen Flachreliefs verziert und stellt eine reichgeschmückte Person dar, die rätselhafte Objekte von vermutlich kultischer Funktion trägt.

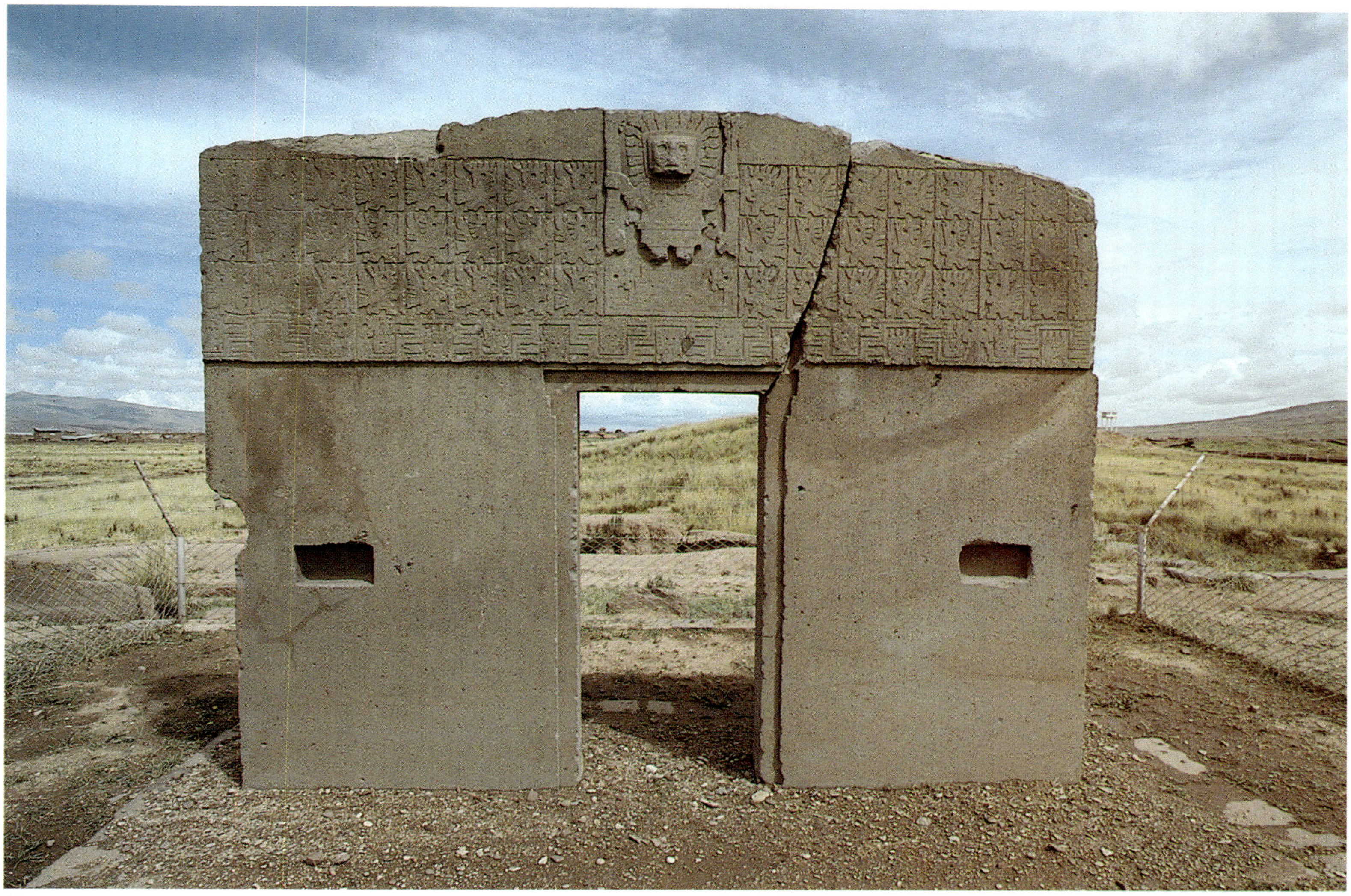
125

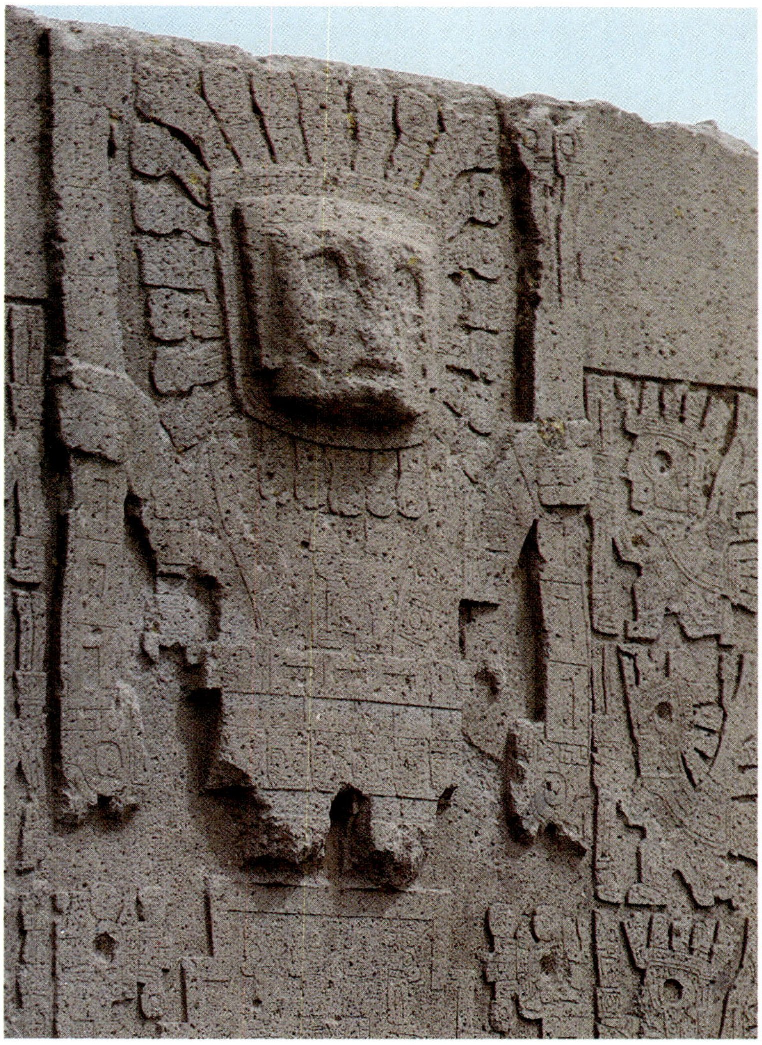
126

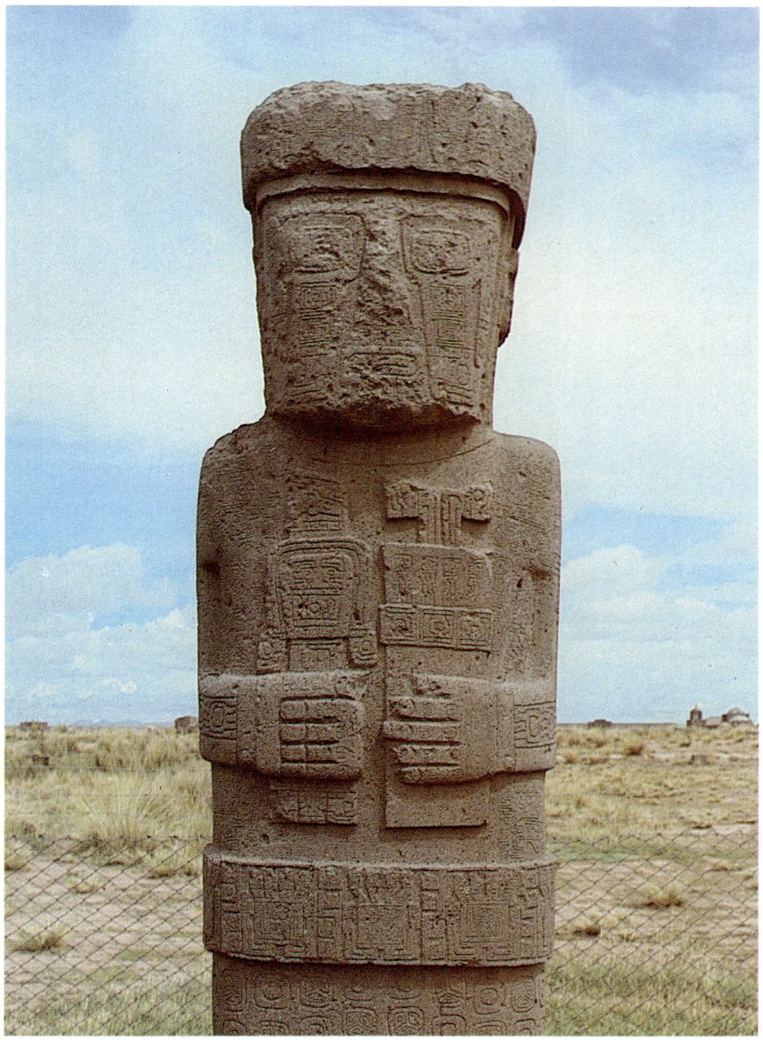
127

Städte ihre imperialistischen Ziele möglicherweise jede für sich in verschiedenen Gebieten verfolgten. Dieser Hypothese zufolge hätte sich Tiahuanaco im ganzen Becken des Titicaca-Sees und im Süden bis Cochabamba und bis zum südlichsten Küstengebiet Perús erstreckt, während Huari im Becken des Rio Mantaro schon früh enge Beziehungen zur Gegend von Nazca knüpfte. Der Stil der aus diesem Kontakt entstandenen Werke dehnte sich allmählich nach Norden aus. Dieser Vorstoß der Tiahuanaco-Huari-Schöpfungen erreichte den Callejón de Huaylas, das Tal des Urubamba und den Mittellauf des Marañón, ebenso die Küstengebiete bis Pachacamac mit einzelnen, weiter nördlich gelegenen Niederlassungen.

Vielleicht besteht jedoch die für Huari geforderte Unabhängigkeit von Tiahuanaco nur auf dem Papier; sie entspricht eher den Wunschvorstellungen peruanischer »Patrioten« wie Larco Hoyle als einem archäologisch begründeten wissenschaftlichen Konzept. Um in dieser heiklen Debatte keinen Entscheid fällen zu müssen, beschränken wir uns darauf, den Ausdruck »Tiahuanaco-Stil« für die Huari zugeordnete Produktion zu verwenden. Und wenn man im kulturellen, künstlerischen und religiösen Bereich die Vorherrschaft von Tiahuanaco kaum abstreiten kann, so bleibt doch die Existenz von einem oder zwei »Reichen« höchst problematisch. Gab es ein Reich von Huari? Auf diese Frage antwortete William Isbell, der in Huari ausgräbt, im Jahre 1978, daß die Hypothese noch lange nicht bestätigt sei. Für Frédéric Engel andererseits ist die Existenz eines Reiches von Tiahuanaco »nur eine Hypothese, bestenfalls eine liebe Erfindung«.

Jedenfalls überschwemmten im 7. Jahrhundert Gegenstände im Tiahuanaco-Stil die Küstengebiete, wo Gemeinschaften aus dem Altiplano »Kolonien« hatten gründen können. Doch damit erstreckt sich die Herrschaft noch nicht über ganz Perú. Vielleicht war es religiöser Bekehrungseifer, der im 10. Jahrhundert erlosch, als auch die Themen von Tiahuanaco aufgegeben wurden.

Die Stadt der Mythen

Wie man sieht, stellen sich der Archäologie des Tiahuanaco-Zeitalters viele ungelöste Probleme. Vermutlich ist es diese »Unschärfe«, die zu so vielen abstrusen Schriften führte und um Tiahuanaco unzählige Geheimnisse entstehen ließ. Die Mythen kamen bereits mit den ersten europäischen Besuchern auf. Der 1548 zum »ersten Chronisten von Indien« ernannte Spanier Cieza de León hielt Tiahuanaco für das »älteste Ruinenfeld in ganz Perú«. In der Folge gab es wenige Orte in der Welt – ausgenommen vielleicht die Pyramiden von Gizeh –, die die Märchenerzähler und die Ausbeuter der menschlichen Dummheit derart inspiriert haben. Schwärmer und falsche Propheten übertrafen sich gegenseitig in Spekulationen über das undenkliche Alter von Tiahuanaco, über das Riesengeschlecht, das es erbaut hätte, über die Sintflut, in der es unterging, und über die Außerirdischen, die dort landeten. Warum all das?

Wer die Ruinen von Tiahuanaco in Ruhe betrachtet, versteht diese Schwärmereien immer weniger. Ist es die dünne Luft in 4000 m Höhe, die einige überspannte Geister berauschte, oder ermutigte die entlegene Situation, in der sich der Ort bis in die jüngste Vergangenheit befand, die Betrüger und Schwindler jeder Gattung? Wie groß die Lügenmärchen auch sein mögen, die einem leichtgläubigen Publikum aufgetischten Schriften folgen einander seit rund 50 Jahren, angefangen mit den Veröffentlichungen von Edmund Kiss oder H.S. Bellamy und P. Allen. An der Spitze stehen die »Thesen« der französischen »Magiker« Louis Pauwels und Jacques Bergier und des Propheten der pseudo-archäologischen und phantastischen Science Fiction, Erich von Däniken, der Astronauten, Raumschiffe und außerirdische Lebewesen in Tiahuanaco auftreten läßt, wie er es auch schon in Nazca tat, um die »Wüstenpisten« zu erklären.

Wenn wir uns die Mühe nehmen, all diese Hirngespinste und Überspanntheiten aufzuzählen, so tun wir das aus dem Grund, uns zu fragen, warum manche Orte dazu auserwählt scheinen, Gegenstand einer entfesselten Einbildungskraft zu werden. In Tiahuanaco selbst bietet sich unserer Meinung nach nichts für solche Phantastereien an. In der weiten, trockenen Bodendepression des Altiplano, wo das *ichu* wächst, das harte Gras, das die Lamas fressen, in dieser von sanft geschwungenen Hügelketten umzogenen Ebene, in dieser traurigen Steppenlandschaft, die nicht einmal die weiten Horizonte der an der Straße zwischen den Ruinen und La Paz gelegenen Puna anbietet, ist Tiahuanaco vor allem ein von Menschen geplünderter und verwüsteter Ort.

Die Architektur von Tiahuanaco

Das Zeremonialzentrum von Tiahuanaco umfaßt die gleichen Bauten wie die meisten präkolumbischen Andenorte: eine Pyramide, eine quadratische Esplanade, die hier eine Erdterrasse ist, und einen vertieft angelegten Platz, wie ihn schon die Komplexe von Sechín Alto, Las Haldas und Chavín zeigen; während er dort jedoch kreisförmig war, ist er hier quadratisch.

Die Acapana genannte Pyramide von Tiahuanaco ist ein ostwestlich ausgerichteter Erdbau von etwa 200 m Seitenlänge. Ihre gezackte Anlage ist kreuzförmig und hatte vermutlich eine Steinverkleidung, die eine abgestufte, rund 15 m hohe Baumasse umzog. Heute ist der Bau sehr zerstört, und die einander ablösenden Ausgräber – von den Huaqueros ganz zu schweigen – legten oben auf dem Hügel einen gewaltigen Graben an, in der Hoffnung, einen Schatz zu finden.

Die Pyramide ist im Süden von den Überresten eines Kanals gesäumt, der die Stadt mit dem Titicaca-See verband. Zu jener Zeit lag die Hauptstadt des Hochlandes noch in unmittelbarer Nähe des Sees, während sie heute aufgrund des in 2000 Jahren gesunkenen Wasserspiegels etwa 20 km vom Seeufer entfernt ist.

Im Norden des Acapana liegt der »Templete Semisubterráneo« (»halbunterirdischer Tempel«) genannte vertiefte Platz, der in den 60er Jahren vom bolivianischen Archäologen Carlos Ponce Sanginés restauriert wurde. Er ist mit 26 auf 29 m Seitenlänge beinahe quadratisch, und sein Boden ist um 2 m abgesenkt. Die Wände, die den 750 m² großen Raum begrenzen und die umgebenden Erdmassen zurückhalten, bestehen aus einer Reihe aufrechtstehender Pfeiler zur Versteifung der Konstruktion, zwischen denen ein Verband aus kubischen Steinblöcken die eigentliche Mauer bildet. Diese ist mit zahlreichen Steinköpfen verschiedener Größe geschmückt, die wie die *cabezas clavas* (»Nagelköpfe«) von Chavín in der Wand verankert sind (Abb. 122 und 124).

Der »halbunterirdische Tempel«, den man über eine 5 m breite Treppe mit acht hohen Stufen betritt, ist von zwei Pfeilern in den Mauerecken flankiert, die über

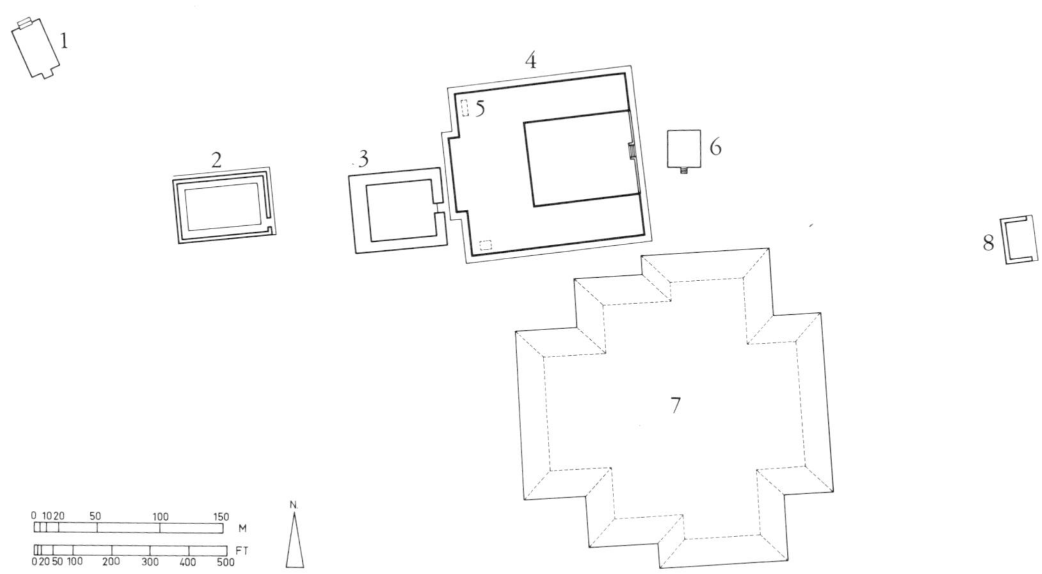

Plan von Tiahuanaco (Bolivien)
1 »Mondtor«
2 Umfassungsmauer des Kheri-Kala
3 Umfassungsmauer des Putuni oder Palastes der Sarkophage
4 Umfassungsmauer des Kalasasaya
5 »Sonnentor«
6 Halbunterirdischer Tempel
7 Acapana-Pyramide
8 Modell des Kantayita

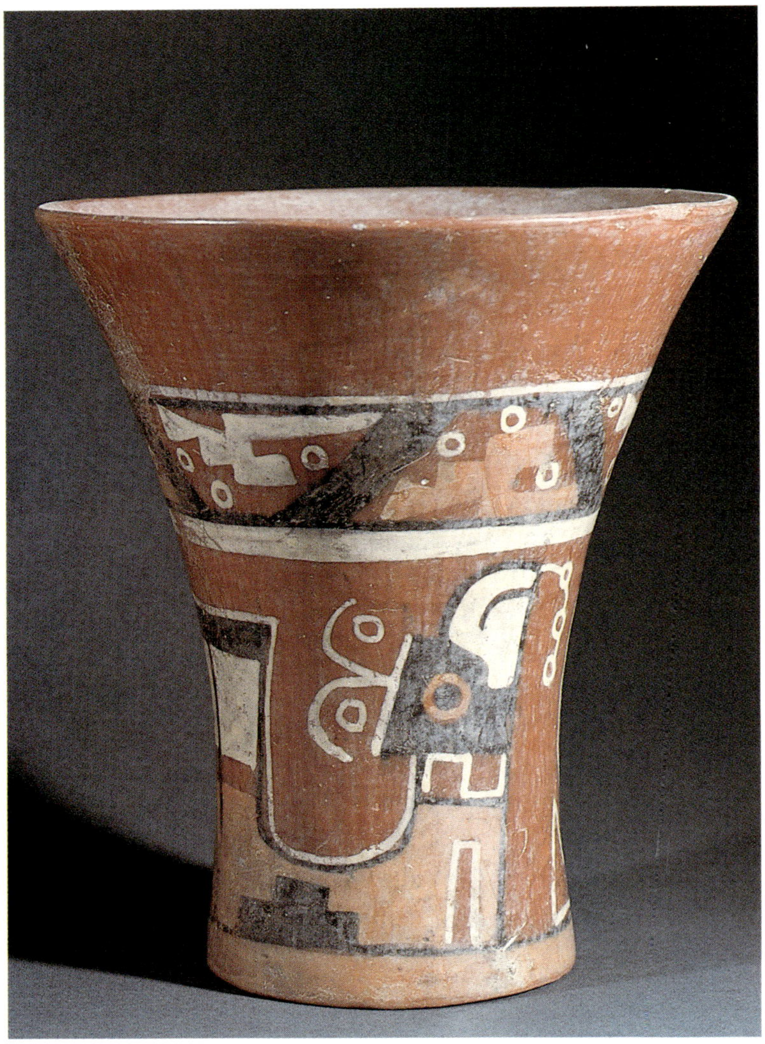
128

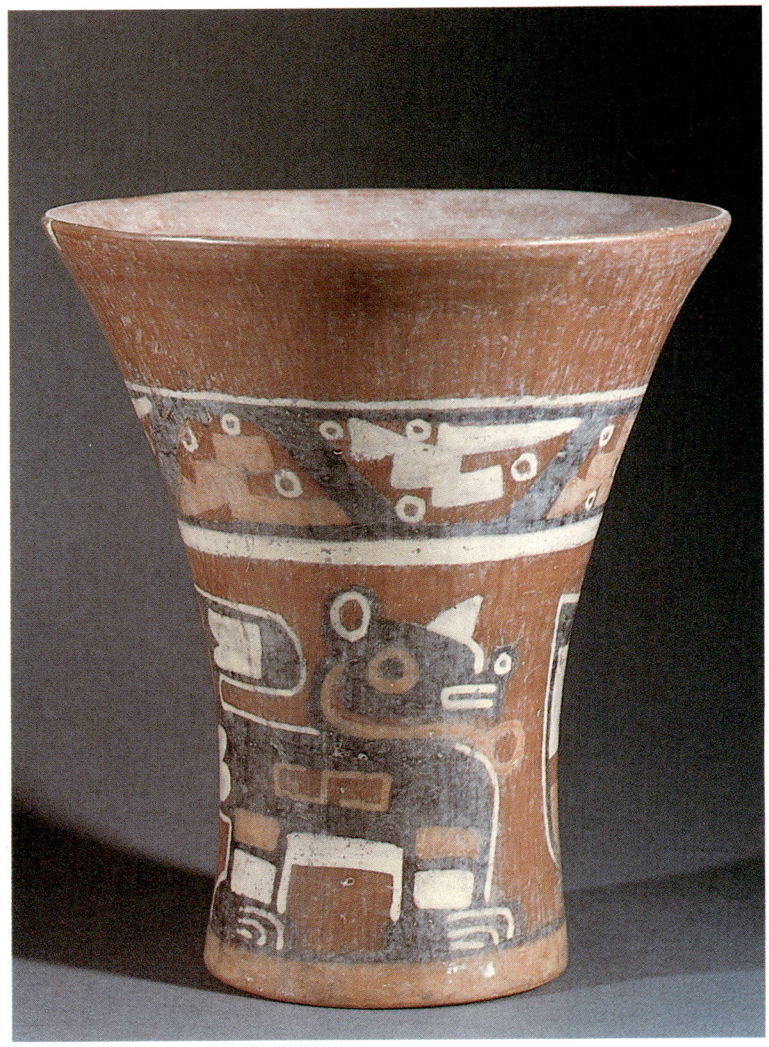
129

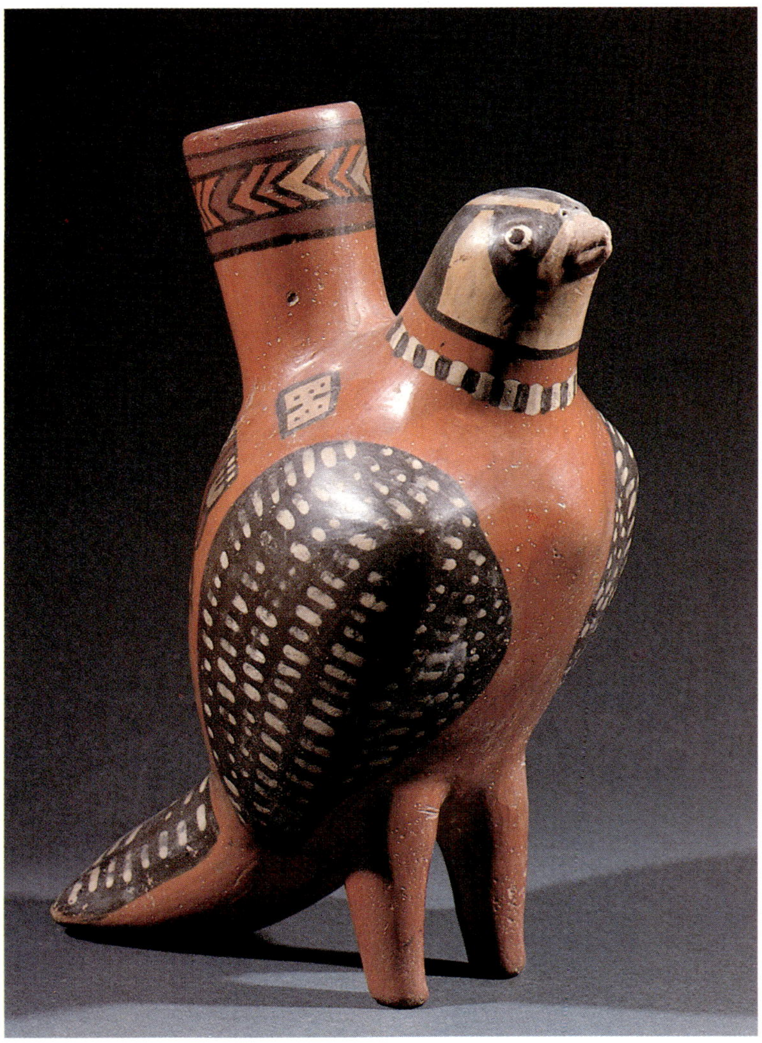
130

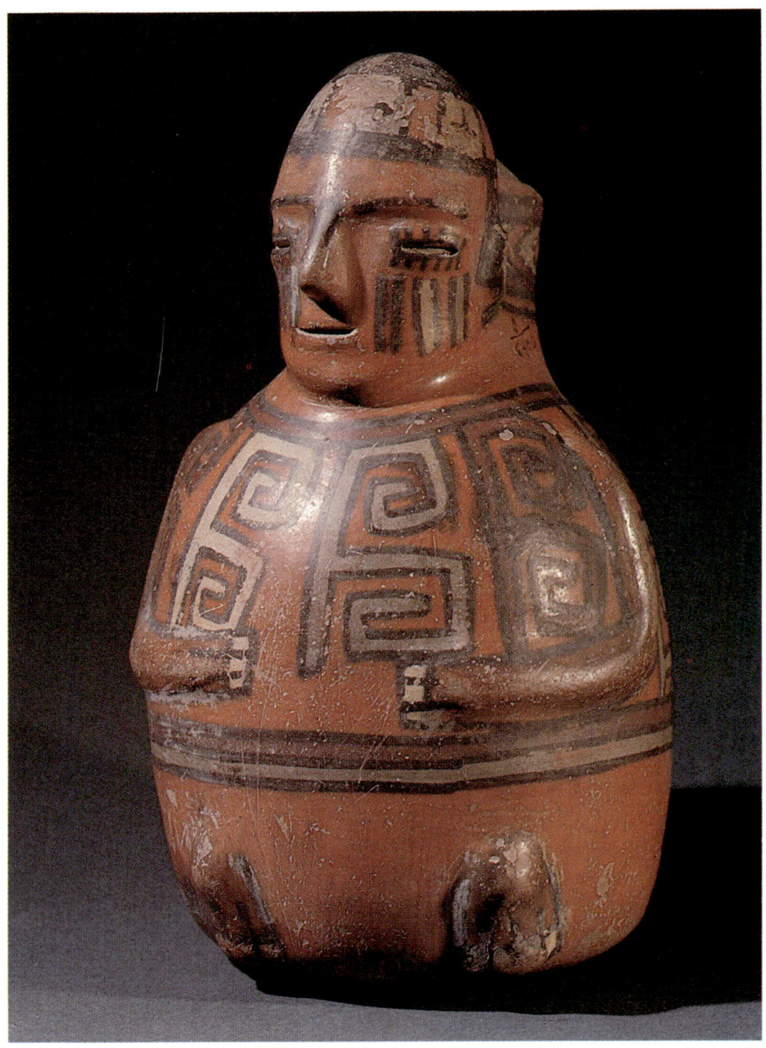
131

das Bodenniveau aufragen. In seiner Mitte befinden sich drei Stelen. Die grob behauene Stele Nr. 15, die Wendell Clark Bennett 1932 *in situ* entdeckte, wurde wiederaufgestellt; sie lag neben der riesigen, 7,30 m hohen und 17 t schweren Stele Nr. 10, die heute auf einem Platz von La Paz steht.

Im Osten des »halbunterirdischen Tempels« erhebt sich die Einfassung der viereckigen, Kalasasaya genannten Erdesplanade, die 128 auf 118 m mißt. Hier wurde das – im Vergleich zum vertieften Platz – umgekehrte Verfahren angewendet. Hielt die Mauer dort die Erdmassen nach außen zurück, so faßt sie hier in eindrucksvoller Höhe von fast 4 m eine Erhebung ein. Die Bautechnik ist jedoch dieselbe: unregelmäßiger Mauerverband zwischen Stützpfeilern. Vertikale Elemente und waagrecht verfugte Füllungen wechseln einander ab. Diese Bautechnik erinnert an die archaische Formel, nach der die Mauer mit Flachreliefs in Cerro Sechín errichtet worden war, ohne jedoch wie dort Gravierungen auf der Außenseite zu tragen.

Leider hat sich der bolivianische Archäologe, der schon den »halbunterirdischen Tempel« vollständig restaurierte, beim Kalasasaya – vor allem auf der Westseite – eine Rekonstruktion erlaubt, die für eine Wiederaufrichtung der 70er Jahre peinlich und eigentlich unannehmbar ist. Die Mauer erinnert wie auch das von einem Sturz bekrönte Eingangsportal zum Innenhof des Bauwerkes an die Rekonstruktion für einen Historienfilm aus Hollywood und hat kaum etwas mit ernsthafter wissenschaftlicher Arbeit zu tun (Abb. 123).

Dieser Eingang auf der dem »halbunterirdischen Tempel« zugewandten Ostseite des Vierecks hat jedoch die sechs ursprünglichen Stufen einer etwa 7 m breiten Treppe bewahrt. Zu ihren beiden Seiten stehen hohe Eckmonolithen, auf die sich die erhöhte Einfassungsmauer stützt. Das Eingangstor selbst – es ist ganz der Phantasie von Ponce Sanginés entsprungen – führt in einen 80 auf 65 m großen Innenhof, den verschiedene Bauten umzogen; sie sind jedoch heute allzusehr verfallen, als daß man noch ihre Organisation feststellen könnte.

Im Zentrum dieses Patio wurde der mit häßlichem Stacheldraht abgeschirmte »Ponce-Monolith« errichtet, während man im hinteren Bereich des Kalasasaya, in der Südwestecke, den »Monolithen des Mönches« findet. Das berühmte »Sonnentor« war schon Anfang dieses Jahrhunderts in die Nordwestecke verbannt worden. Auch dieser Bau ist heute mit einem Stacheldrahtzaun umgeben, der eher an ein Militärlager als an ein Kunstwerk denken läßt.

Zum Abschluß dieser Aufzählung der sehr zerstörten Überreste von Tiahuanaco, das während Jahrhunderten für den Bau der lokalen Kirche und besonders der Kolonialgebäude von La Paz als Steinbruch diente, erwähnen wir den 48 auf 40 m großen Putuni im Westen des Kalasasaya, der auch »Palast der Sarkophage« genannt wird, die Umfassungsmauern des weiter westlich gelegenen Kheri-Kala und ein Hügelchen, auf dem das kleine monolithische »Mondtor« steht. Außerdem sei noch der Kantatayita östlich des »halbunterirdischen Tempels« angeführt; der behauene Steinblock, den er enthält, gilt als altes Modell für den Kalasasaya, das der Architekt vor dem Bau anfertigte, doch könnte es sich auch um ein Miniatur-Votivheiligtum handeln.

Schließlich liegt 1500 m südwestlich des Zeremonialzentrums das Ruinenfeld des Puma Puncu. Erhalten sind riesige monolithische Bodenplatten, die bis zu 7 m lang, 4 m breit und 1,80 m dick sein können. Es sind die vollkommensten Beispiele für die vorinkaische Steinmetzkunst. Die präzis behauenen Blöcke mit streng rechtwinkligen senkrechten Verzahnungen scheinen den Boden eines Heiligtums gebildet zu haben, dessen Wände aus herrlichen großflächigen Platten bestanden haben müssen. Der Grundriß zeigt eine Reihe von nebeneinandergesetzten Zellen, und es gab für diesen Komplex zahlreiche Rekonstruktionsversuche.

In den Ruinen des Puma Puncu förderte man auch die Reste von drei monolithischen Toren zutage, die dem »Sonnentor« gleichen, doch weniger fein verziert sind. Das berühmte »Sonnentor«, von dem noch die Rede sein wird, war also keineswegs ein Einzelbauwerk, wie man aufgrund seines Namens annehmen

128–129 Zwei Ansichten eines Ritualbechers von Tiahuanaco, eines Vorläufers der inkaischen *kero*. Im Dekor erscheinen auf der einen Seite ein Kondor, auf der anderen ein Jaguar oder Puma. Der Becher ist 17 cm hoch und hat am Mündungsrand einen Durchmesser von 15,5 cm. Er datiert aus der klassischen Phase (600–800 n. Chr.). (Museo Nacional de Antropología y Arqueología, Lima)

130 Vielfarbiges vogelförmiges Gefäß aus der Gegend von Huari. Die 17,5 cm hohe Keramik aus der ersten Huari-Phase (500–600 n. Chr.) beruht auf einer noch einfachen Technik, um dem Stück die Gestalt eines Falken zu geben. (Museo Nacional de Antropología y Arqueología, Lima)

131 Die Ausführung der menschengestaltigen Keramiken im frühen Huari-Stil bleibt noch verhältnismäßig summarisch. Dieses 19 cm hohe Gefäß mit matten Tönen beweist, daß die Töpfer des Hochlandes noch nicht völlig über die Techniken der Küstenregion verfügten. (Museo Nacional de Antropología y Arqueología, Lima)

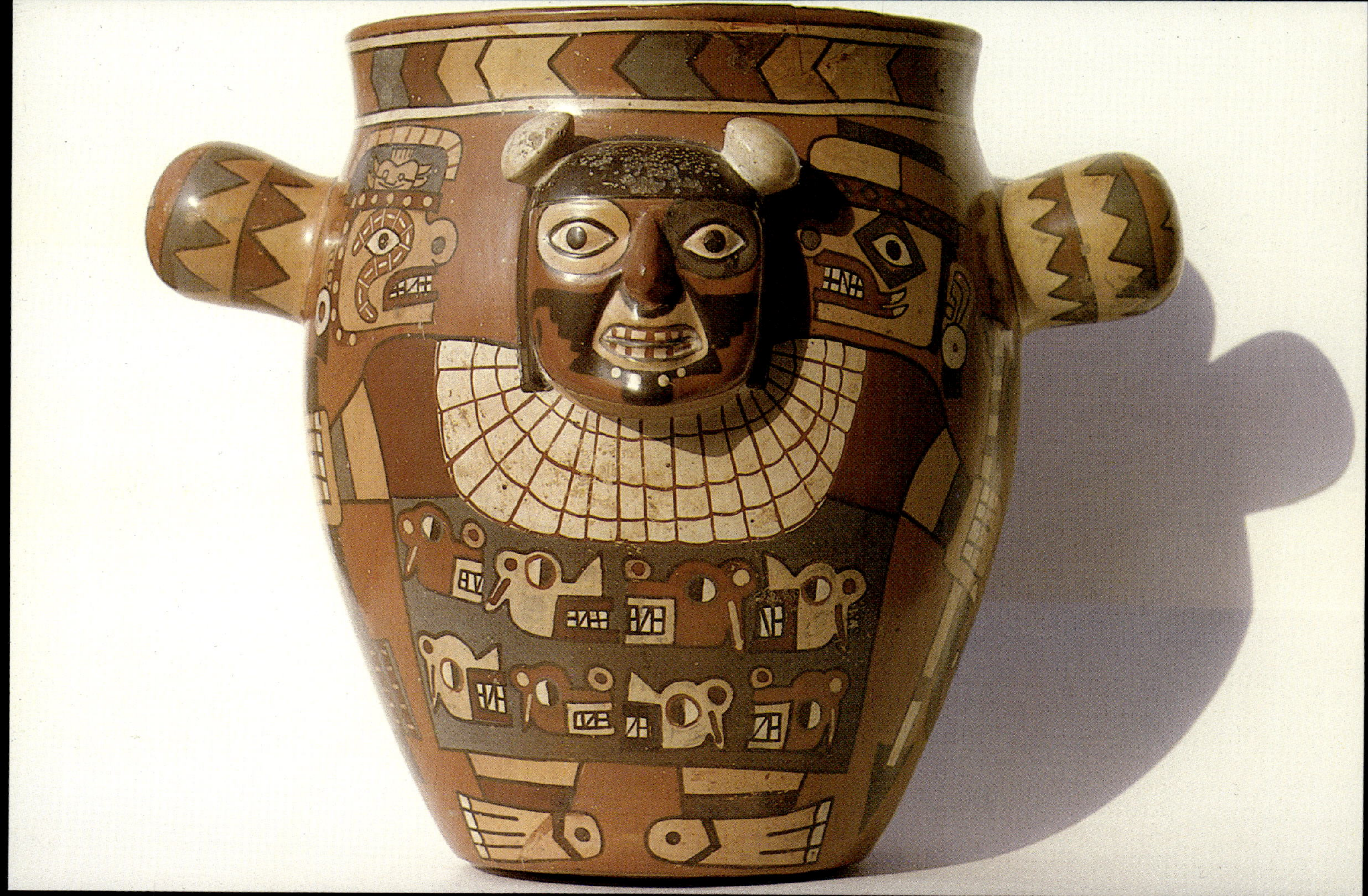
132

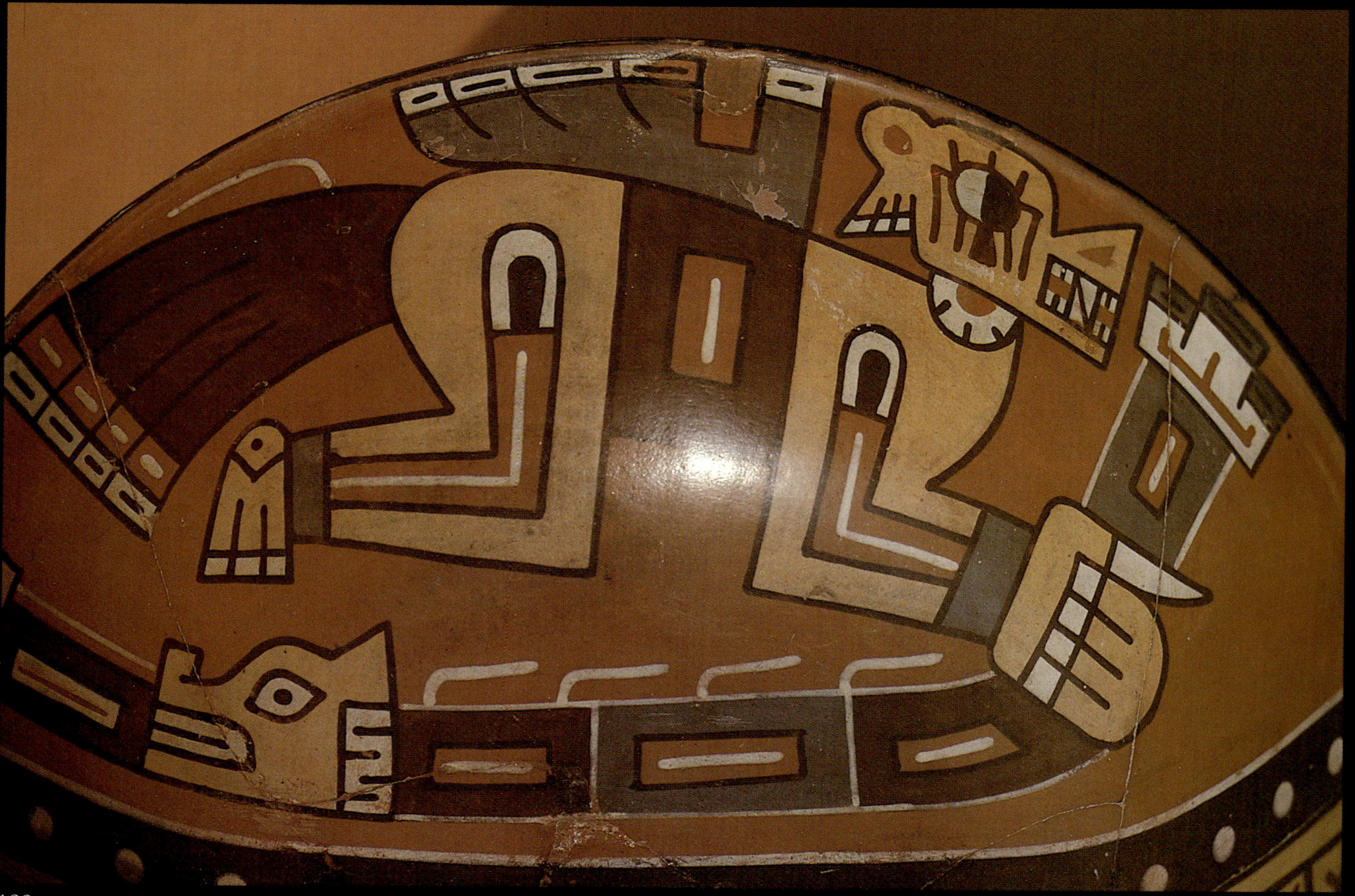
133

könnte, sondern im Gegenteil Bestandteil eines Bausystems mit monolithischen Einheiten, die sich wie ein Würfelspiel zusammenfügten. In den – wie der Puma Puncu – nach dieser Technik ausgeführten Bauten wird die Virtuosität der Leute von Tiahuanaco deutlich, die in der Kunst des Behauens riesiger Steinblöcke ihre Meisterschaft bewiesen.

Städtebau und Chronologie

Die städtische Organisation, die die Überreste von Tiahuanaco erkennen lassen, birgt Überraschungen. Sie beruht auf keiner einheitlichen, strengen Planung. Der Acapana, die Hauptpyramide, ist ostwestlich ausgerichtet, und die Wände des »halbunterirdischen Tempels« sind, einer Südnordachse folgend, ungefähr parallel dazu angelegt. Die Verbindung mit dem Kalasasaya dagegen beruht auf einer leicht verschobenen Ostwestorientierung, die etwas nach Südwesten abfällt. Obwohl also die typischen Elemente des heiligen Städtebaus der Andenwelt – Pyramide, rechteckige Esplanade und vertiefter Platz – vertreten sind, ist ihre Anordnung nicht kohärent, und sie wird vor allem nicht von einer einzigen Achse bestimmt.

Um sich eine Vorstellung von der Chronologie der verschiedenen Gebäude zu machen, könnte man annehmen, daß Acapana und »halbunterirdischer Tempel« aus der III. Phase datieren, d.h., nach Ponce Sanginés, aus der Zeit zwischen 133 und 374 n.Chr. Diesen Bauten würde im 4. oder 5. Jahrhundert der Kalasasaya folgen; der Puma Puncu dagegen datierte aus der Blütezeit im 6. und 7. Jahrhundert. Diese Schätzungen sind reine Vermutungen. Ponce Sanginés bemüht sich darüber hinaus, eine auf ein Jahr genaue Chronologie aufzustellen, indem er sich auf die Radiokarbon-Methode stützt. Wie man weiß, liefert diese jedoch nur annähernde Daten. Man kann sie nur heranziehen, wenn man eine zeitliche Variationsbreite mitberücksichtigt, die für 1500 bis 2000 Jahre mindestens 50 bis 80 Jahre über oder unter dem errechneten Datum beträgt. Das entspricht einem Spielraum von 100 bis 160 Jahren. Wie kann man unter diesen Umständen für die III. Phase Zahlen wie »133–374« angeben und sich nicht auf Spannen wie zum Beispiel »100–400« beschränken?

Im Jahre 1966 versuchte Jeffrey R. Parson, den Bereich der Stadt Tiahuanaco festzulegen. Zur Zeit der größten Ausdehnung erstreckte sich das Wohngebiet vom Acapana aus 850 m nach Süden, 1 km nach Osten und 500 m nach Norden sowie vermutlich 1 km nach Westen. Mit ihrer unregelmäßigen Begrenzung hätte die Stadt also 2,4 km² bedeckt. Nach der Schätzung des Autors konnten in dieser städtischen Zone maximal rund 20 000 Menschen leben. Tiahuanaco hatte also eine Wohnbevölkerung und war nicht, wie man lange annahm, ein reiner Wallfahrtsort.

Skulptur und Ikonographie

Was die Plastik betrifft, sind die Gebäude von Tiahuanaco insofern interessant, als meistens hervorragend bearbeitete Materialien hoher Qualität benutzt wurden. Riesige Blöcke – man spricht beim Puma Puncu von »Zyklopensteinen« mit 130 t Gewicht (was ist das im Vergleich mit den monolithischen Kolossen Ramses' II., die 1100 t wiegen, oder den mehr als 600 t schweren Obelisken von Karnak?) – scheinen wie mit dem Locheisen geschaffen, so glatt sind die Schnittflächen und so scharf die Kanten. Eine solche Präzision in der Ausführung war bisher in der präkolumbischen Andenwelt unbekannt, es sei denn, in bescheidenerem Ausmaß, in einigen Bauten von Chavín, zum Beispiel dem Säulenportal. Dieser präzise Steinschnitt mit seinen Bronzeklammern zeugt von einer meisterhaft beherrschten Technik, ist jedoch nicht überall anzutreffen. In einem Anfangs-

132 Der 31 cm hohe Krug, im typischen Küsten-Tiahuanaco-Stil aus Pacheco, hat hohle seitliche Griffe. Es handelt sich um ein Ritualgefäß mit dem Bildnis von Viracocha, der ein mit Jaguarköpfen bedecktes Kleid trägt. Die Töpfertechnik ist vollkommen, und der stilisierte Dekor leitet sich direkt vom »Sonnentor« von Tiahuanaco ab. Diese Urne wurde vermutlich um 700 bis 800 n.Chr. geschaffen. (Museo Regional de Ica)

133 Große Schale von 26 cm Durchmesser, die im Küsten-Tiahuanaco-Stil mit geflügelten Jaguaren oder Pumas geschmückt ist. Das Raubtier hält hier eine Schlange in den Vorderpranken. Die stark geometrisierte und vereinfachte Darstellung ist typisch für die klassische Zeit. (Museo Regional de Ica)

134 Der 8 cm hohe Becher im Huari-Expansivo-Stil hat einen Dekor, den vom klassischen Tiahuanaco zu unterscheiden schwierig ist. Wie dort umfaßt der Dekor einen Jaguarkopf und kleine Kondorköpfe. (Museo Nacional de Antropología y Arqueología, Lima)

135 Menschengestaltige Keramik im Huari-Expansivo-Stil (um 800–900 n.Chr.). Die Kleidung zeigt Motive im Küsten-Tiahuanaco-Stil. Die 28 cm hohe, sehr schematisierte Person scheint eine geometrische Gesichtstätowierung zu tragen. (Museo Amano, Lima)

136 Menschengestaltiges Gefäß im Huari-Expansivo-Stil. Im Vergleich zum Stück auf Abbildung 135 ist bei dieser 29,5 cm hohen Keramik die plastische Ausführung vereinfacht; die Hände sind nicht mehr in Relief gearbeitet. Auch die Vielfarbigkeit ist weniger reich. (Museo Nacional de Antropología y Arqueología, Lima)

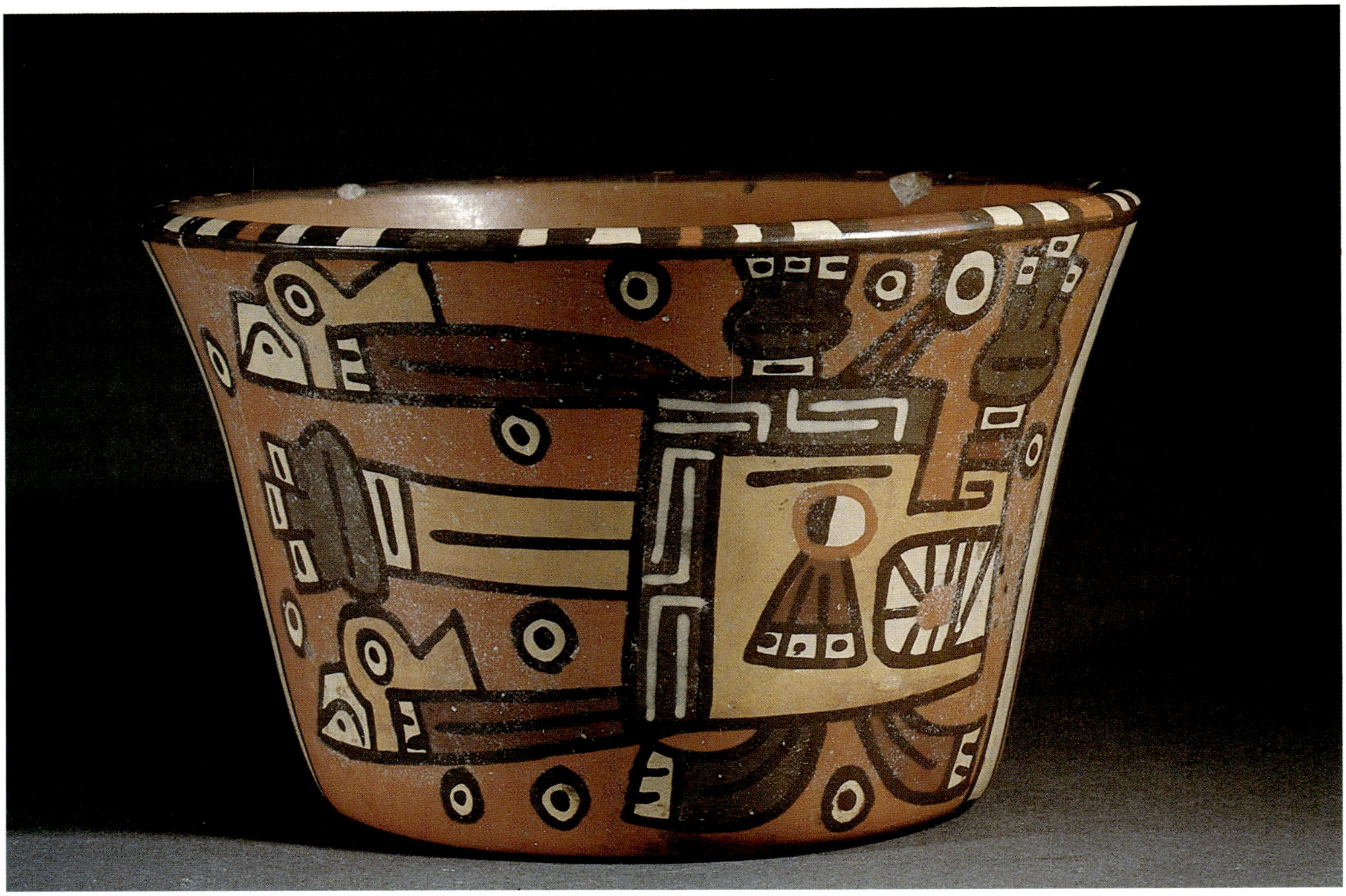

134

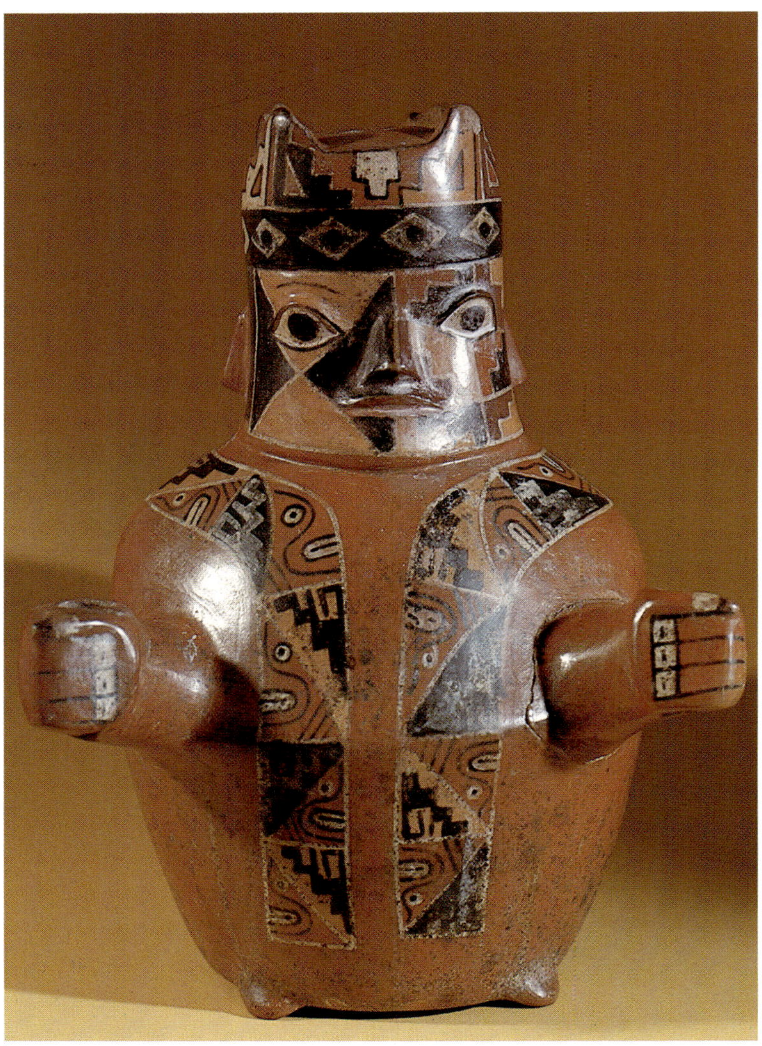

135

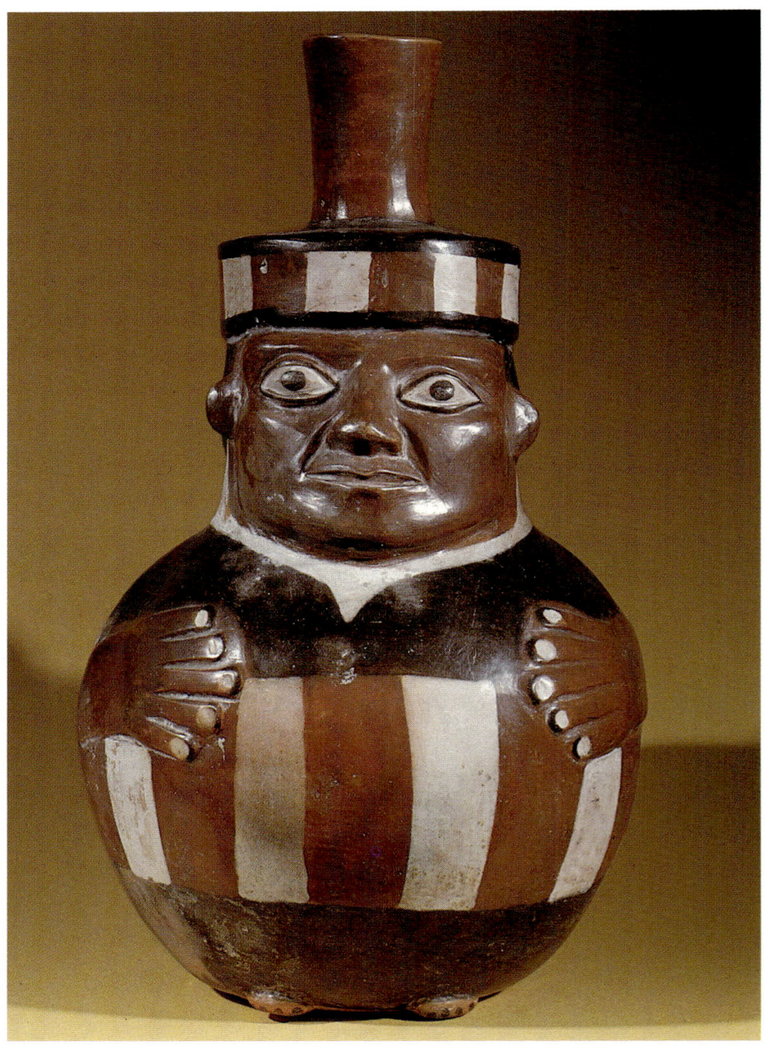

136

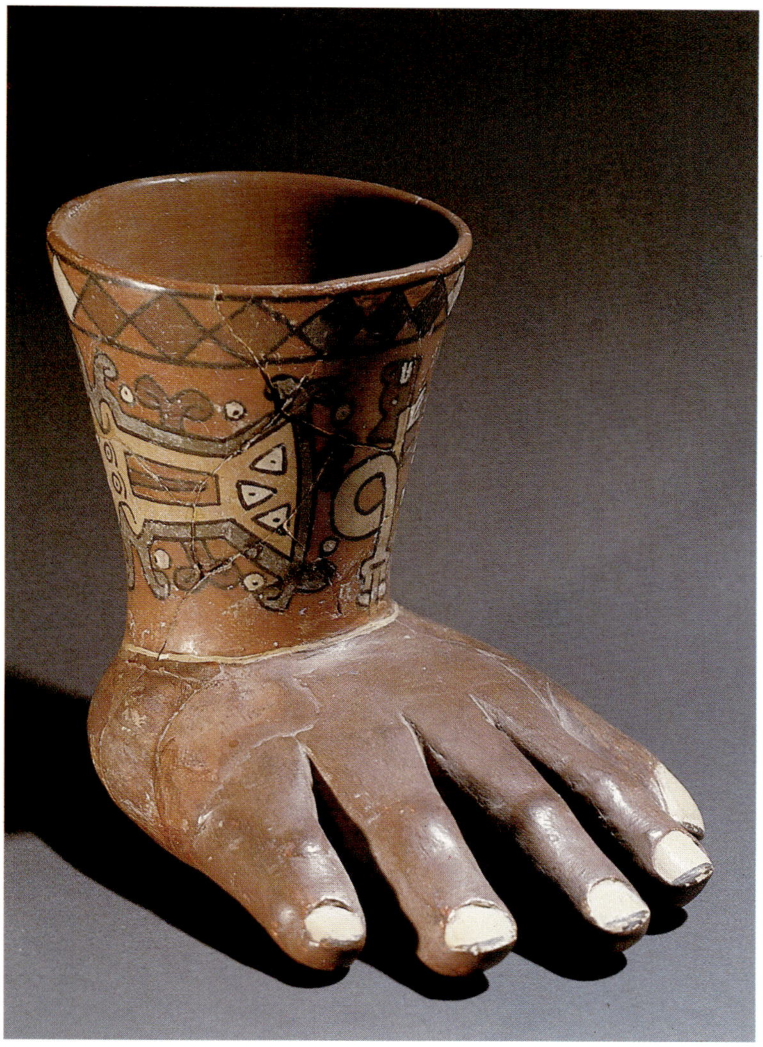

137

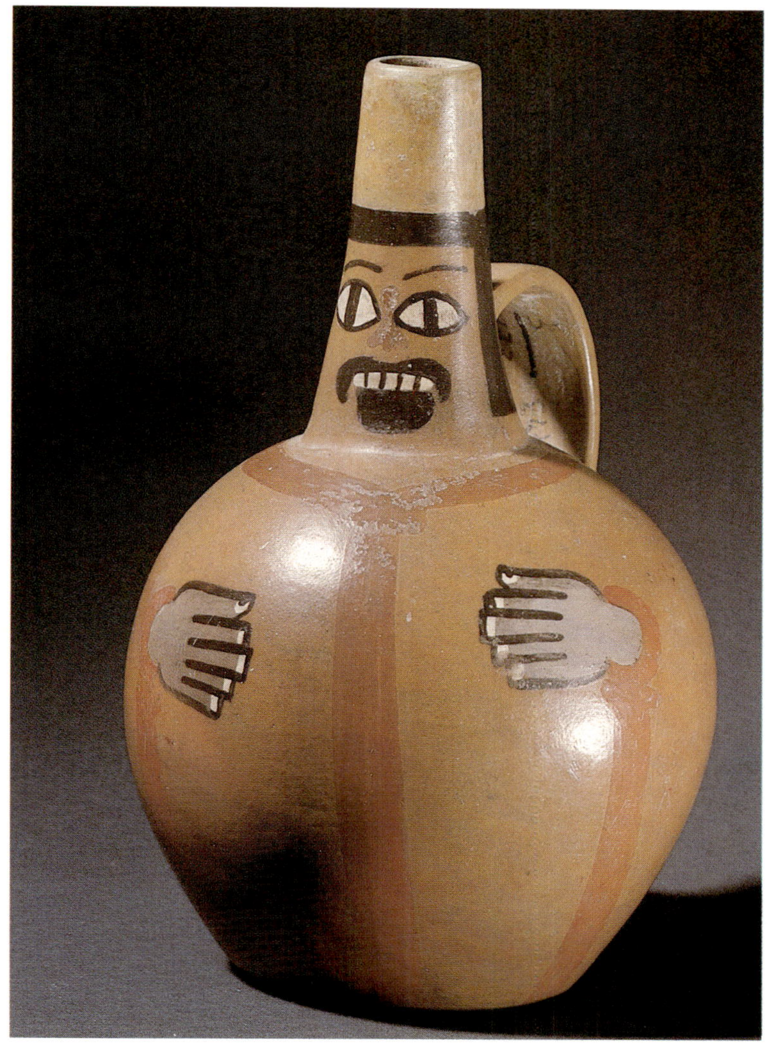

138

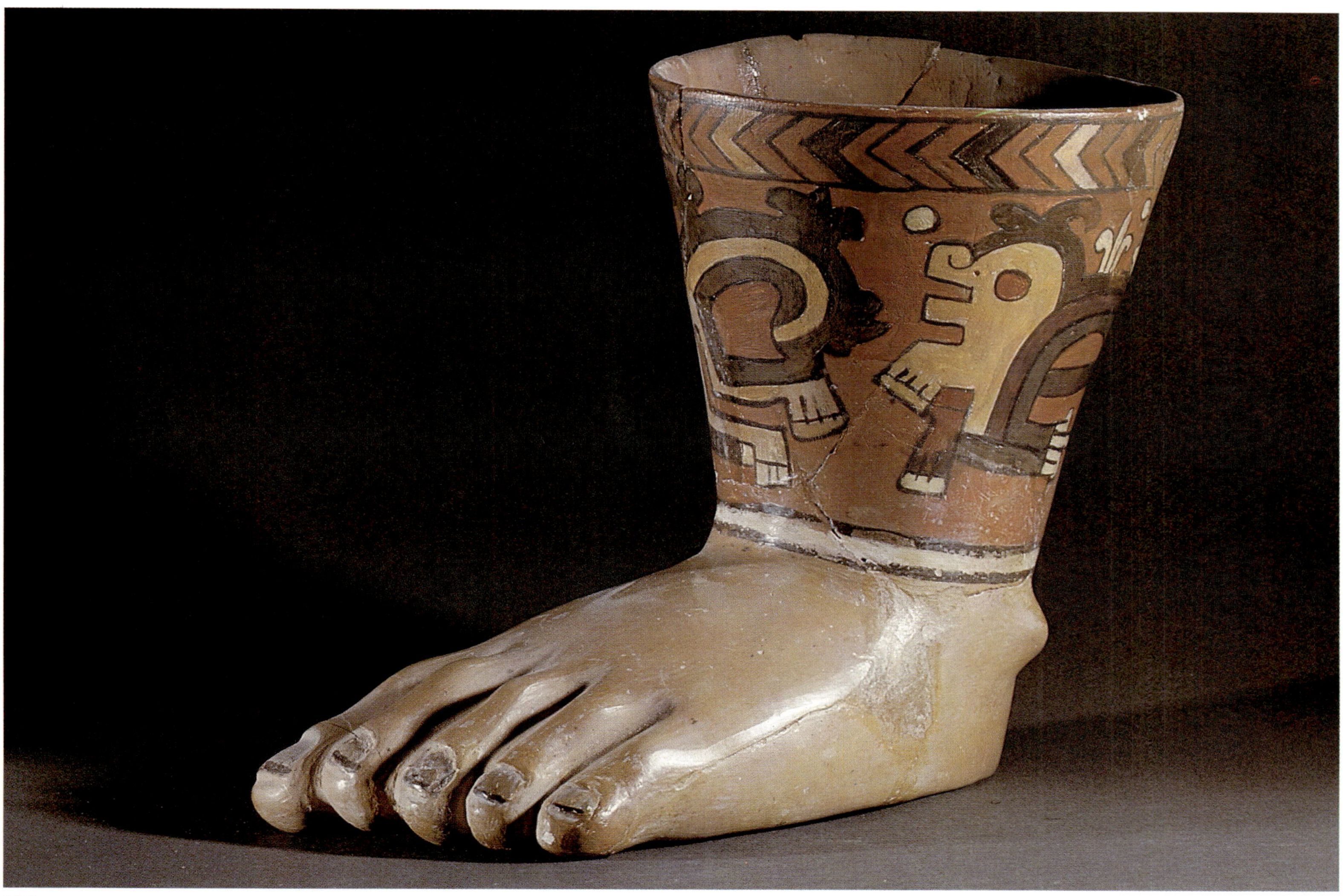

139

stadium im »halbunterirdischen Tempel« gegenwärtig, setzt er sich allmählich im Kalasasaya durch; seinen Höhepunkt findet er vor allem im Puma Puncu und in den seltenen gut erhaltenen Bauten wie dem »Mondtor« und »Sonnentor«, wo er teilweise mit den Profil- und Dekortechniken verschmolzen ist.

Obwohl manche Bodenplatten eindrucksvolle Dimensionen erreichen (7 auf 4 auf 1,80 m, wie wir schon sahen), dürfte ihr Transport von den Steinbrüchen auf der anderen Seeseite zur Stadt ohne Schwierigkeiten vonstatten gegangen sein. Einerseits lag Tiahuanaco damals näher am Titicaca-See als heute, und andererseits war es über einen Kanal direkt mit dem See verbunden. Aus dem Amazonaswaldland herbeigebrachte Balsastämme, die man zu Flößen zusammenband, dienten wahrscheinlich zur Beförderung der Steinblöcke.

Das »Sonnentor«, das so viel von sich reden macht, enttäuscht die Erwartungen des Besuchers, wenn er endlich dieser ziemlich kleinen Bauskulptur gegenübersteht. Der Andesit-Monolith ist 3,80 m breit, 2,80 m hoch und kaum mehr als 70 cm dick. Sein Gewicht übersteigt also nicht 12 bis 14 t, wenn man die ausgemeißelten Motive und die Türöffnung in Betracht zieht. Diese Öffnung, die gerade 1,40 m hoch und 60 cm breit ist, erinnert eher an ein Katzenloch als an ein prunkvolles Portal. Angesichts eines solchen Bauwerkes stellt sich unwillkürlich die Frage, ob das von manchen Phantasten angenommene Riesenvolk nicht eher zur Rasse der Zwerge gehörte (Abb. 125).

Die wirkliche Bedeutung dieses Monuments beruht auf seinem in Hoch- und Flachrelief skulpierten Dekor. In der Kunst von Tiahuanaco ist die Ikonographie, wie das »Sonnentor« zeigt, streng geordnet. Ähnlich wie in der Kunst von Chavín zeigt die Skulptur – im Zentrum und damit das Tor beherrschend – das göttliche Bildnis von Viracocha. Die Darstellung gleicht dem ebenfalls frontalen Bild der Raimondi-Stele. Viracocha ist von 48 »Beisitzern« flankiert: 32 geflügelte Figuren mit Menschengesicht teilen sich beidseits der Gottheit in je zwei Reihen zu acht Gestalten. Zwischen diesen waagrechten Reihen läuft eine dritte mit 16 geflügelten Wesen mit Kondorkopf (acht auf jeder Seite, nach einer Formel, die von einem Fries in Chavín übernommen scheint). All diese mit mechanischer Genauigkeit und erstaunlichem Detailreichtum wiederholten Figuren – wie auch der Gott Viracocha in seinem Prunkgewand, auf dem Trophäenköpfe zu erkennen sind, und mit Prunkwaffen oder Zeptern in den Händen – sind mit kleinen Puma- oder Kondorköpfen besetzt, nach dem Vorbild der Chavín-Figuren, deren Haar in Schlangenköpfen ausläuft oder mit emblematischen Jaguarmasken geschmückt ist. Aus den Augen der Gottheiten laufen Tränen – in Form von Raubkatzen –, ähnlich wie bei dem »Bennett-Monolith« oder dem »Ponce-Monolith«. Diese Augen mit ihren Tränenflüssen lassen an die mehr als ein Jahrtausend älteren bemalten Reliefs von Mojeque denken. Sollen sie ebenfalls an eine Gottheit der Fruchtbarkeit erinnern, die den jahreszeitlichen Regen bringt? Das ist nicht ausgeschlossen, obwohl sich im Altiplano das Fehlen von Trinkwasser weit weniger bemerkbar macht als in den Küstengebieten (Abb. 126–127).

Die Bedeutung der Skulptur von Tiahuanaco liegt also vor allem in der Technik des sehr feinen Flachreliefs. Diese Technik scheint sich aus Mustern entwickelt zu haben, die von der Webkunst verbreitet wurden, und erinnert an die herrlichen Stoffe im Tiahuanaco-Stil, die unter dem Einfluß der Techniken der Nazca-Weber standen. Die Verwandtschaft der in Stein gemeißelten Motive mit den in Wirktechnik geschaffenen, eine Verwandtschaft, die sich auf den Bildaufbau auswirkt, verleiht dem Flachrelief Dichte und feierlichen Charakter.

Verbreitung der Formen im Tiahuanaco-Stil

Als die Ikonographie und die Bautechniken von Tiahuanaco vom Becken des Titicaca-Sees aus an die Küste vorstießen und zunächst die Region an der heutigen chilenischen Grenze und die Täler um Nazca erreichten, setzten sie sich auch in

137 Wie in der Mochica- und Vicus-Kunst gibt es in der Grabkeramik von Tiahuanaco-Huari Votivgaben in Form von Körperteilen. Diese gedrungene, etwas ungeschickt gestaltete Hand hat auf dem Gefäßkörper einen Dekor in ausgeprägtem Tiahuanaco-Stil. (Museo Nacional de Antropología y Arqueología, Lima)

138 Dieses kleine bemalte Gefäß mit schematisiertem menschengestaltigem Dekor zeigt die Entwicklung, bei der das plastische Element immer mehr verschwindet (Abb. 135–136). Das Stück im späten Tiahuanaco-Huari-Stil ist 16,5 cm hoch. (Museo Nacional de Antropología y Arqueología, Lima)

139 Der 13,5 cm hohe Votivfuß in Keramik vom Tiahuanaco-Huari-Stil kann mit dem Stück von Abbildung 137 verglichen werden. Mit seinem Dekor von stilisierten Jaguaren zeigt er eine Symbolik und Vielfarbigkeit, die den Werken der Küstengebiete eigen sind. (Museo Nacional de Antropología y Arqueología, Lima)

140 Die Grabbauten von Huilcahuain im Santa-Tal oberhalb von Huaráz (Nord-Perú) umfassen Grabkammern, die in mörtellosem Mauerverband errichtet und mit großen vorkragenden Platten gedeckt sind. Der dem Totenkult geweihte Ort ist schwierig zu datieren, könnte aber zeitlich um das Jahr 1000 n. Chr. situiert werden.

141 Der größte Grabbau von Huilcahuain bei Huaráz enthält mehrere Ebenen mit Grabkammern, in denen die Mumienbündel vereint waren.

142 Diese eiförmige Skulptur aus der Gegend von Huaráz stellt ein Mumienbündel dar und ist in einem »expressionistischen« Stil gehalten, der gleichzeitig mit der Huari-Kultur ist.

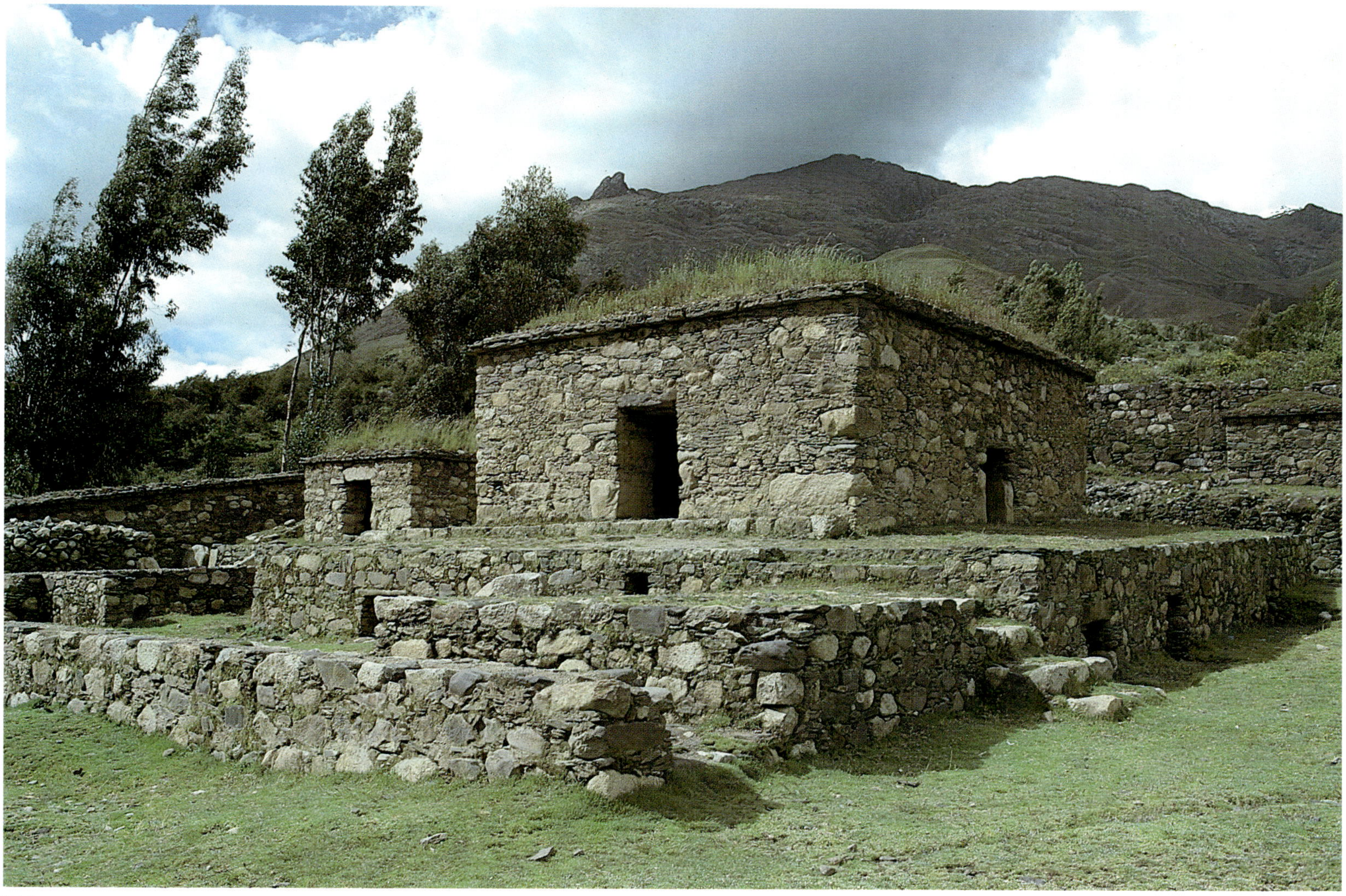

140

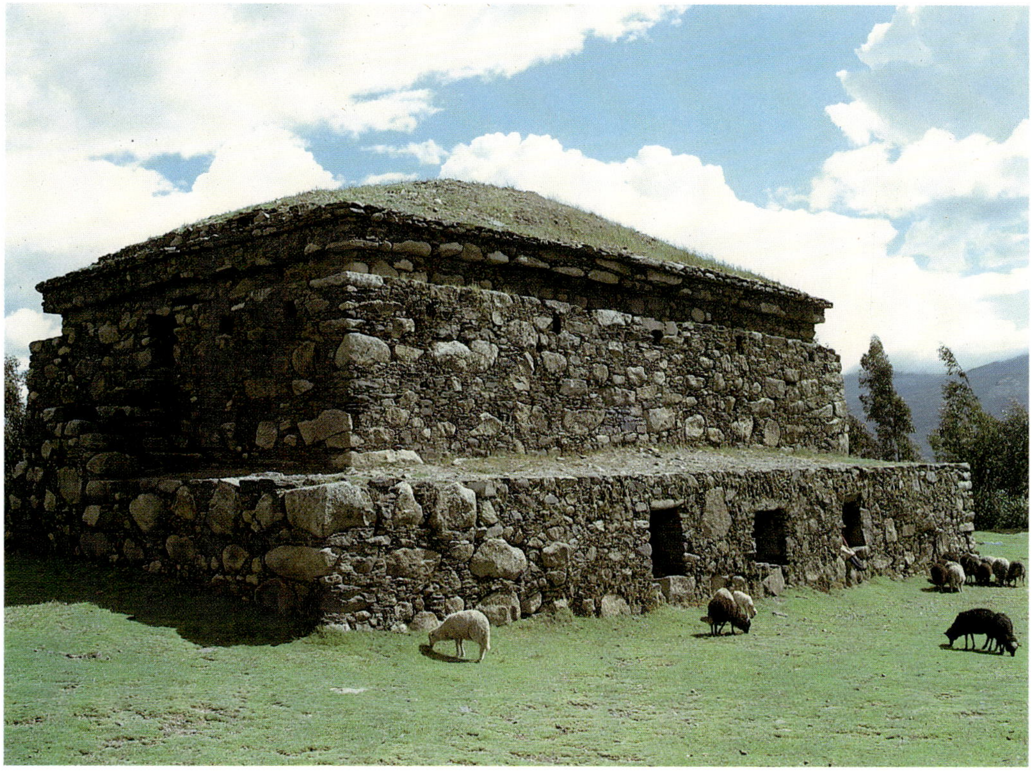

141

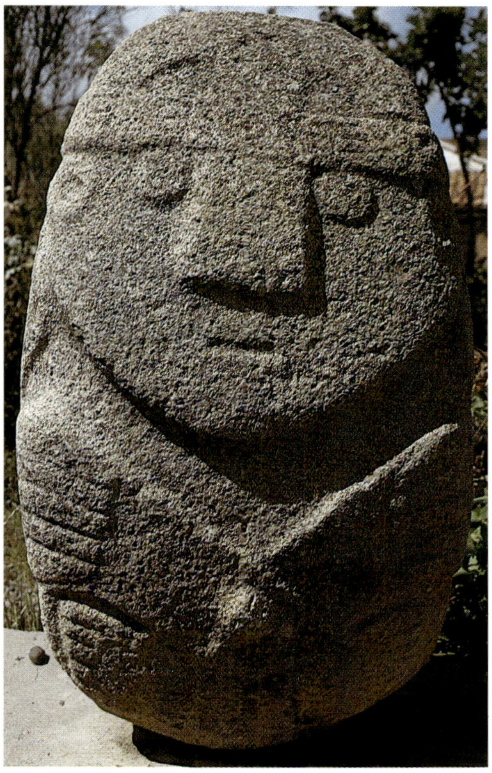

142

der Übergangszone von Huari unweit des heutigen Ayacucho durch. In der Tat war die Konfrontation unvermeidlich, denn die Einwohner von Huari konnten sich angesichts der vermutlich um 400 bis 500 n.Chr. stattfindenden Bevölkerungszunahme nicht mehr mit dem Hirtenwandertum in ihren ursprünglichen Tälern begnügen. Sie dürften rasch die Gegend von Junín erobert haben, wie David L. Browman nachweist, da ihnen jeder Vorstoß nach Süden, in die von Tiahuanaco besetzten Länder, verwehrt war.

Die Oberherrschaft von Tiahuanaco über Huari ließ nicht lange auf sich warten. Sie ist in den Veränderungen festzustellen, die die Stadt Huari seit dem 6. Jahrhundert mit dem Aufkommen von Formen im Tiahuanaco-Stil erfuhr. Dies hat William Isbell bewiesen, indem er in Huari einen »halbunterirdischen Tempel« freilegte. Das als vertiefter Platz angelegte Steinbauwerk ist eng mit dem von Tiahuanaco verwandt, wie auch die am gleichen Ort entdeckten monolithischen Statuen an den »Monolithen des Mönches« oder den »Ponce-Monolithen« erinnern, obwohl sie weniger fein verziert sind. Schließlich beweisen die Grabkammern, die mit hervorragend behauenen und wie ein Würfelspiel zusammengesetzten großen Steinplatten angelegt wurden, daß sich der Baustil des Puma Puncu vermutlich im dritten Viertel des 1. Jahrtausends n.Chr. bis Huari ausbreitete.

Die Ausdehnung der Tiahuanaco-Kunst, der bald die der Huari-Kunst ablöste, erfaßte eine ganze Reihe von Städten, die sich mit einer rechteckigen Einfassungsmauer umgaben. Zu nennen sind Viracochapampa, Pikillaqta, Huatun Huillay und das große »panandine« Orakelheiligtum von Pachacamac südlich des heutigen Lima sowie die riesige Stadt Cajamarquilla im Tal des Rio Rimac. Die Expansion erreichte selbst Nord-Perú und vor allem die Gegend von Lambayeque und Cajamarca. Sie ist besonders durch die Keramik belegt, die wie oft in der Archäologie der beste Zeuge bleibt.

Die Entwicklung der Keramik zeigt deutlich den Unterschied zwischen der Kunst von Tiahuanaco und der von Huari, bevor die letztere unter den Einfluß der Themen geriet, die die im Becken des Titicaca-Sees blühende Hochkultur entwickelt hatte. Mit weit ausladenden Gefäßen, die die Form der inkaischen *kero* andeuten, setzte sich die klassische Keramik von Tiahuanaco durch. Die mit stilisierten Pumas und Kondoren verzierten Arbeiten lassen noch nicht die Techniken der Nazca-Töpfer erkennen, zeigen aber einen lebendigen Sinn für die Vielfarbigkeit und ein ausgeprägtes graphisches Verständnis (Abb. 128–129).

Die ersten Huari-Schöpfungen sind allerdings noch in einem Lokalstil gehalten, der in der ersten Hälfte des 1. Jahrtausends n.Chr. von jedem Tiahuanaco-Einfluß frei ist. Man findet Stücke in grob angedeuteter menschenähnlicher Gestalt (Abb. 131) oder tierförmige Gefäße wie einen schematisierten Falken in ziemlich schlichter, vielfarbiger Terrakotta (Abb. 130). Als sich jedoch die auf der Mythologie von Tiahuanaco aufbauenden Bildthemen mit den Techniken der Nazca-Töpfer verbanden, blühte die hochstehende Töpferkunst im Tiahuanaco-Stil auf. Diese Verbindung fand um 650 n.Chr. statt.

Paradoxerweise verdankt man die Entdeckung dieser hervorragenden Keramik weniger den Funden in Tiahuanaco selbst als den Stücken, die man in den Küstengebieten zutage förderte. Das seit Jahrhunderten geplünderte Tiahuanaco lieferte vor allem Scherben. In den Küstenorten fand man jedoch in großer Zahl monumentale Urnen rituellen Charakters, die das Bildnis des von Trophäenköpfen und Puma- oder Kondorrachen flankierten Viracocha zeigen. Sie belegen die Übernahme der neuen, aus dem Altiplano kommenden Kulte und ikonographischen Themen (Abb. 132).

In der Zwischenzeit hatten sich diese religiösen Einflüsse allerdings auch in der Gegend von Ayacucho durchgesetzt. Werke im Tiahuanaco-Stil finden sich also an der Pazifikküste wie im Mittelland. Riesige Kulturnen grub man in Conchapata in der Gegend von Huari ebenso aus wie in Pacheco im Nazca-Tal. Die mehr als 1 m hohen, zwischen 650 und 700 geschaffenen Stücke sind die größten vielfarbigen Gefäße, die in der Andenwelt hergestellt wurden.

143 Zur Recuay-Keramik aus dem Santa-Tal gehören kunstvolle Werke wie dieser Priester-Krieger mit seinem hohen Kopfschmuck aus Scheiben und Schlangen, den das Bildnis einer Gottheit bekrönt. Neben der 27 cm hohen Person steht ein Lama, das zur Opferung geführt wird. (Museo Amano, Lima)

144 Dieses Gefäß mit langem Ausguß und ausladender Mündung ist typisch für den frühen Recuay-Stil, der etwa zwischen dem Beginn unserer Zeitrechnung und 300–400 n.Chr. liegt. Die 17 cm hohe Keramik hat einen Dekor mit Tier- und Menschenmotiven, in dem eingetiefte und plastische Elemente vereint sind. (Museo del Banco Central de Reserva, Lima)

145 Das 24 cm hohe Recuay-Baumodell stellt ein Haus mit seinen Bewohnern in einem Innenhof dar. Es ist vermutlich eher später als das vorhergehende Stück entstanden und zeitgleich mit der klassischen Mochica-Kunst (400–500 n.Chr.). (Museo Nacional de Antropología y Arqueología, Lima)

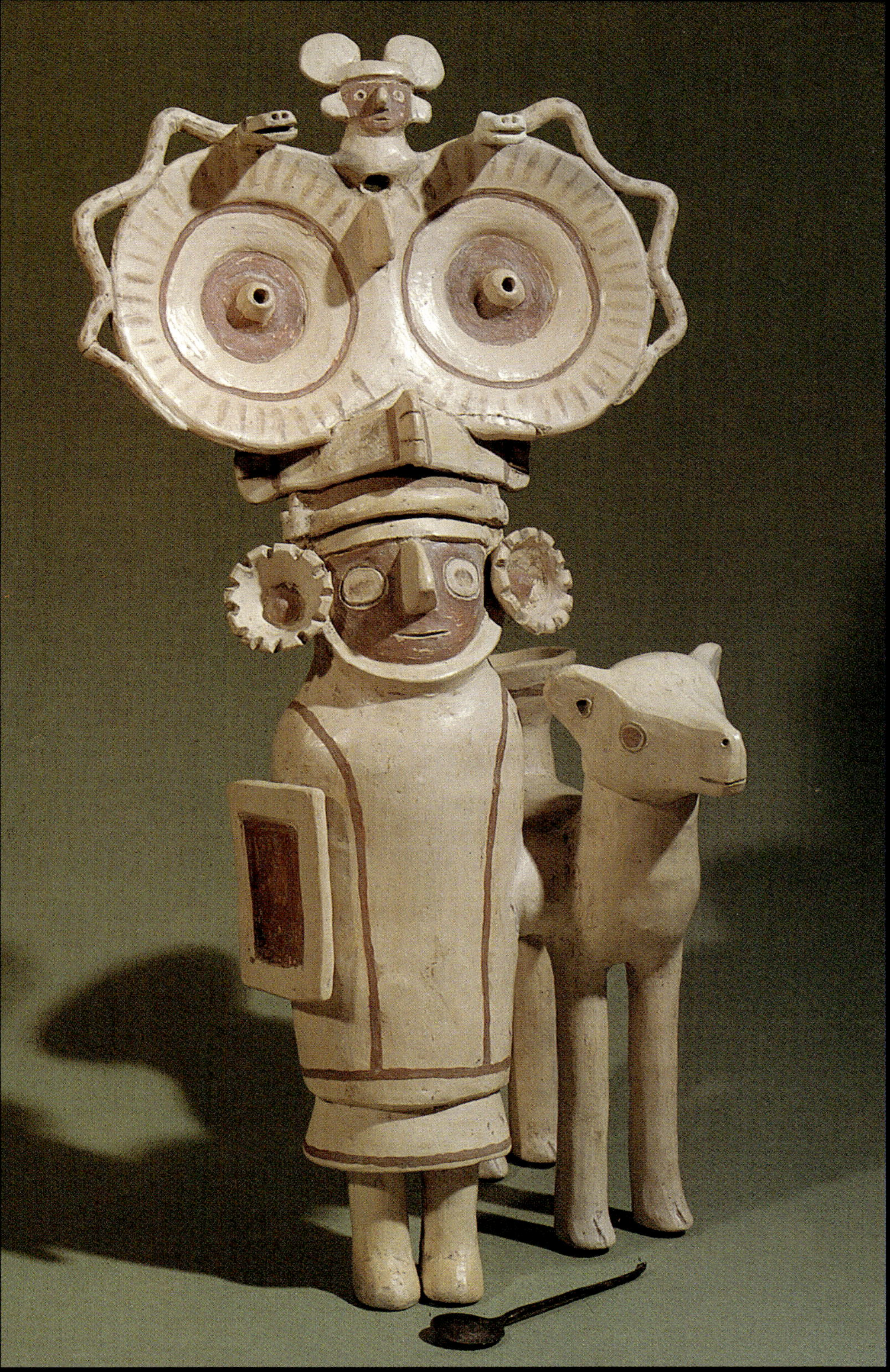

143

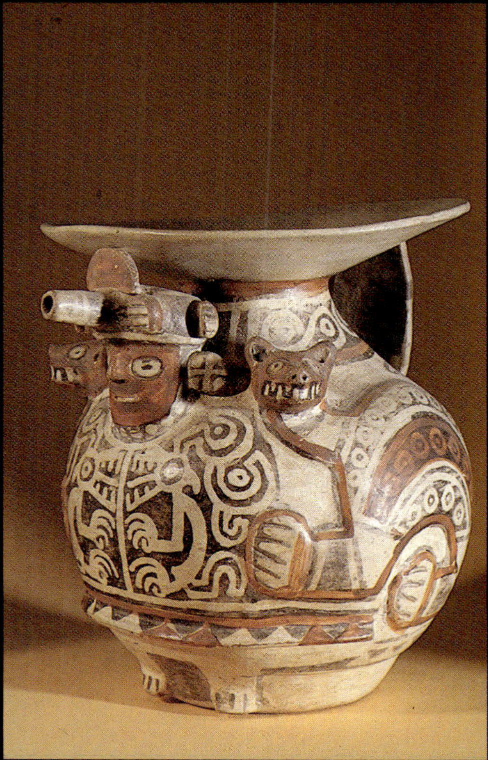

144

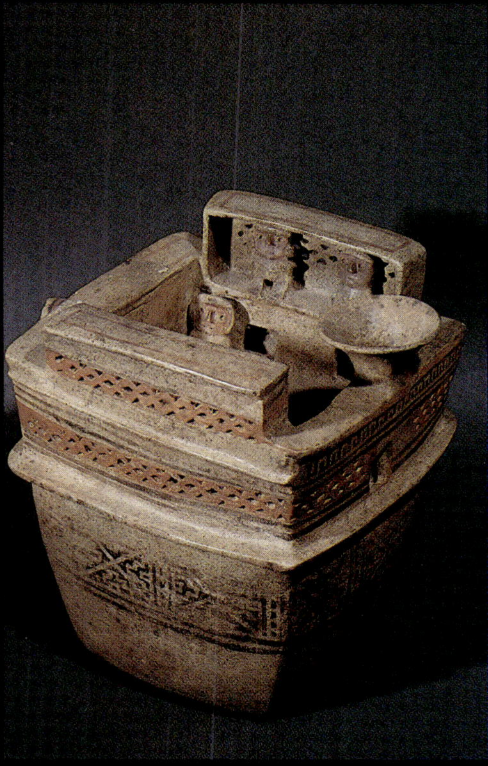

145

Diese Keramik baute auf den Nazca-Techniken auf, die für ihre Vielfarbigkeit, ihre klare, mit schwarzen Linien umrissene Zeichnung und ihren Hochglanz berühmt waren. Sie entwickelte sich jedoch nach eigenen Gesetzen und führte zu Schalen, in deren Dekor sich geflügelte Pumas und Schlangen vermischen. Von Ferne erinnern die Themen an die Ikonographie von Chavín, die jedoch in einem vollständig erneuerten Stil behandelt ist (Abb. 133).

Auf ausladenden, kegelstumpfförmigen Schalen kann sich der Dekor ausbreiten, der aber eine immer stärker betonte Schematisierung zeigt (Abb. 134). Dieser schematische Charakter ist in den Huari-Stücken besonders deutlich zu erkennen. Die von den monumentalen Urnen abgeleiteten Gefäße mit Gesichtsformen nehmen einen andeutenden Charakter an, der fortlaufend zunimmt und ungefähr zwischen dem 9. und 11. Jahrhundert von technologischem Niedergang begleitet wird (Abb. 135–136 und 138).

Die Tradition der Votivgaben in Form von Körperteilen – bei den Mochica in Gold und in Vicus in Terrakotta angefertigte Hände – findet in der Huari-Keramik eine Fortsetzung mit den oft grob skizzierten Händen oder Füßen, deren Funktion als Gefäß mit weitem, kegelstumpfförmigem Hals den Dekor sich wie auf den zeitgenössischen Schalen entfalten läßt (Abb. 137 und 139).

Kurz zusammengefaßt: Die Meinungen der Fachleute gehen weit auseinander, was diese den Mittleren Horizont beherrschende Hochkultur betrifft. Die einen glauben, daß sich von Tiahuanaco aus in ganz Perú eine von dynamischer Religion geförderte Kunst ausbreitete. Die anderen, zu denen auch J.H. Rowe zu zählen ist, sind der Auffassung, daß diese Eroberung im Bereich der Formen ohne die Bildung eines echten Reiches von Tiahuanaco undenkbar wäre. Bedeutet das auch, daß die Verbreitung von Themen und Formen im Chavín-Stil notwendigerweise ein Reich von Chavín im 1. Jahrtausend v. Chr. voraussetzt? Müssen die von den Archäologen »Horizonte« genannten Phasen jeweils mit einer militärischen Eroberung verbunden sein? Rowe bringt in diesem Zusammenhang einen aufschlußreichen Vergleich, den es sich lohnt, den Verfechtern einer rein ideologischen Doktrin entgegenzuhalten. Er hebt die Ähnlichkeit hervor, die die Verbreitung der Formen im Tiahuanaco-Stil mit jener hat, die den inkaischen Imperialismus begleitet; dieser Jüngere Horizont fällt auf jeden Fall mit einer Zeit militärischer Eroberungen zusammen.

Es steht uns nicht zu, in dieser Streitfrage oder in der Frage der Unterordnung von Huari unter Tiahuanaco eine Entscheidung zu fällen. Wie man sieht, braucht es für den Mittleren Horizont noch zahlreiche Ausgrabungskampagnen, um in etwa die politisch-religiösen Mechanismen erfassen zu können, die sich hinter der Allgegenwart künstlerischer Formen verbergen.

Die Recuay-Keramik und die Gräber von Huilcahuain

Zum Schluß dieses Kapitels sind verschiedene Schöpfungen der Gegend des Callejón de Huaylas zu erwähnen, einer Zone, die zu den von den Tiahuanaco-Einflüssen während der Expansionsphase erfaßten Gebieten gehört, in der jedoch eine Keramik von bemerkenswerter Eigenständigkeit entstand: die Recuay-Keramik, die nach einer Siedlung im Hochtal des Rio Santa genannt wird. Sie breitete sich vom Rio Pativilca im Süden bis zum Rio Virú im Norden aus und datiert aus der Zeit zwischen 100 und 500 n. Chr. Die Recuay-Stämme gingen offenbar ein Bündnis mit den Mochica ein und lebten in deren Ausstrahlungsbereich. Sie konnten dennoch ihren eigenen Töpferstil bewahren. Die Qualität ihrer aus sehr hartem und reinem Kaolin hergestellten Keramik ist in Perú einzigartig.

Die Modellgefäße, die Wohnhäuser mit Innenhof darstellen, sind eine der Besonderheiten der Recuay-Keramik (Abb. 145). Die kugelförmigen Gefäße haben einen weiten, waagrecht ausladenden Hals und einen bescheidenen Ausguß in Form einer kleinen Röhre, die wohl dazu diente, direkt aus dem Gefäß zu trinken. Die Dekormotive sind kräftig und kontrastreich (Abb. 144).

Das in den Tälern und Ebenen der Anden gezüchtete Lama nimmt in der Recuay-Ikonographie einen wichtigen Platz ein. Ein Keramiktyp zeigt dieses Tier neben einer Person, die mit einem hohen Emblem aus nebeneinandergesetzten Scheiben gekrönt ist. Vielleicht handelt es sich um eine Gottheit oder den Hohenpriester, der mit dem Opfer dieses Kleinkamels betraut ist. Das Lama war das Haupttier einer Hirtenkultur, wie es sie zur gleichen Zeit auch in den Gegenden von Huari und Tiahuanaco gab (Abb. 143).

Im Santa-Tal wurden ebenfalls plumpe und gewöhnlich eiförmige Steinskulpturen gefunden. Sie stellen in schematisierter Weise einen Verstorbenen in der Hockstellung der Mumienbündel dar (Abb. 142). Diese Werke, von denen das Regionalmuseum von Huaráz interessante Beispiele aufbewahrt, könnten aus der Huari-Zeit zwischen 600 und 1000 n.Chr. stammen.

In die gleiche Zeit datiert man auch die Grabmonumente von Huilcahuain oberhalb von Huaráz. Die steinernen Grabkammern, deren Bedeckung aus großen, auf die Schmalseite gestellten Platten besteht, zählen zu den am besten erhaltenen vorinkaischen Werken der peruanischen Archäologie (Abb. 140–141). Damit gelang es der von Tiahuanaco ausgehenden Strömung, dank der sich die Verwendung von Stein im Grabbau verbreitete, nicht nur, sich in Huari durchzusetzen, sondern sie gelangte – vielleicht durch die Vermittlung dieser Stadt – bis in das fast 4000 m hoch gelegene Santa-Tal, das zwar den Tälern rings um das Titicaca-Becken gleicht, doch in Luftlinie mehr als 1000 km von ihnen entfernt ist.

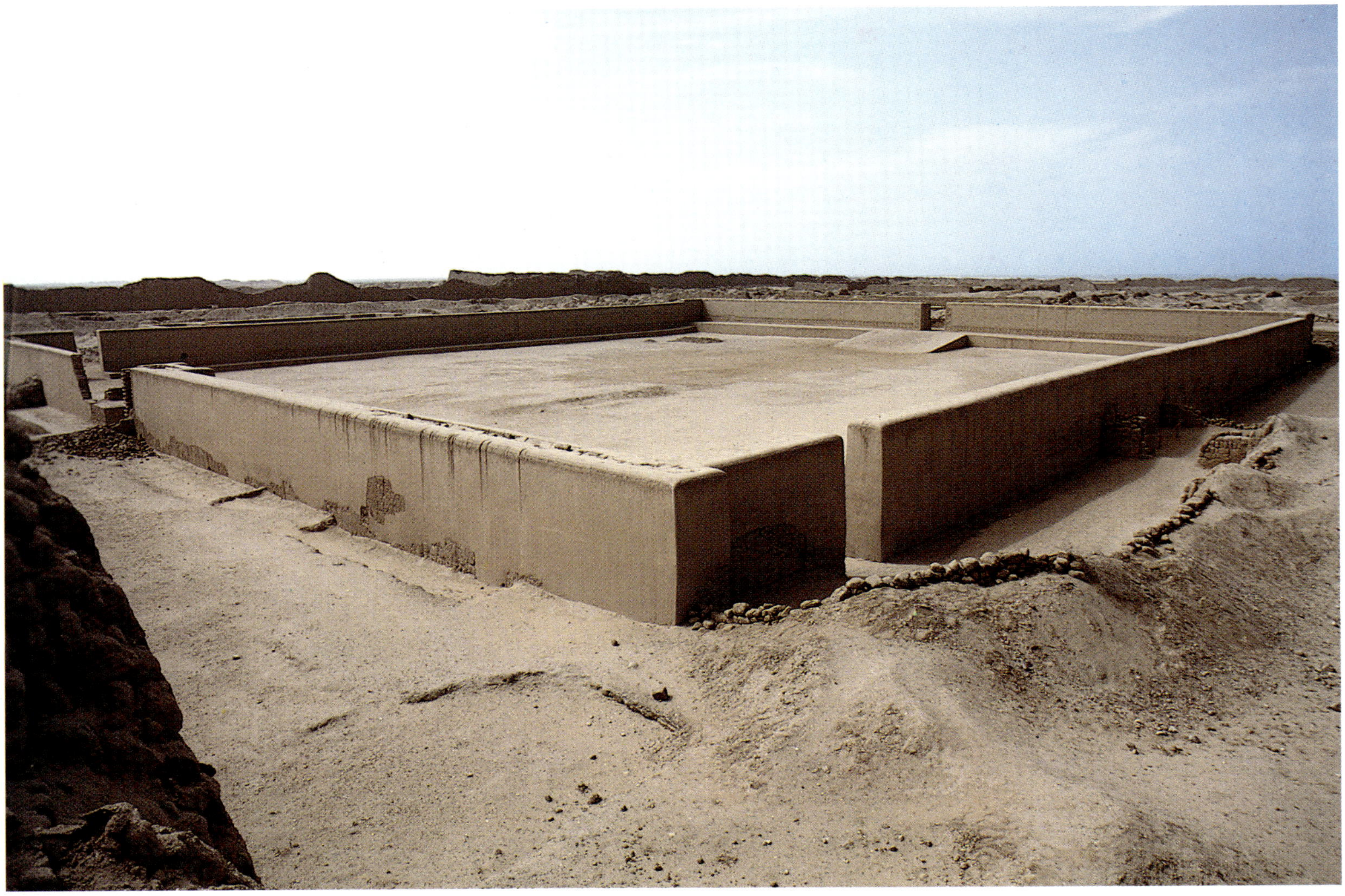
146

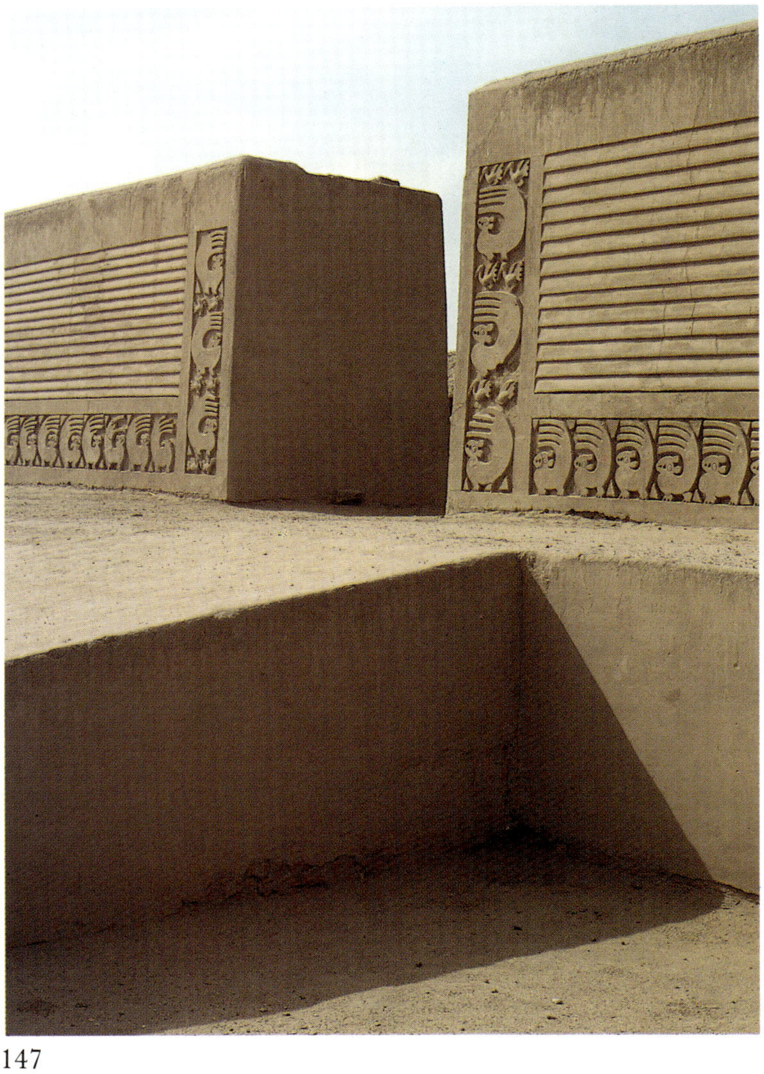
147

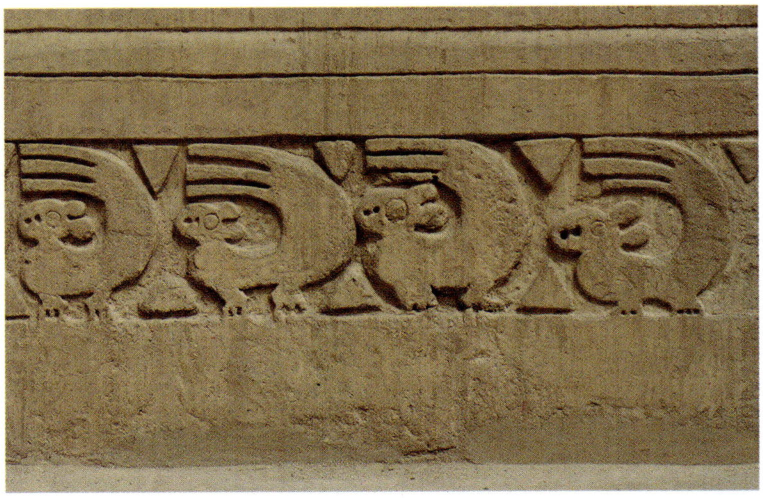
148

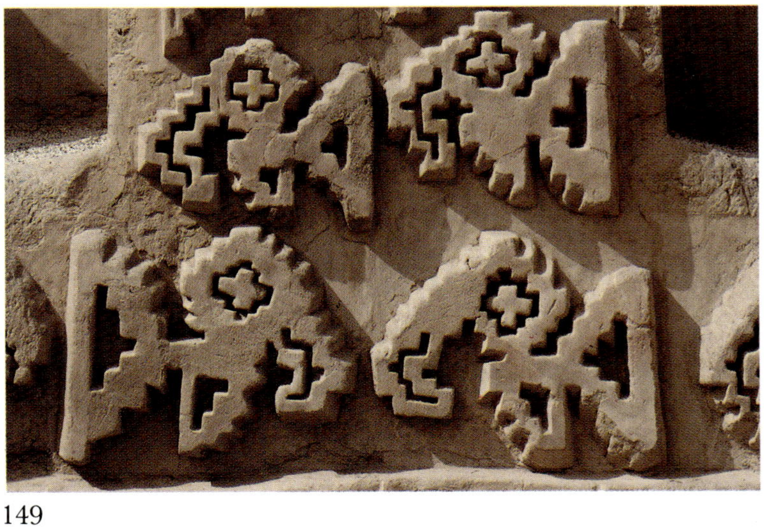
149

VII Im Reich der Chimú: eine Massenkunst

Wenn wir nun nach Nord-Perú und an die Pazifikküste zurückkehren, um die Blütezeit des Reiches der Chimú, auch Reich von Chimór genannt, zu verfolgen, so stellen wir fest, daß es zwischen dem Höhepunkt der Mochica und dem Auftauchen der Chimú-Formen eine schwer erfaßbare Periode gibt: die des Einflusses von Tiahuanaco. Wie wir sahen, läßt sich eine militärische Besetzung durch die Leute von Tiahuanaco-Huari kaum von der Ausbreitung religiöser Ideen trennen, von denen sich ein Einheitsstil und einheitliche künstlerische Formen ableiten. Offenbar schlossen die Zonen direkten Einflusses der Hochlandkulturen während des Tiahuanaco-Huari-Horizontes die Küstenländer von Tacna im Süden bis Pachacamac in der Nähe des heutigen Lima ein. Gab es jedoch wirklich eine koloniale Besetzung bis in die Region von Lambayeque? Beim heutigen Stand der Kenntnisse läßt sich dies nicht entscheiden. Dennoch scheinen die Ausgrabungen zu beweisen, daß bis Chanchán an der Mündung des Rio Moche Tiahuanaco-Bauformen den Chimú-Gründungen vorausgegangen sind.

Auf jeden Fall ändern die Keramiken, die zuvor im Mochica-Stil gehalten sind, plötzlich ihr Aussehen. Typische Motive der Tiahuanaco-Kunst erscheinen, die Begräbnisarten wechseln, und der Dekor wandelt sich. Dieser Einfluß von Tiahuanaco-Huari zwischen dem 8. und dem 10. oder 11. Jahrhundert scheint die nördlich von Lambayeque gelegenen Gebiete kaum berührt zu haben. Dort entwickelt sich die späte Mochica-Kultur selbständig weiter. Das Auftauchen der Chimú wird von diesen autochthonen Merkmalen gefördert.

In Wirklichkeit geht die langsame Umwandlung der Mochica- in die Chimú-Kultur derart unmerklich vor sich, daß noch vor 30 Jahren ein Autor wie Gerdt Kutscher die Gefäße mit Mochica-Malereien als Früh-Chimú-Werke ansah. Die beiden Kulturen liegen jedoch zeitlich 200 bis 300 Jahre auseinander.

Eine Sache allerdings ist sicher: der Einfluß von Tiahuanaco hört im 11. Jahrhundert auf. Nun machen sich wieder autochthone Strömungen bemerkbar, in einer Art Rückkehr zu den Ursprüngen. Während ihres Aufstieges im 12. bis 15. Jahrhundert bilden die Chimú eine Nation, die Muchíc spricht – der Name weist deutlich auf die Mochica-Herkunft hin – und die Keramiktechniken ihrer Ahnen wiederaufnimmt, was bis zu archaischen Formen und Dekorweisen führt. Auch im Bereich der Hydraulik übernehmen sie die Mochica-Einrichtungen, die sie verbessern und ausbauen, um sie den neuen Bedürfnissen anzupassen. Die Kontinuität ist jedoch so ausgeprägt, daß zwischen den Einrichtungen der Mochica und denen der Chimú oft schwer ein Unterschied festzustellen ist. Der Beginn der Chimú markiert die Bildung eines mächtigen Agrarreiches, das mit einer hochentwickelten Infrastruktur ausgestattet ist.

Vom Rio Tumbes im Norden bis zum Rio Fortaleza im Süden richtete das Reich von Chimór mit seinen 17 Oasentälern an der Küste ein phantastisches Bewässerungssystem ein. Am Fuß der Berge wurde das Wasser der ständig fließenden Bäche und Flüsse gefaßt und über Kanäle den Berghängen entlang bis zu

146 Im nördlichen Teil der weiten Einfassung, die in der Chimú-Hauptstadt Chanchán den Tschudi-»Palast« bildet, wurde dieser Zeremonialplatz vor kurzem freigelegt. Die *adobe*-Bauten der Chimú-Architektur sind zwar nicht älter als 550 Jahre, haben jedoch schwer unter den Winden und den seltenen, doch heftigen Regenfällen gelitten, die ein- bis zweimal pro Jahrhundert auf die peruanische Pazifikküste in der Nähe der ecuadorianischen Grenze niedergehen.

147 Nach der heute anerkannten Chronologie ist das Tschudi-Viertel von Chanchán das vorletzte der zehn großen Einfassungen, die zwischen 1150 und 1460 errichtet wurden. Es könnte also von etwa 1420 datieren. Der restaurierte Abschnitt des Zeremonialplatzes zeigt den Dekor mit Tierfriesen, der die Mauern umzieht.

148 Detail eines ursprünglichen Teils des Dekors am Zeremonialplatz des Tschudi-Viertels. Das in *adobe* ausgeführte Flachrelief stellt mythische Wesen dar, halb Vierfüßer, halb Vögel.

149 Ein anderes – in Hochrelief ausgeführtes – Detail der Lehmfriese, die im Tschudi-Viertel von Chanchán freigelegt wurden. Zu sehen sind stilisierte Vogelmotive.

einer Reihe von Verzweigungen geführt, die manchmal Dutzende, ja sogar Hunderte von Kilometern vom Ursprungsort entfernt waren. So konnte man auch Trockentäler bewässern, die nur gelegentlich eigenes Wasser hatten. Die Kanäle verbanden Täler miteinander und liefen um Gebirgsvorsprünge, um vollständig trockene und unproduktive Zonen in fruchtbare Gegenden zu verwandeln. So erzielte man zwei bis drei Maisernten pro Jahr.

Nennen wir einige der aufsehenerregenden Werke der Chimú-Ingenieure. Man kennt einen 140 km langen Kanal, dessen Bett 2,50 m breit und 1,80 m tief war; für seinen Bau mußte man 1,5 Millionen Tonnen Material wegschaffen. Der Stausee des Nepeña-Tals hat eine Ausdehnung von 1200 auf 800 m; sein von den Chimú angelegter Damm ist an der Basis 24 m breit. Schließlich sei an die Kanäle erinnert, die verschiedene Becken miteinander verbanden, wie die von Moro, Vichansao, Mochica Alta oder La Cumbre. Die beiden letzteren stammen vielleicht aus der Mochica-Zeit. All diese Kanäle verbinden die Täler von Chicama und Moche und bilden im Herzen des Reiches ein gewaltiges Produktionszentrum.

Die Errichtung des Chimú-Reiches

Einer zu Beginn des 17. Jahrhunderts aufgezeichneten Legende zufolge wurde die Dynastie der Chimú von Tacaynamo gegründet. Ihm folgten 20 weitere Herrscher aus seiner Linie. Der große Eroberer Minchanzaman ragte über sein Geschlecht hinaus und gab dem Reich die größte Ausdehnung. Der Gründer der Dynastie soll mit seinem Volk auf Balsaflößen über das Meer gekommen sein. Das bedeutet, daß die Chimú aus dem Norden stammen würden, wo es in den küstennahen Tropenzonen am Äquator große Balsaholzvorkommen gab.

Der Vorstoß der Chimú nach Süden führte wohl nicht sehr weit über das Fortaleza-Tal hinaus. Die Gegend von Lima, die damals unter der Herrschaft der mächtigen Stadt Maranga stand, scheint von den Chimú nicht unterworfen worden zu sein. Auf jeden Fall gilt gewöhnlich die »Tempelfestung« Paramonga als südlicher Grenzpunkt der Chimú, selbst wenn deren kultureller Einfluß sich bis in die Region von Pachacamac südlich von Lima erstreckte.

Das Reich besaß nicht von Anfang an fast 900 km Küstenlänge. Der Überlieferung gemäß hatten die Chimú um 1370 das ganze Gebiet in Besitz, über das ein halbes Jahrtausend zuvor das Mochica-Bündnis geherrscht hatte. Es brauchte fast 100 Jahre, bis das Reich unter Minchanzaman seine größte Ausdehnung erreichte. Diese Expansion stieß jedoch rasch auf den Imperialismus eines Neuankömmlings unter den präkolumbischen Völkern: den der Inka. Unter der Herrschaft des Großen Chimú Ancocoyuch fiel Chimór im letzten Drittel des 15. Jahrhunderts in die Hände der inkaischen Truppen.

Das Hauptmerkmal des Chimú-Reiches ist der Städtebau. Er begann in Perú wahrscheinlich mit den großen Zentren des Tiahuanaco-Huari-Horizontes wie Cajamarquilla und entwickelte sich unter den Chimú in ungewöhnlich dynamischer Weise. Rund um die Hauptstadt Chanchán unweit der heutigen Stadt Trujillo, zwischen den Mündungen von Rio Moche und Rio Chicama, entstanden zahlreiche große Städte. Ein ähnliches Bild zeigt sich weiter nördlich zwischen Rio Lambayeque und Rio Leche, wo man nicht weniger als 60 Städte aus der Chimú-Zeit zählen kann. Zu nennen sind vor allem Tucuma, Apurlec und Batán Grande. Schließlich war Pacatnamú oder La Barranca, zwischen Chanchán und Lambayeque auf einem befestigten Vorgebirge am Pazifik gelegen, eine mächtige Stadt, deren Ursprünge vermutlich in die Mochica-Zeit zurückreichen.

In diesem riesigen Komplex bewässerter Ländereien zwischen dem Rio Motupe und dem Rio Virú zeugt die städtische Explosion der Chimú-Zeit von einem raschen Bevölkerungswachstum, aber auch von ungewöhnlicher Organisationsgabe. Sie setzt zudem ein mächtiges Verwaltungssystem voraus, das dem künfti-

150 Die vermutlich aus dem 13. Jahrhundert datierende Huaca el Dragón im Nordosten von Chanchán ist eine Grabpyramide, wie die im oberen Gebäudeteil in der Art von nach oben offenen Schächten eingerichteten »Kammern« beweisen.

151 Die Huaca el Dragón, ein vor kurzem unweit von Trujillo restauriertes Chimú-Bauwerk, ist mit reichen Flachreliefs bedeckt, die vielleicht den Regenbogen symbolisieren. Man erkennt im Zentrum zwei gegenständige mythische Wesen, über die sich ein von Zwergen getragener Bogen erhebt. Sie sind von einer Reihe von maskentragenden Personen mit Wurfspeeren in den Händen umgeben, die einen Kult auszuführen scheinen.

152–153 Die Huaca Esmeralda in unmittelbarer Nähe von Chanchán verdankt ihren Namen den heute verschwundenen Malereispuren. Der pyramidenartige Bau besteht aus zwei Teilen mit zwei beziehungsweise drei Stufen, über die schräge Rampen führen. Der Bau zeigt den gleichen Dekortyp in Flachrelief wie das Tschudi-Viertel.

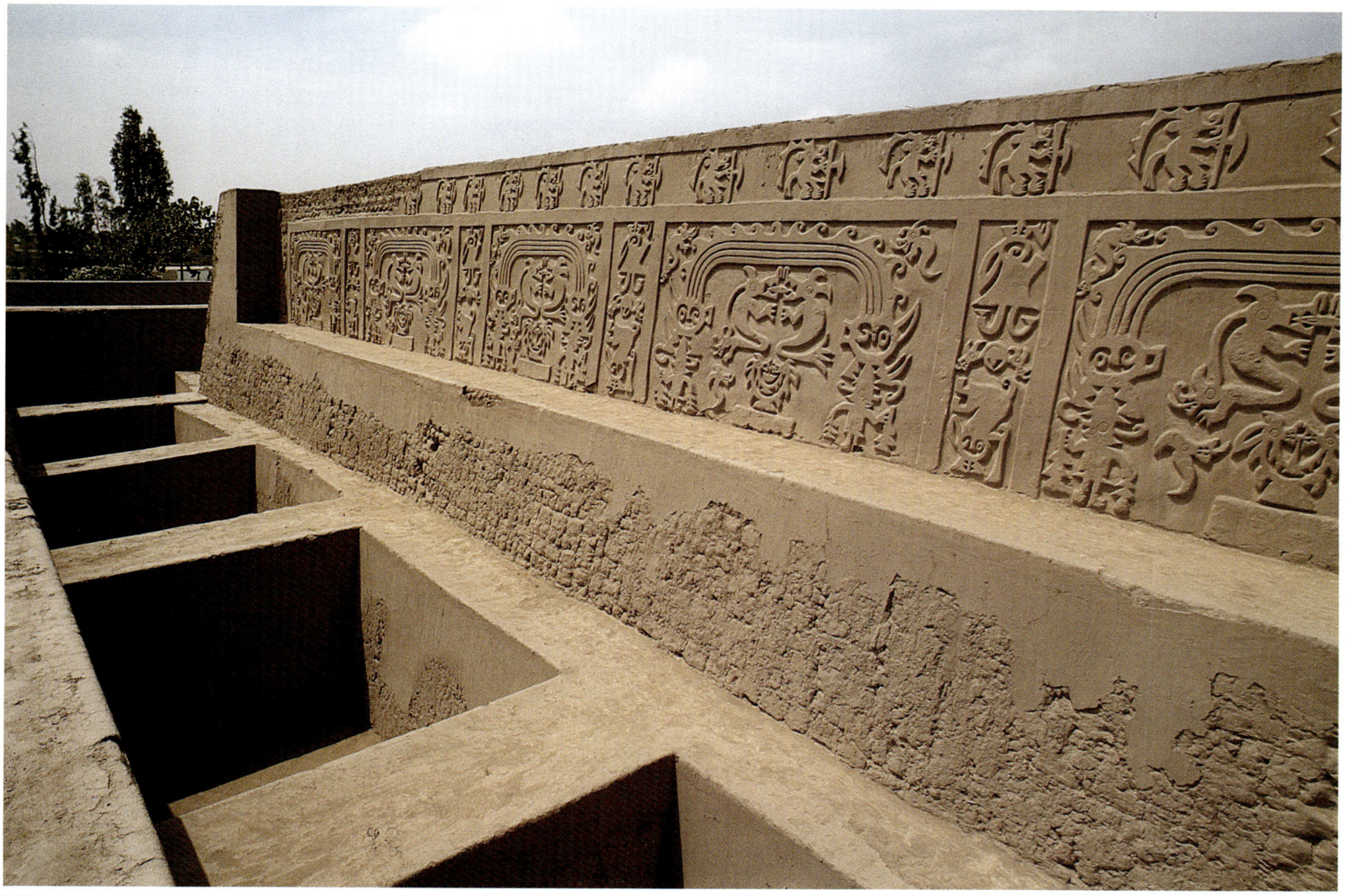
150

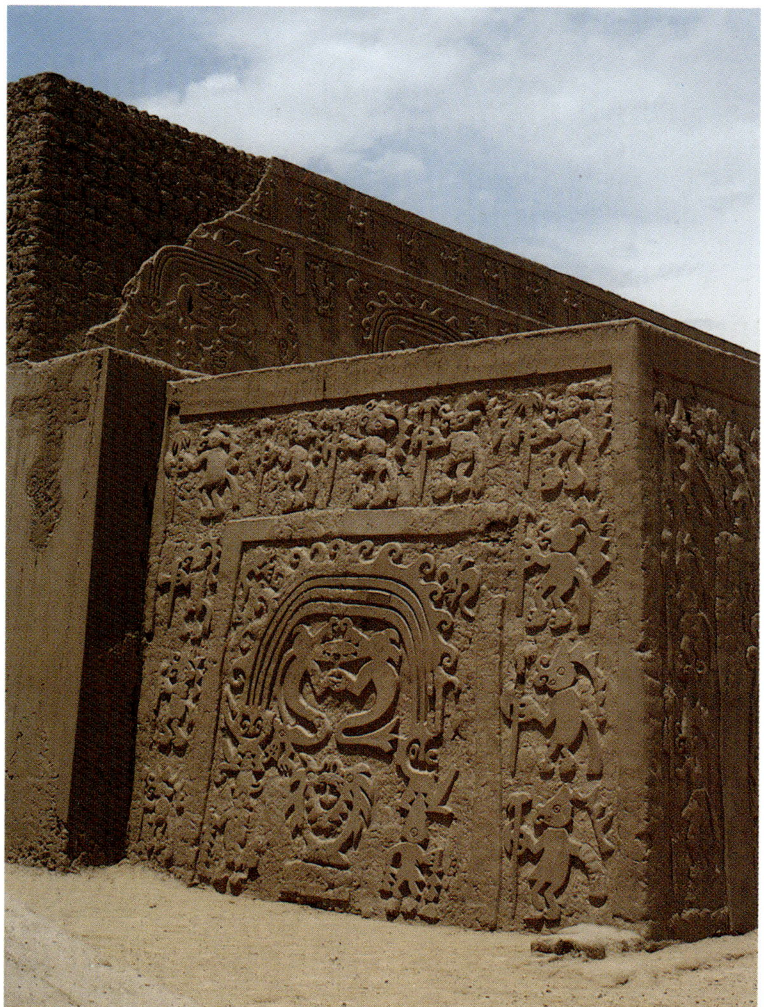
151

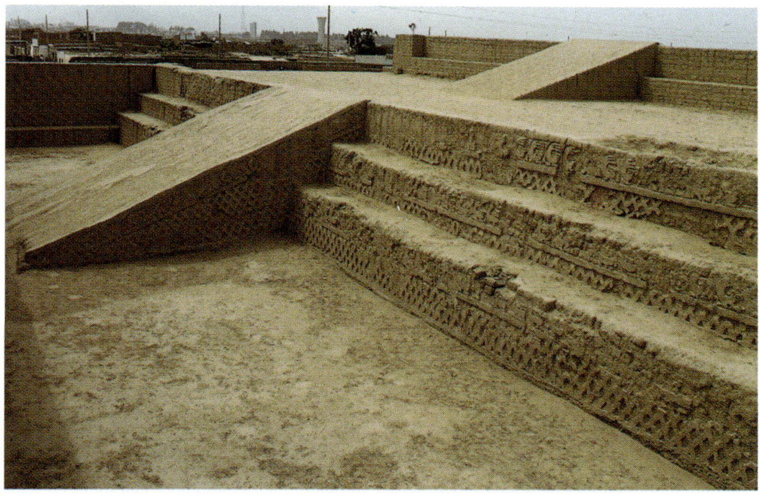
152

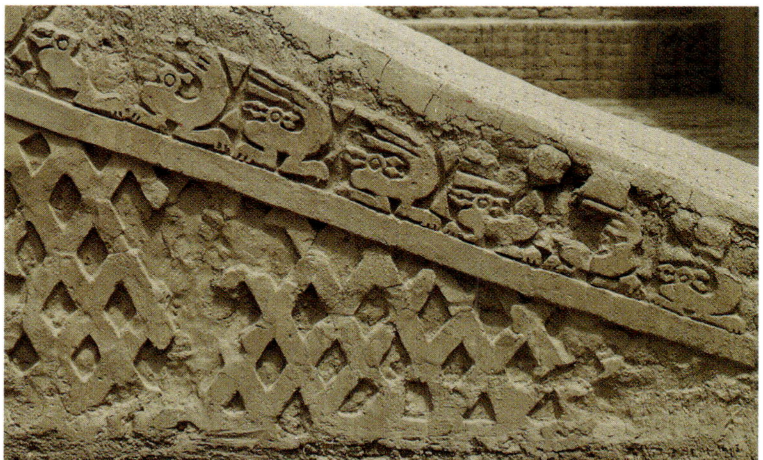
153

gen Inka-Reich als Vorbild dienen wird. Man verdankt ihm insbesondere zentralistische Regierungsformen, Massenproduktionstypen und ein Informationssystem, das die rasche Verbreitung der Nachrichten mit Hilfe von Läufern und aufgrund eines mit Posten versehenen Straßennetzes ermöglichte. All diese Schöpfungen gehen vermutlich in die Mochica-Zeit zurück. Die Expansion der Chimú verleiht ihnen jedoch eine neue Dimension und macht sie zu bemerkenswerten Machtmitteln.

Ein erstaunliches Werk der Chimú muß noch erwähnt werden, das trotz seiner riesigen Ausmaße erst durch die Luftfotografie während der Shipee-Johnson-Expedition im Jahre 1932 entdeckt wurde: die sogenannte Mayao-Mauer, die sich im Norden des Rio Santa erhob und vermutlich einen ersten Expansionsbereich der Chimú begrenzte. Die 65 km lange Mauer war mit 50 runden oder quadratischen Festungen verstärkt und durchquerte die Wüste zwischen dem Ozean und den Bergketten. Der Bau war 3 m hoch und 4,50 breit und lief wie der Limes Hadrians in Schottland über Berg und Tal. Das ungewöhnliche Verteidigungswerk entspricht aufs beste den Städtebau- und Bewässerungsarbeiten der Chimú.

Das Verteidigungssystem des Reiches stützte sich im Osten auf eine Reihe von Allianzen mit den Nachbarn der Hochtäler. So war das Reich von Cajamarca durch einen Vertrag mit dem Herrscher von Chanchán verbunden. Die Sicherheit des Hochlandes war in der Tat lebenswichtig für die Ebenenbewohner, denn durch die Abschneidung der Wasserzufuhr konnte ein Feind die gesamte Bevölkerung in Hungersnot bringen. Auf diese Weise gingen später auch die Inka vor, als sie ihren Chimú-Gegnern den fatalen Schlag versetzten.

Im religiösen Bereich scheinen die Chimú keinen Schöpfergott gekannt zu haben, der über den anderen Gottheiten steht, wie das in der Tiahuanaco-Huari-Welt mit Viracocha der Fall war. Offenbar wurde der Mond als Hauptgottheit verehrt. Man schrieb ihm das Wachstum der Pflanzen, die Ernten und natürlich die Gezeiten zu. Er war also bedeutender als die Sonne, was bei einem in Verbindung mit dem Ozean lebenden Volk natürlich erscheint. Man weihte dem Mond die eigenen Kinder, bevor sie das Alter von fünf Jahren erreichten, und die Haustiere. Außerdem opferte man einer Meeresgottheit weißes Maismehl und verehrte ebenfalls die Walfische. Die Sonne galt als Vater der heiligen Steine, jener Felsen, denen man eine übernatürliche Kraft zuschrieb. Schließlich war auch das Sternbild des Orion Gegenstand der Anbetung, und das Sternbild der Plejaden markierte bei seinem Erscheinen den Beginn des neuen Jahres und spielte deswegen eine wichtige Rolle im Agrarkalender.

Die Mochica-Zeit war für die Oasentäler an der peruanischen Nordküste eine Periode der Entfaltung von Formen und Techniken gewesen; in dieser Hinsicht entsprach sie dem klassischen Zeitalter Griechenlands in der Alten Welt. Dagegen führten der Aufstieg der Chimú und die Bildung eines einheitlichen Reiches, dessen zunehmende Urbanisierung durch das Bevölkerungswachstum bedingt war, zur Schaffung von Massenproduktionstechniken, was Nahrungsmittel wie Kunst betrifft. Diese Zeit läßt sich mit dem antiken Römischen Reich vergleichen. Die »Industrialisierung« ist auch in der ungewöhnlich reichen Goldschmiedekunst und in der Keramik zu erkennen, in der eine wahre Serienproduktion einsetzte.

Diese Entwicklung beruhte auf der Zunahme der Arbeitssklaven. Allein die Vermehrung der Arbeitskräfte erlaubte die Ausbeutung der reichen Erzlager, des Flußgoldes, des Kupfers in Form von Atakamit und des Zinns, das vermutlich mit den Einflüssen von Tiahuanaco eingeführt wurde, da es aus dem heutigen Bolivien kam. Die auf diese Weise ermöglichten Bronzelegierungen revolutionierten die Technologie. Die Präkolumbier traten in eine Art Bronzezeit ein, die auf das von der Vicus-Kultur eröffnete Kupferzeitalter folgte und der inkaischen Entwicklung voranging. So kann man offenbar eine Parallele aufstellen zwischen der Andenwelt und den Stadien von Neolithikum, Chalkolithikum und Bronzezeit im Mittleren Orient, in Europa und Asien.

Der intensive Städtebau wird durch die Luftaufnahmen von Paul Kosok in seiner ganzen Ausdehnung sichtbar, denn die Fotos zeigen, daß vor der Ankunft der

154 Griff eines *tumi,* des Opfermessers der Chimú. In dieser Goldschmiedearbeit erkennt man das Bild des heldenhaften Ñaymlap mit seinen kleinen, rechteckigen Flügeln, die links und rechts vorstehen. Der Kopfschmuck hat die Form eines Regenbogens. Türkise schmücken die Stirnplatte und die Ohrpflöcke. Höhe des Ausschnitts: 19 cm. (Museo Oro del Perú, Lima)

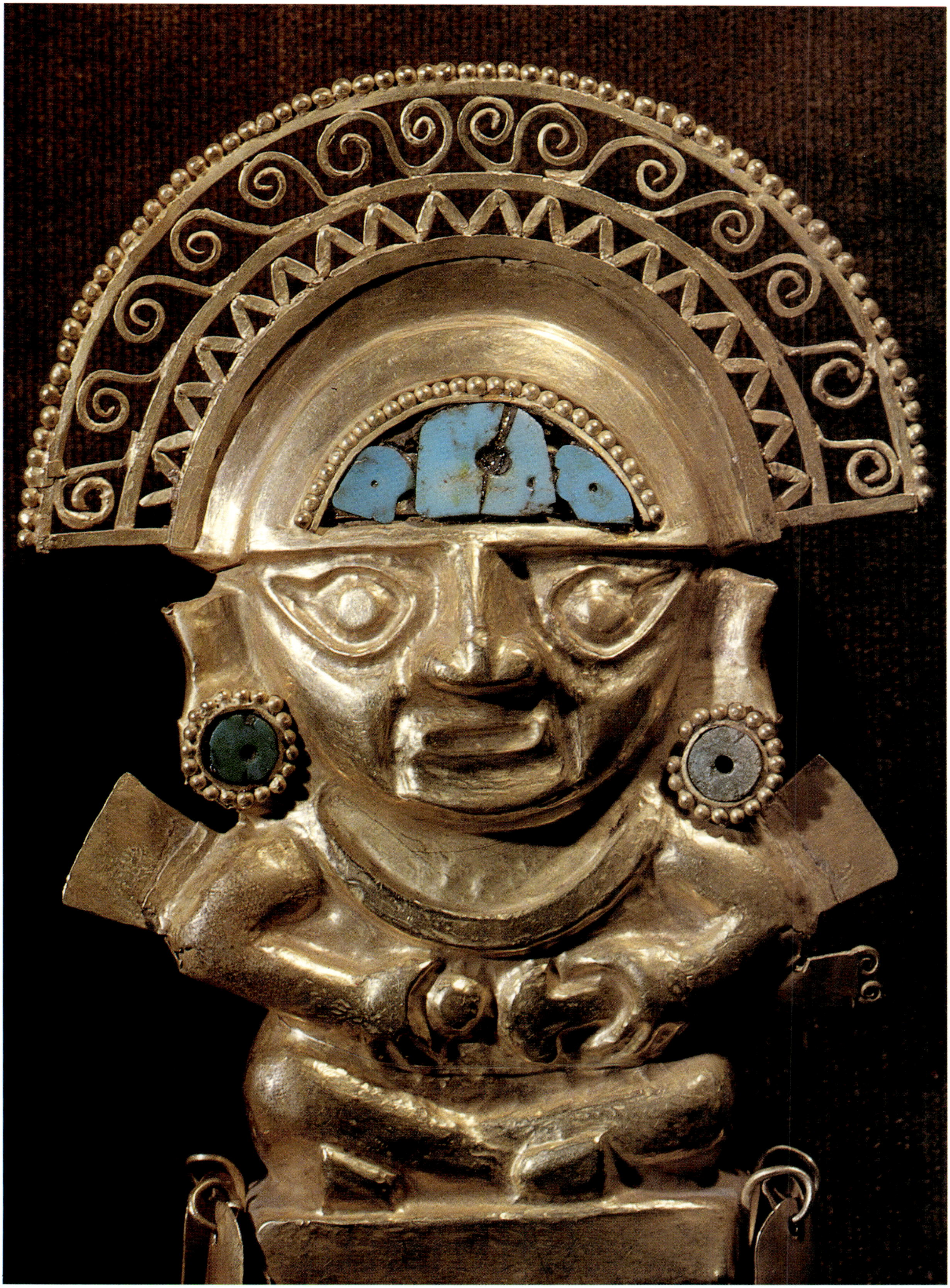

Weißen an der Küste Perús eine außerordentliche Bevölkerungsdichte bestand. Hier ist der Höhepunkt einer Entwicklung erreicht, die vom Weiler und Stammesdorf ausging, um über die Stadt mit ihrem Zeremonialzentrum zur Großstadt zu führen, die Zehntausende von Einwohnern und unzählige administrative und religiöse Zentren in einem riesigen Organismus zusammenfaßte. Dieses Wachstum veränderte die sozialen Strukturen und ließ Klassen, Handwerkerzünfte und spezialisierte Händler sowie eine Verwaltungs- und Militärhierarchie entstehen, mit königlicher Kaste und Klerus an der Spitze.

Allerdings hatte die Religion im neuen Kontext vermutlich im Vergleich zur Macht des Herrschers und seiner Umgebung an Bedeutung eingebüßt. Anders als die Mochica-Zeit scheint die Chimú-Zeit weniger der absoluten Herrschaft von Priestern, Kulten und Riten unterworfen gewesen zu sein, selbst wenn diese einen wichtigen Platz behielten. An der Spitze der Hierarchie stand nun eine »Zivilmacht«, die sich zwar auf die Religion stützte, doch als wahrer Herr auftrat. Diese Entwicklung ist ebenfalls eine Folgeerscheinung der Urbanisierung.

Die neue Gesellschaftsform, die sich vom Aufblühen der Großstädte herleitet, ist nicht nur von der Vervielfachung der sozialen Klassen, sondern auch von der Einführung der Arbeitsteilung begleitet. Das Stadium der Autarkie ist zu Ende, als der Bauer noch selbst seine Alltagskeramik herstellte, zu Hause seine Kleider wob, zugleich für seine Nahrung besorgt war und auf Jagd oder Fischfang ging. Jede Tätigkeit ist nun Aufgabe einer spezialisierten Gruppe. Vermutlich machten damit die Metallhandwerker den Anfang, die sich schon sehr früh in Fachleute verwandelt hatten. Ihnen folgten bald die Töpfer, die in Serie arbeiteten, die Baumeister, Ingenieure, Architekten und verschiedene Künstler. Die Spezialisierung ergriff jedoch auch den Dienstleistungsbereich. Eine schwerfällige Verwaltung kontrollierte zudem die Tätigkeiten der Gesellschaft, leitete sie und bildete ihren Rahmen. Schließlich nahmen Kaufleute den Tauschhandel für sich in Beschlag, sowohl innerhalb der Gemeinschaften als auch mit entfernt lebenden Völkern. So entwickelte sich die bereits bestehende gegenseitige Ergänzung zwischen Küsten- und Bergbevölkerung noch weiter.

Ein deutlicher Unterschied bildete sich zwischen den Ackerbauern und all denen heraus, die von landwirtschaftlichen Arbeiten für die intensive Kultur der bewässerten Felder befreit waren und sich anderen Tätigkeiten widmen konnten. Die beiden Gruppen trafen in der Stadt aufeinander. Krönungs- und Siegesfeiern, religiöse Festlichkeiten und Volksversammlungen benötigten prunkvolle Räume. Plätze und Innenhöfe, Avenuen und Alleen ergänzten die prosaischeren Anlagen wie Märkte, Speicherhäuser, verschiedene Werkstätten, Magazine, in denen sich Rohmaterialien und Waren anhäuften, und schließlich der Zentralregierung unterstellte Wachtposten, um diese Güter vor Räubern und Dieben zu schützen, mit Mauern, befestigten Toren, Bastionen und Kasematten. All die Bauten fanden in der prachtvollen Residenz des Herrschers und seines Hofes ihre Krönung. Das Palastviertel umfaßte auch oft einen Begräbnisort mit Heiligtum für den Kult der verstorbenen Könige.

Dieses umfangreiche Programm war nun beim Bau eines städtischen Zentrums zu erfüllen. Das alles ist jedoch nicht völlig neu. Städte wie Moche mit gigantischen Pyramiden und den Priesterkönigen vorbehaltenen ummauerten Komplexen enthielten schon einen großen Teil dieser Bauten. Von jetzt an haben jedoch der Maßstab der »funktionellen« Gebäude und die Größe von Palästen und Lagerhäusern Vorrang vor den Zeremonialzentren, wie Chanchán zeigt.

Der Städtebau von Chanchán

Chanchán, die Hauptstadt des Chimú-Reiches, liegt in einer ausgetrockneten Gegend an der Pazifikküste, zwischen Rio Moche und Rio Chicama, außerhalb der eigentlichen Bewässerungszone. Gewöhnlich sind die präkolumbischen

Gesamtplan der Stadt Chanchán am Pazifik. Die wichtigsten Palastviertel in der augenblicklich anerkannten chronologischen Ordnung:

1 Chayhuac
2 Max Uhle
3 Tello
4 Labyrinth
5 Gran Chimú
6 Squier
7 Velarde
8 Bandelier
9 Tschudi
10 Rivero

Einige charakteristische Stätten:

A Mauer
B Avenue
C Huaca Obispo
D Huaca las Conchas
E Huaca Toledo
F Huaca las Avispas
G Huaca el Higo

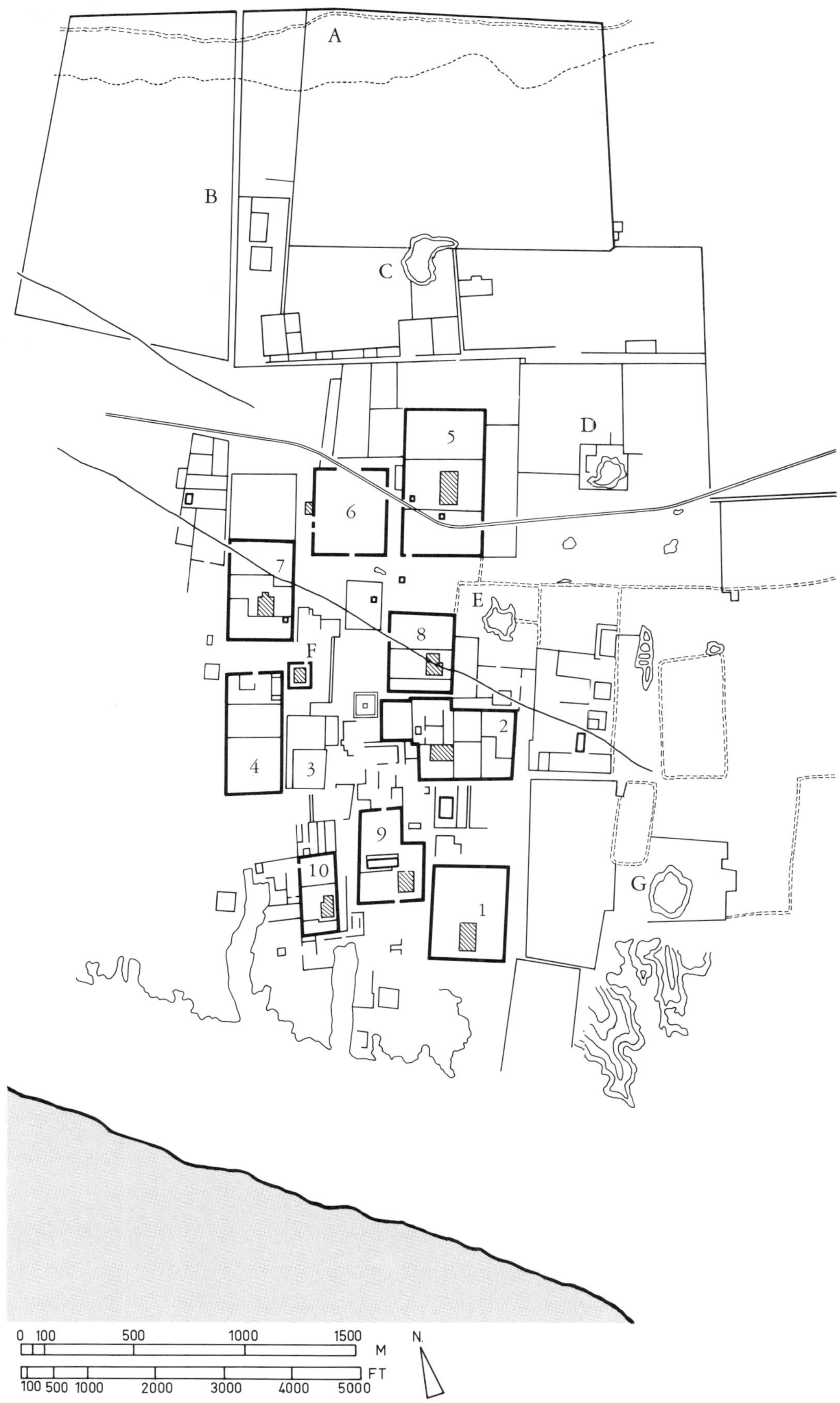

Wohngebiete am Rand der Kulturen, an der Grenze zur Wüste angelegt. Der Ort war zunächst von den Mochica besiedelt und besaß anschließend – vor dem Jahr 1000 – eine Tiahuanaco-Siedlung. Die Stadt ist in einer Ebene errichtet, die zum Ozean hin leicht abfällt; das erleichterte die Versorgung mit Trinkwasser, das über den Bewässerungskanal der Mochica Alta herangeführt wurde. Im Norden der Stadt befand sich eines der schon erwähnten Verbindungssysteme zwischen Rio Chicama und Rio Moche: der Vichansao-Kanal (vom Rio Moche mit Wasser versorgt) in 1500 m Entfernung von der ersten Stadtmauer und der Mora-Vieja-

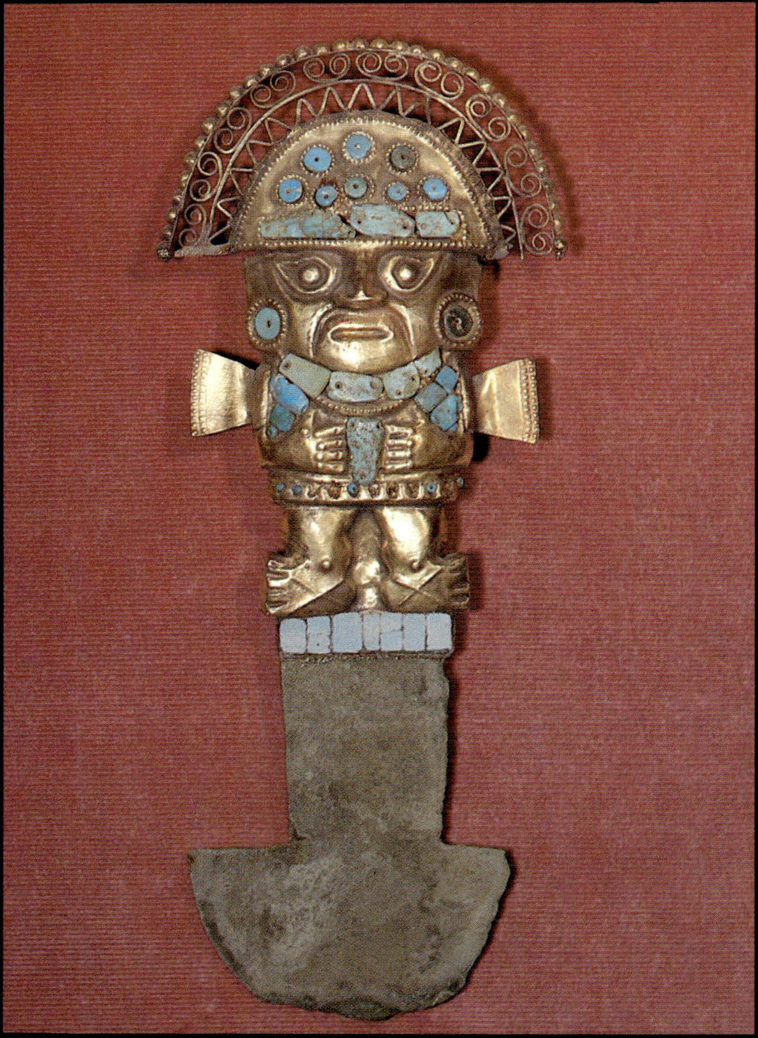
155

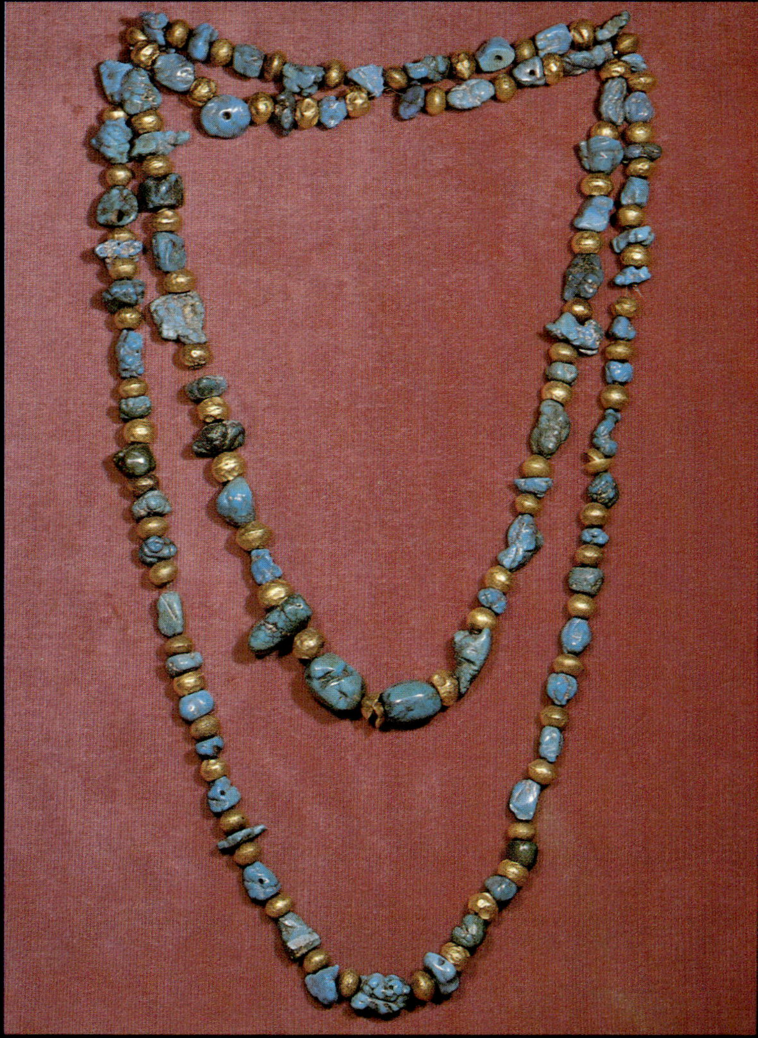
156

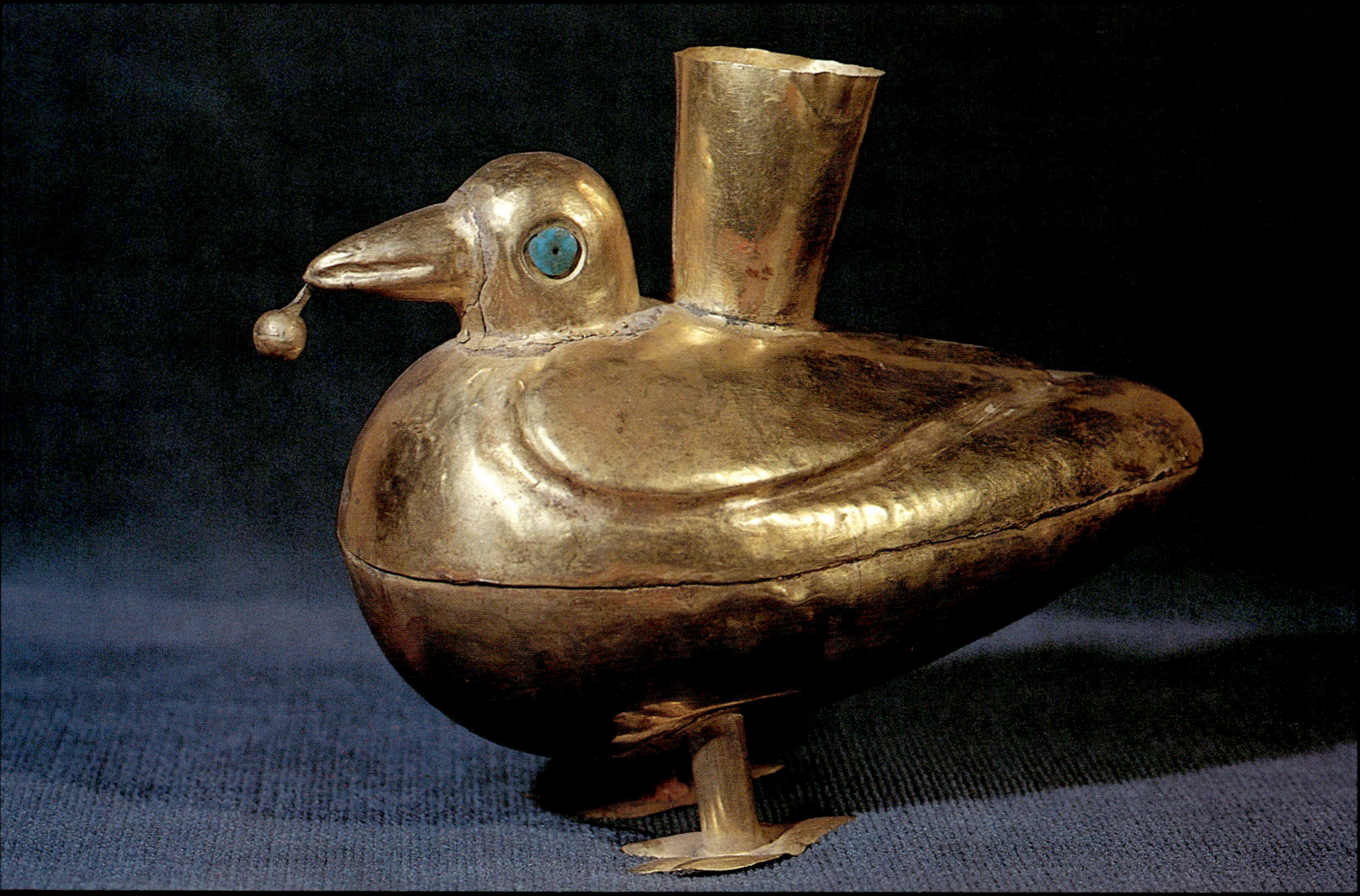
157

Flugbild des Labyrinth genannten Palastviertels in Chanchán. Das Viertel ist 550 m lang und streng rechtwinklig angeordnet.

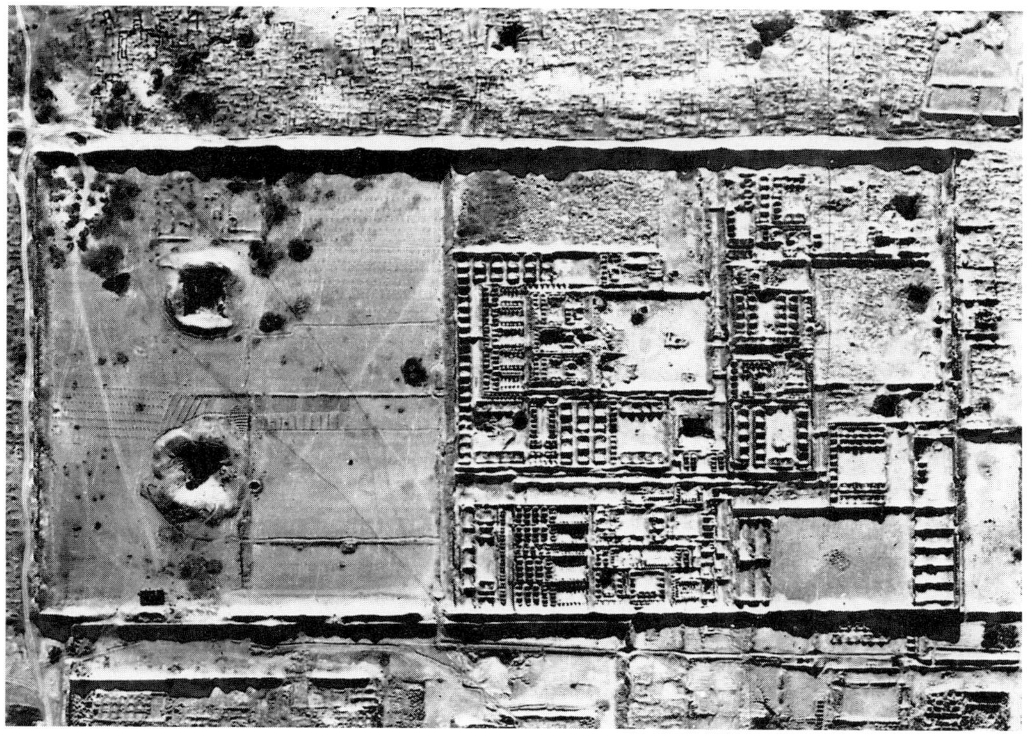

155 Chimú-Opfermesser in Gold mit silberner Klinge und Türkiseinlagen. Wie auf dem Griff des *tumi* von Abbildung 154 ist hier Ñaymlap dargestellt. Er trägt einen halbkreisförmigen Kopfschmuck und ist mit kleinen Flügeln ausgestattet. Die mandelförmig geschnittenen Augen sind typisch für die Kunst von Chimú-Lambayeque. Höhe: 32 cm, Gewicht: 600 g. (Museo Oro del Perú, Lima)

156 Herrliche Chimú-Halskette, auf der abwechselnd hohle Goldperlen und dicke Türkise aneinandergereiht sind. Gesamtlänge: 2,30 m. (Museo Oro del Perú, Lima)

157 Die 16 cm lange Goldschmiedearbeit, ein Gefäß in Form einer Taube mit Türkisaugen, wird bald der Mochica-, bald der Chimú-Kunst zugeordnet. (Museo Oro del Perú, Lima)

158 Das 21 cm hohe goldene Chimú-Gefäß ist mit seinem Doppelausguß und dem reichverzierten Bügelhenkel ein Stück im Lambayeque-Stil, das sich an die Keramiken derselben Herkunft anlehnt. Die kleinen Figuren auf dem Gefäßkörper stellen den schwimmenden Ñaymlap dar. (Museo Oro del Perú, Lima)

159 Im Vergleich zur Goldschmiedearbeit auf Abbildung 158 zeigt diese Lambayeque-Keramik den Ursprung der von den Goldschmieden geschaffenen Formen. Das 19 cm hohe Gefäß mit Doppelausguß und reich verziertem Bügelhenkel stellt vielleicht das in der Kunst von Chimú-Lambayeque allgegenwärtige Regenbogenthema dar, und ist mit Krebsen in Relief geschmückt. (Museo del Banco Central de Reserva, Lima)

160 Goldener Kopf in Kesselschmiedearbeit aus Batán Grande, Lambayeque. Man beachte die klassische Stilisierung der Augen und die bildnerische Ausdruckskraft dieses 13 cm hohen Stückes, das 400 g wiegt. (Museo del Banco Central de Reserva, Lima)

Kanal (vom Rio Chicama mit Wasser versorgt) etwa 4 km weiter nördlich. Die Hauptstadt nahm also einen »strategischen« Platz in der Wasserwirtschaft der Chimú ein und litt kaum unter der Trockenheit, die in den umliegenden Wüstengebieten herrschte.

Eine große, über 4 km geradlinig verlaufende Prachtstraße führte in nordöstlich-südwestlicher Richtung im rechten Winkel zur Küste vom Mora-Vieja-Kanal zur Stadt. Diese umfaßte rund zehn selbständige Viertel, die ummauerte Einheiten bildeten und mit 200 bis 300 m Breite auf 400 bis 500 m Länge je eine Fläche von 12 bis 15 ha bedeckten. Diese »Palast« oder »Zitadelle« genannten Viertel sind Teil eines riesigen, rechteckigen Plans von 5 auf 2,5 km Ausdehnung, d.h. etwa 12,5 km². Zählt man jedoch auch die Randgebiete hinzu, erreichte Chanchán eine Größe von rund 25 km².

Nach Schätzungen, die immer etwas ungenau bleiben, betrug die Bevölkerung dieser gewaltigen Hauptstadt etwa 50 000 Einwohner. Chanchán war also das Ergebnis des größten geplanten Städtebau-Unternehmens der prähistorischen Andenwelt und wahrscheinlich die bedeutendste Hauptstadt ganz Südamerikas in der Zeit vor der Conquista.

Der Plan der verschiedenen Viertel und ihrer jeweiligen Unterteilungen beruht auf einem rechtwinkligen System. Die Mauern, die die Viertel umziehen, waren 6 bis 9 m hoch und wegen des brüchigen Lehmmaterials stark geneigt. Die verwendete Technik ist nicht mehr die der ungebrannten Ziegel der Mochica, sondern die sogenannte *tapia*-Technik. Sie besteht darin, die mit Schotter vermischten *adobe* in einer Verschalung zusammenzupressen, eine Methode, die schon dem Gießen moderner Betonwände gleicht. So bilden die Umfassungsmauern riesige gegossene »Monolithen«. Sie sind heute mehr oder weniger durch die *garua* – eine Art Nieselregen – und durch die seltenen, doch um so stärkeren Wolkenbrüche ausgewaschen, die mit katastrophalen Folgen auf die Küstengebiete niedergehen.

Innerhalb jeder »Zitadelle«, in die gewöhnlich ein einziges Tor führt, findet man eine ganze Reihe von verschiedenen Zwecken dienenden Bauten: einen großen, von Mauern umgebenen Zeremonialplatz, ein Kultzentrum, eine Begräbnisstätte, die von einer pyramidenförmigen, über schräge Rampen zugänglichen Plattform beherrscht wird, Palastanlagen und Wohnhäuser, Magazine und Depots sowie ein umfangreiches Reservoir für Trinkwasser, das durch die höhergelegenen Bewässerungssysteme gespeist wird. All diese Bauten sind in rechtwinklig geordneten Gruppen zusammengefaßt, zwischen denen von hohen Mauern gesäumte Verkehrswege hindurchführen.

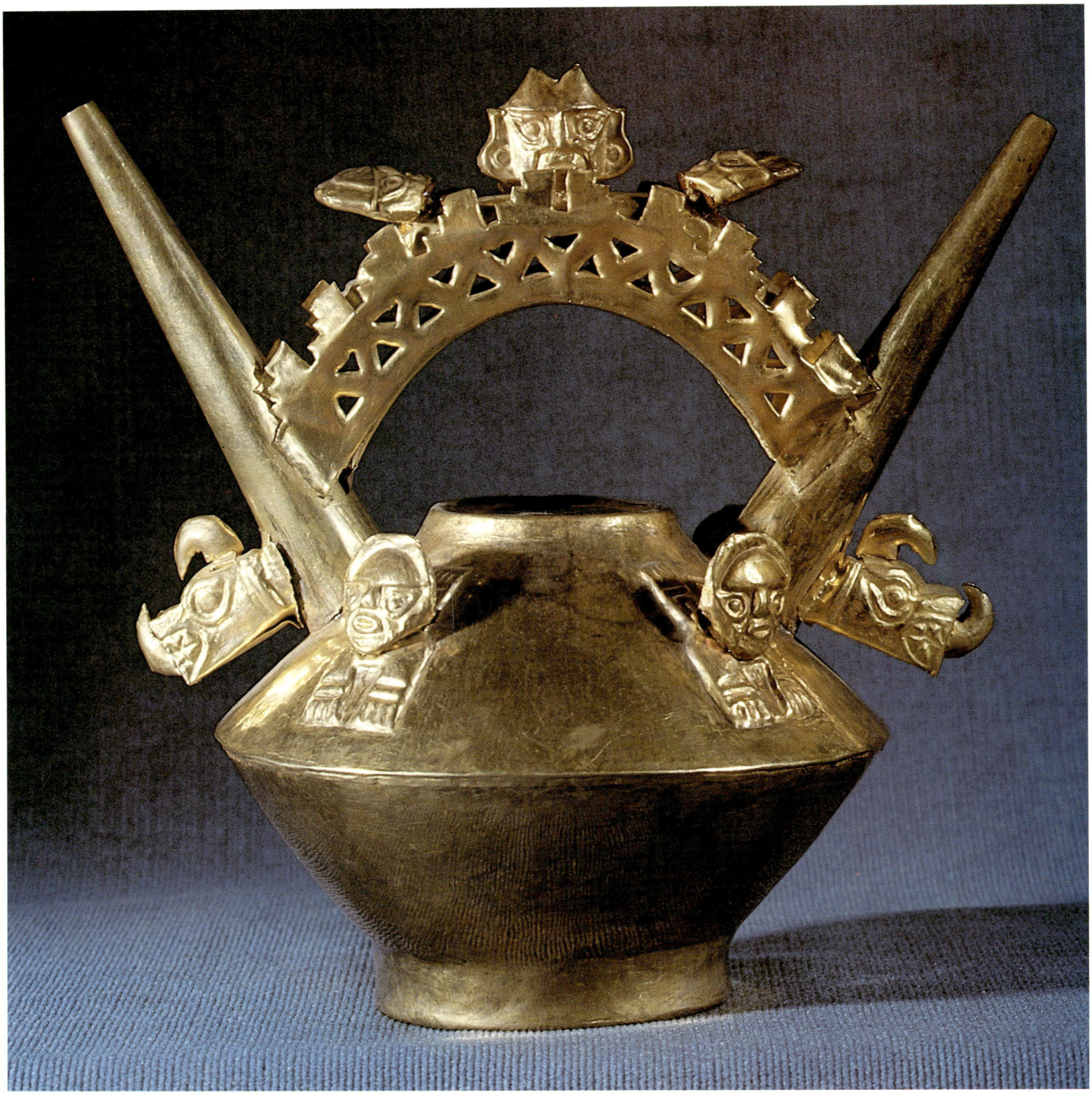
158

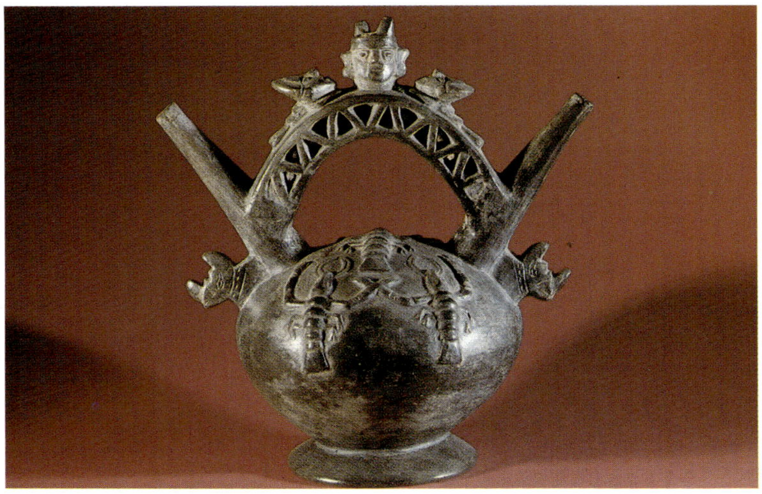
159

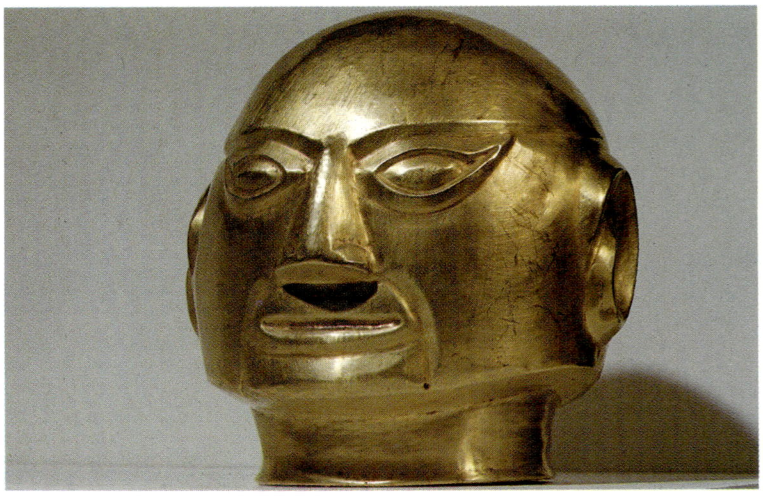
160

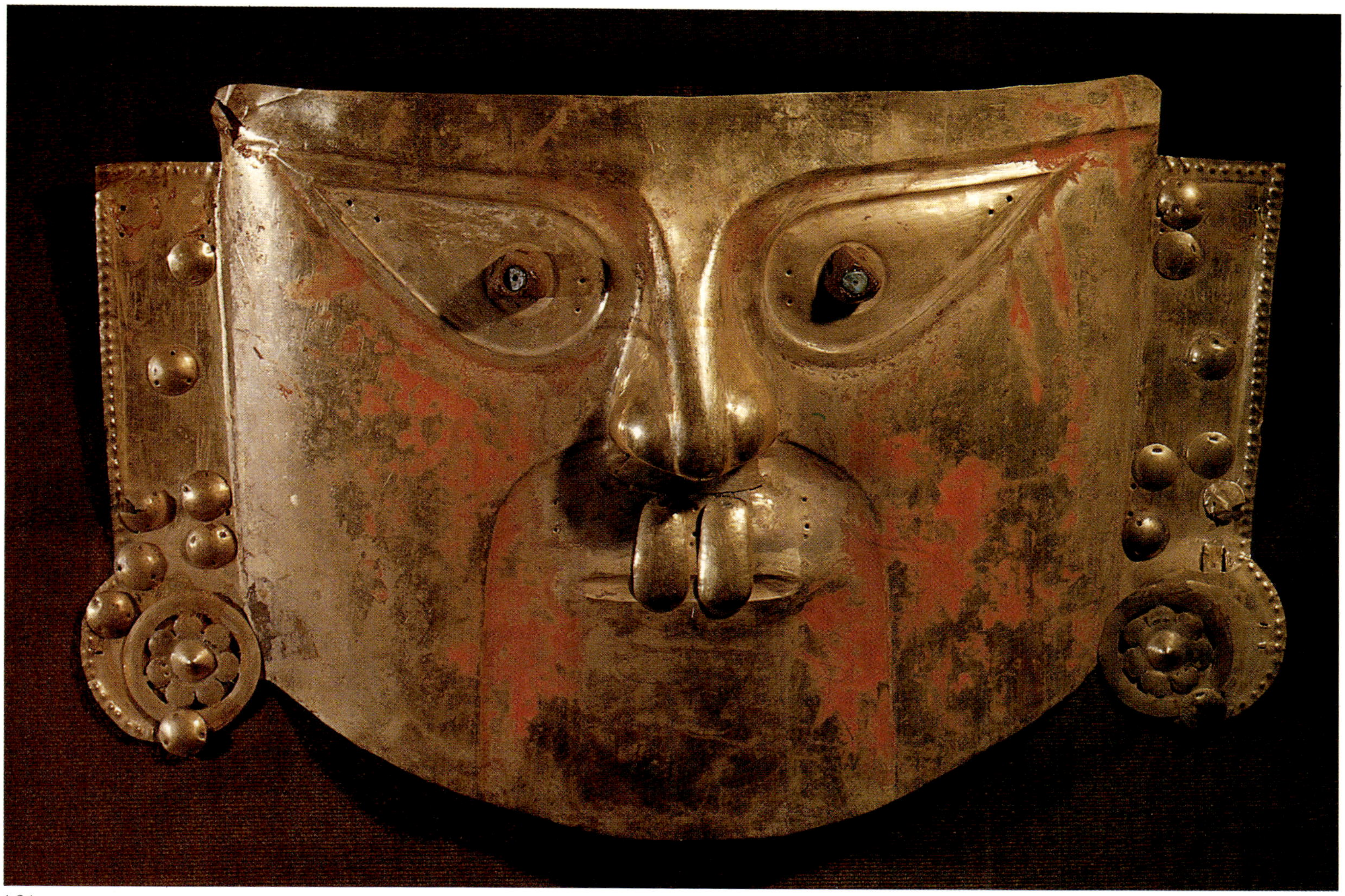
161

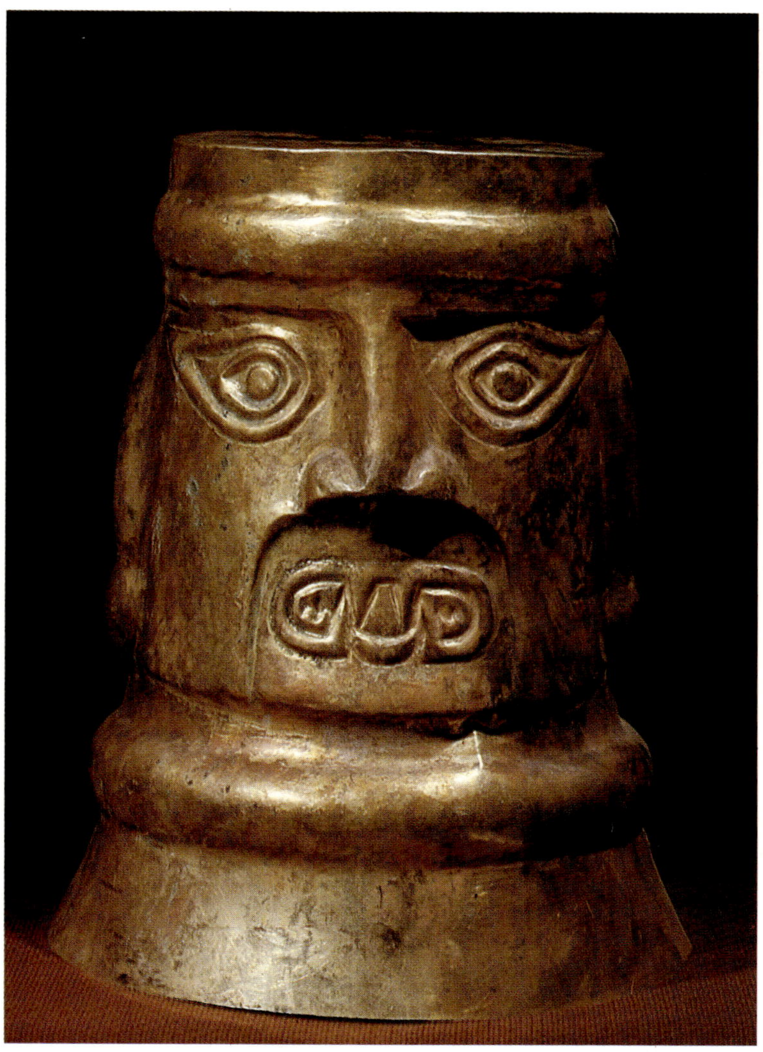
162

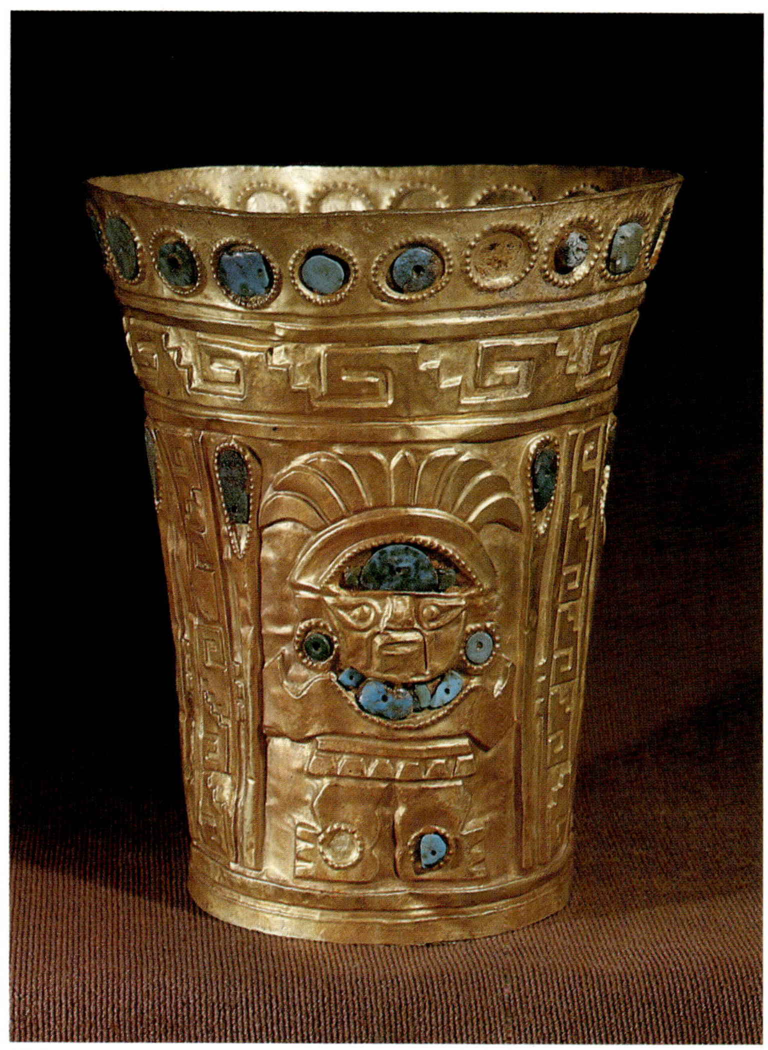
163

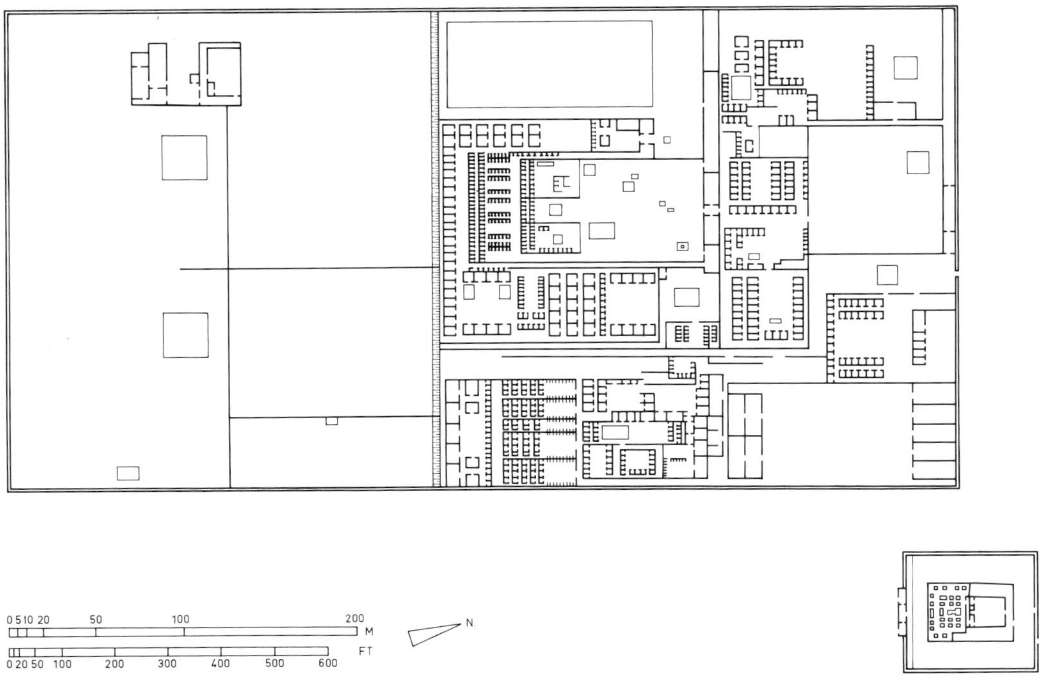

Grundriß des Labyrinth genannten Palastviertels in Chanchán. Rechts unten die Huaca las Avispas, die Grabplattform eines Herrschers von Chanchán

Die Aufteilung der verschiedenen Viertel zeugt von einer strengen Planung, die spätere Änderungen oder Anpassungen keineswegs ausschließt, wenn neue Bedürfnisse das verlangen. Riesige Magazinkomplexe, deren Zellen des öfteren symmetrisch und systematisch zu kompakten Gruppen zusammengefaßt sind, lassen einen Rhythmus entstehen, der mit seinen zu Dutzenden, ja zu Hunderten wiederholten Einheiten an die Eintönigkeit des Fertigbaus erinnert.

Offenbar waren innerhalb jedes Viertels die Behausungen der Elite von denen der Diener und von den Speichern getrennt. Die Wohnhäuser sind gewöhnlich um rechteckige Innenhöfe gruppiert. Jeder Bau mit eigener Funktion ist von den anderen durch Mauern abgeteilt, die aus ihm eine unabhängige Einheit inmitten der übrigen Gebäude machen. Im Innern jedes ummauerten Viertels gab es auch unüberbaute Zonen. Waren es Gärten, die heute mangels Wasser verschwunden sind, oder Landstücke, die für zukünftige Erweiterungen vorgesehen waren? Einige »Zitadellen« (Tschudi zum Beispiel) haben einen unregelmäßigen Plan, der zweifellos auf eine Vergrößerung außerhalb der ursprünglichen Mauern zurückgeht. Hier stellt sich das Problem des Wachstums einer ummauerten Gebäudegruppe und ihrer Funktion.

Rolle der »Zitadellen« oder »Paläste«

Was bei der Architektur und Anlage von Chanchán ins Auge fällt, ist das Bemühen, immer größere Einheiten mit Mauern zu umziehen. Das beginnt bei den um einen Innenhof errichteten Bauten und endet bei der rechteckigen Umfassungsmauer eines Viertels. Das System setzt sich aus ineinandergeschachtelten, auf eine Mitte ausgerichteten Einheiten zusammen, die auch nebeneinandergesetzt werden können, wenn sie dieselbe Größe haben. Das Problem des Wachstums stellt sich also für jedes Viertel – die Elemente sind oft symmetrisch geordnet –, in weit stärkerem Maß jedoch für die ganze Stadt. Mit anderen Worten: Hat man alle Viertel gleichzeitig für verschiedene Gemeinschaften – Handwerkergruppen, Zünfte, soziale Klassen, Völker unterschiedlicher Herkunft – gebaut, oder ist die Aneinanderreihung der »Zitadellen« das Ergebnis eines allmählichen Wachstums?

Wenn ein ummauertes Viertel eine bestimmte Größe erreicht hat, könnte man in der Tat vermuten, daß anstelle einer weiteren Vergrößerung ein neues Viertel – wir würden sagen: eine »Satellitenstadt« – begonnen wird. Von einem bestimmten Punkt an stellten sich einer Gesellschaft, die das Rad nicht kennt, Transport-

161 Goldene Chimú-Grabmaske. Die 45 cm breite Goldschmiedearbeit ist mit symbolischen Jaguarfangzähnen und Ohrpflöcken mit Hematitspuren geschmückt, die das Leben symbolisieren. Die Augen mit vorstehenden Pupillen und einem Türkis im Zentrum sind vielleicht spätere Hinzufügungen. Das Stück wiegt 370 g und datiert aus dem 12. bis 15. Jahrhundert (Museo Oro del Perú, Lima)

162 In Form eines umgekehrten Gefäßes stellt dieses 24 cm hohe menschengestaltige Bildnis aus getriebenem Gold eine Gottheit mit Jaguarfangzähnen dar. Das Stück kommt aus der Gegend von Lambayeque. (Museo Oro del Perú, Lima)

163 Chimú-Ritualgefäß aus getriebenem Gold mit Türkiseinlagen. Das 19,5 cm hohe Stück zeigt in der Mitte Ñaymlap mit kleinen Flügeln und dem halbkreisförmigen Federkopfschmuck. Die Person ist von einem Stufenmäanderfries umgeben. Das Gefäß ist ein typisches Beispiel für die Goldschmiedekunst von Chanchán. (Museo Oro del Perú, Lima)

164 Im Gegensatz zu den meisten Keramiken im Chimú-Stil, die von schwarzer Farbe sind und deren Technik bis in die Inka-Zeit weitergeführt wird (Abb. 195–197), stellt dieses schöne, 20 cm hohe Bügelgefäß in schlichter Vielfarbigkeit zwei Personen dar, die ein Mumienbündel tragen. (Museo Amano, Lima)

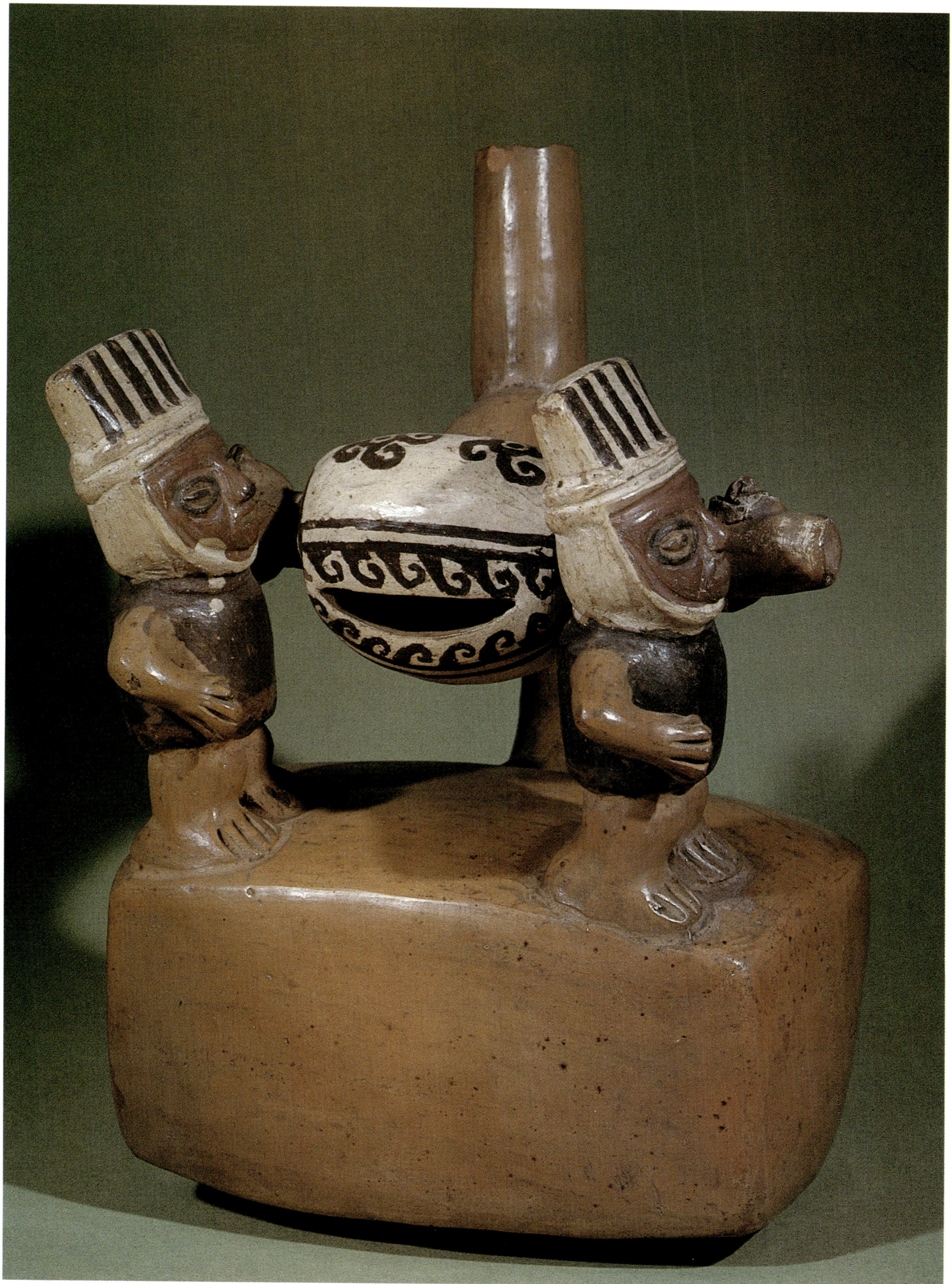

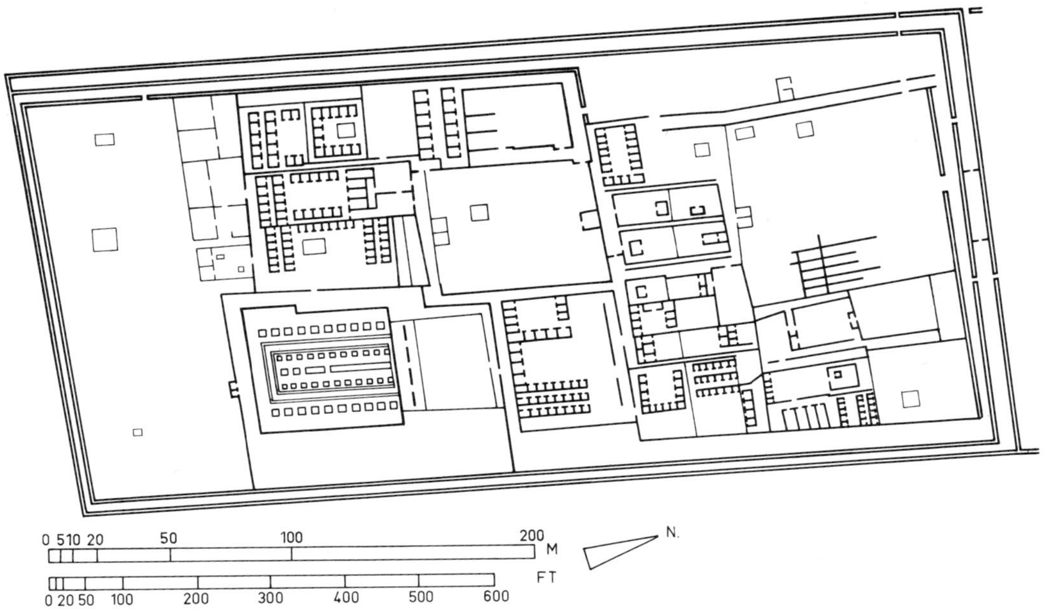

Grundriß des Rivero genannten Palastviertels in Chanchán mit seiner doppelten, teilweise dreifachen Umfassungsmauer

probleme. Sicher ist, daß es diesen Typ von Wachstum – durch Hinzufügung eines neuen ummauerten Viertels – schon gibt, als die Chimú ihr Verwaltungszentrum in eine bestehende Stadt setzen, wie Pacatnamú zum Beispiel. Die gleiche Form hatten zuvor die Leute von Tiahuanaco-Huari in zahlreichen Städten gewählt, in denen sie gegenwärtig waren, etwa Pikillaqta, Jargampata, Viracochapampa oder Cerro Churu. Bekanntlich wurden zwischen den »Zitadellen« von Chanchán Steinkonstruktionen festgestellt, die aus der Tiahuanaco-Zeit datieren. Vielleicht dienten sie als Vorbild für den Bau der Chimú-Kapitale.

Die ummauerten Viertel von Chanchán wurden schon höchst unterschiedlich interpretiert. Lange Zeit glaubte man, es handle sich um Wohnungen für Adlige aus verschiedenen Reichsgegenden, deren Gegenwart die politische Vereinigung des großen Reiches von Chimór symbolisierte. Die vereinten Provinzherren mit ihren Völkergruppen waren Verbündete und Geiseln zugleich, Stellvertreter der Provinzen und Ratgeber des Großen Chimú. Dieses Zeugnis eines »Bundes« gleichwertiger Völker hätte der politischen Struktur des Reiches entsprochen. Wie das Königreich selbst aus der Aneinanderreihung relativ autonomer, durch Wüsten voneinander getrennter Täler bestand, glaubte man, daß die Hauptstadt sich aus Vierteln zusammensetzte, deren Umfassungsmauern auf greifbare Weise die Kontinuität zwischen den konstitutiven Teilen darstellten.

Diese Hypothese ist heute aufgegeben. An ihre Stelle traten die Ergebnisse, die das Team von Geoffrey W. Conrad von der Harvard University in Zusammenarbeit mit Thomas G. Pozorski, Alan L. Kolata und Kent C. Day erzielte und die soeben unter der Leitung von Michael E. Moseley veröffentlicht worden sind.

Die letzten Arbeiten von 1981 beweisen, daß jedes ummauerte Viertel von einem anderen Herrscher gegründet wurde. Während seiner Regierungszeit diente ihm die neu errichtete Stadt als Palast sowie als administratives und religiöses Zentrum. Nach seinem Tod wurde die Begräbnisplattform zum Grab für ihn und seine Nächsten und zum Ort des Kultes, den man ihm erwies.

Tatsächlich enthalten die zehn oder elf ummauerten Viertel, auf die die Bezeichnung »Palast« gut zu passen scheint, neun Grabbauten. Diese Plattformen, in deren Mitte schachtförmig angelegte Kammern lagen, waren dazu bestimmt, die sterblichen Überreste des Herrschers, die Opfer, die ihn in die andere Welt begleiteten, und offenbar die Körper von nahen Angehörigen sowie zahllose Opfergaben aufzunehmen.

Der als Mausoleum dienende Erdwall, auf den schräge Rampen führen, hat in seiner Mitte eine im Grundriß T-förmige Kammer, die bedeutender ist als die übrigen Räume und vermutlich die Mumie des Herrschers aufnahm. Um sie herum waren quadratische Räume vertieft in der Masse der Plattform angelegt. Offenbar waren diese Kammern für Opfergaben von Gold, Stoffen, Keramik oder Holzskulpturen nicht überdeckt, es sei denn, durch abnehmbare Bedachungen. Manche Räume waren zweifellos zur Aufnahme von Gebeinen bestimmt. In der Huaca de la Avispas zum Beispiel fanden die Ausgräber 93 vollständige Skelette in der Lage, in der sie die Plünderer nach dem Raub der Schätze zurückgelassen hatten. In der einzigen kleineren Kammer ruhten dreizehn Skelette und die Überreste von elf weiteren Körpern. Dabei handelte es sich ausschließlich um Jugendliche. Nach diesen Zahlen war das Begräbnis eines Herrschers von etwa 200 bis 300 Menschenopfern – Jugendlichen beiderlei Geschlechts – begleitet.

An seinem Rand weist das Mausoleum spätere Vergrößerungsbauten auf, in denen andere Tote beigesetzt waren. Das könnte beweisen, daß der einem verstorbenen Herrscher erwiesene Kult über eine beträchtliche Zeit weitergeführt wurde. Schließlich ist jeder Begräbnisplattform auf der Nordseite ein großer, ummauerter Hof vorgelagert, in dem wohl das für den Verstorbenen bestimmte Ritual stattfand. Vermutlich hat also jeder König von Chanchán ein ummauertes Viertel erbaut, das sein Verwaltungszentrum, Palast und Mausoleum war.

Ordnung und Dauer

Die Archäologen versuchten, auf dieser Grundlage die Ordnung zu rekonstruieren, in der die verschiedenen Viertel von Chanchán und die dazugehörigen Grabbauten errichtet wurden. Bei den Vierteln entschieden sie sich für die Reihenfolge: Chayhuac, Uhle, Tello, Labyrinth, Gran Chimú, Squier, Velarde, Bandelier, Tschudi und Rivero.

Es ist kaum möglich, das Gründungsdatum des Chimú-zeitlichen Chanchán genau anzugeben. Wie man weiß, bestand bereits zur Zeit der Vorherrschaft von Tiahuanaco-Huari, im 9. und 10. Jahrhundert, eine blühende Stadt. Als sich das Chimú-Reich herausbildete, hatte die Stadt vermutlich schon eine gewisse Bedeutung. Wenn man jedoch für den Bau der verschiedenen Palastviertel ein präzises Datum nennen will, ist äußerste Vorsicht am Platz. Hatte die Errichtung der Paläste zwischen 1150 und 1200 begonnen, um gegen 1460, vor der Eroberung durch die Inka, abgeschlossen zu werden, so baute man in den 250 bis 300 zur Verfügung stehenden Jahren rund zehn Palastviertel; für jede Regierungszeit ergeben sich somit 25 bis 30 Jahre. Diese günstigste Dauer entspricht etwa einer Generation.

Man muß sich jedoch auch der riesigen Investitionen an Energie bewußt sein, die für diese aufeinanderfolgenden Bauplätze aufgebracht wurden, denn die Stadt wuchs unaufhörlich weiter. Zugegebenermaßen blieb jedes Viertel auch nach dem Tod seines Gründers aktiv. Die Begräbnisrituale wurden kontinuierlich wiederholt, und die Angehörigen des verstorbenen Herrschers wohnten weiter in seinem Palast.

So vergrößerte sich die Stadt immer mehr. Sie erhielt nicht nur neue Gebäude, sondern zog auch unzählige Priester und Höflinge mit ihrem Gefolge, ihren Dienern und Garden an. Die Beamten und Adligen, eine wenig aktive und kostspielige Elite, nahmen an Zahl ständig zu und ließen die auf den Arbeiterklassen lastenden Abgaben wachsen. Andererseits bargen die ständigen Bauarbeiten für Regierungszentren, neue Paläste und große Mausoleen eine Dynamik, die sich auf die ganze Chimú-Nation auswirkte. Das Reich zählte etwa eine Million Einwohner, und weitsichtige Herrscher hatten das ganze Land außerordentlich reich und fruchtbar gemacht.

Der Baudekor

Der Dekor der Mauern von Chanchán mit Hilfe von vor- und zurückspringenden *adobe*-Ziegeln besteht aus geometrischen Reliefs mit Wiederholungen einfacher

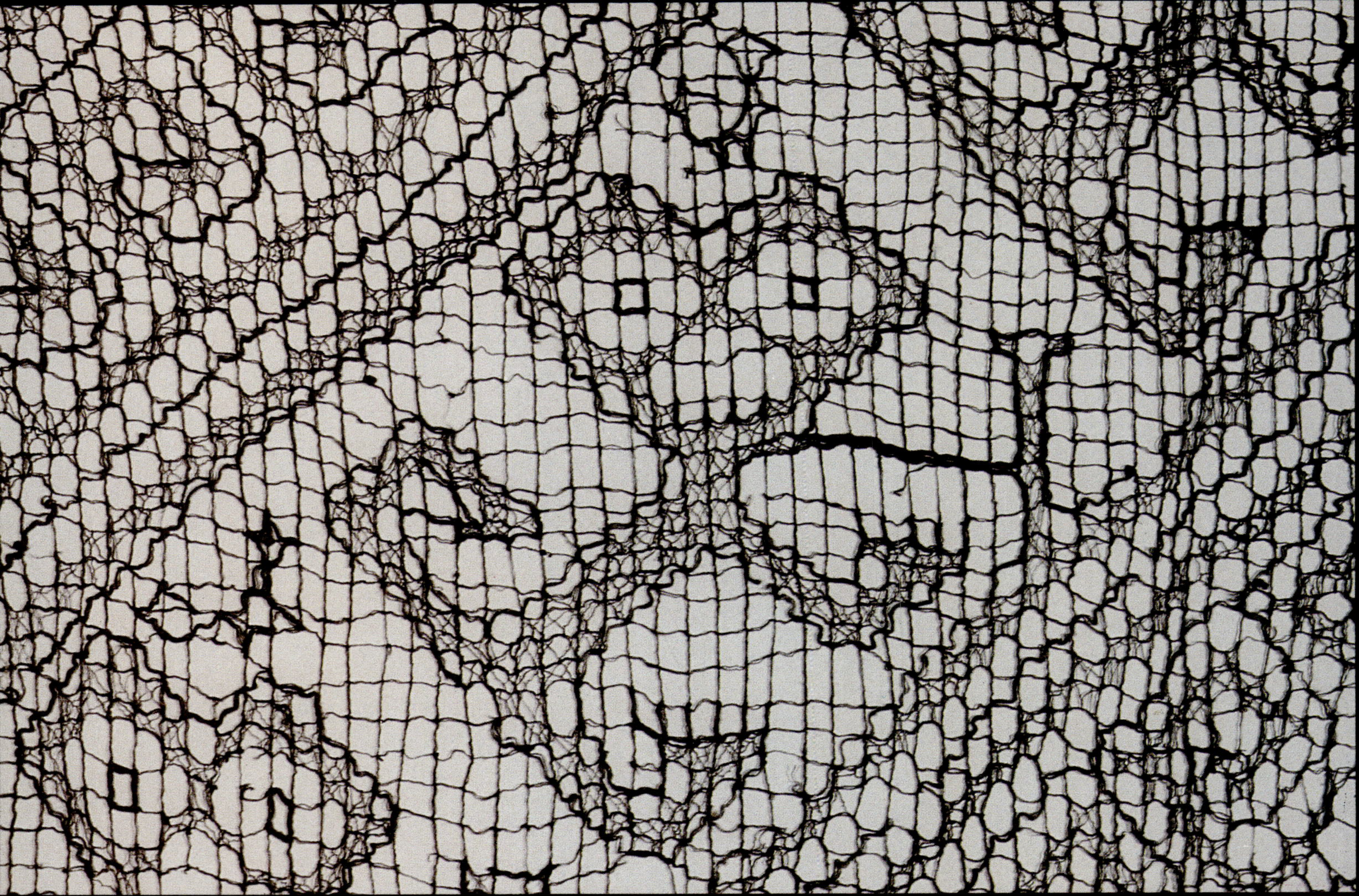
165

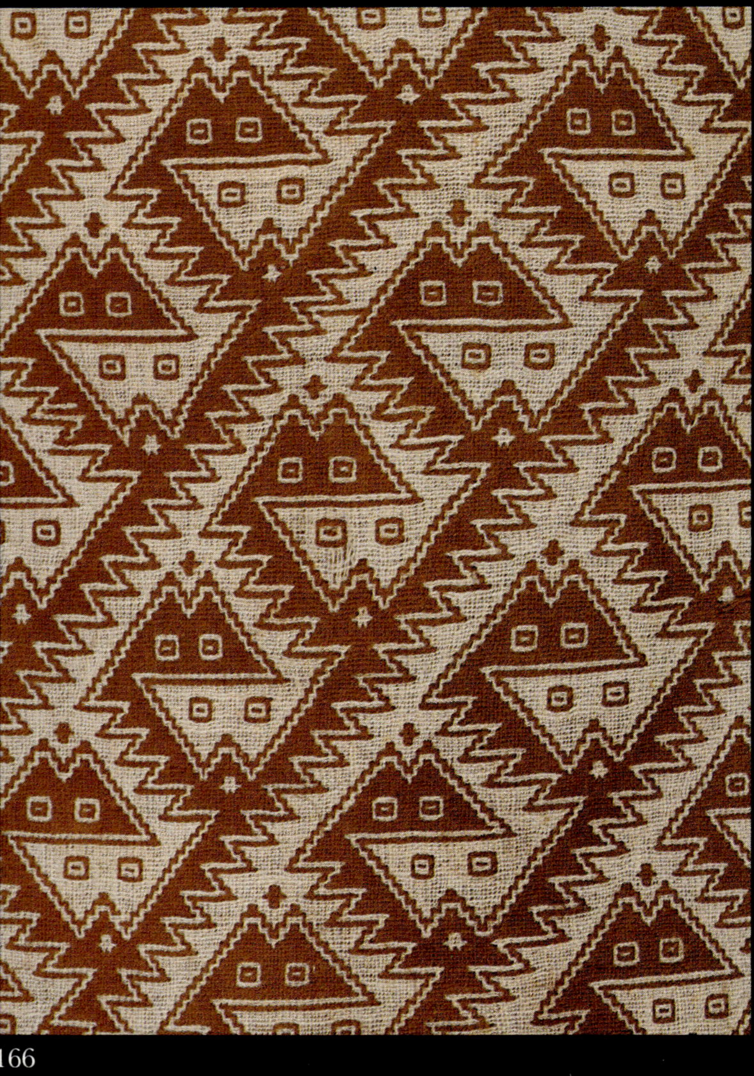
166

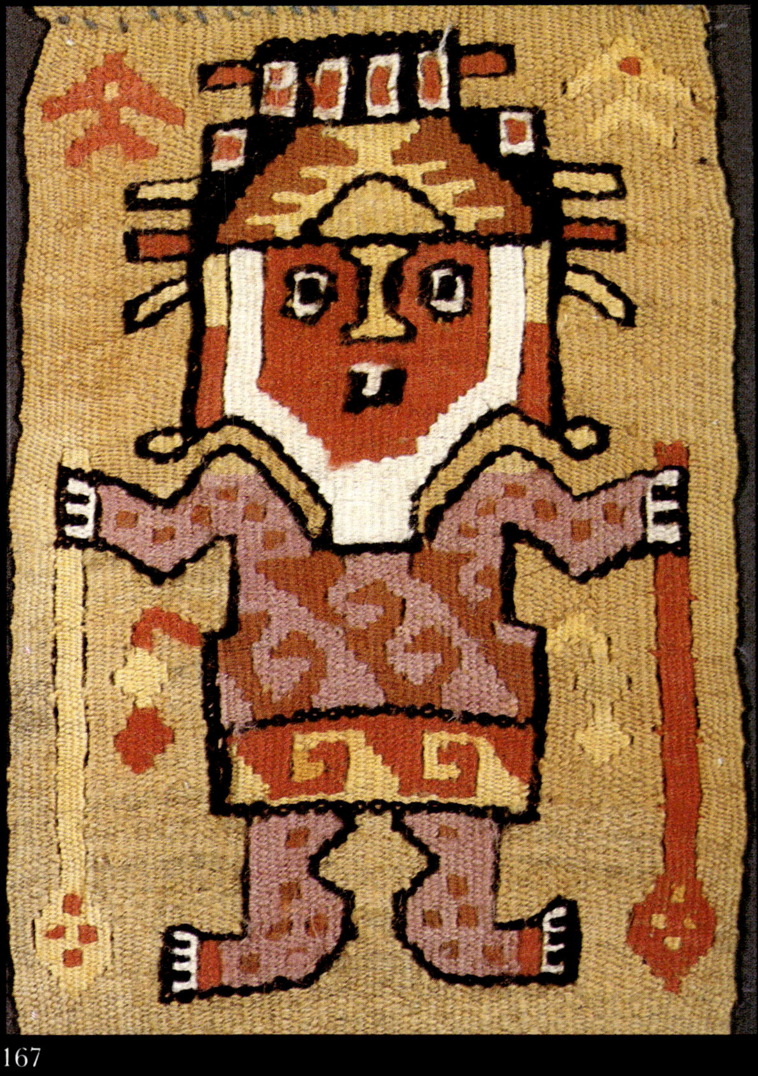
167

Axonometrie der Huaca el Dragón in der Nähe von Chanchán. Es handelt sich um eine von einer Mauer umzogene Pyramide, um die Schachtgräber angelegt sind.

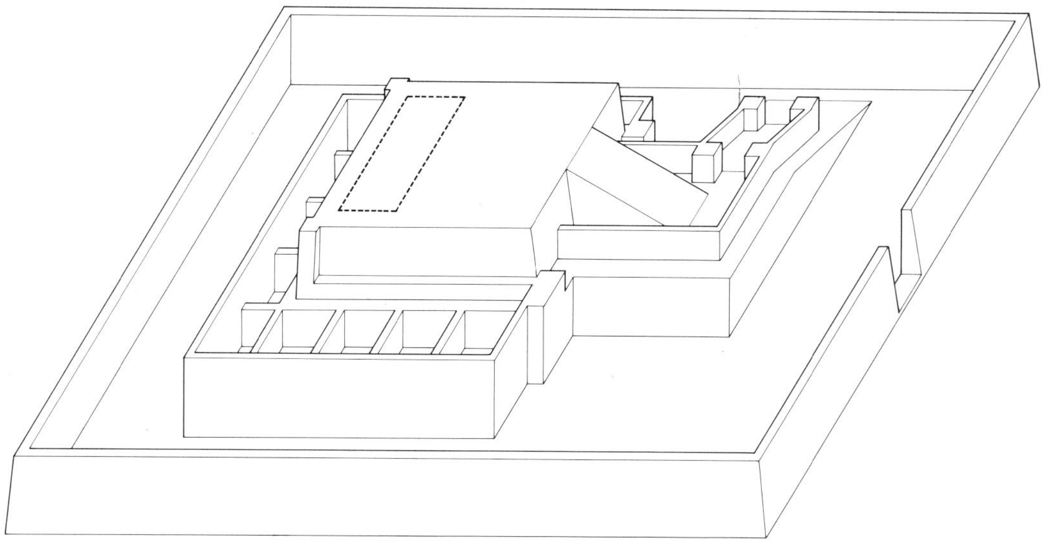

Motive: Quadrate, Rauten, Stufenmäander usw. wechseln mit schematischen Tierfiguren – Vögeln, Fischen oder mythischen Wesen – und Rankenwerk ab. Der ganze Dekor beruht auf einem klaren, einfachen Konstruktionssystem, das Licht und Schatten zur Schaffung dynamischer Rhythmen einsetzt. So bildet er lange Friese oder Felder, die ganze Gebäudefassaden überziehen.

Offenbar gab es neben dieser Technik in Form einer Art Würfelspiel mit versetzten Ziegeln eine anpassungsfähigere und zugleich in der Wirkung feinere Formel. Sie bestand darin, den Dekor durch Pressung auf eine Verkleidung aus gestampfter Erde zu gestalten. So sind die Mauern mit sich ständig wiederholenden Formen bedeckt, in einem gleichmäßigen Relief vor- und zurückspringender Flächen.

Diese Formtechnik – man könnte beinahe von »Modeldruck« sprechen – führt einfacher zum gleichen Ergebnis wie der mit Hilfe von Ziegeln geschaffene Dekor und ermöglicht flüssigere, gerundetere Linien. Das Bemühen um Serienarbeit und stereotypisierte Formeln – eine fixe Idee der Chimú – drückt sich hier aus. Man kann nun kilometerweise Dekor herstellen. Wenn die Stärke und Vollkommenheit im Detail etwas nachgelassen haben, so liegt das vor allem am Material, das keine perfekte Ausführung zuläßt. In der Architektur gibt es jedoch eine echte »Massenwirkung«, die auf der unendlichen Wiederholung identischer Motive beruht. Diese Wirkung unterstreicht den monumentalen Charakter und hebt die großartigen Perspektiven eines Städtebaus hervor, der den weiten Küstengebieten am Pazifischen Ozean entspricht.

In den beschriebenen Dekorweisen sind zwei Gebäude am Rand von Chanchán geschmückt: die Huaca el Dragón und die Huaca Esmeralda. Die erste entstand nach Richard Schaedel etwa 150 Jahre vor der Errichtung der Stadt. Der Chronologie von Conrad zufolge könnte sie jedoch einfacher aus den Anfängen von Chanchán datieren und zeitgleich mit den Vierteln Chayhuac und Uhle sein. Die Tempelpyramide mit Umfassungsmauer ist dem Regenbogen geweiht und hat Flachreliefs mit Darstellungen von Kriegern, Schlangen und Geweihen. Die Zellen, die man entdeckt, sobald man über eine schräge Rampe das erste Niveau erreicht hat, sind vermutlich schachtartige Grabkammern, die denen der Mausoleen von Chanchán gleichen. Die weiter südlich gelegene Huaca Esmeralda ist eine Pyramide, die man ebenfalls über schräge Rampen ersteigen kann. Ihre Seiten haben einen Dekor von geometrischen Formen und Darstellungen von Fischen, Wasservögeln und Füchsen.

Die Chimú setzten auf Quantität und Größe. Sie brachten eine Kunst hervor, die offene Räume und unbeschränkte Horizontalen bevorzugt. Grundrisse wie Dekor zeugen von diesem Sinn für Wiederholungen, was Formen, Zellen, Kammern und Lager betrifft. Sie beruhen auf einer strengen, genauen Ordnung. Diese entspricht den Regeln eines Ackerbaus mit künstlicher Bewässerung, der nur aufgrund einer absoluten gesellschaftlichen Disziplin möglich ist. Die Gesetze der

165 Detail eines Gazeschleiers aus dem Friedhof von Chancay. Die außerordentlich feine Arbeit erlaubte die Ausführung eines stilisierten Dekors: Auf der Abbildung ist ein Affe zu sehen, der an einen Pfahl gebunden ist. Das Motiv wiederholt sich in diagonalen Streifen. Breite des gezeigten Teils: ca. 15 cm. (Museo Amano, Lima)

166 Detail eines schönen, umkehrbaren Chancay-Stoffes mit symmetrisch ineinandergesetzten zweifarbigen Motiven. Das rot-weiße Baumwollgewebe aus Pisquillo Chico zeigt den hohen Abstraktionsgrad, in dem die figürlichen Motive gestaltet sind. Höhe des Ausschnitts: ca. 30 cm. (Museo Amano, Lima)

167 In der Kunst von Chancay werden die in Paracas-Nazca entwickelten Traditionen der Wirktechnik weitergepflegt, und man stößt auf Symbole der Tiahuanaco-Huari-Kunst, wie diesen Viracocha mit Wurfspeeren in den Händen. Der vielfarbige Wollstreifen aus Pisquillo Chico könnte wie die vorhergehenden Stoffe aus dem 13. Jahrhundert datieren. (Museo Amano, Lima)

Wasserverteilung, die Kollektivarbeiten an Kanälen, Aquädukten und Staudämmen oder die gewaltigen Infrastrukturprojekte sind ohne die Unterordnung unter eine Allgemeinordnung undenkbar. So wird eine ganze Gesellschaft durch Konzepte regiert, von denen uns die Kunst ein Zeugnis bringt.

Keramik und Goldschmiedekunst

Im Reich von Chimór hatten die Keramik, die Stoffe und die Goldschmiedearbeiten ebenfalls den zuvor beschriebenen »industriellen« Charakter. Man arbeitet in großem Maßstab, für die Massen. So dient die von den Mochica vervollkommnete Technik mit Formen nicht mehr dazu, ein einziges handwerkliches Stück zu schaffen, sondern für die Serienproduktion. Zugleich verliert die Keramik ihre Vielfarbigkeit. Sie ist nun gleichmäßig schwarz, hergestellt im sogenannten Reduktionsbrand, bei dem der Ofen am Ende des Brandes hermetisch geschlossen sein muß, um jede Zuführung von Sauerstoff zu vermeiden. Der dabei entstehende dichte Rauch schlägt sich auf die Oberfläche der Brennstücke nieder und verleiht ihnen ihre glänzend schwarze Färbung. Diese Technik lebt im nördlichen Küstengebiet auch nach der Eroberung durch die Inka weiter in verschiedenen Gefäßformen (Abb. 195–197).

Die Rückkehr zur schwarzfarbigen Keramik erscheint wie eine Form von Archaismus; man knüpft wieder bei den durch den Chavín-Stil verbreiteten Techniken an, greift aber auch auf die Mochica-Schöpfungen zurück, denn die Chimú ahmen, wie Richard L. Burger nachgewiesen hat, die Gefäße mit plastischem Dekor der Mochica nach. Allerdings führt die Herstellung von Dutzenden, vielleicht sogar Hunderten von Stücken mittels derselben Form oft zu einer deutlichen Qualitätseinbuße, was das Relief betrifft.

Die Chimú-Metallbearbeitung ist einer der Bereiche, in dem die Fortschritte am deutlichsten sind. Hier leisteten die Handwerker von Chimór Hervorragendes. Berühmt waren sie nicht nur für ihre Prunkstücke aus Gold und Silber, die für den Hof und die Rituale geschaffen wurden oder als Grabbeigaben dienten – die Inka werden die gesamte Zunft nach Cuzco umsiedeln –, sondern auch für Werkzeuge und Waffen in Bronze, die die indianische Technologie grundlegend veränderten. Hebel, Lanzenspitzen, Nadeln und Instrumente zum Enthaaren wurden aus diesem Metall hergestellt, das härter und widerstandsfähiger als Kupfer war und schärfer schnitt.

Zwar übertraf die Geschicklichkeit der Goldschmiede nicht die der Mochica, doch sind die für das Begräbnis der Herrscher bestimmten Stücke von ungewöhnlichem Glanz und hoher Qualität. Goldene Grabmasken, getriebene Ritualbecher, Opfermesser oder *tumi* – all diese mit Türkisen besetzten Kult- oder Schmuckgegenstände zählen zu den Meisterwerken der präkolumbischen Kunst (Abb. 154–155, 161–163).

Manche Autoren wie Larco Hoyle wollen zwischen der Goldschmiedekunst der Chimú und jener der Leute von Lambayeque einen deutlichen Unterschied feststellen, doch ist es schwer, ihren Überlegungen zu folgen. Einerseits gehörte die Gegend von Lambayeque zum Reich von Chimór, und andererseits bleibt die Herkunft der meist aus wilden Grabungen stammenden Funde im allgemeinen unbekannt. So scheint es uns sehr heikel zu sein, zwischen den beiden Produktionen unterscheiden zu wollen. Ebenso ist es manchmal kaum möglich, den Mochica und Chimú bestimmte Stücke zuzuordnen, zum Beispiel die Gefäße in Vogelform (Abb. 157). Doch es gibt auch Werke, die über ihre Herkunft keinen Zweifel lassen: die Goldgefäße von Lambayeque mit Doppelausguß und Steg. Sie wiederholen bis ins kleinste Detail für diese Gegend typische Keramiken. Wenn es sich bei diesen Übertragungen nicht um Fälschungen handelt, was im Bereich der Goldschmiedekunst nie ganz auszuschließen ist, zeigen sie gut den Lambayeque-Stil (Abb. 158–159).

168 Ein äußerst seltenes Zeugnis der präkolumbischen Kunst: Federmantel mit szenischer Darstellung aus der Ica-Chincha-Kultur im südperuanischen Küstengebiet. In den drei Personen mit ihren schematischen Umrissen erreicht die Federschmuckkunst eine bemerkenswerte Farbintensität. Das insgesamt 98 cm breite Stück dürfte aus dem 14. oder 15. Jahrhundert datieren, aus der Zeit vor der Eroberung durch die Inka. (Museo Amano, Lima)

169 In der an Keramiken und Stoffen reichen Ica-Region entstanden auch Goldschmiedearbeiten, die den Verstorbenen ins Grab gelegt wurden. Die beiden 7 cm hohen Federhaltestücke aus getriebenem Gold stellen Vögel (?) dar. (Musée d'Ethnographie, Genf)

170 Diese 13 cm hohe Armschiene aus getriebenem Gold kommt aus der Ica-Region und datiert aus der Inka-Zeit. (Musée d'Ethnographie, Genf)

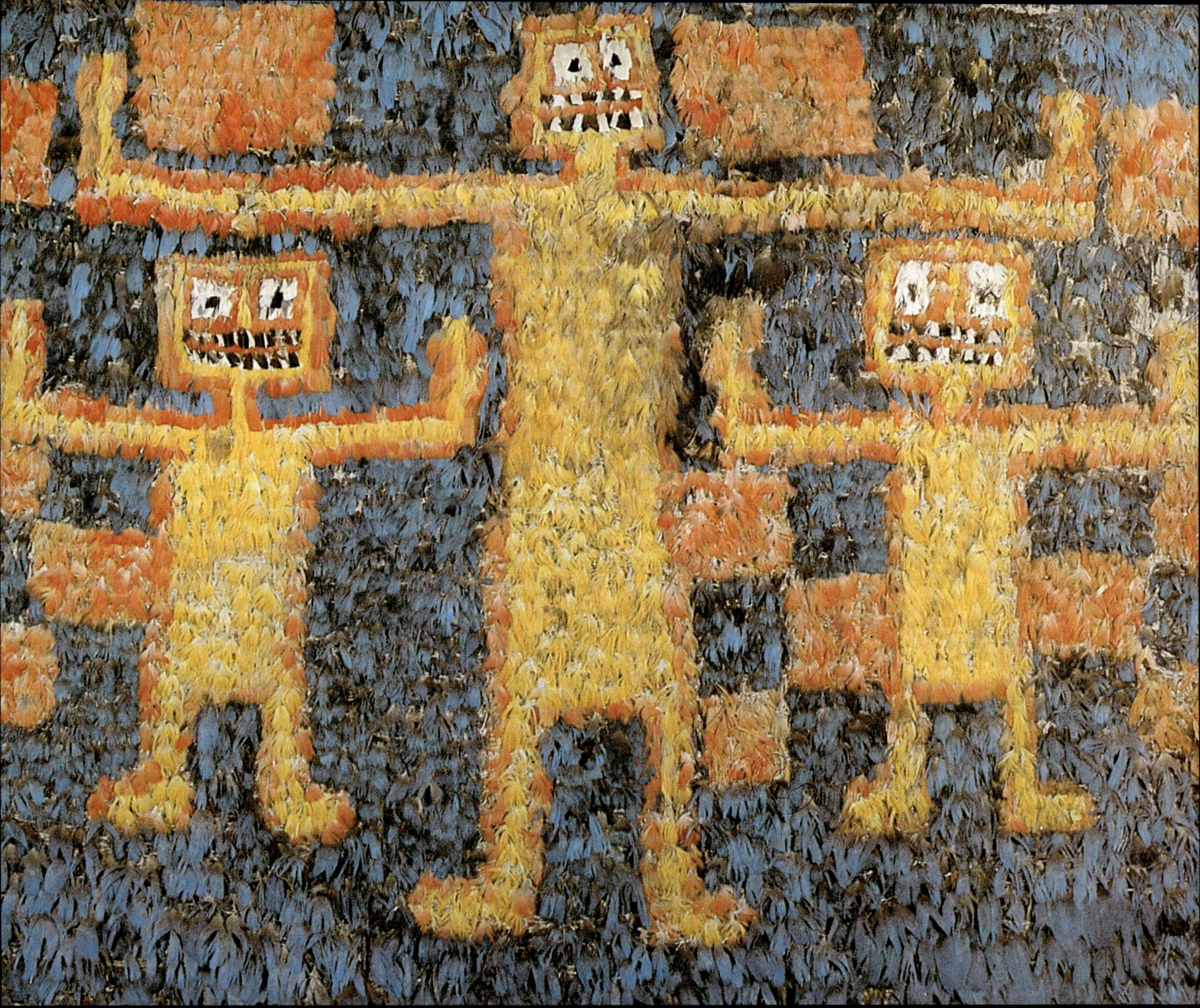
168

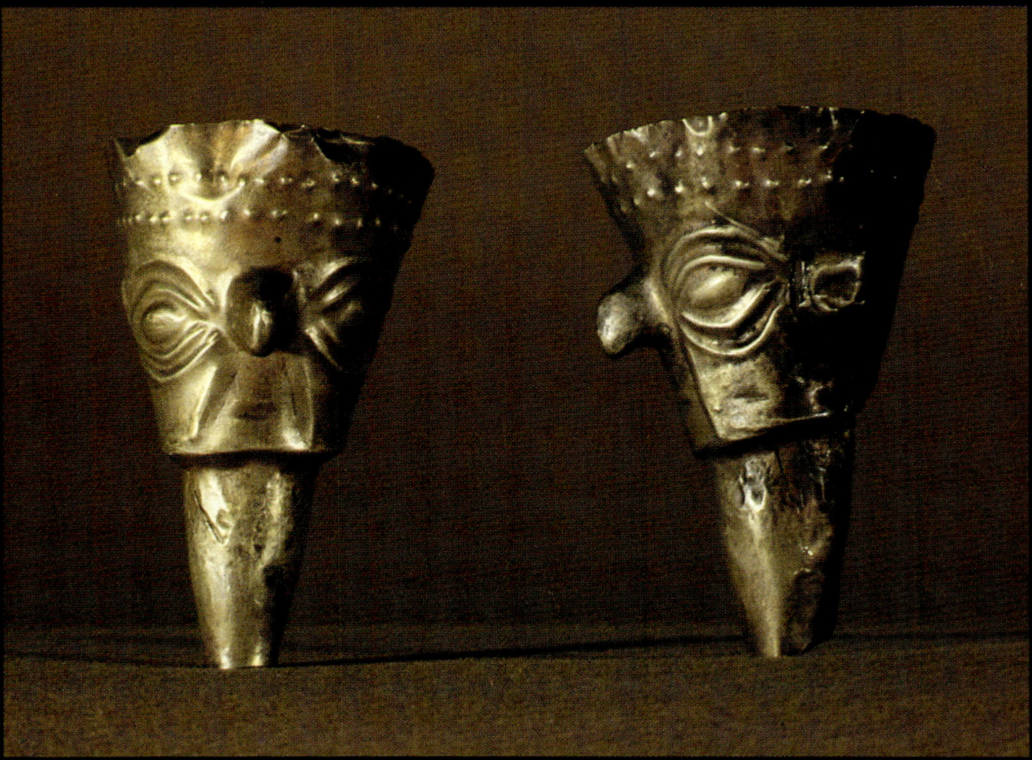
169

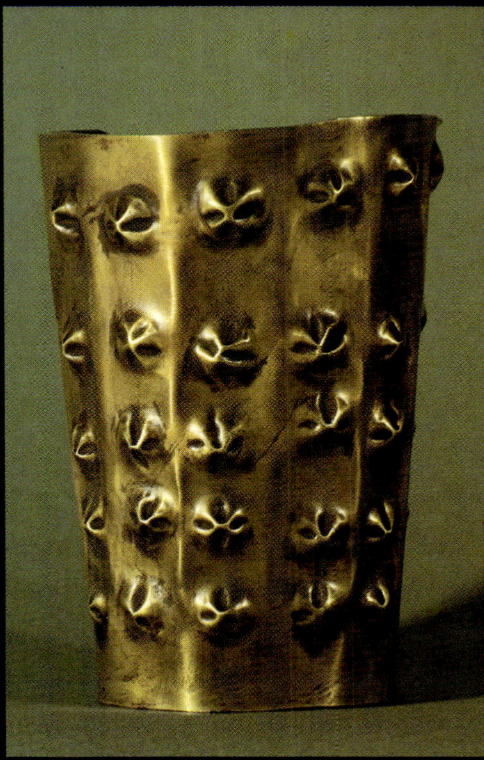
170

Der Griff der *tumi* stellt oft eine Person dar, in der man den Nationalhelden von Lambayeque, Ñaymlap, erkennt. Wie der Ahnvater der Chimú soll er mit seinem Volk auf Balsaflößen über das Meer gekommen sein. Er trägt jedoch Flügel wie die Mochica-Gottheit, die die spanischen Chronisten Aiapaec nannten. In dieser Hinsicht ist er den »geflügelten Raubkatzen« von Chavín wie den fliegenden Wesen von Paracas-Nazca verwandt. Offenbar hat man es überall mit derselben Wesenheit zu tun, die alle präkolumbischen Andenvölker verehrten, da sie alle an der gleichen mythologischen Tradition teilhatten.

Das ist der künstlerische Ausdruck, der sich in der Chimú-Zeit ausbreitete. Er ging aus einem zahlreichen Volk hervor, das hierarchisch geordnet in dichten Siedlungen lebte. Die Chimú-Kunst entspricht den Volksmassen, über die eine absolute Macht herrscht. Weit entfernt sind wir hier vom Individualismus der Vicus- oder Mochica-Kunst.

Die Gegenden von Chancay und Ica

Südlich der Chimú-Grenze, im zentralen Küstengebiet Perús, bildeten sich bedeutende Kulturen in den Städten Cajamarquilla, das vielleicht unter dem Ansturm der Chimú-Krieger zugrundeging, und Maranga, wo sich an der Mündung des Rio Rimac eine gewaltige Pyramide erhob. Etwas weiter nördlich entwickelte sich jedoch in der Gegend des Rio Chancay kurz nach dem Tiahuanaco-Huari-Horizont eine eigenständige Kultur.

Chancay ist ein archäologischer Fundort, in dem Julio Tello zwischen 1946 und 1950 etwa 1300 Gräber zutage förderte und der von den Huaqueros weiter ausgebeutet wird. Hier stellte man vor allem Stoffe von hoher Qualität und ungewöhnlicher Feinheit her. In den mit einer Erdschicht über Rundhölzern bedeckten Schachtgräbern sind die feinsten Gewebe in überraschender Frische erhalten geblieben, obwohl sie 500 bis 700 Jahre im Boden lagen. Man entdeckte insbesondere eine Reihe von herrlichen durchsichtigen Gazeschleiern, die den Hauptanziehungspunkt des Museo Amano in Lima bilden. Diese fein gearbeiteten und mit zarten Motiven verzierten Schleier zeugen von der außergewöhnlichen Gewandtheit der präkolumbischen Weber (Abb. 165).

Die beidseitig verzierten Baumwollgewebe – das Schußgarn hat zwei verschiedene Färbungen – sind von einer Regelmäßigkeit und Genauigkeit, die an mechanisch hergestellte Stoffe erinnern (Abb. 166). In der Ikonographie mancher Gewebe überleben die traditionellen Themen mit Personendarstellungen aus der Gegend von Paracas-Nazca, die zudem einen deutlichen Einfluß von Tiahuanaco-Huari zeigen. Man erkennt vor allem Viracocha in frontaler Position mit zwei Wurfspießen oder Zeptern in den Händen (Abb. 167).

Auch im Süden stellen die Handwerker der Küstengebiete weiterhin prachtvolle Stoffe her. Die sogenannte Ica-Chincha-Kultur überbrückt die Zeitspanne zwischen der Periode im Tiahuanaco-Stil und dem Aufstieg der Inka. Neben den eigentlichen Stoffen beschäftigte man sich mit einer überaus vergänglichen Kunst: dem Federschmuck. Indem die präkolumbischen Handwerker in das Gewebe zahlreiche sorgfältig ausgewählte Vogelfedern verschiedener Farbe einsetzten, schufen sie Werke von ungewöhnlicher Lebendigkeit und Leuchtkraft. Die Technik, jede Feder am unteren Kielende umzubiegen, um sie an den Schußfäden zu befestigen, zeugt von einem erstaunlichen praktischen Sinn.

Die Federschmuckarbeiten sind eine uralte Kunst, deren früheste Beispiele nicht mehr erhalten sind. Die auf uns gekommenen Werke, die meist etliche Zeit nach dem Jahr 1000 entstanden, sind jedenfalls wahre Bilder. Es gibt *manto* und Ponchos sowie verschiedene Arten von Standarten, die an die Heraldik erinnern.

Das verwendete Material belegt die engen Beziehungen zwischen den Küstenvölkern und den Urwaldbewohnern. Die Federn kamen aus den Tropengebieten des Waldlandes (Selva), an deren Rand sich mehrere Kulturen entwickelten.

Diese führten mit den Völkern des Amazonasbeckens einen ertragreichen Tauschhandel. Dies gilt besonders für eine Kultur, auf deren Spuren eine peruanische Militärexpedition erst 1963 in Gran Pajatén stieß, und für die Kultur von Tantamayo, die 1945 von dem französischen Forschungsreisenden Bertrand Flornoy entdeckt worden ist.

Der Grund, warum das Gefieder von Vögeln wie Tukanen, Aras und Papageien eine solche Anziehungskraft besaß, liegt darin, daß die Handwerker einzig in diesen Federn derart kräftige und lebendige Farben fanden, denen kein damals bekannter Färbstoff gleichkam. Die Farbpalette der Vogelfedern übte auf die indianischen Völker eine wahre Faszination aus, und der Wert dieser schillernden Federschmuckarbeiten ist unschätzbar.

Im Ica-Chincha-Gebiet, aus dem ein ungewöhnlich qualitätvolles Beispiel dieser Federgewebe stammt (Abb. 168), waren die Gräber reich mit goldenen Beigaben ausgestattet. Die Schmuckstücke sind jedoch weniger gut gearbeitet als die der Mochica und selbst der Chimú. Ihre Kraft liegt in ihren schlichten Formen (Abb. 169–170).

In diesem Zusammenhang ist ein Punkt hervorzuheben: die Bedeutung, die die Stoffe (mit oder ohne Federn) in den Augen der Andenvölker hatten. Schöne Stoffe waren für sie weit wertvoller als Goldgegenstände, da die in den Geweben steckende Arbeit um einiges größer war als bei der Metallurgie. So blieb die Gier der Konquistadoren nach Goldschmiedearbeiten und mehr noch nach Gold den Inka unverständlich, als die Spanier die Reste des Reiches unter sich aufteilten.

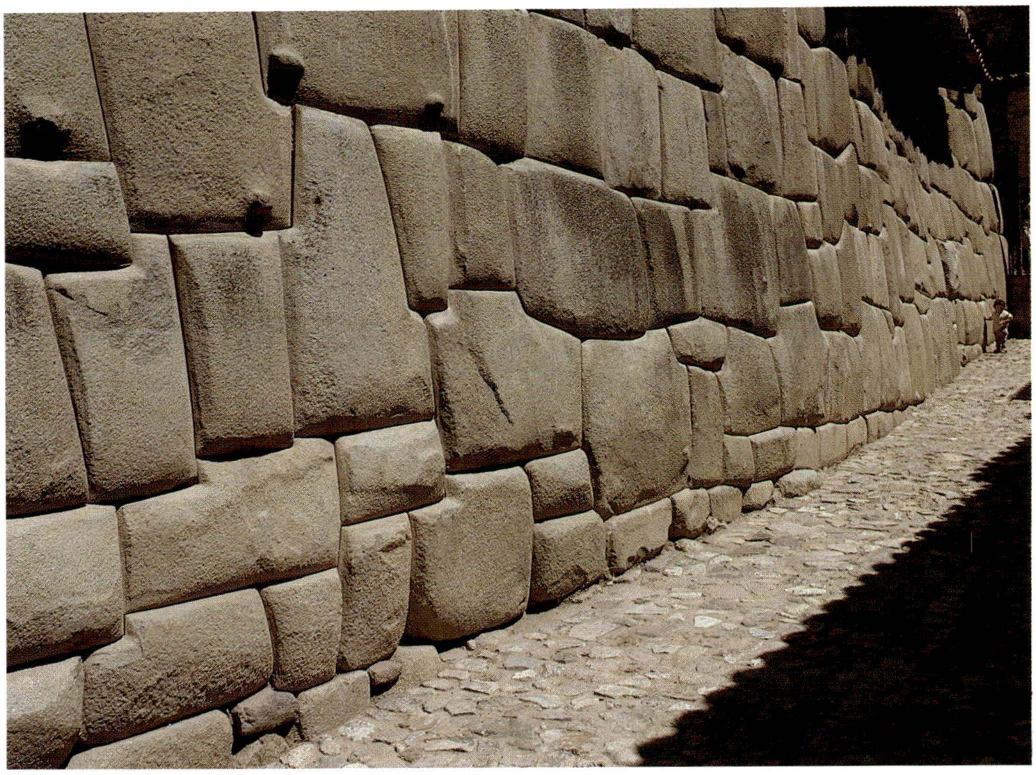
171

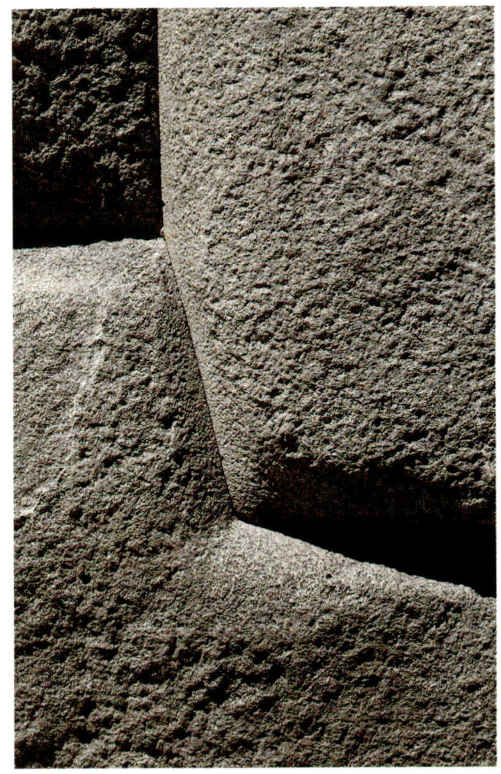
172

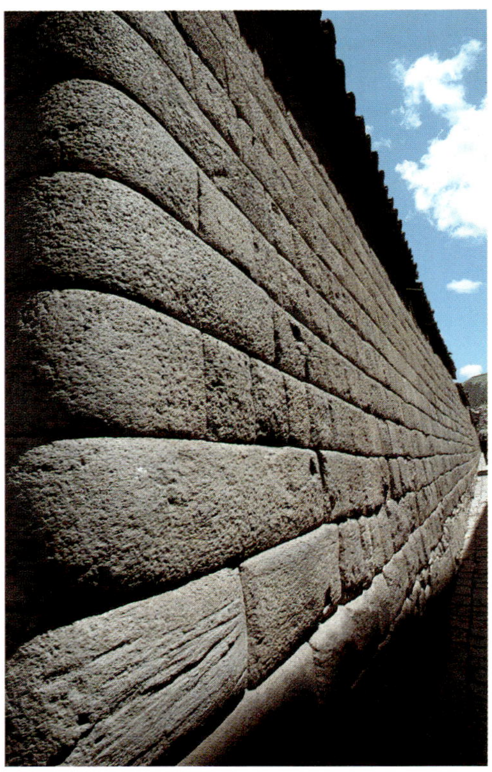
173

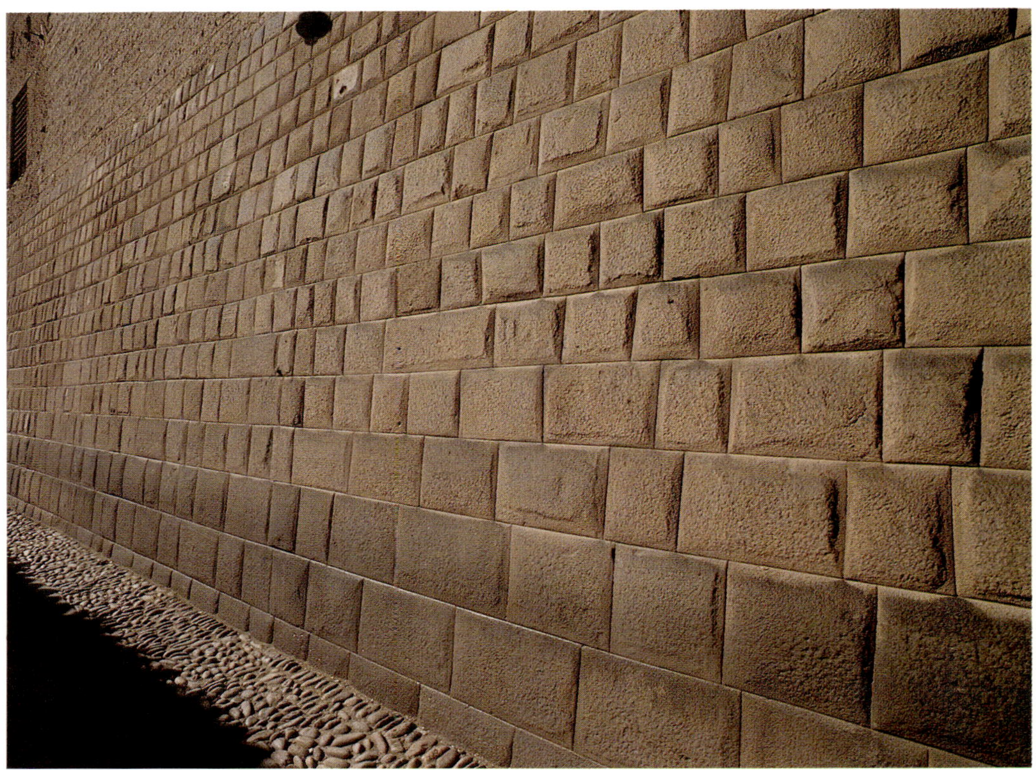
174

VIII Das Inka-Reich: Organisation und Vorsorge

Mit der Inka-Zeit, die im letzten Jahrhundert vor der spanischen Eroberung ihren Höhepunkt findet (1438–1533), durchläuft die Andenwelt eine letzte Phase politischer und kultureller Einheit. Diese Zeit bildet einen weiteren der »Horizonte« der präkolumbischen Hochkulturen Südamerikas, wie zuvor schon die Chavín-Zeit (850–200 v.Chr.) und die Zeit von Tiahuanaco (650– um 950).

Die Inka-Zeit repräsentiert Aufstieg und Konsolidierung einer theokratisch-militärischen Macht. Ausgehend von einem kleinen totalitären Staat, entsteht in kurzer Zeit ein riesiges Reich. Es besitzt eine mächtige Armee, eine wirksame Verwaltung, eine Art »sozialer Sicherheit«, ein System wirtschaftlicher Vorsorge sowie auf Kollektivität gründende Arbeitsweise und Besitzverhältnisse, ferner einen Einheitsstil und eine einheitliche Ästhetik für das Kunsthandwerk und schließlich eine Staatsreligion. Diese beherrscht die örtlichen Kulte und ist auf die Verehrung der Sonne gegründet, die als Vater des Inka (des Herrschers) gilt.

171 Die Nordostmauer des Palastes des Inka Roca in Cuzco zeigt den großen Mauerverband mit vieleckigen Blöcken, den die Inka-Baumeister pflegten. Manche zyklopenartige Blöcke können bis zu zwölf Ecken haben und passen mit absoluter Genauigkeit aufeinander. Der Inka Roca regierte gegen Ende des 14. Jahrhunderts.

172 Detail des Mauerwerkes im Palast des Inka Roca in Cuzco, das zeigt, wie die vieleckigen Blöcke mörtellos zusammengefügt sind. Die Fugen bilden Vertiefungen zwischen den kräftig bossierten Blöcken.

173 Die Inka-Mauer auf der Südwestseite des Callejón de Loreto in Cuzco umzog den Amarucancha, den Palast von Huayna Capac, der von 1493 bis 1525 regierte. Das Kleinquaderwerk mit waagrechten Lagen zeigt mit seinen abgerundeten Ecken eine gewisse Grobheit.

174 Die Mauer auf der Nordostseite des Callejón de Loreto umzog das Acllahuasi oder Viertel der Tempeljungfrauen. Der sorgfältig ausgeführte Bau besitzt waagrechte Steinlagen und tiefe Fugen zwischen den Quadern. Die *adobe*-Bauten auf der Steinmauer sind ebenfalls original und nach einer in der Inka-Architektur häufigen Formel errichtet.

Vielfältige Zeugnisse

Das Inka-Zeitalter bedeutet für uns zugleich den Übergang von der Vorgeschichte zur Geschichte. Von nun an gibt es unzählige Augenzeugenberichte über die von den Konquistadoren zerstörte Hochkultur. Die Aufzeichnungen der ersten Weißen, die 1532 an der Seite von Francisco Pizarro die Westküste Südamerikas betraten, sprechen von diesem Volk, ihren Städten, ihren Sitten und Gebräuchen, ihrem Glauben. Während wir bisher nur archäologische Spuren und stumme Dokumente besaßen, um uns von den Kulturen der prähistorischen Vergangenheit der Andenwelt ein Bild zu machen, haben wir nun ungehindert Zugang zum Alltagsleben der Inka. Wir kennen ihre charakteristischen Züge, ihre Namen, ihre Kleidung, ihre Machtkämpfe; wir erfahren alles über die Streitigkeiten zwischen den Adelsfamilien in Cuzco; wir wissen von ihren geheimsten Verhaltensweisen, ihren Reaktionen auf Verrat, Niederlage oder bevorstehenden Tod, ihren Listen und ihren Hoffnungen; bekannt sind die politischen Motivationen der Männer, denen eine Handvoll europäischer Abenteurer gegenüberstand.

Bei den Chimú, die von den Inka nur 60 bis 70 Jahre vor der Eroberung durch die Spanier unterworfen wurden, gab es schon einige Mythen und Legenden über die Herrscher und die Herkunft der Völker. Bei den Inka jedoch führen die Überfülle der auf Erlebnissen beruhenden Quellen und die Vielzahl der Briefe und Chroniken mit Informationen, die nach dem Zusammenbruch des Reiches gesammelt wurden, zu einem Problem, das dem durch die früheren präkolumbischen Kulturen gestellten genau entgegengesetzt ist. Da uns für Völker wie die Leute von Valdívia, Chorrera, Vicus, Moche oder Nazca jede schriftliche Auskunft fehlt, mußten wir unsere Kenntnis auf einige »Scherben« stützen. Nur die

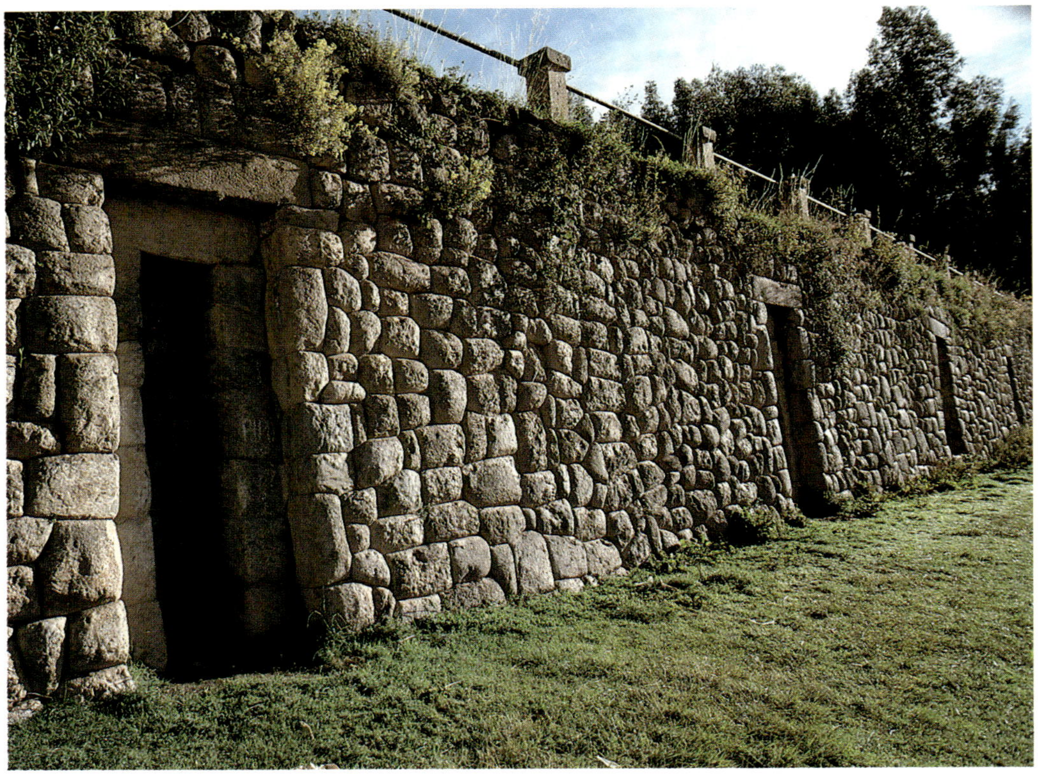

175

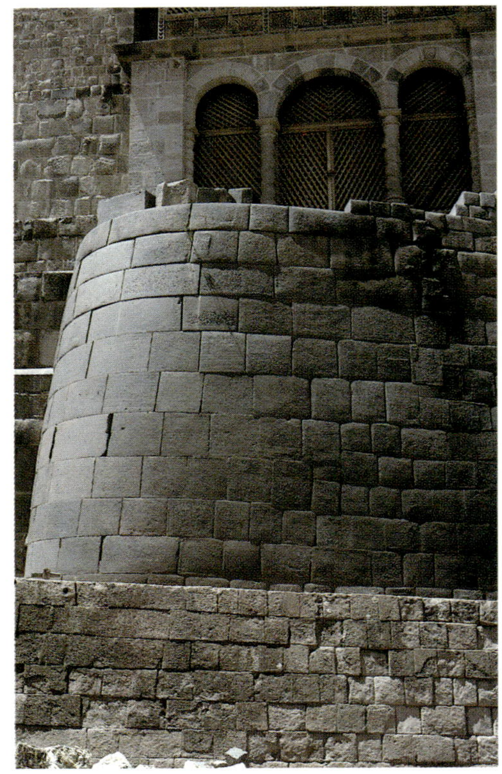

176

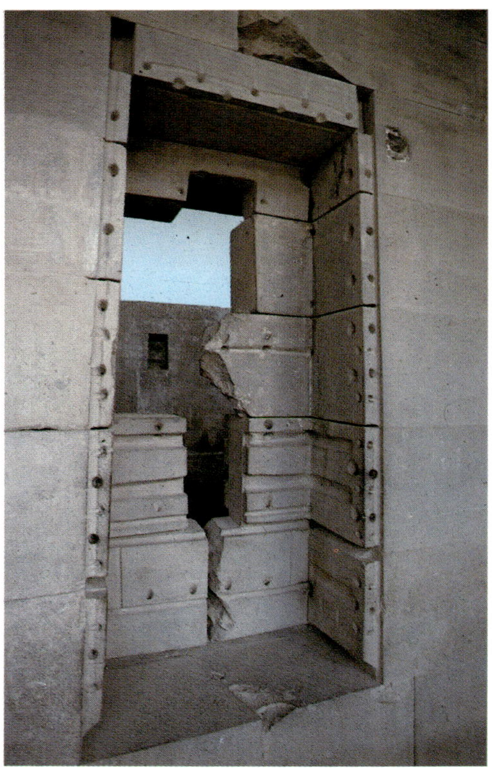

177

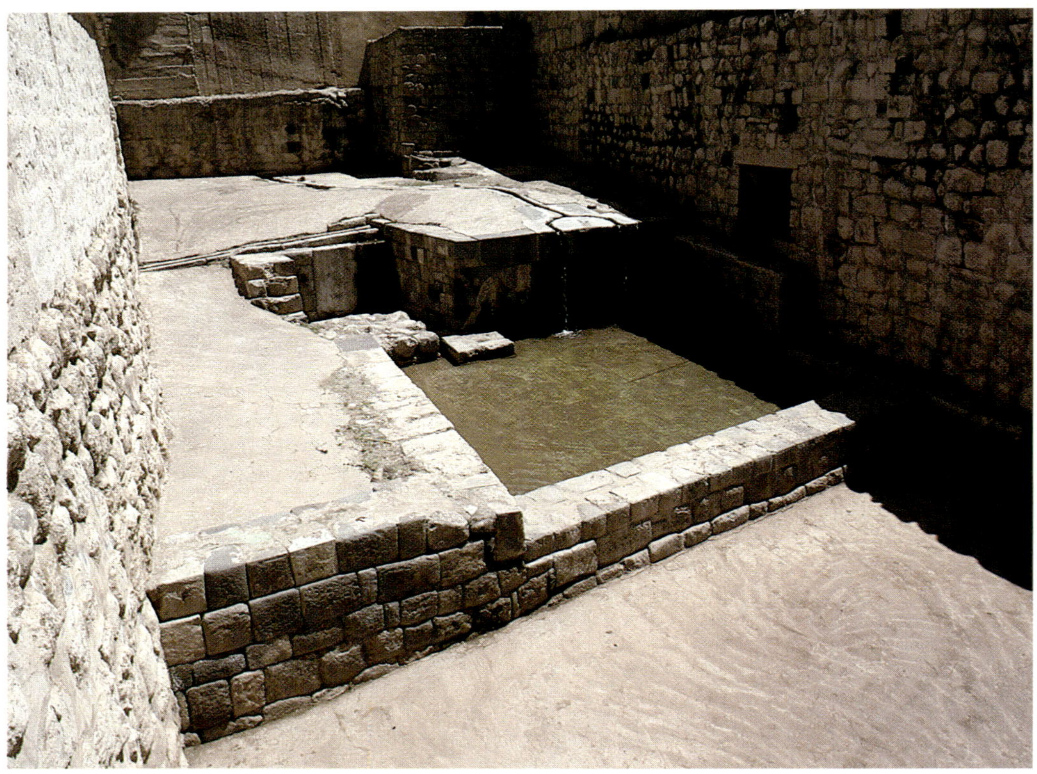

178

175 Die große Stützmauer des Collcampata-Palastes oberhalb Cuzco ist 90 m lang und 3,50 m hoch. Die Mauer, die acht Scheintore mit Doppelwangen besitzt, wird für die Einfassung des Palastes von Manco Capac gehalten, einem legendären Inka, der um 1200 geherrscht haben soll.

176 Die gerundete Mauer des Coricancha oder Sonnentempels von Cuzco, den der Inka Pachacutec (1438–1471) erbaute. Über der Mauer, die das bei der Conquista geplünderte und weitgehend zerstörte Inka-Heiligtum umzog, wurde die Dominikanerkirche errichtet, die infolge von Erdbeben mehrfach restauriert werden mußte. Die gerundete Mauer ist in gepflegtem, glattem Verband ausgeführt.

177 Der bei den neueren Restaurierungen freigelegte »Tabernakel« des Coricancha in Cuzco bildete wahrscheinlich das Allerheiligste des Tempels. An und innerhalb der Türfassung sind Löcher zu erkennen, an denen die Goldverkleidung dieser Nische befestigt war.

178 Der vor kurzem ausgegrabene Brunnen des Inka, der neben dem Coricancha liegt, umfaßt mehrere Becken, in denen Wasser über den behauenen natürlichen Felsboden läuft. Gehörte diese Anlage zum berühmten Goldgarten, von dem die Chronisten berichten?

179 Tor in der zweiten Umfassungsmauer der »Festung« Sacsahuamán oberhalb von Cuzco. Die erste Mauer hat nur ein Haupt- und ein Nebentor, die zweite Mauer jedoch fünf und die dritte vier Durchgänge.

180 Der in den Felsen gehauene »Thron des Inka«, der die dreifache Mauer der »Festung« Sacsahuamán überragt und ihr gegenüber liegt, ist in Wirklichkeit ein *usnu,* ein heiliger Ort, der als Opferaltar diente.

181 Blick vom »Thron des Inka« auf die dreifache Zickzackmauer der »Festung« Sacsahuamán. In diesem Mittelteil der insgesamt 410 m langen Mauer läßt sich der hervorragende Mauerverband mit Zyklopenblöcken des ersten Niveaus bewundern. Die rechts vor der Mauer stehende Person zeigt an, daß die größten Blöcke mehr als 5 m hoch sind. Das Mitte des 15. Jahrhunderts unter dem Inka Pachacutec begonnene Riesenwerk benötigte mehr als 50 Jahre Arbeit.

Archäologie erlaubte uns, das wenige, was wir wissen, dank einigen zufälligen Funden oder wissenschaftlichen Ausgrabungen auch zu verstehen.

Für die Inka gibt es hingegen eine Fülle von Informationen aus erster Hand. Niedergeschrieben sind sie einerseits von Spaniern, die an der Eroberung teilnahmen, andererseits von Indianern, die die Kenntnis von den letzten Vertretern der besiegten Inka-Gesellschaft aufzeichnen wollten. So hatten diese Schriften teils zu beweisen, daß die Indianer zum Christentum bekehrt werden mußten und bis dahin ohne Kenntnis Gottes in Sünde, Ruchlosigkeit und Sodomie gelebt hatten, teils sollten sie daran erinnern, daß die Indianer einst eine mächtige, reiche und großartige Kultur besaßen. Die Zeugnisse dürfen also nicht für bare Münze genommen, sondern müssen interpretiert werden. Dies gilt um so mehr, als die verschiedenen und widersprüchlichen Plädoyers von Beobachtern stammen, die mit der Wissenschaft wenig vertraut waren. Die Spanier beachteten vor allem die Merkwürdigkeiten eines Volkes, sie unterstrichen die »Barbarei« und vernachlässigten zuweilen die Institutionen, Glaubensvorstellungen und Meisterwerke zugunsten von »Absonderlichkeiten«. Die »akkulturierten« Indianer betonten mehr die bedeutenden Ereignisse, großartigen Leistungen und Genealogien als die Regierungs- und Verwaltungsmethoden; unerwähnt lassen sie auch die grausamen Strafen oder Opfer.

Selbst wenn also diese beiden Quellen eine Vielzahl einander ergänzender Informationen bringen, müssen sie äußerst kritisch gelesen werden. Aus der Reihe der spanischen Zeugen erwähnen wir Cieza de León (1550), de Mena (1534), Pedro und Hernando Pizarro (1571), Sancho de la Hoz (1534), de Santillán (1562), Sarmiento de Gamboa (16. Jahrhundert), de Acosta (1590), de Avila (1585) und Cabello Valboa (1586). Bei den indianischen Informanten sind die Schriften von Santacruz Pachacuti (1570), Tito Cusi Yupanqui (16. Jahrhundert), Huaman Poma de Ayala (1587) oder Garcilaso de la Vega (1609) voll fesselnder Einzelheiten. Überall muß man jedoch Subjektivität und vorgefaßten Meinungen wie auch Rechtfertigungsabsichten Rechnung tragen.

Die Traditionen der Präkolumbier wurden aus mehreren Gründen abgeändert, umgewandelt und verfälscht. Ein Grund, nicht der geringste, ist der Umstand, daß die indianischen Informanten vom christlichen Gedankengut beeinflußt waren; man bemühte sich, Analogien zwischen den beiden Glaubensarten aufzuzeigen; die Assimilierung war schon so weit fortgeschritten, daß man beispielsweise eine Kirche an den Platz eines Heiligtums mit »Götzenbildern« setzen wollte. Ein anderer Grund liegt darin, daß man den Eroberern zu gefallen suchte, daß man sagte, was sie erwarteten.

Hinzu kommt allerdings auch die Unerfahrenheit einiger Chronisten, die kaum auf eine ethnographische Arbeit vorbereitet waren und die Welt durch ihre religiösen und intellektuellen Vorurteile hindurch wahrnahmen. Der indianische Informant, der bereits ein kultureller Mischling war, konnte sich nur mit Mühe mit der westlichen Denkweise vertraut machen und betrachtete Ereignisse und Tatsachen immer von einem anderen Blickwinkel aus.

Dennoch sind einige Zeugnisse von ungewöhnlicher Qualität. Cieza de León, ein Beobachter von bemerkenswertem Scharfblick, nahm alles mit erstaunlicher Genauigkeit wahr. Ebenso war er ein echter Naturforscher, der die Besonderheiten von Klima, Vegetation und Umwelt erfaßte, und ein Völkerforscher, der Sitten und Gebräuche festhielt. Garcilaso de la Vega seinerseits schuf eine »Summa« der Traditionen seiner Nation, in der Geschichte, Institutionen und Bräuche in faszinierender Detailfülle behandelt sind.

Darf man also einerseits die Zeugnisse nicht vernachlässigen, dank denen die präkolumbische Vergangenheit ins geschichtliche Zeitalter eintrat, so darf man ihnen doch nicht blindlings vertrauen. Sie stehen im Dienst eines bestimmten Kulturauftrages und sind durch eine Zeit oder einen kulturellen und religiösen Typ gekennzeichnet, die zu einer bedeutenden Verzerrung führen.

Dieses erforderliche Mißtrauen – mit dem übrigens mehr oder weniger ausgeprägt allen historischen Dokumenten zu begegnen ist – hat John Victor Murra,

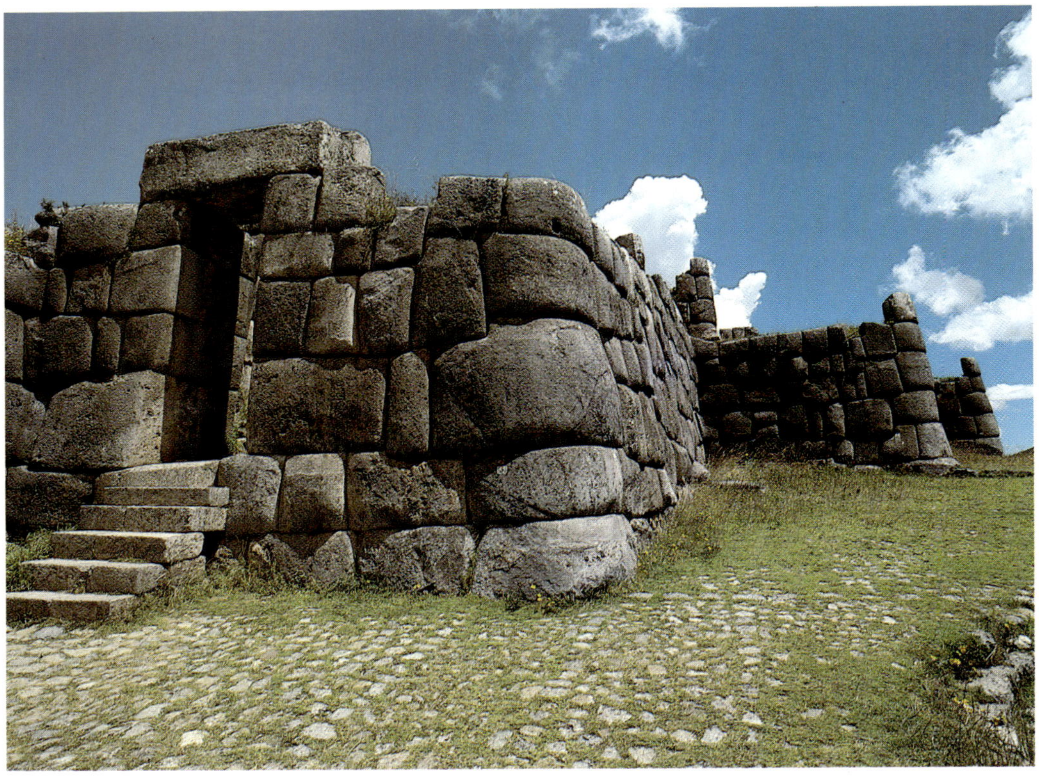
179

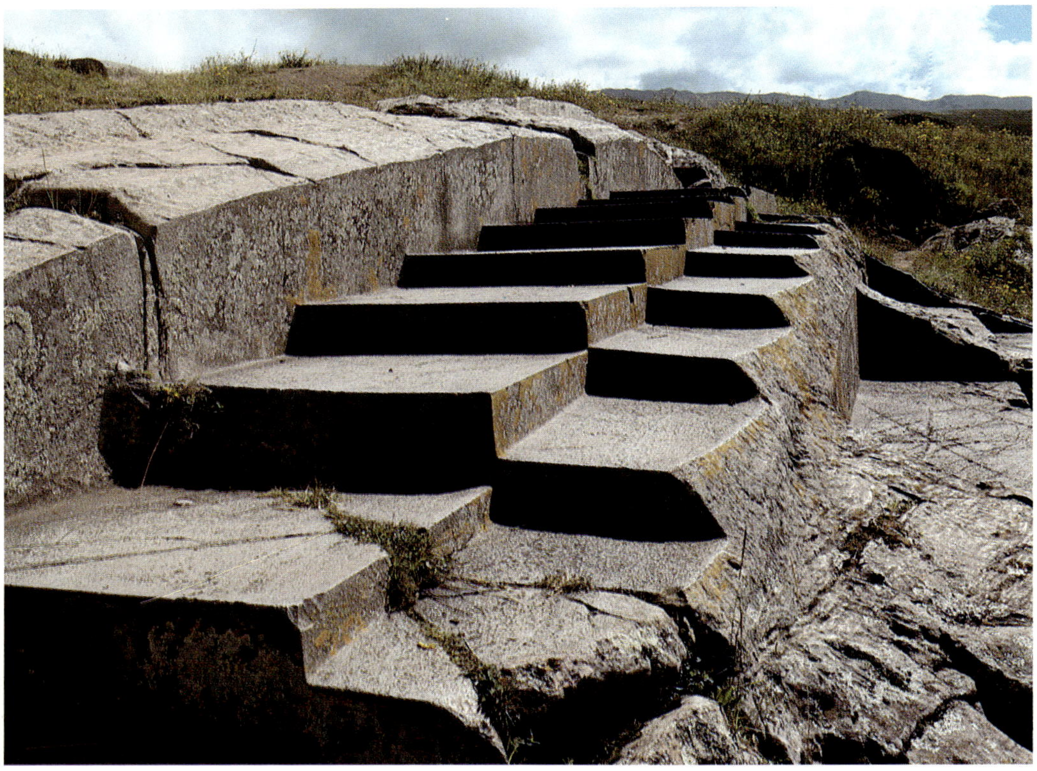
180

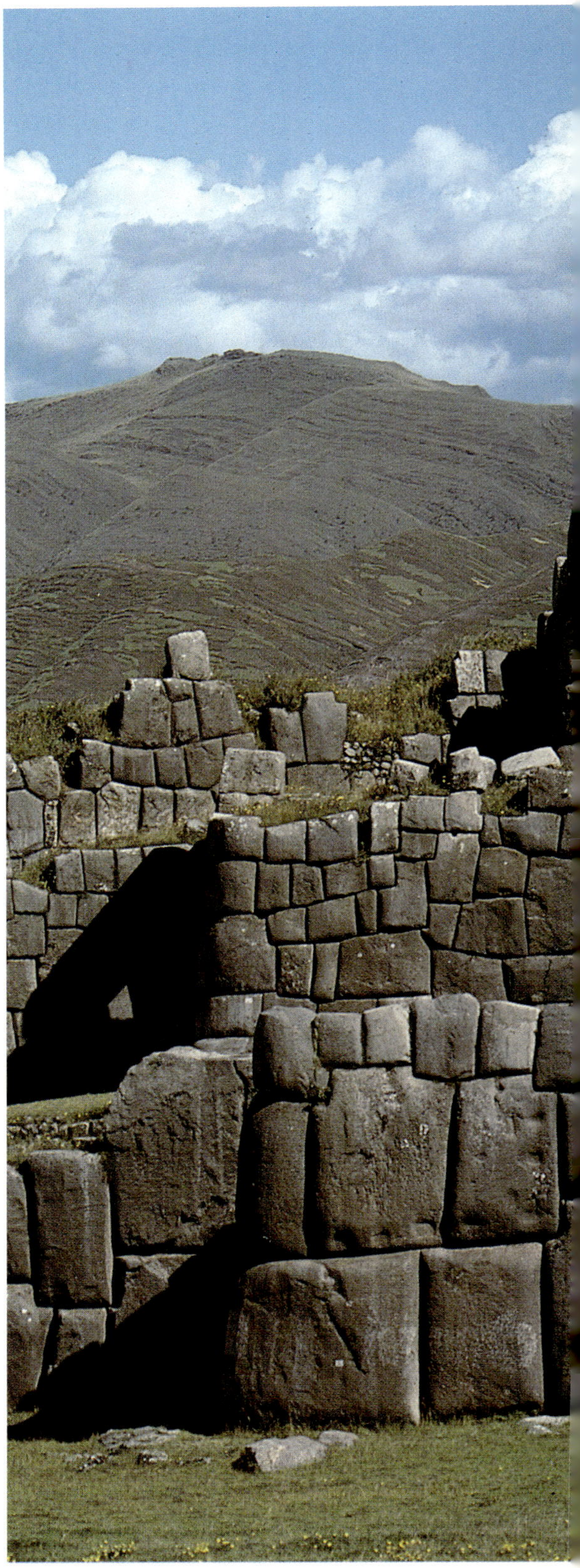
181

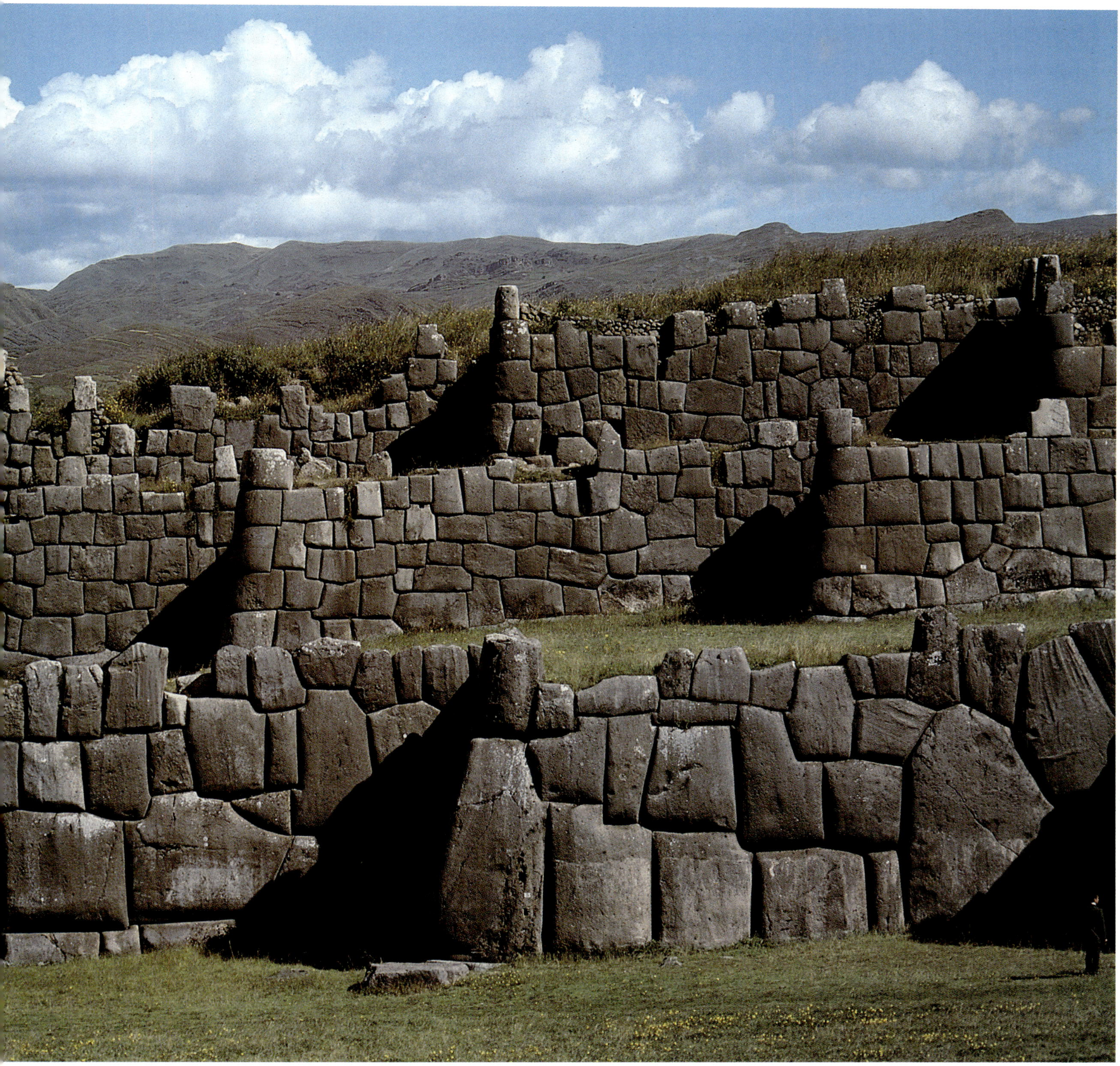

einen der wichtigsten modernen Autoren, die die Kenntnis der Inka erneuerten, dazu geführt, sich mit anderen, ernsteren Zeugnissen zu befassen, die zudem objektiver sind, da sie auf Zahlen beruhen: mit den *visitas,* den Inspektionsreisen, die die Kolonialbeamten kurz nach der Eroberung unternahmen. In ihnen findet man quantitative Informationen, gewissermaßen statistische Angaben über eine Welt, die durch die Kolonisierung zwar erschüttert war, doch in der Traditionen und Bräuche der prähistorischen Zeit noch weiterlebten. Dank diesen vor kurzem entdeckten Dokumenten konnten in der Erforschung der Inka-Geschichte beträchtliche Fortschritte erzielt werden.

Geschichtlicher Überblick

Obwohl es nicht unser Ziel ist, hier die Geschichte der Inka-Welt abzuhandeln, müssen wir sie in ihren Hauptlinien vorstellen, um die Entwicklung der Kunst verstehen zu können. Zu Beginn gab es im Tal von Cuzco, auf 3500 m Höhe in den Bergen, die die Cordillera Orientál im Nordwesten der Region des Titicaca-Sees säumen, verschiedene Bevölkerungsgruppen; offenbar lebten Stämme mit Aymará-Sprache neben solchen, die sich in der Inka-Sprache Quechua verständigten. Die Inka tauchen um 1200 unserer Zeitrechnung in der Geschichte auf, unter der Herrrschaft eines so genannten Manco Capac, Häuptling eines Stammes des Hochlandes.

Die ersten Inka gründeten im Tal von Cuzco, wo sie ihre Hauptstadt errichteten, einen Bund mit den Nachbarstämmen. Legenden gehen ihrer eigentlichen Geschichte voraus und bilden den mythischen Rahmen zu ihrem Aufstieg. Sie sind die Söhne des Sonnengottes und lassen sich nach langer Wanderschaft (wie auch die Azteken in Mexiko zur gleichen Zeit) in dieser Gegend nieder, wo sie fruchtbares Land vorfinden. Das Wort »Inka« bedeutet »Herrscher«. Als »Volk der Herrscher« setzen sich die Inka in der ganzen Andenwelt durch, von den Grenzen Kolumbiens im Norden bis zur argentinisch-chilenischen Pampa im Süden. Diese Ausdehnung erhält das Reich jedoch erst im 15. Jahrhundert unter der Herrschaft von zwei Eroberern: Pachacutec Yupanqui (1438–1471) und Tupac Yupanqui (1471–1493). Beide führen unentwegt heftigen Krieg. Unter Huayna Capac (1493–1527) erreicht ein Jahrfünft vor dem Auftauchen der Konquistadoren das Reichsgebiet seine äußersten Grenzen und erstreckt sich im westlichen Teil des Kontinents über 5000 km.

Um zu verstehen, wie diese rasche Vereinigung der Andenvölker unter der Herrschaft des Inka möglich war, muß man sich vergegenwärtigen, wie der Kontinent zu Beginn der Expansion der Sonnensöhne aussah. Beim Regierungsantritt von Inka Pachacutec Yupanqui – dem großen Eroberer und Gründer des Reiches von Cuzco – bestand die präkolumbische Welt aus einer Reihe von unabhängigen Stämmen und Reichen im Kampf um die Vorherrschaft. Daneben gab es ebenfalls unabhängige Täler und zahlreiche Völker, die sich zu Bündnissen aus mehreren geo-ökonomischen Einheiten zusammengeschlossen hatten.

Unter diesen Völkern sind zunächst die unmittelbaren Nachbarn des kleinen Inka-Reiches zu nennen, die um das Tal von Cuzco lebten. Im Westen sind es die Chanca in der Gegend von Abancay, im Nordwesten die Huanca und Tarma, im Süden die Lupaca und im Becken des Titicaca-Sees die Colla. Diese Völker mußten den Inka als erste entgegentreten und gerieten als erste unter ihr Joch. Als bedeutende Mächte stellten sich dem Vorstoß der Inka sodann an der Pazifikküste das Reich von Chincha entgegen, in dem die Täler von Nazca bis Pisco zusammengefaßt waren, das Reich von Chuquimancu um Cañete, das Reich von Cuismancu in der Gegend von Pachacamac, Chancay und Ancón sowie vor allem das große und mächtige Reich der Chimú, das sich in den Bergen auf seinen Verbündeten, den Herrscher von Cajamarca, stützte.

182 Das Felsheiligtum von Kenco unweit von Sacsahuamán ist von einer halbkreisförmigen Mauer umzogen, von der nur zwei Steinlagen erhalten sind. Vor einer Anhäufung natürlicher Felsen erhebt sich ein beinahe 6 m hoher Brocken, der die Opferstätte bildet. Der unbehauen gelassene Felsen belegt die Bedeutung, die die Inka den Naturformen zusprachen.

183 Im Innern der Karstfelsen von Kenco öffnet sich eine Höhle, die durch die Anlage von Altären und Zugängen in ein inkaisches Kultzentrum umgewandelt wurde. Vielleicht wurde der Ort von Huayna Capac geweiht. Dieser Höhlentyp, in dem sich Naturelemente und von Menschenhand bearbeitete Felsblöcke vermischen, ist kennzeichnend für die Religion der Inka.

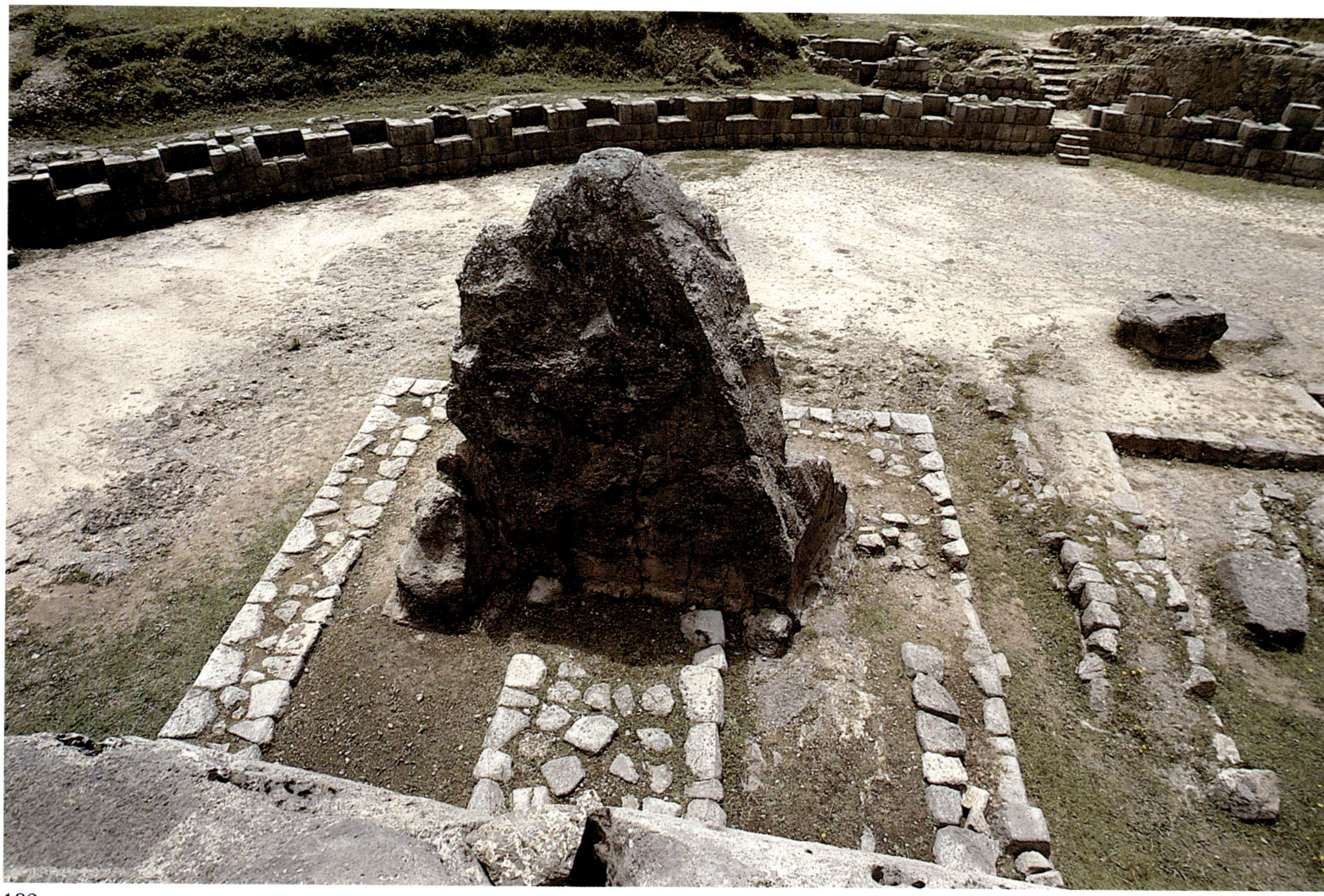

182

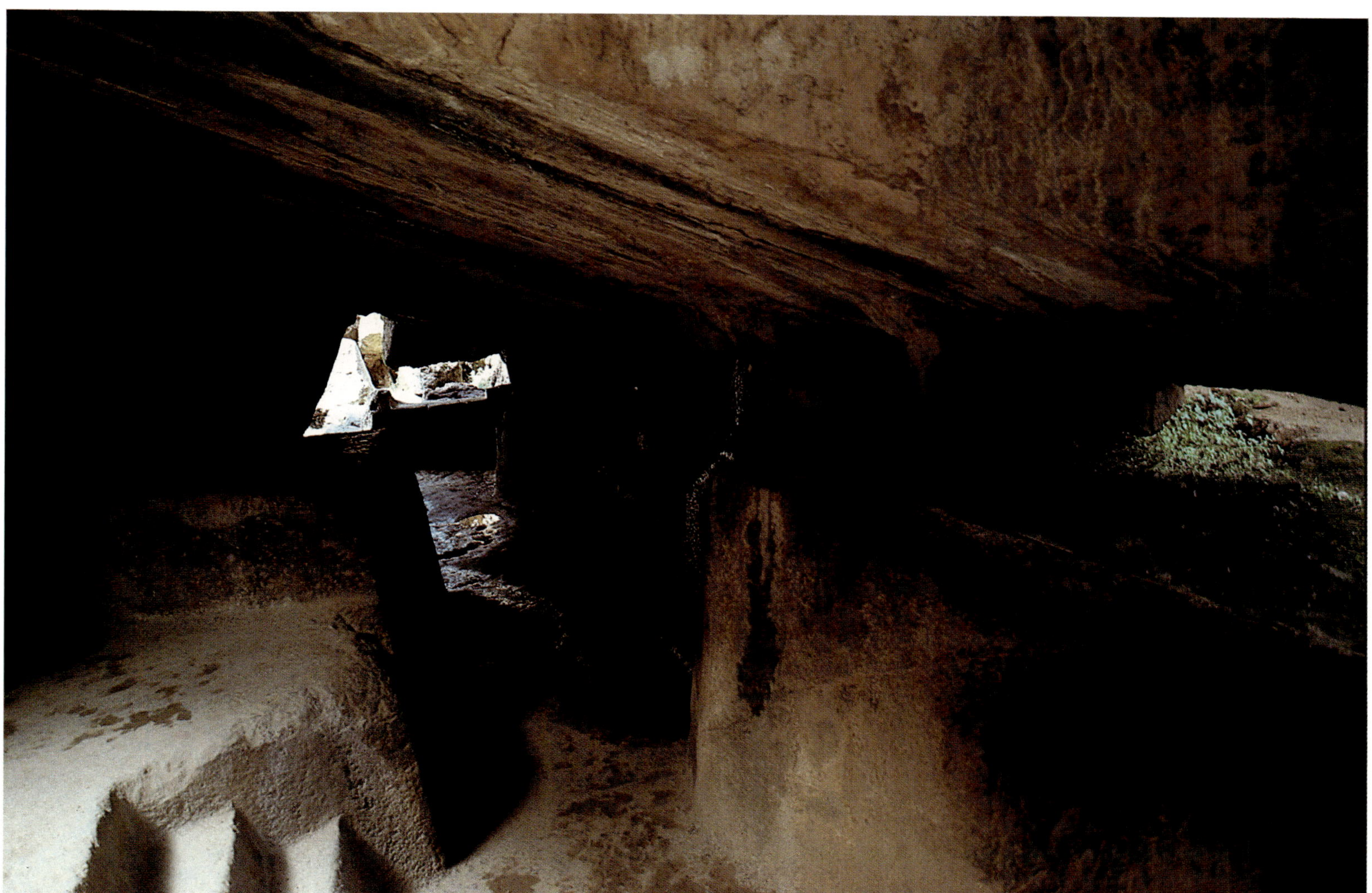

183

Mit Ausnahme der Chimú war der Widerstand dieser Völker nur von kurzer Dauer. Einzig das Reich von Chimór bildete eine territoriale Macht, die Pachacutec beunruhigen konnte. Aufgrund ihrer hochentwickelten Metallurgie und der reichen Ressourcen an Menschen und Material konnten die Chimú ein gewichtiges Hindernis für die Inka-Krieger sein.

Im äußersten Norden der Andenwelt, im heutigen Ecuadór, stößt man einerseits auf die Stämme der Cañari und Palta, der fernen Nachfahren der Amazonasvölker, und andererseits auf die entwickelten Kulturen der Küstengebiete. Schließlich leben im Süden des Altiplano, im heutigen Chile und Argentinien, Völker, die noch der »Barbarei« nahestehen. Sie hinterließen wenige kulturelle und künstlerische Zeugnisse, boten jedoch den Inka erbitterten Widerstand.

Hans Horkheimer vermutet, daß zwischen dem Auftauchen der Inka im Tal von Cuzco und ihrem Untergang etwa 400 Jahre vergingen. Cuzco wäre demnach im 12. Jahrhundert durch einen halblegendären Herrscher gegründet worden, der in den Chroniken den Namen Manco Capac trägt. Etwa 100 Jahre vor der Ankunft der Konquistadoren vollzog sich in Cuzco eine Veränderung der Staatsstruktur; die bisher von den Weisen, der religiösen Autorität, ausgeübte Macht ging an die Krieger über, in der Person des Inka Pachacutec Yupanqui, der einen entscheidenden Sieg über die Chanca errang. Die Weisen blieben jedoch die Hüter der Gesetze und Traditionen. Dadurch hatten sie weiter die Kontrolle über die Herrscher, bei deren Ernennung sie mitwirkten. Die Religion beaufsichtigte also die politische Tätigkeit. Sie stärkte die Staatsmacht und gab ihr die Grundlage, da die Vertreter des Tempels den Auftrag hatten, den Inka zu bezeichnen, der durch seine Thronbesteigung an der höchsten Gottheit teil hatte.

Der Sieg über das Volk der Chanca (1438) verlieh den Inka-Truppen Siegesbewußtsein. Er stand am Anfang ihres unaufhaltsamen Aufstieges. Von nun an unterwarfen sie benachbarte und entfernt lebende Völker, die sich ihrem Herrschaftsanspruch widersetzten. Bald waren alle Völker in jener Einheit zusammengefaßt, die das Inkanat bildet.

Die Geschichte dieser Eroberungen überrascht uns durch ihre Geschwindigkeit. Sie gleicht den Blitzfeldzügen von Alexander dem Großen oder Dschingis Khan. Der Inka Pachacutec Yupanqui begann mit der Inbesitznahme des Chanca-Territoriums, das sich vom Rio Apurímac bis zum Rio Grande de Nazca erstreckte. Kurz darauf, nach dem Sieg über die Colla, herrschten die Inka über das Hochland bis zum Titicaca-See. Im Norden gelangten sie bis Cajamarca und versetzten so den Chimú einen schweren Schlag. An der Küste siegte Pachacutec über die Leute von Nazca, Ica und Chincha. Er stieß bis Pachacamac vor und bemächtigte sich dort des Orakelheiligtums, das den Pazifik beherrschte. Seine Truppen drangen weiter nach Norden bis Tumbes vor. So umgingen sie das Reich von Chimór, anstatt es direkt anzugreifen, nachdem sie die Widerstandskraft der Chimú-Soldaten kennengelernt hatten.

In Wirklichkeit mußten die Inka ihren mächtigen Widersacher nicht direkt bekämpfen. Sie beschränkten sich darauf, vom gebirgigen Hinterland aus, das seit ihrem Einmarsch in Cajamarca in ihrem Besitz stand, das Bewässerungssystem der Chimú trockenzulegen, indem sie die Wasserzufuhr abschnitten. Trokkenheit, Hunger und ökologische Katastrophen, die darauf folgten, taten das ihre. Ohne Wasser waren die Küstenvölker zum Untergang verurteilt. Sie ergaben sich. Dieser ohne Schlacht errungene Sieg war für die Zukunft der Inka-Welt entscheidend. Er brachte den Inka Regierungsmethoden, die sich in einem großen Reich bewährt hatten, wirksame Verwaltungssysteme, ein Straßennetz und ein funktionierendes Kommunikationssystem sowie technisch fortgeschrittene Handwerker. All diese Dinge trugen dazu bei, das Vereinigungsunternehmen der Inka im Inkanat zum Erfolg zu führen.

Über seine siegreichen Feldzüge hinaus ließ Pachacutec auch die Stadt Cuzco völlig neu wiedererbauen, denn die Hauptstadt sollte des von ihm geschaffenen Reiches würdig sein. Er errichtete den neuen, dem Sonnengott geweihten Coricancha-Tempel, dessen Rolle für die Vergöttlichung des Inka bestimmend war.

Der um 1465 über die Chimú errungene Sieg hatte Auswirkungen auf den Städtebau. Offenbar beruhte die Gewohnheit, daß jeder Inka-Herrscher in Cuzco einen neuen Palast baute, und die Sitte, einen dem Andenken des verstorbenen Inka geweihten Kult einzurichten, auf dem Vorbild von Chanchán.

So herrschte Pachacutec über ein Reich, das sich vom Titicaca-See bis zur Grenze des heutigen Ecuadór erstreckte. Als vorsichtiger Mensch ließ er seinen Sohn an Eroberungen und Regierung teilnehmen. Unter dem Namen Inka Tupac Yupanqui folgte ihm dieser 1471 auf dem Thron und setzte die so glorreich begonnene Eroberungspolitik bis 1493 fort.

Als Tupac Yupanqui jedoch die Völker der Selva (Urwaldland) im Osten des Reiches angriff, hatte dieser Feldzug nicht denselben Erfolg wie die vorhergehenden. Die von den Inka-Streitkräften erlittenen Verluste waren beträchtlich und die Landgewinne sozusagen null. Überdies glaubten die unterworfenen Küstenvölker, der günstige Augenblick zum Aufstand wäre gekommen. Doch die Schnelligkeit, mit der die Truppen Tupacs reagierten, verhütete die Katastrophe; dem Herrscher gelang es, diese gefährliche Rebellion zu unterdrücken.

Tupac konnte sich daran machen, sein riesiges Reich zu organisieren. Es setzte sich aus vier Regionen zusammen und umfaßte beinahe 900 000 km^2. Dieses »Reich der vier Weltgegenden«, das Tahuantinsuyu, bestand aus Chinchasuyu im Norden, Contisuyu im Westen, Antisuyu im Osten und Collasuyu im Süden. Einziges Zentrum der vier gigantischen Provinzen war die Stadt Cuzco, in der die vier Reichsstraßen zusammenliefen.

Kurz vor dem brutalen und unerwarteten Auftritt der Konquistadoren bildete das von den Inka beherrschte Perú ein erstaunliches Großreich. Allein eine strenge, auf eiserne Disziplin und unbedingten Gehorsam der Arbeitermassen gegründete Organisation konnte das Staatsgefüge funktionstüchtig halten. Wie sah diese Organisation aus, die die letzte bedeutende präkolumbische Hochkultur bestimmte?

Die Gesellschaftsstruktur

Die Inka-Gesellschaft gründet auf einer autokratischen, zentralisierten Ordnung, die sich kaum von der der großen Agrarreiche der Alten Welt unterscheidet. Sie beruht auf einem pyramidenartigen System, an dessen Spitze eine einzige, absolute Autorität steht: der Inka, der Herrscher, vergöttlichter Repräsentant der Sonne. Ihm gilt ein Staatskult, der alle übrigen Religionen im Reich überlagert. So vereint der absolute Herrscher zivile, militärische und religiöse Macht auf sich. Der Kult begründet und stärkt die von der Armee geschaffene Einheit. Es handelt sich um das vollkommene Beispiel für ein System, das weltliche und geistliche Macht in den Händen eines einzigen Mannes vereint.

Darüber hinaus führte der Inka das Prinzip der Endogamie bis zu seinen äußersten Konsequenzen, indem er – wie der ägyptische Pharao – seine leibliche Schwester heiratete. Zwar wurde dieser Brauch nicht immer eingehalten und die offizielle Gemahlin war von Nebenfrauen und einer Vielzahl von Konkubinen umgeben, die man unter den Prinzessinnen der besiegten Völker auswählte, doch bezeugt er gut den Stammescharakter des Systems: Eine kleine, auf sich selbst bezogene Gruppe ist einzig darum bemüht, sich selbst an der Macht zu halten.

Schließlich regierte dieser Stamm oder Klan des Inka das Reich, als ob es sein Eigentum wäre. Er stammte aus dem kleinen Tal des Huatanay, eines Nebenflusses des Vilcanota, und bildete das »Volk Gottes«. Alle männlichen Abkömmlinge trugen den Rechtstitel Inka, was ihnen innerhalb des Staatssystems von vornherein gewaltige Macht verlieh. Diese Adligen gehörten in Cuzco zur Gemeinschaft der *orejones* oder »Großohren«, so genannt wegen der Goldpflöcke, die im Ohrläppchen zu tragen ihnen zustand. Das Loch im Ohrläppchen wurde um so größer, als der Schmuck, Zeichen ihres Ranges, an Gewicht zunahm.

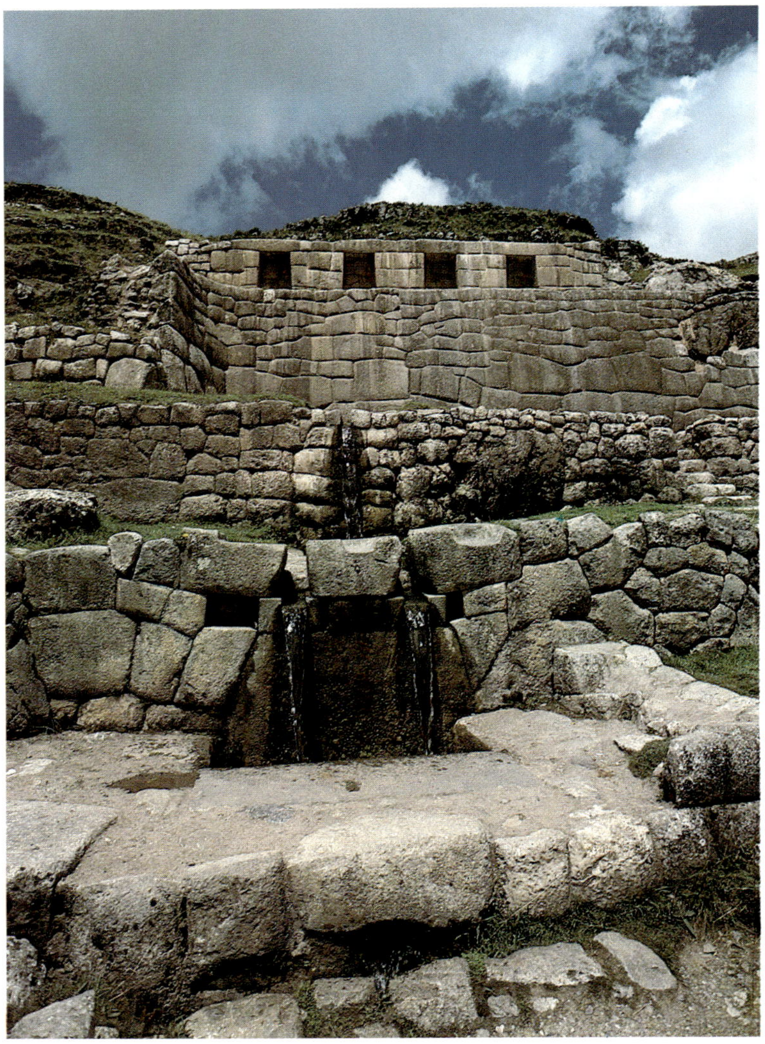
184

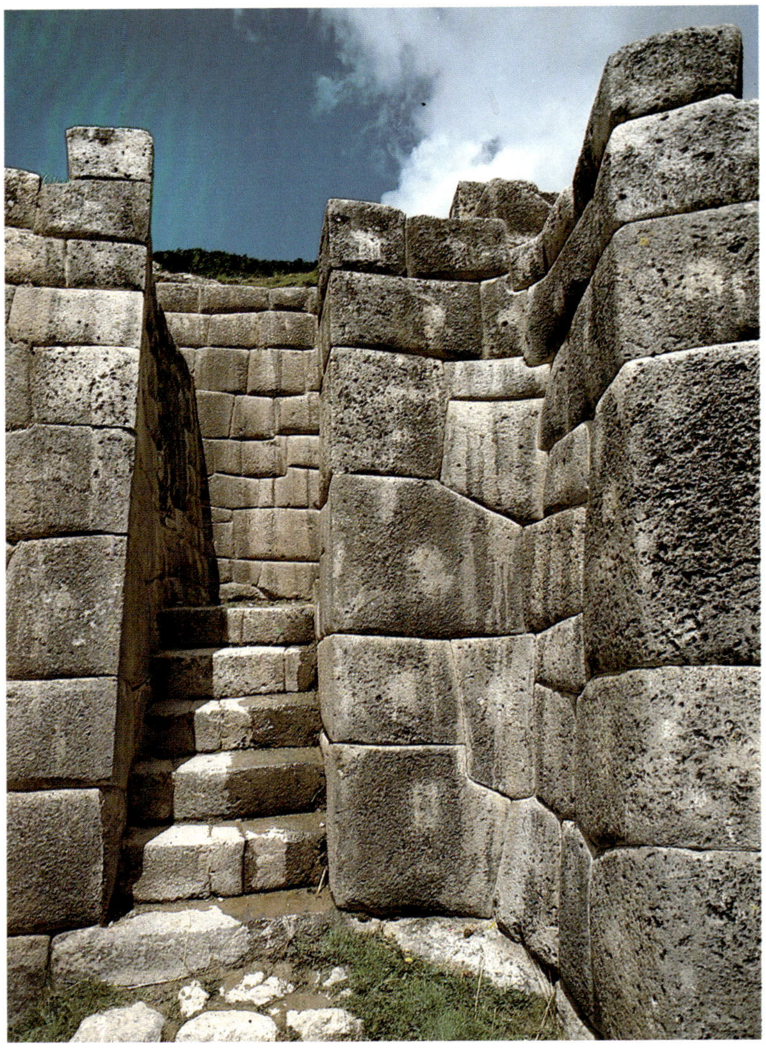
185

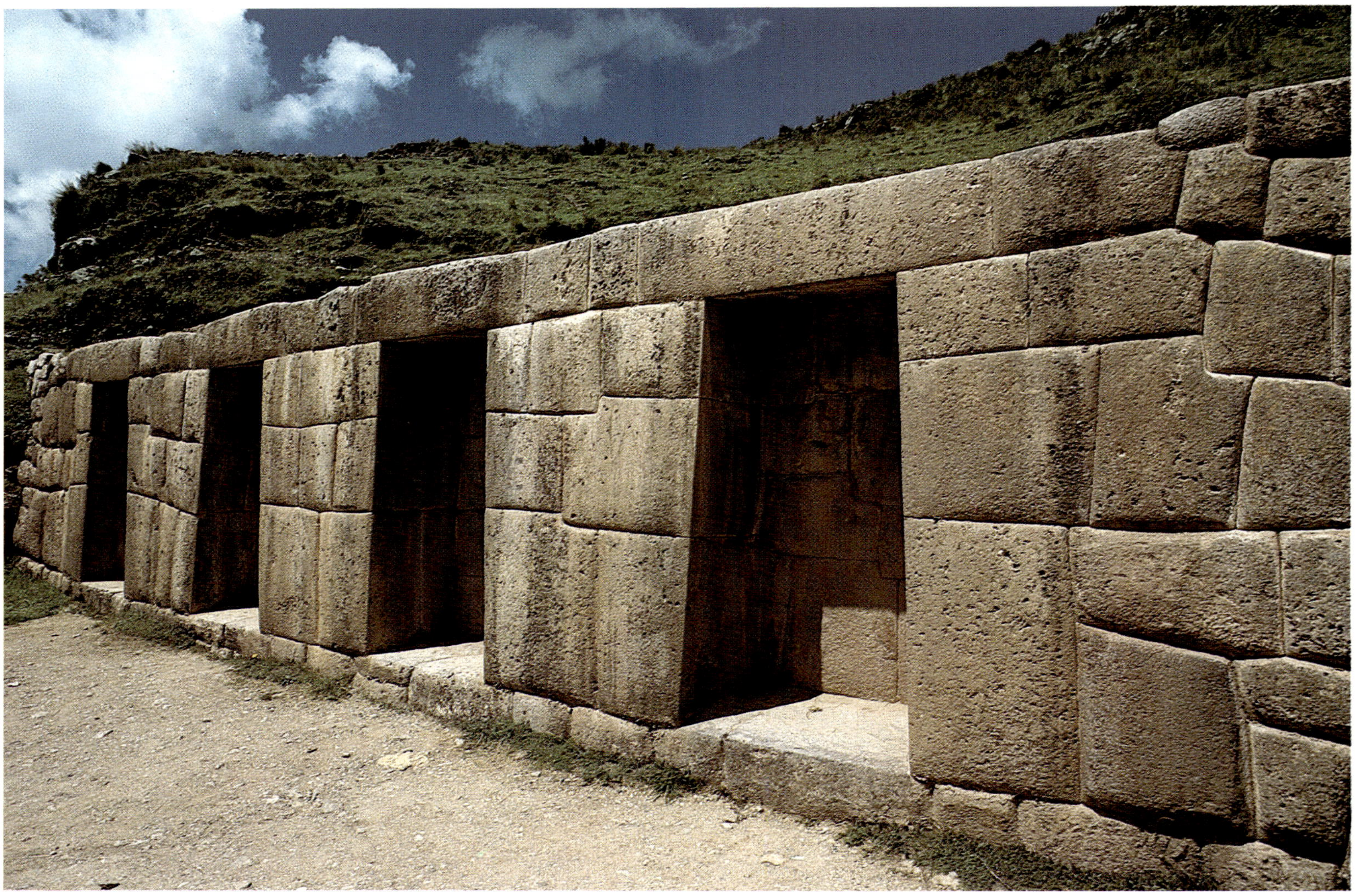
186

Der Stamm der Inka bildete mit dem Herrscher die Spitze der sozialen Pyramide. Der Inka-Titel konnte jedoch auch erworben werden. In diesem Fall galt er als Adelstitel zweiten Ranges. Er wurde einer privilegierten, mit der Regierung verbundenen Klasse verliehen, die aus den Tälern um Cuzco stammte und in der Hauptstadt lebte. Auch die Herrscher der Provinzen und der unterworfenen Völker konnten diese Privilegien beanspruchen. Schließlich waren die Priester und Weisen als Hüter der Traditionen sowie die Wahrsager und Tempeljungfrauen ebenfalls nicht tributpflichtig. Diese Ausnahme von der *mita,* der Steuer, die dem Staat in Form von Frondienst oder materiellen Abgaben zu zahlen war, bildete das Hauptmerkmal des Adels.

Unter der Inka-Aristokratie stand eine Mittelschicht aus Staatsbeamten und Administratoren, den Repräsentanten der Macht. Neben ihnen gab es die militärischen Führer, wenn sie nicht zur Adelsschicht gehörten. Die gleichfalls nicht der *mita* unterstellten Handwerker nahmen eine besondere gesellschaftliche Position ein aufgrund der Dienste, die sie dem dirigistischen und kollektiven Wirtschaftssystem des Staates leisten konnten.

Nach ihnen kamen die Landbesitzer, die über ein *ayllu,* verfügten. Ein Kennzeichen des Inka-Systems war das *ayllu,* ein Stück Land, das ein Bauer und seine Familie bestellten; es erlaubte ihnen, beinahe auf Selbstversorgungsbasis ihre Bedürfnisse zu befriedigen. Dabei handelte es sich um eine Art gemeinsamen Landbesitz, der von den Mitgliedern einer Familie oder eines Klans bewirtschaftet wurde. In einer hauptsächlich ländlichen Gesellschaft wie der der Inka bildeten die Inhaber eines *ayllu* den Hauptteil der Bevölkerung. Der Privatbesitz, der ihnen zustand, hatte seine Entsprechung im Staatsbesitz, auf dem sie arbeiteten, um die *mita* zu leisten.

Am unteren Ende der gesellschaftlichen Hierarchie standen die Diener und die Grundbesitzlosen. Sie lebten in einem sklavenähnlichen Zustand und nannten sich Yanaconas. Oft handelte es sich um Kriegsgefangene, die als Gnade willkürlichen Frondienst leisten durften.

Die *mita* – um nochmals auf sie zurückzukommen – entspricht in einem geldlosen System der Steuerschuld. Sie leitet sich im wesentlichen von der dreifachen Teilung des Landes her, die die Besitzordnung der Inka kennzeichnet. Neben dem Kollektiv- und Familienbesitz des *ayllu* gab es die Ländereien des Inka, deren Einkommen dem Staat gehörte, und das Eigentum der Sonne, dessen Einkünfte dem Unterhalt des Tempels oder besser der Würdenträger der Staatsreligion zustand.

Die dreifache Aufteilung, die in Form der von den Untertanen erarbeiteten Ernteerträge eine Quellensteuer einzuziehen erlaubte, bedeutet nicht notwendigerweise, daß das Land zu drei gleichen Teilen verteilt war. Der Staat beanspruchte vermutlich weder 66% der Ernte, noch bemächtigte er sich zweier Drittel der bebaubaren Flächen in den eroberten Ländern. Man nimmt im Gegenteil an, daß diese Aufteilung vor allem auf einer Vergrößerung der Ländereien beruhte, da die Inka große Landgewinnungs- und Infrastrukturarbeiten unternahmen.

Aus Gründen der Arbeitsorganisation war die ganze aktive Bevölkerung in Produktionseinheiten eingeteilt, in Trupps, Kompanien oder Brigaden, nach dem Vorbild der Heereskräfte. So gab es Gruppen, die etwa 10, 50, 100, 500, 1000 und 5000 Arbeiter umfaßten, wobei diese Zahlen nur als ungefähre Größeneinheiten zu verstehen sind. Das angebliche Dezimalsystem, das die Bevölkerung des Reiches in diese Einheiten aufgeteilt hätte, dürfte nur in der Vorstellung der Chronisten bestanden haben, die den zu erläuternden Begriffen eine bestimmte Zahl zuordnen wollten. Zwar dürfte man sich bemüht haben, die Arbeitskräfte je nach der vorgesehenen Tätigkeit in Gruppen einzuteilen, doch scheinen die Unterteilungen eher theoretischer Natur zu sein; sie wären auch schwer einzuhalten gewesen, da die Bevölkerungszahl ständig wechselte.

Auch die verschiedenen, von den Chronisten genannten Altersklassen entsprechen den von der Natur vorgegebenen: Kinder, Erwachsene und alte Leute. Sie dienten zur Festsetzung der Zahl der tätigen Personen, die der *mita* unterstellt werden konnten. Das Alter der Fronarbeiter lag gewöhnlich zwischen 20 und 50

184 Tambo Machay, das »Bad des Inka«, ist ein Kultort, der im Gebirge oberhalb von Cuzco um eine heiße Quelle angelegt wurde. Zu erkennen sind in den natürlichen Felsen gehauene Becken und Mauern, die eine Reihe von übereinandergesetzten Terrassen bilden.

185 Diese Treppen, über die man in die höher gelegenen Bereiche des Thermalheiligtums von Tambo Machay gelangt, sind ein gutes Beispiel für den inkaischen Mauerverband mit vieleckigen Blöcken.

186 Mit ihren großen, trapezförmigen Stütznischen beherrscht diese in mörtellos verfugten, vieleckigen Blöcken errichtete Mauer die Gruppe von Tambo Machay und ist kennzeichnend für die Sakralarchitektur der Inka.

187 Der Inka-Ort Pisac beherrscht das »Heilige Tal«, durch das der in den Urubamba mündende Rio Vilcanota fließt, und besitzt eine Reihe von herrlichen *andenes,* künstlich angelegten Terrassen, die noch heute bewirtschaftet werden. Die Stützmauern folgen den Höhenkurven der Abhänge und zeugen von der Anstrengung der Inka, neue Ackerbauflächen zu gewinnen.

188 Das auf einer natürlichen Esplanade über dem Tal gelegene Zeremonialzentrum von Pisac zählt mit seinen verschiedenen, in schön behauenen Steinen errichteten Gebäuden zu den Meisterwerken der Inka-Architektur. Die in 3300 m Höhe geschaffenen Bauwerke mit ihren typischen trapezförmigen Nischen und Türen sind – mit Ausnahme des Strohdaches – beinahe intakt. Die runde Mauer rechts umzieht den Intihuatana genannten Felsen.

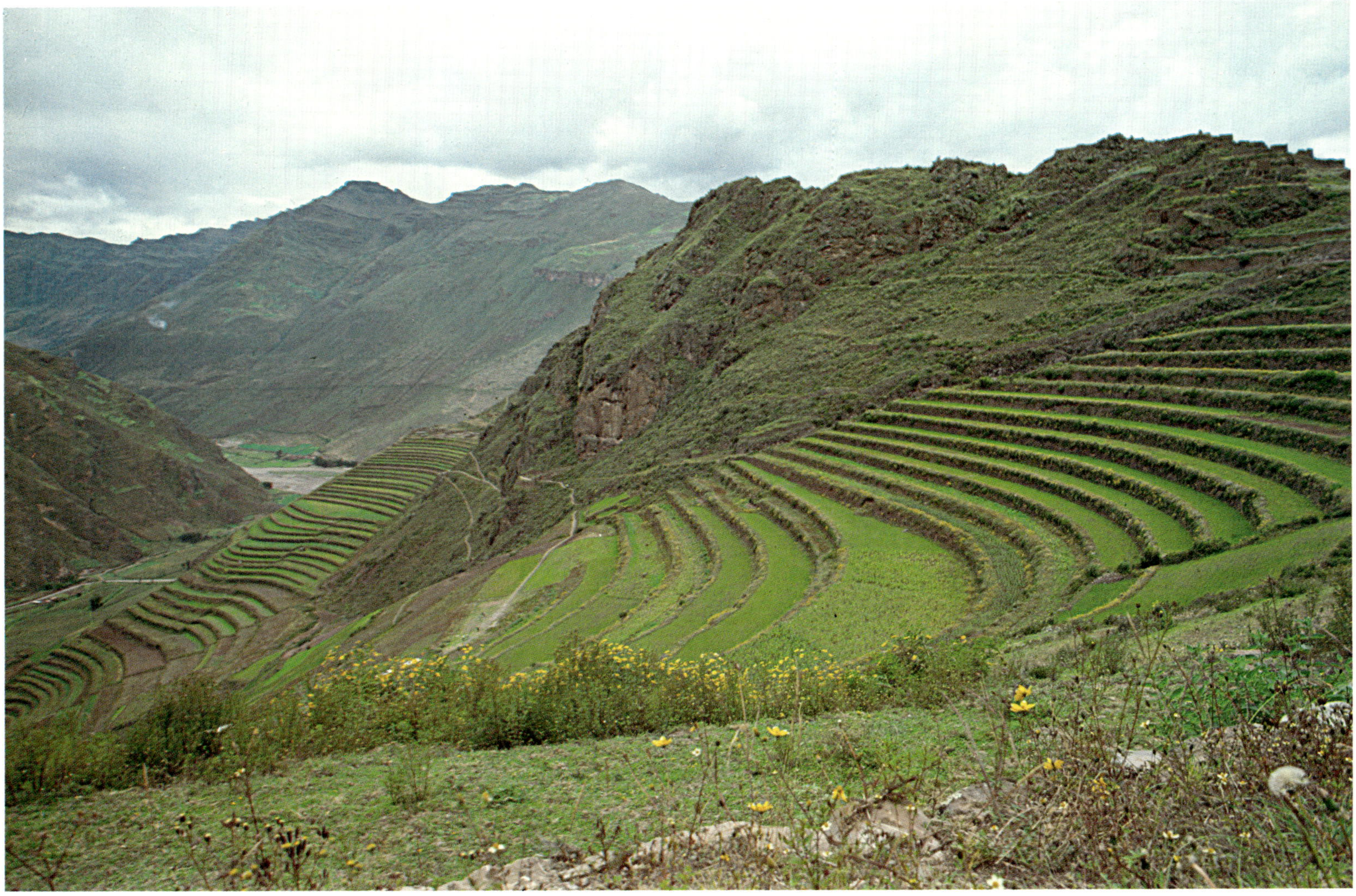
187

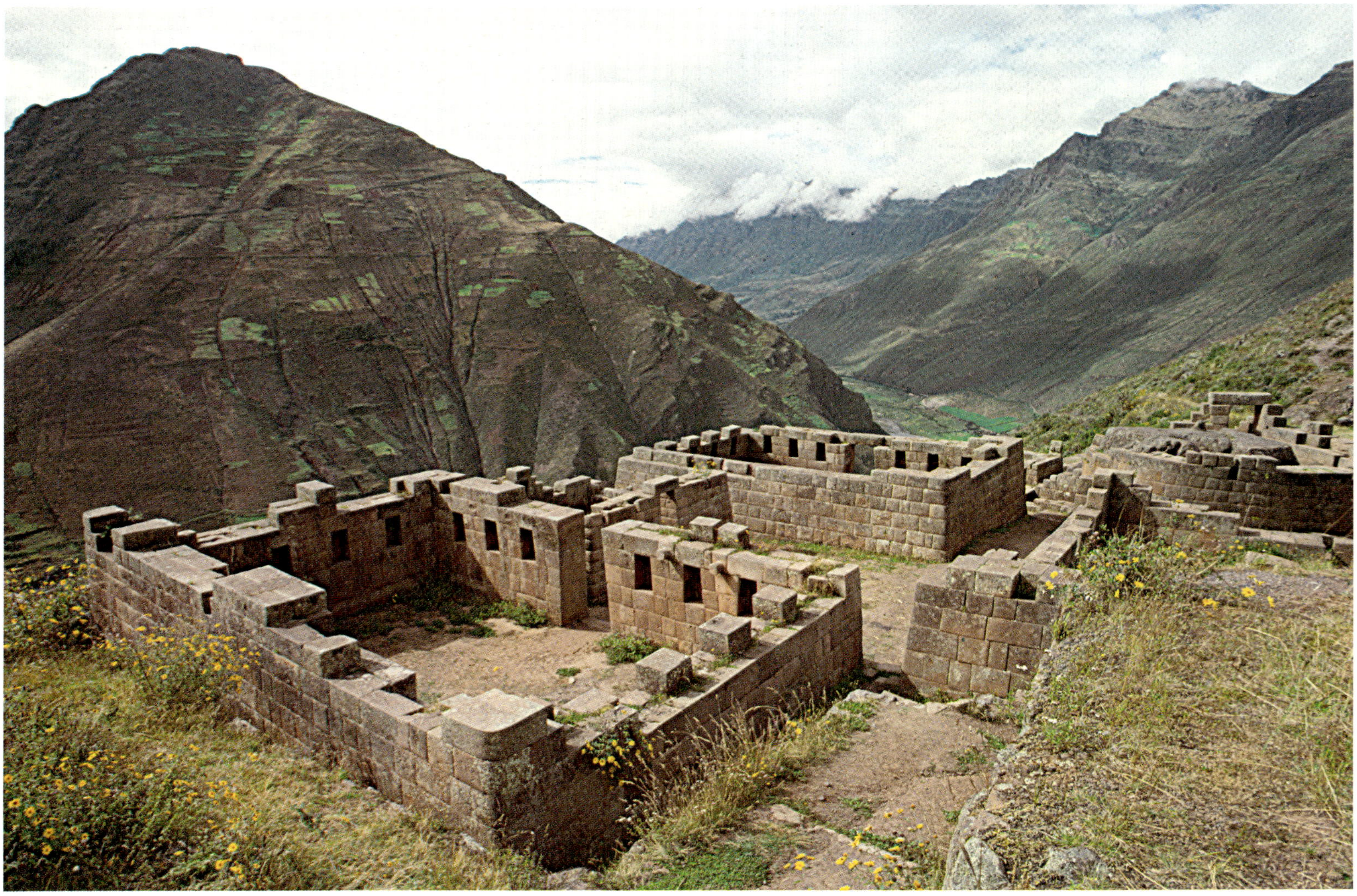
188

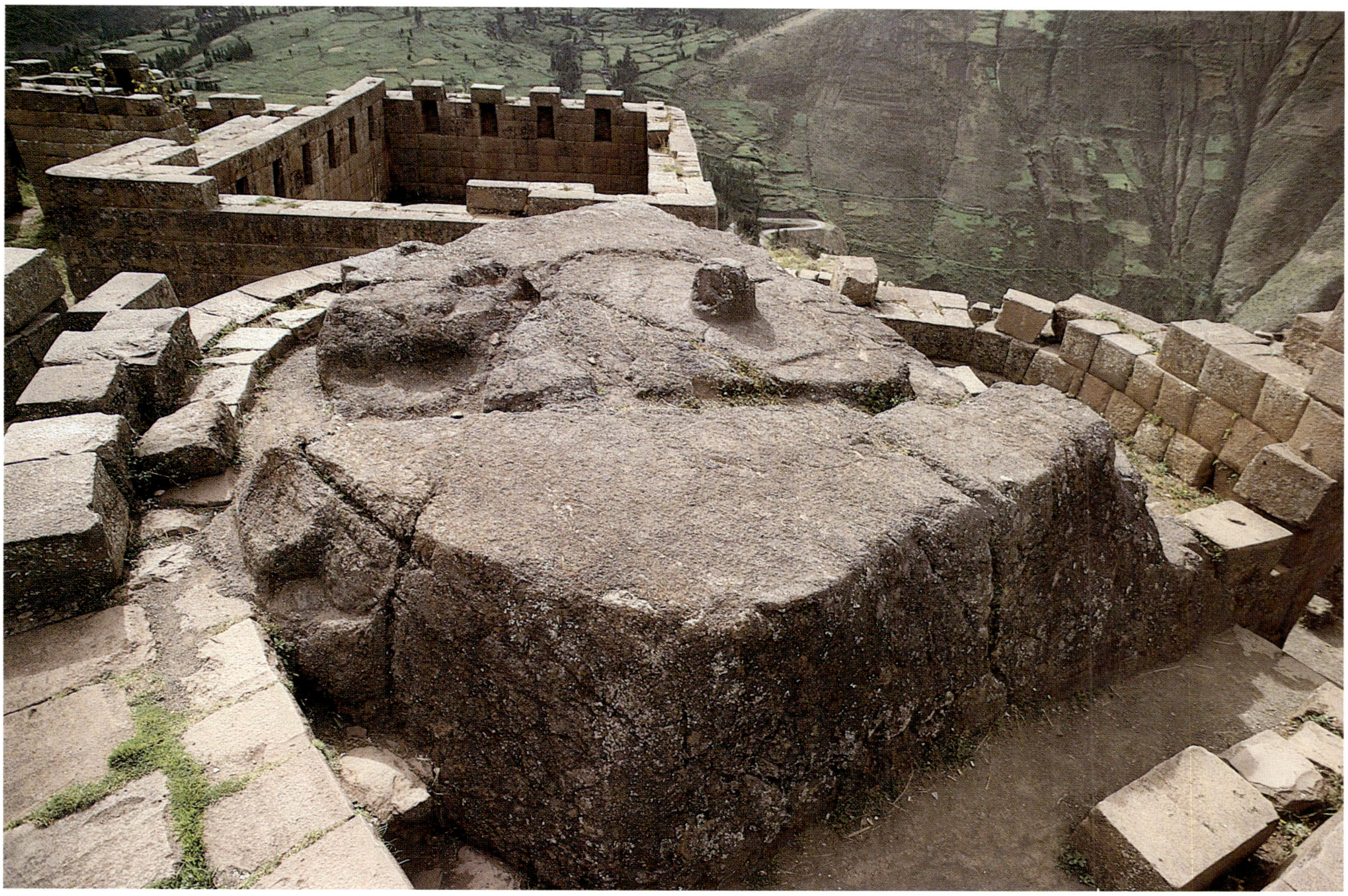
189

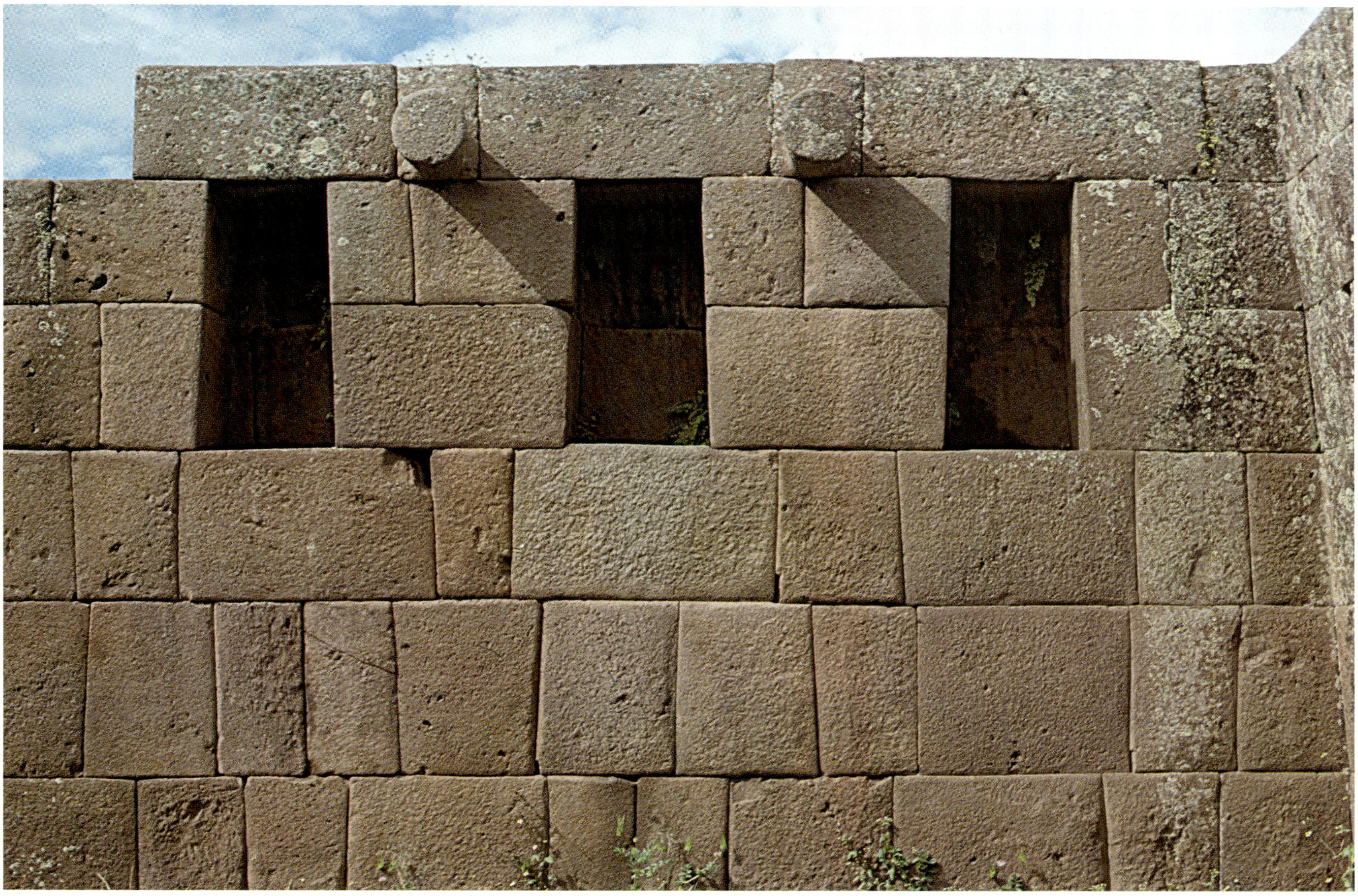
190

Jahren. Doch auch die Jungen und die Frauen arbeiteten für die Gemeinschaft, indem sie beispielsweise spannen oder webten.

Die Organisation des Landes

Die ganze Gesellschaftsordnung der Inka ist vom Willen bestimmt, zum Wohl des vom Adel repräsentierten Staates möglichst viele Arbeiter einzusetzen. Was das Inka-Reich kennzeichnet, ist eine fieberhafte, ameisenartige Tätigkeit, um Land zu gewinnen und die Umwelt ertragreich zu machen.

Das Ganze beruht, wie bereits gesagt, auf dem Prinzip der *mita* und dem System des kollektiven Landbesitzes. Dieses gab es allerdings schon lange vor den Inka; es geht auf die Hirtengesellschaften zurück, denen die Weiden für Lamas und Alpakas gemeinsam gehörten. Dieses »Alpwesen«, wie wir es in Europa nennen würden, ist der Ursprung des Kollektiveigentums.

Die *mita* ist die vom Staat ins Werk gesetzte Einrichtung, um über die für die Sozialpolitik nötigen Mittel verfügen und die großen Infrastrukturarbeiten unternehmen zu können, ohne die er nicht funktionieren würde. Zwar betrifft die *mita* in erster Linie die Landwirtschaft, mit der Verpflichtung, die Ländereien im Besitz des Staates oder – weiter gefaßt – des Tempels zu bearbeiten, doch kann es sich auch um Tätigkeiten zur Landgewinnung handeln. Es gibt zudem Formen der *mita* ohne Bezug zur Landwirtschaft, wie die *mita* zur Schaffung und zum Unterhalt des Straßennetzes oder die *mita* zur Anfertigung der von allen Bevölkerungsschichten benötigten Stoffe.

Im Bereich der großen kollektiven Raumplanungsarbeiten hat sich die *mita* jedoch am besten bewährt. Einzig eine zahlreiche, gut geführte und tatkräftige Arbeiterschaft erlaubte die Durchführung der riesigen Programme, in denen die Landschaft der Andenwelt vollständig umgestaltet wurde. Im Bereich der Landwirtschaft, der hauptsächlichen Produktionsquelle, bemühte man sich besonders, die Umweltbedingungen zu verbessern. Je nach Gegend und Höhe über dem Meer wurden zwei Mittel eingesetzt:

1. die Errichtung einer echten Agrararchitektur mit Stützmauern, um an den Steilhängen der Täler bebaubare Terrassen zu schaffen; diese nennt man *andenes;*
2. die Errichtung eines Wassernetzes im Dienst einer Bewässerungspolitik mit Aquädukten, Staudämmen, Kanalisations- und Deicharbeiten; dieses Werk führt das der Mochica und Chimú fort und vollendet es.

Die beiden Mittel verbinden sich im Hochland, wo es zahlreiche *andenes* gibt. So erbauten die Inka in einer Höhe zwischen 3000 und 4300 m Zehntausende von Kilometern Stützmauern für kultivierbare Terrassen. Die *andenes* erlaubten nicht nur, Felder an Steilhängen von oft mehr als 60° Neigung zu bebauen, sondern verhinderten auch die Auswaschung durch die Erosion. Dem gleichen Ziel diente auch die Eindämmung des Urubamba in seinem Vilcanota genannten Oberlauf oder die des Huatanay.

Die großen Arbeiten waren nur mit strenger gesellschaftlicher Disziplin und einem System kollektiven Besitzes durchzusetzen. Lediglich die vereinten Anstrengungen der Ackerbauern konnten das riesige Programm zu Ende bringen, das dazu bestimmt war, die Natur zu beherrschen und einer ständig wachsenden Zahl von Menschen untertan zu machen. Auf diese Weise entstand im ganzen Perú der Inka eine künstlich geschaffene Umwelt. Das Spiel mit den Gesetzen der Ökologie führte zu dem halluzinatorischen Anblick der Hochtäler, deren Abhänge mit endlosen, unmenschliche Neigungen überwindenden »Treppen« übersät sind.

Es liegt auf der Hand, daß dieses Kollektivwerk nicht ohne Gesetze möglich ist: Bestimmungen zur Aufteilung von Wasser und Bewässerungszeiten, zum Unterhalt der *andenes* und Kanäle oder zur Mehrfeldwirtschaft. Die Arbeit des präkolumbischen Menschen in Perú, die unsicheren und steilen Gebiete des Hochlandes

189 Blick über den Intihuatana genannten natürlichen Felsen von Pisac. Der Block, der nur soweit behauen ist, daß der Opferstein herausragt, ist von einer halbkreisförmigen Mauer umzogen.

190 Detail einer Inka-Mauer von Pisac mit den trapezförmigen Nischen und den vorspringenden Pflöcken, die zur Befestigung des Gebälks des Strohdaches dienten. Der Mauerverband mit regelmäßigen Steinlagen ist von hervorragender Qualität.

191 Flasche im kaiserlichen Inka-Stil, deren Dekor Sonnenpriesterinnen, Papageien und Blumen zeigt. Die 34 cm hohe Keramik mit langem Hals zeichnet sich durch ihre Eleganz aus. Es handelt sich um ein Ritualgefäß für Opfergaben. (Museo Regional de Cuzco)

192 Kleiner Aryballos im kaiserlichen Inka-Stil mit geometrischem Dekor und einem stilisierten Menschengesicht auf dem Hals. Das 14 cm hohe Stück kommt aus der Gegend von Cuzco und zeigt eine bestimmte, der Inka-Kunst eigene Härte. (Museo Regional de Cuzco)

193 Der 27 cm hohe Aryballos mit dem typischen geometrischen Dekor der Inka-Kunst ist eine verkleinerte Ausgabe der großen, zum Wassertransport bestimmten Gefäße. An dem seitlichen Henkel und dem am Hals vorspringenden Knopf befestigte man ein Band, das über die Stirn des Wasserträgers lief, während er das Gefäß auf dem Rücken trug. (Museo Nacional de Antropología y Arqueología, Lima)

194 Kleiner Inka-Aryballos mit vorstehenden Rippen, nach dem Vorbild bestimmter Früchte. Höhe: 16 cm. (Museo del Banco Central de Reserva, Lima)

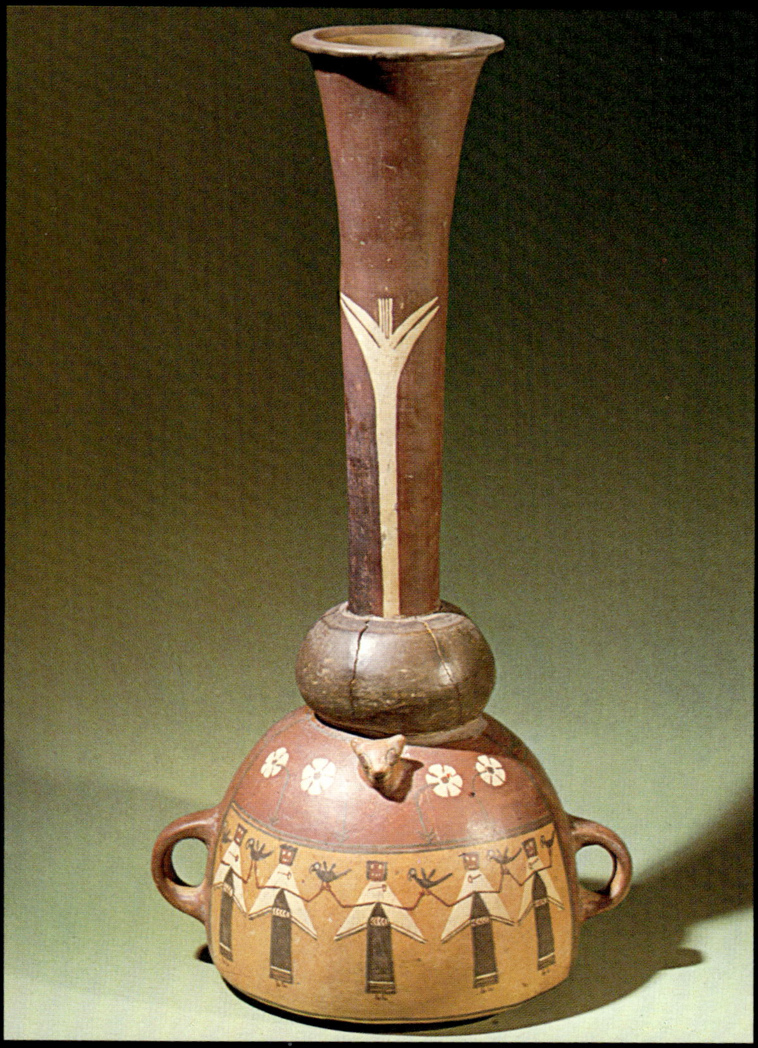
191

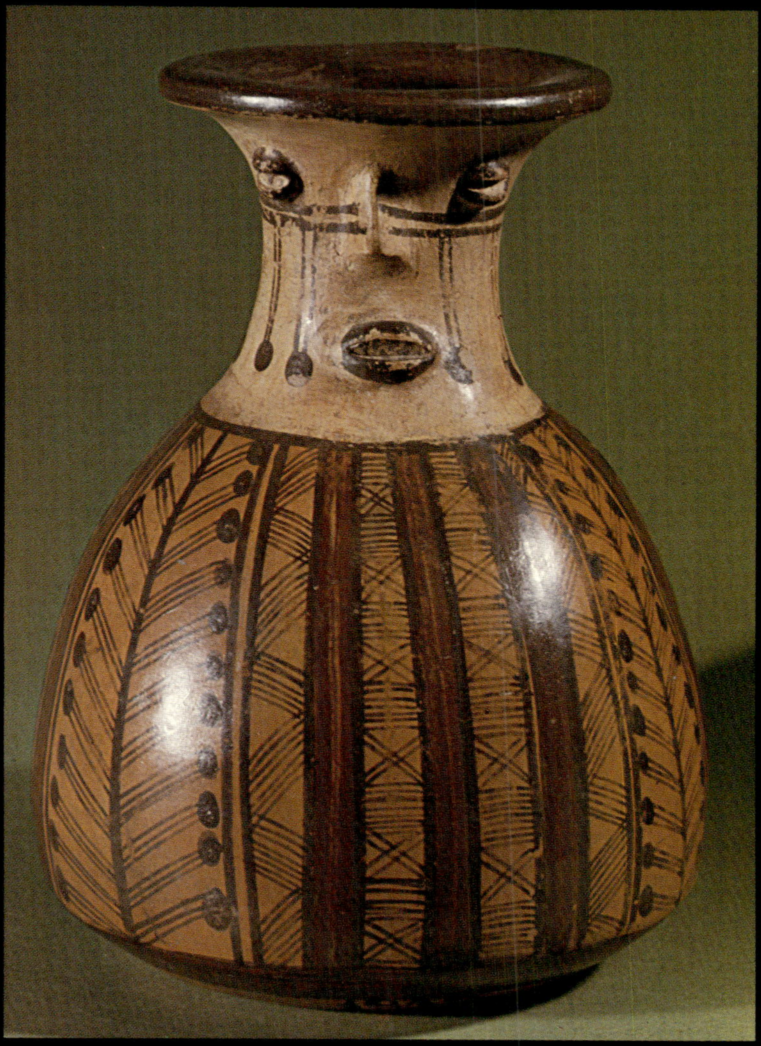
192

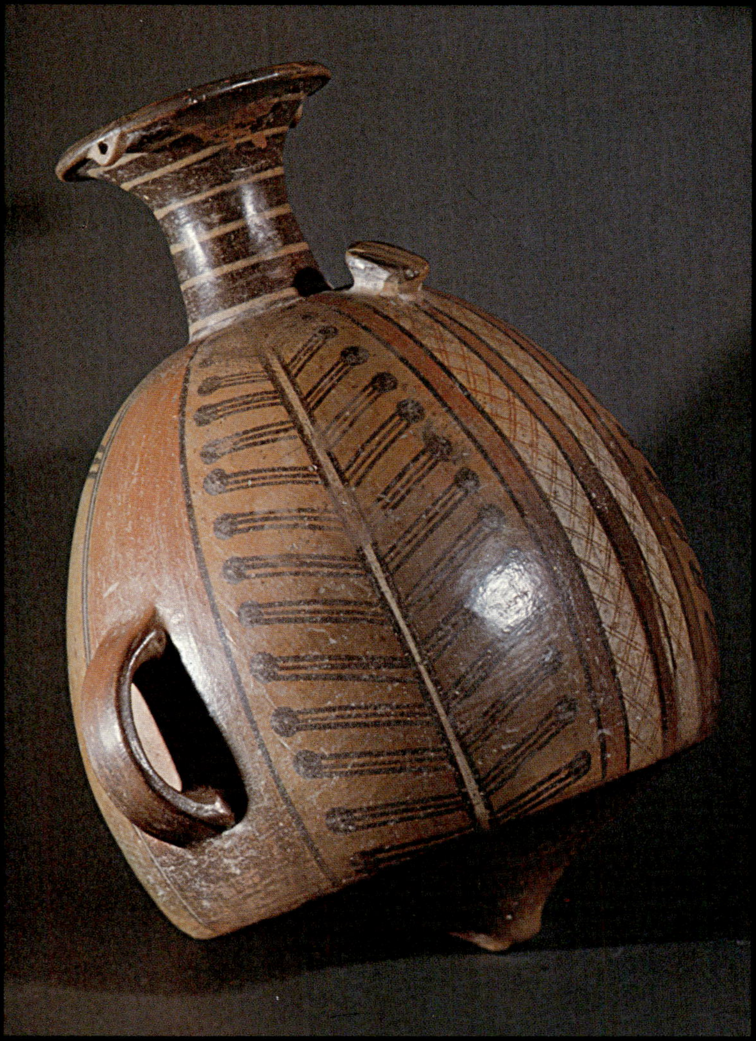
193

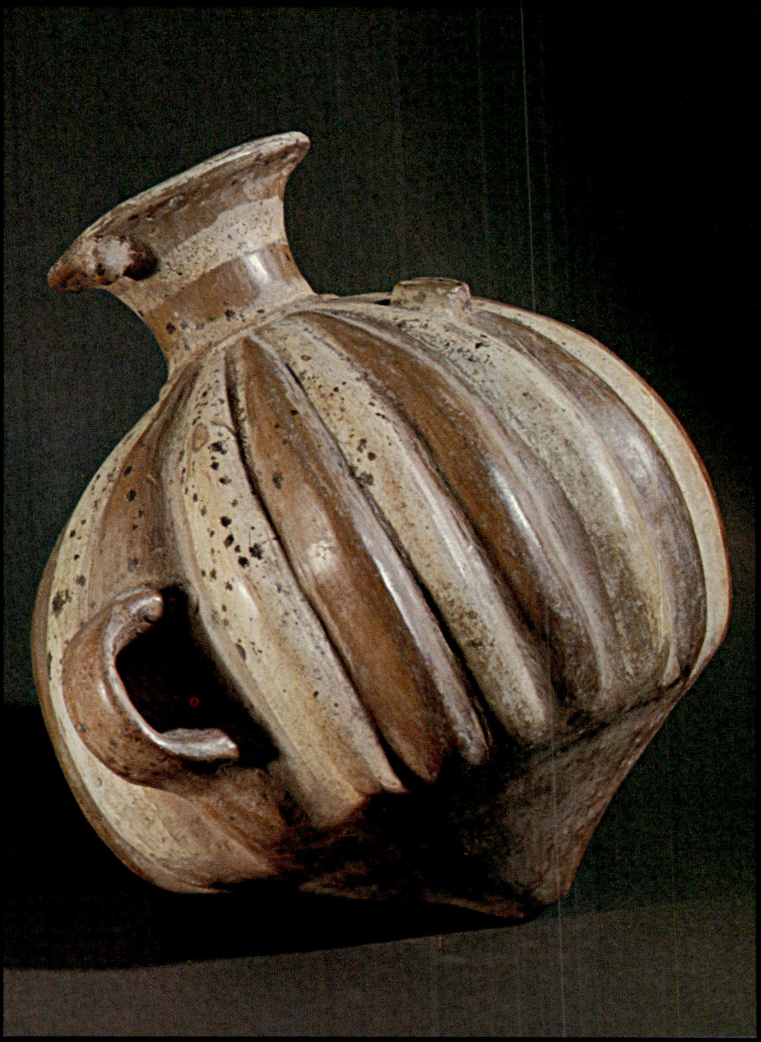
194

wie die unendlichen, unfruchtbaren Ebenen am Pazifik als Kulturland zu gewinnen, ist eine der bewundernswertesten Bemühungen um die Verbesserung des täglichen Lebens, die auf diesem Planeten unternommen worden ist. Wie die Reisfelder Chinas oder Angkors, wie das Bewässerungssystem der Pharaonen oder Babylons, wie die Entwässerungskanäle der Maya fordern uns die Landgewinnungsarbeiten in den Anden Respekt ab.

Diese hohe, auf intensive Landwirtschaft gegründete Produktionskapazität wäre jedoch nichts ohne ein Verteilungssystem für die in jeder Region angehäuften Überschüsse und Vorräte. So richteten die Inka riesige Lager, Silos und Depots ein. In ihnen wurden die Bodenprodukte aufbewahrt, die zur Befriedigung der Bedürfnisse eines jeden nötig waren. Diese Vorräte sind jedoch erst dann von echtem Nutzen, wenn zwischen den verschiedene Produkte herstellenden Gebieten ein funktionierendes Austauschsystem besteht. Dieser Forderung entspricht das dichte Straßennetz, das sich über das ganze Land zieht.

Das Wegenetz des Inka-Reiches ist ein weiteres Element der staatlichen Infrastruktur, ohne das die Produktion nicht richtig liefe. Diese gigantische Arbeit auf Reichsebene ist dem römischen Straßennetz vergleichbar. Die Grundlage bilden zwei Straßen, die eine dem Pazifik entlang, die andere parallel dazu in den Bergen zwischen 3000 und 4300 m. Die Andenstraße ist etwa 5200 km lang, die Küstenstraße 4000 km. Zu diesen beiden großen Strecken kommen verschiedene Querverbindungen hinzu, die den Flußläufen von den Bergen zum Meer folgen. Insgesamt umfaßt das Straßennetz der Inka rund 12 000 km.

So weit wie möglich sind die 6 bis 8 m breiten Straßen geradlinig angelegt. Da es keine Fahrzeuge gibt, überwinden sie auch beträchtliche Steigungen. In der Tat benutzten sie nur die Läufer oder *chasqui,* die Träger der Sänften für die Adligen und die langen Karawanen der mit Waren beladenen Lamas (pro Tier etwa 20 bis 25 kg). Hinzu kamen die Heere, denn das Wegenetz hatte natürlich auch eine strategische Funktion: Es war der Schlüssel zur Reichssicherheit.

Die Einrichtung des Straßennetzes bedingte eine ganze Reihe von Anlagen, beispielsweise Brücken über die Flüsse. Teils waren es Bauten mit großen, vorkragenden Steinplatten – das echte Gewölbe war den Inka unbekannt –, teils Hängebrücken aus mannsdicken Kaktusfasertauen. Sie überquerten in schwindelnder Höhe die Flüsse in den tief eingeschnittenen Tälern, wie die bis 1890 benutzte Brücke über den Rio Apurímac, die »Brücke von San Luis Rey«.

Die Straßen konnten jedoch auch auf Dämmen durch Sumpfgebiete führen, oder sie mußten mit *adobe*-Mäuerchen vor dem wandernden Wüstensand geschützt werden. In Distanzen von je einem Tagesmarsch gab es Rasthäuser oder *tambo,* die den Reisenden und Waren Transportierenden Unterkunft und Platz zum Ausruhen boten. Verpflegung lieferten Herbergen, und selbst öffentliche Bäder lagen an diesen für das Reich lebenswichtigen Verbindungswegen.

In Anbetracht des Umstandes, daß Reittiere und Fahrzeuge fehlten, wurden Nachrichten erstaunlich rasch übermittelt. Das System der *chasqui* war militärisch organisiert. In kleinen Hütten oder Unterständen aus Zweigen in jeweils 3 km Entfernung voneinander untergebracht, warteten sie auf die Botschaft, die ihnen ein anderer Läufer brachte. Mit diesem Postensystem überwanden die Nachrichten in kurzer Zeit beträchtliche Distanzen. So behauptet Cieza de León, eine Meldung sei in fünf Tagen von Quito nach Cuzco gelangt. Da die beiden Städte 2000 km auseinanderliegen, bedeutet das, daß die *chasqui,* die tags und nachts unterwegs waren, durchschnittlich 16 km pro Stunde zurücklegten.

Die geistige Ausrüstung

Hier stellt sich die Frage nach dem Inhalt der übermittelten Botschaft. Die präkolumbischen Andenbewohner scheinen keine Schrift gekannt zu haben, trotz aller Versuche, die Thomas Barthel unternahm, die geometrischen Zeichen auf den

195 Diese schwarzglänzende Keramik der Inka-Zeit, die aus dem nordperuanischen Küstengebiet kommt, steht in der Nachfolge der Chimú-Formen und -Techniken. Das 19 cm hohe Bügelgefäß in Form eines Pinguins ist in einem höchst schematisierten Stil ausgeführt. (Museo del Banco Central de Reserva, Lima)

196 Das 24,5 cm hohe Gefäß in Form eines Pelikans kommt ebenfalls aus dem nordperuanischen Küstengebiet und zeugt von der Fortsetzung von Formen und Stil der Chimú nach der Besetzung des Landes durch die Inka. (Museo del Banco Central de Reserva, Lima)

197 Das 29,5 cm lange Inka-Gefäß stellt einen Fischer dar, der mit Hilfe eines Korbes Hummer fängt. Die Töpfer der nordperuanischen Küste haben hier zu einer außergewöhnlichen Meisterschaft gefunden. (Museo Nacional de Antropología y Arqueología, Lima)

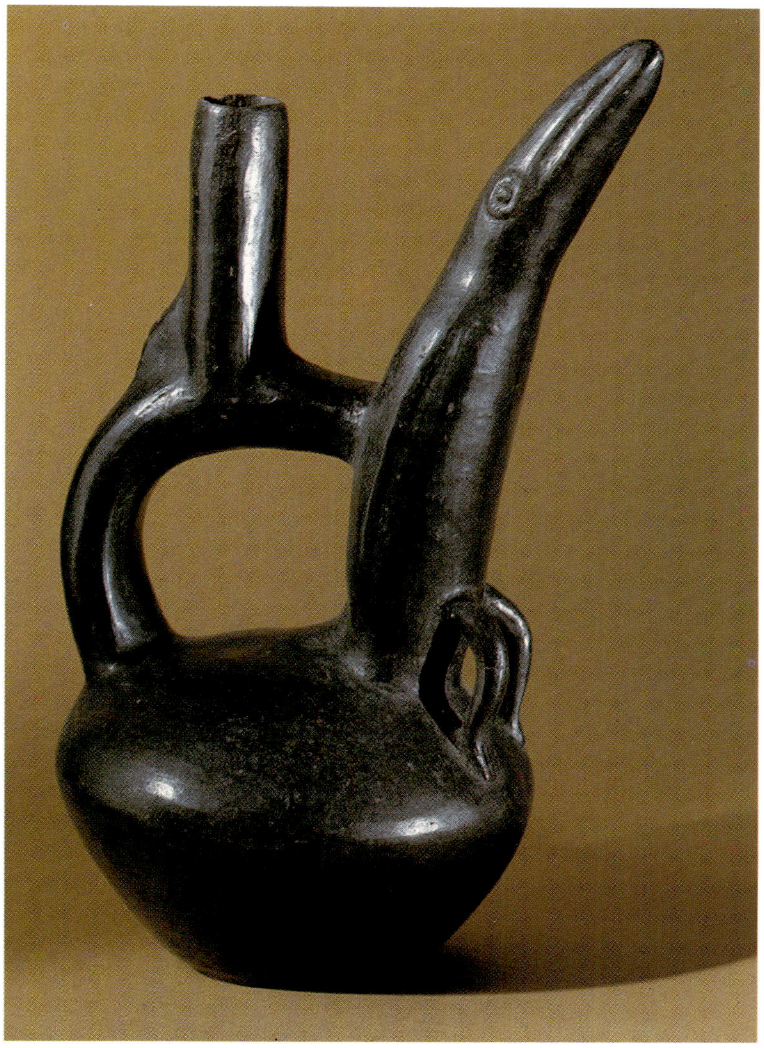
195

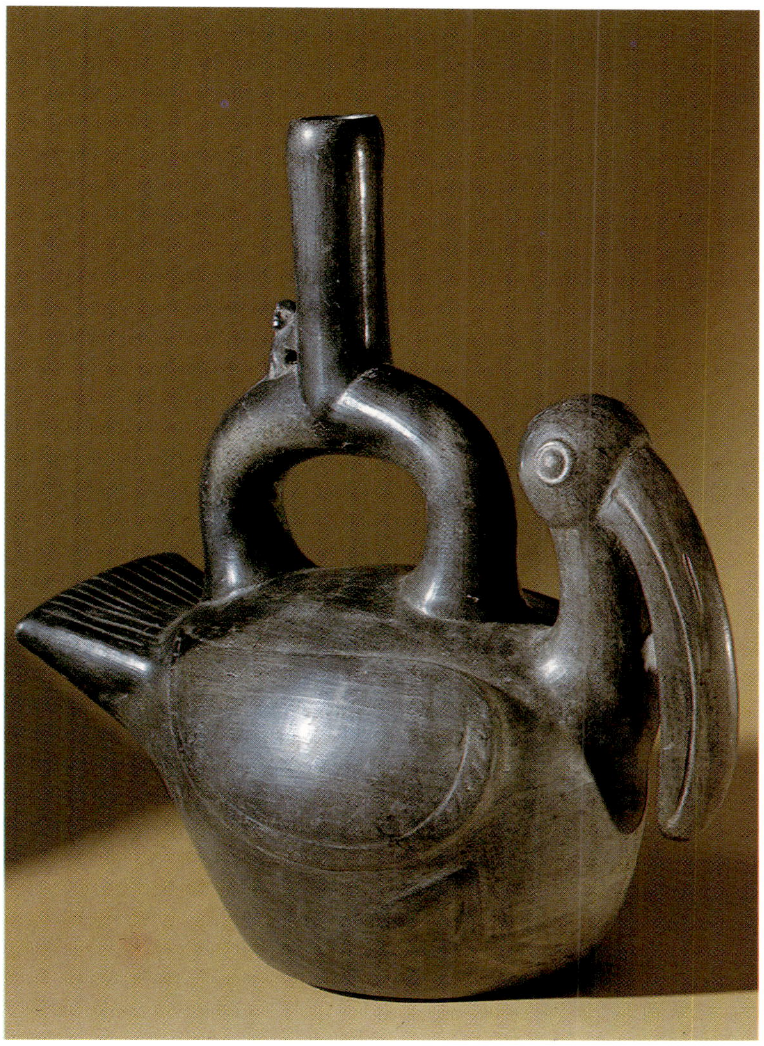
196

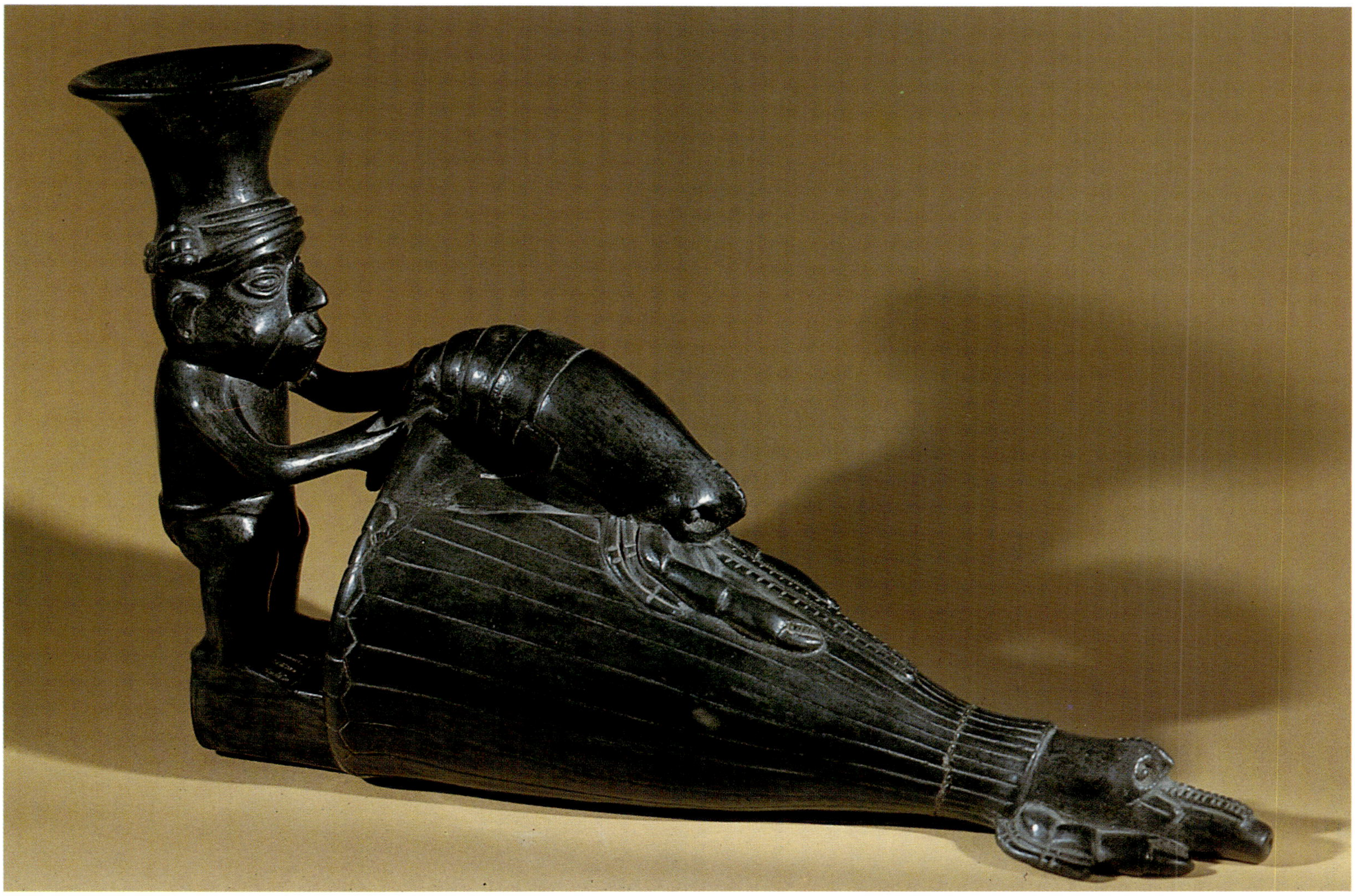
197

Stoffen und *kero* (Trinkbecher) der Inka zu lesen, trotz der Bemühungen von Rafael Larco Hoyle, die Kürbisgefäße der Inka zu deuten, und von Victoria de la Jara, einige Motive auf den Stoffen von Paracas zu interpretieren. Obwohl von Zeit zu Zeit sensationell aufgemachte Informationen angeboten werden, scheint es nicht, als ob wir kurz vor der Entdeckung einer Schrift der prähistorischen Völker Südamerikas stehen, die jener der Maya, Mixteken oder Azteken vergleichbar wäre.

Dennoch hatten die *chasqui* gelegentlich auch Nachrichten zu überbringen, die die Möglichkeiten des Gedächtnisses und der mündlichen Übermittlung überstiegen. Zudem durfte die Meldung nicht den Verfälschungsgefahren der mündlichen Weitergabe ausgesetzt sein, zumal wenn sie, wie im oben geschilderten Fall zwischen Quito und Cuzco, über 650 bis 700 Meldegänger lief, die sich alle 3 km ablösten.

Das von den Inka entwickelte System ist genial: es ist das der *quipu*. Dabei handelt es sich um ein Bündel von senkrechten Schnüren, die an einer waagrechten Hauptschnur befestigt und von verschiedener Farbe und Länge sind. Die auf den Schnüren angebrachten Knoten drücken Zahlen aus, ähnlich wie die Kugeln auf einem Rechenschieber. Mit den *quipu* können auf diese Weise aufgrund eines zwischen Absender und Empfänger vereinbarten Programmes eine ganze Reihe von Informationen übermittelt werden. Die Farben beziehen sich auf verschiedene Arten von Waren, Personen oder Gegenständen, während die Knoten Quantitäten angeben, die Zahl von Stücken oder Personengruppen, Produktionsstatistiken und ähnliche Dinge.

Es liegt auf der Hand, daß die *quipu* nicht wie eine Schrift einem einheitlichen Code gehorchen. Sie funktionieren aufgrund einer von Fall zu Fall je nach Bedürfnis abgeschlossenen Übereinkunft. Doch sie sind eine äußerst nützliche mnemotechnische Einrichtung, um Zahlen festzuhalten. Ihre Deutung benötigt einen mündlichen Kommentar des Meldegängers oder, was wahrscheinlicher ist, von Staatsbeamten, die den Schlüssel besitzen und die Hüter dieser Tradition sind. Die Inka-Gesellschaft nannte sie *quipucamayoc*. Vermutlich waren die Zahlen in den *quipu* nach dem Dezimalsystem festgehalten.

Die Funktion dieses leicht transportierbaren Nachrichtenträgers, wie es die *quipu* sind, ist eine doppelte: die Kontrolle der Richtigkeit der den *chasqui* anvertrauten Zahlenangaben und die Möglichkeit, eine »Bibliothek« mit den Schnüren zu bilden, ein »Rechenzentrum« für die Verwaltung, die auf diese Weise über eine Statistik der Reichtümer des Landes verfügt. Man hält die Zahl der Einwohner oder Krieger fest, aber auch die in den Silos und Lagerhäusern angehäuften Vorräte, die Produktionszahlen einer Stadt oder einer Region.

Kurz, das *quipu* mag zwar ein bemerkenswertes Buchhaltungsinstrument sein, es dient jedoch nicht zur Übermittlung von »Ideen«, von abstrakten philosophischen oder historischen Begriffen, sondern zu der von Quantitäten realer Gegenstände. Seine Deutung beruht auf einem mündlichen Code, der verloren gegangen ist. Selbst wenn uns die Gräber an der Küste noch so viele *quipu* liefern, sind wir nicht imstande, die Informationen zu verstehen, die sie enthalten. Unter diesen Umständen läßt sich nicht behaupten, die *quipu* hätten, trotz des Reichtums ihres Inhalts, die Inka-Welt aus dem schriftlosen prähistorischen Zeitalter heraustreten lassen.

Eine Kultur sozialistischen Typs?

Das Sozialsystem der Inka wird von Autoren höchst unterschiedlich beurteilt. Die einen sehen darin einen Vorläufer des Sozialismus (Louis Baudin) aufgrund seiner Vorsorge- und Verteilungseinrichtungen, die anderen entdecken eine Theokratie mit Sklavenhaltung, die den großen absoluten Monarchien der Antike gleicht, doch strenger und unmenschlicher organisiert ist.

So kann man je nach dem Gesichtspunkt, unter dem man diese Hochkultur beurteilt, sie bald als vollkommenes Modell betrachten, das eine idyllische Welt hervorgebracht hat, eine Welt, in der jeder seiner Zukunft sicher sein kann und einen genau bestimmten, vom Staat gut bezahlten Platz in der Gesellschaft einnimmt, bald als schrecklicher »Gulag«, in dem die Menschen, ihrer Individualität beraubt, die Sklaven des Inka geworden sind. Hölle oder Paradies?

Wie bereits erwähnt, hat John V. Murra die Organisation der Inka-Welt neu zu deuten versucht. Vielleicht läßt uns seine Interpretation die Vorzüge und Nachteile des inkaischen Gesellschaftssystem besser erfassen. Um mit den Gewohnheiten der Autoren zu brechen, aus den kurz nach der Conquista entstandenen Chroniken die wesentlichen Erkenntnisse über die Inka-Vergangenheit zu schöpfen, stützte sich Murra auf die Berichte oder *visitas* der Kolonialbeamten. Anhand dieser Schriften konnte er ökologische Aspekte erfassen und erkennen, wie der Andenmensch ein eigenständiges Produktionssystem entwickelte. Murra betont die Tatsache, daß die menschliche Energie der wesentliche Tauschfaktor der Gesellschaft ist: der Tribut ist die Grundlage für das Funktionieren der Staatsmaschine. Durch den Tribut erhält der Staat den Produktionsüberschuß, ohne den die Wiederverteilung unmöglich ist und der die »soziale Fürsorge« begründet.

Murra unterstreicht ebenfalls das ständige Bemühen um eine Produktion, die eine möglichst große Zahl ökologischer Ebenen erfaßt. Es geht bei dieser Wiederverteilung darum, die aus Zentren verschiedener Höhenlage stammenden Produkte zu koordinieren, um den Völkern ein breites Warenangebot zur Verfügung stellen zu können. Dies nennt er die »vertikale Kontrolle«. Sie dient dazu, einander ergänzende Produkte zu vereinen, die in unterschiedlichen Regionen hergestellt werden: Fleisch, Milch und Leder im Hochland, Mais, Quinoa und Kartoffeln in den höhergelegenen mittleren Zonen, Früchte und Gemüse in den gemäßigten Zonen, Baumwolle, Paprika und Meeresfrüchte in den tropischen Küstengebieten und schließlich Holz, Koka, exotische Produkte, Vogelfedern und Arzneipflanzen im östlichen Altiplano, der Montaña und der Selva.

So vermutet Murra, daß sich verschiedene soziale Gruppen zu Produktionsgemeinschaften zusammenschlossen, die er »Produktionsarchipele« nennt und die Zentren unterschiedlicher Höhenlagen umfaßten, um sich aller Reichtümer des Landes zu versichern. Die »Archipel«-Gemeinschaften beruhten auf einem interregionalen Tauschsystem zwischen den einzelnen warenproduzierenden Regionen. Diese Organisation sicherte den Wohlstand jeder von der vertikalen Kontrolle beherrschten Gemeinschaft und die vollkommene gegenseitige Ergänzung der Güter, über die die Gesellschaft verfügte. Dank dieser Einrichtung konnte die Bevölkerung ein monotones, beschränktes Nahrungsangebot vermeiden, das gewöhnlich das Los der prähistorischen Gesellschaften ist und oft schwere Ernährungsmängel verursacht.

Indem die Inka-Verwaltung auf organische Weise Hochland, Täler, Ebenen und Küstengebiete in einem einheitlichen Produktionssystem zusammenführte, gelang es ihr zweifellos, den Lebensstandard der Landesbewohner beträchtlich zu heben. Übrigens gab es das Gesetz des gegenseitigen Austausches, für das die ältesten, Baumwolle und Wolle mischenden Stoffe bereits Zeugnis ablegen, schon seit Jahrhunderten in Perú. Die Inka taten auch hier nichts anderes, als schon bestehende Lösungen, die sie als nützlich erachteten, bis zu den äußersten Konsequenzen zu entwickeln und in Regierungsprinzipien zu verankern.

Murra untersucht ebenfalls das Problem der *mitimaes* oder *mitimac* (Quechua: *mitma-kona*). Diese Bauern wurden von den Inka gezwungen, sich an oft weit von ihrer Heimat entfernten Orten niederzulassen, um die Vereinigung der Völker und die Vereinheitlichung der Sitten und Sprachen des Reiches voranzutreiben. Offenbar benutzten die Inka dieses Mittel, um überall den Gebrauch des Quechua oder »Runa Simi« einzuführen.

Die *mitimaes,* von denen man oft annahm, sie hätten nur aus unterworfenen Völkern bestanden, erinnern uns an die Umsiedler oder die Deportierten des letzten Weltkrieges. Zwar handelt es sich um ganze Dörfer oder Stämme, die in eine neue Umwelt gesetzt wurden, doch Murra zeigt, daß die Umsiedlungen gewöhnlich stattfanden, um die vertikale Kontrolle zu sichern und um den Austausch von Techniken und Kenntnissen zu ermöglichen. Zudem ging es darum, Leute zu jahreszeitlichen Arbeiten heranzuziehen. Man siedelte sie auch um, damit sie in neuen ökologischen Nischen bisher unbekannte landwirtschaftliche Methoden einführen konnten. Das geschah zum Beispiel, als man die Lamazucht in die tieferen mittleren Zonen brachte, wo sie zuvor nicht bestanden hatte.

Diese Mobilität der Arbeitskräfte ist nicht nur ein Phänomen, das die Verschmelzung der verschiedenen aus unterschiedlichsten Regionen stammenden Völker förderte, sondern sie erschloß dem Land auch neue Möglichkeiten. Häufig war der Austausch von Völkern aus dem Hochland im Zentrum des Reiches mit solchen in den Grenz- und Küstengebieten. Es gab aber auch besondere, von den Umständen diktierte Fälle; so brachte man regelmäßig Vertreter eines bestimmten Berufsstandes nach Cuzco, beispielsweise kurz nach dem »Anschluß« der Chimú, als die ganze Zunft der Metallarbeiter und Goldschmiede vom Inka in Beschlag genommen wurde. Diese Operation war in zweierlei Hinsicht nützlich. Sie nahm dem Reich von Chimór die Waffenhersteller, die einen Aufstand gegen die Zentralgewalt materiell hätten unterstützen können, und sie brachte dem Inka eine hochentwickelte Technologie, die zur Kriegsführung und Aufrechterhaltung der Ordnung unentbehrlich war.

Bei den mit Hilfe der *mita* geleisteten Abgaben ist auf die Webkunst zurückzukommen, denn Murra zeigt auch, daß der *mita* für Textilien eine beinahe gleiche Bedeutung wie der landwirtschaftlichen *mita* zukam. Sie bildete in der Tat die zweite Säule der Andenwirtschaft. Die im Reich hergestellten Stoffe waren von höherer Qualität als jene, die man in Europa unter Karl V. produzierte. Auch in diesem Bereich waren die Inka die Erben der hervorragendsten Weber in der Vorgeschichte des Menschen: der Leute von Paracas, Nazca, Chincha, Chancay und Chanchán. Bei den präkolumbischen Andenvölkern gab es eine unübersehbare Produktion von ungewöhnlich feinen Textilien. Bis zur Conquista flossen die Lager des Inka über von Kleidern und Stoffen für Volk, Adel und Armee. Doch bereits 18 Jahre nach der Ankunft der Spanier war dieses herrliche Kunsthandwerk zerstört, vergessen und aufgegeben.

Kurz gesagt: die Inka entwickelten ein Wirtschaftssystem, das auf riesigen, in staatlichen Lagerhäusern und Depots angehäuften Reserven gründete, um den Notstand in schlechten Zeiten zu vermeiden und eine gerechte Verteilung von Waren und Materialien zu gewährleisten, die vielfältiger waren als die gewöhnlich in jedem Landesteil verfügbaren Produkte. Sie verhinderten auf diese Weise die private Bereicherung und Spekulation mit Preissteigerungen, die zu einem unausgeglichenen Tauschhandel geführt hätten. Die größere Vielfalt an Waren und Gütern brachte eine bessere Verteilung der Reichtümer und eine größere Sicherheit, was die unmittelbare Zukunft betraf. Ein schlechtes Maisjahr konnte ohne weiteres ein gutes Kartoffeljahr sein.

Manche empören sich angesichts der durchorganisierten Inka-Gesellschaft, in der alles geplant und vorgeschrieben ist, in der jede Freiheit fehlt. Sie staunen, daß das Volk in fensterlosen Hütten lebte und über keine Sitzgelegenheiten verfügte, von denen sie deswegen meinen, sie wären verboten gewesen. Sie sind darüber schockiert, daß man auf dem Boden schlief und sich nur an Festtagen am Maisbier, der *chicha,* berauschen durfte. Dabei wird vergessen, daß die Leibeigenen in den ländlichen Gebieten Europas im Mittelalter nicht anders lebten. Man schreit Skandal, weil der Mensch keine Aussicht hatte, seine Situation zu verbessern oder seine Tätigkeit zu wechseln, und daß ihm keine Schulen zur Verfügung standen. Doch auch in dieser Hinsicht sah unsere eigene Geschichte vor einem Jahrtausend kaum anders aus.

Die Gesellschaftsstruktur der Inka bot im Gegenteil zahlreiche Vorteile: eine »soziale Fürsorge« des Staates, der sich um Gebrechliche, Witwen und Waisen kümmerte. Und wenn die Alten mit 60 Jahren oder mehr noch für leichtere Nebenarbeiten herangezogen wurden, so blieben sie wenigstens Mitglieder der aktiven Gemeinschaft und wurden nicht aus der Gesellschaft ausgeschlossen. Das ist eine gesündere Politik als die heutige, die für den Rentner völlige Untätigkeit fordert, denn dieser fühlt sich rasch als unnütze Last.

Nicht zu vergessen ist, daß die Expansion der Inka ihren Ursprung in der Übervölkerung der Gegend von Cuzco hatte, wo die leicht zugänglichen Ländereien schon bald kultiviert waren. Um diesem demographischen Druck zu begegnen, entwickelten die Inka das System der intensiven Produktion, das sie schließlich allen entwickelten Gesellschaften der Andenwelt aufzwangen. Die Angst vor der Not ließ diese phantastische Bündelung der Energie entstehen, die dem einzigen Zweck diente, das Hungergespenst endgültig zu vertreiben. Die ständige Vorsorge führte sie dazu, Ordnung, Anstrengung und kollektive Disziplin der Angst um das Morgen vorzuziehen, auf die Gefahr hin, dabei die Freiheit zu verlieren – ein Begriff, der in einer prähistorischen Welt höchst anachronistisch erscheint.

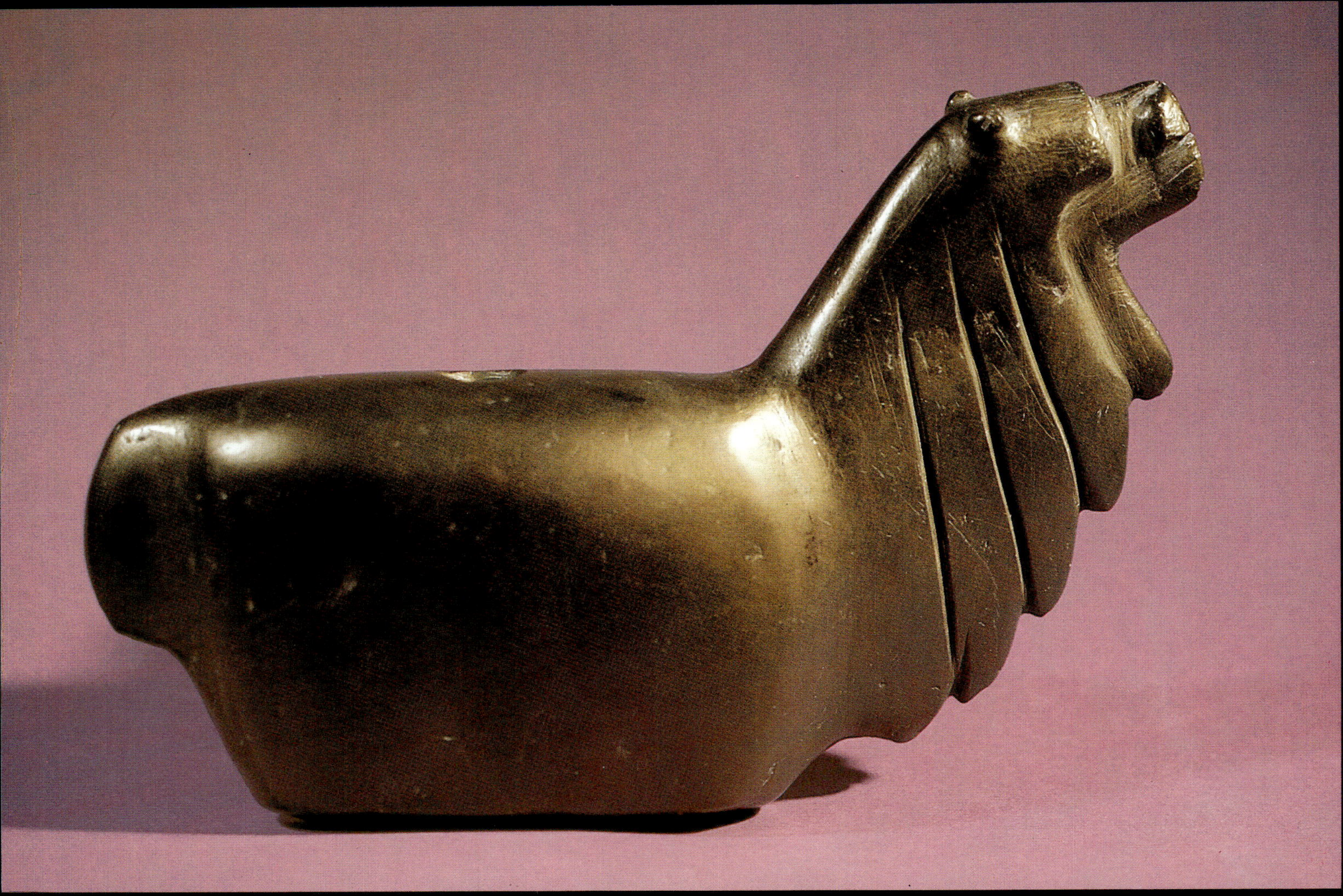
198

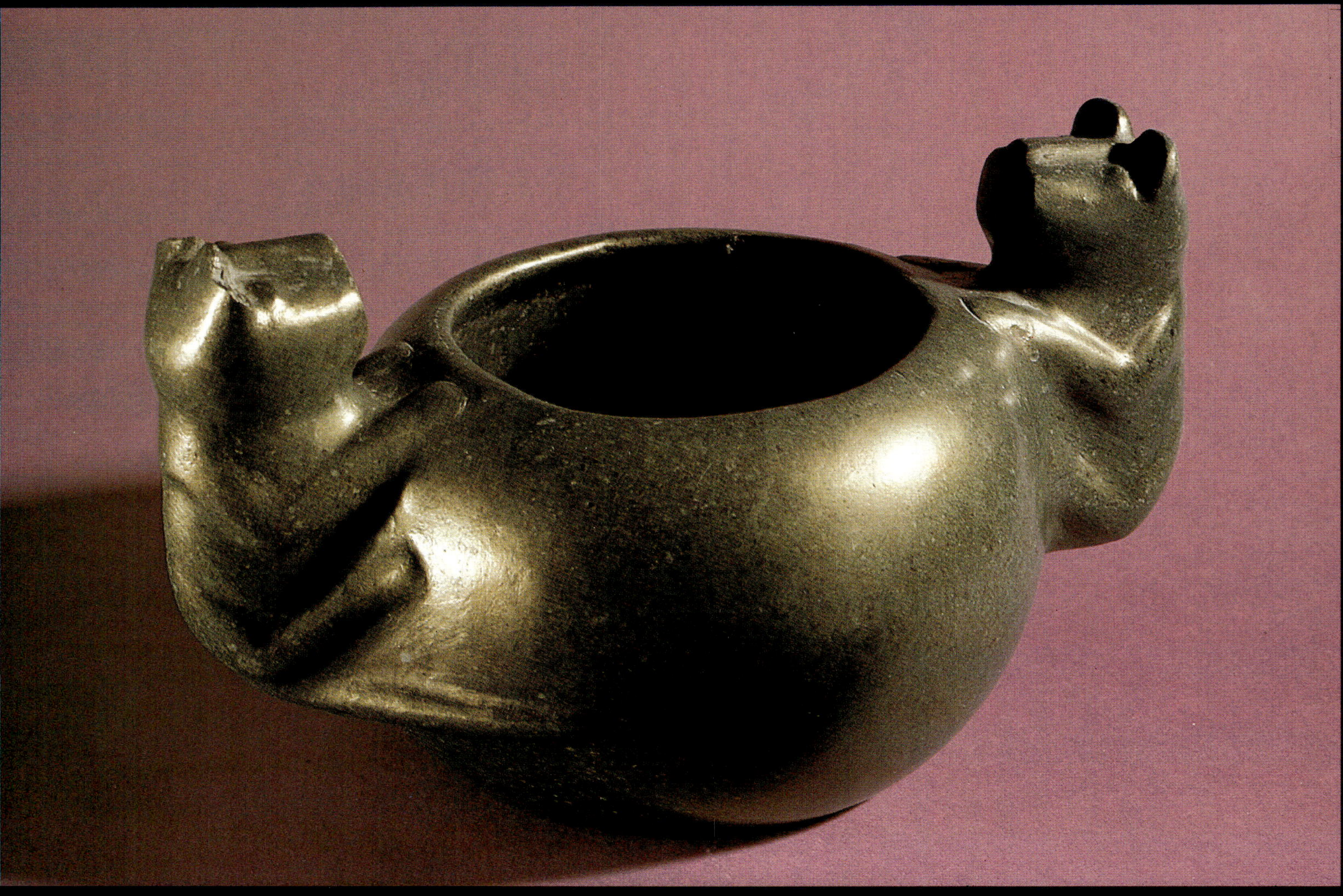
199

IX Die Inka und die Kunst

In den meisten Bereichen waren die Inka die Erben der ihnen vorausgegangenen Kulturen. In dieser Hinsicht nennt sich dieses Buch zurecht »Die Kunst der Inka und ihrer Vorläufer«. Man kann sogar behaupten, daß ihre Hochkultur und Macht nur das fortgeschrittenste Stadium der verschiedenen Teile des Reiches darstellen.

Was Institutionen, Techniken und Glaubensvorstellungen, Sitten und Bräuche oder die Religion betrifft, sind die Inka in erster Linie die Treuhänder eines gemeinsamen Erbes: jenes der Andengesellschaften, die sich vor ihnen seit 5000 Jahren entwickelt hatten. Kurz vor dem Aufstieg der Inka ist die Infrastruktur des Landes zu einem großen Teil vorhanden, zwar noch nicht so ausgedehnt, doch nach einem bereits hochentwickelten System. Dies gilt beispielsweise für die ökonomischen und landwirtschaftlichen Formen: Bewässerung, Lagerung, Tausch, Wiederverteilung usw. Überall scheint die Rolle der Staatsgemeinschaft, der kollektiven Disziplin und der zentralisierten Organisation eine Lebensbedingung für die von Wüste oder Hochland umgebenen Gesellschaften gewesen zu sein, überall dort, wo der Mensch sich nur mit vereinten Anstrengungen gegen die Natur durchsetzen konnte.

Aufgrund einer vorbildlichen militärischen Organisation und einem entschlossenen Mut, der in einer schwierig zu meisternden Übervölkerungssituation gewachsen war – was A. Toynbee *challenge* nannte –, nahmen die Inka das Wagnis einer Reihe von Eroberungen auf sich, die ihnen in jedem Bereich die Quintessenz der damaligen Kenntnisse für sich in Anspruch zu nehmen erlaubte.

So sind sie die Erben der Nazca-Weber, der Chimú-Goldschmiede, der Architekten des Altiplano, der Mochica-Ingenieure im Bereich der Wasserkunde, die das Reich von Chanchán weitergegeben hatte. Vermutlich verdankten die Inka den Chimú auch ihre hauptsächlichen Errungenschaften in soziopolitischer und selbst technologischer Hinsicht: Städteplanung, Straßennetz, Metallurgie und Keramik. Von Chimór scheinen sie die Organisation und Führung des Reiches sowie einen Teil des Herrscherrituals übernommen zu haben. Man hat den Eindruck, als ob sich das inkaische »Genie«, das auf Assimilations- und Umwandlungsfähigkeit, aber auch auf einem durch und durch synkretistischen Geist beruhte, kurz nach der Eroberung von Chanchán erst richtig zu entfalten begann. Diese Eigenschaften schließen keineswegs die Kreativität aus, denn die Inka sind keine Epigonen. Ihre Werke sind im allgemeinen auf den ersten Blick erkennbar. Ein eigenständiger Ausdruck ist sowohl in den Stoffen zu erkennen, die sich nicht mit den Tüchern von Paracas oder Tiahuanaco verwechseln lassen, als auch in den Keramiken, die nicht sklavisch die Chimú-Arbeiten nachahmen, sondern neue Formen (Gefäße in Aryballosform) einführen.

Die ungewöhnliche Meisterschaft der Inka beruht im wesentlichen auf kollektiver Disziplin und einer Organisation, dank denen dieses Volk sich an die Spitze der Andengesellschaften stellen konnte. Dabei entwickelte es die ihm überlieferten

198 Die Statuette eines Alpaka in schwarzem Basalt symbolisiert für die Fruchtbarkeit des Bodens dargebrachte Opfer. Das 17 cm lange Werk im kaiserlichen Inka-Stil wurde in der Zone von Cuzco gefunden (Museo Regional de Cuzco)

199 Der Basaltmörser mit zwei Griffen in Form von stilisierten Pumas diente vermutlich als Zeremonialgefäß für Opfergaben. Das Stück im kaiserlichen Inka-Stil ist 22 cm lang. (Museo Regional de Cuzco)

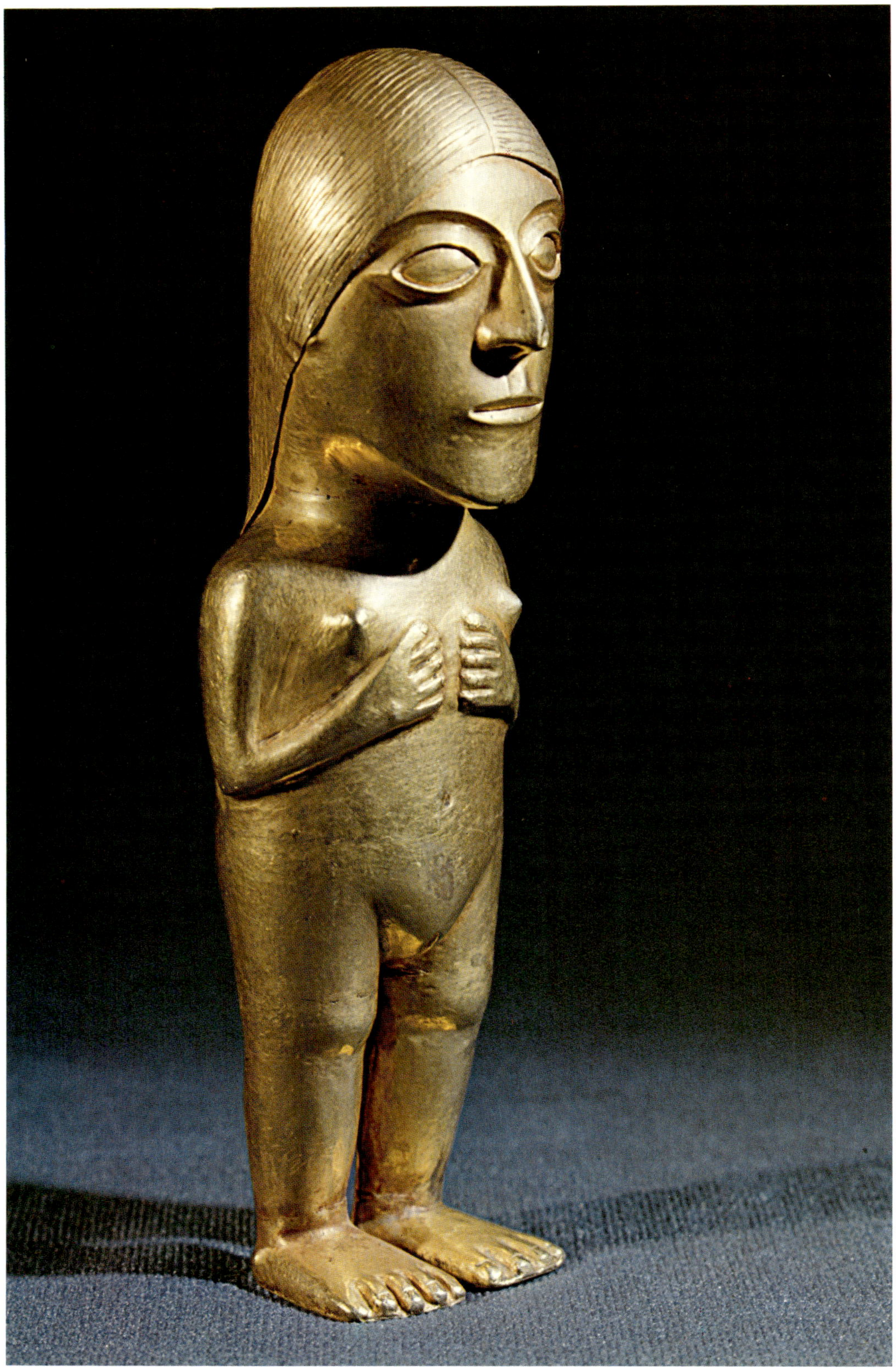

200

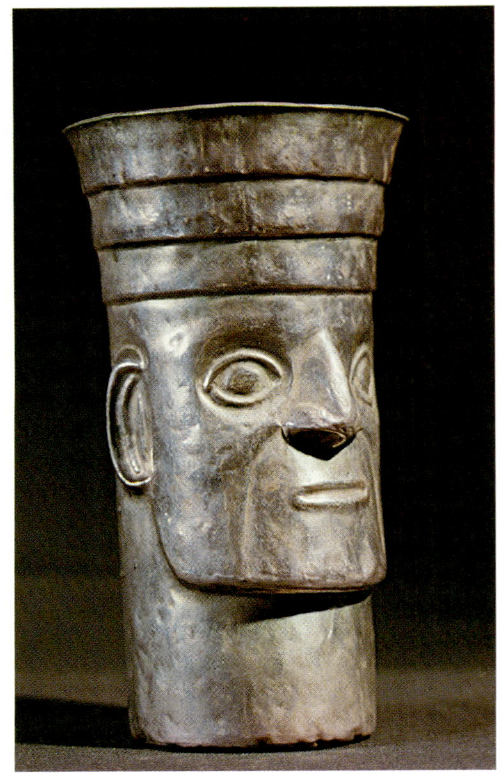

201

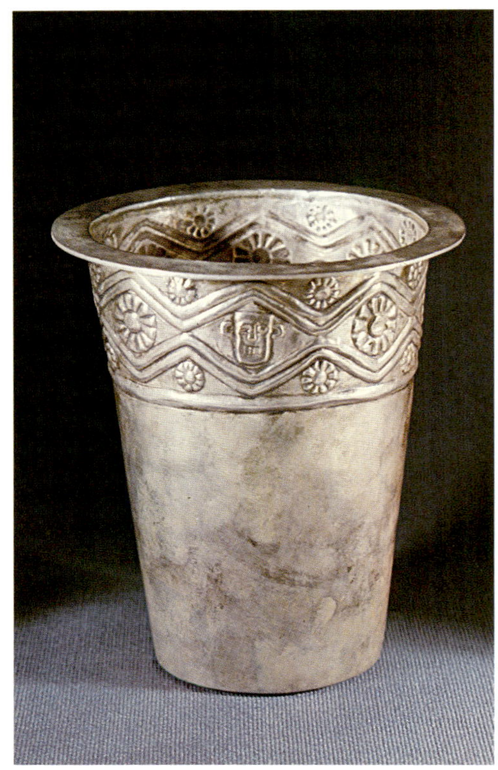

202

Formeln bis zu den äußersten Konsequenzen. Die Inka koordinierten sie in einer starren, imperialistischen Staatsstruktur und in einem Produktions- und Verteilungssystem, die sie in ein bewundernswertes Werkzeug kultureller Synthese verwandelten.

Wie ordnet sich die künstlerische Schöpfung in dieses übertrieben zentralistische Staatssystem ein? Das »Genie« der Inka zeigt sich vor allem im Bereich der Architektur. Hier führen die Veränderungen der Formensprache der vorhergehenden Bauleute zu einem eigenständigen Stil, der sich in den Formen wie in den Bauweisen zeigt. Die Erneuerung ist erstaunlich. Ein neuer Geist belebt den baulichen Ausdruck, im Bereich der Steinmetztechnik – in dem die Inka Hervorragendes leisten – wie in dem von *adobe* (getrocknete Lehmziegel) und *tapia* (gebrannte Lehmziegel).

Das Erbe der Baumeister

Im Erbe der Inka-Baumeister laufen zwei Strömungen zusammen, um zu einer eigenständigen Architektur zu führen: die der Völker des Altiplano, der Colla vor allem, die selbst den Leuten von Tiahuanaco nachfolgten, einerseits und die der Chimú andererseits, die besonders im Städtebau zutage tritt.

Von Tiahuanaco-Huari übernahmen die Inka in erster Linie den Stein als Baumaterial. Nach der Eroberung des Altiplano durch Pachacutec, kurz nach den Siegen über die Chanca und anschließend über die Colla, entwickelte sich ihre Architektur. Man muß allerdings von vornherein einen Unterschied hervorheben. Die Steinhauerkunst und der Mauerverband von Tiahuanaco waren beim Auftauchen der Inka im Hochland seit 400 Jahren verschwunden. Selbst wenn die Ähnlichkeit des Materials gelegentlich gleiche Methoden hervorruft, geschieht die Weitergabe der Tradition durch die Vermittlung der Colla.

Zwar konnte Pachacutec von den Überresten von Tiahuanaco beeindruckt gewesen sein. Doch die Architektur von Cuzco ist weniger eine »Nachahmung« von Puma Puncu oder der Gräber von Huari als eine vollkommen neue Schöpfung, die auf anderen Bauprinzipien und Mauerverbandtechniken beruht. Anstelle flacher Verfugungen hat man es bei den Inka gewöhnlich mit konvex-konkaven Flächen zu tun, die genau aufeinanderpassen. Diese Technik unterscheidet sich übrigens auch von der der Colla. Die Colla-Handwerker, die beim Bau der Hauptmonumente von Cuzco eingesetzt wurden, mußten also eine neue Konstruktionsweise erlernen, die vermutlich von den Inka erfunden worden war.

Die Colla hatten im Hochland rund um den Titicaca-See eine Kultur entwickelt, die sich hauptsächlich durch auffallende Grabtürme, die *chullpa,* auszeichnet. In ihnen wurden die Mumien der Verstorbenen in ihrem reichen *fardo* beigesetzt. Die technische Meisterschaft in der Konstruktion dieser Türme zeigt sich vor allem bei den *chullpa* von quadratischem oder kreisförmigem Grundriß. Die Ausführung zylindrischer Bauten mit behauenen Steinen setzt jedoch eine ausgezeichnete Kenntnis der Steinhauerkunst voraus.

Der Einfluß der Colla auf die Inka sollte jedoch nicht überbewertet werden. Es gibt zwar *chullpa,* die vor der Eroberung durch die Inka entstanden sind, doch die besten Bauten von Sillustani zum Beispiel stammen aus der Zeit des Reiches.

Sillustani liegt am Ufer des Umayo-Sees in 20 km Entfernung vom Titicaca-See auf beinahe 4000 m Höhe in einer herrlichen Landschaft. Die für die Häuptlinge und ihre Familien geschaffenen Grabtürme haben überwölbte Räume (mit falschen Gewölben aus vorkragenden Steinen), in denen die Verstorbenen in Hockstellung in einer Art Einzelnischen auf übereinanderliegenden Ebenen beigesetzt wurden.

Die *chullpa* sind aus schönen Blöcken von Vulkangestein erbaut, deren Außenflächen vortrefflich geglättet sind und deren Fugen schichtweise in geraden, horizontalen Linien verlaufen. Im Innern sind die Blöcke roh belassen und mit grob

200 Das 24 cm hohe »Idol«, eine Inka-Goldschmiedearbeit, wurde 1934 in einem Grab von Paucar Tambo in der Provinz Cuzco entdeckt. Das Stück stellt eine weibliche Gottheit dar und bildet mit einer identischen silbernen Statuette ein Paar. (Museo Regional de Cuzco)

201 Großer Silberbecher aus der Inka-Zeit. Das von Chimú-Handwerkern geschaffene Stück ist rund 20 cm hoch und ist ein gutes Beispiel für das Treiben von Porträts. (Museo Oro del Perú, Lima)

202 Der 18,5 cm hohe silberne Inka-Becher wurde in der Gegend von Quito (Ecuador) gefunden. Das Dekorband zeigt Zickzacklinien, zwischen denen sich Köpfe und *cantu* genannte Blumen abwechseln. Die Blumen gleichen denen auf dem Gefäß von Abbildung 191. (Museo del Banco Central, Quito)

mit gestampftem Lehm vermischten Bruchsteinen hintermauert. Manche Türme sind bis zur Bekrönung 12 m hoch. Diese ist oft abgerundet und mit einem vorspringenden Kranzgesims versehen, die dem Bau ein phallisches Aussehen verleihen kann (Abb. 203).

In das Innere des Turmes führt eine kleine, niedrige Öffnung, die auf die aufgehende Sonne ausgerichtet ist. Der gleichen Orientierung folgend, gibt es in Sillustani auch Kreise mit aufrechtstehenden Steinen, die zweifellos Kultplätze in freier Natur waren (Abb. 204). Im Altiplano findet man weitere Orte der Colla vom gleichen Typ wie Sillustani mit teils zylindrischen, teils kubischen Türmen, beispielsweise in Cutimpu, Acora, Mollocahua oder Paucar Tambo.

Der andere Einfluß, der sich in der Inka-Architektur bemerkbar macht, führt nach Chimór. Die ummauerten, rechteckigen Städte der Chimú haben zwar die gleich angelegten Inka-Städte mit ihren Magazinen, Plätzen und rechtwinkligen Anlagen beeinflußt, doch im Bereich des Städtebaus ist auch auf die Rolle von Huari und seinen ummauerten, in Stein errichteten Städten hinzuweisen, im Gegensatz zum *adobe* von Chanchán. Der Fall von Pikillaqta bei Cuzco, das die Leute von Huari erbauten, läßt die Vorbilder von Inka-Schöpfungen wie Racchi (oder San Pedro de Cacha) und der Unterstadt von Ollantaytambo erkennen.

Alles in allem scheinen im Bereich von Architektur und Städtebau das Erbe weniger bestimmend und die Begabung der Inka ausgeprägter gewesen zu sein als in den anderen Bereichen künstlerischen Schaffens. Deshalb lohnt es sich, die Errungenschaften der Inka-Baumeister hervorzuheben.

Die Bedeutung der Inka-Architektur ist beträchtlich, denn die kaum mehr als 500 Jahre alten erhaltenen Überreste sind zahlreich und beeindruckend. Ganze Orte haben ihre Grundstrukturen bewahrt: Stadtmauern, Hauswände, Tore, Nischen, Kultstätten und Magazine, mit Ausnahme der Strohdächer, die infolge des Einsturzes des verbrannten oder verrotteten Gebälks verschwunden sind.

Angesichts der Fülle von Inka-Ruinen, die man in der Gegend von Cuzco und im Hochland ebenso wie in den Küstenebenen von Ecuadór bis zur chilenischen Grenze findet, mußten wir uns auf die am besten erhaltenen und aufsehenerregendsten beschränken. Sie bilden für sich allein eine bedeutende Gruppe.

Städtebau und Bauwerke in Cuzco

Zum Glück für die Historiker bot Cuzco, die Hauptstadt des Inka-Reiches, den Konquistadoren so viele solide Bauten von hervorragender Qualität, die den im Andenmassiv häufigen Erdbeben zu widerstehen vermochten, daß die Spanier beschlossen, das zu erhalten, was erhaltenswert war. Das heißt, im wesentlichen die Gebäude, die die Bürgerkriege zwischen den Indianern, den Brand von 1535, als die Inka die besetzte Stadt wiederzuerobern suchten, und die Kämpfe überdauert haben, die in den ersten Jahren der Kolonie zwischen den zerstrittenen Parteien der spanischen Armee wüteten. Die Zerstörungen betrafen vor allem die Dächer und Strohbedeckungen. Ein großer Teil der Wände und damit der Grundrisse ist jedoch erhalten, trotz der Änderungen, die die Verteilung der Grundstükke an die Eroberer mit sich brachte. Besitzer- und Nutzungswechsel schrieben zudem neue Bauprogramme vor, beispielsweise in den Mauerverband der Inka integrierte Renaissance-Portale für die Aufstockung von Palästen.

Ist die Stadtanlage also zum größten Teil auf uns gekommen, so trifft das nicht auf die Tempel zu, bei denen die Umgestaltung leider radikal war. Beim Coricancha-Tempel, dem großen, dem Ritual des Inka geweihten Heiligtum der Staatsreligion, war die Umwandlung in Kirche und Kloster von einer Reihe von Zerstörungen begleitet, die die Stätte verwüstete. Ähnlich wurde ein Großteil der Oberbauten auf der »Festung« Sacsahuamán abgetragen, um Baumaterialien für die Kathedrale und die wichtigsten Kolonialkirchen zu erhalten.

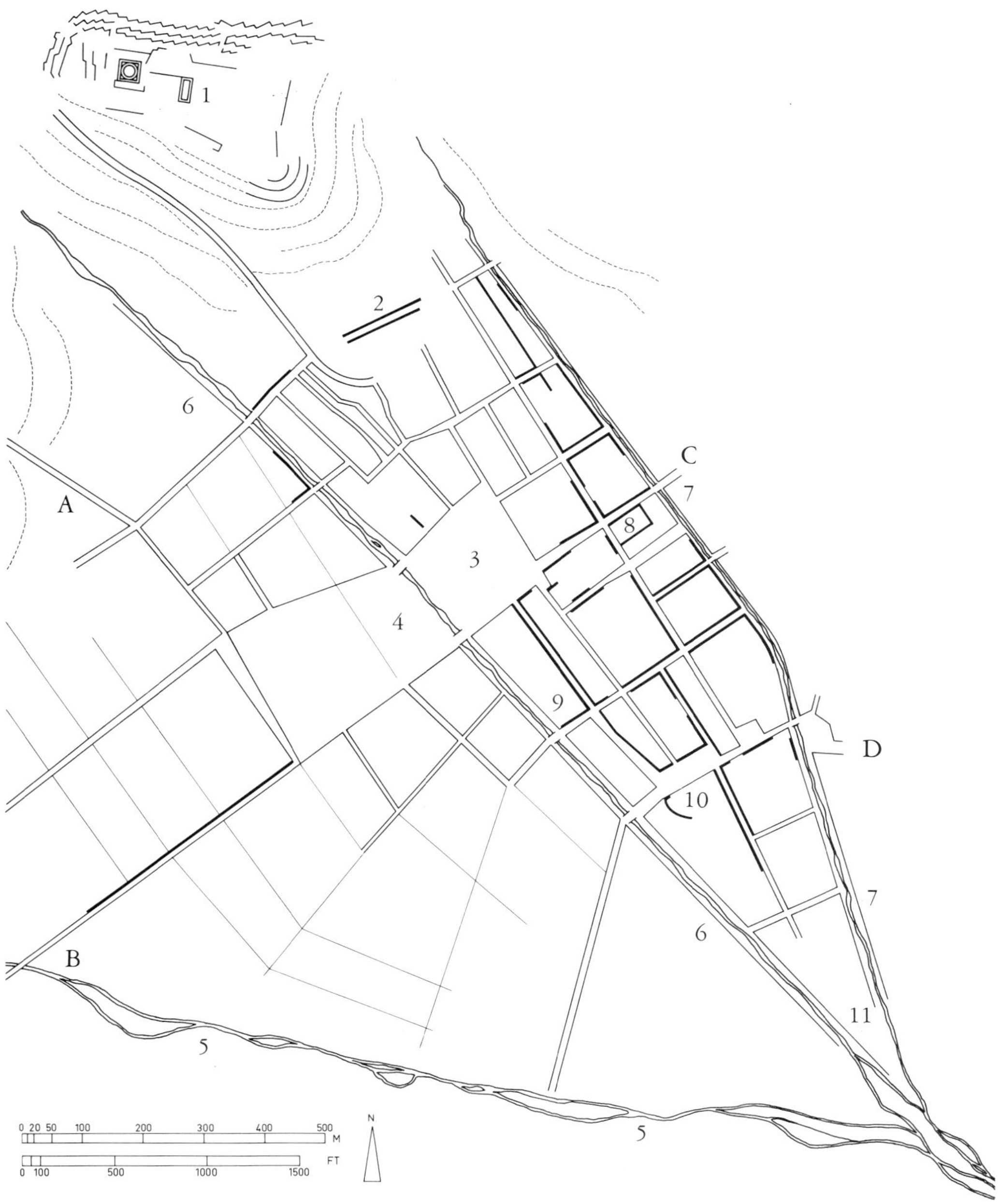

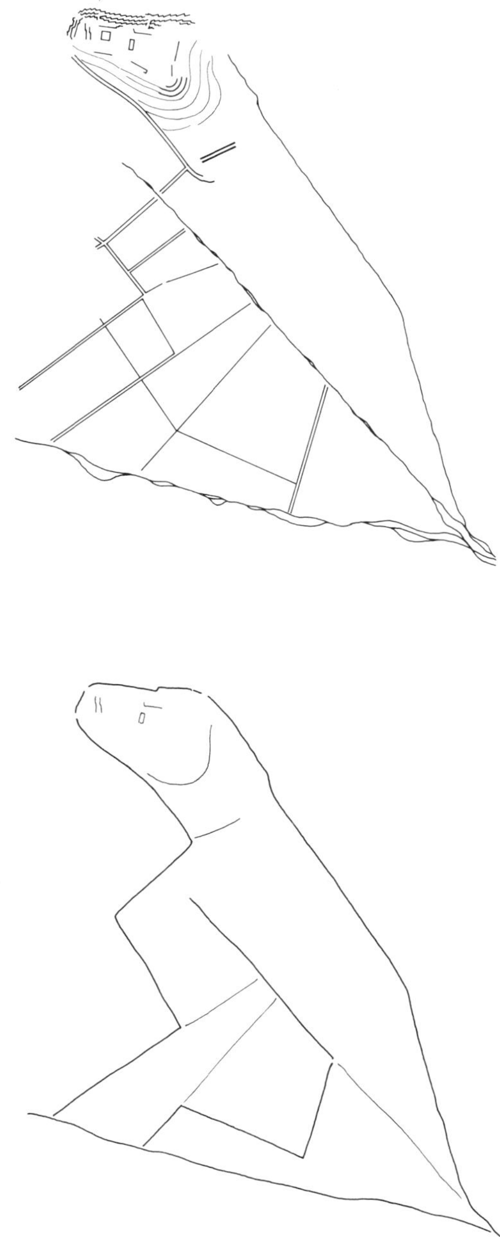

Plan der Stadt Cuzco
1 Sacsahuamán
2 Collcampata
3 Huacaypata-Platz
4 Cusipata-Platz
5 Rio Chunchul
6 Rio Huatanay
7 Rio Tullumayo
8 Palast des Inka Roca
9 Callejón de Loreto
10 Coricancha
11 Pumac Chupan, »Jaguarschwanz«

Die vier Straßen, die in die vier Teile des Reiches führen:
A Straße von Chinchasuyu
B Straße von Contisuyu
C Straße von Antisuyu
D Straße von Collasuyu

Rechts: Zwei Skizzen, die den Plan von Cuzco in der Gestalt eines Pumas zeigen

Doch die bedeutenden Überreste erlauben es, den Plan der ursprünglichen Stadt Cuzco zu rekonstruieren, die, wie zu betonen ist, bei der Ankunft der Konquistadoren kaum auf mehr als 60 oder 70 Jahre zurückschauen konnte. Kurz nach seinen errungenen Siegen hatte Pachacutec die Hauptstadt um die Mitte des 15. Jahrhunderts ganz erneuern lassen. Die von ihm konzipierte Anlage läßt sich jedoch nicht mit den aus dem Nichts geschaffenen Plänen in den eroberten Provinzen verwechseln. Einerseits ist das Terrain in Cuzco ziemlich kupiert, mit den drei in der Unterstadt zusammenfließenden Flußläufen – Huatanay im Zentrum, Tullumayo im Nordosten, Chunchul im Süden – und den vor allem im Norden gelegenen steilen Anhöhen. Andererseits mußte eine Reihe von bestehenden geweihten Stätten aus religiösen Gründen beibehalten werden und bestimmte den Platz der wichtigsten Heiligtümer.

Trotz dieser Vorbehalte entspricht der Plan von Cuzco einer genauen Ordnung. Die Stadt ist durch zwei sich auf dem Hauptplatz kreuzende Diagonalen in vier Stadtviertel geteilt. Die Nordwest-Südost-Achse wird vom regulierten und mit Dämmen versehenen Lauf des Huatanay gebildet, die Südwest-Nordost-Achse von den in zwei der Reichsgegenden – Contisuyu und Antisuyu – führenden Straßen. Die beiden anderen Regionen – Chinchasuyu und Collasuyu – wurden durch zwei von der westlichen und östlichen Stadtgrenze ausgehende Straßen erschlossen.

Der durch den Wasserlauf zweigeteilte Hauptplatz besteht aus Huacaypata und Cusipata. Dazwischen erheben sich heute Kolonialgebäude über der Kanalisation, in der der Huatanay verschwunden ist. So erhielt man vier Stadtviertel, die mehr oder weniger schachbrettartig angelegt und streng ausgerichtet waren. Zu den wichtigsten zählten im Norden Hanán Cuzco, die Oberstadt, und im Osten Hurín Cuzco, die Unterstadt, mit den Hauptheiligtümern und den Adelspalästen.

Das Nordviertel führte zur »Festung« Sacsahuamán hinauf, die die ganze Stadt beherrschte. Aufgrund des Bodenreliefs ordnete sie sich nicht in die rechtwinklige Anlage ein, der die Wohnviertel im großen ganzen folgten. Diese Ausnahme beruht darauf, daß der Inka für das politisch-militärische Zentrum des Reiches einen wohlgeschützten Ort wählte, und sie verleiht der Hauptstadt eine merkwürdige Form. Wie die indianischen Chronisten berichten, hatte die Stadt das Aussehen eines Puma, und John H. Rowe glaubte, dessen Umriß wiedergefunden zu haben. Die Analyse des Plans ergibt in der Tat, daß die allgemeine Form dem Bild eines im Profil gesehenen Tiers gleicht, dessen Kopf die »Festung« Sacsahuamán bildet – als Kopf des Reiches, nach einer auf der Hand liegenden Symbolik. Der Puma, dessen Umriß die drei Wasserläufe nachzeichnen, ist hockend dargestellt, in der Art mancher Wildtier-Skulpturen, die als Wächterfiguren vor Gebäuden von Huari aufgestellt waren.

Es bestand demnach die Absicht, die Stadt dem schützenden »Totemtier« in der Form anzugleichen. Dieses Vorgehen erinnert unweigerlich an unsere Hypothese zum olmekischen San Lorenzo, dessen Umriß eine Jaguarmaske darstellt (vgl. »Die Kunst der Maya«, S. 30–36). In Cuzco ist die Erinnerung an die alte Bedeutung noch lebendig im Namen des Viertels Pumac Chupan, »Jaguarschwanz«; diese Zone liegt genau am Hinterteil des Tiers, wo sich eine schmale Landzunge zwischen den Tullumayo, der das Kreuz des Puma bildet, und den Huatanay schiebt, der dem Bauch des Raubtiers bis zu seinem Schwanz folgt.

Der Huacaypata-Platz schließlich liegt nicht nur im Zentrum der Stadt, sondern auch auf der Stelle des Pumaherzens; daher seine Bedeutung als Versammlungsort anläßlich von Festen und Riten, denn hier schlug das Herz der Inka-Nation.

Der Inka-Baustil setzte sich in Cuzco kurz nach Pachacutecs Sieg über die Nachbarvölker durch, als er beschloß, die ganze Hauptstadt neu zu errichten. Er wollte sie in ein Zentrum verwandeln, das des von ihm geschaffenen Reiches würdig war. Zwar gab es die typischen Bauformen der Inka schon früher, doch der Eindruck spontaner Genese kommt daher, daß der große Eroberer die meisten früheren Bauten abreißen ließ, um sie durch die heute noch zu sehenden Gebäude zu ersetzen. So wissen wir nichts von dem ursprünglichen Zustand, der besonders die Archäologen interessieren würde.

Die offizielle Architektur, die für den Palast des Inka, für seine Verwaltung und Wache sowie für den Tempel bestimmt war, ist durch sorgfältig behauene und ohne Mörtel aufeinandergesetzte Steinblöcke gekennzeichnet. Die meisten Mauern sind unten massiver als oben. Öffnungen wie Türen und Nischen sind trapezförmig und sehr schlicht gestaltet. Weder Dekor noch vorstehende Rahmenprofile sind zu sehen. Einige wenige Reliefmotive – Schlangen und Pumas – scheinen eher abwehrenden als ornamentalen Charakter zu haben.

Der Mauerverband hat sich in der kurzen Geschichte der Inka-Welt beträchtlich entwickelt. Anfangs bestand er offenbar aus vieleckigen, unregelmäßigen Zyklopenblöcken – sie wurden auch später weiterverwendet, wie Sacsahuamán beweist –, die kunstvoll ineinandergepaßt und als machtvolles Bossenwerk ausgebildet sind. Die Entwicklung führte zu weniger klobigen Elementen, die horizontale Lagen mit senkrechten Fugen bilden. Auf diese Weise gewann der Mauerverband ein regelmäßigeres Aussehen und behielt nur noch ein feines, kissenartiges Relief. Dieses konnte auch völlig fehlen und durch eine einheitliche, glatte Fläche ersetzt werden, wie in der gerundeten Mauer des Coricancha.

Paradoxerweise ist das Hauptheiligtum in diesem Reich der riesigen Dimensionen nicht so monumental gestaltet wie die Mochica-Pyramiden oder gewaltige Bauten wie die Huaca Maranga bei Lima, die 1000 auf 500 m Grundfläche und eine Höhe von etwa 50 m hat. In Cuzco gibt es außer der »Festung« Sacsahuamán keine riesigen, maßlosen Anlagen, und der Coricancha bleibt ein Gebäude von mäßigen Proportionen.

203 Die *chullpa* von Sillustani erheben sich in der Hochebene des Titicaca-Seebeckens, am Ufer des herrlichen Sees. Diese Grabtürme haben eine Verkleidung aus sorgfältig aufeinandergesetzten, mörtellos verfugten Steinblöcken vor Bruchsteinmauerwerk. Die Innenkammern enthielten mehrere Mumienbündel. Die *chullpa* existierten vermutlich schon, bevor die Inka im 13. Jahrhundert das Land eroberten, erreichten jedoch erst zur kaiserlichen Zeit ihre technische Vervollkommnung.

204 Auf der Halbinsel Sillustani liegen am Fuß der *chullpa* Kreise aus aufgerichteten Steinen, die vermutlich mit den Totenkulten und dem Sonnenaufgang an bestimmten Tagen in Verbindung standen. Nach Osten ausgerichtet sind auch die kleinen türartigen Öffnungen, die jede *chullpa* besitzt.

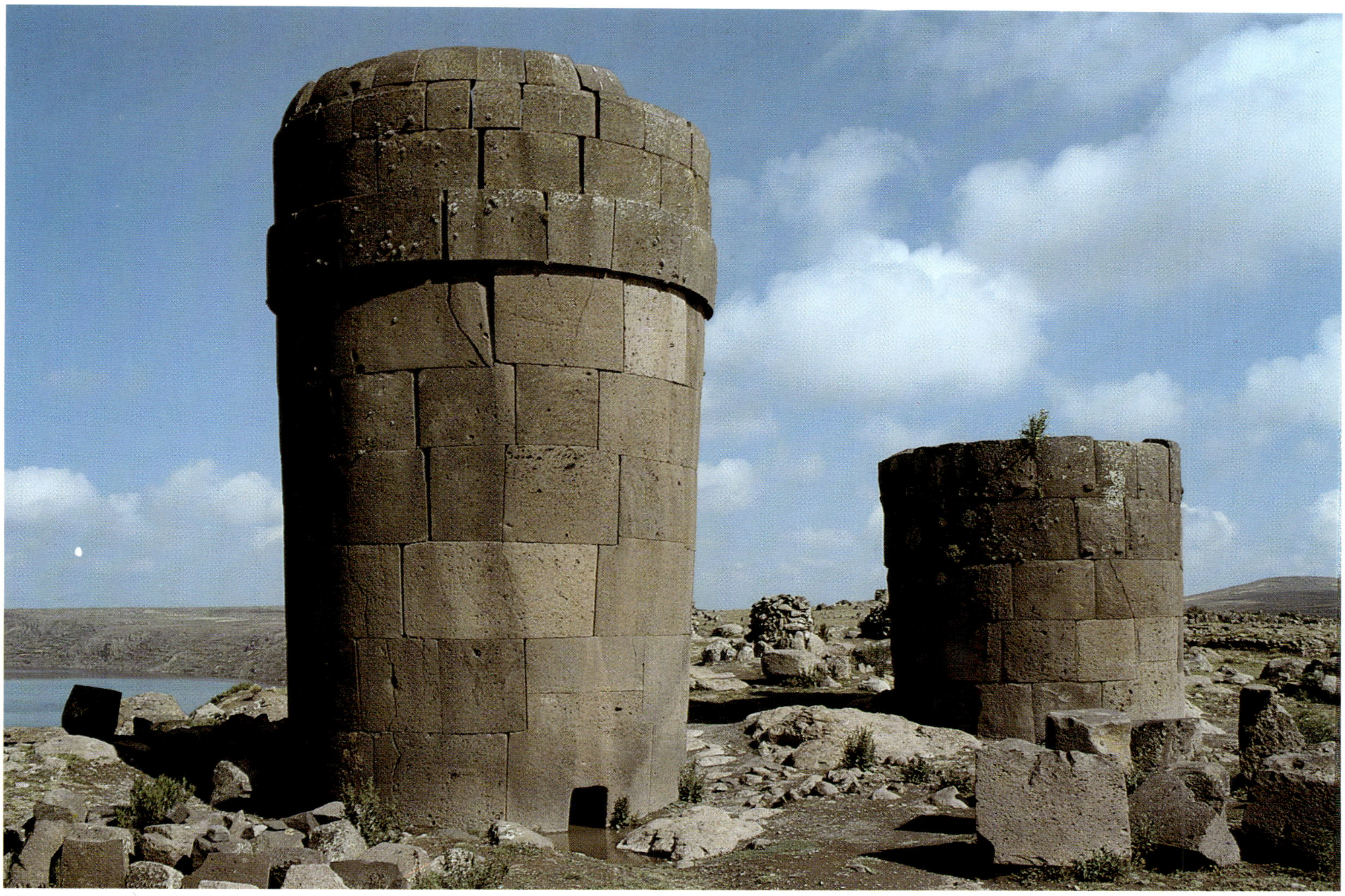
203

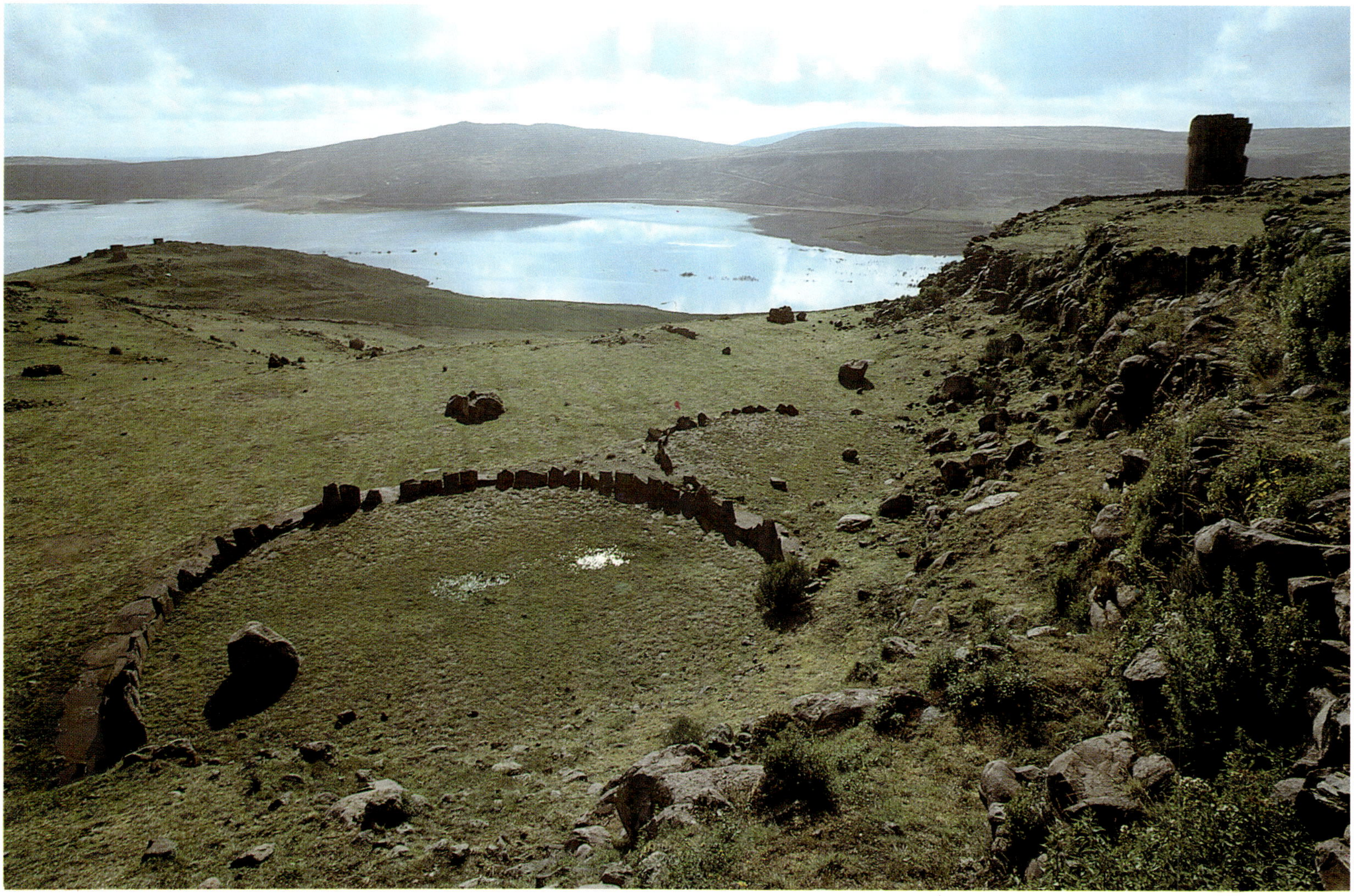
204

Graziano Gasparini und Luise Margolies, die eine bemerkenswerte Untersuchung über die Inka-Architektur veröffentlichten (»Inca Architecture«), und denen wir in mehr als einer Hinsicht verpflichtet sind, analysierten die Überreste des Coricancha im Licht der augenblicklichen Ausgrabungen, die 1956 in der Nachfolge des schrecklichen Erdbebens von 1950 begonnen hatten. Diese Such- und Restaurierungsarbeiten lassen die Anlage des Baukomplexes besser erkennen, der in mancher Hinsicht noch kaum bekannt ist und oft zu hypothetischen Deutungen des ursprünglichen Zustandes führt.

Der heilige Bezirk war von einer Mauer umgeben, mit einer halbkreisförmigen Ausbuchtung gegen Westen (Abb. 176). Diese gerundete Mauer umzog vermutlich einen heiligen Felsen oder *usnu,* das heißt, einen Opferaltar, den man oft mit einem Thron oder einer Sonnenuhr verwechselt hat. Den Felsen des Coricancha nannte der von Cobo zitierte Polo de Ondegardo Subaraura. Er bildete das Allerheiligste der Inka, das manche Chronisten als Intihuatana bezeichneten, den Ort, an dem man »die Sonne anbindet«. Wie wir sehen werden, war diese Beziehung zur Sonne, die man für eine astronomische hielt, in Wirklichkeit nur magisch-religiös, mittels des Opfers, das die Gottheit in einer Art Pakt mit den Menschen verbindet.

Nach der Conquista wurde dieser hochheilige Bezirk der christlichen Religion geweiht. Deshalb stellte man hier den Altar der Rosenkranzmadonna der Kirche Santo Domingo auf, als Zeichen des Sieges über die »Idole«.

Von den Gebäuden des Coricancha ist ein großer Teil erhalten, da er in das darüber errichtete Kloster einging. Es handelte sich um vier rechteckige Bauten, von denen je zwei im Osten und Westen eines Vierecks von 35 m Seitenlänge angeordnet waren. Mit ihren geböschten Wänden, ihren typisch inkaischen trapezförmigen Türen und zahlreichen Nischen sowie mit ihrer schönen, regelmäßigen Anlage waren die vier Räume vollkommen symmetrisch. Der größte und am besten erhaltene mißt im Innern 13 auf 8 m (rund 100 m^2) und besitzt zwischen den beiden Türöffnungen eine Nische, die als »Tabernakel« des Tempels gilt. Ihre Wände waren den Chronisten zufolge mit Goldblech und Edelsteinen verkleidet. Tatsächlich sieht man in den Steinblöcken Löcher, die zur Fixierung dieser Verkleidung haben dienen können (Abb. 177). Die Nische hatte vermutlich in der Fassade des Zwillingsgebäudes ihr Gegenstück, und die beiden »Tabernakel« symbolisierten die Gottheiten der Sonne (Inti) und des Mondes (Quilla); in diesem Fall wäre die zweite Nische mit Silber beschlagen gewesen.

Der Coricancha diente ebenfalls als Pantheon und Mausoleum für die Inka-Herrscher. In seinen Räumen befanden sich die in ihren reichen *fardo* gehüllten und auf ihren Thronen sitzenden Mumien der Herren des Reiches. Ihnen war ein Kult gewidmet, dessen Tradition nach Chanchán zurückführt, doch noch ältere Wurzeln hat.

Schließlich läßt ein in den Felsen gehauener Brunnen, den man am Fuß der gerundeten Mauer entdeckte (Abb. 178), vermuten, daß dieser der Gottheit der Quellen und des Wassers geweihte Ort des Kultes und der Reinigung Teil des berühmten, von Garcilaso erwähnten Goldenen Gartens gewesen wäre. Von ferne erinnert er an den Garten, den Bernal Diaz in Zusammenhang mit seiner Ankunft in Tenóchtitlan beschrieben hat.

Die zahlreichen, den Inka vorbehaltenen Paläste und Verwaltungsgebäude, die in Cuzco die Zeiten überdauert haben, wurden nach der Conquista grundlegend umgebaut. So läßt sich heute kaum mehr die Verteilung und die Ausmaße der Innenräume bestimmen. Der alte Palast des Inka Roca, der vielleicht um die Wende vom 14. zum 15. Jahrhundert errichtet wurde und den Erneuerungsarbeiten Pachacutecs entging, ist wegen seiner vieleckigen, zyklopenartigen Mauerblöcke erwähnenswert (Abb. 171–172). Der Tradition zufolge war der Inka Roca der Begründer des aus der Oberstadt (Hurín Cuzco) stammenden Astes der Dynastie, im Gegensatz zur Dynastie der Unterstadt (Hanán Cuzco).

Aus der Zeit vor Pachacutec stammt ebenfalls die Mauer des Collcampata, die über der Stadt auf halbem Weg zur »Festung« Sacsahuamán liegt. Vielleicht

Flugbild des Sacsahuamán mit seiner dreifachen Zickzackmauer (links) und den bis auf Bodenhöhe abgetragenen Gebäuden, vor allem der kreisförmigen Konstruktion des zentralen Turms

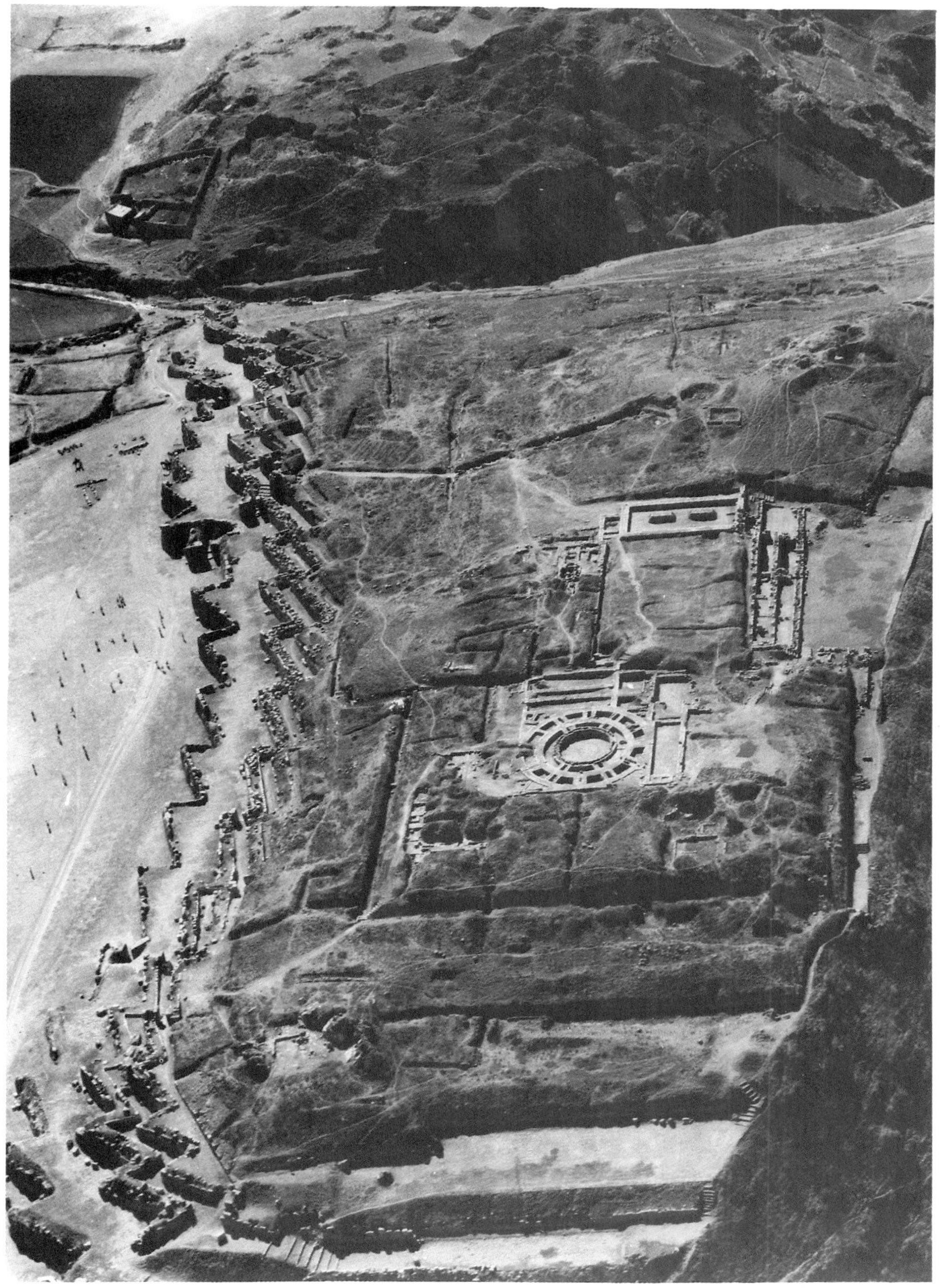

befand sich hier der Palast des mythischen Inka Manco Capac; in diesem Fall würde die Anlage aus dem Anfang des 13. Jahrhunderts stammen (Abb. 175).

Die 90 m lange Mauer trägt eine Terrasse von 4 m Höhe und wird von acht Scheintoren mit Doppelwangen unterteilt. Ihr verwitterter Zustand stützt die Annahme, daß es sich um ein archaisches Werk handelt. Die Plattform trägt jedoch eindeutig jüngere Bauten. Wie man weiß, lebte hier der letzte Inka, Manco II., in den ersten Jahren des Kolonialreiches, bevor er einen Aufstand unternahm. So war historisch gesehen der Kreis geschlossen, und der letzte Inka von Cuzco fand sich an dem Ort wieder, an dem der Ahnvater des Geschlechts, dessen Namen er trug, ehedem gewohnt hatte.

Damit gelangen wir zum Kopf des Puma, der »Festung« Sacsahuamán. Sie überragt die Hauptstadt und begrenzt sie mit ihrer dreifachen Mauer nach Norden. Als unüberwindbarer, 410 m langer Riegel liegt sie vor einem riesigen Platz, der eine Art schützendes Glacis bildet. Kleine natürliche Schluchten, die mit Mäuerchen befestigt sind, schließen die gewaltige, heute geschleifte Esplanade auf den anderen drei Seiten ab; einst erhoben sich hier Palastgebäude mit Verwaltungs- und Militärbauten und vielleicht ein Oratorium.

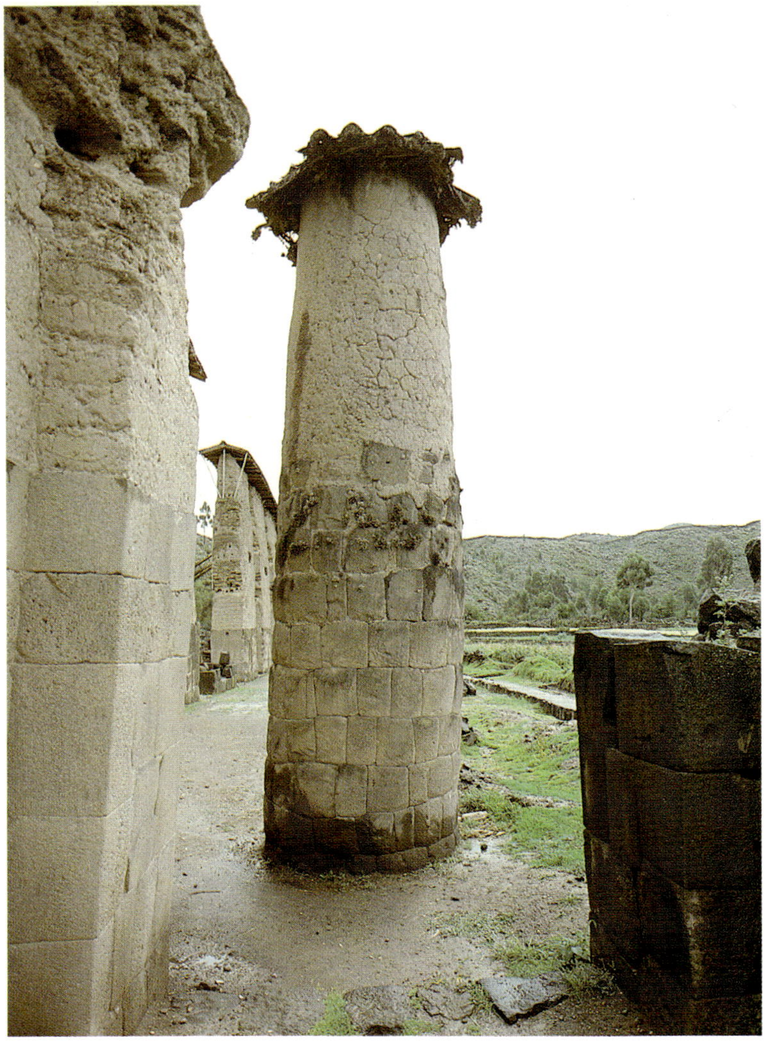

205

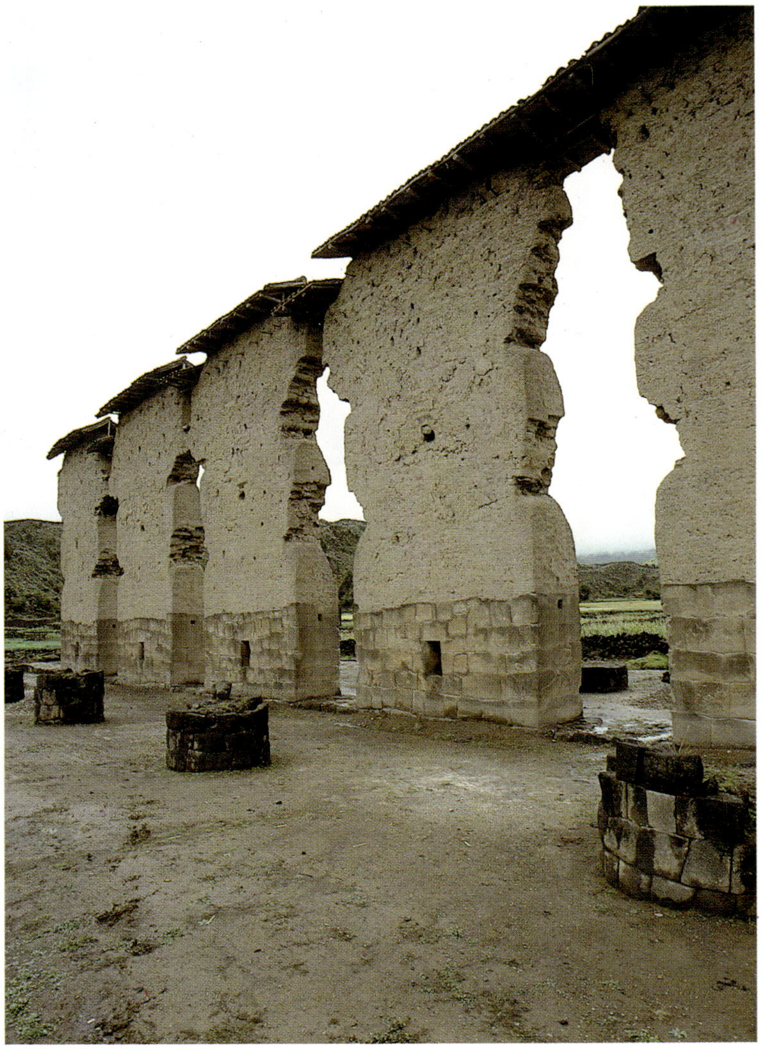

206

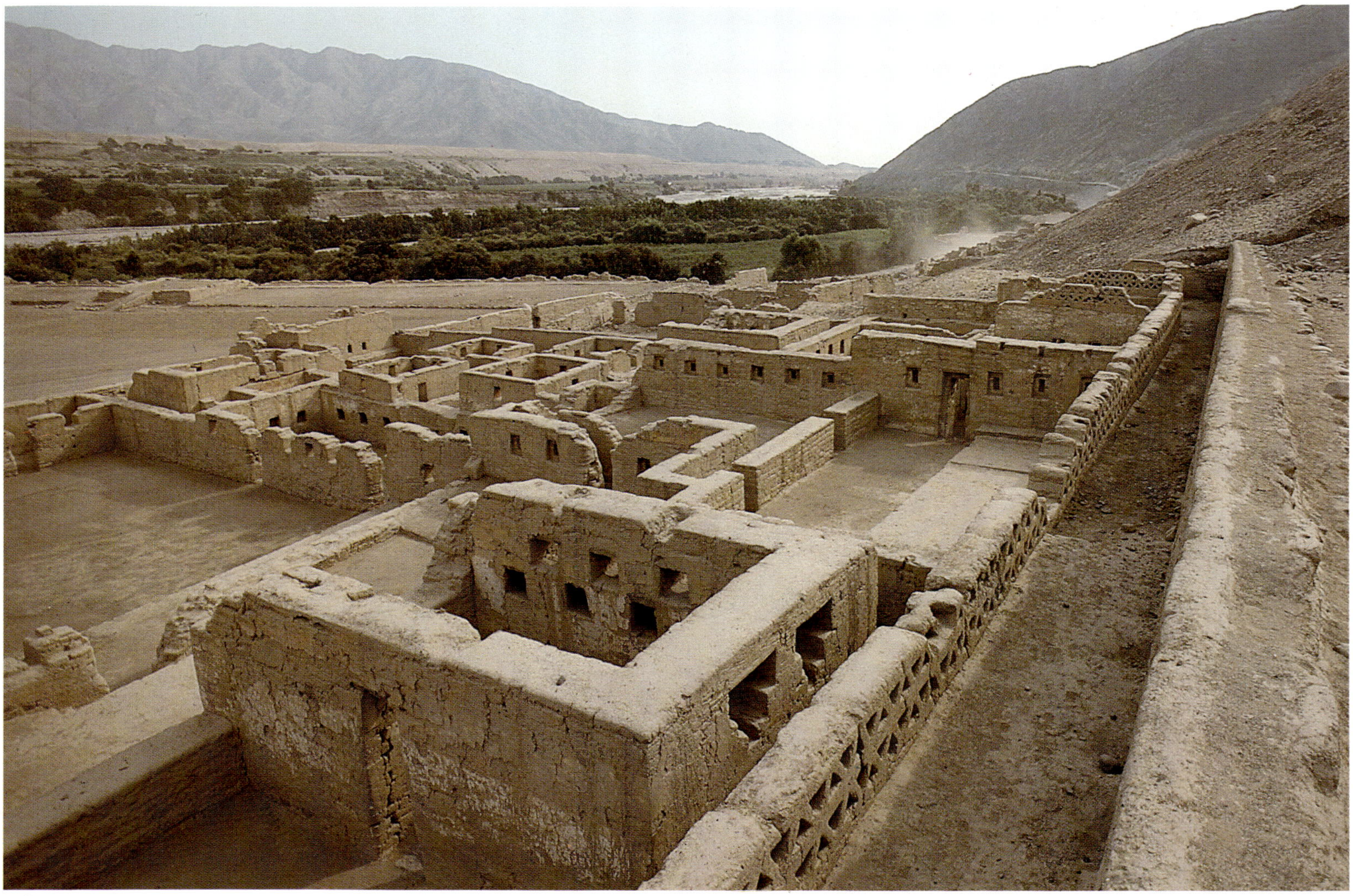

207

Von den Bauwerken bestehen nur noch die Fundamente, die eine Fläche von 2,5 ha bedecken, darunter die einer mächtigen, in drei konzentrischen Ringen erbauten Anlage, des Muyucmarca. Vermutlich handelte es sich um eine Art Turm, dessen Durchmesser mehr als 30 m betrug und der der Sitz des Inka war.

Der beeindruckendste Bau von Sacsahuamán sind jedoch die drei Zickzackmauern, die sich in drei übereinandergestaffelten, zurückweichenden Terrassen erheben. Die harmonische Anlage bildet ein gewaltiges Verteidigungswerk. Die verschiedenen asymmetrischen Zacken sind wie ein in die Länge gezogener Kamm von Osten nach Westen verschoben, wenn man sie im Grundriß betrachtet, und liegen in strenger Ordnung übereinander. Die erste, mit den dicksten Felsblöcken errichtete Mauer trägt die breiteste Terrasse. Sie umfaßt 21 bastionsartige Vorsprünge. Die beiden anderen Mauern – ihre 19 bzw. 18 Vorsprünge laufen enger nebeneinander – lassen nur einen schmalen Durchgang zwischen sich frei. Von vorne gesehen zeigt die Anlage die um 45° verschobene Abstufung der drei vor- und rückspringenden Etagen, die an einen Schuppenpanzer erinnern (Abb. 181).

Den Chronisten zufolge wurde das Kolossalwerk von Pachacutec begonnen. Doch der große Eroberer aus der Mitte des 15. Jahrhunderts erlebte den Abschluß des Unternehmens nicht mehr, das mehr als 50 Jahre dauerte. Etwa 20 000 Arbeiter sollen mit dem Bau beschäftigt gewesen sein. Sie bearbeiteten vor Ort das Steinmaterial aus den umliegenden Steinbrüchen. Das Werk ist vermutlich erst unter Huayna Capac (1493–1525), einige Jahrzehnte vor der Ankunft der Konquistadoren, vollendet worden.

Von den Aufbauten der »Festung« sieht man nur noch einige Spuren am Boden. Die behauenen Blöcke wurden größtenteils während der Kolonialzeit zum Bau der Kirchen, besonders der Kathedrale von Cuzco, wiederverwendet. In den Gebäuden, die auf dem Felssporn des Sacsahuamán 2,5 ha bedeckten, befand sich wahrscheinlich das »Gehirn« des Reiches; die Festungsfunktion der Anlage dürfte nebensächlich gewesen sein. Sacsahuamán ist in erster Linie kein Verteidigungswerk, sondern ein Regierungszentrum, der Mittelpunkt der Verwaltung, und seine mächtigen Verteidigungsanlagen hatten ebenso symbolischen wie funktionellen Charakter. Der Ort, von dem aus der Inka seine Befehle an das ganze Reich erteilte, mußte eine besondere Würde ausstrahlen. Wenn die Verteidigungsfunktion wesentlich gewesen wäre, ist schlecht einzusehen, warum die zur Stadt hin gelegene Südseite der Anlage nicht auch durch Zickzackmauern geschützt worden wäre, auch wenn sie ziemlich steil abfällt, und sei es nur, um den Ort gegen einen möglichen Aufstand der Stadtbewohner zu schützen.

Wenn Cieza de León schreibt, hier wäre das »Haus der Sonne« gestanden, so bedeutet das: der Sitz des Inka, des Sonnensohnes. Der Chronist fügt hinzu, daß Sacsahuamán mehreren Zwecken diente: Palast, Magazin, Tempel, Festung; das ist genügend vielfältig, um keine Funktion auszuschließen. Nichtsdestoweniger ist die Zickzackmauer militärischen Typs. Man findet dieselbe Verteidigungsform zuoberst in Puma Marca wieder, das Ollantaytambo beherrscht; dort ist eine natürliche Erhebung vollständig von einer solchen Mauer umzogen. Allerdings hat sie nur eine einzige Reihe von Vorsprüngen, die wie in Sacsahuamán auf der Nordseite der Festung liegt.

Wenn die religiöse Funktion von Sacsahuamán im Kult für den Inka bestand, so war der Ort doch kein Tempel. Um die Opferstätte zu finden, muß man den Platz (das Glacis) überqueren, der sich vor den Mauern erstreckt, und in die Felsen klettern. Dort entdeckt man eine Erhebung, die von den Steinmetzen mit einer doppelten Reihe von parallel laufenden, zurückweichenden Stufen versehen worden ist. Sie führen zu dem, was man den »Thron des Inka« genannt hat (Abb. 181). Die direkt in den Felsen gehauenen Stufen, zu denen senkrecht eine heute sehr verwitterte kleine Treppe führt, bilden ein *usnu,* eine inkaische Opferstätte. An diesem Ort, unter freiem Himmel, opferten die Priester traditionsgemäß den Schutzgottheiten des Reiches und dem Herrscher weiße Lamas.

Wie wir noch sehen werden, sind die *usnu* immer an einem natürlichen Ort angelegt, den eine dominierende Lage, seltsame Naturformen, geologische Merk-

205–206 An der Straße von Cuzco nach Puno liegt unweit von Racchi in 3500 m Höhe San Pedro de Cacha, ein bedeutendes religiöses, wirtschaftliches und militärisches Zentrum der Inka. Hier stehen die Ruinen des Viracocha-Tempels. Der riesige, dem Schöpfergott geweihte Bau ist 91 m lang und 25 m breit. In seiner Mitte läuft eine mächtige, 12,5 m hohe Trennwand, deren Basis bis zu einer Höhe von 2,50 m in einem Verband aus behauenen Steinen errichtet ist, während der obere Teil aus *adobe* besteht. Auf beiden Seiten der Wand läuft je eine Reihe von elf zylindrischen Säulen. Die vermutlich rund 6,50 m hohen Säulen mit einer Basis aus Stein trugen ein Satteldach.

207 Die Ruinen von Tambo Colorado liegen im südperuanischen Tiefland, in 60 km Entfernung von der Küste im Tal des Rio Pisco. Es handelt sich um eine Inka-Stadt mit Rasthäusern *(tambo),* Lagerhäusern und Befestigungen. Die in *adobe* errichteten Wohnhäuser und Kasernen sind um Innenhöfe angeordnet und von einer Umfassungsmauer geschützt. Die Siedlung überwacht die den Rio Pisco entlangführende Straße. Reste von roten und Ocker-Farben gaben dem Ort seinen Namen (Colorado). Die Gründung dürfte auf den Inka Pachacutec zurückgehen.

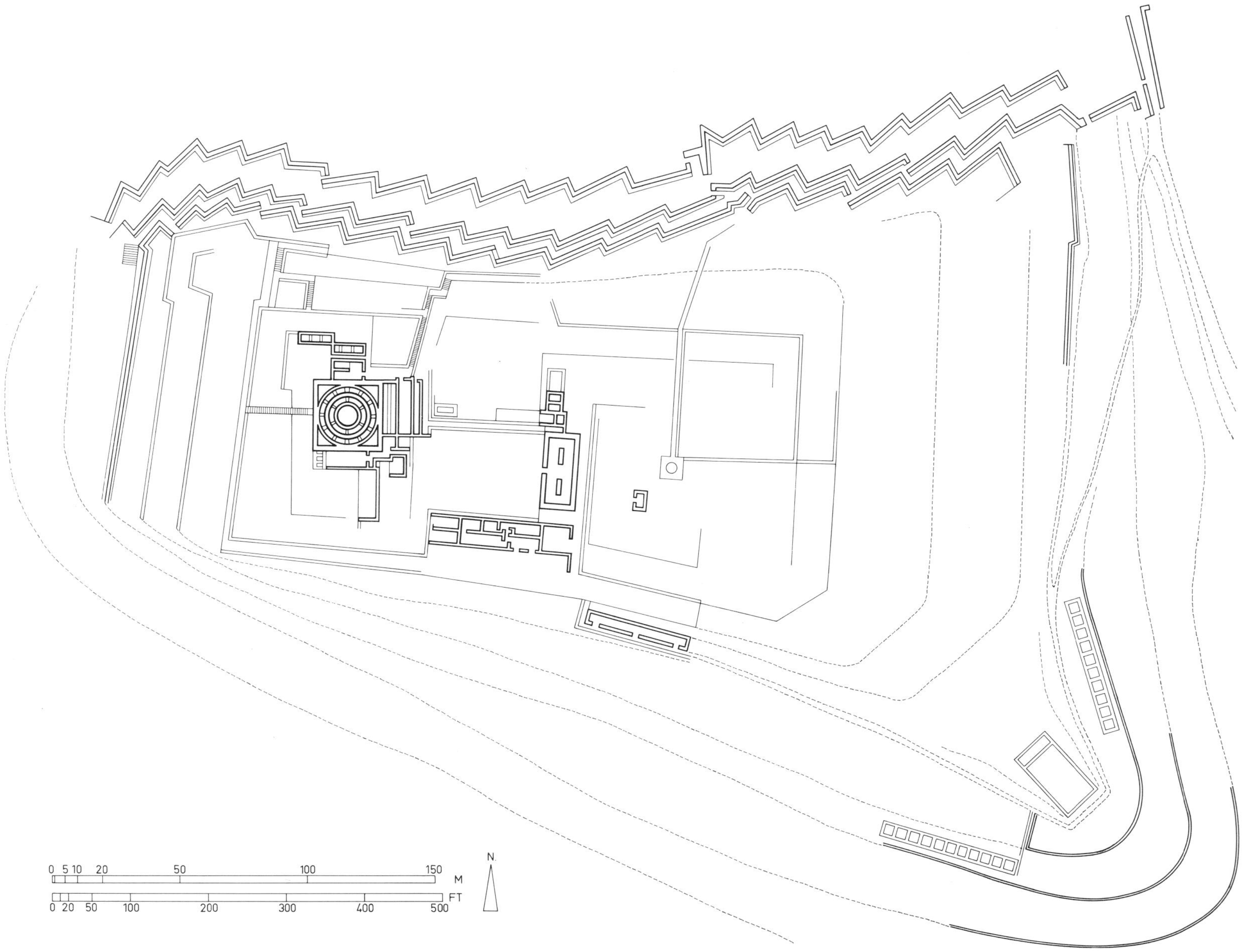

Gesamtplan der »Festung« Sacsahuamán oberhalb von Cuzco

würdigkeiten, eine Quelle, Höhle oder Grotte auszeichnen. Hier sind es die harmonischen Wellenbewegungen des Vulkangesteins, genannt »El Rodadero«, die vermutlich die Priester diesen Ort wählen ließen, von dem aus man ganz Sacsahuamán überblickt. Anderswo sind es bizarr verwitterte Steinblöcke (wie in Sayhuite) oder chaotische Felshaufen (wie im »Pachamama-Tempel« in Machu Picchu). Ein Kultort wurde also im Hinblick auf die Natur eingerichtet. Viele dieser Stätten sind vermutlich verschwunden, besonders solche, die sich auf die Vegetation, auf heilige Bäume oder eine Quelle bezogen.

In der Nähe von Sacsahuamán besitzt Kenco ein herrliches Beispiel für ein solches inkaisches Naturheiligtum. In einer Masse von zerklüfteten Karstblöcken mit einer Höhle wurde eine Opferstätte eingerichtet, wobei die Eingriffe der Steinmetzen und Architekten so zurückhaltend als möglich waren. Die Grotte ist ein Heiligtum chthonischen Charakters; ein vermutlich der Sonne geweihter Tempel vervollständigte die Anlage. Er besteht aus einem »Amphitheater« genannten Halbkreis, in dessen Zentrum sich das Fels-»Idol« erhebt (Abb. 182–183).

Diese Naturheiligtümer sind gewöhnlich nur geringfügig von Menschenhand umgestaltet. Man begnügte sich, Rinnen zu schaffen, in denen das Blut der Opfertiere abfließen konnte, einen einfachen Opfertisch aus dem Fels zu hauen oder Stufen und Treppen anzulegen, die sich der natürlichen Umgebung anpassen. Dieser Aspekt des religiös bestimmten bildnerischen Ausdrucks der Inka ist bisher allzuoft vernachlässigt worden. Er ist jedoch von grundsätzlicher Bedeutung, denn hier zeigt sich das Wesen der religiösen Schöpfungen dieser Hochkultur. Die Opferstätten beeindrucken durch das Bemühen, das menschliche Werk eng mit dem der Natur zu verbinden, nach einer Konzeption, die wir heute als »umweltschützerisch« bezeichnen würden. Eine solche Kultform ist übrigens auch anderen Kulturen eigen. Wir erwähnen nur die keltischen oder gallischen Heiligtümer, die Kultstätten des archaischen Griechenlands, der Hethiter und selbst des japanischen Shintoismus.

Die natürlichen Quellen – wir erwähnten eine beim Coricancha – spielen eine Hauptrolle im inkaischen »Pantheismus«. Davon zeugt der ebenfalls in der Umgebung von Cuzco gelegene Ort Tambo Machay, »das Bad des Inka«. In Wirklichkeit handelt es sich um eine an einer heißen Quelle errichtete Kultstätte – die Vulkantätigkeit ist hier überall gegenwärtig –, die rituellen Waschungen diente. Die architektonische Fassung der Quelle mit übereinandergesetzten Stützmauern und direkt aus dem Stein gehauenen flachen Becken zeigt, wie geschickt die Inka-Baumeister Natur und Architektur zueinander in Beziehung zu setzen wußten (Abb. 184–186).

Die Stadt Pisac: das Adlernest

Der Komplex von Pisac liegt auf einem Felssporn, der sich senkrecht in das Tal des Vilcanota vorschiebt und den im Osten der Lauf des Riachuelo Chongo und im Westen die Quebrada del Kitamayu begrenzen. Der jähe Vorsprung ist auf drei Seiten von Abgründen umgeben, die einen natürlichen Schutz bilden. An den strategischen Punkten verstärken von Vorposten bewachte Mauern die Anlage, und befestigte Tore führen aus dem Gebirge zu den bewohnten Orten.

Das Heilige Tal der Inka durchzieht der Vilcanota, der sich mit dem aus Cuzco kommenden Huatanay vereint und später als Urubamba zum Ucayali und weiter zum Marañón fließt, um in den Amazonas zu münden. Vom heutigen Dorf Pisac aus, das auf 2970 m Höhe in der fruchtbaren Talebene liegt, steigt der Weg zur alten Stadt auf. Sie ist wie ein Adlernest, das die Umgebung beherrscht, auf Felsvorsprüngen angelegt, die bis auf 3300 m führen und von schwindelerregenden Abgründen durchschnitten sind. Auf mehreren Kilometern wechseln von Stützmauern getragene Felder mit Wohnvierteln auf den seltenen ebenen Flächen und auf dem Kamm ab.

Die *andenes* folgen den Höhenlinien der Abhänge und bilden eindrucksvolle Terrassen, deren Namen sich erhalten haben: Acchapata, Pacchayoc, Huanuhuanupata, Huinín, Amaru Punku (Abb. 187).

Die verstreuten Siedlungen, jedes Viertel vermutlich mit einer bestimmten Funktion, heißen Pisaqa, Intihuatana, Hanán Pisac oder Quanchisracay. Schmale Wege verbinden sie; einer führt sogar durch einen Tunnel, da man am Steilhang keinen Pfad anlegen konnte. In der Nähe der südlichen *andenes* liegt der Corihuairachina, eine Gruppe von Depots und Magazinen. Auf die andere Seite der Quebrada del Kitamayu ist der Friedhof der Stadt verbannt. Er nimmt die ganze Felswand ein, die mit unzähligen Höhlen übersät ist. In ihnen setzte man vermutlich die Mumien in ihren *fardos* bei. Hier befanden sich die Nekropolen von Antachaka und Tanta Marka.

In Pisac steht man also vor den Resten einer echten Stadt, mit Wohnhäusern, Festungswerken, Magazinen und Gräbern, ganz zu schweigen vom Intihuatana, einem prachtvollen Tempelviertel (Abb. 188). Es umfaßt rechteckige Gebäude mit den klassischen trapezförmigen Türen und Nischen. Sie gleichen denen des Coricancha, sind jedoch in einem herrlichen rosa Stein errichtet (Abb. 180). Im Zentrum dieser Gruppe von Heiligtümern erhebt sich der Opferfelsen oder *usnu,* den eine halbkreisförmige Mauer umzieht. Dies ist der eigentliche Intihuatana, den man oft als Sonnenuhr bezeichnet hat. Der aufragende Fels ist jedoch nur der Altar, auf dem die Lamas der Sonne geopfert wurden (Abb. 189).

Die Ruinen von Pisac beeindrucken durch ihren ausgezeichneten Erhaltungszustand – die Stadt wurde kurz nach der Conquista aufgegeben – und durch die Aussicht, die man von allen Punkten aus die Landschaft hat. Vermutlich ist Pisac der schönste Inka-Ort, abgesehen von Machu Picchu.

Machu Picchu: die verlorene Stadt

So haben wir Machu Picchu erreicht, die zauberhafteste Ruinenstadt der Inka. Der Ort war schon 1848 von einem Geistlichen genannt worden, der auf seinen Pilgerfahrten von ihm vernommen hatte. Im Jahre 1879 erwähnt ihn Charles Wiener, ein französischer Forschungsreisender, dem es jedoch nicht gelingt, dorthin zu gelangen. Der Zugang ist äußerst beschwerlich. An der Spitze einer wahren Expedition betrat dann der Amerikaner Hiram Bingham 1911 die Stadt und entdeckte sie für die Archäologie.

Die Lage von Machu Picchu erklärt diese lange Zeit der Vergessenheit, denn es wäre falsch, anzunehmen, die Konquistadoren des 16. Jahrhunderts hätten die Stadt nicht gekannt. Alles spricht im Gegenteil dafür, daß sie sie besuchten und plünderten. Doch bedingt durch die inneren Auseinandersetzungen der Spanier, blieb die Entdeckung ein Geheimnis, um nicht den fünften Teil der Beute an den König von Spanien abliefern zu müssen, wie das Gesetz es vorschrieb. In diesem Zusammenhang ist erwähnenswert, daß der Torreón (»großer Turm«) – ein Heiligtum mit halbkreisförmiger Mauer im Stadtzentrum – an seinem Eingang, der zum heiligen Felsen oder *usnu* führt, eine Öffnung aufweist, die dieselben Löcher wie der »Tabernakel« des Coricancha von Cuzco hat. Diese Öffnung war vermutlich mit Goldblech verkleidet, wurde jedoch von Bingham in geplündertem Zustand aufgefunden. Ebenso waren in den Tempeln keine Schätze, keine Mumien, kein einziger Wertgegenstand mehr zu finden. Nur einige seltene kostbare Objekte waren der Plünderung entgangen.

In Luftlinie etwa 100 km von Cuzco entfernt, überragt die Ruinenstadt eine Schleife des Urubamba, dessen wilde Wassermassen sich in einer tiefen Schlucht einen Durchgang geschaffen haben. Sie liegt in 2430 m Höhe auf einer Felskuppe und ist im Osten und Westen von schwindelerregenden Abgründen umgeben. Beinahe senkrecht fallen die Felsen zum Fluß ab, den man 200 m tiefer tosen hört. Der Urubamba umfließt den Huayna Picchu, einen zerklüfteten Gipfel in Zuckerhutform, der sich im Norden der Stadt wie ein riesiger Wachtturm erhebt. So war die Stadt auf drei Seiten von Abgründen umgeben, und man konnte nur über den alten Kammpfad, den Weg des Inka, zu ihr gelangen. Am Weg, der in 55 km Entfernung in Ollantaytambo begann, lagen *tambos* oder Rasthäuser und alte ländliche Siedlungen. Der Pfad führt zu einem vorgelagerten Tor, das eine letzte Paßhöhe bewacht; von dort aus erblickt man die Stadt (Abb. 218).

Machu Picchu betritt man an einer Gruppe von sieben Wohnhäusern vorbei. Die herrlichen *andenes,* die davor liegen, zeugen vom Autarkiewillen der Bewohner, trotz des abweisenden Ortes und der fehlenden Ackerflächen. Die Terrassenanlagen sind das Ergebnis einer gewaltigen Anstrengung und ein Beleg für die außerordentliche Hartnäckigkeit des Inka-Volkes. Ihre Mauern stützen fruchtbare Landstücke, die zwei bis drei Ernten im Jahr lieferten.

Hinter den Terrassen beginnt auf einem Abhang von beinahe 45° Gefälle die dichtbesiedelte Stadt, deren Häuser sich vom Kamm bis zum Abgrund übereinanderstaffeln. Eine Treppe, die den Hang in direkter Linie hinaufsteigt, führt an mörtellos gemauerten Steingebäuden vorbei, denen nur das Satteldach oder das Walmdach aus Stroh fehlt. Im Zentrum des ersten Viertels steht die seltsame Anlage des Torreón über einer natürlichen Höhle. Der halbkreisförmige Turm mit fein behauenen Steinen im Inka-Stil schützt in der Tat eine Felsspalte, die Bingham das »Mausoleum der Könige« nannte (Abb. 215 und 217). Es muß nicht eigens gesagt werden, daß Ausdrücke wie »Mausoleum der Könige«, »Gefängnisviertel« oder »Sonnenkalender« nichts mit der Realität zu tun haben und der Phantasie des Entdeckers von Machu Picchu entsprungen sind.

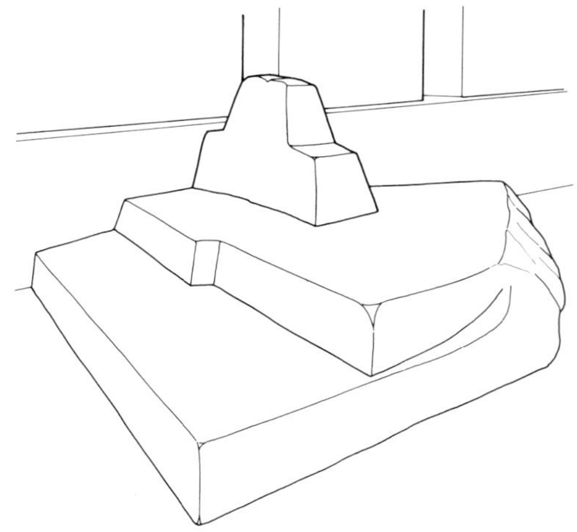

In der Höhle, die der Torreón von Machu Picchu beherrscht, erhebt sich ein Felsen, der in der Art des Intihuatana (Abb. 219) behauen ist. Es handelt sich um einen Opferaltar.

208–209 Die Stadt Pachacamac, Sitz eines großen Orakelheiligtums aus vorinkaischer Zeit, liegt auf einem Vorgebirge am Ozean, ungefähr 30 km von Lima entfernt. In der Inka-Zeit erlebte der Ort einen beträchtlichen Aufschwung. Ein großer, von Julio Tello restaurierter Komplex bildete vielleicht den Mondtempel mit dem Heiligtum der Ausgewählten Jungfrauen oder *Mamakona.* Es ist ein klassischer Bau der Inka-Architektur mit Basen aus behauenen Steinen, *adobe*-Mauern und Reihen von trapezförmigen Türen oder Nischen mit doppelten Wangen. Die Gruppe scheint auf den Inka Tupac Yupanqui (1471–1493) zurückzugehen.

210 Hoch über dem Ozean, aus dem Kütseninseln aufragend, liegen die Ruinen des großen, der Sonne geweihten Tempels von Pachacamac, der als das zweitwichtigste Heiligtum des Inka-Reiches galt. Die Bekrönung bildet eine riesige *adobe*-Pyramide. Dank den Chronisten ist bekannt, daß das »Idol« in einem mit Gold verkleideten Raum stand.

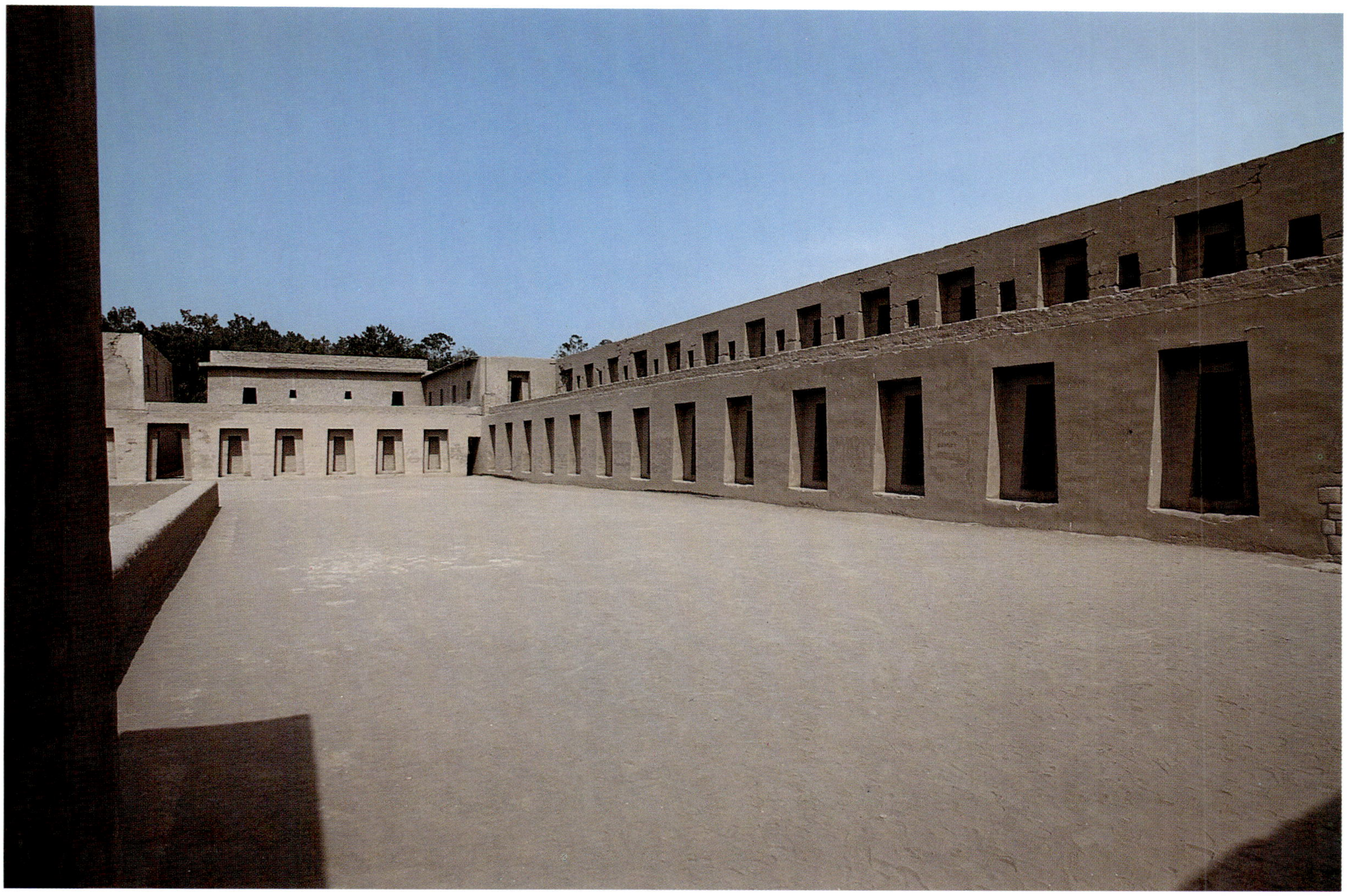

208

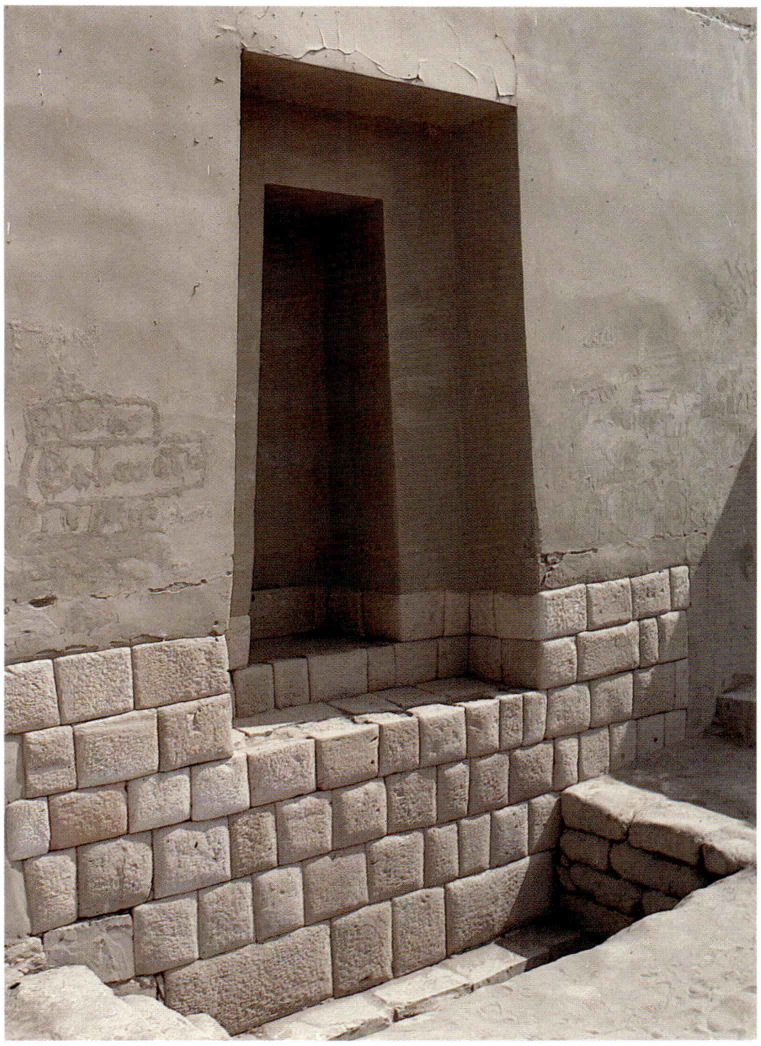

209

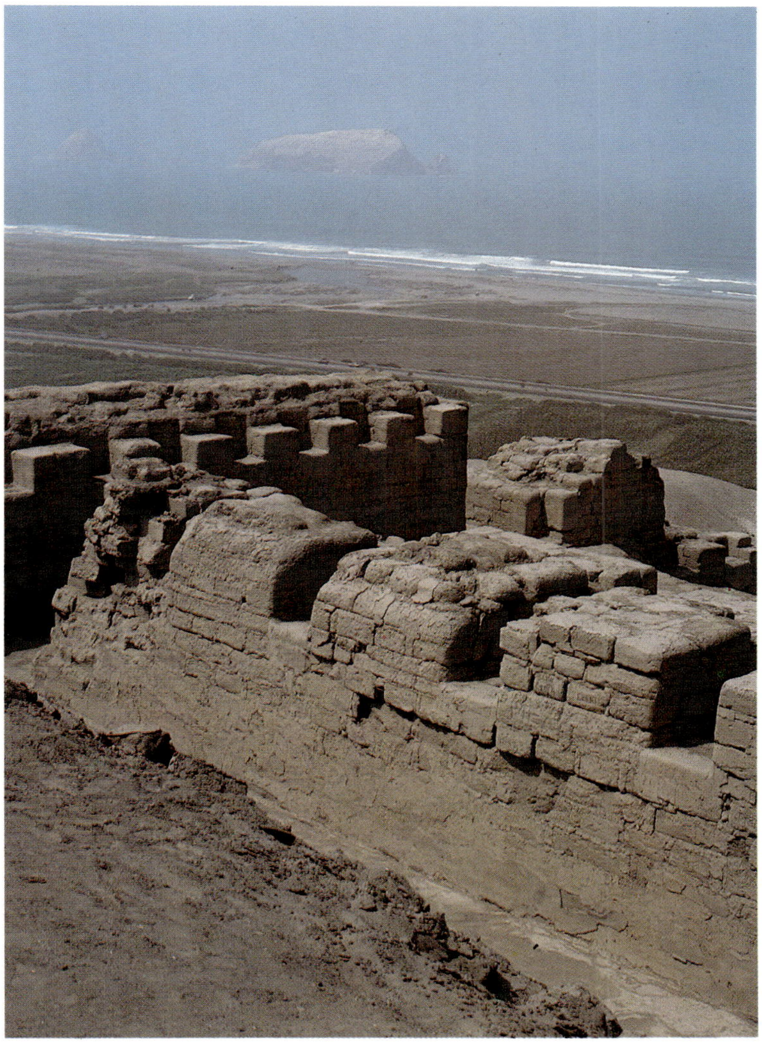

210

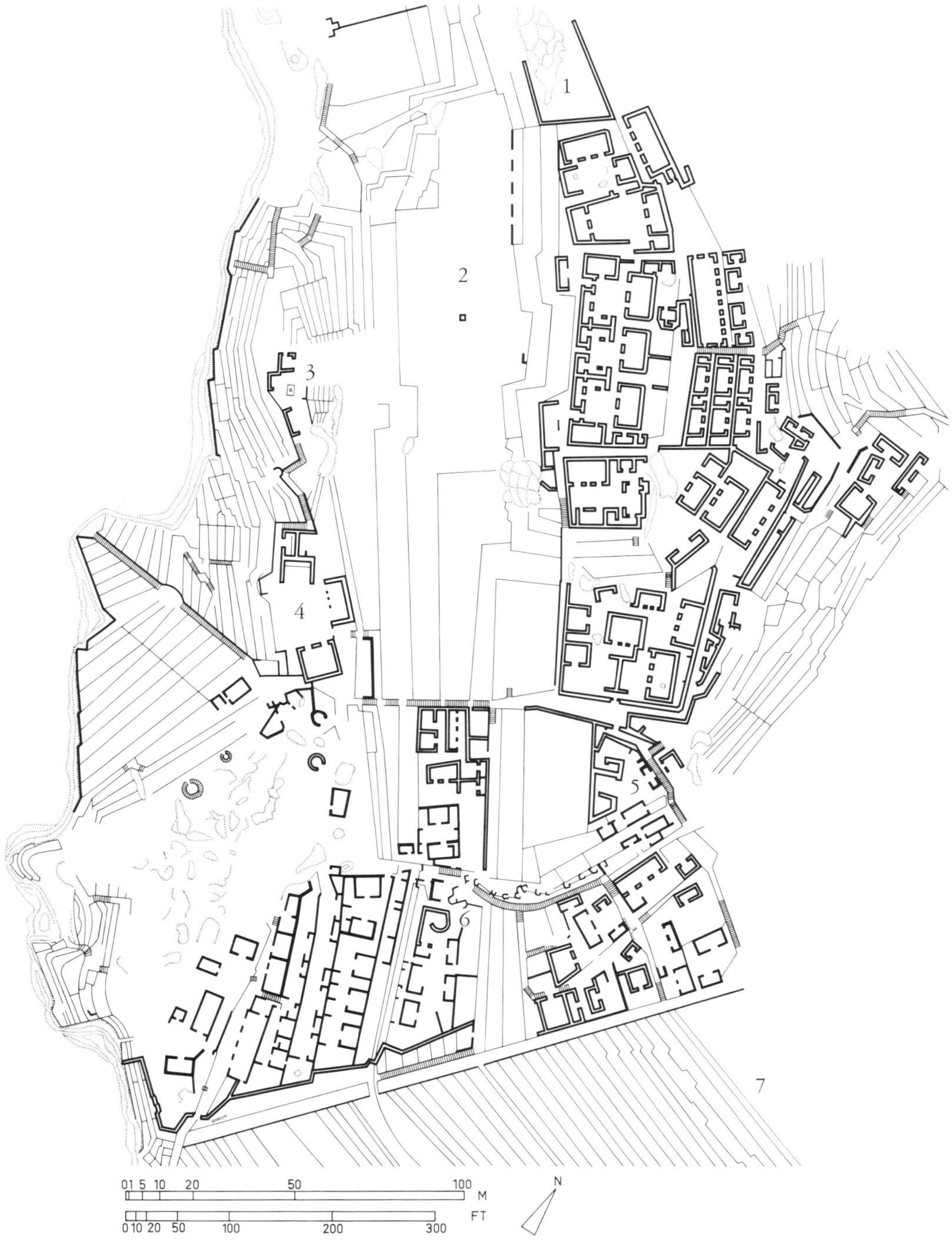

Gesamtplan von Machu Picchu
1 »Pachamama-Tempel«
2 Großer Platz
3 Intihuatana
4 Platz der Tempel
5 Gefängnisviertel
6 Torreón und »Mausoleum der Könige«
7 *andenes* (Terrassen)

Der Torreón bildet, wie bereits gesagt, selbst ein *usnu,* steht jedoch seinerseits über einem chthonischen Kultort, nach derselben doppelten Symbolik wie in Kenco. Die Höhle wurde teilweise ausgemeißelt, um aus dem Felsen einen Opferaltar entstehen zu lassen. Seine Form entspricht jener der »Sonnenuhr« des alles beherrschenden Intihuatana. Die formale Ähnlichkeit der beiden *usnu* zeigt deutlich, daß diese vermeintlichen »Sonnenuhren« kaum eine astronomische Funktion hatten. Die vertikale Fläche des behauenen Felsens scheint nur dazu bestimmt gewesen zu sein, den Hals des der Sonne geopferten Lamas zu empfangen.

Interessant ist, wie sich hier – und ebenso in Kenco – eine Kultstätte unter freiem Himmel – der von einer halbkreisförmigen Mauer umzogene *usnu* des Torreón – und direkt darunter eine dem chthonischen Kult geweihte Höhle überlagern: Hier geschieht die materielle Vereinigung von Himmel, Erde und Unterwelt. Alle drei sind auf derselben Achse vereint, und die Schlange Amaru, die Erdgottheit par excellence, verbindet sie. An diesem Ort begegnen sich die Tagessonne und die Nachtsonne der indianischen Mythen, und deswegen entspricht der unterirdische Intihuatana jenem, der aus der Erdoberfläche aufragt und sich zum Himmel erhebt.

Dieses Viertel wird von der »Brunnenstraße« durchquert. Sie bildet eine Reihe von in den Fels gehauenen Becken, die einander in einer Kaskade mit vielfachen Vorsprüngen folgen. Dadurch soll die Wildheit der Wassermassen gebrochen werden, die bei den fast täglichen Tropenregen den Hang hinabstürzen. Über dem Viertel liegt ein weiterer Komplex mit einer Höhle, die ein Fels mit stolzen Formen überragt, das »Gefängnisviertel«. Einmal mehr handelt es sich um eine schlicht ausgemeißelte Höhle, vor der sich ein Platz mit vermutlich ritueller Funktion öffnet.

Über dieser Gruppe erheben sich etwas weiter nördlich die großen Tempel. Sie bestehen aus drei Gebäuden, die einen kleinen, auf dem Kamm gelegenen quadratischen Platz einrahmen. Die Tempel sind an ihren fein behauenen und bewundernswert über- und nebeneinandergesetzten polygonalen Zyklopensteinen zu erkennen. Das zentrale Gebäude am östlichen Rand des Abgrundes besitzt drei Fenster, von denen man in die großartige Landschaft mit ihren Bergspitzen und dem tief eingeschnittenen Tal des Urubamba blickt. Der Bau hatte keine Vorderwand, sondern nur einen Pfeiler, auf dem der seitliche Dachbalken des heute verschwundenen Strohdaches ruhte. Auch hier sieht man das Bemühen der Inka-Architekten, die Natur miteinzubeziehen, denn ein großer Teil der Wand des Heiligtums ist direkt aus dem Granit des Berges gehauen.

Wenn man den Kamm noch weiter nach Nordwesten hinaufsteigt, erreicht man den höchsten Punkt der Stadt, den Intihuatana mit seinem behauenen Felsen. Die Inka bearbeiteten die natürlichen Formen einer aus dem Boden ragenden Felsspitze – manche Flächen sind roh belassen –, um ihm das Aussehen eines Opferaltars zu geben, und schufen auf diese Weise eine herrliche »abstrakte« Skulptur. Wollte man beweisen, daß es sich nicht um einen »Sonnenkalender« handelt, so genügte es, darauf hinzuweisen, daß die vermeintliche »Sonnenuhr« viel zu tief steht, damit sich der geworfene Schatten genau messen ließe, und zu klein ist, um

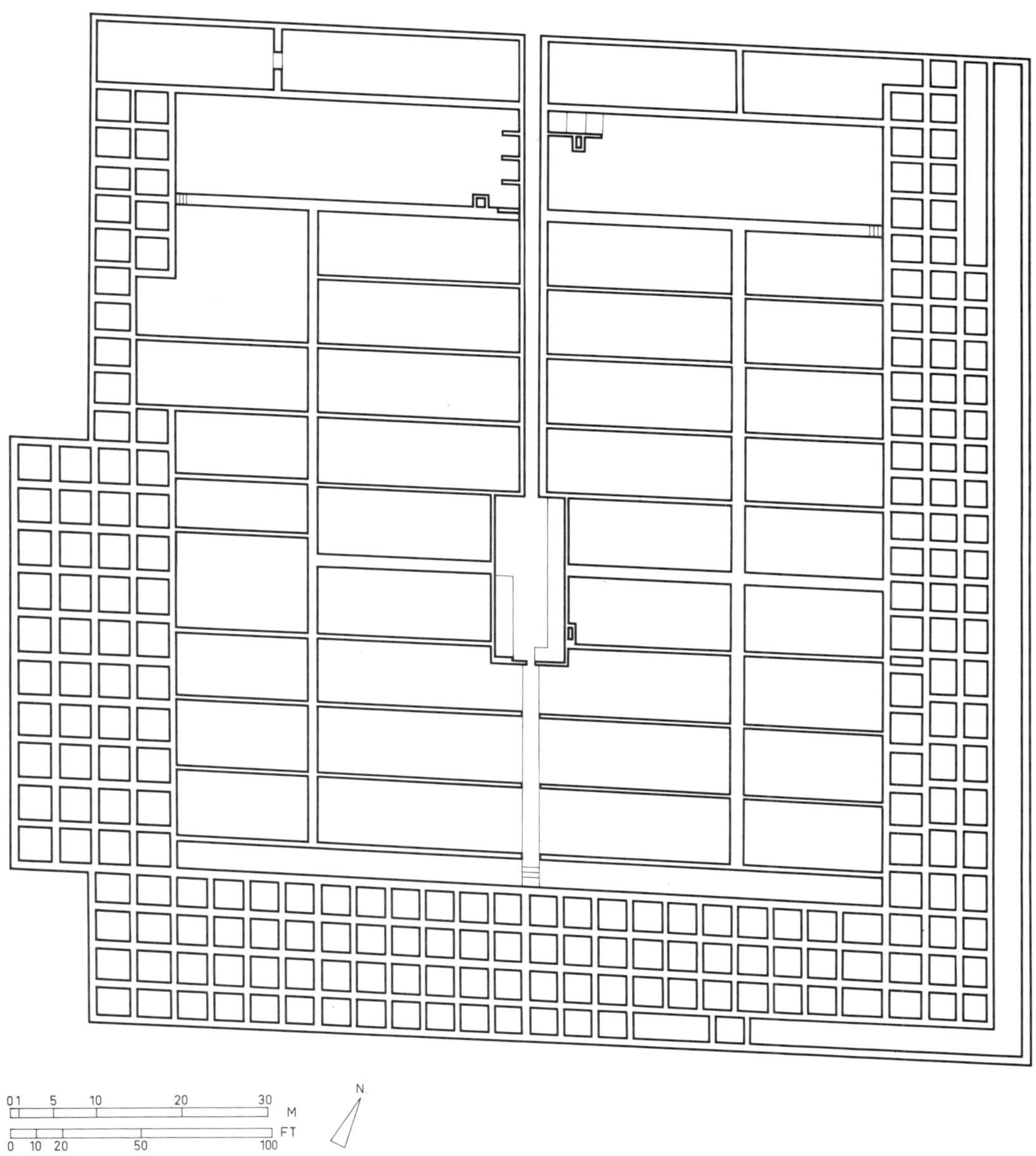

Grundriß der Lagerhäuser von Incahuasi. Die Getreidesilos dienten zur Aufbewahrung von Waren.

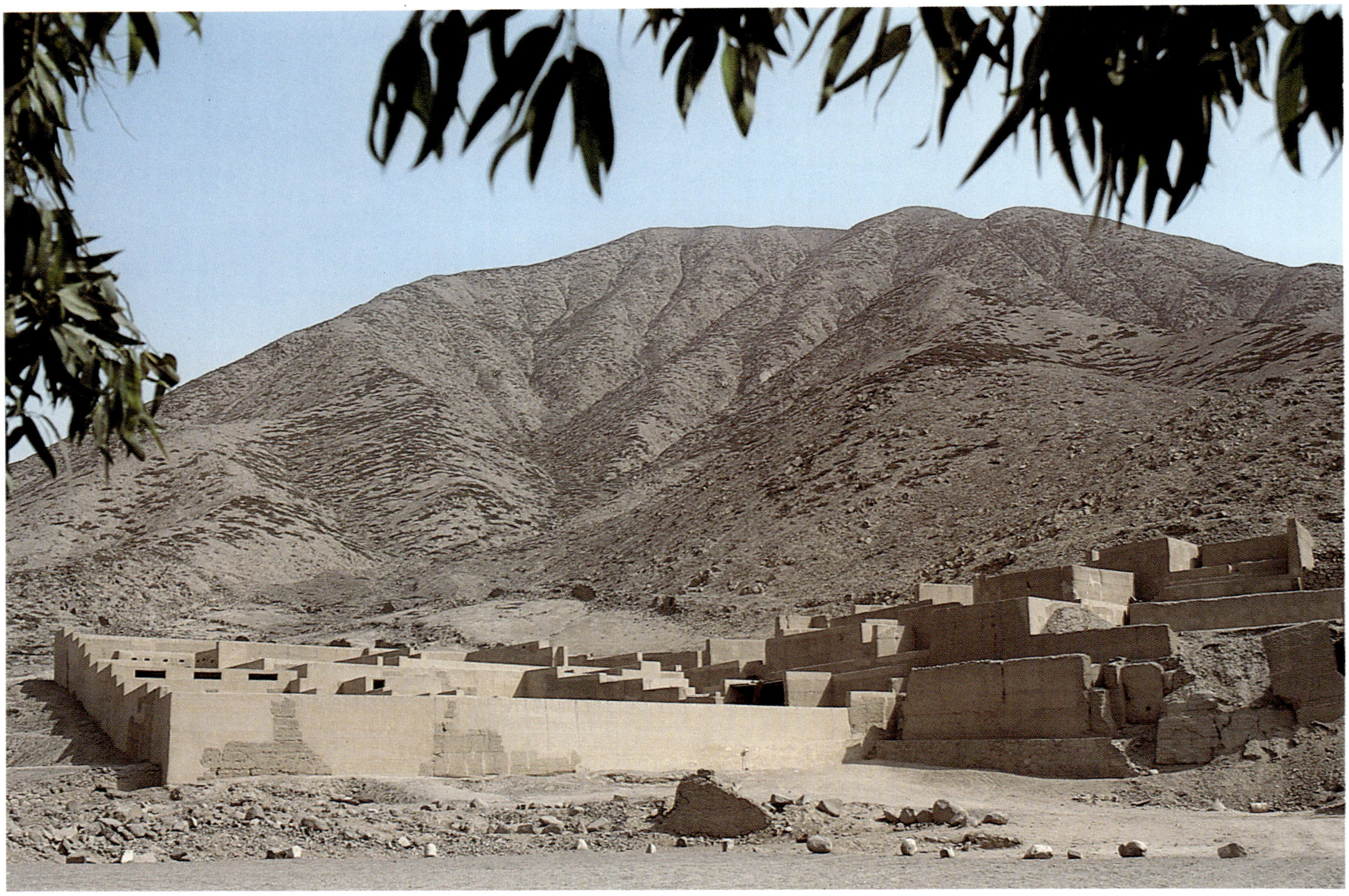

211

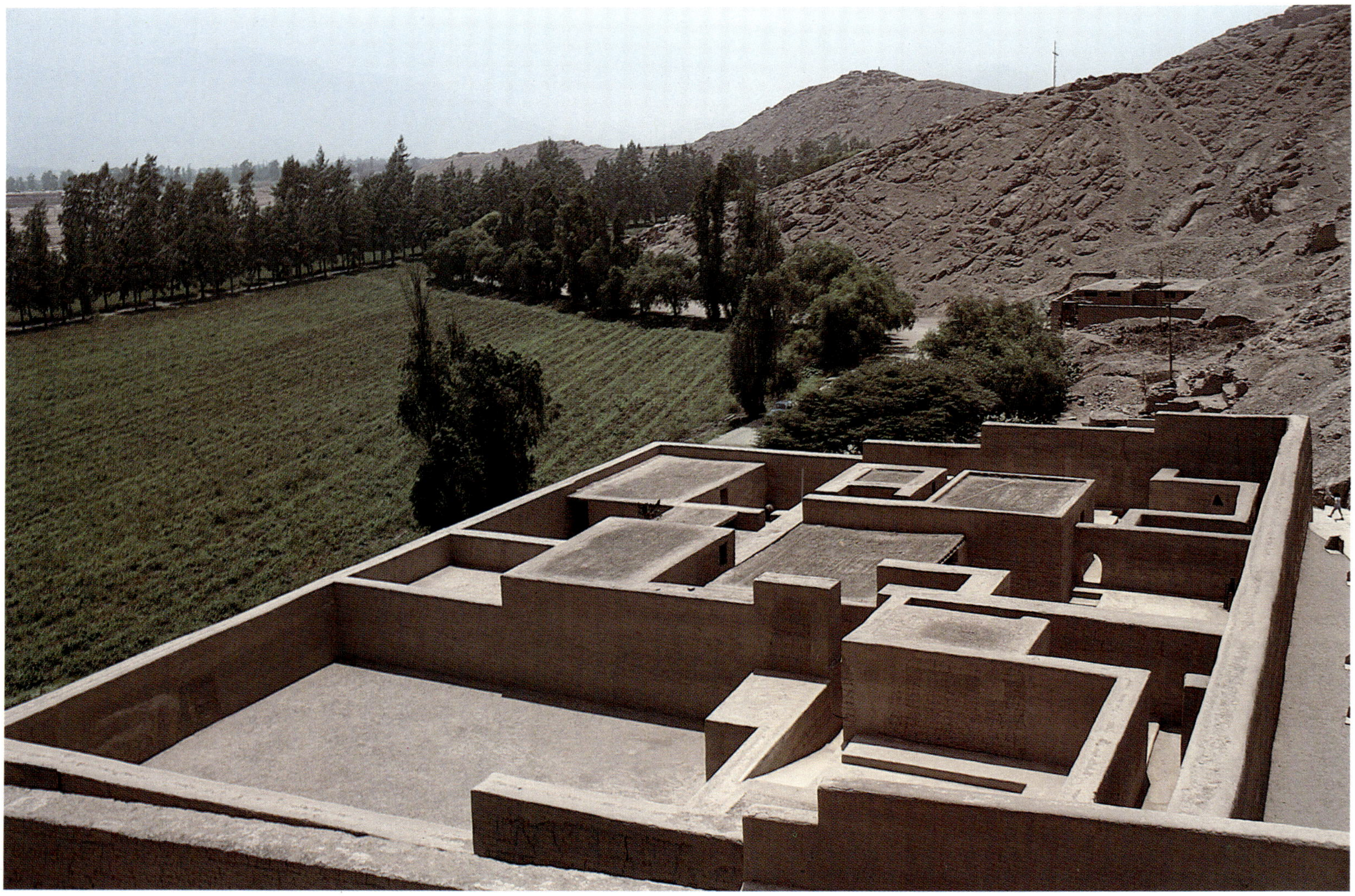

212

Grundriß und rekonstruierter Querschnitt des Viracocha-Tempels in Racchi (nach Gasparini und Margolies)

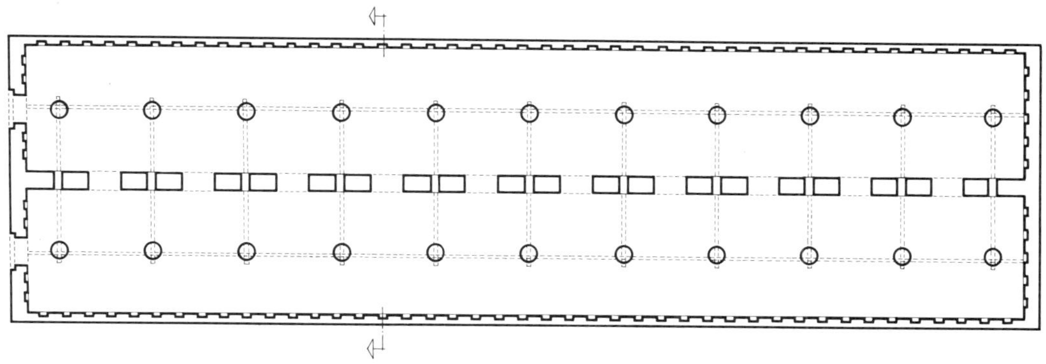

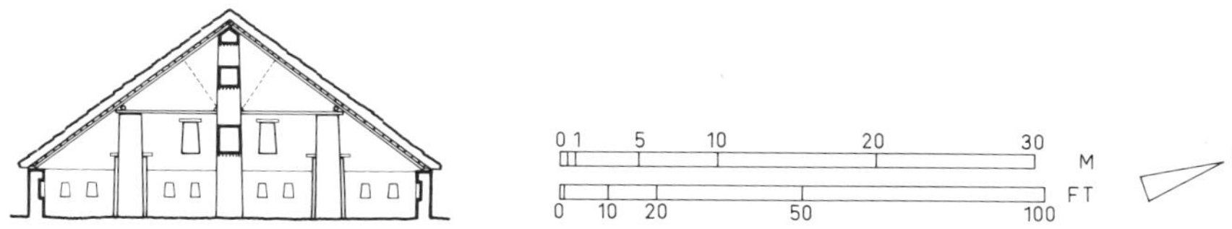

211 Der vor kurzem restaurierte Inka-Postenort Huaycan Tambo liegt in der Nähe von Lima am Fuß von felsigen Cerros, die die fruchtbare Ebene säumen. Wie Tambo Colorado handelte es sich vermutlich um eine Siedlung mit dem Palast des *curaca,* des kaiserlichen Verwalters, zahlreichen Lagerhäusern und einer Festung, die von einer mächtigen Umfassungsmauer aus *adobe* umzogen wurde.

212 Ebenfalls unweit von Lima liegt im Tal des Rio Rimac der vor rund 30 Jahren restaurierte Inka-Palast von Puruchuco mit seinen nüchternen, »modernen« Linien. Er umfaßt Häuser mit Flachdächern und schräge Rampen. Die 5 bis 7 m hohe Einfassungsmauer umzieht eine wohlgeordnete Anlage, in der Innenhöfe und durch komplizierte Wege verbundene Räume miteinander abwechseln. Die ganze Gruppe liegt außerhalb des landwirtschaftlich genutzten Gebiets am Fuß eines Cerro.

ihren geraden Flächen entlang eine Visierung durchzuführen. Wie dem auch sei, der zur wichtigsten Kultstätte der »pantheistischen« Inka-Religion gewählte Ort bezeugt das Feingefühl dieses Volkes für die Schönheiten der Natur (Abb. 219).

Auf der anderen Seite des Platzes, der den Norden der Stadt zweiteilt, erhebt sich eine Häusergruppe, die eine seltsame, von einer Mauer mit großen vieleckigen Steinblöcken umzogene Erdterrasse überragt. Sie trägt kein Gebäude, sondern erscheint als Anhäufung von Granitblöcken, aus denen sich ein hoher heiliger Felsen mit schlanken Formen erhebt, ähnlich wie im äußeren Bereich von Kenco. Dieser nach der Erdmuttergottheit »Pachamama-Tempel« genannte Platz ist ein typisches, den Naturkräften geweihtes Inka-Heiligtum.

Überall also – in der »Mondtempel« getauften Grotte am Fuß des Huayna Picchu, beim Altar auf dem Miradór (Aussichtspunkt), von dem aus man die ganze Anlage überblickt, und noch an mehreren anderen Stellen, wo von Menschenhand zugerichtete und schlicht behauene Steine an den »pantheistischen« Kult erinnern – überall stehen wir vor einer Sakralisierung natürlicher Orte, denen der Inka innige Verehrung entgegenbrachte. Machu Picchu zeigt diesen Zug in aller Deutlichkeit, den anderswo oft der Bau einer Kapelle verdeckt hat, denn die Umwandlung einer heidnischen Kultstätte in ein christliches Bethaus geschah in der Absicht, die Zeichen dieser kosmischen Kräfte »umzukehren«.

Die inkaische Religion scheint uns nach dieser kurzen Vergegenwärtigung weit weniger befremdlich und »barbarisch« zu sein, als die Berichte der Chronisten es vermuten ließen. Da den Berichterstattern völkerkundliche und mythologische Kenntnisse fehlten, konnten sie die Glaubensvorstellungen der Inka nicht in Parallele setzen zu den Kulten der Gallier oder der alten Griechen, um die Verwandtschaft zwischen diesen verschiedenen Arten von Pantheismus hervorzuheben. Unsere Analyse zeigt im Gegenteil ein naturnahes Volk, das die Kräfte des Universums verehrt, ein Volk, dessen durch die Missionare verdammten »Idole« uns weniger grausam oder unmenschlich erscheinen; sie gleichen vielmehr den etruskisch-römischen Laren, und der Ahnenkult spielte dabei eine beträchtliche Rolle.

Bei den Inka kann alles heilig werden und sich in einen Bereich des Göttlichen verwandeln. Dies ist der Kult der *huaca* (Schreine), der sich auf Orte wie Dinge bezieht und von einem tiefen phantheistischen Gefühl getragen wird.

Doch Machu Picchu vermittelt uns auch eine genaue Idee vom Wohnbau der Inka. Die Stadt, mit deren Bau Pachacutec Yupanqui (1438–1471) begann und die vermutlich von seinem Sohn Tupac Yupanqui (1471–1493) vollendet wurde, umfaßt unzählige, um die Heiligtümer in mörtelloser Bauweise errichtete Steinhaustypen. Man findet einfache, quadratische Behausungen mit einer einzigen Türe und Walmdach, rechteckige Häuser mit einer Türe, Giebeldach und Dreieckfront, Doppelbauten mit Trennwand, die den Firstbalken trägt, Häuser, die

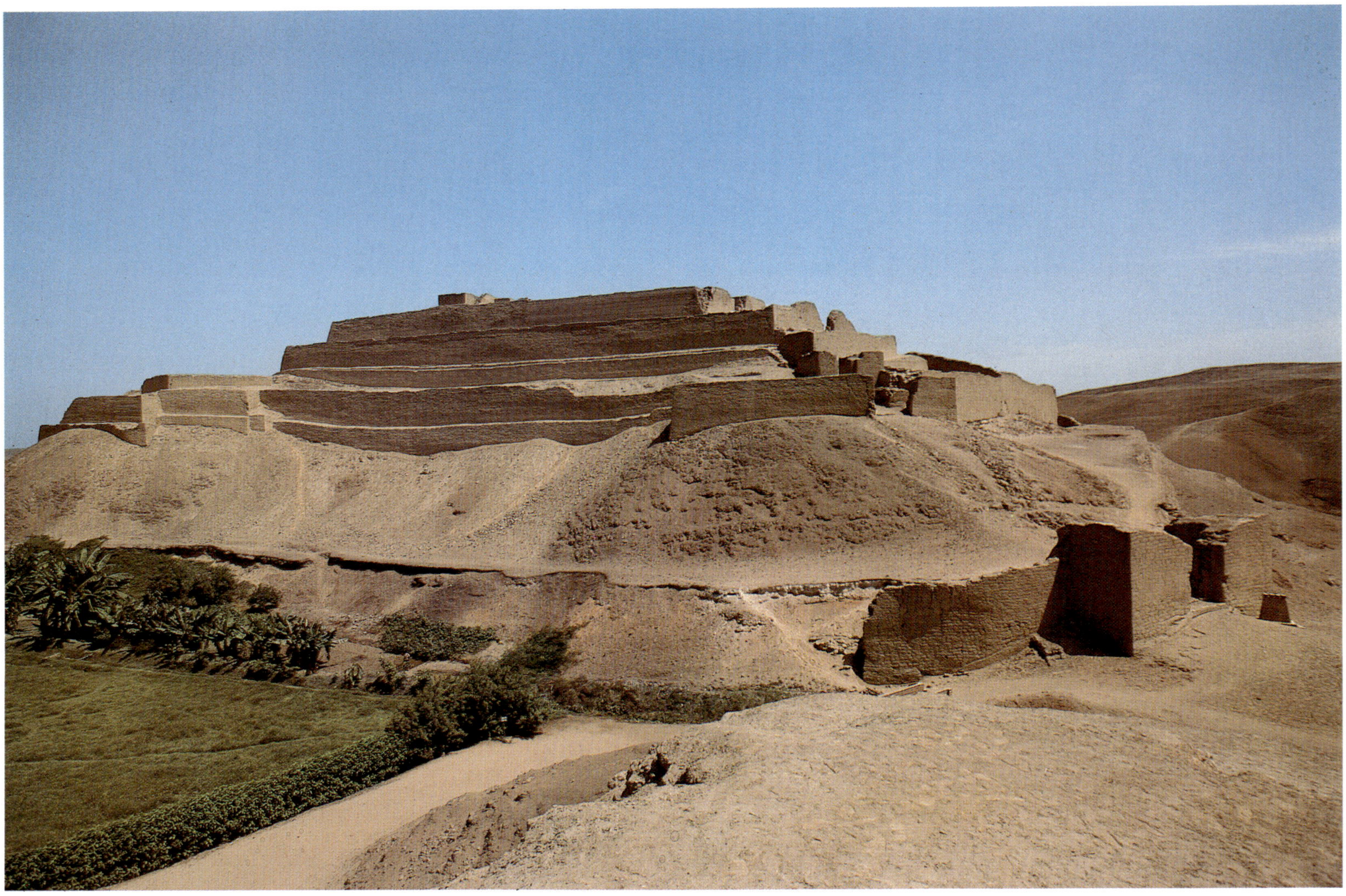

213

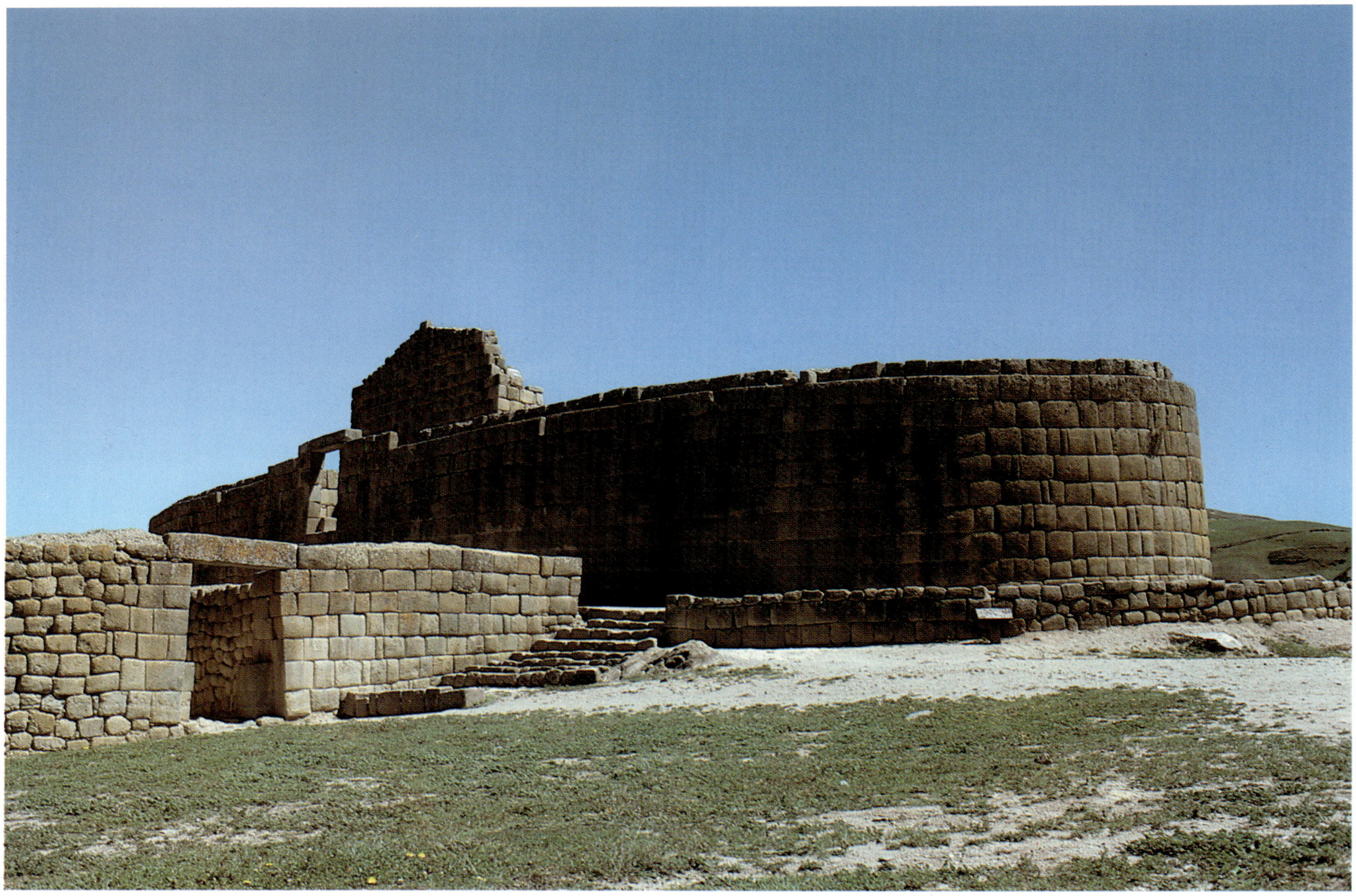

214

auf der ganzen Fassade offen sind, Gruppen von vier Einzelhäusern, die um einen Innenhof angeordnet sind, und schließlich Gemeinschaftshäuser, die ein einziges Satteldach bedeckt.

Zu diesen Typen kommen an Orten wie Huánuco Pampa oder Inkallaqta große Gemeinschaftsbauten hinzu, sogenannte *kallanka* mit Satteldach und Holzpfeilern, die das Gebälk tragen. Im letzterwähnten Fall ist das Gebäude 78 m lang und 25 m breit; seine vier »Schiffe« sind von drei Pfeilerreihen getrennt.

Einige Bauten im Hinterland

Die langgestreckten Gemeinschaftsgebäude führen uns zu einem besonderen Bau, der sich 120 km von Cuzco entfernt an der Straße nach Puno erhebt, in der Nähe des Dorfes San Pedro de Cacha. Es handelt sich um den Viracocha-Tempel in Racchi. Er bildet das Zentrum einer Siedlung von streng rechtwinkligem Grundriß, um die sich eine beinahe 6 km lange, weitgehend noch stehende Mauer zieht. Neben den Häuserreihen und großen Magazinen in Form von kreisrunden, in den Boden angelegten Silos bildet das Heiligtum ein riesiges Gebäude, von dem nur noch die hohe, zentrale Trennwand mit gemauerten Säulen auf beiden Seiten steht. Der 91 m lange und 25 m breite Raum wird in der Längsrichtung durch die rund 12 m hohe Scheidewand in zwei Hälften geteilt; insgesamt ist er 2300 m^2 groß. Seine vier »Schiffe« sind von der Trennwand und zwei Reihen von 2,5 m hohen, zylindrischen Säulen gebildet.

Eine Besonderheit dieser Hochlandarchitektur – die man bis zur Pazifikküste in Pachacamac wiederfindet – ist die Verwendung von behauenen Steinen im unteren Wandteil und von mit Holzbalken verstärkten *adobes* im oberen Wandbereich (Abb. 205–206).

Das Orakelheiligtum von Pachacamac mit seiner riesigen Pyramide, die sich am Rand des Ozeans erhebt, reicht weit bis in die vorinkaische Zeit zurück. Nach der Inbesitznahme durch die Inka kam es zu bedeutenden Neubauten. Die Inka errichteten vor allem ein Heiligtum der Ausgewählten Jungfrauen. Es ist durch die oben beschriebene Technik gekennzeichnet – Mauerbasis aus behauenen Steinen, darüber *adobe*-Wände – und besitzt die klassischen trapezförmigen Türen und Nischen (Abb. 208–210).

Das erstaunliche Straßenwerk der Inka benötigte eine Infrastruktur mit Rasthäusern. Die wichtigsten dieser Etappenorte haben auch einen Sitz für den Inka-Beamten, der die eroberten Länder zu überwachen und die *mita* zu organisieren hatte. Ein Beispiel ist die Gruppe von Tambo Colorado – dem Roten Rasthaus – im Tal des Rio Pisco. Der ganz in roten *adobes* errichtete Gebäudekomplex ist in einem bemerkenswerten Erhaltungszustand auf uns gekommen (Abb. 207).

In der Nähe von Lima erhebt sich der Postenort Huaycan Tambo mit seinen Höfen, Innenräumen und Passagen am Fuß eines Cerro und am Rand der landwirtschaftlichen Zone. Seine Architektur nützt geschickt die Hanglage aus, um die Bauten übereinanderzustaffeln. Eine hohe Verteidigungsmauer umzieht die Anlage und bezeugt die Rolle als Garnisonsposten, die der Ort vermutlich hatte (Abb. 211).

Ebenfalls unweit von Lima liegt in Puruchuco, im Tal des Rio Rimac, eine bemerkenswert restaurierte »Villa« (in der römischen Bedeutung des Ausdrucks). Möglicherweise lebte hier ein *curaca,* der inkaische Zivilbeamte, der mit der Verwaltung der eroberten Länder betraut war. Schöne Innenräume ordnen sich um offene Patios; die Wege, die die Höfe miteinander verbinden, sind von schiefen Ebenen durchschnitten. Ein guter Teil der Tätigkeiten spielte sich wohl im Freien ab, unter Leinwanddächern, die vor der Sonnenhitze schützten. Der eindrucksvoll befestigte Eingang und die Mauer um die Anlage lassen keinen Zweifel über den hohen Rang der Person, die in diesem herrlichen Wohnsitz residierte (Abb. 212).

213 Das mächtige, an der Südgrenze des Chimú-Reiches errichtete Paramonga, das das Tal des Rio Pativilca beherrscht, ist eine Schöpfung der Herrscher von Chimór. Handelt es sich um eine Festung oder einen Tempel? Beide Interpretationen scheinen miteinander vereinbar zu sein. Offenbar war das Bauwerk zur Chimú-Zeit mit seinen aufeinanderfolgenden Mauern und dem einzigen Zugangstor eine Festung, die die Küstenstraße überwachte. Nach der Eroberung durch die Inka erhielt der Ort ein Heiligtum.

214 Der Inka-Komplex Ingapirca, im Herzen des Cañari-Landes (Ecuadór) auf 3200 m Höhe gelegen, zeigt dieselbe Zweideutigkeit wie Paramonga: Aufgrund seiner Lage in Feindesland im äußersten Norden Perús, unweit der zweiten, von Huayna Capac in Cuenca oder in Quito – die Quellen sind widersprüchlich – gegründeten Hauptstadt, war Ingapirca zugleich Tempel und Festung. Mit seinem ovalen Grundriß ist das zentrale Gebäude, das die Nebenheiligtümer und die Behausungen beherrscht, ein eigenständiges Beispiel der Inka-Architektur. Das 35 m lange und rund 12 m breite Gebäude ist von einer Mauer aus schön behauenen Steinen umgeben. Die im Süden gelegene einzige Tür öffnet sich auf zwei Treppen, die zu zwei voneinander abgewendeten Heiligtümern führen.

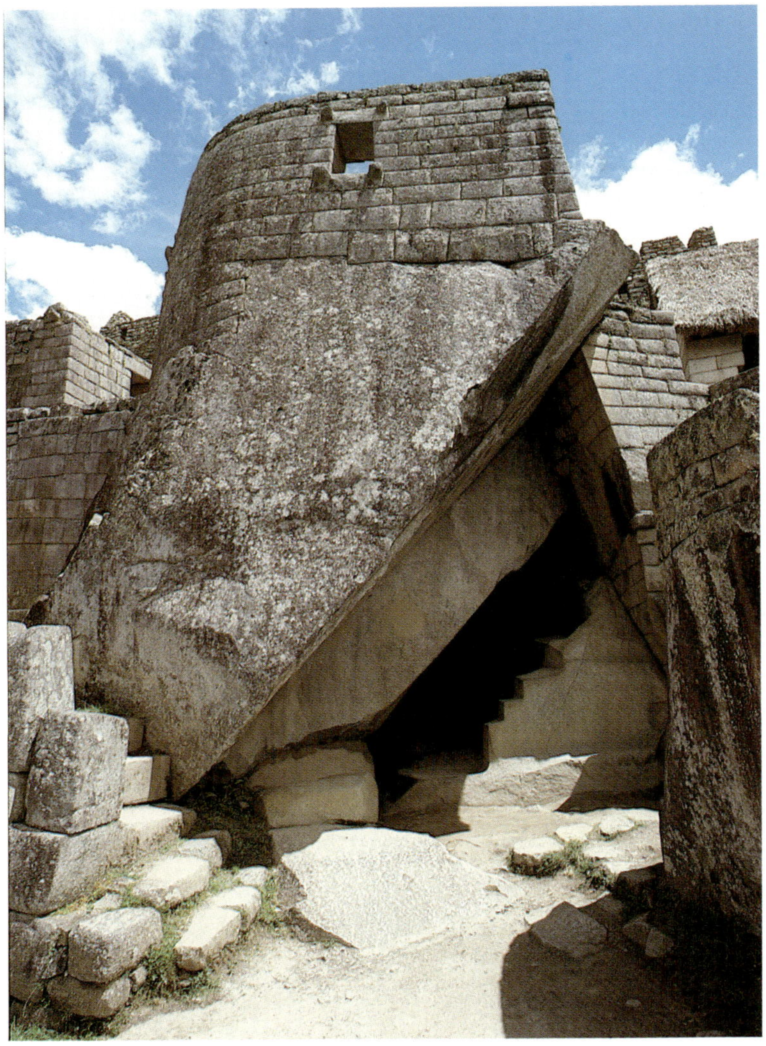
215

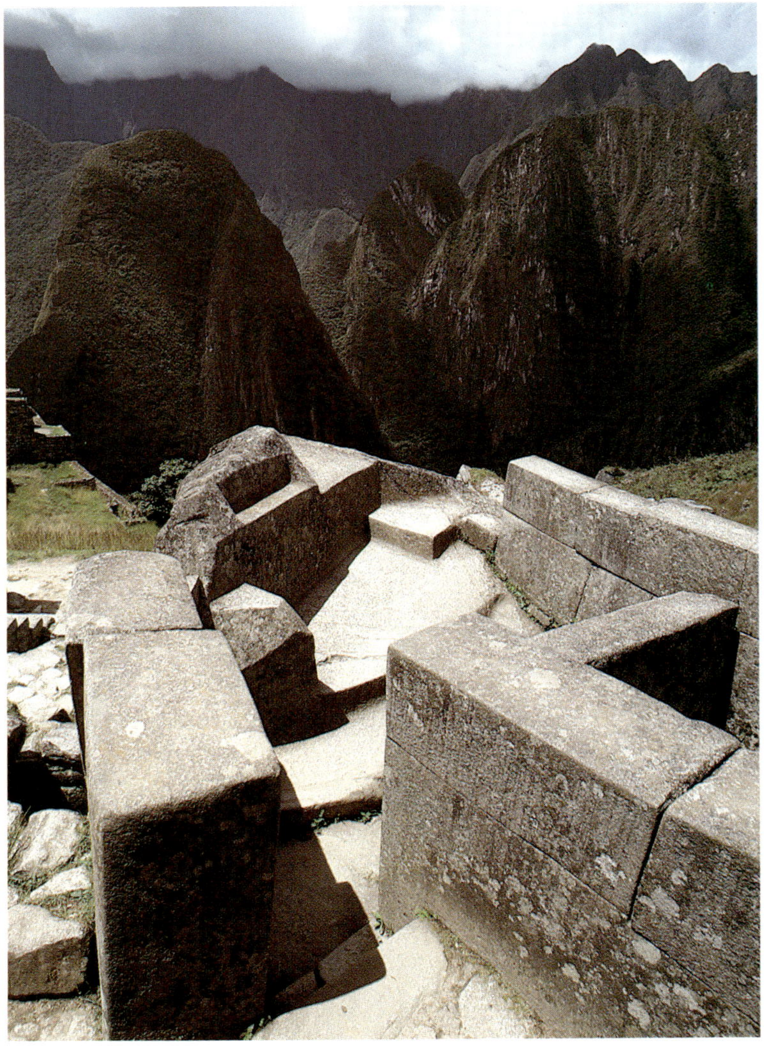
216

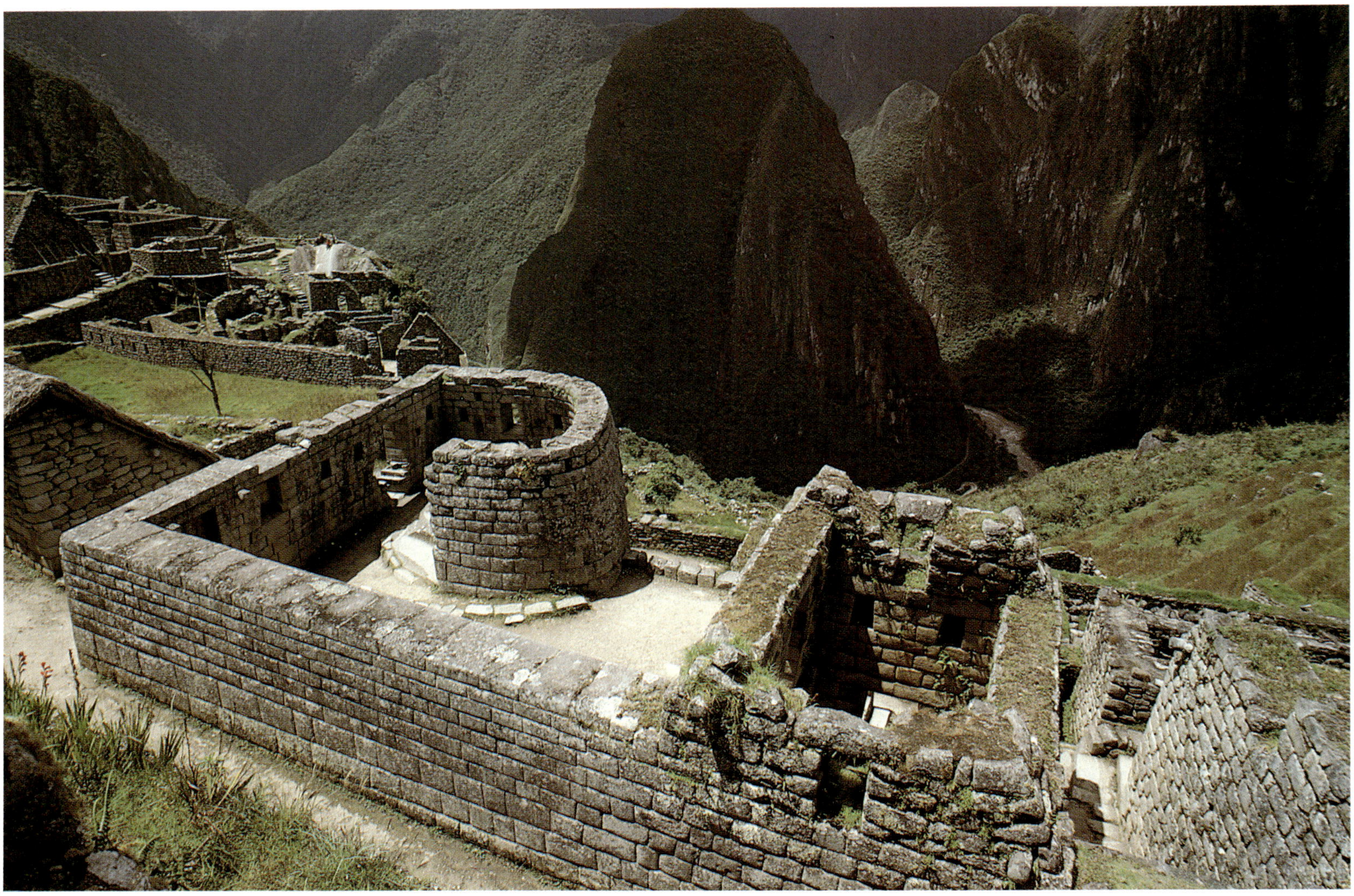
217

Grundriß von Tambo Colorado. Im Norden, am Fuß des Abhangs, das eigentliche Rasthaus mit seiner quadratischen Umfassungsmauer

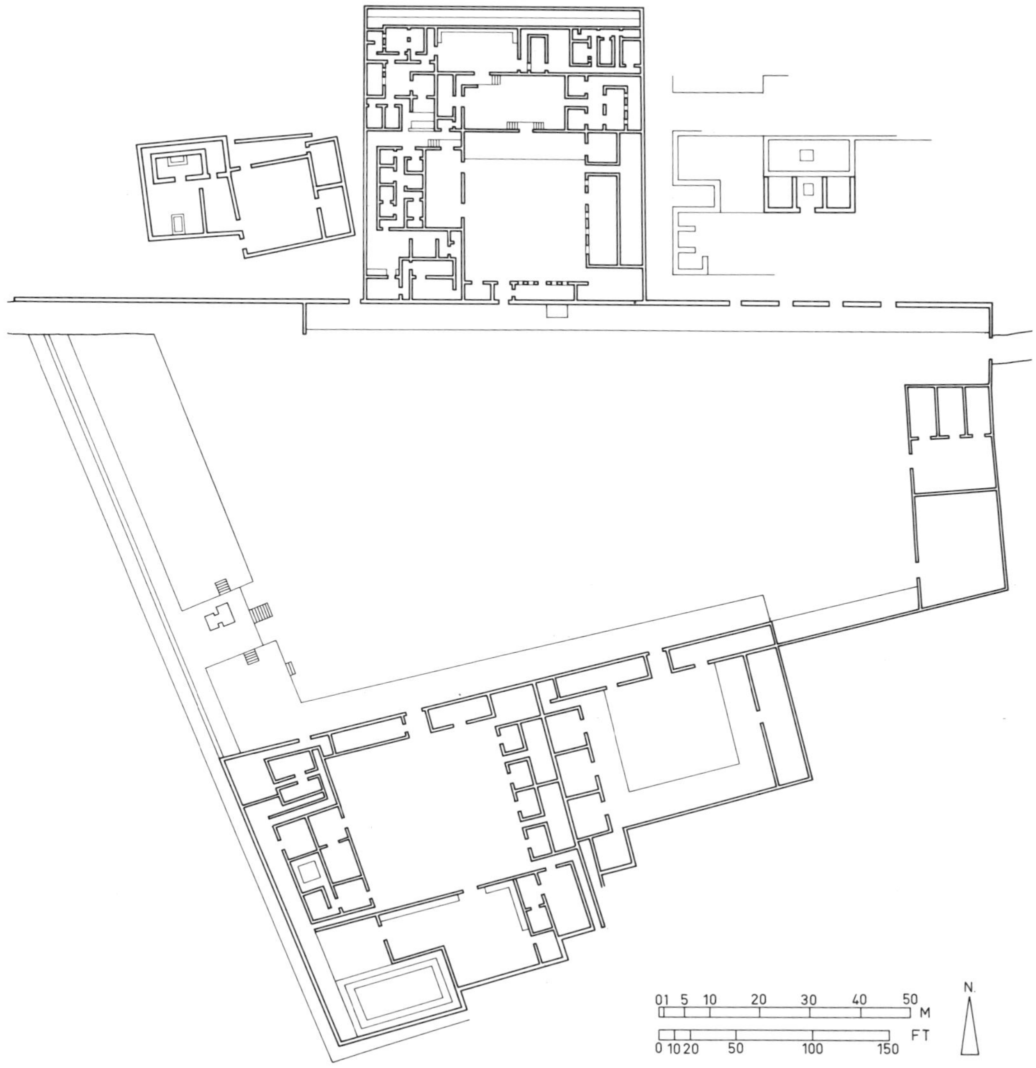

215 Der Torreón (Turm) im Zentrum von Machu Picchu überragt eine natürliche Höhle, die teilweise ausgemeißelt wurde, und bildet einen Komplex, den man »Mausoleum der Könige« genannt hat. Er ist ein typisches Beispiel für das Interesse, das die Inka den Gegebenheiten der Natur entgegenbrachten. Sie gründeten an solchen Stellen Kult- und Opferstätten. Ein Felsen im Innern der Höhle wurde in einen Opferstein umgewandelt, der dem Intihuatana von Abbildung 219 gleicht.

216 Blick von oben in das Urubamba-Tal, das sich unterhalb der Ruinen von Machu Picchu erstreckt. Im Vordergrund behauene Steinblöcke, die ein *usnu* in der Art des »Thrones des Inka« bilden.

217 Der Bau des Torreón von Machu Picchu mit seinen trapezförmigen Nischen schließt in seiner hufeisenförmigen Mauer behauene Felsblöcke ein, die ein weiteres *usnu* bilden. Auch hier trifft sich die Inka-Architektur mit der Natur, um eine Kultstätte zu schaffen. Die Stadt wurde Mitte des 15. Jahrhunderts durch den Inka Pachacutec errichtet und von seinem Sohn Tupac Yupanqui ausgebaut.

Am Ende dieser allzu knappen Bemerkungen über die Inka-Architektur wollen wir zwei Schöpfungen erwähnen, die auf demselben Gebäudetyp beruhen: die »Tempelfestungen« von Paramonga und Ingapirca. Die erste liegt an der Südgrenze des Reiches von Chimór in einer Schlüsselposition am Rio Pativilca und riegelte vermutlich die Küstenstraße ab. Nach der Unterwerfung der Chimú wurde die Anlage in ein Heiligtum verwandelt, mit einer Pyramide am höchsten Punkt, deren Bekrönung aus ungebrannten Ziegeln bestand. Mit seinen *adobe*-Mauern und dem Tor am einzigen Zugangsweg im Süden des Komplexes – für eine Festung, die mögliche Eindringlinge auf dem Weg in den Norden aufhalten sollte, mag das seltsam erscheinen – erinnert Paramonga in mehr als einer Hinsicht an die Pyramide von Pachacamac (Abb. 213).

Ingapirca liegt in Ecuadór oberhalb von Cuenca, dem alten Tumibamba, das einigen Quellen zufolge die zweite, von Huayna Capac (1493–1525) gegründete Hauptstadt der Inka war. Diese »Tempelfestung« ist noch erstaunlicher als Paramonga, denn die Baumeister wählten hier, in 1600 km Entfernung von Cuzco, den klassischen inkaischen Mauerverband mit horizontal verfugten, kissenförmigen Steinen. So erhebt sich im Herzen des Landes der Cañari ein Bau aus Stein; er ist das Werk jener *mitimaes,* die den Zusammenhalt des Reiches sicherstellen sollten (Abb. 214).

Das Hauptgebäude, das gleichfalls oft als »Festung« bezeichnet worden ist, war wohl eher ein Heiligtum. Es ist von ovalem Grundriß, der auf drei nebeneinanderliegenden Kreisen gleichen Durchmessers aufbaut. Das herrliche Gebäude mit schönem Mauerwerk besitzt an der Südseite einen einzigen Eingang, der zu einer doppelten Treppenflucht führt, nach einem Prinzip, dem wir schon am Anfang unserer Untersuchung beim Portal von Chavín begegnet sind. Die Ähnlichkeit geht noch weiter: Die beiden auseinanderlaufenden Treppen führen je zu einem Heiligtum. Die zwei Tempel stehen Rückseite an Rückseite auf der obersten

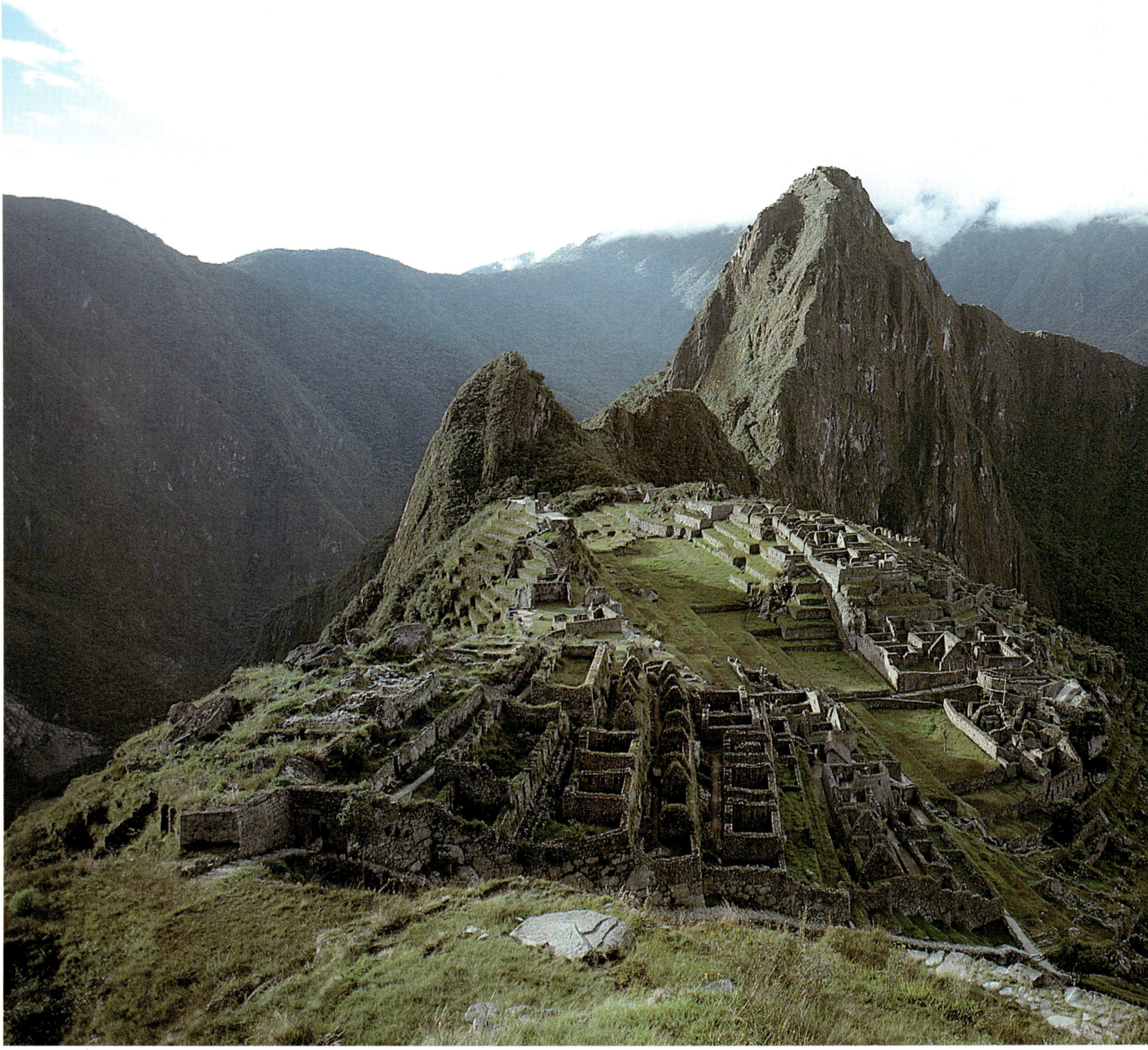

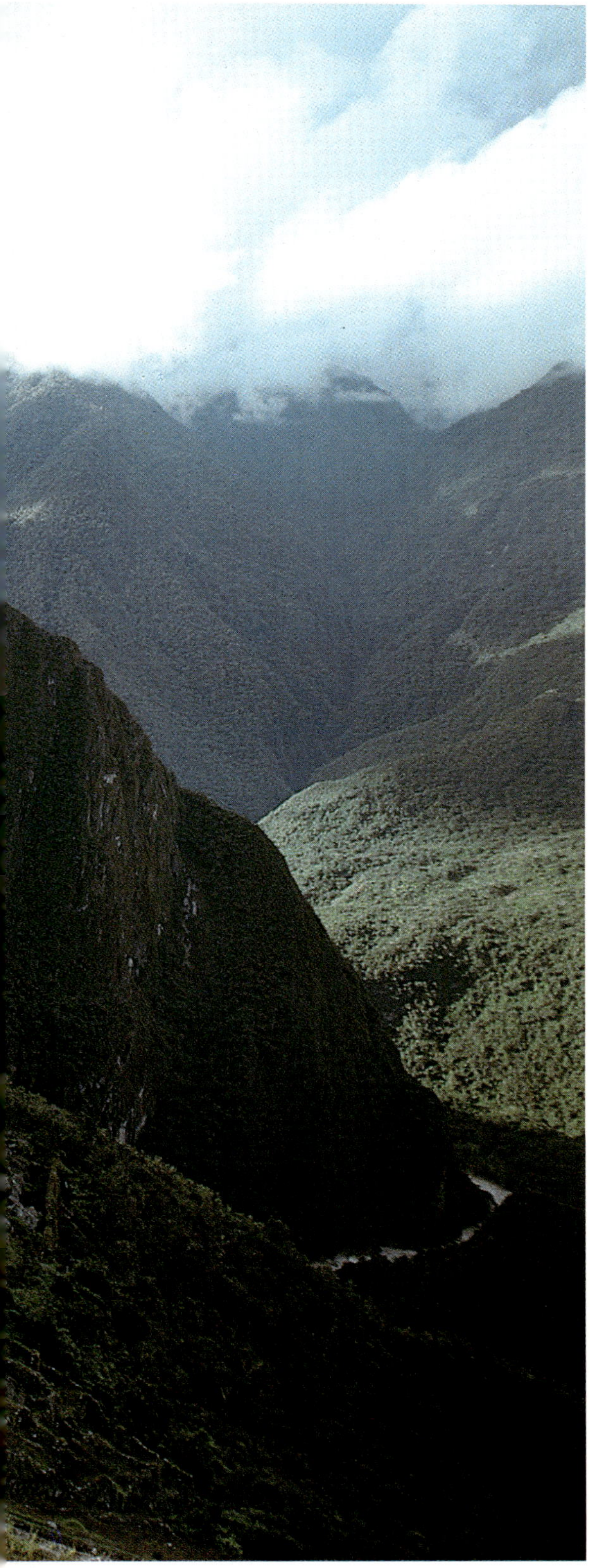

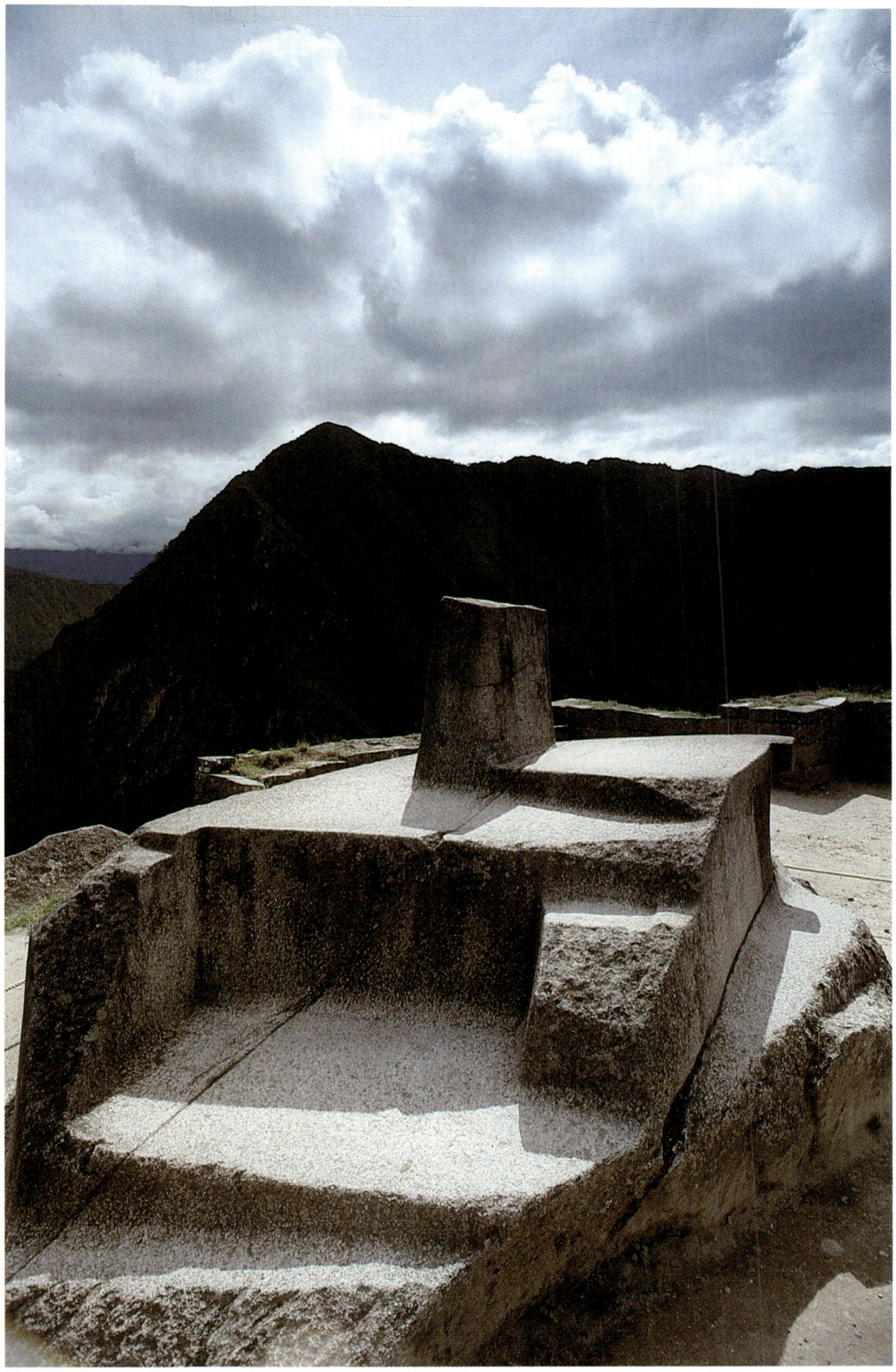

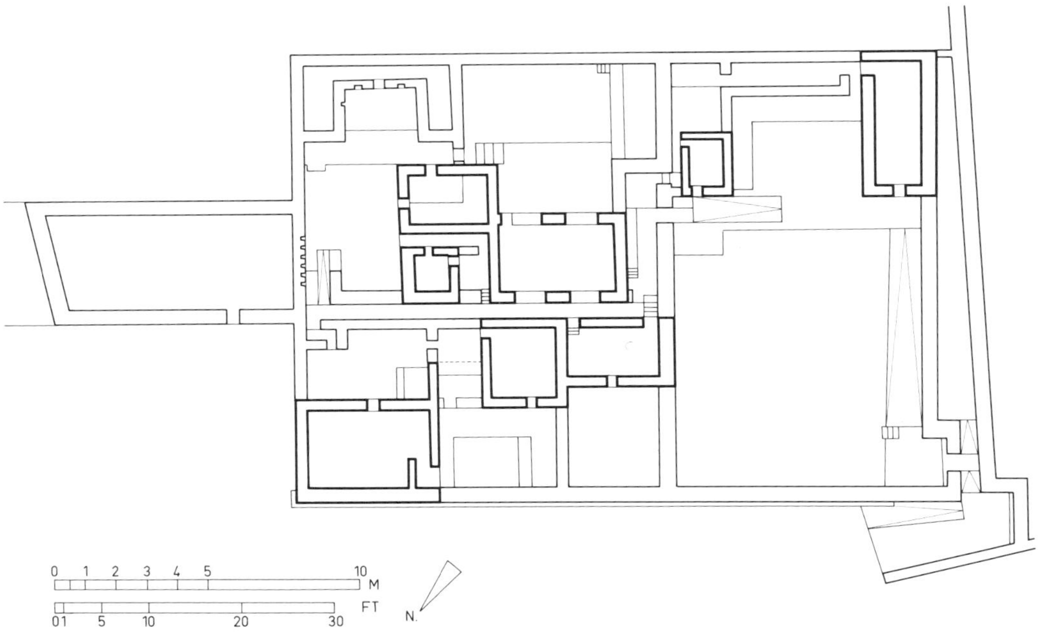

Grundriß des Palastes von Puruchuco im Tal des Rio Rimac unweit von Lima

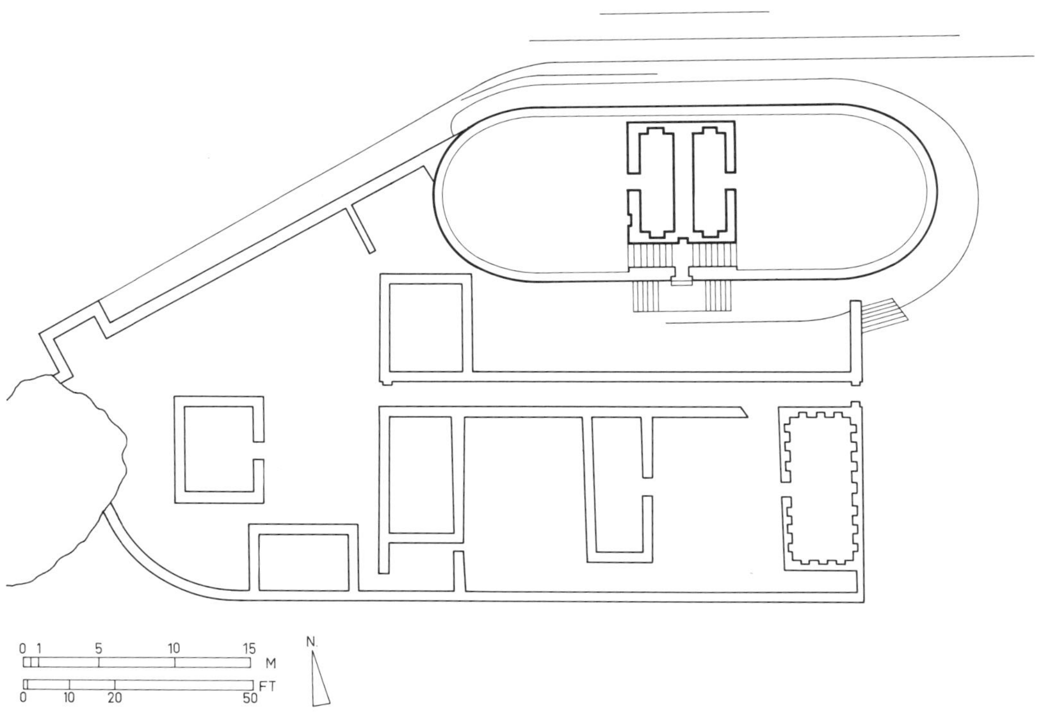

Grundriß der »Tempelfestung« Ingapirca (Ecuadór) mit ihrem Doppelheiligtum, das eine ovale Esplanade beherrscht

218 Machu Picchu, das der Amerikaner Hiram Bingham erst 1911 wiederentdeckte, bietet die eindrucksvollste architektonische Leistung der Inka. Die Stadt liegt in einer Schleife des Rio Urubamba, der sich über den Rio Apurímac und Rio Ucayali in den Amazonas ergießt. Am Fuß der Bergspitze des Huayna Picchu dehnt sich der Ort in 2900 m Höhe auf einer Felskuppe über schwindelerregenden Abgründen aus. Diese Lage war ideal, um den Stämmen des Amazonasgebiets den Durchgang zu verwehren. Die Hauptviertel der Stadt erstrecken sich beidseits eines weiten Platzes, der zwischen zwei Hügeln eine Reihe von Stufen bildet. Die Gebäude haben oft nur ihr Strohdach verloren, so daß die Anlage dieses wahren Adlernestes gut zu erkennen ist.

219 Über dem Tempelviertel auf der Westseite der Stadt Machu Picchu erhebt sich der Intihuatana oder Opferstein. In seiner kraftvollen Form verbindet sich der Umriß des natürlichen Felsen mit einer erhabenen Skulptur. Diese heilige Stätte, die oft als Observatorium oder »Sonnenkalender« bezeichnet wurde, dürfte in Wirklichkeit der Haupt-*usnu* der Stadt gewesen sein und kann kaum eine astronomische Funktion gehabt haben.

Terrasse. Ein anderes Beispiel für Zwillingstempel hatte neben Chavín schon Mojeque am Beginn der Andenarchitektur geliefert. Es lohnt sich also, die Traditionen hervorzuheben, die über mehrere Jahrtausende hinweg im religiösen Denken der Präkolumbier überlebten. In dieser Hinsicht sind die Inka die letzten Erben einer Vergangenheit, die zusammenzufassen ihnen kurz vor dem durch die spanische Eroberung verursachten Zusammenbruch noch einmal gelang.

Das Inka-Kunsthandwerk

Im Bereich von Handwerk und Kunstgewerbe wurde wiederholt auf das technologische Vermächtnis hingewiesen, aus dem die Inka Nutzen ziehen konnten. In Cuzco vereinten sie die Reichselite der Zünfte von Töpfern, Goldschmieden und Webern, um die eigene Produktion zu fördern. Überall wußten sie die besten Fachleute zu wählen, um sich deren Fabrikationsgeheimnisse anzueignen. Von den Chimú übernahmen sie zweifellos die Metallbearbeitung und vor allem die Goldschmiedekunst. In diesem Bereich erkennt man keinen eigentlichen Inka-Stil. Die von den Leuten von Chimór entwickelten Formen wiederholen sich ohne große Änderungen. Allerdings besitzen wir aufgrund der zerstörerischen Habgier, mit der sich die Konquistadoren auf die Goldgegenstände stürzten, nur eine geringe Zahl an Zeugnissen, und es ist schwierig, sich ein Bild von den Inka-Arbeiten zu machen, von denen die meisten wohl in Schmelzöfen verschwunden sind.

Man weiß zum Beispiel, daß der Inka-Herrscher Atahualpa, als er 1533 von Pizarro in Cajamarca gefangen genommen wurde, den Spaniern für seine Freilassung anbot, ein Zimmer bis zu den Fingerspitzen seiner hochgestreckten Hand einmal mit Gold und zweimal mit Silber zu füllen. Als Lösegeld, das tatsächlich – allerdings vergeblich – gezahlt wurde, häufte man »Idole« und Goldgeschirr in einem Gewicht von acht Tonnen an. Der Reichtum der Inka war nämlich bedeutend. Um das Edelmetall leichter zu gewinnen, das die Flüsse in der Gegend von Tumbes im äußersten Norden des heutigen Perú nur in mühsamer Arbeit freigaben, hatten schon die Inka die Gräber der Mochica und Chimú systematisch plündern lassen. Mit diesem Gold schufen sie in Cuzco die Statuen von Viracocha und Mama Ocllo, die, wie die Chronisten berichten, Menschengröße hatten.

Die allzuwenigen erhaltenen Gold- und Silbergegenstände sind Opfergaben, die man in Gräbern entdeckte, zum Beispiel Amulette wie die kleinen Goldlamas, die dem Verstorbenen in der anderen Welt dieses Tier ersetzen sollten. Man fand aber auch Gold- und Silber-»Idole«, die als Ersatz für junge Leute den Toten auf seiner letzten Reise begleiteten. Diese Hohlstatuetten mit riesigem Kopf und absolut frontal dargestelltem Körper sind realistischer ausgeführt als die Chimú-Stücke. Das gleiche gilt für einige figürliche Silbergefäße (Abb. 200–201).

Für die Webkunst wandten sich die Inka an die Fachleute aus der Gegend von Nazca und von Chancay. Sie brachten ganze Arbeitsgruppen von Spinnerinnen und Weberinnen ins Hochland. Wenn auch die Inka-Techniken die ihrer Vorläufer sind, so haben doch die Motive typisch inkaischen Charakter. In diesem Bereich entwickelten die Inka einen eigenständigen Stil, der auf geometrischer, etwas steifer Strenge aufbaut. Die Figuren, die die Felder füllen, sind von so verwirrender Vielfalt und Systematik, daß manche Autoren darin eine Schrift erblicken wollten und sogar mehr als 400 »Zeichen« zählten, die sie zu entziffern suchten. Wie dem auch sei, die in Schlitztechnik geschaffenen Webereien leiten sich von den schönen Stoffen aus Paracas, Nazca und Tiahuanaco her. In ihrer Regelmäßigkeit und Feinheit stehen sie ihren Vorbildern in nichts nach.

Auch die Inka-Keramik ist das Ergebnis einer Synthese, ohne daß es ihr deshalb an eigenen Zügen fehlt. Es gab zwei Hauptströmungen. Die eine beruht auf Chimú-Techniken und erinnert zugleich an Mochica-Formen. Das gilt vor allem für die schwarzglänzenden Keramiken der Töpfer an der Nordküste – Chanchán-Lambayeque –, die die Traditionen der Moche-Handwerker weiterführten. Neben Gefäßen mit einfachem Ausguß blieb auch die Form des Bügelhenkels in Gebrauch. Tier- und Menschenmotive wurden in großer Vielfalt und hoher Qualität gestaltet; daneben gab es eine ziemlich mittelmäßige Massenproduktion (Abb. 195–197).

Der andere Zweig der Inka-Keramik ist eigenständiger. Er zeigt typisch inkaische Formen und Motive, deren Stil unverwechselbar ist. Diese Kunst wurde wahrscheinlich – nach der Farbpalette zu urteilen – von Handwerkern der Nazca-Region ausgeführt, die man ins Hochland umgesiedelt hatte. Sie zeichnet sich durch die Einführung einer neuen Form aus: der sogenannten Aryballosform. Dieses kugelförmige Gefäß mit konischem Boden, das man wie bestimmte antike Amphoren in den Boden steckte, diente zum Wassertransport auf Menschenrücken (Abb. 193–194). Die echten Aryballoi können eine beträchtliche Größe haben, die 60, ja 80 cm überschreitet, doch gibt es auch Miniaturausgaben in menschenähnlicher Gestaltung (Abb. 192). In anderen Fällen haben die Ritualgefäße schlanke, ungewöhnlich elegante Linien, besitzen dabei jedoch immer den vorspringenden Knopf und die kleinen Seitenhenkel, durch die bei den großen Stücken das Tragband läuft (Abb. 191).

Die Dekorthemen der Inka-Gefäße sind streng und trocken behandelt. Neben den Tänzerinnen und Blumen des zuletzt erwähnten Beispiels gibt es häufig in der

Art feiner Rippen gestaltete Motive, die vermutlich den Baum oder die Vegetation symbolisieren, die das im Gefäß enthaltene Wasser wachsen läßt. Dieser Sonderdekor der inkaischen Keramik beruht offenbar auf keinen früheren Vorbildern.

Wenn sich die Inka auch nicht in der Plastik hervortun – wir sahen, wie selten die plastischen Elemente in ihrer Architektur sind –, so entwickelten sie doch eine eigene Kunst von Steinobjekten wie Mörser oder kleine Votivtierfiguren. Unzählige Lama- und Alpaka-Statuetten aus Diorit oder Basalt fand man in den Feldern, wo sie vermutlich anläßlich von Fruchtbarkeitsritualen begraben wurden. Es handelt sich um hochstilisierte Darstellungen mit klaren, schlichten Linien (Abb. 198). Manchmal stößt man auch auf bewundernswert polierte Mörser in reinen Formen, deren Henkel hervorragend gestaltete Tierfiguren von hoher Qualität sind (Abb. 199).

All diese Stücke spielen eine Rolle in den Ritualen der »pantheistischen« Religion der Inka. Daneben gibt es jedoch noch einen besonderen Gefäßtyp, der sich durch sein Material und seine Bestimmung auszeichnet: den *kero,* einen hölzernen Ritualbecher. Das aus einem Stück Holz geschnitzte Trinkgefäß diente den Mitgliedern eines Klans zur »Kommunion«, indem alle die *chicha* tranken, das durch Gärung von Mais erhaltene, leicht alkoholhaltige Getränk. Wie in den anderen präkolumbischen Kulturen stand der Gebrauch von Drogen, Rauschmitteln und Alkoholika in Verbindung mit der Gottheit. Während Koka die Wahrsagerei ermöglichte und bestimmte Pilze in ekstatische Trance versetzten, war die *chicha* ein Mittel, sich mit dem Göttlichen zu vereinen. Deshalb war sie mit einem strengen Ritual verbunden, das die Conquista lange überdauerte. Daher sind die *kero* trotz ihrer geringen Haltbarkeit in großer Zahl erhalten; allerdings datieren sie selten aus der Zeit vor der Ankunft der Konquistadoren.

Vermutlich leitet sich der *kero* mit seiner schlichten, leicht ausladenden Form von den schönen Keramikbechern von Tiahuanaco ab. Er kann jedoch auch mit den Zügen eines Menschengesichts oder eines Puma ausgestattet sein. In diesem Bereich haben die Holzschnitzer große Eigenständigkeit entfaltet. Einmal mehr bestätigt sich die Inka-Kunst durch ihren Schematismus und durch ihre Abkehr von der Nachahmung der Natur (Abb. 220).

Die Vielfarbigkeit des *kero* – das Holz ist mit einem farbenreichen Lack überzogen – zeigte ursprünglich eine beschränkte Palette und einfache geometrische Zeichnungen. Unter dem Einfluß der Kolonialkunst wurden die neueren *kero* jedoch zunehmend »barocker« und verloren allmählich die typischen Merkmale der Inka-Kunst.

Der Niedergang der Präkolumbier

Vor der Ankunft der Spanier präsentiert sich das Inka-Reich als ein machtvoll gegliederter Staat, der auf eine höchst reale politische und kulturelle Einheit gegründet ist, während zugleich eine gemeinsame Sprache, das Quechua, die Einheit des Tahuantinsuyu schafft. In dieses Reich dringen 164 spanische Reiter und Fußsoldaten ein, an ihrer Spitze Francisco Pizarro, der fest entschlossen ist, sich in Perú ein Königreich zu schaffen, wie es zwölf Jahre zuvor Hernando Cortés in Mexiko getan hatte.

Das für die Inka schicksalhafte Datum ist das Jahr 1533; für die Azteken war es 1521 gewesen. Wenn man die Identität der Angreifer in Mexiko und Perú betont, springt auch die merkwürdige Ähnlichkeit in die Augen, die die Hochkulturen der Azteken und der Inka dazu führte, gleiche Formen zu entwickeln und ein ähnliches Schicksal zu erleben. Beide Kulturen, denen die Konquistadoren gegenüberstehen, sind militärisch-imperialistisch ausgerichtet. Beiden gelang es, die Herrschaft über fast alle hochentwickelten Regionen ihrer Umgebung zu gewinnen: in Mexiko vom Golf zur Pazifikküste und vom Rio Sonora bis zum Isthmus von

220 Unter den Ritualgegenständen der Inka spielen die *kero,* die Trinkbecher aus bemaltem Holz, auch nach der Conquista noch eine Rolle. Die meisten erhaltenen Stücke datieren daher aus dem Anfang der Kolonialzeit. Aus ihnen tranken die Mitglieder einer Bruderschaft die *chicha,* das leicht alkoholisierte Maisbier. Dieser schöne, 19,5 cm hohe *kero* mit Menschengesicht gehört zu den Arbeiten, die die kräftige Stilisierung der Inka-Kunst aufs beste ausdrücken. (Museo Regional de Cuzco)

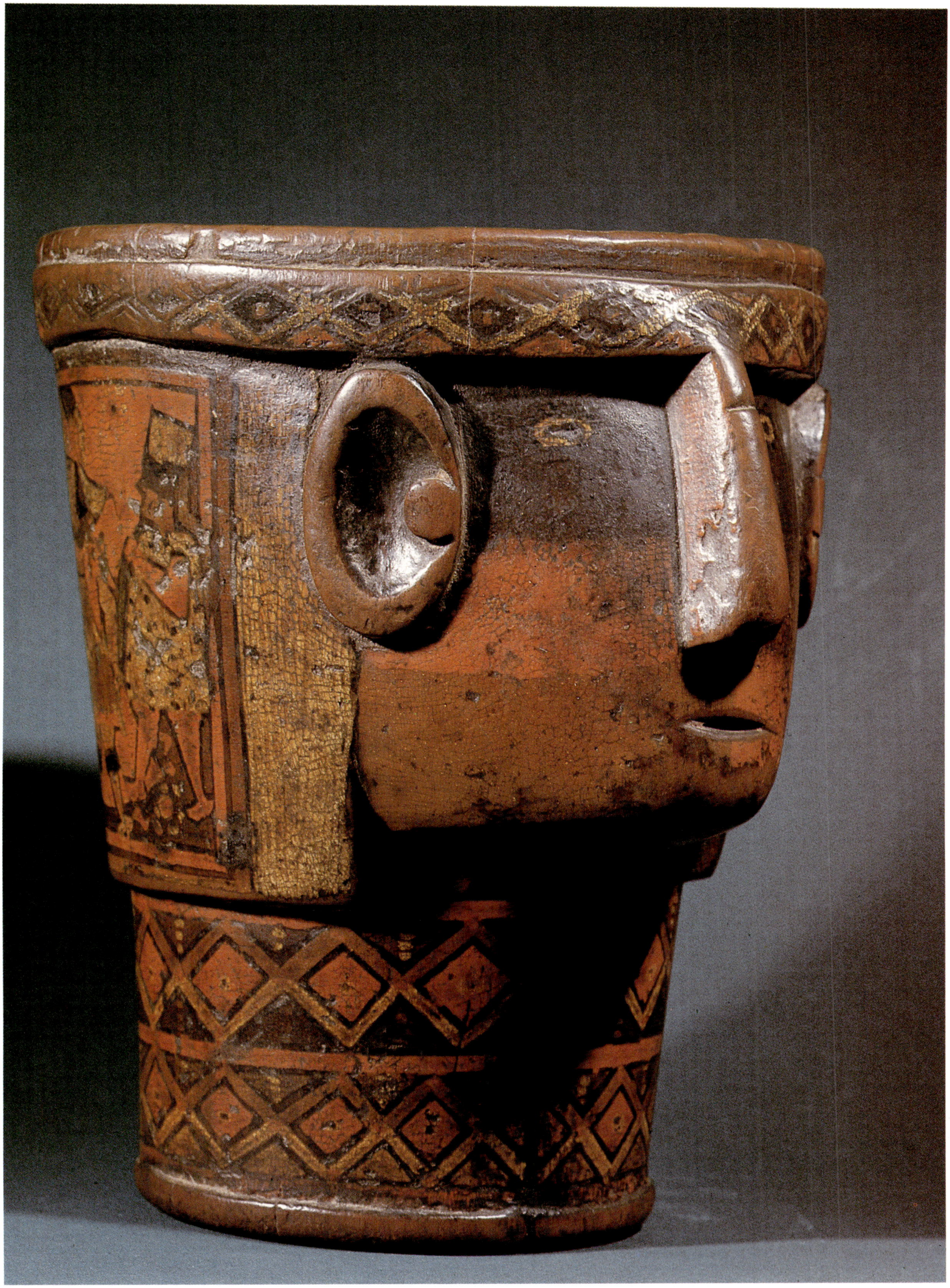

Tehuántepec, in Peru von den Grenzen Kolumbiens bis zur nördlichen Hälfte des heutigen Chile.

Diese beiden präkolumbischen Hochkulturen, die ein zentralisiertes Großreich geschaffen haben, markieren den Endpunkt einer Entwicklung. Sie sind an ihren äußersten Grenzen angelangt, als ihnen die spanischen Konquistadoren ein brutales Ende bereiten. Beide haben die ökonomisch-militärische Organisation bis zum höchsten Grad getrieben, unter dem Deckmantel eines religiösen Zentralismus und zum Nachteil der individuellen Werte. Beide haben die Nachbarvölker zum Nutzen einer zahlenmäßig beschränkten Kaste, einer rücksichtslosen, vom System profitierenden Oligarchie unterworfen. Denn die Staatsstruktur ist hier wie dort weit davon entfernt, die Gleichheit aller zu fördern. Der Traum eines »sozialistischen« Inka-Reiches hält der Gegenüberstellung mit der Wirklichkeit nicht stand, auch wenn die von den besonderen geographischen Verhältnissen bedingte hochentwickelte Organisation eine besser als bei den Azteken gelenkte Produktion und Verteilung erfordert hatte. Auf beiden Seiten ist der Despotismus absolut, und unser Reden von Freiheit ist nicht angebracht.

Wie kann man unter diesen Umständen den Zusammenbruch einer mehrere Millionen Menschen zählenden Welt erklären, deren furchterregende Krieger einer kleinen Truppe von Abenteurern gegenüberstehen? Gewiß gibt es einen gewaltigen technologischen Unterschied zwischen den Indianern einerseits, die mit Wurfspeeren, Bronze- und Steinstreitkolben bewaffnet und von Schilden und gepolsterten Baumwollwesten geschützt sind, und den Spaniern andererseits. Die Konquistadoren tragen Helme und Rüstungen, verfügen über Pferde, Stahlschwerter und vor allem Feuerwaffen – Donnerbüchsen, Arkebusen und langrohrige Feldgeschütze –, die ihnen eine unermeßliche Macht verleihen.

Es gibt jedoch noch einen weiteren Grund für den durchschlagenden Erfolg der Spanier: Ein Bürgerkrieg erschüttert seit Jahren das Reich der Inka, als das erste spanische Schiff an der Küste Perús anlegt. Das Reich ist zu groß geworden für einen einzigen Herrscher, und das Problem der Nachfolge des Inka beim Tod von Huayna Capac 1525 in Tumibamba, sieben Jahre vor der Ankunft der ersten Weißen in Tumbes, markiert den fatalen Riß. Möglicherweise hatte Huayna Capac die Reichsteilung beschlossen und seinem Sohn Huascar die Herrschaft über Cuzco, die eigentliche Inka-Hauptstadt, übergeben, während er zugleich Atahualpa, der mit ihm in Tumibamba weilte, seine nördlichen Besitzungen zusprach. Daraus ergab sich eine Zweipoligkeit des inkaischen Systems, die sich schlecht mit der symbolisch-religiösen Ordnung im Reich der Sonnensöhne vertrug.

Auf jeden Fall erfaßten die Kämpfe das ganze Land, die Auseinandersetzungen zwischen der von Huascar gehaltenen alten, stolzen Hauptstadt und dem zweiten Cuzco, Tumibamba, in dem es nun eine Replik der cuzcoischen Heiligtümer gab. Offenbar war es Atahualpa kurz vor der Landung der Spanier gelungen, Huascar in einem mörderischen Bürgerkrieg zu schlagen, der die feine Mechanik des Inka-Reiches aus dem Gleichgewicht brachte.

Seiner Macht nach dem soeben errungenen Sieg um so sicherer, hegte Atahualpa kein Mißtrauen gegen die kleine spanische Truppe und lief in die Falle, die ihm Pizarro in Cajamarca gestellt hatte. Durch Verrat gefangen genommen, wurde er 1533 nach einem Scheinprozeß umgebracht, der den Konquistadoren kaum zur Ehre gereicht. Sein Tod bedeutet das Ende der präkolumbischen Welt. Daran ändert auch nichts, daß der Widerstand einiger schwacher Nachfolger Atahualpas, die sich an die Spitze der Aufständischen stellten, das in die Hände der Spanier gefallene Cuzco belagerten und schließlich nach Vilcabamba flohen, um die Besetzer bis 1572 zu beunruhigen, eine letzte ruhmreiche Episode des indianischen Abenteuers bildet. Nun ist alles zu Ende. Tod und Vergessen senken sich über die Hochkultur der Inka und alle Kulturen, die ihr vorausgegangen sind.

Der Niedergang vollzieht sich in erschreckender Geschwindigkeit. Zwei Hauptursachen sind dafür ausschlaggebend: die hohe Sterblichkeit und die Aufgabe der kultivierbaren Länder. Die Entvölkerung nimmt katastrophale Auswirkungen an, und die indianische Nation, deren Bevölkerungsdichte zur Zeit des Inka-Reiches beträchtlich war, bricht vollständig zusammen. Für dieses Phänomen gibt es vielfache Gründe, die sich gegenseitig verstärken. Zunächst muß man die unzähligen, auf den Schlachtfeldern gelassenen Toten erwähnen. Chronologisch gesehen ist dies der erste Faktor für die hohe Sterbensrate, aber bei weitem nicht der wichtigste. Die Sklaverei und die Mißbräuche der Kolonisatoren wiegen weit schwerer. Doch es sind die von den Spaniern importierten Krankheiten – in der Alten Welt oft harmlose Krankheiten, gegen die jedoch die Indianer keine Antikörper haben –, die im wesentlichen für den Untergang der Andenbevölkerung verantwortlich sind.

Im 16. Jahrhundert ging die Einwohnerzahl in Perú, wie man sagt, um 70% zurück. In manchen Gegenden betrug der Rückgang sogar mehr als 90%. Die spanischen Quellen berichten, daß 50 Jahre nach der Ankunft der Konquistadoren in der Region von Nazca ein Zentrum wie Chincha nur noch 600 Einwohner hatte; vor der Conquista waren es 30 000 gewesen. Es hätte also lediglich 2% Überlebende gegeben.

Die vom Vizekönig verfolgte Politik, weitere Erhebungen im Keim zu erstikken, führte zu einer anderen Katastrophe, diesmal ökologischer Art. Man zwang die Indianer, ihre Adlernester im Hochland zu verlassen und sich in den Tälern anzusiedeln. Dies nennt man das System der »Reduktionen«. Es bewirkte nicht nur die Aufgabe des traditionellen Siedlungswesens, sondern auch die der Terrassenkulturen, der an den Berghängen gelegenen *andenes*. Damit brach auch die Landwirtschaft zusammen, was zu Notstand und Hunger führte, als die Geburtenrate wieder zunahm.

Mit der Einrichtung der Kolonie gerieten alle Traditionen und Techniken der Präkolumbier in Vergessenheit, und das System der Vorräte und der staatlichen Wiederverteilung wurde umgestoßen. Die Einführung einer Wirtschaft, in der das Geld den Tauschhandel und die verschiedenen Formen der *mita* ersetzte, brachte das Land endgültig in Ruin und vernichtete sein kulturelles und künstlerisches Erbe.

Die von wirtschaftlichem Bankrott begleitete ökologisch-soziale Katastrophe, von der die Conquista gekennzeichnet ist, läßt sich heute noch wahrnehmen. Trotz der von einigen Andenländern unternommenen Anstrengungen für neue Bewässerungssysteme und Raumplanung muß man feststellen, daß 500 Jahre nach dem Kollaps die Wunden noch nicht verheilt sind. Die heutigen Kulturflächen Perús liegen 40 bis 45% unter denen, die zur Zeit der Präkolumbier bebaut wurden. Diese Tatsache allein genügt, um eine Vorstellung von der außerordentlichen Bevölkerungsdichte in den Inka-Ländern zu erhalten.

Unnötig ist es angesichts dieser Lage, den noch radikaleren Zusammenbruch darzustellen, den die plötzlich von ihren kulturellen und religiösen Wurzeln abgeschnittene Kunst erlitt. Die Katastrophe war total.

Schlußwort

Am Ende dieser fünftausendjährigen Reise durch die Kunst der Andenhochkulturen stellen wir fest, daß es eine fortlaufende Entwicklung von Real Alto bis Cuzco gibt. Die verschiedenen Kulturzentren schließen sich zu immer größeren Einheiten zusammen. Die kurze Zeit des Inka-Reiches bildet dabei die höchste Stufe der Vereinigung des gesamten untersuchten Gebietes von Ecuadór bis Chile. Diese Tendenz zu großen Staatswesen geht einher mit einem Vereinheitlichungsprozeß in Kunst und Architektur, der zu einem kohärenten, die verschiedenen Gebiete des Staates umgreifenden Reichsstil führt.

Entstand die Kunst aus dem Bedürfnis, die Naturkräfte zu verehren und zu Gottheiten zu erhöhen, war sie dazu bestimmt, die Alltagsgegenstände mit glückbringenden und schützenden Eigenschaften auszustatten, um sie – als Kultobjekte wie als Viatikum für die Toten – am Heiligen teilhaben zu lassen, so verwandelte sie sich doch immer mehr in ein Machtmittel.

Wie bei den Azteken, bei denen die Kunst die Formensprache religiösen Terrors im Dienst des Imperialismus der Herrscher von Tenóchtitlan bildete, wurde sie in Cuzco zum Ausdruck einer kulturellen und religiösen Vereinigung. Diese gründete auf dem Inka-Kult, auf der Ausübung pantheistischer Riten, die sich über die lokalen Glaubensvorstellungen legten. Sie zeugen vom Willen, dem ganzen Reich des Tahuantinsuyu gemeinsame Formen vorzuschreiben.

Diese Entwicklung kennzeichnet jede der politisch-religiösen Vereinigungsphasen der Andenwelt, angefangen mit Chavín, dann Tiahuanaco-Huari und später das Reich von Chimór. Sie findet bei den Inka ihre Vollendung. Die ganze Staatsmaschine dient dazu, den höfischen Prunk zu lobpreisen, in dem zeitliche und religiöse Macht in den Händen eines einzigen Menschen vereint sind. Das ganze System soll die Mittel für diese kosmische Vision bereitstellen und der aufgrund kollektiver Arbeit angehäufte Reichtum die menschgewordene Inka-Gottheit verherrlichen. Hier ist der Stammesführer zum Weltenherrscher geworden, und die Formensprache einer kleinen Gemeinschaft des Hochlandes hat die aller Nachbarvölker verdrängt, nach einem Prinzip, das sich in den meisten Großreichen mit universellem Anspruch bewahrheitet.

Obwohl man die Ästhetik von weniger autokratischen, mehr auf den Menschen bezogenen Gesellschaften – wie der Leute von Chorrera, der Mochica oder der Nazca-Stämme – vorziehen kann, läßt es sich nicht ableugnen, daß sich die künstlerische Formensprache in der Abfolge von »introspektiven« und »extravertierten« Phasen herausbildet. Bald ist diese Sprache auf das Individuum und die Entfaltung seiner Eigenschaften gerichtet, bald dient sie zur Bekräftigung der Einheit und des Zusammenhaltes, selbst wenn dadurch Monotonie und Wiederholung entstehen. Vielfalt und Vereinheitlichung – das ist das Dilemma der Kunst, und das Gleichgewicht zwischen diesen Extremen haben die verschiedenen Stilrichtungen zu finden.

In der Andenwelt entsteht unbestreitbar eine Reihe von ausgeprägten Stilen, jeder von besonderem Typ, keiner dem anderen gleich. Man kann ihr Auftauchen, ihre Blütezeit und ihren Niedergang verfolgen, die Hinterlassenschaften und Vermächtnisse ermessen und beobachten, wie sich eine lange Entwicklungslinie herausbildet. In ihr vernimmt man die Stimme entfernter Vorfahren, denn es gibt keinen eigentlichen Bruch vom Beginn in Valdívia bis zum brutalen Ende der Inka.

Mehr als anderswo hat die zerrissene Topographie des Landes mit den von schreckenerregenden Wüsten getrennten Tälern zu vielen verschiedenen Bevölkerungsgrüppchen geführt. Die Menschen bemühten sich, diese zu vereinen und aus der Isolation zu führen, um sie an größeren Staatswesen teilhaben zu lassen, um ihnen jene Größe und jenen Zusammenhalt zu geben, die nötig sind, um den Gefahren des Alltags, den Launen des Klimas und der Bedrohung von außen besser widerstehen zu können. Die Kunst spiegelt diese Vereinigungsbestrebungen wider, denen Phasen des Zerfalls folgen, die Bewegungen von Expansion und Rückzug auf sich selbst, den Rhythmus von Diastole und Systole, der den Fortschritt der Völker kennzeichnet.

Da sich die präkolumbische Andenkunst ohne Berührung mit den Hochkulturen der Alten Welt entwickelt hat, ist sie für uns ein ideales Feld, um Formen, Denkweisen und Menschen zu beobachten. Sie legt Zeugnis ab von dem allen menschlichen Gesellschaften eigenen Streben nach Schönheit. Die bescheidensten Gegenstände erhalten über ihre praktische Funktion hinaus eine ästhetische Dimension: die ersten verzierten Keramiken, die ersten dekorierten Stoffe, die ersten einer Gottheit geweihten Heiligtümer, ihre Architektur, ihre Skulpturen und Fresken. Das alles bildet die bewegende Geschichte von Völkern, die sich parallel zu uns entwickelten. Die Anfänge des künstlerischen Abenteuers, das die Bauern an der Pazifikküste wagten, fanden zur selben Zeit wie die des Vorderen Orients statt: Valdívia und Sumer sind Zeitgenossen.

Wenn es jetzt auch bekannt ist, daß die Verbindungslinie von Real Alto nach Cuzco eine historische Tatsache ist, bleiben doch riesige »weiße Flecken« in der Kunst dieser Zone bestehen. Unser Überblick, der von den Maya und Azteken zu den Andenkulturen führte, dürfte noch lange Gegenstand von Änderungen sein, die künftige Entdeckungen zweifellos hervorrufen werden.

Zeittafel I

Ecuadór	Nord-Perú	Zentral- und Süd-Perú
22000 Erste Welle asiatischer Einwanderer auf dem amerikanischen Kontinent 15000 Ankunft der ersten Menschen in Südamerika 13000 Zweite Welle asiatischer Einwanderer auf dem amerikanischen Kontinent 10000 Dritte und letzte Welle asiatischer Einwanderer 9400 Reste von behauenem Stein in der Nähe eines Mastodons in Chile 7000 Erste Versuche, Nahrungspflanzen zu züchten 5500 Aussterben des amerikanischen Pferdes 4300 Eine kalte und trockene Phase begünstigt den Aufschwung des Ackerbaus in Amazonien 4000 Gegenwart des Mais in Schichten ecuadorianischer Fundorte bezeugt Auftauchen der Baumwolle in Stoffen bezeugt		
3550 **Real Alto:** erste Stadt der Valdívia-Kultur 3100 **Loma Alta:** Beginn der Besiedlung des Ortes 2600 **Valdívia:** Phase 1 2400 Valdívia: Phase 2 2300 Valdívia: Phase 3 2100 Valdívia: Phase 4 2000 Valdívia: Phase 5 1800 Valdívia: Phase 6 1700 Valdívia: Phase 7 1600 Valdívia: Endphase 8 1500 **Machalilla:** Ankunft einer neuen Bevölkerung	2125 **Huaca Prieta:** Besiedlung des Ortes 2000 **El Paraiso:** Bohnenpflanzerdorf 1950 Verzierte Kalebassen von Huaca Prieta 1850 **Kotosh:** »Tempel der gekreuzten Hände« Beginn der Keramik in Nord-Perú 1800 **Sechín Alto:** bis 500 v.Chr. wirksames großes Heiligtum 1500 **Cerro Sechín:** Tempel der skulpierten Monolithe 1350 Stoffe von Pampa Gramalote: Wolle von Tieren der Kamelidenfamilie 1300 Huaca de los Reyes in Caballo Muerto	3000 Domestizierung des Lama und Alpaka im Altiplano **Paracas:** Dörfer von Fischern und Muschelsammlern
1200 **Chorrera:** ein neuer Keramikstil 800 Chorrera: Höhepunkt der Keramik bis 500 v.Chr. 600 Beginn der Goldmetallurgie in Nord-Ecuadór 500 Chorrera: Niedergang Beginn der Kulturen von **La Tolita** und **Jama Coaque,** die sich bis 500 n.Chr. entwickeln	1200 Kotosh/Kotosh: Maiskultur im Hochland bezeugt 1190 Kreisförmiger Platz von Sechín Alto 1000 Keramik von **Tembladera** und **Cupisnique** 850 **Chavín:** Beginn des Tempelbaus Skulptur »El Lanzón«: zwischen 850 und 800 Urabarriu-Keramik: zwischen 850 und 460 Tello-Obelisk: zwischen 800 und 650 Türsturz der Jaguare: zwischen 700 und 460 Portal: zwischen 550 und 460 Chakinani-Keramik: zwischen 460 und 390 Raimondi-Stele: zwischen 460 und 300 Janabarriu-Keramik: zwischen 390 und 200 500 Beginn der Goldmetallurgie in Perú 460 **Vicus**-Keramik im Chavín-Stil 400 Salinar-Vicus-Keramik 300 Loma Negra: Kupfermetallurgie 250 Vicus-Virú-Keramik 200 Gallinazo-Keramik Proto-Mochica-Kultur 100 Vicus-Mochica-Keramik	1200 Beginn der Keramik an der Südküste 1000 **Früh-Paracas** 500 **Paracas-Cavernas** oder Mittel-Paracas 300 **Paracas-Necropolis** oder Spät-Paracas 100 Proto-Nazca oder **Früh-Nazca,** bis 200 n.Chr. Erste Scharrbilder in der Pampa von Nazca-Palpa

Zeittafel II

Nord-Perú	Zentral- und Süd-Perú	Altiplano Perú/Bolivien
Moche I: 100 v. bis 100 n.Chr.		Beginn der Keramik zwischen 1000 und 650 v.Chr.: Marcavelle Pucara-Stil: 100 v. bis 350 n.Chr.
100 **Mochica**-Kultur Moche II: 100 bis 200 n.Chr. 150 Besiedlung des Santa-Tals durch die Mochica 200 Moche III: 300 bis 600 n.Chr. Höhepunkt der Mochica-Klassik 500 (Ende der Kulturen von La Tolita und Jama Coaque in Ecuadór)	100 **Recuay**-Keramik: bis 500 n.Chr. 200 Mittel-Nazca Phase 3: 200 bis 300 n.Chr. 300 Spät-Nazca: bis 600 n.Chr. Phase 4: 300 bis 400 n.Chr. Phase 5: 400 bis 500 n.Chr.	100 **Tiahuanaco** herrscht über das Becken des Titicaca-Sees Tiahuanaco, Phase 3: Acapana und »halbunterirdischer Tempel«: 100 bis 350 n.Chr. 250 Gründung von **Huari** (?) 350 Tiahuanaco, Phase 4: Kalasasaya, bis 500 n.Chr.
600 Rückgang der Mochica von 600 bis 700 n.Chr. Moche V: 600 bis 700 n.Chr. Gründung von Pampa Grande Niedergang der Mochica 700 Einfluß von Tiahuanaco-Huari auf die Nordküste	550 Letzte Scharrbilder in der Pampa von Nazca-Palpa (?) Phase 6: bis zum End-Nazca um 650–700 n.Chr. 650 Einfluß von Tiahuanaco-Huari auf die Küste Einfluß von Huari auf Huaráz und Huilcahuain bis 1100 n.Chr.	500 Huari-Keramik 550 Einfluß von Tiahuanaco auf Huari 600 Klassische Tiahuanaco-Keramik, bis 800 n.Chr. 650 Religiöse Bekehrungsaktionen von Tiahuanaco in Paracas, Nazca und an der Nordküste bis 1000 n.Chr. 700 Mischgefäße im Pacheco-Stil 800 Tiahuanaco-Huari-Expansivo-Stil
900 Cajamarca und **Lambayeque** 1000 Beginn der **Chimú**-Kultur 1100 Mittel-Chimú 1150 Beginn der Errichtung von Chanchán 1250 Huaca el Dragón bei Chanchán 1370 Die Chimú herrschen über das Territorium des Mochica-Bündnisses 1420 Tschudi-Viertel in Chanchán 1465 Ancocoyuch von Inka Pachacutec besiegt Herrschaft der Inka über die Nordküste bis Ecuadór 1500 Errichtung von Ingapirca (Ecuadór) durch die Inka	1100 Kultur von **Ica** 1200 Kultur von **Chancay** 1300 Kultur von **Ica-Chincha** 1460 Herrschaft der Inka über die Südküste 1500 Errichtung von Tambo Colorado durch die Inka	1200 Auftauchen der **Inka** im Altiplano Manco Capac, erster Inka-Herrscher 1350 Inka Roca, sechster Inka-Herrscher, Gründer der Dynastie von Hanán Cuzco 1438 Beginn der Regierungszeit von Pachacutec: **Inka-Imperialismus** Gründung des Sacsahuamán und von Machu Picchu, Neuplanung von Cuzco 1471 Beginn der Regierungszeit von Tupac Yupanqui, Sohn des Pachacutec 1493 Beginn der Regierungszeit von Huayna Capac Gründung des Heiligtums von Kenco 1525 Beginn der Regierungszeit von Huascar 1532 Atahualpa, der Sieger über Huascar, fällt in die Hände von Pizarro 1533 Tod Atahualpas in Cajamarca; Topa Hullpa folgt ihm auf dem Thron 1535 Brand von Cuzco 1536 Aufstand von Manco II. 1572 Ende des Widerstandes der Inka in Vilcabamba

Dank

Der Autor und Fotograf dankt an dieser Stelle den verschiedenen Autoritäten und Persönlichkeiten, die ihm bei der Realisierung dieses Buches behilflich waren. Es sind dies:

Luciano Mordasini, schweizerischer Botschafter in Perú, Lima;
Charles Steinhäuslin, schweizerischer Botschafter in Kolumbien und Ecuadór;
Théodore Portier, Geschäftsträger der Schweiz in Ecuadór, Quito;
Edwin Trinkler, Geschäftsträger der Schweiz in Bolivien, La Paz;
Emilio Mettler, schweizerischer Konsul in Guayaquil;

sowie

Dr. Luis Enrique Tord, Generaldirektor des Instituto Nacional de Cultura, Lima
Victor Pimentel Gurmendi, Direktor des Museo Nacional de Antropología y Arqueología, Lima
Yoshitaro Amano, Direktor des Museo Amano, Lima
Alvaro Roca-Rey, technischer Direktor des Museo Oro del Perú, Lima
Iñes María Flores, Direktorin des Museo del Banco del Pacífico, Guayaquil;
Olaf Holm, Direktor des Museo Antropológico del Banco Central del Ecuadór, Guayaquil;
Hernán Crespo Torral, Architekt, Direktor des Museo del Banco Central del Ecuadór, Quito;
der Direktor des Museo del Banco Central de Reserva, Lima;
die Direktoren der Regionalmuseen von Cuzco, Ica und der Casa de Cultura, Guayaquil;
Professor Federico Kauffmann-Doig, Archäologe, Lima;

und in der Schweiz:

Louis Necker, Direktor des Musée d'Ethnographie, Genf;
die Schweizerische Amerikanisten-Gesellschaft, Genf, und ihre Bibliothekarin, Bernadette Chevalier;
die Abegg-Stiftung Bern, Riggisberg;
schließlich die Luftfahrtgesellschaft IBERIA und besonders
Werner Gerig, Regionaldirektor in Genf, für die Erleichterungen, die auf dem europäisch-lateinamerikanischen Flugnetz gewährt wurden.

Ausgewählte Bibliographie

Alcina, José, *Die Kunst des alten Amerika,* Freiburg/Brsg.: Herder 1978

Baumann, Peter, *Valdivia, Die Entdeckung der ältesten Kultur Amerikas,* Hamburg: Hoffmann und Campe 1978

Benson, Elizabeth, P., *A Man and a Feline in Mochica Art,* Washington, D.C.: Dumbarton Oaks, Trustees for Harvard University 1974

Bird, Junius B., *Paracas Fabrics and Nazca Needlework,* Washington, D.C.: The Textile Museum 1954

– »Pre-Ceramic Art from Huaca Prieta, Chicama Valley«, in: *Pre-Columbian Art History, Selected Readings,* Palo Alto: Peek Publications 1977

Browman, David L., »Demographic Correlations of the Wari Conquest of Junin«, in: *American Antiquity* 41, Nr. 4, Salt Lake City 1976

Burger, Richard L., »The Moche Sources of Archaism in Chimú Ceramics«, in: *Ñawpa Pacha* Nr. 14, Berkeley: Institute of Andean Studies 1976

– »The Radiocarbon Evidence for the Temporal Priority of Chavín de Huántar«, in: *American Antiquity* 46, Nr. 3, Salt Lake City 1981

Chavez, Sergio J., »The Arapa and Thunderbolt Stelae«, in: *Ñawpa Pacha* Nr. 13, Berkeley: Institute of Andean Studies 1975

Chavez, Sergio J., Mohr-Chavez, Karen L., »A Carved Stela from Taraco, Puno, Perú«, in: *Ñawpa Pacha* Nr. 13, Berkeley: Institute of Andean Studies 1975

Conrad, Geoffrey W., »Cultural Materialism, Split Inheritance, and the Expansion of Ancient Peruvian Empires«, in: *American Antiquity* 46, Nr. 1, Salt Lake City 1981

– »The Burial Platforms of Chan Chan: Some Social and Political Implications«, in: *Chan Chan: Andean Desert City,* Albuquerque: University of New Mexico Press 1982 (School of American Research, Avanced Seminar Series)

Cordy-Collins, Alana, »Chavín Art: Its Shamanic/Hallucinogenic Origins«, in: *Pre-Columbian Art History,* Palo Alto: Peek Publications 1977

Disselhoff, Hans D., »Seis Fechas Radiocarbónicas de Vicus«, in: *38th International Congress of Americanists,* Bd. 1, Stuttgart – München 1969

Donnan, Christopher B., »Moche Art and Iconography«, in: *UCLA, Latin American Center Publications,* Bd. 33, Los Angeles 1976

– *Moche Occupation of the Santa Valley, Perú,* Berkeley – Los Angeles – London: University of California Press 1973

Donnan, Christopher B., McClelland, Donna, *The Burial Theme in Moche Iconography,* Washington, D.C.: Dumbarton Oaks, Trustees for Harvard University 1979

Eisleb, Dieter, *Altperuanische Kulturen,* Berlin: Museum für Völkerkunde 1975

– *Altperuanische Kulturen II. Nazca,* Berlin: Museum für Völkerkunde 1976

Eisleb, Dieter, Strelow, Renate, *Altperuanische Kulturen III. Tiahuanaco,* Berlin: Museum für Völkerkunde 1980

Eubanks Dunn, Mary, »Ceramic Depictions of Maize«, in: *American Antiquity* 44, Nr. 4, Salt Lake City 1979

Engel, Frédéric A., «Le Complexe précéramique d'El Paraiso (Pérou)«, in: *Journal de la Société des Américanistes* 55, Nr. 1, Paris 1966

– *Le Monde précolombien des Andes,* Paris: Hachette 1972

– »Sites et établissements sans céramique de la côte péruvienne«, in: *Journal de la Société des Américanistes* 46, Paris 1957

– »Un groupe humain datant de 5000 ans à Paracas, Pérou«, in: *Journal de la Société des Américanistes* 49, Paris 1960

Estrada, Emilio V., *Las Culturas Pre-Clásicas, Formativas o Arcaicas del Ecuadór,* Guayaquil: Publicación del Museo Estrada 1975 (1. Aufl. 1958)

– *Valdívia, un sitio arqueológico formativo en la costa de la provincia de Guayas, Ecuadór,* Guayaquil 1956

Evans, Clifford, Meggers, Betty, »Formative Period Cultures in the Guayas Basin, Costal Ecuadór«, in: *American Antiquity* 22, Salt Lake City 1957

– »Relationships between Mesoamerica and Ecuadór«, in: *Handbook of Middle*

American Indians, Bd. 4, Austin: University of Texas 1966
Flornoy, Bertrand, *L'Aventure Inca,* Paris: Librairie Académique Perrin 1980 (bearb. Neuaufl.)
Gasparini, Graziano, Margolies, Luise, *Inca Architecture,* Bloomington – London: Indiana University Press 1980
Grieder, Terence, »A Dated Sequence of Building and Pottery at Las Haldas», in: *Ñawpa Pacha* Nr. 13, Berkeley 1975
Hagen, Victor von, *Capac Nan, Die Schicksalsstraße der Inka,* Reinbek: Rowohlt 1978
– *Die Wüstenkönigreiche Perus,* Wien–Hamburg: Zsolnay 1979
Harcourt, Raoul d', *Les textiles anciens du Pérou et leurs techniques,* Paris 1934
Hawkins, Gerald S., *Ancient Lines in the Peruvian Desert, Final Scientific Report for the National Geographic Society Expedition,* Cambridge (Ma.): Smithsonian Institution Astrophysical Observatory 1969
Hocquenghem, Anne-Marie, »Une interprétation des ›vases-portraits‹ mochicas«, in: *Ñawpa Pacha* Nr. 15, Berkeley 1977
– »Un ›vase-portrait‹ de femme Mochica«, in *Ñawpa Pacha* Nr. 15, Berkeley 1977
Horkheimer, Hans, *La Cultura Mochica,* Lima: Peruano Suiza S.A. 1961
Horkheimer, Hans, Kauffmann-Doig, Federico, *La Cultura Inca,* Lima: Peruano Suiza S.A. 1965
Isbell, William, H., Schreiber, Katharina, »Was Huari a State?«, in: *American Antiquity* 43, Salt Lake City 1978
Ishida, Eiichiro, *Andes I,* Tokyo: Kadokawa Publishing Co. 1960
Izumi, Seiichi, Sono, Toshihiko, *Andes II, Excavations at Kotosh, Perú 1960,* Tokyo: Kadokawa Publishing Co. 1963
Jung, Carl Gustav, *Symbole der Wandlung, Analyse der Vorspiele zu einer Schizophrenie,* Zürich–Stuttgart: Rascher 1952
– *Von den Wurzeln des Bewußtseins, Studien über den Archetypus,* Zürich–Stuttgart: Rascher 1954
Kano, Chiaki, *The Origin of the Chavín Culture,* Washington, D.C.: Dumbarton Oaks, Trustees for Harvard University 1979 (Studies in Pre-Columbian Art and Archaeology Nr. 22)
Kauffmann-Doig, Federico, *La Cultura Chavín,* Lima: Peruano Suiza S.A. 1963
– *Manual de Arquelogía Peruana,* Lima: Peisa 1980
Kelm, H., Münzel, M., *Herrscher und Untertanen, Indianer in Peru,* Frankfurt/Main: Museum für Völkerkunde 1973–1974
Kern, Hermann, *Materialien zum Verständnis der peruanischen Erdzeichen,* München: Kunstraum München 1975
Knapp, Gregory, »Prehistoric Flood Management on the Peruvian Coast: Reinterpreting the ›Sunkfields‹ of Chilca«, in: *American Antiquity* 47, Salt Lake City 1982
Kosok, Paul, *Life and Water in Ancient Perú,* New York: Long Island University 1965
Kozlowski, Janusz K., Bandi, Hans-Georg, *Le problème des racines asiatiques du premier peuplement de l'Amérique,* Genf: Schweizerische Amerikanisten-Gesellschaft 1981 (Bulletin Nr. 45)
Kutscher, Gerdt, *Nordperuanische Keramik: Figürliche verzierte Gefäße der Früh-Chimú,* Berlin: Verlag Gebr. Mann 1954
– *Chimú, Eine altindianische Hochkultur,* Berlin: Verlag Gebr. Mann 1950
Lanning, E.P., »Early Ceramic Chronologies of the Peruvian Coast of Perú«, in: *American Antiquity* 28, Nr. 3, Salt Lake City 1959
Lapiner, Alan, *Pre-Columbian Art of South America,* New York: Harry Abrams Inc. Publ. 1976
Larco Hoyle, Rafael, *Peru,* Genf: Nagel 1966 (Archaeologia Mundi)
Lathrap, Donald W., *El Ecuadór Antiguo, Cultura, Ceramica y Creatividad,* Guayaquil: Museo del Banco del Pacífico 1980
– »Gifts of Cayman: Some Thoughts on the Subsistance Basis of Chavín«, in: *Pre-Columbian Art History,* Palo Alto: Peek Publications 1977
– *The Moist Tropic, The Arid Lands, and the Appearance of Great Art Styles in the New World,* The Museum of the Texas Tech. University 1974 (Special Publications)
– *The Upper Amazon,* New York: Praeger 1970
Lathrap, Donald W., Marcos, Jorge, G., Zeidler, James A., »Real Alto: An Ancient Ceremonial Center«, in: *Archaeology* 30, Nr. 1, New York 1977
Lechtman, Heather, Erlij, Antonieta, Barry Jr., Edward J., »New Perspectives on Moche Metallurgy: Techniques of Guilding Copper at Loma Negra, Northern Perú«, in: *American Antiquity* 47, Salt Lake City 1982
Lévi-Strauss, Claude, »Le dédoublement de la représentation dans les arts de l'Asie et de l'Amérique«, in: *Anthropologie Structurale,* Paris: Plon 1958
Lothrop, Samuel, K., *Amerikanische Kunst,* Olten: Walter Verlag 1959
– *Das präkolumbianische Amerika,* Genf: Skira 1964; neu als: *Azteken-Mayas-Inkas,* Genf: Skira, und Stuttgart: Klett-Cotta 1980
– »Metalworking Tools from the Central Coast of Perú«, in: *American Antiquity* 16, Salt Lake City 1950
Lumbreras, Luis G., *El Arte y la Vida, Vicus,* Lima: Banco Popular del Perú 1978
– *Arqueología de la America Andina,* Lima: Editorial Milla Batres 1981
– »Excavaciones en el Templo antiguo de Chavín (Sector R), Informe de la sexta Campaña«, in: *Ñawpa Pacha* Nr. 15, Berkeley 1977
Matsuzawa, Tsugio, »The Formative Site of Las Haldas, Perú, Architecture, Chronology and Economy«, in: *American Antiquity* 43, Nr. 4, Salt Lake City 1978
Meggers, Betty, »Climatic Oscillation as a Factor in the Prehistory of Amazonia«, in: *American Antiquity* 44, Nr. 2, Salt Lake City 1979
– *Ecuadór,* London: Thames and Hudson 1966
Meggers, Betty, Clifford Evans, J., »The Machalilla Culture«, in: *American Antiquity* 28, Nr. 2, Salt Lake City 1962
Meggers, Betty, Clifford Evans, J., Estrada, Emilio, »The Early Formative Period of Coastal Ecuadór: the Valdívia and Machalilla Phases«, in: *Smithsonian Contributions to Anthropology,* Washington, D.C., 1965
Menzel, Dorothy, Rowe, John H., Dawson, Laurence E., *The Paracas Pottery of Ica, A Study in Style and Time,* Berkeley and Los Angeles: University of California Press 1964
Mohr-Chavez, Karen L., »Archaeology of Marcavelle, Valley of Cuzco«, in: *Baessler-Archiv,* Neue Folge 28, Berlin 1980
Morrisson, Tony, *Pathways to the Gods, The Mystery of the Andes Lines,* New York: Harper and Row 1978
Moseley, Michael E., Day, Kent C. (Hg.), *Chan Chan: Andean Desert City,* Albuquerque: University of New Mexico Press 1982 (A School of American Research Book)
Murra, John V., *Formaciones económicas y políticas del Mundo Andino,* Lima: Instituto de Estudios Peruanos 1975
– »La Función del Tejido en varios contextos sociales en el Estado Inca«, in: *100 años de Arqueología en el Perú,* Lima: Instituto de Estudios Peruanos 1970
– *La Organización económica del Estado Inca,* Mexico: Siglo Veintiuno 1978
Myers, Thomas P., »Formative Period Occupations in the Highlands of Northern Ecuadór«, in: *American Antiquity* 41, Nr. 3, Salt Lake City 1976
Oberem, Udo, *Estudios sobre la Arqueología del Ecuadór,* Bonn 1976 (BAS 3)
O'Neale, Lila M., *Textile Periods in Ancient Perú,* 3 Bde.: I. In Zusammenarbeit mit A.L. Kroeber, Berkeley and Los Angeles: University of California Press 1930; II. *Paracas Caverns and the Grand Necropolis,* Berkeley and Los Angeles: University of California Press 1942; III. In Zusammenarbeit mit Bonnie Jean Clark, *The Gauze Weaves,* Berkeley and Los Angeles: University of California Press 1948
Parsons, Jeffrey R., Psuty, Norbert, »Sunkenfields and Prehispanic Subsistance on

the Peruvian Coast«, in: *American Antiquity* 40, Salt Lake City 1975

Pease, Franklin G.Y., *Les derniers Incas de Cuzco,* Paris: Mame 1974

Ponce Sanginés, Carlos, *El Templete semisubterráneo de Tiwanaku,* La Paz: Editorial Juventud 1981

– *Panoramas de la Arqueología Boliviana,* La Paz: Editorial Juventud 1980

Porras, Pedro I., Piana, Luis, *Ecuadór Prehispánico,* Quito: Instituto Geográfico Militar 1976

Pozorski, Thomas, »The Early Horizon Site of Huaca de los Reyes: Societal Implications«, in: *American Antiquity* 45, Nr. 1, Salt Lake City 1980

Reiche, Maria, *Geheimnis der Wüste,* Hohenpeißenberg: Selbstverlag 1968 (3. Aufl. 1980)

Reichlen, Henry, »Découvertes de tombes Tiahuanaco dans la région de Cuzco«, in: *Journal de la Société des Américanistes* 47, Paris 1954

– »Notes sur l'Archéologie«, in: *Guide bleu, Pérou-La Paz,* Paris: Hachette 1980

Rivet, Paul, Arsandaux, Henri, *La Métallurgie en Amérique précolombienne,* Paris 1946

Rodriguez Suy Suy, Victor A., »Chanchán: Ciudad de Adobe, Observaciónes sobre su base ecológica«, in: *Actas y Memorias: 37° Congreso Internacional de Americanistas* (1966), Buenos Aires 1968

Roe, Peter G., »A further Exploration of the Rowe Chavín Seriation and its Implications for North Central Coast Chronology«, in: *Study in Pre-Columbian Art and Archaeology* Nr. 13, Washington, D.C.: Dumbarton Oaks, Trustees for Harvard University 1974

Rowe, John H., »Archaeological Explorations in Southern Perú 1954–1955«, in: *American Antiquity* 22, Salt Lake City 1956

– El Arte de Chavín: Estudio de su forma y su significado, Lima: Instituto Nacional de Cultura 1972 (Historia y Cultura)

– »The Sunken Gardens of the Peruvian Coast«, in: *American Antiquity* 34, Salt Lake City 1969

Rowe, A.P., Benson, Elizabeth, Schaffer, A.L., *The Junius B. Bird Pre-Columbian Textile Conference,* Washington, D.C.: The Textile Museum and Dumbarton Oaks, Trustees for Harvard University 1979

Sawyer, Alan R., *Ancient Peruvian Ceramics, The Nathan Cummings Collection, Greenwich (Conn.) and Metropolitan Museum of Art, New York:* New York Graphic Society 1966

– »Paracas and Nazca Iconography«, in: *Pre-Columbian Art and Archaeology,* Cambridge (MA): Harvard University Press 1961

Seiler-Baldinger, Annemarie, *Systematik der textilen Techniken,* Basel 1973 (Basler Beiträge zur Ethnologie 14)

Shimada, Izumi, »Economy of a Prehistoric Urban Context: Commodity and Labor Flow at Moche V Pampa Grande, Perú«, in: *American Antiquity* 43, Nr. 4, Salt Lake City 1978

Stierlin, Henri, *Die Kunst der Maya – von den Olmeken zu den Maya-Tolteken,* Fribourg: Office du Livre, und Stuttgart: Belser 1981

– *Die Kunst der Azteken und ihrer Vorläufer,* Fribourg: Office du Livre, und Stuttgart – Zürich: Belser 1982

Thompson, Donald E., »Una Evaluación arqueológica de las Evidencias ethnohistóricas sobre la Cultura Incaica«, in: *100 Años de Arqueología en el Perú,* Lima: Instituto de Estudios Peruanos 1970

Ubelaker, Douglas H., »The Ayalán Cemetery: A Late Integration Period of Burial Site on the South Coast of Ecuadór«, in: *Smithsonian Contributions to Anthropology* Nr. 29, Washington, D.C. 1981

West, Michael, »Early Watertable Farming on the North Coast of Perú«, in: *American Antiquity* 44, Salt Lake City 1979

Whitten, Richard G., »Comments on the Theory of Holocene Refugia in the Culture History of Amazonia«, in: *American Antiquity* 44, Nr. 2, Salt Lake City 1979

Wilbert, Johannes, *The Thread of Life: Symbolism of Miniature Art from Ecuadór,* Washington, D.C.: Dumbarton Oaks, Trustees for Harvard University 1974

Willey, Gordon R., *An Introduction to American Archaeology,* Bd. 2, New Jersey: Prentice Hall 1971

Zevallos Menéndez, Carlos, *La Agricultura en el Formativo Temprano del Ecuadór (Cultura Valdívia),* Guayaquil: Casa de la Cultura Ecuatoriana 1971

Register

Verzeichnis der Illustrationen

Farbabbildungen

Nrn.

Karten, Pläne und Zeichnungen

Seite